"十二五"普通高等教育本科国家级规划教材
普通高等教育"十一五"国家级规划教材

材料科学与工程基础

主　编　杨庆祥
副主编　李青山
参　编　赵　品　张瑞军　付瑞东
　　　　赵玉成　刘利刚　张成波
主　审　顾　宜　邢广忠

机 械 工 业 出 版 社

本书为“十二五”普通高等教育本科国家级规划教材、普通高等教育“十一五”国家级规划教材。为适应高等教育体系设置宽口径专业的改革要求，本着加强基础、淡化专业的宗旨和各校授课时数普遍减少的实际情况而编写的。本书介绍了金属材料、无机非金属材料、高分子材料以及复合材料的成分、结构、加工与材料性能及材料应用之间的相互关系。本书内容包括材料结构、材料的力学性能与物理性能、相图、金属的扩散与固态转变及其应用和热处理、陶瓷的结构与性能及其工艺过程和应用、高分子材料结构与制备及其应用与加工、复合材料和材料结构分析与测试技术。

本书可作为材料科学与工程专业的通用教材或作为工科院校大学低年级的公共课教材。

为方便教学，本书配有 PPT 电子课件，位于机械工业出版社教育服务网上（www.cmpedu.com），向使用本书的授课教师免费提供。

图书在版编目（CIP）数据

材料科学与工程基础/杨庆祥主编. —北京：机械工业出版社，2009.8（2025.1 重印）

“十二五”普通高等教育本科国家级规划教材　普通高等教育“十一五”国家级规划教材

ISBN 978-7-111-27637-1

Ⅰ.材…　Ⅱ.杨…　Ⅲ.材料科学-高等学校-教材　Ⅳ.TB3

中国版本图书馆 CIP 数据核字（2009）第 117768 号

机械工业出版社（北京市百万庄大街 22 号　邮政编码 100037）
策划编辑：冯春生　责任编辑：冯春生　刘远星
版式设计：张世琴　责任校对：申春香
封面设计：王伟光　责任印制：郜　敏
北京富资园科技发展有限公司印刷
2025 年 1 月第 1 版第 6 次印刷
184mm×260mm · 24.25 印张 · 602 千字
标准书号：ISBN 978-7-111-27637-1
定价：59.80 元

电话服务
客服电话：010-88361066
010-88379833
010-68326294

网络服务
机　工　官　网：www.cmpbook.com
机　工　官　博：weibo.com/cmp1952
金　　书　　网：www.golden-book.com
机工教育服务网：www.cmpedu.com

前　言

本书为“十二五”普通高等教育本科国家级规划教材、普通高等教育“十一五”国家级规划教材，是为适应高等教育体系设置宽口径专业的改革要求，本着加强基础、淡化专业、宽口径的宗旨和各校授课时数普遍减少的实际情况而编写的。本书可作为材料科学与工程专业的通用教材，或者作为工科院校大学低年级的公共课教材。

材料科学与工程是研究材料共性规律的一门科学，其研究内容涉及金属材料、无机非金属材料、高分子材料以及由上述材料组成的复合材料等的成分、结构、加工与材料性能及材料应用之间的相互关系。

目前，有关材料科学与工程的综合教材较少，编者根据我国高等教育改革的趋势，针对各高等院校的实际需求编写了本书。但由于各高校教改进程不同，不可能一次完全突破旧框架，因此，仅以此书作为教材改革的一次尝试。

全书共分12章，绪论、第三章由燕山大学杨庆祥教授编写；第一章由张瑞军教授编写；第二、四章由赵品教授编写；第五、六章由付瑞东教授编写；第七、八章由赵玉成副教授编写；第九、十、十二章由李青山教授和张成波博士编写；第十一章由刘利刚博士编写。全书由杨庆祥教授担任主编，李青山教授担任副主编，四川大学顾宜教授、燕山大学邢广忠教授担任主审。

本书中部分透射电镜和扫描电镜照片由张静武教授和王爱荣高级工程师提供，部分金相照片由刘建华高级工程师提供。崔占全教授对本书的编写提出了宝贵的建议。

在编写过程中，参考和引用了国内外出版的一些教材和资料的有关内容，并得到了机械工业出版社的大力支持与指导，谨此一并致谢。

由于编者水平有限，编写时间仓促，书中难免存在某些错误及不足，敬请读者批评指正。

编　者

目录

绪　论

材料、信息与能源构成现代文明的三大支柱。国家的昌盛、民族的兴旺、社会的进步、人民生活水平的提高，无不与材料密切相关。新材料被视为新技术革命的基础和先导。世界各发达国家对材料的生产和应用都极为重视，并把材料科学技术列为21世纪优先发展的关键领域之一。

材料科学技术是基础科学与工程科学融合的产物，涉及面十分广泛。随着科学技术的发展，原来各自相对独立的金属材料、陶瓷材料和高分子材料等已经相互渗透、相互结合，多学科交叉是材料科学技术的重要特征。从材料的设计、制备、加工、检测到零件的制造、使用，直到材料的回收等，已形成了一个材料社会化的大循环，全社会自觉或不自觉地置身于这个大循环中。材料的重要性正在得到全社会的承认和重视。

一、人类生活中的材料

人们的周围到处都是材料。事实上，材料是人们衣食住行的必备条件，是人类一切生活和生产活动的物质基础。它先于人类存在，并且与人类的出现和进化有着密切的联系。自古以来，材料的发展水平就是人类社会文明程度的标志，人类文明史中的石器时代、铜器时代、铁器时代就是按当时生产活动中所使用的代表性材料作为依据划分的。天然材料和合成材料作为人们生活中不可分割的组成部分，司空见惯，唾手可得，以至于人们常常认为它们的存在是理所当然的。材料与食物、居住空间、能源和信息共同组成人类生活的基本资源，不仅在人们的日常生活中，而且对国家的繁荣和安全也起着举足轻重的作用。

究竟什么是材料呢？具体地说，材料是用来制造各种产品的物质，这些物质能用来生产和构成功能更多、更强大的产品。金属、陶瓷、玻璃、半导体、塑料、橡胶、纤维、砂子、石块，还有许多复合材料都属于材料的范畴。矿物燃料、空气和水虽也可看作是广义的材料，但通常还是把它们归入其他领域。

一般材料包括三层含义，即原料、制品和中间产品。实际上制品在使用过程中往往并不是以终极产物出现，而是作为下一生产阶段的原材料或工具。

从广泛的意义上说，人类使用的材料可以看作是一个流动着的巨大循环体系，一个全球性的、时空无限的循环系统。通过钻探、挖掘、采矿或采集，从地下得到原材料，然后精选或加工成各种中间产品，如金属锭、精矿粉、木材等，并制成各种民用产品或工业产品，如钢材、陶瓷、电线、混凝土、胶合板等，以满足不同的社会需求。当这些材料按预定的目的使用后，就作为废料回到大地，或者更确切地说，它们将被处理或再生利用而重新进入循环，这种循环是往复无穷的。

材料循环的概念揭示了材料、能源和环境之间的密切相互作用，这三者直接影响人类在地球上的生存质量，是国民经济和社会发展计划的组成内容，人类正在越来越多地给它们以关注和重视。因此，材料循环是一个把自然资源和人类需要联系在一起的循环系统，它不仅把地球上各个国家和各种经济彼此联系在一起，而且还把它们与自然物质本身联系在一起。

二、材料的应用和发展过程

在人类发展史中，最先使用的工具是石头。在由古猿到原始人的漫长进化过程中，石器一直是人类使用的主要工具，燧石和石英岩质地坚硬，但性脆，易于加工，破碎后棱角尖锐锋利，且资源丰富，因此，是当时制造石器的主要原料。约50万年前，人类学会了用火。在原始社会末期，我们的祖先开始用火烧制陶。新石器时代的仰韶文化和龙山文化时期，制陶技术已经发展到能在温度达950℃的氧化性炉气的窑中烧制红陶，在温度达1050℃的还原性炉气中烧制薄胎黑陶与白陶。3000多年前的殷、周时期发明了釉陶，窑炉温度提高到了1200℃。东汉时期出现了瓷器，并于9世纪传到了非洲东部和阿拉伯国家，13世纪传到日本，15世纪传到欧洲。瓷器成了中国文化的象征，对世界文明产生了极大的影响。制陶技术的发展，为冶炼和铸造技术的产生准备了必要的条件。我国在夏朝以前就开始了青铜的冶炼，虽然晚于古埃及和希腊地区，但发展较快，到殷、西周时期已发展到很高的水平，可制造各种工具、兵器，像司母戊鼎、越王宝剑、战国编钟等都是我国青铜时代的杰作。我们的祖先在春秋战国时代就已认识到了青铜的性能与成分之间的关系，当时在青铜材料的冶炼和应用方面达到了世界最高水平。

由青铜器过渡到铁器是生产工具的重大发展，我国从春秋战国时期开始大量使用铸造铁器。战国时期开始使用铁型铸造，西汉时期用煤作炼铁燃料，汉代出现庞大复杂、带有鼓风装置的冶铁炉及稍后的炼钢技术。这些都反映出从西汉到明朝的一千五六百年间，我国钢铁生产技术远远越过世界各国。

铁器在公元前1000年前在亚洲出现，以后在文明古国巴比伦、埃及和希腊也逐渐得到了广泛应用。经过许多世纪的发展，西欧和俄国后来居上，创造了不少冶炼技术，使以钢铁为代表的材料生产和应用跨入了一个新的阶段。但是，由于材料的问题太复杂，在17世纪的科学革命时期和18、19世纪的工业革命时期，人们对材料的认识仍然是非理性的，还主要停留在工匠、艺人的经验技术水平。

18世纪后，由于工业的迅速发展，对材料特别是钢铁的需求急剧增长，在物理学、化学、材料力学等学科的基础上，金属学应运而生。它明确提出了金属的外在性能决定于内部结构的概念，并以研究它们之间的关系为自己的主要任务。近100多年来，由于显微镜、X射线技术、电子显微镜等新仪器和新技术的相继出现和发展，金属学得到了长足的进步。

高分子材料的早期发展较为缓慢。人类最初使用的高分子材料是天然的木材、皮革和纤维。后来发明了造纸、养蚕、制胶技术。19世纪开始生产橡胶，直到20世纪后才有了快速发展。进入20世纪以来，现代科学技术和生产飞速发展，材料、能源与信息作为现代技术的三大支柱，发展格外迅猛。在三大类材料中，无机非金属材料的发展神速，人工合成高分子材料的发展最快。20世纪早中期是金属材料的黄金时代，在材料发展中占主导地位。但从20世纪60年代到70年代，有机合成材料以每年14%的速度增长，而金属材料的年增长率仅为4%。到20世纪70年代中期，全世界的有机合成材料与钢的体积产量已经相等，除了用作结构材料代替钢铁外，目前正在研究和开发具有良好导电性能和耐高温的有机合成材料。无机非金属材料的发展同样十分引人注目，除因具有许多特殊性能而作为重要的功能材料（如磁记录材料、激光晶体、超导材料等）外，其脆性和抗热震性正在逐步得到改善，是最有前途的高温结构材料。机器零件和工程结构也不再只用金属制造了。最近20多年来，金属与非金属、有机材料与无机材料相互渗透、相互结合，组成了一个完整的材料体系。由此可见，人类对材料的应用和认识经历了一个漫长的历史过程。古代人类使用的材料主要是天然产品。随着科学技术的发展，人们不仅扩大了开发和利用自然资源的范围，而且制造了各种金属材料、无机非金属材料和高分子材料，并创造出了各种新型合成材料和复合材料。现代科学技术的发展，对材料的要求越来越高，越来越复杂，促使新材料不断涌现。目前，人们已经有能力按照预定成分、结构、性能设计和制造材料，使人类进入了人工合成材料的新时代。

三、材料科学在科学技术发展中的作用

近代科学技术和工业生产的发展非常迅速。人类从乘马车到乘宇宙飞船，从油灯照明到核能发电，从使用大刀长矛到发射导弹核武器，都只不过经历了100年的时间。科学技术能以这么惊人的速度发生巨大的变化，首先归功于材料的丰功伟绩。没有钢铁，再高明的技术工人也造不出汽车、拖拉机；没有高强度、耐高温的材料，再聪明的科学家也不能把卫星送上天；没有耐腐蚀、耐高压的材料，再勇敢的探险者也不能开发富饶的海洋资源。在科学的技术史上，材料问题解决与否，往往成为发明创造的关键。新材料一旦应用，不仅大大促进了科学技术与工业生产的发展，也使人类的活动方式发生了日新月异的变化，而且给人们带来空前优厚的物质利益和精神上的享受，把千百年来梦寐以求的神话变成了现实。

四、材料的基本类型

材料有各种不同的分类方法。按其性质和用途，可将材料大致分为结构材料（Structural Materials）和功能材料（Functional Materials）两大类。结构材料（或称工程材料，Engineering Materials）是指要求强度、韧性、塑性等力学性能的材料，如砖瓦、钢筋混凝土、木材等建筑材料是典型的结构材料。功能材料是指那些要求以光、电、磁、热、声、核辐射等特殊性能为主要功用的材料，如光导纤维、磁盘等是常见的功能材料。

根据构成材料的化学结合键的类型，一般将材料分为金属材料、无机非金属材料和高分子材料三大类。三类材料因原子间的相互作用不同，在各种性能上表现出极大的差异。它们相互配合，取长补短，共同存在，构成现代工业的三大材料体系。由上述三类材料相互之间复合而成的复合材料介于三者之间，有时也将其单独作为一类。这种分类方法，也是材料科学与工程学科划分的依据。

（一）金属材料

金属材料是最重要的工程材料，包括金属和以金属为基的合金，最简单的金属材料是纯金属。元素周期表中的金属元素分简单金属和过渡族金属两类。凡是电子壳层完全填满或完全空着的金属元素，均属于简单金属。内电子壳层未完全填满的金属元素属过渡族金属。简单金属的结合键为金属键，过渡族金属的结合键为金属键和共价键的混合键，但以金属键为主。所以，以金属为主体的金属材料，原子间的结合键基本上为金属键，皆为金属晶体材料。

工业上把金属及其合金分为以下两个部分：

（1）钢铁材料　铁和以铁为主基的合金（铸铁和铁合金）。

（2）非铁金属　钢铁材料以外的所有金属及其合金。

钢铁材料的性能比较优越，价格也比较便宜，是最重要的工程用金属材料。以铁为基的合金材料占整个结构材料和工具材料的90%以上。

按照性能的特点，非铁金属可分为轻金属、易熔金属、贵金属、铀金属、稀土金属和碱土金属。

(二) 无机非金属材料

无机非金属材料是一种或多种金属元素同一种非金属元素（如O、C、N等，通常为O）的化合物，主要为金属氧化物和金属非氧化合物，不含C—H—O链。其中尺寸较大的氧原子为主体，尺寸较小的金属原子（或半金属原子，如Si等）处于氧原子之间的空隙中。氧原子同金属原子化合时形成很强的离子键，同时也存在一定成分的共价键，但离子键是主要的，如MgO晶体中离子键占84%，共价键占16%。也有一些特殊陶瓷以共价键为主，如SiC。

无机非金属材料是人类应用最早的材料，也是用量最大、用途最为广泛的一类材料。它脆性大，但坚硬、稳定，一般都有良好的绝缘、绝热性能，可以制造各种工具、用具，可以用作结构材料，是工程结构体中应用最广的一类材料，在现代高技术领域中也是重要的功能材料，陶瓷、玻璃、水泥、耐火材料等都是无机非金属材料的重要成员。

(三) 高分子材料

高分子材料是由大量相对分子质量特别高的大分子化合物组成的有机材料，亦称聚合物。在高分子材料中，每个大分子都包含有大量结构相同、相互连接的链节，有机物质主要以碳元素（通常还有氢）为主，在大多数情况下碳元素构成了大分子的主链。大分子内的原子之间由很强的共价键结合，而大分子与大分子之间由结合力较弱的物理键相连。由于大分子链很长，大分子间的接触面比较大，特别是当分子键交缠时，大分子之间的结合力可以是很大的，所以高分子材料的强度较高。在分子中存在氢时，氢键会加强分子间的相互作用力。

高分子材料具有较高的强度、良好的韧性和塑性、较强的耐蚀性、很好的绝缘性及重量轻等优良性能，是发展最快的一类结构材料。但这类材料的耐久性和耐高温性能普遍较差。高分子材料按其分子键排列有序与否，可分为结晶聚合物和无定形聚合物两类。结晶聚合物的强度较高，结晶度取决于分子键排列的有序程度。

高分子材料的种类很多，广义的高分子材料包括天然高分子材料和合成高分子材料。天然高分子材料有皮、毛、丝、天然橡胶、植物纤维、木材等；合成高分子材料根据力学性能和使用状态，一般将其分为塑料、橡胶和合成纤维三大类。

(1) 塑料　塑料包括通用塑料和工程塑料，主要指强度和耐磨性较好的、可制造某些机器零件或构件的聚合物，以工程塑料为主，按其加热性质分热塑性塑料和热固性塑料两种。前者可经反复加热多次塑化成型，如聚乙烯、聚酰胺等；后者经热固化成型后再次加热即失去可塑性，如酚醛塑料等。

(2) 橡胶　橡胶常指经硫化处理的、弹性特别优良的聚合物，有通用橡胶和特种橡胶两种。常用的合成橡胶有丁苯橡胶、顺丁橡胶、异戊橡胶和乙丙橡胶等。

(3) 合成纤维　合成纤维是指由单体聚合而成的、强度很高的聚合物，通过机械处理所获得的纤维材料。合成纤维有数十种之多，主要有涤沦、锦纶、丙纶、腈纶、维尼纶和芳纶等。此外还有树脂、涂料和合成胶粘剂等。

(四) 复合材料

复合材料的概念来自有机材料，几经演变，其含义逐渐扩大。目前所称复合材料仍有狭义复合材料和广义复合材料。狭义复合材料是指有机纤维与其他有机材料复合而成的材料

（如玻璃钢）；广义复合材料则泛指两种或两种以上不同材料的组合材料，它可以由各种不同种类的材料复合而成。复合材料的特点是结合键非常复杂，但它结合了不同材料的优良性能，取长补短，使复合后的材料在强度、刚度、耐蚀性等使用性能方面比单一材料优越。这是一类特殊的材料，有广阔的发展前景。

五、材料科学与材料工程

材料是早已存在的名词，但材料科学（Materials Science）概念的提出是在20世纪60年代初。1957年前苏联人造卫星上天后，美国朝野上下大为震惊，认为材料落后是重要原因之一，自1960年起，相继成立了十几个“材料研究中心”，不少大学建立了材料科学系或材料科学与工程系。材料研究中心的成立，是把各类材料统一考虑的开始。材料科学系的建立，把材料的整体视为自然科学的一个分支，这对材料科学的发展来说是一次质变。

材料科学是在金属学、陶瓷学和高分子科学的基础上发展起来的。不论什么材料，尽管种类不同，各有特点，但却具有很多相通的原理及共性和相似的研究、生产方法。材料科学强调这种共性，强调各种材料之间的内在联系和相互借鉴，把不同类型的材料统一考虑。

材料工程属于技术范畴，目的是通过采用经济的，而又能为社会接受的生产工艺、加工工艺来控制材料的结构、性能和形状，以达到使用要求。材料工程水平的提高可以大大促进材料的发展。

材料科学与工程是研究有关材料的成分、结构和制造工艺与其性能和使用性能间相互关系的知识及其应用，是一门应用基础科学。材料的成分、结构、制造工艺、性能以及使用性能被认为是材料科学与工程的四个基本要素。应该说，材料科学与材料工程并没有明确的分界线，只是两者的侧重不同。前者侧重于材料结构与成分、性能及使用性能的联系；后者侧重于材料经济、合理的制备，即工艺与性能间的关系，二者相辅相成。实质上，工艺对性能的影响又是通过工艺对结构的改变来实现的。

材料科学好像是一座桥梁，将许多基础学科的研究结论与工程应用连接起来，这既加深了人们对工程材料性能的理解，又促进了许多重大工程技术的形成和发展。所谓的亚微观与分子工程便是一个突出的方面。这类工程所制作的对象与传统构件如工字梁、电器开关、真空管、电阻等不同，是非常小的，即在一个分子或一个单晶片上制作器件和设备。实践表明，在许多电器、电子产品上，器件做得愈小，不仅大大缩小了产品的体积和重量，而且可靠性愈高，价格愈低。经过多年努力，人们在理论上说明了材料，特别是半导体材料的微观结构与宏观性质之间的关系，因而可以把许多诸如杂质原子、表面和捕获中心等具有原子线度的微观量取出来，作为工程应用的数据来设计器件。20世纪60年代初，人们在晶体管发展的基础上发明了集成电路，在一个芯片上完成的不再是一个晶体管的放大或开关效应，而是一个电路的功能。近十多年来，一个芯片已从包含几个到几十个晶体管的所谓小规模集成电路发展到包含几千、几万个晶体管的超大规模集成电路，使一个电路能完成非常复杂的功能，从而引起许多工业和科技部门的巨大变革。

六、现代科技对材料的要求

21世纪已到来，世界正面临着一场发展异常迅速、席卷全球的新技术革命。如何迎接这一挑战，赶上这一新的科技革命浪潮，把握好有利的机会，各国都在把新材料作为技术革命的前沿，把新材料技术作为科技革命基础的、首要的工作。

所谓新材料，是指新近发展起来的和正在开发中的、具有一系列优异性能和特殊功能的、且对科学技术尤其对高新技术的发展及新兴产业的形成具有决定性意义的一些材料。

(一) 开发新材料的意义

研制开发新材料对科学技术和社会的进步具有重大的影响。从历史上看，钢铁材料的出现孕育了产业革命；高纯单晶硅半导体的制造，促进了电子信息技术的建立和发展；高分子材料的普及与应用迎接了个人电子计算机时代的到来；先进复合材料和一系列新型超合金的开发为空间技术、海洋技术的发展奠定了物质基础。今后，低成本非晶硅光电转换材料的使用将大大推动太阳能作为电力的利用；新型超导材料的开发也将大大推动受控热核反应堆、磁流体发电、大功率发电机以及无损耗输电等现代新能源技术的发展；砷化镓化合物半导体的出现将使超高速大规模集成电路成为可能。材料技术作为各种前沿技术、先进学科的物质基础，是高新技术发展的前提。当然，高新技术的发展中，每一个重大的突破都是以新材料的创建为前提的。反过来，高新技术的发展又促进了对新材料的开发。新材料的开发和高新技术的发展关系如同一辆车的两个轮子一样，如果配合得当，那么包括产业、社会结构以及人们的生活方式在内的这辆车就会迅速前进，进入一个新的阶段。

新材料开发和进展是以科学技术进步和社会发展需要为背景的，具体有以下两个方面：一是来自科技发展和社会各方面的需要；二是相关科学技术的进步带来了新材料发展的可能性。

(1) 在科技发展和社会需要方面

1) 生产条件变化对新材料的需要，现代的生产和科学实验往往需要在极限条件下进行，因而需要耐超高温、超低温、超高压和高耐蚀性的各种新材料。

2) 电子信息技术和激光技术的发展对各种新型功能材料的需要。

3) 为代替昂贵、稀缺材料而对合成材料或复合材料的需要。

4) 来自传统产品升级换代的需要。

5) 由于节约能源和开发新能源的需要。

6) 来自宇宙空间和海洋开发等新活动领域开拓的需要。

(2) 在相关技术发展、推动材料科学进步方面

1) 由于分子物理学、固体物理学和结晶学等基础学科的进步，材料的物性研究得以开展，发现了材料的新性能、新用途。

2) 由于相关技术的进步，超微量成分调整、超微细加工技术和材料加工技术得到发展。

3) 超高压、超真空、极低温、无重力等新环境条件的创立和利用，大大有助于新材料的开发研究，如太空合成、酶催化反应等。

4) 材料物性数据的积累、检测技术的进步、数据处理技术的发展、材料试验和评价技术的提高，这些条件均促进了新材料的开发。

(二) 新材料发展的动力

新材料发展的特点是产量小，附加价值高，对社会和科技进步影响大。所以，在各类新材料之前常冠有精细的字样，如精细陶瓷、精细高分子。1984 年美国精细陶瓷的市场规模为 59 亿美元，2000 年达 150 亿美元，同时世界市场将达 300 亿美元；日本 1980 年为 2000 亿日元，1990 年达 13000 ~ 18000 亿日元，2000 年达到 20000 ~ 40000 亿日元，年均增长率为 10% ~ 20%；精细高分子 1980 年为 2000 亿日元，2000 年达到 20000 亿日元。以上这些

新材料作为新的产业，发展极快。

（三）新材料的特点及存在问题

（1）知识密集型　新材料属知识密集型。无论开发或生产新材料，均需要有理论基础知识及多学科技术知识的积累。如精细陶瓷，是在长期有关粒子物性的研究并通过控制技术的开发而产生的。一般的陶瓷是在1300℃下烧结的，而精细陶瓷，如氧化铷则需要在2000℃下烧结，在工业上达到此温度是很难的，要开发能耐2000℃的耐火材料和持续保持2000℃的手段，则要求相关技术的进步。在原料粉末的调和、精制方面也必须有技术的积累和有关知识的掌握。所以创新人才的培养才是开发新材料的前提之一。

（2）需要投入大量资金和时间　研究新材料所需时间一般为3年，开发所需时间平均为4年。由于新材料的研究开发需要大量资金和时间，同时又存在相当大的风险，因此，新材料的开发研究往往需要国家的支持和具备研究开发实力的大型企业来进行。大型企业具有分散风险的能力，它可同时进行数个研究开发项目，以便将成功项目的收益弥补失败项目的损失。如美国杜邦公司，研究开发投资额对销售额的比率一般为3.4%左右，公司下设72个研究所，专职研究人员4000人，人员增加2%～3%以不断地开发出世界首创的新材料，如Kevjar、Nomex纤维和一系列高效分离膜。我国也规定了大企业要拿出1%～7%的销售额作为开发费用。

（3）技术上属未完成型　新材料一般在技术上是尚未完成的，需不断提高性能和改进生产技术。随着生产技术的提高，新材料的成本将不断下降，性能将不断提高。

（4）品种多，产量小，研制和生产部门分散　新材料品种多，产量小，同时又分散在各个不同部门进行研制和生产，难以统一规划领导，难以对其产值进行总的统计，所以不易引起人们的重视。一个新元件、一件新产品或一代新计算机的出现，往往轰动一时，虽然这些新产品都有要依赖新材料才得以出现，但是材料往往被忽视。

总之，新材料的开发将主宰着一系列重要的工程技术成就的取得。同时，对现有的材料进行深入研究，不断提高质量，增加品种，降低成本，也具有很大的实际意义。这一切，必将促使材料科学与工程这门学科的迅速发展。

第一章 材料结构

不同的材料具有不同的性能，同一材料经不同加工工艺后也会有不同的性能。例如，具有面心立方晶体结构的金属Cu、Al等通常具有优异的延展性，而密排六方晶体结构的金属如Zn、Cd等则较脆；具有线性分子链的橡胶兼有弹性好、强韧和耐磨的优点，而具有三维网络分子链的热固性树脂一旦受热固化便不能再改变形状，但具有较好的耐热和耐蚀性能，其硬度也比较高。这些都与材料中原子的排列方式，即其内部结构密切相关。因此，研究固态结构，即原子排列和分布规律，深入理解结构的形成以及结构与成分、加工工艺之间的关系，是了解和掌握材料性能的基础，只有这样，才能从内部找到改善和发展新材料的途径。

第一节 原子结构

一、基本概念

近代科学实验证明：原子是由质子和中子组成的原子核以及核外的电子所构成的。原子核内的中子呈电中性，质子带有正电荷。一个质子的正电荷量正好与一个电子的负电荷量相等，等于 $-e(e=1.6022\times10^{-19}\text{C})$。通过静电吸引，带负电荷的电子被牢牢地束缚在原子核周围。因为在中性原子中，电子与质子的数目相等，所以，原子作为一个整体，呈电中性。

原子的体积很小，原子直径约为 10^{-10}m 数量级，而其原子核直径更小，仅为 10^{-15}m 数量级。然而，原子的质量却主要集中在原子核内。因为每个质子和中子的质量大致为 1.67×10^{-24}g，而电子的质量约为 9.11×10^{-28}g，仅为质子的1/1836。

二、原子中的电子

原子可以看成由原子核及分布在核周围的电子所组成。电子绕着原子核在一定的轨道上旋转，它们的质量虽可忽略，但电子的分布却是原子结构中最重要的问题，它不仅决定了单个原子的行为，也对工程材料内部原子的结合以及材料的某些性能起着决定性作用，本节介绍的原子结构主要就是指电子的排列方式。

量子力学的研究发现，电子的旋转轨道不是任意的，它的确切途径也是测不准的。薛定谔方程成功解决了电子在核外运动状态的变化规律，方程中引入了波函数的概念，以取代经典物理中圆形的固定轨道，解得的波函数（又称原子轨道）描述了电子在核外空间各处位置出现的几率，相当于给出了电子运动的“轨道”。这一轨道由四个量子数所确定，它们分别为主量子数、次量子数、磁量子数以及自旋量子数。四个量子数中最重要的是主量子数 n（n=1、2、3、4…），它是确定电子离核远近和能级高低的主要参数。在紧邻原子核的第一壳层上，电子的主量子数 $n=1$，而 n=2、3、4 分别代表电子处于第二、三、四壳层。随 n 的增加，电子的能量依次增加。在同一壳层上的电子，又可依据次量子数 l 分成若干个能量水平不同的亚壳层（l=0、1、2、3、…），这些亚壳层习惯上以 s、p、d、f 表示。原子轨道并不一定总是球形，次量子数反映了轨道的形状，s、p、d、f 各轨道在原子核周围的角度分布不同，故又称角量子数或轨道量子数（全名为轨道角动量量子数）。次量子数也影响着轨道的能级，n 相同而 l 不同的轨道，它们的能级也不同，能量水平按 s、p、d、f 顺序依次升高。各壳层上亚壳层的数目随主量子数不同而异，如表 1-1 所示。第一壳层只有一个亚壳层 s，第二壳层上有两个亚壳层 s、p，而第三壳层则有 s、p、d 三个亚壳层，第四层壳上可以有 s、p、d、f 四个亚壳层。磁量子数以 m 表示，$m=0$、±1、±2、±3、…，它基本上确定了轨道的中间取向，s、p、d、f 各轨道依次有 1、3、5、7 种空间取向。在没有外磁场的情况下，处于同一亚壳层，而空间取向不同的电子具有相同的能量，但是在外加磁场下，这些不同空间取向轨道的能量会略有差别。第四个量子数——自旋量子数 $s=\pm\frac{1}{2}$，表示在每个状态下可以存在自旋方向相反的两个电子，这两个电子也只是在磁场下才具有不同的能量，因此，在 s、p、d、f 的各个亚壳层中可以容纳的最大电子数分别为 2、6、10、14。表 1-1 给出了由四个量子数所确定的各壳层及亚壳层中的电子状态。由表可见，各壳层能够容纳的电子总数分别为 2、8、18、32，也就是相当于 $2n^2$。

表 1-1　各壳层及亚壳层的电子状态

主量子数壳层序号	磁量子数亚壳层状态	磁量子数规定的状态数目	考虑自旋量子数后的状态数目	各壳层总电子数
1	1s	1	2	$2(-2\times1^2)$
2	2s	1	2	$8(-2\times2^2)$
	2p	3	6	
3	3s	1	2	$18(-2\times3^2)$
	3p	3	6	
	3d	5	10	
4	4s	1	2	$32(-2\times4^2)$
	4p	3	6	
	4d	5	10	
	4f	7	14	

原子核外电子的分布与四个量子数有关，且服从下述两个基本原理：

1）泡利不相容原理：一个原子中不可能存在有四个量子数完全相同的两个电子。

2）最低能量原理：电子总是优先占据能量低的轨道，使系统处于最低的能量状态。

依据上述原理，电子从低的能量水平至高的能量水平，依次排列在不同的量子状态下。决定电子能量水平的主要因素是主量子数和次量子数，各个主壳层及亚壳层的能量水平在图 1-1 中示意画出。由图可见，电子能量随主量子数 n 的增加而升高，同一壳层内各亚壳层的能量是按 s、p、d、f 顺序依次升高的。值得注意的是，相邻壳层的能量范围有重叠现象，例如，4s 的能量水平反而低于 3d；5s 的能量也低于 4d、4f，这样，电子填充时有可能出现内层尚未填满就先进入外壳层的情况。

根据量子力学，各个壳层的 s 态和 p 态中电子的充满程度对该壳层的能量水平起着重要的作用，一旦壳层的 s 态和 p 态被填满，该壳层的能量便落入十分低的值，使电子处于极为稳定的状态。如原子序数为 2 的氦，其 2 个电子将第一壳层的 s 态充满；原子序数为 10 的氖，其电子排列为 $1s^22s^22p^6$，外壳层的 s 态、p 态均被充满；还有原子序数为 18 的氩，电子排列为

$1s^22s^22p^63s^23p^6$，最外壳层的 s 态、p 态也被充满。这些元素的电子极为稳定，化学性质表现为惰性，故称惰性元素。另一方面，如果最外壳层上的 s 态、p 态电子没有充满，则因这些电子的能量较高，所以与原子核结合较弱，很活泼，这些电子称为价电子。原子的价电子极为重要，它们直接参与原子间的结合，对材料的物理性能和化学性能产生重要影响。

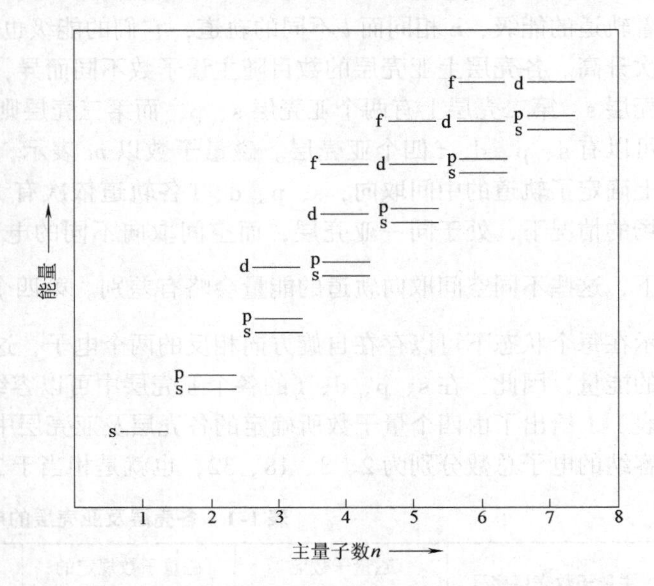

图 1-1 电子能量水平随主量子数和次量子数的变化情况

三、元素周期表

早在 1869 年，俄国化学家门捷列夫就已发现了元素性质是按相对原子质量的增加而单周期性变化的，这一重要规律称为原子周期律。在了解原子结构之后，才认识到这一周期性质的内部原因正是由于原子核外电子的排列是随原子序数的增加呈现了周期性的变化。把所有元素按相对原子质量及电子分布方式排列成的表称为元素周期表（图 1-2）。周期表从根本上揭示了自然界物质的内在联系，反映了物质世界的统一性和规律性。表中水平行排称为周期，共七个周期。周期的开始对应着电子进入新的壳层（或新的主量子数），而周期的结束对应着该主量子数的 s 态和 p 态已充满。第一周期的主量子数 $n=1$，只有一个亚壳层 s 态，能容纳两个自旋方向相反的一对电子，故该周期只有两个元素，原子序数分别为 1、2，即氢和氦，它们的电子状态可分别记作 $1s^1$、$1s^2$。第二周期（主量子数 $n=2$）有两个亚壳层 s、p，其中 s 态能容纳一对电子，p 态能容纳三对自旋方向相反的电子，各部充满后共有八个电子，分别对应于第二周期的八个元素。它们的原子序数 Z 为 3 ~ 10。对于 $n=3$ 的第三周期，它有三个亚壳层，其中 3s、3p 共容纳八个电子，按计算 3d 态可再容纳 $5\times2=10$ 个电子。然而由于 4s 轨道能量低于 3d，因此当 3s、3p 态充满后，接着的电子不是进入 3d，而是填入新的主壳层（$n=4$），因而建立了第四周期，这样第三周期仍是八个元素。在第四周期中，电子先进入 4s 态。接着填入内壳层 3d，当 3d 的 10 个位置被占据后，再填入外壳层的 4p 态的六个位置，下一个电子就应进入第五壳层。从图 1-1 可知，第五周期的电子排列方式同第四周期：按 5s→4d→5p 的顺序排列，所以第四、五周期均为 18 个元素，成为长周期。到此为止，4f 态的电子尚未填入，因为 4f 态的能量比 5s、5p 和 6s 各状态的高。第六周期开始，情况更加复杂，电子要填充两个内壳层 4f 和 5d。在填满 6s 态后，电子先依次填入远离外壳层的 4f 态 14 个位置，在此过程中，外面两个壳层上的电子分布没有变化，而确定化学性能的正是外壳层的电子分布，因此这些元素具有几乎相同的化学性能，成为一组化学元素而进入周期表的一格，它们的原子序数 $Z=57\sim71$，通常称为镧系稀土族元素。其后的元素再填充 5d、6p 直至 7s，故第六周期包括了原子序数为 55 ~ 86 的 32 个元素。第七周期的情况，存在着类似于镧系元素的锕系，它们对应于电子填充 5f 态的各个元素。

金属　过渡元素　非金属

族 周期	ⅠA	ⅡA	ⅢB	ⅣB	ⅤB	ⅥB	ⅦB	Ⅷ			ⅠB	ⅡB	ⅢA	ⅣA	ⅤA	ⅥA	ⅦA	0	电子层	0族电子数
1	1 H 氢 1.00794(7)																	2 He 氦 4.002602(2)	K	2
2	3 Li 锂 6.941(2)	4 Be 铍 9.012182(3)											5 B 硼 10.811(7)	6 C 碳 12.0107(8)	7 N 氮 14.0067(2)	8 O 氧 15.9994(3)	9 F 氟 18.9984032(5)	10 Ne 氖 20.1797(6)	L K	8 2
3	11 Na 钠 22.989770(2)	12 Mg 镁 24.3050(6)											13 Al 铝 26.981538(2)	14 Si 硅 28.0855(3)	15 P 磷 30.973761(2)	16 S 硫 32.065(5)	17 Cl 氯 35.453(2)	18 Ar 氩 39.948(1)	M L K	8 8 2
4	19 K 钾 39.0983(1)	20 Ca 钙 40.078(4)	21 Sc 钪 44.955910(8)	22 Ti 钛 47.867(1)	23 V 钒 50.9415(1)	24 Cr 铬 51.9961(6)	25 Mn 锰 54.938049(9)	26 Fe 铁 55.845(2)	27 Co 钴 58.933200(9)	28 Ni 镍 58.6934(2)	29 Cu 铜 63.546(3)	30 Zn 锌 65.39(2)	31 Ga 镓 69.723(1)	32 Ge 锗 72.64(1)	33 As 砷 74.92160(2)	34 Se 硒 78.96(3)	35 Br 溴 79.904(1)	36 Kr 氪 83.80(1)	N M L K	8 18 8 2
5	37 Rb 铷 85.4678(3)	38 Sr 锶 87.62(1)	39 Y 钇 88.90585(2)	40 Zr 锆 91.224(2)	41 Nb 铌 92.90638(2)	42 Mo 钼 95.94(1)	43 Tc 锝 (97.99)	44 Ru 钌 101.07(2)	45 Rh 铑 102.90550(2)	46 Pd 钯 106.42(1)	47 Ag 银 107.8682(2)	48 Cd 镉 112.411(8)	49 In 铟 114.818(3)	50 Sn 锡 118.710(7)	51 Sb 锑 121.760(1)	52 Te 碲 127.60(3)	53 I 碘 126.90447(3)	54 Xe 氙 131.293(6)	O N M L K	8 18 18 8 2
6	55 Cs 铯 132.90545(2)	56 Ba 钡 137.327(7)	57-71 La-Lu 镧系	72 Hf 铪 178.49(2)	73 Ta 钽 180.9479(1)	74 W 钨 183.84(1)	75 Re 铼 186.207(1)	76 Os 锇 190.23(3)	77 Ir 铱 192.217(3)	78 Pt 铂 195.078(2)	79 Au 金 196.96655(2)	80 Hg 汞 200.59(2)	81 Tl 铊 204.3833(2)	82 Pb 铅 207.2(1)	83 Bi 铋 208.98038(2)	84 Po 钋 (209.210)	85 At 砹 (210)	86 Rn 氡 (222)	P O N M L K	8 18 32 18 8 2
7	87 Fr 钫 (223)	88 Ra 镭 (226)	89-103 Ac-Lr 锕系	104 Rf 𬬻* (261)	105 Db 𬭊* (262)	106 Sg 𬭳* (263)	107 Bh 𬭛* (264)	108 Hs 𬭶* (265)	109 Mt 鿏* (268)	110 Ds * (269)	111 Uuu * (272)	112 Uub * (277)	……							

图1-2　元素周期表

周期表上竖排各列称为族，同一族元素具有相同的外壳层电子数，周期表两侧的各族ⅠA、ⅡA、ⅢA、…、ⅦA 分别对应于外壳层价电子数为 1、2、3、…、7 的情况，所以同一族元素具有非常相似的化学性能。例如ⅠA 族的 Li、Na、K 等都具有一个价电子，很容易失去价电子成为 1 价的正离子，因此化学性质非常活泼，都能与ⅦA 族元素氟、氯形成相似的氟化物和氯化物。最右边的 0 族元素，它们的外壳层 s、p 态均已充满，电子能量很低，十分稳定，不易形成离子，不能参与化学反应，是不活泼元素，在常温下原子不会形成凝聚态，故以气体形式存在，称为惰性气体。

周期表中部的ⅢB～ⅧB 对应着内壳层电子逐渐填充的过程，把这些内壳层未填满的元素称为过渡元素，由于外壳层电子状态没有改变，都只有 1～2 个价电子，这些元素都有典型的金属性。与ⅧB 族相邻的ⅠB、ⅡB 族元素，外壳层价电子数分别为 1 和 2，这点与ⅠA、ⅡA 族相似，但ⅠA、ⅡA 族的内壳层电子尚未填满，而ⅠB、ⅡB 族内壳层已填满，因此表现在化学性能上ⅠB、ⅡB 族元素不如ⅠA、ⅡA 族活泼。如ⅠA 族的钾（K）的电子排列为$\cdots 3p^6 4s^1$，而同周期的ⅠB 族 Cu，其电子排列为$\cdots 3p^6 3d^{10} 4s^2$，两者相比，钾的化学性能更活泼，更容易失去电子，电负性更弱。

从上面对周期表的构成以及各族元素的共性所作的分析中不难得出：各个元素所表现的行为或性质一定会呈现同样的周期性变化，因为原子结构从根本上决定了原子间的结合键，从而影响元素的性质。实验数据已证实了这一点，不论是决定化学性质的电负性，还是元素的物理性质（熔点、线膨胀系数）及元素晶体的原子半径都符合周期性变化规律。表 1-2 给出了电负性数据的周期变化，电负性是用来衡量原子吸引电子能力的参数。电负性越强，吸引电子能力越强，数值越大。在同一周期内，自左至右电负性逐渐增大，在同一族内自上至下电负性数据逐渐减小。这一规律将有助于理解材料的原子结合及晶体结构类型的变化。

表 1-2 元素的电负性（鲍林标度）

H																
2.10																
Li	Be											B	C	N	O	F
0.98	1.57											2.04	2.55	3.04	3.44	3.98
Na	Mg											Al	Si	P	S	Cl
0.93	1.31											1.61	1.90	2.19	2.58	3.16
K	Ca	Sc	Ti	V	Cr	Mn	Fe	Co	Ni	Cu	Zn	Ga	Ge	As	Se	Br
0.82	1.00	1.36	1.54	1.63	1.66	1.55	1.83	1.88	1.91	1.90	1.65	1.81	2.01	2.18	2.55	2.96
Rb	Sr	Y	Zr	Nb	Mo	Tc	Ru	Rh	Pd	Ag	Cd	In	Sn	Sb	Te	I
0.82	0.95	1.22	1.33	1.6	2.16	1.9	2.2	2.28	2.20	1.93	1.69	1.78	1.96	2.05	2.1	2.66
Cs	Ba	La	Hf	Ta	W	Re	Os	Ir	Pt	Au	Hg	Tl	Pb	Bi	Po	At
0.79	0.89	1.10	1.3	1.5	2.36	1.9	2.2	2.20	2.26	2.54	2.00	2.04	2.33	2.02	2.0	2.2

第二节 固体中的原子结合

一、结合力与结合能

固体中原子是依靠结合键力结合起来的，这一结合力是怎样产生的呢？下面以最简单的双原子模型来说明（图 1-3）。

不论是何种类型的结合键，固体原子间总存在两种力：一是吸引力，来源于异类电荷间的静电吸引；二是同种电荷之间的排斥力。根据库仑定律，吸引力和排斥力均随原子间距的增大而减小。但两者减小的情况不同，根据计算，排斥力更具有短程力的性质，即当距离很远时，排斥力很小，只有当原子间接近至电子轨道互相重叠时，排斥力才明显增大，并超过了吸引力（图 1-3a）。在某距离下吸引力与排斥力相等，两原子便稳定在此相对位置上，这一距离 r_0 相当于原子的平衡距离，或称原子间距。当原子距离被外力拉开时，相互吸引力则力图使它们缩回到平衡距离 r_0；反之，当原子受到压缩时，排斥力又起作用，使之回到平衡距离 r_0。

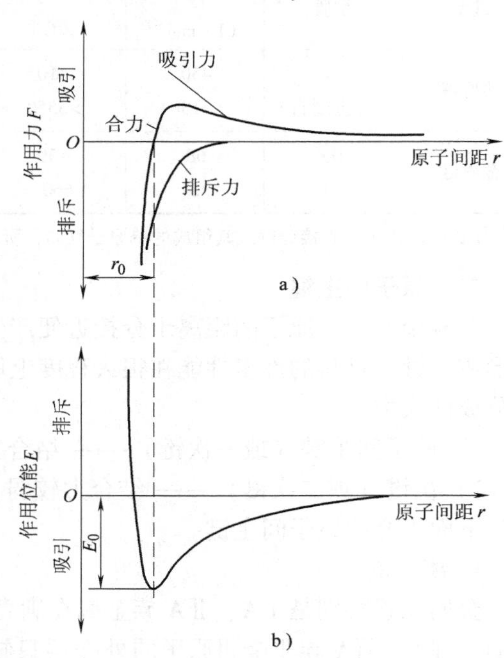

图 1-3 原子间结合力
a）原子间吸引力、排斥力、合力与原子间距的关系
b）原子间作用位能与原子间距的关系

虽然原子间的结合起源于原子间的静电作用力，但是在量子力学、热力学中总是从能量的观点来处理问题，因此下面也从能量的角度描述结合键的本质。根据物理学，力（F）和能量（E）之间的转换关系为

$$F = -\frac{\mathrm{d}E}{\mathrm{d}x}$$

$$E = -\int_0^x F\mathrm{d}x$$

两原子相互作用的能量随距离的变化如图 1-3b 所示。在作用力等于零的平衡距离下能量应该达到最低值，表明在该距离下体系处于稳定状态。能量曲线可解释如下：当两个原子无限远时，原子间不发生作用，作用能可视为零。当距离在吸引力作用下靠近时，体系的位能逐渐下降，到达平衡距离时，位能最低；当原子距离进一步接近，就必须克服反向排斥力，使作用能重新升高。通常把平衡距离下的作用能定义为原子的结合能 E_0。

结合能的大小相当于把两个原子完全分开所需做的功，结合能越大，则原子结合越稳定。结合能数据是利用测定固体的蒸发热而得到的，又称结合键能。表 1-3 给出了不同材料的键能和熔点数据。由表可见，结合方式不同，键能也不同。离子键、共价键的键能最大；金属键结合次之，其中又以过渡族金属最大；范德华键的结合能量最低，只有 ~ $10\mathrm{kJ\cdot mol^{-1}}$；氢键的结合能稍高些，约几十千焦每摩尔。

表 1-3 不同材料的键能和熔点

键型	物质	键能 /$\mathrm{kJ\cdot mol^{-1}}$	熔点 /℃	键型	物质	键能 /$\mathrm{kJ\cdot mol^{-1}}$	熔点 /℃
离子键	NaCl	640①	801	金属键	Fe	406	1538
	MgO	1000①	2800		W	849	3410

（续）

键型	物质	键能 /kJ·mol⁻¹	熔点 /℃	键型	物质	键能 /kJ·mol⁻¹	熔点 /℃
共价键	Si	450	1410	范德华键	Ar	7.7	-189
	C（金刚石）	713	>3550		Cl_2	3.1	-101
金属键	Hg	68	-39	氢键	NH_3	35	-78
	Al	324	660		H_2O	51	0

① 这些固体不是直接分解成其组成的单原子气体，所以数据不是准确的蒸发热。

二、原子间主键

在凝聚态下，原子间距离十分接近便产生了原子间的作用力，使原子结合在一起，或者说形成了键。材料的许多性能在很大程度上取决于原子结合键。根据结合力的强弱可把结合键分成两大类：

1）原子间主键（或一次键）—— 结合力较强，包括离子键、共价键和金属键。

2）次键（或二次键）—— 结合力较弱，包括范德华键和氢键。

下面先介绍原子间主键。

1. 离子键

金属元素特别是ⅠA、ⅡA族金属在满壳层外面有少数价电子，它们很容易逸出；另一方面，ⅦA、ⅥA族非金属原子的外壳层只缺少1~2个电子便成为稳定的电子结构。当两类原子结合时，金属原子的外层电子很可能转移至非金属原子外壳层上，使两者都得到稳定的电子结构，从而降低了体系的能量，此时金属原子和非金属原子分别形成正离子与负离子，正、负离子间相互吸引，使原子结合在一起，这就是离子键。

氯化钠是典型的离子键结合，钠原子将其3s态电子转移至氯原子的3d态上，这样两者都达到稳定的电子结构，正的钠离子与负的氯离子相互吸引，稳定地结合在一起（图1-4）。MgO是重要的工程陶瓷，也是以离子键结合的，金属镁原子有两个价电子转移至氧原子上。此外，如Mg_2Si、CuO、CrO_2、MoF_2等也是以离子键结合为主。

2. 共价键

价电子数为四个的ⅣA族元素或五个的ⅤA族元素，离子化比较困难，例如ⅣA族的碳有四个价电子，失去这些电子而达到稳态结构所需的能量很高，因此不易实现离子键结合。在这种情况下，相邻原子间可以共同组成一个新的电子轨道，两个原子中各有一个电子共用，利用共享电子对来达到稳定的电子结构。金刚石是共价键结合的典型，图1-5表示了它的结合情况，碳的四个价电子分别与其周围的四个碳原子组成四个共用电子对，达到八个电子的稳定结构。此时各个电子对之间

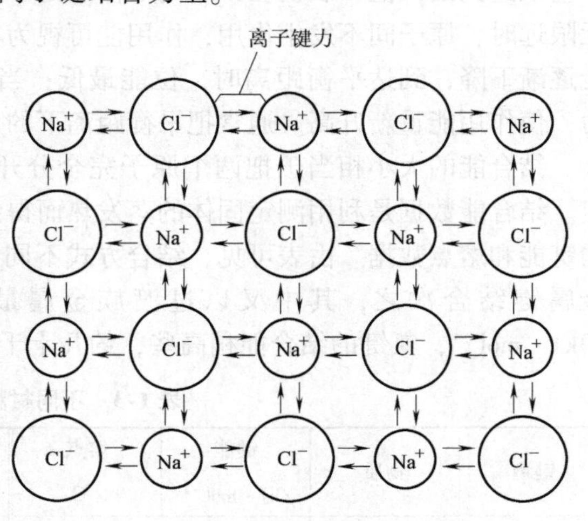

图1-4 NaCl的离子结合键示意图

静电排斥，因而它们在空间以最大的角度互相分开，互成109.5°，于是形成一个正四面体（图1-5a），碳原子分别处于四面体中心及四个顶角位置，正是依靠共价键将许多碳原子形成坚固的网络状大分子。共价结合时由于电子对之间的强烈排斥力，使共价键具有明显的方向性（图1-5b），这是其他键所不具备的。由于方向性，不允许改变原子间的相对位置，所以材料不具塑性且比较坚硬，像金刚石就是世界上最坚硬的物质之一。

此外，ⅤA、ⅥA族元素也常易形成共价结合，对ⅤA族元素，外壳层已有五个价电子，只要形成三个电子对就达到稳定的电子结构。同理，ⅥA族元素只要有两个公用电子对即可满足。这样可以得出，共价结合时所需的共用电子对数目应等于原子获得满壳层所需的电子数，如原子的价电子数为N，那么应建立$(8-N)$个共用电子对才达到共价结合。当然，当N大于4时，即共用电子对数低于4时，不可能形成像金刚石那样的空间网络状大分子。对于ⅥA族，两个共用电子对把元素结合成链状大分子，而ⅤA族的三个共用电子对把元素结合成层状大分子，这些链状、层状大分子再依靠下面将要讨论的二次键结合起来，成为大块的固体材料。

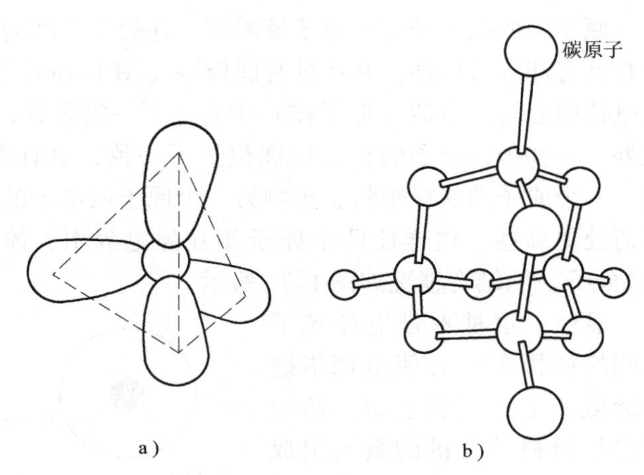

图1-5 金刚石的共价结合及其方向性
a) 正四面体 b) 共价键的方向性

3. 金属键

金属原子很容易失去其外壳层价电子而具有稳定的电子壳层，形成带正电荷的阳离子。当许多金属原子结合时，这些阳离子常在空间整齐地排列，而远离核的电子则在各正离子之间自由游荡，形成电子的“海洋”或“电子气”，金属正是依靠正离子与自由电子之间的相互吸引而结合起来的（图1-6）。不难理解，金属键没有方向性。正离子之间改变相对位置并不会破坏电子与正离子间的结合力，因而金属具有良好的塑性。同样，金属正离子被另一种金属的正离子取代时也不会破坏结合键，这种金属之间的溶解（称固溶）能力也是金属的重要特性。此外，金属导电性、导热性以及金属晶体中原子的密集排列等，都直接起因于金属键结合。

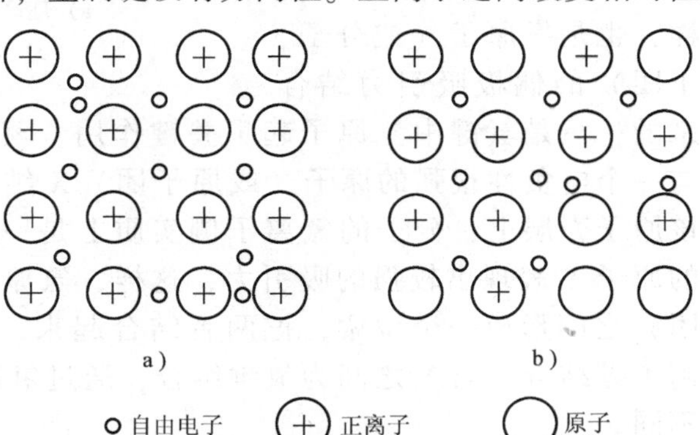

图1-6 金属键结合示意图

三、次键

主键的三种结合方式都是依靠外壳层电子转移或共享的方式形成稳定电子壳层的，从而使原子间相互结合起来。在另一些情况下，原子或分子本身已具有稳定的电子结构，如惰性气体及 CH_4、CO_2、H_2 或 H_2O 等分子，分子内部靠共价键结合使单个分子的电子结构十分稳定，分子内部具有很强的内聚力。然而，众多的气体分子仍然可凝聚成液体或固体，显然它们的结合键本质不同于主键，不是依靠电子的转移或共享，而是借原子之间的偶极吸引力结合而成，这就是次键。

1. 范德华键

原子中的电子分布于原子核周围，并处于不断的运动状态。所以从统计的角度，电子的分布具有球形对称性，并不具有偶极矩（图 1-7a）。然而，实际上由于各种原因导致原子的负电荷中心与正电荷（原子核）中心并不一定重叠，这种分布产生一个偶极矩（图 1-7b）。此外，一些极性分子的正负电性位置不一致，也有类似的偶极矩。当原子或分子互相靠近时，一个原子的偶极矩将会影响另一个原子内电子的分布，电子密度在靠近第一个原子的正电荷处更高些，这样使两个原子相互静电吸引，体系就处于较低的能量状态。众多原子（或分子）的结合情况如图 1-7c 所示。

显然，这种不带电荷粒子之间的偶极吸引力使范德华键力远低于上述三种主键。然而它仍是材料结合键的重要组成部分，依靠它大部分气体才能聚合为液态甚至固态。当然它们的稳定性极差，例如，若将液氮倒在地面上，室温下的热扰动就足以破坏这一键力，使之转化为气体。另外，工程材料中的塑料、石蜡等也是依靠它将大分子链结合为固体的。

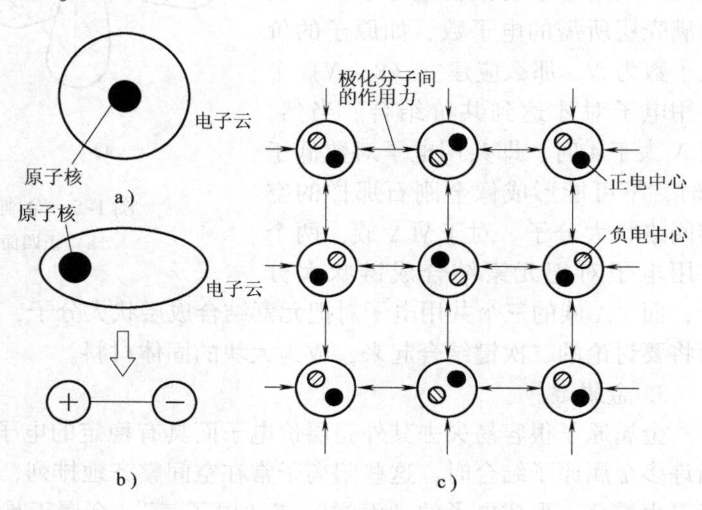

图 1-7 范德华键力示意图
a）理论的电子云分布 b）原子偶极矩的产生
c）原子（或分子）间的范德华键结合

2. 氢键

氢键的本质与范德华键一样，也是靠原子（或分子、原子团）的偶极吸引力结合起来的，只是氢键中氢原子起了关键作用。氢原子很特殊，只有一个电子。当氢原子与一个电负性很强的原子（或原子团）X 结合成分子时，氢原子的一个电子转移至该原子壳层上；分子的氢离子侧实质上是一个裸露的质子，对另一个电负性值较大的原子 Y 表现出较强的吸引力，这样，氢原子便在两个电负性很强的原子（或原子团）之间形成一个桥梁，把两者结合起来，成为氢键。氢与 X 原子（或原子团）为离子键结合，与 Y 之间为氢键结合，通过氢键将 X、Y 结合起来，X 与 Y 可以相同或不同。

水或冰是典型的氢键结合，它们的分子 H_2O 具有稳定的电子结构，但由于氢原子单个电子的特点使 H_2O 分子具有明显的极性，因此氢与另一个水分子中的氧原子相互吸引，这一氢原子在相邻水分子的氧原子之间起了桥梁的作用（图 1-8）。

氢键的结合力较范德华键强，在带有—COOH、—OH、—NH_2 原子团的高分子聚合物中常出现氢键，依靠它将长链分子结合起来。氢键在一些生物分子如 DNA 中也起重要的作用。

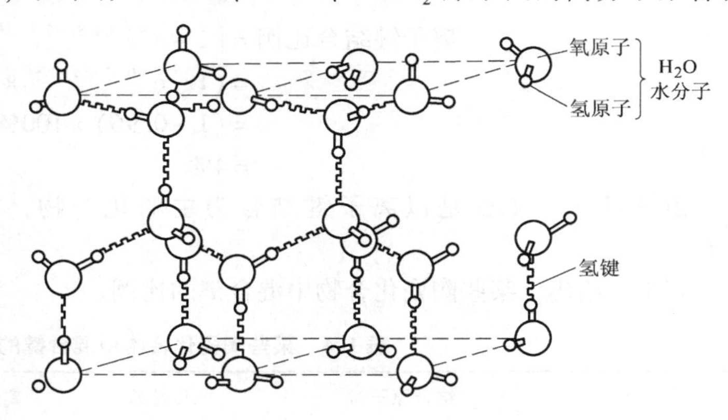

图 1-8　冰中水分子的排列及氢键的作用

四、混合键

初看起来，上述各种键的形成条件完全不同，故对于某一具体材料而言，似乎只能满足其中的一种，只具有单一的结合键，如金属应为金属键，ⅣA 族元素应为共价键，电负性不同的元素应结合成离子键。然而，实际材料中单一结合键的情况并不是很多，前面讲的只是一些典型的例子，大部分材料的内部原子结合键往往是各种键的混合。

例如，金刚石（ⅣA 族 C）具有单一的共价键，那么同族元素 Si、Ge、Sn、Pb 也有四个价电子，是否也可形成与金刚石完全相同的共价结合呢？由于周期表中同族元素的电负性自上至下逐渐下降，即失去电子的倾向逐渐增大，因此这些元素在形成共价结合的同时，电子有一定的几率脱离原子成为自由电子，意味着存在一定比例的金属键，因此ⅣA 族的 Si、Ge、Sn 元素的结合是共价键与金属键的混合。金属键所占比例按此顺序递增，到 Pb 时，由于电负性已很低，就成为完全的金属键结合。此外，金属主要是金属键，但也会出现一些非金属键，如过渡族元素（特别是高熔点过渡族金属 W、Mo 等）的原子结合中也会出现少量的共价结合，这正是过渡金属具有高熔点的内在原因。又如金属与金属形成的金属间化合物（如 CuGe），尽管组成元素都是金属，但是两者的电负性不一样，有一定的离子化倾向，于是构成金属键和离子键的混合键，两者的比例视组成元素的电负性差异而定，因此它们不具有金属特有的塑性，往往很脆。

陶瓷化合物中出现离子键与共价键混合的情况更是常见，通常金属正离子与非金属离子所组成的化合物并不是纯粹的离子化合物，它们的性质不能仅用离子键予以理解。化合物中离子键的比例取决于组成元素的电负性差，电负性相差越大，则离子键比例越高，鲍林推荐以下公式来确定化合物 AB 中离子键结合的相对值

$$\text{离子键结合比例} = \left[1 - e^{-\frac{1}{4}(X_A - X_B)^2}\right] \times 100\% \tag{1-1}$$

式中，X_A、X_B 分别为化合物组成元素 A、B 的电负性数值。

例 1-1　计算化合物 MgO 和 GaAs 中离子键结合的比例。

解：（1）MgO 据表 1-2 得电负性数据 $X_{Mg} = 1.31$，$X_O = 3.44$，代入式（1-1）得

$$\begin{aligned}\text{离子键结合比例} &= \left[1 - e^{-\frac{1}{4}(1.31 - 3.44)^2}\right] \times 100\% \\ &= (1 - e^{-0.25 \times 4.64}) \times 100\% \\ &= (1 - 0.32) \times 100\% \\ &= 68\%\end{aligned}$$

（2） GaAs 据表 1-2 得 $X_{Ga}=1.81$，$X_{As}=2.18$，代入式（1-1）得

$$\begin{aligned}离子键结合比例 &= [1-e^{-\frac{1}{4}(1.81-2.18)^2}]\times 100\% \\ &= (1-e^{-0.25\times 0.137})\times 100\% \\ &= (1-0.96)\times 100\% \\ &= 4\%\end{aligned}$$

由解可知：MgO 是以离子键结合为主的化合物，而 GaAs 则基本上是以共价键结合。

表 1-4 给出了某些陶瓷化合物中混合键的比例。

表 1-4　某些陶瓷化合物中混合键的比例

化合物	结合原子对	电负性差	离子键比例（%）	共价键比例（%）
MgO	Mg-O	2.13	68	32
Al_2O_3	Al-O	1.83	57	43
SiO_2	Si-O	1.54	45	55
Si_3N_4	Si-N	1.14	28	72
SiC	Si-C	0.65	10	90

另一种类型混合键表现为两种类型的键独立地存在，例如，一些气体分子以共价键结合，而分子凝聚则依靠范德华力。聚合物和许多有机材料的长链分子内部是共价结合，链与链之间则为范德华力或氢键结合。又如石墨碳的片层上为共价结合，而片层间则为范德华力二次键结合。

正由于大多数工程材料的结合键是混合的，混合的方式、比例又可随材料的组成而变，因此材料的性能可在很广的范围内变化，从而满足工程实际中各种不同的需要。

第三节　晶态固体的结构

一、晶体结构

如果不考虑材料的结构缺陷，原子的排列可分为无序排列、短程有序和长程有序三个等级，如图 1-9 所示。

物质的质点（分子、原子或离子）在三维空间作有规律的周期性重复排列所形成的物质叫晶体，如图 1-9d 所示。

非晶体在整体上是无序的，但原子间也靠化学键结合在一起，所以在有限的小范围内观察原子排列还有一定规律，可以将非晶体的这种结构称为短程有序，如图 1-9b、c 所示。

多数材料在固态下通常都以晶体形式存在，依结合键类型不同，晶体可分为金属晶体、离子晶体、共价晶体和分子晶体，不同晶体材料的结构不同。晶体小原子（离子或分子）在三维空间的具体排列方式称为晶体结构。材料的性质通常都与其晶体结构有关，因此研究和控制材料的晶体结构，对制造、使用和发展材料均具有重要的意义。

二、空间点阵和晶胞

在实际晶体中，由于组成晶体的物质质点及其排列的方式不同，可能存在的晶体结构有无限多种。由于晶体结构的种类繁多，不便于对其规律进行全面的系统性研究，故人为地将晶体结构抽象为空间点阵。所谓空间点阵，是指由几何点在三维空间作周期性的规则排列所形成的三维阵列。构成空间点阵的每一个点称为阵点或结点。为了表达空间点阵的几何规律，常人为地将阵点用一系列相互平行的直线连接起来形成空间格架，称之为晶格，如图 1-10 所示。构成晶格的最基本单元称为晶胞，图 1-10b 的右上方用粗黑线所标出的小平行六面体就是这种晶格的晶胞。可见，晶胞在三维空间重复堆砌就构成了空间点阵。

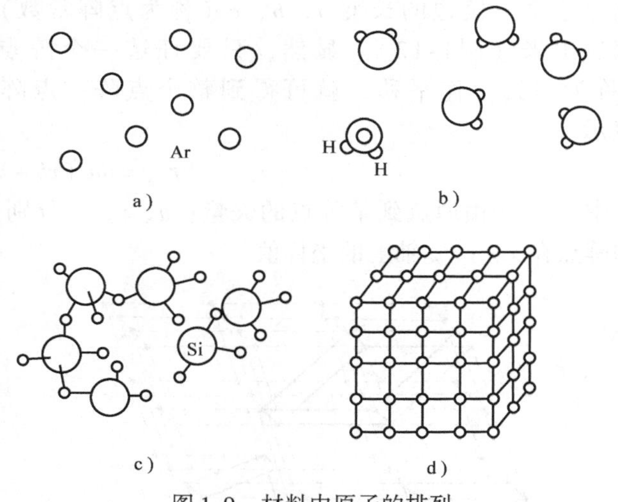

图 1-9　材料中原子的排列

a）惰性气体无序排列　b)、c）有些材料包括水蒸气和玻璃的短程有序排列　d）金属及其他许多材料的长程有序排列

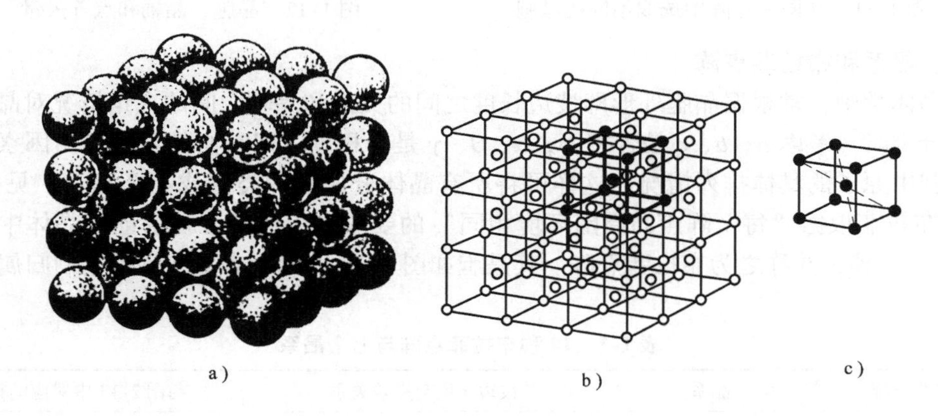

图 1-10　晶体结构

a）晶体　b）晶格　c）晶胞

应该指出，在同一空间点阵中可以选取多种不同形状和大小的平行六面体作为晶胞，如图 1-11 所示。为统一起见，规定在选取晶胞时应满足下列条件：①要能充分反映整个空间点阵的对称性；②在满足①的基础上，晶胞要具有尽可能多的直角；③在满足①、②的基础上，所选取的晶胞体积要最小。根据这些原则，所选出的晶胞可分为简单晶胞（也称初级晶胞）和复合晶胞（也称非初级晶胞）。简单晶胞即只在平行六面体的八个角顶上有阵点，而每个角顶上的阵点又分属于八个简单晶胞，故每个简单晶胞中只含有一个阵点。复合晶胞除在平行六面体的八个角顶上有阵点外，在其体心、面心或底心等位置上也有阵点，因此每个复合晶胞中含有一个以上的阵点。

为描述晶胞的形状和大小，在建立坐标系时常以晶胞角上的某一阵点为原点，以该晶胞上过原点的三个棱边为坐标轴 x、y、z（称为晶轴），则晶胞的形状和大小即可由这个三棱边的长度 a、b、c（称为点阵常数）及其夹角 α、β、γ 这六个参数完全表达出来（图1-12）。显然，只要任选一个阵点为原点，将 $\boldsymbol{a}$、$\boldsymbol{b}$、$\boldsymbol{c}$ 三个点阵矢量（称为基矢）作平移，就可得到整个点阵。点阵中任一基点的位置均可用下列矢量表示

$$\boldsymbol{r}_{uvw} = u\boldsymbol{a} + v\boldsymbol{b} + w\boldsymbol{c} \tag{1-2}$$

式中，$\boldsymbol{r}_{uvw}$ 为由原点到某阵点的矢量；u、v、w 分别为沿三个点阵矢量方向平移的基矢数，即阵点在 x、y、z 轴上的坐标值。

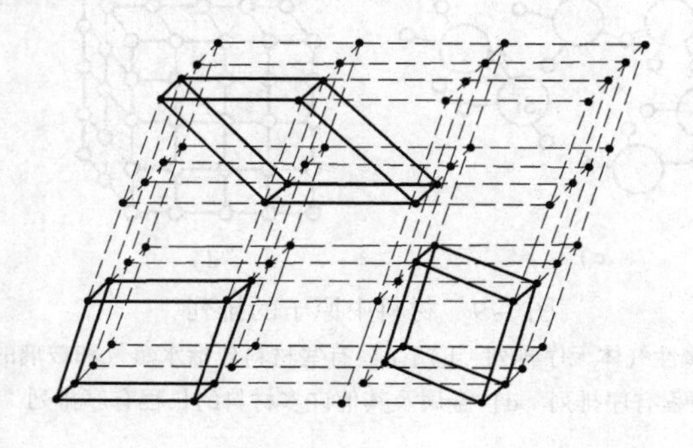

图 1-11　在同一点阵中选取不同的晶胞

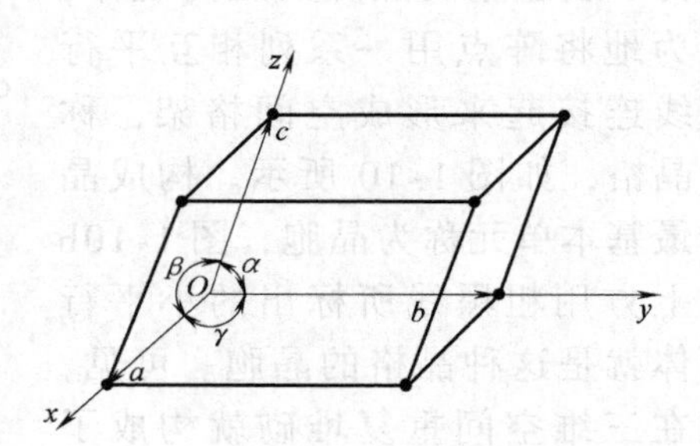

图 1-12　晶胞、晶轴和点阵矢量

三、晶系和布拉菲点阵

在晶体学中，常根据晶胞外形即棱边长度之间的关系和晶轴之间的夹角情况对晶体进行分类。分类时只考虑 a、b、c 是否相等，α、β、γ 是否相等，即它们是否呈直角因素，因不涉及晶胞中原子的具体排列情况，这样可将所有晶体分成七种类型或七个晶系，见表 1-5。1848 年布拉菲根据“每个阵点的周围环境相同”的要求，用数学分析法证明晶体中的空间点阵只有 14 种，并称之为布拉菲点阵。其晶胞如图 1-13 所示，表 1-5 则把它们归属于七个晶系。

表 1-5　14 种布拉菲点阵与七个晶系

布拉菲点阵	晶系	棱边长度与夹角关系	与图 2-13 中对应的符号
简单立方	立方	$a=b=c$，$\alpha=\beta=\gamma=90°$	1
体心立方			2
面心立方			3
简单四方	四方	$a=b\neq c$，$\alpha=\beta=\gamma=90°$	4
体心四方			5
简单菱方	菱方	$a=b=c$，$\alpha=\beta=\gamma\neq 90°$	6
简单六方	六方	$a=b$，$\alpha=\beta=90°$，$\gamma=120°$	7
简单正交	正交	$a\neq b\neq c$，$\alpha=\beta=\gamma=90°$	8
底心正交			9
体心正交			10
面心正交			11

（续）

布拉菲点阵	晶系	棱边长度与夹角关系	与图 2-13 中对应的符号
简单单斜 底心单斜	单斜	$a \neq b \neq c$, $\alpha = \beta = 90° \neq \gamma$	12 13
简单三斜	三斜	$a \neq b \neq c$, $\alpha \neq \beta \neq \gamma \neq 90°$	14

四、晶向指数和晶面指数

在材料科学中，讨论有关晶体的生长、变形和固态相变等问题时，常要涉及到晶体中的某些方向（晶向）和某些平面（晶面）。空间点阵中各阵点列的方向代表晶体小原子排列的方向，称为晶向。通过空间点阵中的任意一组阵点的平面代表晶体中的原子平面，称为晶面。为方便起见，人们通常用一种符号即晶向指数和晶面指数来分别表示不同的晶向和晶面。国际上通用的是密勒（Miller）指数。

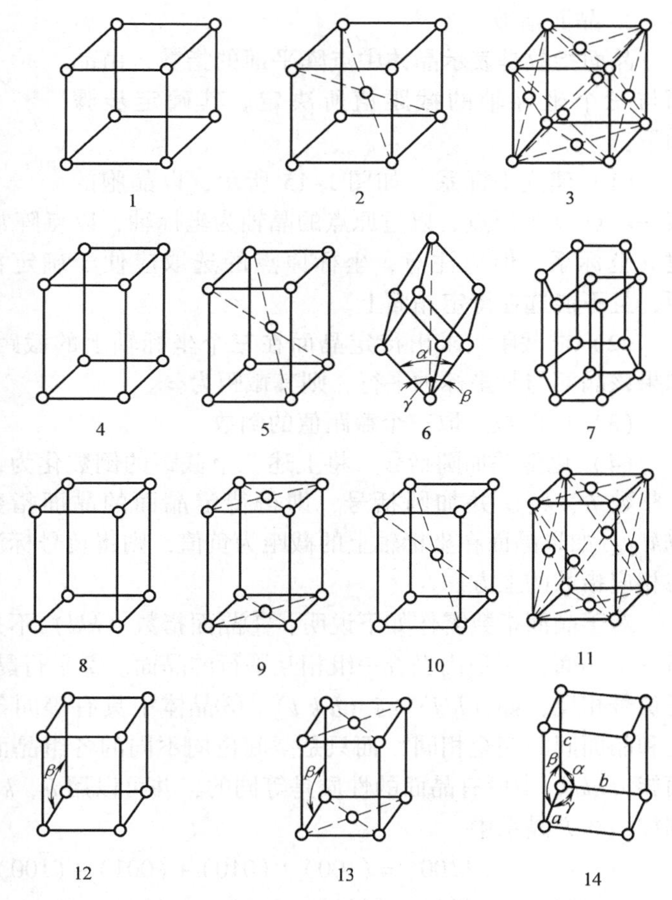

图 1-13　14 种布拉菲点阵的晶胞

1. 晶向指数

晶向指数是表示晶体中点阵方向的指数，由晶向上阵点的坐标值决定。确定步骤如下：

（1）建立坐标系　如图 1-14 所示，以晶胞中待定晶向上的某一阵点 O 为原点，以过原点的晶轴为坐标轴，以晶胞的点阵常数 a、b、c 分别为 x、y、z 坐标轴的长度单位，建立坐标系。

（2）确定坐标值　在待定晶向 OP 上确定距原点最近的一个阵点 P 的三个坐标值。

（3）化整并加方括号　将三个坐标值化为最小整数 u、v、w，并加方括号，即得待定晶向 OP 的晶向指数 $[uvw]$。如果 u、v、w 中某一数为负值，则将负号标注在该数的上方。

对于晶向指数需作如下说明：①一个晶向指数代表着相互平行、方向一致的所有晶向。②若晶体中两晶向相互平行但方向相反，则晶向指数中的数字相同，而符号相反，如 $[11\bar{2}]$ 和 $[\bar{1}\bar{1}2]$ 等。③晶体中原子排列情况相同但空间位向不同的一组晶向称为晶向族，用 $<uvw>$ 表示。例如立方晶系中的 $[111]$、$[\bar{1}11]$ $[1\bar{1}1]$、$[11\bar{1}]$、$[\bar{1}\bar{1}1]$、$[1\bar{1}\bar{1}]$、

$[\bar{1}1\bar{1}]$、$[\bar{1}\,\bar{1}\,\bar{1}]$八个晶向是立方体中四个体对角线的方向，它们的原子排列情况完全相同，属于同一晶向族，故用$<111>$表示。如果不是立方晶系，改变晶向指数的顺序所表示的晶向可能不是等同的。如正交晶系中，[100]、[010]、[001] 这三个晶向就不是等同晶向，因为在这三个晶向上的原子间距分别为 a、b、c，其上的原子排列情况不同，性质也不同，所以不能属于同一晶向族。

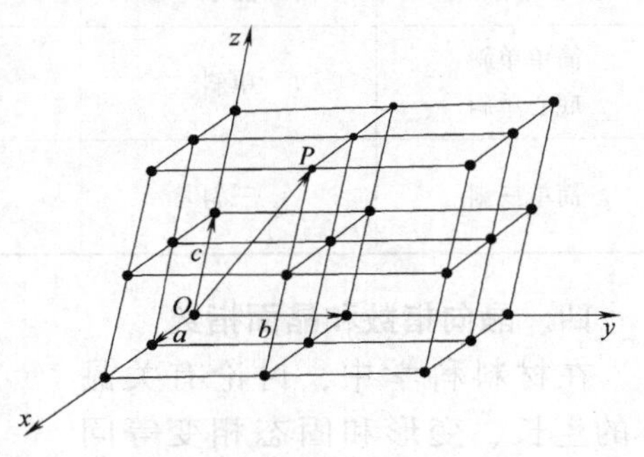

图 1-14　晶向指数的确定

2. 晶面指数

晶面指数是表示晶体中点阵平面的指数，由晶面与三个坐标轴的截距值所决定。其确定步骤如下：

(1) 建立坐标系　如图 1-15 所示，以晶胞的某一阵点 O 为原点，以过原点的晶轴为坐标轴，以点阵常数 abc 为三个坐标轴的长度单位，建立坐标系。但应注意，坐标原点的选取应便于确定截距，且不能选在待定晶面上。

(2) 求截距　求出待定晶面在三个坐标轴上的截距。如果该晶面与某坐标轴平行，则其截距为∞ 。

(3) 取倒数　取三个截距值的倒数。

(4) 化整并加圆括号　将上述三个截距的倒数化为最小整数 h、k、l 并加圆括号，即得待定晶面的晶面指数 (hkl)。如果晶面在坐标轴上的截距为负值，则将负号标注在相应指数的上方。

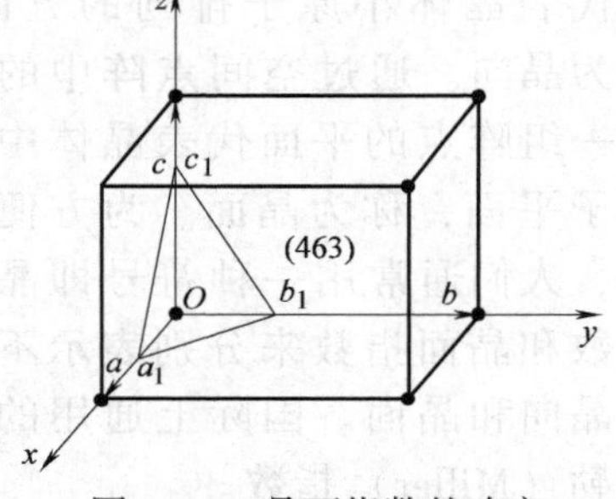

图 1-15　晶面指数的确定

$Oa_1=\frac{1}{2}a \quad Ob_1=\frac{1}{3}b \quad Oc_1=\frac{2}{3}c$

对于晶面指数需作如下说明：①晶面指数 (hkl) 不是指一个晶面，而是代表着一组相互平行的晶面。②平行晶面的晶面指数相同，或数字相同而正负号相反，如 (hkl) 与 $(\bar{h}\,\bar{k}\,\bar{l})$。③晶体中具有等同条件（即这些晶面上的原子排列情况和晶面间距完全相同）而只是空间位向不同的各组晶面称为晶面族，用 $\{hkl\}$ 表示。晶面族 $\{hkl\}$ 中所有晶面的性质是等同的，并可以用 h、k、l 三个数字的排列组合方法求得。例如，立方晶系中

$$\{100\}=(100)+(010)+(001)+(\bar{1}00)+(0\bar{1}0)+(00\bar{1})$$

$$\{111\}=(111)+(\bar{1}11)+(1\bar{1}1)+(11\bar{1})+(\bar{1}\,\bar{1}1)+(1\bar{1}\,\bar{1})+(\bar{1}1\bar{1})+(\bar{1}\,\bar{1}\,\bar{1})$$

对于正交晶系，由于晶面 (100)、(010)、(001) 上原子排列情况不同，晶面间距不等，故不属于同一晶面族。④在立方晶系中，具有相同指数的晶向和晶面必定相互垂直，例如 [100] ⊥ (100)、[111] ⊥ (111) 等，但此关系不适用于其他晶系。

3. 六方晶系的晶向指数和晶面指数

为了更清楚地表明六方晶系的对称性，对六方晶系的晶向和晶面通常采用密勒-布拉菲指数表示。如图 1-16 所示，该种表示方法是采用 a_1、a_2、a_3 和 c 四个坐标轴，a_1、a_2、a_3 位于同一底面上，并互成 120°，c 轴与底面垂直。晶面指数的标定方法与三轴坐标系相同，但需用 $(hkil)$ 四个数来表示。如密排六方晶胞的上基面在四个轴上的截距为：$a_1=\infty$，

$a_2=\infty$，$a_3=\infty$，$c=1$，分别取倒数后即可求得该面的晶面指数为（0001）。用同样的方法可以求出其他各晶面的晶面指数（图 1-16a）。

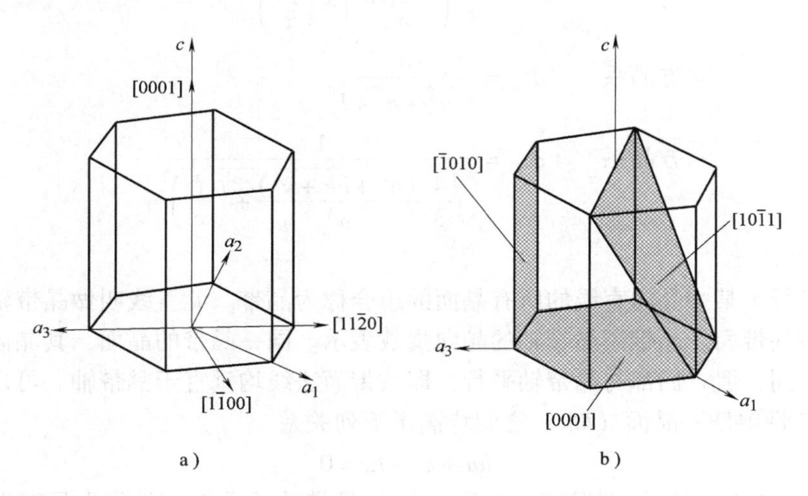

图 1-16 六方晶系

a）晶面指数 b）晶向指数

应该指出，位于同一平面上的 h、k、i 三个坐标数中必定有一个不是独立的，可以证明它们之间存在下列关系

$$i=-(h+k) \tag{1-3}$$

同样，在四轴坐标系中晶向指数的确定方法也和三轴坐标系相同。但需要用［$uvtw$］四个数来表示。并且 uvt 中也只能有两个是独立的，它们之间存在下列关系

$$t=-(u+v) \tag{1-4}$$

根据上述关系，晶向指数的标定步骤如下：从原点出发，沿着平行于四个晶轴的方向依次移动，使之最后达到待定晶向上的某一结点。移动时必须选择适当的路线，使沿 a_3 轴移动的距离等于沿 a_1、a_2 两轴移动的距离之和的负值，将各方向移动距离化为最小整数值，加上方括号，即为此晶向的晶向指数。这种方法的优点是由晶向指数画晶向时特别方便，且等同晶向可以从晶向指数上反映出来。但用此法标定晶向指数比较麻烦，通常是先用三轴坐标系标出待定晶向的晶向指数［uvw］，然后再按式（1-5）换算成四轴坐标系的晶向指数［$uvtw$］。

$$u=\frac{(2U-V)}{3},\ v=\frac{(2V-U)}{3},\ t=-\frac{(U+V)}{3},\ w=W \tag{1-5}$$

4. 晶面间距

晶面间距是指相邻两个平行晶面之间的距离。晶面间距越大，晶面上原子的排列就越密集，晶面间距最大的晶面通常是原子最密排的晶面。晶面族｛hkl｝指数不同，其晶面间距也不相同，通常是低指数的晶面其间距较大。晶面间距 d_{hkl} 与晶面指数（hkl）和点阵常数（a，b，c）之间有如下关系

正交晶系 $$d_{hkl}=\frac{1}{\sqrt{\left(\frac{h}{a}\right)^2+\left(\frac{k}{b}\right)^2+\left(\frac{l}{c}\right)^2}}$$

四方晶系 $d_{hkl}=\dfrac{1}{\sqrt{\left(\dfrac{h^2+k^2}{a^2}\right)+\left(\dfrac{l}{c}\right)^2}}$

立方晶系 $d_{hkl}=\dfrac{a}{\sqrt{h^2+k^2+l^2}}$ (1-6)

六方晶系 $d_{hkl}=\dfrac{1}{\sqrt{\dfrac{4}{3}\dfrac{(h^2+hk+k^2)}{a^2}+\left(\dfrac{l}{c}\right)^2}}$

5. 晶带

相交和平行于某一晶向直线的所有晶面的组合称为晶带。此直线叫做晶带轴。同一晶带中的晶面叫做共带面。晶带用晶带轴的晶向指数表示。同一晶带的晶面，其晶面指数和晶间距可能完全不同，但它们都与晶带轴平行，即共带面法线均垂直于晶带轴。可以证明晶带轴［uvw］与该晶带中任一晶面（hkl）之间均满足下列关系

$$hu+kv+lw=0 \tag{1-7}$$

凡满足式（1-7）的晶面都属于以［uvw］为晶带轴的晶带，此称为晶带定律。据此可得出如下推论：

1）已知两不平行晶面（$h_1k_1l_1$）和（$h_2k_2l_2$），则由其所决定的晶带轴［uvw］由下式求得

$$u=k_1l_2-k_2l_1,\ v=l_1h_2-l_2h_1,\ w=h_1k_2-h_2k_1 \tag{1-8}$$

2）已知两不平行晶向［$u_1v_1w_1$］和［$u_2v_2w_2$］，则由其所决定的晶面指数（hkl）由下式求得

$$h=v_1w_2-v_2w_1,\ k=w_1u_2-w_2u_1,\ l=u_1v_2-u_2v_1 \tag{1-9}$$

例1-2 在一个面心立方晶胞中画出［012］和［$1\bar{2}3$］晶向（图1-17）。

解：为了在一个晶胞中表示出不同指数的晶向，首先应将晶向指数中的三个数值分别除以三个数中绝对值最大的一个数的正值。如［012］的各个指数除以2得0、$\frac{1}{2}$、1；［$1\bar{2}3$］的各个指数除以3得$\frac{1}{3}$、$-\frac{2}{3}$、1，此即晶向上的某点在各坐标轴上的坐标值。然后根据各坐标值的正负情况建立坐标系，［012］的坐标值均为正值，故其坐标原点应选在O_1点；［$1\bar{2}3$］在x和z轴上的坐标值为正值，而在y轴上的坐标值为负值，故其坐标原点应选在O_2点，这样可在不改变坐标轴方向的情况下，使所画出的晶向位于同一个晶胞之内。最后根据坐标值分别确定出由两个晶向指数所决定的坐标点P_1和P_2，并分别连接O_1和P_1、O_2和P_2，即得由两晶向指数所表示的晶向O_1P_1和O_2P_2，如图1-17所示。

例1-3 在一个面心立方晶胞中画出（012）和（$1\bar{2}3$）晶面（图1-18）。

解：为了在一个晶胞中表示出不同指数的晶面，首先应将晶面指数中的三个数值分别取倒数。如（012）的各个指数分别取倒数后得∞、1、$\frac{1}{2}$；（$1\bar{2}3$）的各个指数分别取倒数后得1、$-\frac{1}{2}$、$\frac{1}{3}$，此即晶面在三个坐标轴上的截距。然后根据各截距的正负情

况建立坐标系，(012) 的坐标原点应选在 O_3 点，$(1\bar{2}3)$ 的坐标原点应选在 O_4 点，这样可在不改变坐标轴方向的情况下，使所画出的晶面位于同一个晶胞内。最后根据截距分别确定出由两个晶面指数所决定的晶面在各个坐标轴上的坐标点 x_3、y_3、z_3 和 x_4、y_4、z_4，并分别连接 x_3、y_3、z_3 和 x_4、y_4、z_4，即得由两晶面指数所表示的晶面，如图 1-18 所示。

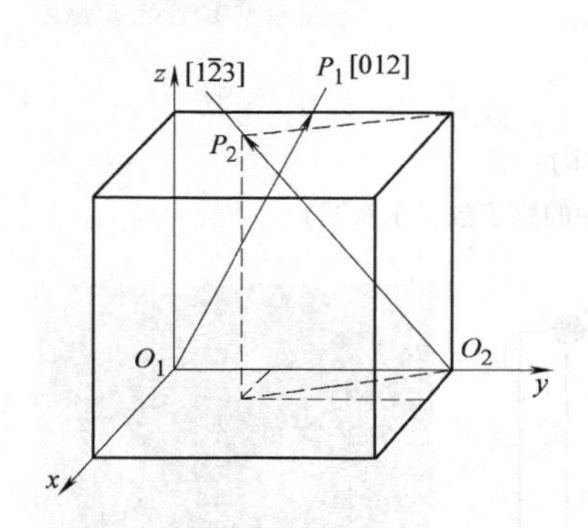

图 1-17　[012] 和 $[1\bar{2}3]$ 晶向的确定

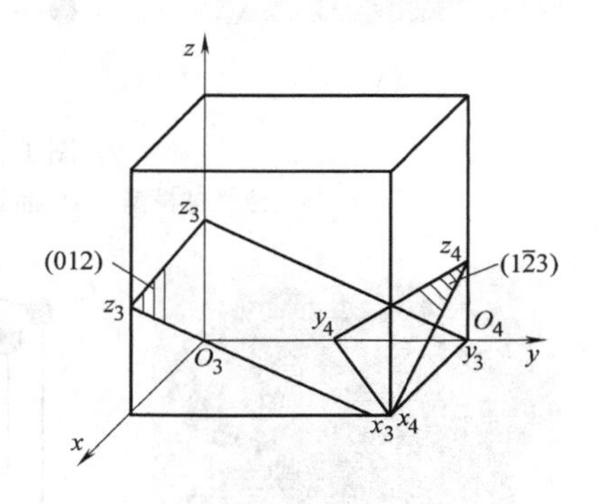

图 1-18　(012) 和 $(1\bar{2}3)$ 晶面的确定

第四节　典型金属的晶体结构

金属晶体中结合键是金属键，由于金属键没有方向性和饱和性，使大多数金属晶体都具有排列紧密、对称性高的简单晶体结构。最常见的金属晶体通常具有面心立方 (fcc)、体心立方 (bcc) 和密排立方 (hcp) 三种晶体结构。如把金属原子看做刚性球，则这三种晶体结构的晶胞分别如图 1-19、图 1-20、图 1-21 所示。

a)

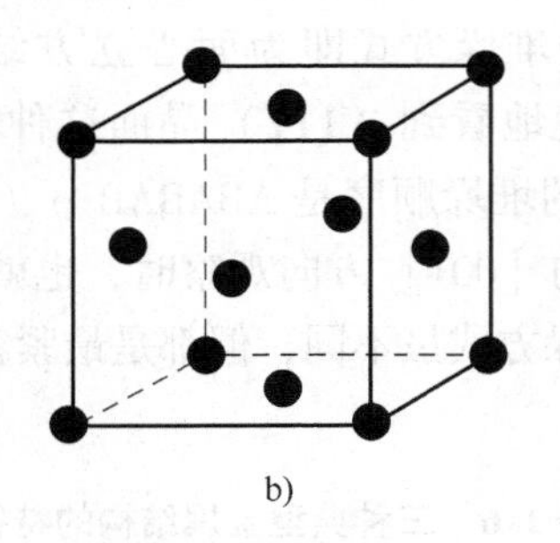

b)

c)

图 1-19　面心立方结构

a) 刚性球模型　b) 晶胞模型　c) 晶胞中的原子数 (示意图)

一、原子的堆垛方式

由图 1-19a、图 1-20a、图 1-21a 可见，三种晶体结构中均有一组原子密排面和原子密排方向，如表 1-6 所示。各种原子密排面在空间沿其法线方向一层层平行堆垛，即可分别组成上述三种晶体结构。由图 1-22 和图 1-23 可以看出，面心立方结构中 $(1\bar{1}1)$ 晶面和密排六方结构中 (0001) 晶面上原子排列情况完全相同。若将第一层密排面上原子排列的位置用字母 A 表示，则在 A 面上每三个相邻原子之间就有一个空隙，并有△形和▽

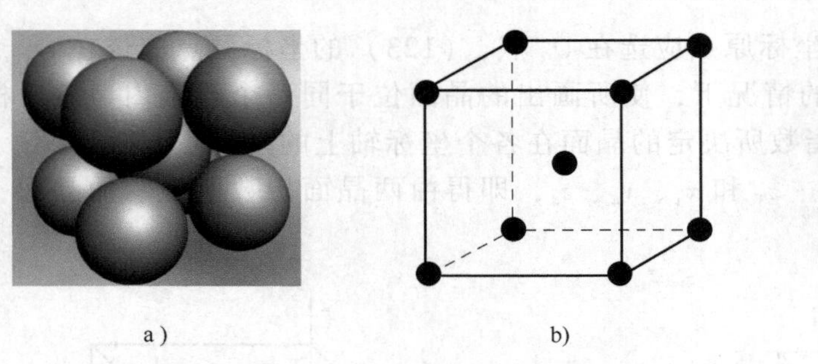

a)　　b)　　c)

图 1-20　体心立方结构

a）刚性球模型　b）晶胞模型　c）晶胞中的原子数（示意图）

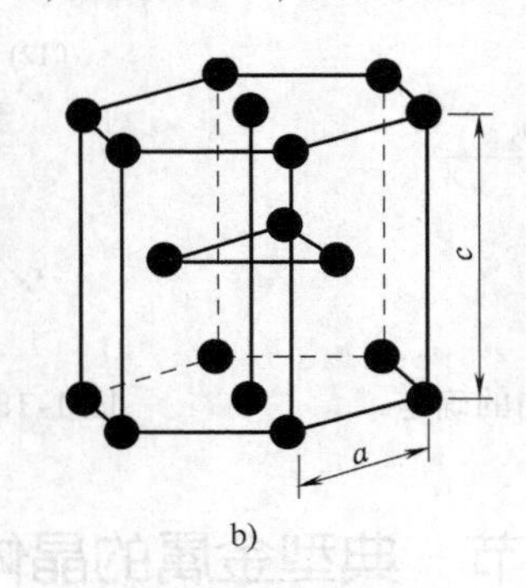

a)　　b)　　c)

图 1-21　密排六方结构

a）刚性球模型　b）晶胞模型　c）晶胞中的原子数（示意图）

形两种，分别用字母 B 和 C 表示。A 层以上的原子可以有两种堆垛方式：可能处于△形的空隙位置，也可能处于▽形的空隙位置。假设第二层原子（B 层）处于△形的空隙位置，若第三层原子（C 层）排在第一层原子的▽形的空隙位置处，则密排面的堆垛顺序为 ABCABC…（图1-22a），这种堆垛方式即为面心立方结构。当沿面心立方的体对角线 $[1\bar{1}1]$ 方向观察时，就可以清楚地看到 $(1\bar{1}1)$ 晶面这种堆垛方式（图 1-22b）。若第三层原子又排在 A 的位置，则密排面的堆垛顺序是 ABABAB…（图 1-23a），这种堆垛方式即为密排六方结构。当沿密排六方晶胞的［001］方向观察时，也就可清楚地看到（0001）晶面这种堆垛方式（图1-23b）。这两种堆垛方式虽不同，但都是最紧密排列，都具有相同的配位数和致密度（表 1-6）。

表 1-6　三种典型金属结构的特征

晶体类型	原子密排面	原子密排方向	晶胞中的原子数	配位数 *CN*	致密度 *K*
A1（fcc）	{111}	<110>	4	12	0.74
A2（bcc）	{110}	<111>	2	8，<8+6>	0.68
A3（hcp）	{0001}	<1120>	6	12	0.74

二、点阵常数

晶胞的棱边长度 *a*、*b*、*c* 称为点阵常数。如把原子看做半径为 *r* 的刚性球，则由几何学

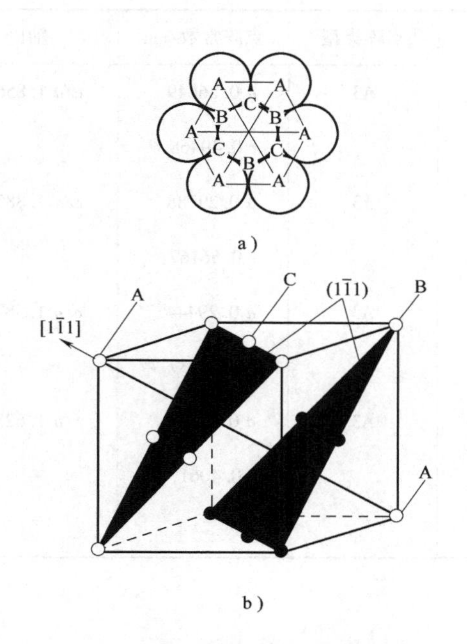

图 1-22　面心立方结构中原子的堆垛方式
a)（1$\bar{1}$1）晶面的堆垛　b）面心立方晶胞

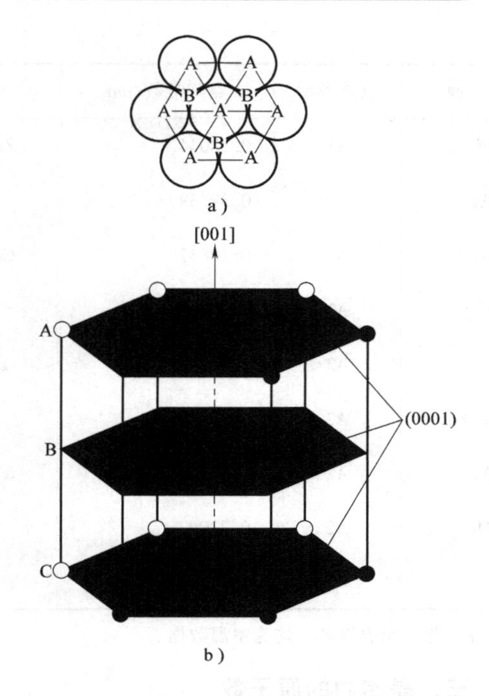

图 1-23　密排六方结构中原子的堆垛方式
a)（0001）晶面的堆垛　b）密排六方晶胞

知识可求出 a、b、c 与 r 之间的关系，即

$$
\begin{aligned}
&\text{体心立方结构}\ (a=b=c) && a=4\frac{\sqrt{3}}{3}r \\
&\text{面心立方结构}\ (a=b=c) && a=2\sqrt{2}r \qquad (1\text{-}10)\\
&\text{密排六方结构}\ (a=b\neq c) && a=2r
\end{aligned}
$$

点阵常数的单位是 nm，$1\text{nm}=10^{-9}\text{m}$，具有三种典型晶体结构的常见金属及其点阵常数如图 1-19 ~ 图 1-21 所示。对于密排六方结构，按原子为等径刚性球模型可计算出其轴比为 $c/a=1.633$，但实际金属的轴比常偏离此值（表 1-7），这说明视金属原子为等径刚性球只是一种近似假设。实际上原子半径随原子周围近邻的原子数和结合键的变化而变化。

表 1-7　一些重要金属的点阵常数

金属	点阵类型	点阵常数/nm	金属	点阵类型	点阵常数/nm	轴比
Al	A1	0.40496	W	A2	0.31650	
γ-Fe	A1	0.36468（916℃）	Be	A3	a 0.22856	c/a 1.5677
Ni	A1				c 0.35832	
Co	A1	0.35236	Mg	A3	a 0.32094	c/a 1.6235
Rh	A1	0.36147			c 0.52105	

（续）

金属	点阵类型	点阵常数/nm	金属	点阵类型	点阵常数/nm	轴比
Pt	A1	0. 38044	Zn	A3	a 0. 26649	c/a 1. 8563
Ag	A1	0. 39239			c 0. 49468	
Au	A1	0. 40857	Cd	A3	a 0. 29788	c/a 1. 8858
V	A2	0. 40788			c 0. 56167	
Cr	A2	0. 30782	α-Ti	A3	a 0. 29444	c/a 1. 5873
α-Fe	A2	0. 28846			c 0. 46737	
Nb	A2	0. 28664	α-Co	A3	a 0. 2502	c/a 1. 623
Mo	A2	0. 33007			c 0. 4061	
		0. 31468				

注：除标明温度外，均为室温数据。

三、晶胞中的原子数

由图1-19c、图1-20c、图1-21c可以看出，位于晶胞顶角处的原子为几个晶胞所共有，而位于晶胞面上的原子为两个相邻晶胞所共有，只有在晶胞体内的原子才为一个晶胞所独有。每个晶胞所含有的原子数（N）可用下式计算

$$N = N_i + \frac{N_f}{2} + \frac{N_r}{m} \tag{1-11}$$

式中，N_i、N_f、N_r分别表示位于晶胞内部、面心和顶角上的原子数；m为晶胞类型参数，立方晶系的$m=8$，六方晶系的$m=6$。用式（1-11）算得的三种晶胞中的原子数见表1-6。

四、配位数和致密度

晶体中原子排列的紧密程度与晶体结构类型有关，为了定量表示原子排列的紧密程度，通常采用配位数和致密度这两个参数。

（1）配位数　晶体结构中任一原子周围最近邻且等距离的原子数（CN）。

（2）致密度　晶体结构中原子体积占总体积的百分数（K）。如以一个晶胞来计算，则致密度就是晶胞中原子体积与晶胞体积的比值，即

$$K = \frac{nv}{V} \tag{1-12}$$

式中，n是一个晶胞中的原子数；v是一个原子的体积，$v = \frac{4}{3}\pi r^3$；V是晶胞的体积。

三种典型晶体结构的配位数和致密度见表1-6。

应当指出，在密排六方结构中只有当$c/a = 1.633$时，配位数才为12。如果$c/a \neq 1.633$，则有6个最近邻原子（同一层的原子）和6个次近邻原子（上、下层的各3个原子），其配位数应计为6+6。

五、晶体结构中的间隙

从晶体原子排列的刚性球模型和对致密度的分析可以看出，金属晶体中存在许多间隙，如图 1-24、图 1-25、图 1-26 所示。

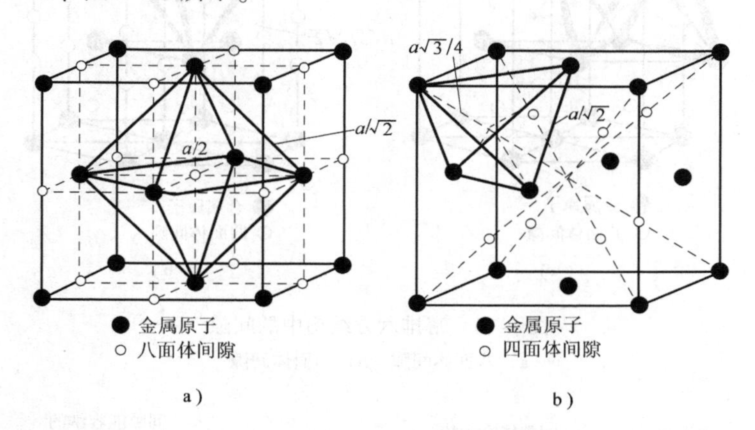

图 1-24　面心立方结构中的间隙

a) 八面体间隙　b) 四面体间隙

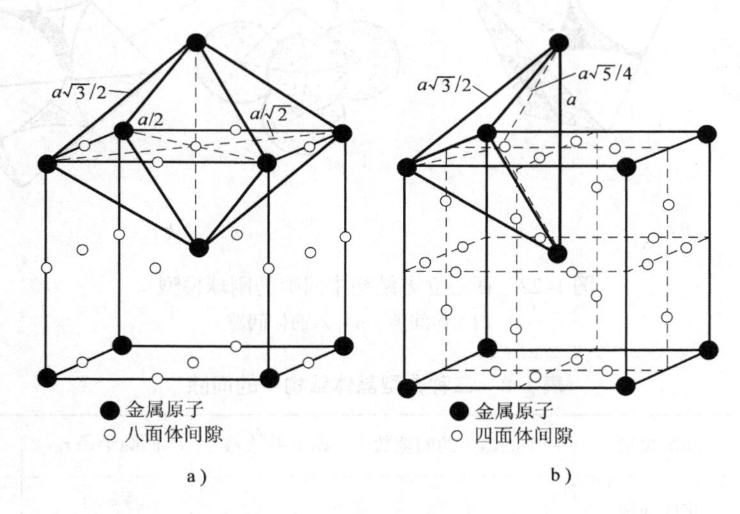

图 1-25　体心立方结构中的间隙

a) 八面体间隙　b) 四面体间隙

其中位于 6 个原子所组成的八面体中间的间隙称为八面体间隙；位于 4 个原子所组成的四面体中间的间隙称为四面体间隙。设金属原子的半径为 r_A，间隙中所能容纳的最大圆球半径为 r_B（间隙半径），根据图 1-27 所示的刚性球模型的几何关系，可以求出三种典型晶体结构中四面体间隙和八面体间隙的 r_B/r_A 值，其计算结果见表 1-8。由图 1-24、图 1-25、图 1-26 和表 1-8 可见，面心立方结构中的八面体及四面体间隙与密排六方结构中同类型的间隙形状相似，都是正八面体和正四面体。在原子半径相同的条件下，两种结构同类型的间隙大小也相等，且八面体间隙大于四面体间隙。而体心立方结构中的八面体间隙却比四面体间隙小，且二者的形状都不是对称的，其棱边长度不完全相等。

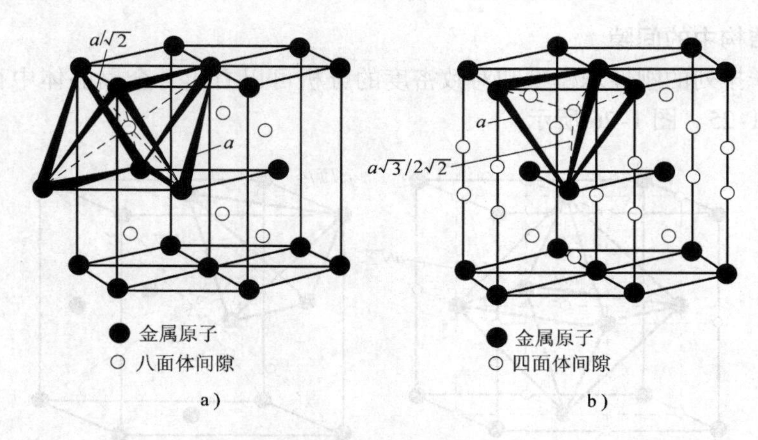

图 1-26　密排六方结构中的间隙
a）八面体间隙　b）四面体间隙

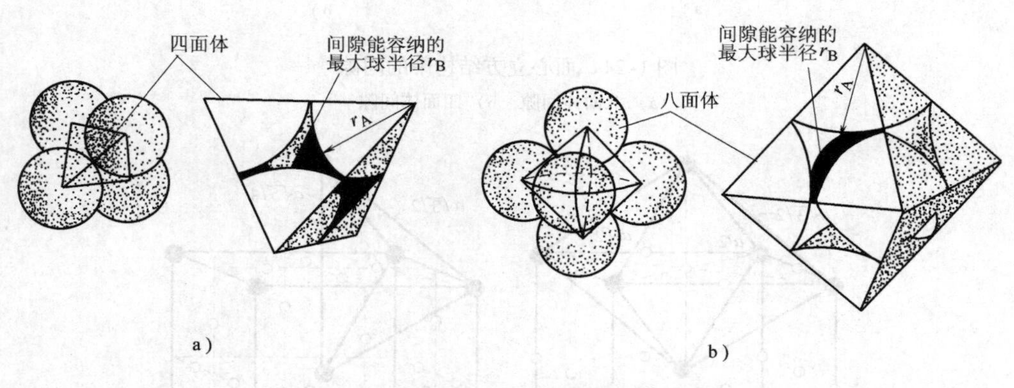

图 1-27　面心立方结构中间隙的刚球模型
a）四面体间隙　b）八面体间隙

表 1-8　三种典型晶体结构中的间隙

晶体类型	间隙类型	一个晶胞内的间隙数	原子半径 r_A	间隙半径 r_B	r_B/r_A
A1（fcc）	正四面体	8	$\frac{\sqrt{2}}{4}a$	$\frac{\sqrt{3}-\sqrt{2}}{4}a$	0.225
	正八面体	4		$\frac{2-\sqrt{2}}{4}a$	0.414
A2（bcc）	四面体	12	$\frac{\sqrt{3}}{4}a$	$\frac{\sqrt{5}-\sqrt{3}}{4}a$	0.291
	扁八面体	6		$\frac{2-\sqrt{3}}{4}a$	0.155
A3（hcp）	四面体	12	$\frac{a}{2}$	$\frac{\sqrt{6}-2}{4}a$	0.225
	正八面体	6		$\frac{\sqrt{2}-1}{2}a$	0.114

六、多晶型性与同素异构现象

在元素周期表中，大约有40多种元素具有两种或两种以上类型的晶体结构。当外界条件（主要指温度和压力）改变时，元素的晶体结构可以发生转变，把金属的这种性质称为多晶型性。这种转变称为多晶型转变或同素异构转变。例如铁在912℃以下为体心立方结构，称为α-Fe；而在912～1394℃之间为面心立方结构，称为γ-Fe；在温度超过1394℃时，又变为体心立方结构，称为δ-Fe；在一定压力下，铁还可以具有密排六方结构，称为ε-Fe。锡在温度低于18℃时为金刚石结构的α锡，也称为“灰锡”；而在温度高于18℃时为正方结构的β锡，也称为“白锡”。碳具有六方结构和金刚石结构两种晶型。当晶体结构改变时，金属的性能（如体积、强度、塑性、磁性、导电性等）往往要发生突变，图1-28为纯铁加热时的膨胀曲线。钢铁材料之所以能通过热处理来改变性能，原因之一就是因其具有多晶型转变。

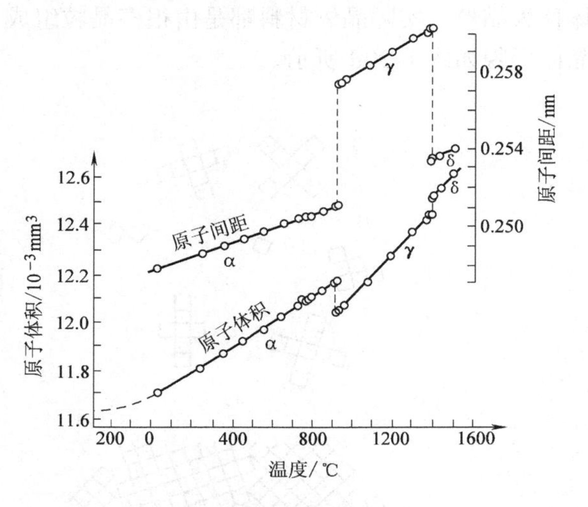

图1-28 纯铁加热时的膨胀曲线

第五节 晶态材料与非晶态材料

晶态材料与非晶态材料中原子排列的不同，导致性能上出现较大差异。例如，当材料从液态转变为晶体和非晶体时，两者表现的行为是不同的。对于晶体，如图1-29所示，从液态冷却凝固（或固态加热熔化）时有确定的熔点，并发生体积的突变。而从液态到非晶态固体是一个渐变过程，既无确定的熔点，又无体积的突变。这一现象说明非晶态转变只不过是液态的简单冷却过程，随着温度的下降，液态的粘度越来越高，当其流动性完全消失时则呈固相，所以没有确定的熔点及体积突变，其原子排列只是保留了液相的特点，无长程的有序排列，故非晶态实质上只是一种过冷的液体，只是其物理性质不同于通常的液体而已。而液体向晶体的转变就不同了。它不是简单的冷却过程，而且还具有结构转变（称为结晶），这一原子重排过程是通过在液体中不断形成有序排列的小晶核（形核）以及晶核的逐渐生长（生长）两个过程实现的（图1-30），只有在熔点以下结晶方能实现，同时从无序到有序排列必然伴随着体积的收缩。此外，结晶时内部常形成很多核心，如图1-30a的方形网格所示，它们的结晶取向各不相同，各自生长直到相互

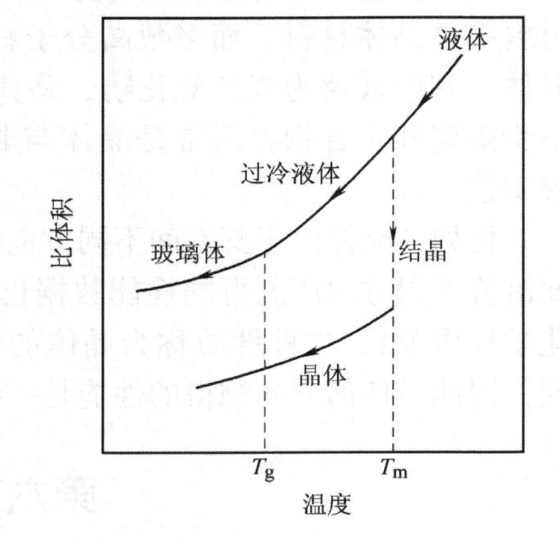

图1-29 从液态转变为晶体及非晶体的比体积变化

接触为止（图 1-30b、c）。相邻小晶体的原子排列方式虽相同，但排列的取向不同，因此在邻接区域原子处于过渡位置，或者说存在着原子的错配情况，这个区域称为晶界。这些小晶体称为晶粒。实际晶体材料都是由很多晶粒组成，称它们为多晶体，在显微镜下观察到的多晶体形貌如图 1-30d 所示。

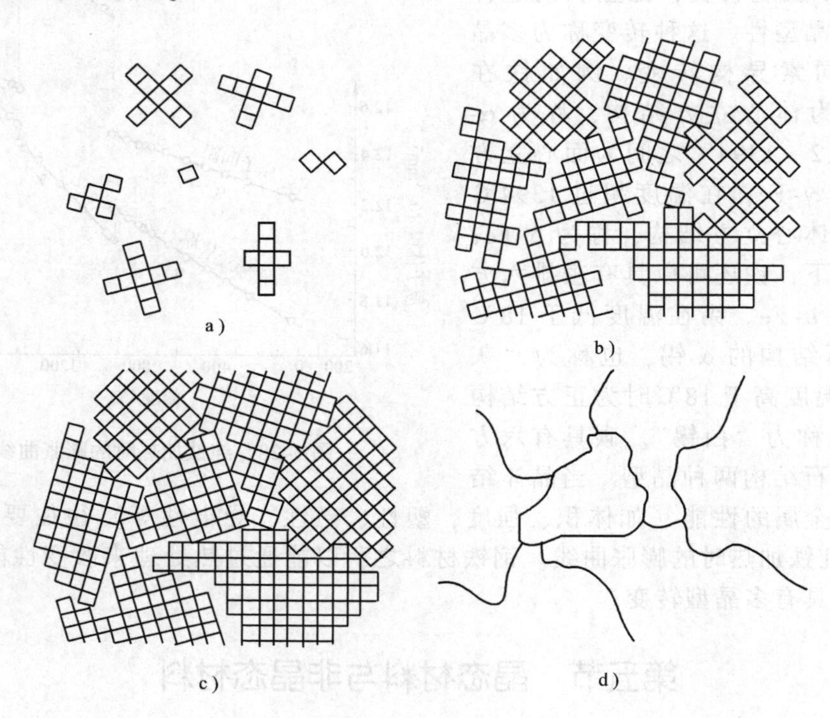

图 1-30　结晶过程示意图及相应的多晶体组织

通常，金属与合金、大部分陶瓷（如氧化物、碳化物、氮化物等）以及少数高分子材料等是晶体材料。而多数高分子材料及玻璃等原子或分子结构较为复杂的材料则为非晶体，其中玻璃为复杂氧化物，是典型的非晶体，因此常把玻璃态作为非晶态的代名词。不少陶瓷和聚合物材料常是晶体与非晶体的混合物，两者的比例取决于材料的组成及成形工艺。

再如，晶体由于其空间不同方向上的原子排列特征（原子间距及周围环境）不同，因而沿着不同方向所测得的性能数据也不同（如导电性、热导率、弹性模量、强度及外表面化学性质等），这种性质称为晶体的各向异性；而非晶体在各方向上的原子排列可视为相同，因此沿任何方向测得的性能是一致的，故表现为各向同性。

第六节　固体中的缺陷

在前面介绍晶体结构时，为了说明晶体的周期性和方向性，把晶体处理成完全理想状态，实际上晶体中存在着偏离理想状态的结构，晶体缺陷就是指实际晶体中与理想的点阵结构发生偏差的区域。这些区域的存在并不影响晶体结构的基本特性，仅是晶体中少数原子的排列特征发生了改变。相对于晶体结构的周期性和方向性而言，晶体缺陷显得十分活跃，它的状态容易受外界条件影响（如温度、载荷、辐照等）而变化，它们的数量及分布对材料的行为起着十分重要的作用。

根据缺陷的空间的几何图像，将晶体缺陷分为三大类：

（1）点缺陷　它在三维空间各方向上尺寸都很小，也称为零维缺陷，如空位、间隙原子和异类原子等。

（2）线缺陷　它也称一维缺陷，在两个方向上尺寸很小，主要是位错。

（3）面缺陷　在空间一个方向上尺寸很小，另外两个方向上尺寸较大的缺陷，如表面、晶界、相界等。

一、点缺陷

（一）点缺陷的类型

晶体中点缺陷的基本类型如图 1-31 所示。如果晶体中某结点上的原子空缺了，则称为空位（图 1-31a），它是晶体中最重要的点缺陷，脱位原子一般进入其他空位或者逐渐迁移至晶界或表面，这样的空位通常称为肖脱基（Schottky）空位或肖脱基缺陷。偶尔，晶体中的原子有可能挤入结点的间隙，则形成另一种类型的点缺陷——间隙原子（图 1-31b），同时原来的结点位置也空缺了，产生一个空位，通常把这一对点缺陷（空位和间隙原子）称为弗兰克耳（Frenkel）缺陷。可以想象要在晶格间隙中挤入一个同样大小的本身原子是很困难的，所以在一般晶体中产生弗兰克耳缺陷的数量要比肖脱基缺陷少得多。

异类原子也可视作晶体的点缺陷，因为它的原子尺寸或化学电负性与基体原子不一样，所以，它的引入必然导致周围晶格的畸变。如异类原子的尺寸很小，则可能挤入晶格间隙（图 1-31c）；若原子尺寸与基体原子相当，则会置换晶格的某些结点（图 1-31d、e）。

上述任何一种点缺陷的存在，都破坏了原有的原子间作用力的平衡，因此点缺陷周围的原子必然会离开原有的平衡位置，作相应的微量位移，这就是晶格畸变或应变，它们对应着晶体内能的升高。

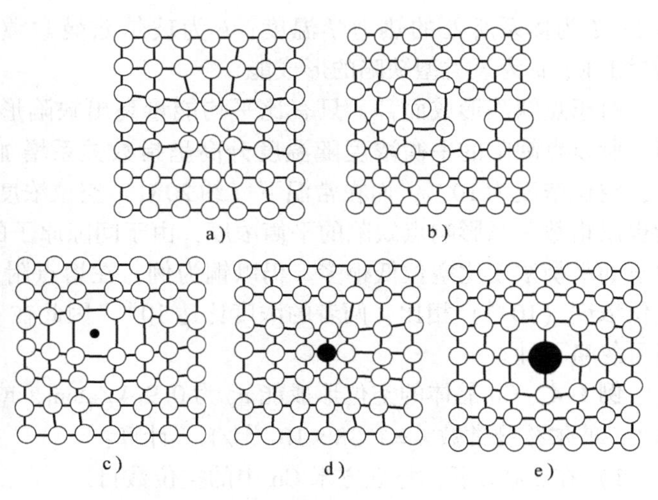

图 1-31　点缺陷的类型
a）空位　b）空位和间隙原子　c）间隙原子　d）、e）置换原子

化合物离子晶体也会产生相应的点缺陷，但情况更复杂些，缺陷的存在不应破坏正负电荷的平衡。图 1-32 给出了化合物离子晶体中的弗兰克耳缺陷及肖脱基缺陷。必须在晶体中同时移去一个正离子和负离子才能形成肖脱基缺陷，而弗兰克耳缺陷则是晶体中尺寸较小的离子挤入相邻的同号离子的位置（即两个离子同时占据一个结点位置），于是形成了间隙离子和空位对。上面曾提及在普通金属中形成间隙原子即弗兰克耳缺陷是很困难的，但是在离子晶体中情况就不同了。对于正负离子尺

寸差异较大、结构配位数较低的离子晶体，小离子移入相邻间隙的难度并不大，所以弗兰克耳缺陷是一种常见的点缺陷；相反，那些结构配位数高，即排列比较密集的晶体，如 NaCl，肖脱基缺陷则比较重要，而弗兰克耳缺陷却较难形成。离子晶体中的点缺陷对晶体的导电性起了重要作用。

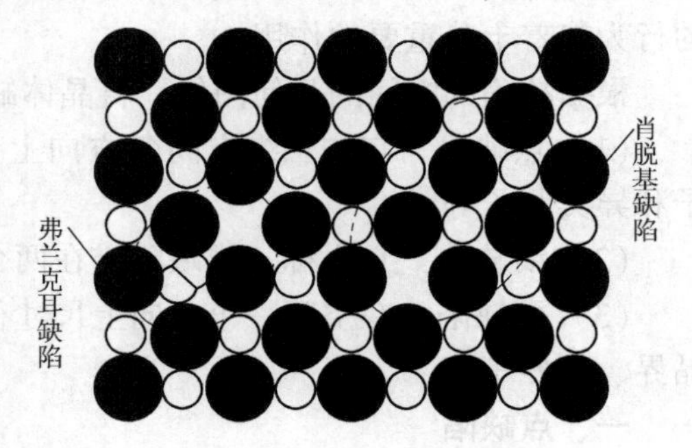

图 1-32 化合物离子晶体中两种常见的点缺陷

（二）点缺陷的平衡浓度

空位和间隙原子是由原子的热运动产生的。已知晶体中的原子并非静止，而是以其平衡位置为中心不停地振动，其平均动能取决于温度（约 $3/2kT$）。但这只是众多原子跳动能量的平均值，从微观的角度分析各个原子的动能并不相等，即使对每个原子而言，其振动能量也是瞬息万变的，在任何瞬间都有一些原子的能量高到足以克服周围原子的束缚（达到激活态），从而离开原来的平衡位置而跳入相邻的空位形成肖脱基缺陷，或者挤入晶格间隙形成弗兰克耳缺陷。

此外，晶体中的点缺陷并非固定不动，而是处于不断改变位置的运动状态。在点缺陷运动过程中，若间隙原子与空位相遇，则两者消失，这一过程称为复合或湮灭。应用热力学和统计力学原理可以计算出晶体在一定温度下点缺陷的平衡浓度，即平衡点缺陷数目 N_e，其结果可表示为

$$\frac{N_e}{N} = C_e = A\exp\left(-\frac{u}{kT}\right) \tag{1-13}$$

式中，C_e 为某一种类型点缺陷的平衡浓度；N 为晶体的原子总数；A 为材料常数，其值常取作 1；T 为体系所处的热力学温度；k 为玻尔兹曼常数，约为 8.62×10^{-5}eV/K 或 1.38×10^{-23}J/K；u 为该类型缺陷的形成能。

对于点缺陷形成而言，只有比平均能量高出缺陷形成能的那部分原子才可能形成点缺陷。所以点缺陷的平衡浓度随温度升高呈指数关系增加，例如纯 Cu 在接近熔点的 1000℃时，空位浓度为 10^{-4}，而在常温下（约 20℃）空位浓度却只有 10^{-19}。此外，点缺陷的形成能也以指数关系影响点缺陷的平衡浓度，由于间隙原子的形成能要比空位高几倍，因此间隙原子的平衡浓度比空位低很多。仍以铜为例，在熔点附近，间隙原子的浓度仅为 10^{-14}，与空位浓度（10^{-4}）相比，两者的浓度比达 10^{10}，因此在一般情况下，晶体中自间隙原子点缺陷可忽略不计。

例 1-4 Cu 晶体的空位形成能 u_v 为 0.9eV/atom，或 1.44×10^{-19}J/atom，材料常数 A 取作 1，玻尔兹曼常数 $k=1.38\times10^{-23}$J/K，计算：

1）在 500℃下，每立方米 Cu 中的空位数目。

2）500℃下的平衡空位浓度。

解：首先确定 1m³ 体积内 Cu 原子的总数（已知 Cu 的摩尔质量 $m_{Cu}=63.54$g/mol，Cu 的密度 $\rho_{Cu}=8.96\times10^6$g/m³）。

$$N=\frac{NA\rho_{Cu}}{m_{Cu}}=\frac{6.023\times10^{23}\times8.96\times10^6}{63.54\text{m}^3}=8.49\times10^{28}/\text{m}^3$$

1）将N代入式（1-13），计算空位数目n_v

$$n_v = N\exp\left(-\frac{-u_v}{kT}\right) = 8.49\times10^{28}\exp\frac{-1.44\times10^{-19}}{1.38\times10^{-23}\times773}/\text{m}^3$$
$$= 8.49\times10^{28}\times e^{13.5}/\text{m}^3 = 1.2\times10^{23}/\text{m}^3$$

2）计算空位浓度

$$C_v = \frac{n_v}{N} = \exp\frac{-1.44\times10^{-19}}{1.38\times10^{-23}\times773} = e^{-13.5} = 1.4\times10^{-6}$$

即在500℃时，每10^6个原子才有1.4个空位。

（三）过饱和点缺陷的产生

有时晶体中点缺陷的数目会明显超过平衡值，这些点缺陷称为过饱和点缺陷。产生过饱和点缺陷的原因有高温淬火、辐照、冷加工等。

已知，高温下的空位浓度很高，如果从高温缓慢冷却下来，多余的空位将在冷却过程中通过运动消失在晶体自由表面或晶界处，从而达到相应的平衡空位浓度。相反如果从高温迅速冷却，则可以将空位有效地保留至室温，这些空位称为淬火空位。

在反应堆中，裂变反应产生的中子及其他粒子具有极高的能量。这些高能粒子穿过晶体时与点阵中很多原子发生碰撞，使原子离位。由于离位原子能量高，能挤入晶格间隙，从而形成间隙原子和空位对（即弗兰克耳缺陷）。当然，一部分空位和间隙原子可能通过热振动而彼此互毁，但最终仍会留下很多弗兰克耳缺陷。通常晶体中弗兰克耳缺陷的平衡浓度极低，可忽略不计，但是经辐照后，它却成为重要的点缺陷类型，在严重辐照区其浓度可达$10^3\sim10^4$。反应堆中应用的材料都是在强辐照条件下工作的，由辐照引起的钢板脆化就是因过量的间隙原子所造成的，因此反应堆用材料应特别注意这些过饱和缺陷的影响。

二、线缺陷——位错

位错是晶体的线性缺陷，它不像空位和间隙原子那样容易被人接受和理解，人们是从研究晶体的塑性变形中才认识到晶体中存在着位错的。位错对晶体的强度与断裂韧度等力学性能起着决定性的作用。同时，位错对晶体的扩散与相变等过程也有一定的影响。

（一）位错学说的产生

人们很早就知道金属可以塑性变形，但对其机理不清楚。20世纪初到20世纪30年代，许多学者对晶体塑变做了不少实验工作。1926年弗兰克耳利用理想晶体的模型，假定滑移时滑移面两侧晶体像刚体一样，所有原子同步平移，并估算了理论切变强度$\tau_m = \frac{G}{2\pi}$（G为切变模量），与实验结果相比相差3～4个数量级，即使采用更完善一些的原子间作用力模型估算，τ_m值也为$\frac{G}{30}$，仍与实测临界切应力相差很大。这一矛盾在很长一段时间难以解释。1934年泰勒（G. I. Taylor）、波朗依（M. Polanyi）和奥罗万（E. Orowan）三人几乎同时提出晶体中位错的概念。泰勒把位错与晶体塑变的滑移联系起来，认为位错在切应力作用下发生运动，依靠位错的逐步传递完成了滑移过程，如图1-33所示。与刚性滑移不同，位错的移动只需邻近原子作很小距离的弹性偏移就能实现，而晶体其他区域的原子仍处在正常位置，因此滑移所需的临界切应力大为减小。位错的概念及模型很早就已提出，但由于未得到实验证实，不能为人们接受，直到20世纪50年代中期透射电子显微镜技术的发展证实了晶体中位错概念的确立，才使人们对塑性变形及材料强化方面的认识提到新的高度。

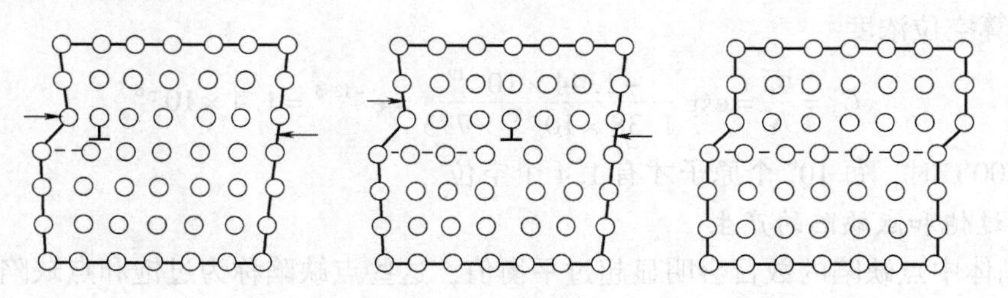

图1-33 位错的滑移

（二）位错的基本类型

晶体中位错的基本类型分为刃型位错和螺型位错。实际上位错往往是两种类型的复合，称为混合位错。现以简单立方晶体为例介绍这些位错的模型。

图1-34为晶体中最简单的位错原子模型，在这个晶体的上半部中有一多余的半原子面，它终止于晶体中部，好像插入的刀刃，图中的EF就是该原子面的边缘。显然，EF处的原子状态与晶体的其他区域不同，其排列的对称性遭到破坏，因此这里的原子处于更高的能量状态，这列原子及其周围区域（若干个原子距离）就是晶体中的位错。由于位错在空间的一维方向上尺寸很长，故属于线性缺陷，这种类型的位错称为刃型位错。习惯上把半原子面在滑移面上方的称正刃型位错，以记号“⊥”表示；相反半原子面在下方的称负刃型位错，以“⊤”表示之。当然这种规定都是相对的。

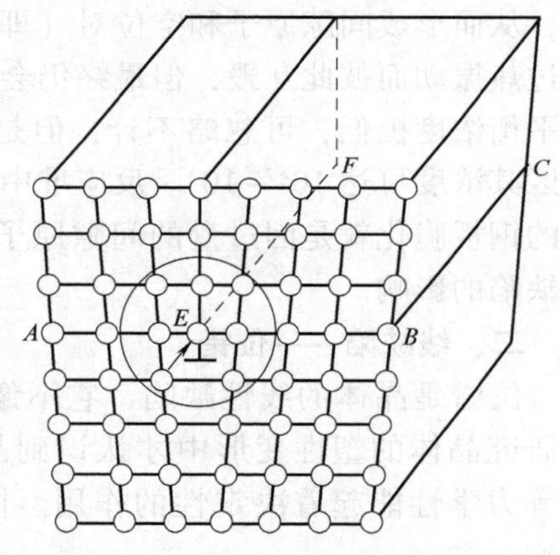

图1-34 刃型位错原子模型

晶体中刃型位错的引入，有可能是在晶体形成过程（凝固或冷却）中，由于各种因素使原子错排，多了半个原子面，或者由于高温的大量空位在快速冷却时保留下来，并聚合成为空位片从而少了半个原子面而造成的。然而位错更可能是由局部滑移引起的，晶体在冷却或经受其他加工工艺时难免会受到各种外应力和内应力的作用（如两相间膨胀系数的差异或温度的不均匀都会产生内应力），高温时原子间作用力又较弱，完全有可能在局部区域内使理想晶体在某一晶面发生滑移，于是就把一个半原子面挤入晶格中间，从而形成一个刃型位错（图1-35）。从这一个角度来看，可以把位错定义为晶体中已滑移区与未滑移区的边界。既然如此，晶体中的位错作为滑移区的边界，就不可能突然中断于晶体内部。它们或者在表面露头，或者终止于晶界和相界，或者与其他位错线相交，或者自行在晶体内部形成一个封闭环，这是位错的一个重要特征。

在刃型位错中，晶体发生局部滑移的方向是与位错线垂直的，如果局部滑移沿着与位错线平行的方向移动一个原子间距（图1-36a），那么在滑移区与未滑移区的边界（BC）上形成位错，其结构与刃型位错不同，原子平面在位错线附近已扭曲为螺旋面，在原子面上绕着 B 转一周就推进一个原子间距，所以在位错线周围原子呈螺旋状分布（图 1-36b），故称为螺型位错。根据螺旋面前进的方向与螺旋面旋转方向的关系可分为左、右旋螺型位错，符合右手定则（即右手拇指代表螺旋面前进方向，其他四指代表螺旋面旋转方向）的称右旋螺型位错；符合左手定则的为左旋螺型位错。如图 1-36 中的螺型位错就是右旋螺型位错；相反，如果图中切应力产生的局部滑移发生在晶体的左侧，则形成左旋螺型位错。实际分析时没有必要去区分左旋或右旋（包括正刃或负刃），它们都是相对的，重要的是分清刃型位错和螺型位错（简称刃位错和螺位错）。

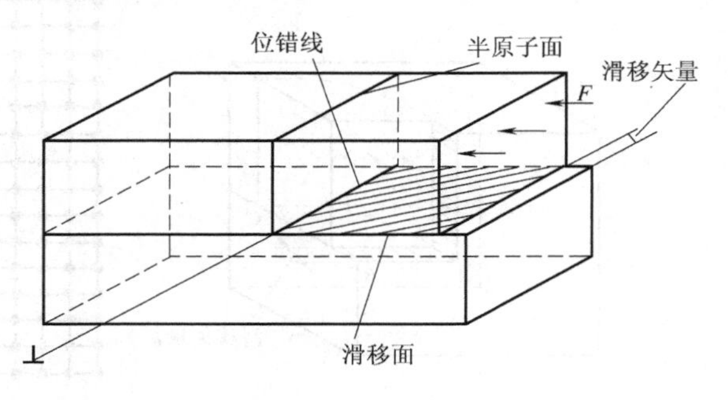

图 1-35　刃型位错的形成

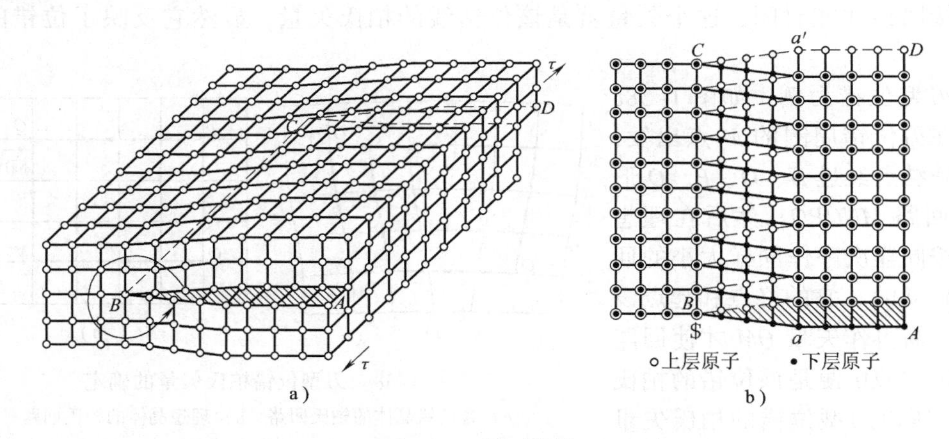

图 1-36　螺型位错

a）晶体的局部滑移　b）螺型位错的原子组态

实际的位错常常是混合型的，介于刃型与螺型之间，如图 1-37a 所示，晶体在切应力作用下所发生的局部滑移只限于 ABC 区域内，此时滑移区与非滑移区的交界线 AC（即位错）的结构如图 1-37b 所示，靠 A 点处，位错线与滑移方向平行，为螺型位错，而在 C 点处，位错线与滑移方向垂直，结构为刃型位错；在中间部分，位错线既不平行也不垂直于滑移方向，每一小段位错线都可分解为刃型和螺型两个分量。混合位错的原子组态如图 1-37b 所示。

（三）柏氏矢量$\boldsymbol{b}$

为了便于进一步分析位错的特征，同时又避免繁琐的原子模型，有必要建立一个简单的物理参量来描述它。位错是线性的点阵畸变，因此这个物理参量应该把位错区原子的畸变特征表示出来，包括畸变发生在什么晶向以及畸变有多大，所以这个物理量应该是一个矢量，这就是柏氏矢量（Burgers Vector）。

1. 柏氏矢量的确定方法

首先在位错线周围作一个一定大小的回路，称柏氏回路，显然这回路包含了位错发生的

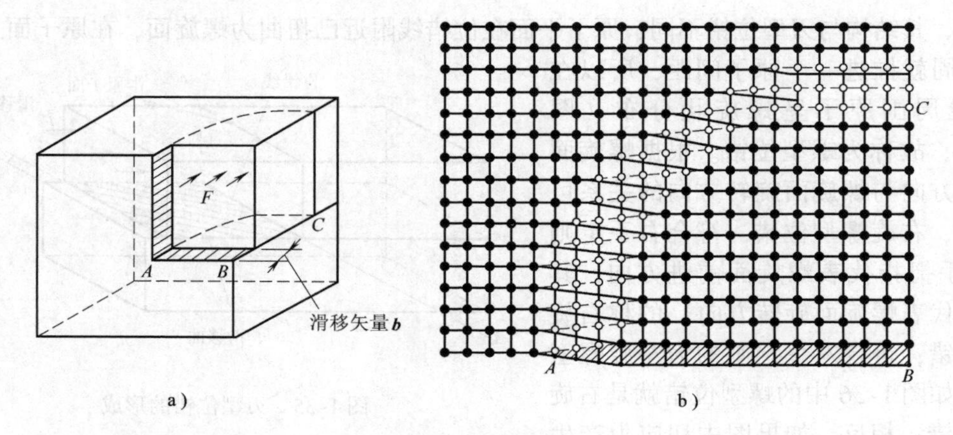

图 1-37 混合位错

a）晶体的局部滑移 b）混合位错的原子组态

畸变。然后将这同样大小的回路置于理想晶体之中，回路当然不可能封闭，需要一个额外的矢量连接回路才能封闭，这个矢量就是该位错线的柏氏矢量，显然它反映了位错的畸变特征。

以刃型位错为例，如图 1-38a 所示，在刃位错周围的 M 点出发，沿着点阵结点经过 N、O、P、Q 形成封闭回路 $MNOPQ$，然后在理想晶体中按同样次序作同样大小的回路（图1-38b），它的终点和起点没有重合，需再作矢量 QM 才使回路闭合，这样 QM 便是该位错的柏氏矢量 $\boldsymbol{b}$，所以刃型位错的柏氏矢量与位错线垂直，并与滑移面平行。

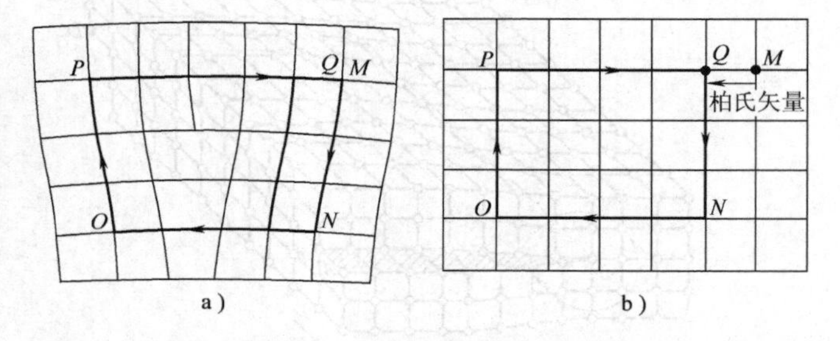

图 1-38 刃型位错柏氏矢量的确定

a）含位错晶体的柏氏回路 b）理想晶体的柏氏回路

螺型位错的柏氏矢量也可按同样的方法加以确定（图 1-39），由图可见，螺型位错的柏氏矢量是与位错线平行的。

2. 柏氏矢量的意义

从本质上看，理想晶体和实际晶体柏氏回路的差异反映了位错线形成的原子畸变，这一点可从位错的原子模型中给予进一步的证明。从刃型位错的模型看（图 1-34），在与位错线垂直的晶面上可以观察到明显的原子畸变，滑移面上方挤入一排原子面，面下方则相对少了一排原子面，相反从侧视图看畸变并不明显，因此刃型位错的畸变发生在垂直于位错线的方向上，并且与滑移面平

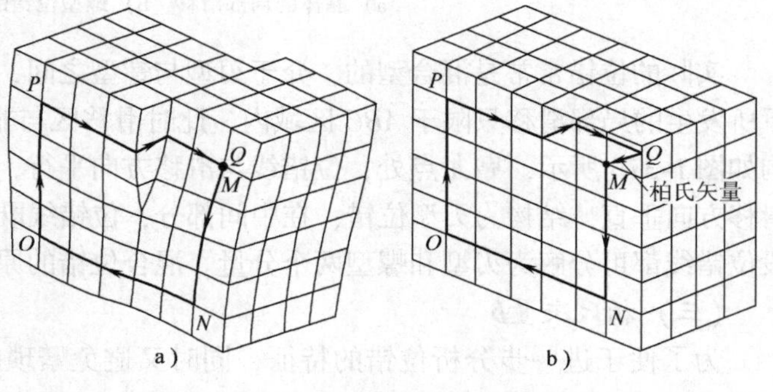

图 1-39 螺型位错柏氏矢量的确定

a）实际晶体的柏氏回路 b）理想晶体的柏氏回路

行，其畸变量正好为一个原子间距。螺型位错则不同，在垂直于位错线的晶面上观察，畸变并不明显，而从侧视图来看，原子呈螺旋状分布，发生了明显的畸变，所以螺型位错的错位平行于位错线，其错位量也是一个原子间距。因此可以归纳出柏氏矢量描述了位错线上原子的畸变特征，畸变发生在什么方向，有多大。

从另一个角度看，位错是滑移区与未滑移区的边界，位错的畸变是由滑移面上局部滑移引起的，所以沿滑移区上滑移的方向和滑移量应与位错线上原子畸变特征是一致的。这样，柏氏矢量的另一个重要意义是指出了位错滑移后，晶体上、下部产生相对位移的方向和大小，即滑移矢量。对于刃型位错，滑移区的滑移方向正好垂直于位错线，滑移量为一个原子间距，而螺型位错的滑移方向则平行于位错线，滑移量也是一个原子间距，它们正好和柏氏矢量完全一致。柏氏矢量的这一性质为讨论塑性变形提供了方便，对于任意位错，不管其形状如何，只要知道它的柏氏矢量 $\boldsymbol{b}$，就可知晶体滑移的方向和大小，而不必从原子尺度考虑其运动细节。

根据位错的柏氏矢量与晶体滑移之间的关系，可以推断：任何一根位错线，不论其形状如何变化，位错线上各点的 $\boldsymbol{b}$ 都相同，或者说一条位错线只有一个 $\boldsymbol{b}$。理解这一点并不困难，因为滑移区一侧内只有一个确定的滑移方向和滑移量，如果滑移区内出现了两个滑移方向，那么其间必然又产生一条分界线，形成另一条位错线。基于这一点，可以方便地判断出任意位错上各段位错线的性质。

3. 柏氏矢量的表示方法

柏氏矢量的表示方法与晶向指数相似，只不过晶向指数没有“大小”的概念，而柏氏矢量必须在晶向指数的基础上把矢量的模也表示出来，因此要同时标出该矢量在各个晶轴上的分量。例如图1-40中的 $O'b$，其晶向指数为［110］，柏氏矢量 $b_1=1a+1b+0c$，对于立方晶体 $a=b=c$，故可简单写为：$\boldsymbol{b}_1=a[110]$。图中的矢量 Oa，其晶向指数也是［110］，但柏氏矢量就不同了，$b_2=\dfrac{a}{2}+\dfrac{b}{2}+0c$，可写为 $\boldsymbol{b}_2=\dfrac{a}{2}[110]$。所以柏氏矢量的一般表达式为

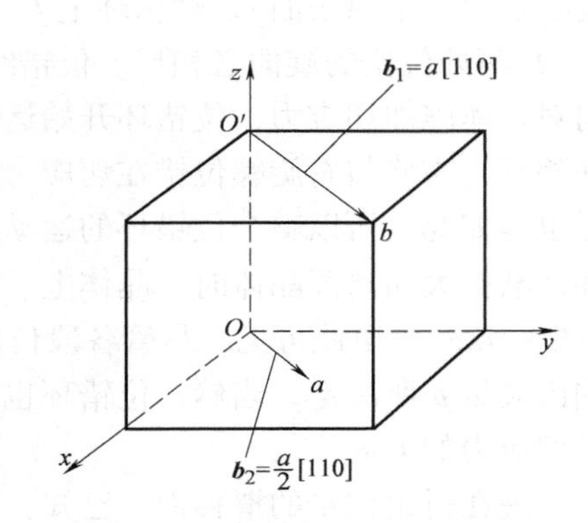

图1-40 柏氏矢量的表示

$$\boldsymbol{b}=\frac{a}{n}[uvw] \tag{1-14}$$

其模则为

$$|\boldsymbol{b}|=\frac{a}{n}\sqrt{u^2+v^2+w^2} \tag{1-15}$$

（四）位错的运动

位错在晶体中的运动有两种方式——滑移和攀移，其中滑移最为重要。现分别介绍如下：

1. 位错的滑移

位错的滑移是在切应力作用下进行的，只有当滑移面上的滑移方向的切应力分量达到一定值后位错才能滑移。图1-41a、b分别描述了刃型、螺型两类位错滑移时切应力方向、位

错运动方向以及位错通过后引起的晶体滑移方向之间的关系，对比刃型、螺型位错的滑移特征，它们的不同之处在于：①开动位错运动的切应力方向不同，使刃型位错运动的切应力方向必须与位错线垂直，而使螺型位错运动的切应力方向却是与螺型位错平行的。②位错运动方向与晶体滑移方向两者之间的关系不同，不论是刃型位错或螺型位错，它们的运动方向总是与位错线垂直的，然而位错通过后，晶体所产生的滑移方向就不同了，对于刃型位错，晶体的滑移方向与位错运动方向是一致的，但是螺型位错所引起的晶体滑移方向却与位错运动方向垂直。然而，上述两点差别可以用位错的柏氏矢量予以统一。第一，不论是刃型或螺型位错，使位错滑移的切应力方向和柏氏矢量 $\boldsymbol{b}$ 都是一致的；第二，两种位错滑移后，滑移面两侧晶体的相对位移也是与柏氏矢量 $\boldsymbol{b}$ 一致的，即位错引起的滑移效果（即滑移矢量）可以用柏氏矢量描述。由此看来，柏氏矢量是说明位错滑移的最重要的参量，至于刃型、螺型位错的滑移过程则由于原子模型的不同而有所差异，但是这些相对于位错的柏氏矢量而言，则是次要的。

现在来分析位错环的滑移特征，如图 1-42 所示，位错在滑移面上自行封闭形成位错环，位错环的柏氏矢量正好处于滑移面上，所以可理解为滑移面上圆形区域内沿着柏氏矢量方向局部滑移，位错环就是滑移区与未滑移区的边界。根据位错线与柏氏矢量的相对夹角可以判断各段位错线的性质，在图 1-42b 的 A、B 两处，位错线与柏氏矢量垂直，故为刃型位错，且两处的刃位错符号正好相反（局部滑移时若 A 处在沿移面上方多了半个原子面，那么 B 处必定少半个原子面）。位错环上 C、D 两处位错线与柏氏矢量平行，所以为螺型位错，且 C、D 两处位错的旋向必相反。位错线的其余部位则为混合位错。如果沿着柏氏矢量 $\boldsymbol{b}$ 的方向对晶体施加切应力，位错环开始运动，由于正、负刃位错在同一切应力作用下滑移方向正好相反，左旋与右旋螺位错在切应力作用下的运动方向也正好相反。符号相反的混合位错情况也是如此，所以整个位错环的运动方向是沿法线方向向外扩展（如图箭头所示）。当位错环逐渐扩大而离开晶体时，晶体上、下部相对滑动一个台阶，其方向和大小与柏氏矢量相同（图 1-42c）。由此可见，尽管各段位错线运动方向不同，但最终它们造成的晶体滑移还是由柏氏矢量 $\boldsymbol{b}$ 所决定。当然，位错环也可能反向运动而逐步缩小至位错环消失，运动方向取决于切应力的方向。

现在讨论位错的滑移面。已知，位错在某个面上滑移就会使该面上、下部晶体产生一个柏氏矢量 $\boldsymbol{b}$ 的位移，所以位错线与组成的原子面就是位错的滑移面。对于刃型位错，位错线与 $\boldsymbol{b}$ 垂直，所以刃型位借的滑移面是唯一的，位错只能在这个确定的面上滑移。而螺型位错的情况就不同了，由于位错线与柏氏矢量 $\boldsymbol{b}$ 平行，任何通过位错线的晶面都满足滑移面的条件，所以螺型位错可以有多个滑移面，不像刃型位错那样只能在确定的原子面上滑移，至于滑移究竟发生在哪个面，则取决于各个面上的切应力大小及滑移阻力的强弱。最后将各类位错的滑移特征归纳于表 1-9 中。

表 1-9 位错的滑移特征

类型	柏氏矢量	位错线运动方向	晶体滑移方向	切应力方向	滑移面个数
刃型	垂直于位错线	垂直于位错线本身	与 $\boldsymbol{b}$ 一致	与 $\boldsymbol{b}$ 一致	唯一
螺型	平行于位错线	垂直于位错线本身	与 $\boldsymbol{b}$ 一致	与 $\boldsymbol{b}$ 一致	多个
混合型	与位错线成一定角度	垂直于位错线本身	与 $\boldsymbol{b}$ 一致	与 $\boldsymbol{b}$ 一致	

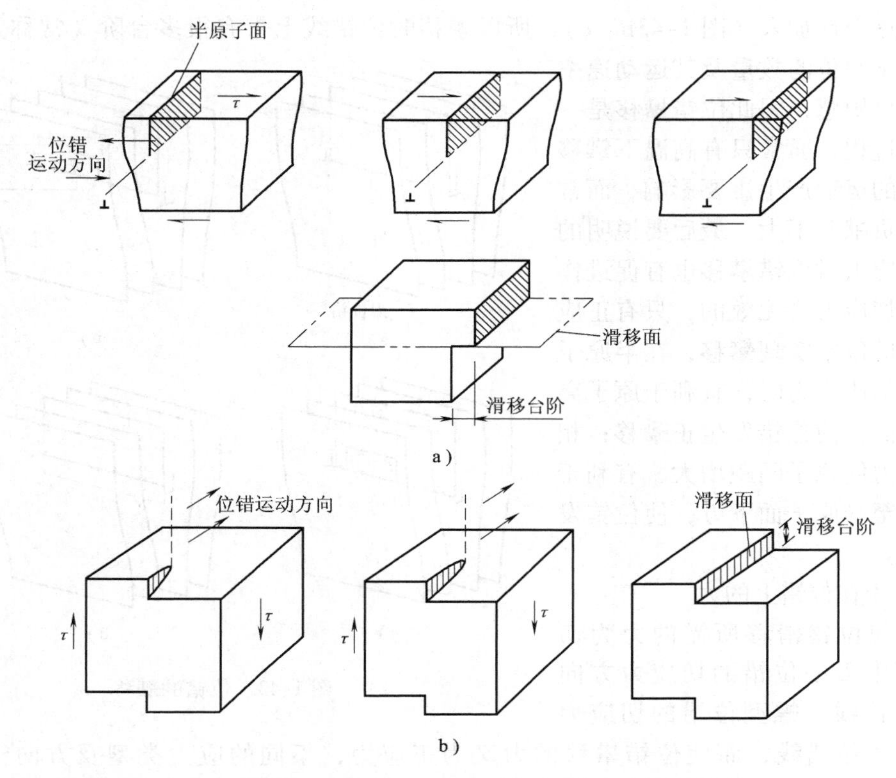

图 1-41 位错运动方向、切应力方向及晶体滑移方向间的关系
a) 刃型位错 b) 螺型位错

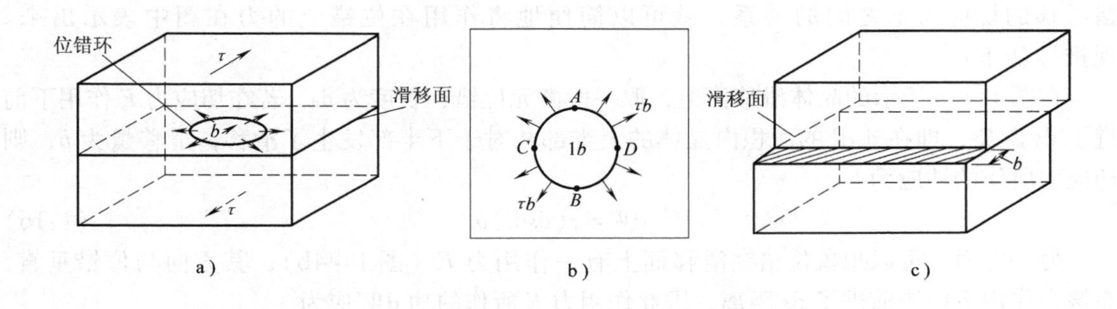

图 1-42 位错环的滑移

2. 位错的攀移

只有刃型位错才能发生攀移运动，螺型位错是不会攀移的。攀移的本质是刃型位错的半原子面向上或向下移动，于是位错线也就跟着向上或向下运动，因此攀移时位错线的运动方向正好与柏氏矢量垂直。通常把半原子面向上移动称为正攀移，半原子面向下运动称为负攀移。攀移的机制与滑移也不同，滑移时不涉及原子的扩散，而攀移正是通过原子的扩散而实现的。正攀移时原子必须从半原子面下端离开，也就是空位反向扩散至位错的半原子面边缘（图 1-43b、c）；反之，当原子扩散至位错附近，并加入到半原子面上（即位错周围的空位扩散离开半原子面）时，即发生负攀移。这样，攀移时位错线并不是同步向上或向下运动，

而是原子逐个地加入（图 1-43b、c），所以攀移时位错线上带有很多台阶（常称为割阶）。此外，由于空位的数量及其运动速率对温度十分敏感，因此位错攀移是一个热激活过程，通常只有高温下攀移才对位错的运动产生重要影响，而常温下它的贡献并不大。最后要说明的是，外加应力对位错攀移也有促进作用。显然切应力是无效的，只有正应力才会协助位错实现攀移，在半原子面两侧施加压应力时，有利于原子离开半原子面，使位错发生正攀移；相反，拉应力使原子间距增大，有利于原子扩散至半原子面下方，使位错发生负攀移。

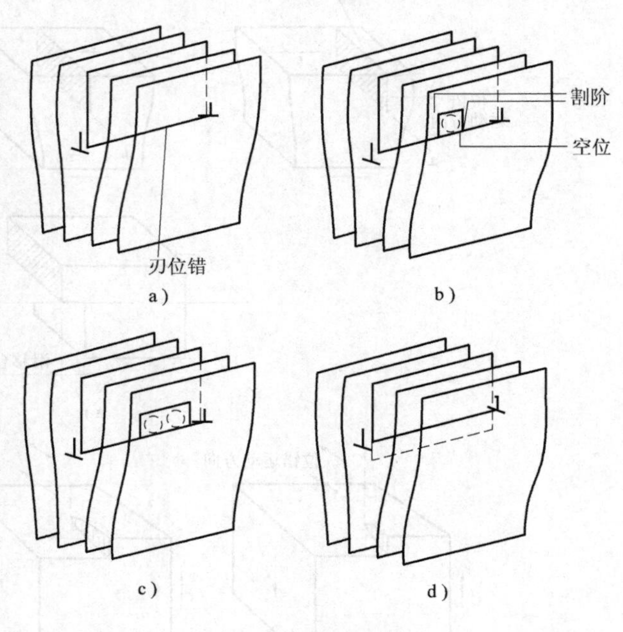

图 1-43 位错的攀移

3. 作用在位错上的力

已知使位错滑移所需的力为切应力，其中刃型位错的切应力方向垂直于位错线，螺型位错的切应力方向平行于位错线，而使位错攀移的力又为正应力，不同的应力类型及方向给讨论问题带来麻烦。在以后讨论位错源运动或晶体屈服与强化时，希望能把这些应力简单地处理成沿着位错运动的方向有一个力 F 推着位错线前进，如果能找到这个力 F 与使位错滑移的切应力 τ 之间的关系，就可以简便地将作用在位错上的力在图中表示出来。现推导如下：

在图 1-44a 所示的晶体滑移面上，取一段微元位错，长度为 $\mathrm{d}l$，若在切应力 F 作用下前进了 $\mathrm{d}s$ 距离，即在 $\mathrm{d}s\mathrm{d}l$ 的面积内晶体的上半部相对于下半部发生了滑移，滑移量为 b，则切应力所作的功应为

$$\mathrm{d}W = \tau(\mathrm{d}s\mathrm{d}l)b \tag{1-16}$$

另一方面，可以想象位错在滑移面上有一作用力 F（图 1-44b），其方向与位错垂直，在该力作用下位错前进了 $\mathrm{d}s$ 距离，因此作用力 F 所作的功 $\mathrm{d}W'$ 应为

$$\mathrm{d}W' = F\mathrm{d}s \tag{1-17}$$

根据虚功原理
$$\mathrm{d}W = \mathrm{d}W'$$

因为
$$F\mathrm{d}s = \tau(\mathrm{d}s\mathrm{d}l)b$$

所以
$$F_{\mathrm{d}} = \frac{F}{\mathrm{d}l} = \tau b \tag{1-18}$$

式中，F_{d} 为作用于单位长度位错线上的力，其大小正好为 τb，方向垂直于位错线，即指向位错运动的方向。在以后讨论位错运动时用这个力代替切应力更为简便而直观，例如位错环在切应力作用下扩张时可表示为各段位错受到了如图 1-44 所示的法向力。

对于攀移，也可作出同样的推导，使攀移进行的正应力与作用于单位长度位错线上的力 F_{d} 之间满足

$$F_d = \sigma b \tag{1-19}$$

这一表达式与滑移的情况十分相似，作用力的方向也是指向位错攀移的方向，与位错线垂直。

（五）位错密度

晶体中位错的数量用位错密度ρ表示，它的意义是单位体积晶体中所包含的位错线总长度，即

$$\rho = \frac{s}{V}$$

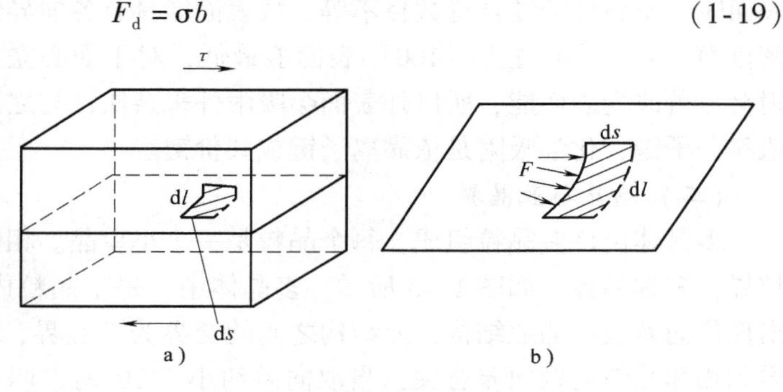

图1-44　作用在位错上的力

式中，V为晶体的体积；s为该晶体中位错线的总长度；ρ的单位为m/m^3，化简为$1/m^2$，此时位错密度可理解为穿越单位截面积的位错线数目，即

$$\rho = \frac{n}{A}$$

式中，A为截面积；n为穿过面积A的位错线数目。

晶体中的位错是在凝固、冷却及其他各道工艺中自然引入的，因此用常规方法生产的金属都含有相当数量的位错。对于超纯金属，并经细心制备和充分退火后，内部的位错密度较低，为$10^9 \sim 10^{10} m/m^3$，即$10^3 \sim 10^4 m/cm^3$，那么在$1cm^3$小方块体积的金属中位错线的总长度相当于$1 \sim 10km$。由于这些位错的存在，使实际晶体的强度远比理想晶体低。金属经过冷变形或者引入第二相，会使位错密度大大升高，可达$10^{14} \sim 10^{16} m/m^3$，此时晶体的强度反而大幅度升高，这是由于位错数量增加至一定程度后，位错线之间互相缠结，从而使位错线难以移动所致。如果能制备出一个不含位错或位错极少的晶体，它的强度一定极高，现代技术已能制造出这样的晶体，但它的尺寸极细，直径仅为若干微米，人们称它为晶须，其内部位错密度仅为$10m/m^3$，它的强度虽高但不能直接用于制造零件，只能作为复合材料的强化纤维。因此借减少位错密度来提高晶体的强度在工程上没有实际意义，目前主要还是依靠增加位错密度来提高材料的强度。

陶瓷晶体中也有位错，但是由于其结合键为共价键或离子键，键力很强，发生局部滑移很困难，因此陶瓷晶体的位错密度远低于金属晶体，要使陶瓷发生塑性变形需要很高的应力。

三、面缺陷

面缺陷主要指的是界面。固体材料的界面有如下几种：表面、晶界、亚晶界、相界。它们对塑性变形与断裂，固态相变，材料的物理、化学和力学性能有显著影响。

（一）外表面

晶体表面结构与晶体内部不同，由于表面是原子排列的终止面，另一侧无固体中原子的键合，其配位数少于晶体内部，导致表面原子偏离正常位置，并影响了邻近的几层原子，造成点阵畸变，使其能量高于晶内。晶体表面单位面积能量的增加称为比表面能，数值上与表面张力σ相等，以γ表示。由于表面能来源于形成表面时破坏的结合键，不同的晶面为外

表面时，所破坏的结合键数目不等，故表面能具有各向异性。一般外表面通常是表面能低的密排面。对于体心立方｛100｝表面能最低，对于面心立方｛111｝表面能最低。杂质的吸附会显著改变表面能，所以外表面会吸附外来杂质，与之形成各种化学键，其中物理吸附是依靠分子键，化学吸附是依靠离子键或共价键。

（二）晶界与亚晶界

多晶体由许多晶粒组成，每个晶粒是一个小单晶。相邻的晶粒位向不同，其交界面叫晶粒界，简称晶界，如图 1-45 所示。多晶体中，每个晶粒内部原子排列也并非十分整齐，会出现位向差极小的亚结构，亚结构之间的交界为亚晶界，如图 1-46 所示。晶界的结构与性质和相邻晶粒的取向差有关，当取向差约小于 10°时，叫小角度晶界；当取向差大于 10°以上时（图 1-45），叫大角度晶界。晶界处，原子排列紊乱，使能量增高，即产生晶界能，使晶界性质有别于晶内。

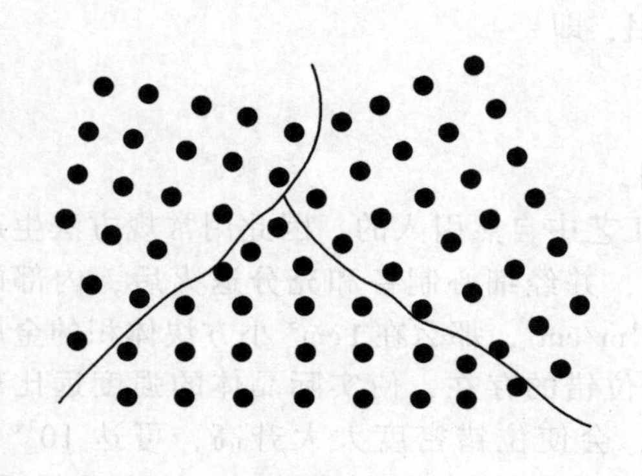

图 1-45 晶界示意图

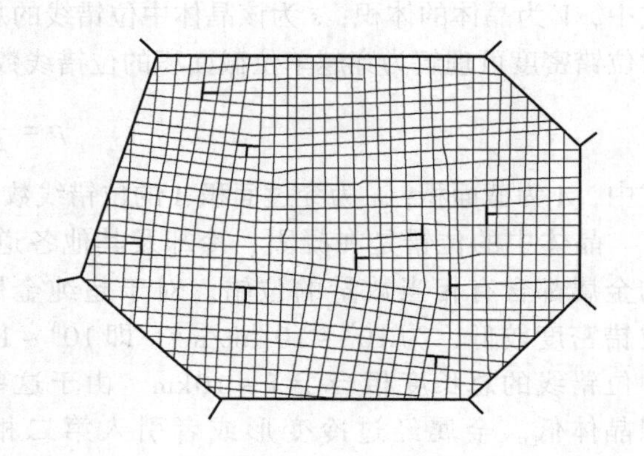

图 1-46 亚结构与亚晶界

1. 小角度晶界

最简单的小角度晶界是对称倾侧晶界，图 1-47 是简单立方结构晶体中的对称倾侧晶界，由一系列柏氏矢量互相平行的同号刃位错垂直排列而成，晶界两边对称，两晶粒的位向差为 θ，柏氏矢量为 b，当 θ 很小时，求得晶界中位错间距为 $D = b/\theta$。若 $\theta = 1°$，$b = 0.25\text{nm}$，则位错间距为 14nm。当 $\theta = 10°$时，位错间距仅为 1.4nm，此时位错密度太大，此模型已不适用。对称倾侧晶界中同号位错垂直排列，刃位错产生的压应力场与拉应力场可相互抵消，不产生长程应力场，其能量很低。

扭转晶界也是一种小角度晶界的类型，其形成模型如图 1-48 所示，将一晶体沿中间切开，绕 Y 轴转过 θ 角，再与左半晶体会合在一起。

图 1-49 表示两个简单立方晶粒之间的扭转晶界，是由两组相互垂直的螺型位错构成的网络。

以上介绍了小角度晶界的两种简单模型，对于一般小角度晶界也都是由刃型位错和螺型位错组合构成。小角度晶界的能量主要来自位错的能量，位向差 θ 越大，位错间距越小，位错密度越高，小角度晶界面能 γ 也越大。

2. 大角度晶界

大角度晶界示意图如图 1-50 所示。每个相邻晶粒的位向不同，由晶界把各晶粒分开。

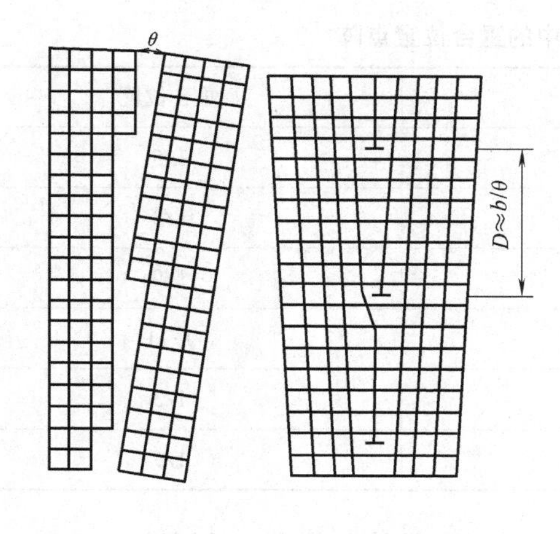

图 1-47 对称倾侧晶界

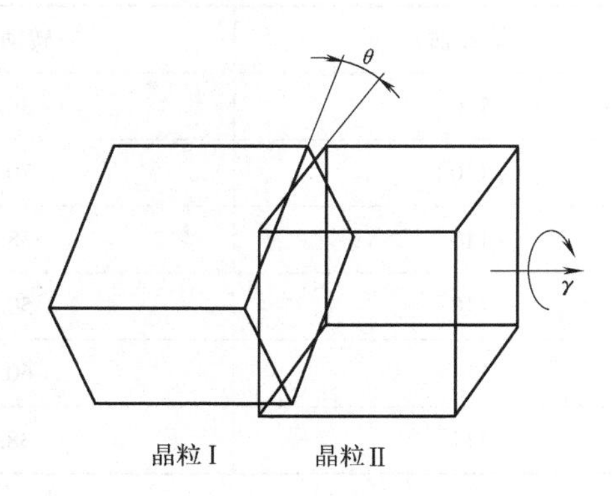

图 1-48 扭转晶界形成模型

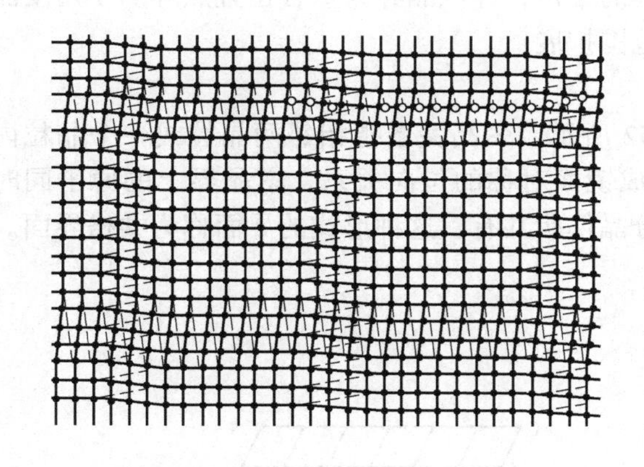

图 1-49 扭转晶界的结构

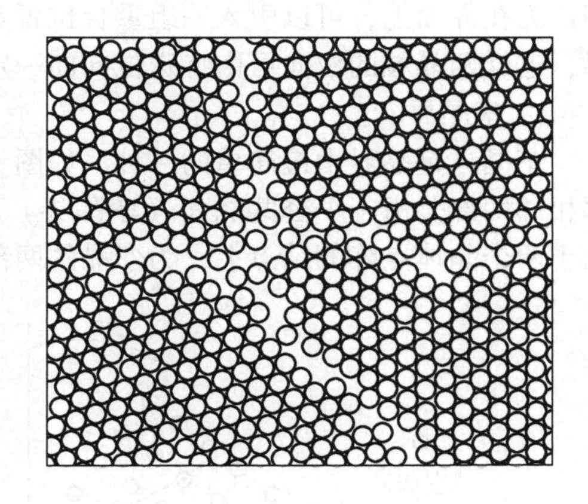

图 1-50 大角度晶界结构示意图

晶界是原子排列异常的狭窄区域，一般仅几个原子间距。晶界处某些原子过于密集的区域为压应力区，原子过于松散的区域为拉应力区。与小角度晶界相比，大角度晶界能较高，大致在 0.5～0.6J/m^2，与相邻晶粒取向无关。但也发现某些特殊取向的大角度晶界的界面能很低，为解释这些特殊取向的晶界的性质，提出了大角度晶界的重合位置点阵模型。

应用场离子显微镜研究晶界，发现当相邻晶粒处在某些特殊位向时，不受晶界存在的影响，两晶粒有 $1/n$ 的原子处在重合位置，构成一个新的点阵，称为“$1/n$ 重合位置点阵”，$1/n$ 称为重合位置密度。表 1-10 以体心立方结构为例，给出了重要的“重合位置点阵”。图 1-51 为二维正方点阵中的两个相邻晶粒，晶粒 2 相对晶粒 1 绕垂直于纸面的轴旋转了 37°。可发现不受晶界存在的影响，从晶粒 1 到晶粒 2，两个晶粒有 1/5 的原子是位于另一晶粒点阵的延伸位置上的，即有 1/5 原子处在重合位置上。这些重合位置构成了一个比原点阵大的“重合位置点阵”。当晶界与重合位置点阵的密排面重合，或以台阶方式与重合位置点阵中几个密排面重合时，晶界上包含的重合位置增多，晶界上畸变程度下降，导致晶界能下降。

表 1-10　体心立方结构中的重合位置点阵

旋转轴	转动角度	重合位置
[100]	36.9°	1/5
[110]	70.5°	1/3
[110]	38.9°	1/9
[110]	50.5°	1/11
[111]	60.0°	1/3
[111]	38.2°	1/7

尽管两晶粒间有很多位向出现重合位置点阵，但毕竟是特殊位向，为适应一般位向，人们认为在界面上，可以引入一组重合位置点阵的位错，即该晶界为重合位置点阵的小角度晶界，这样两晶粒的位向可由特殊位向向一定范围扩展。

3. 孪晶界

孪晶界是晶界中最简单的一种，如图 1-52 所示。孪晶关系指相邻两晶粒或一个晶粒内部相邻两部分沿一个公共晶面（孪晶界）构成镜面对称的位向关系。孪晶界上的原子同时位于两个晶体点阵的结点上，为孪晶的两部分晶体所共有，这种形式的界面称为共格界面。

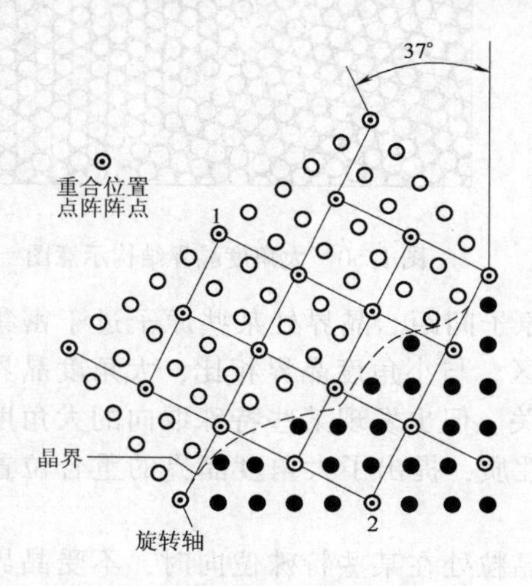

图 1-51　位相差为 37°时存在的 1/5 重合位置点阵

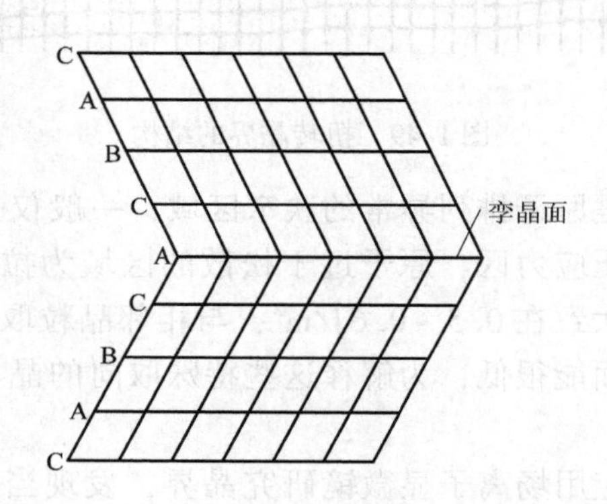

图 1-52　面心立方晶体的孪晶关系

孪晶的形成与堆垛层错有密切关系。面心立方按 ABCABCABC…顺序堆垛起来，如果从某一层开始其堆垛顺序发生颠倒，如图 1-52 所示，按 ABCABCACBACBA…堆垛，则上下两部分晶体形成了镜面对称的孪晶关系。

共格孪晶界即孪晶面上原子没发生错排，不会引起弹性应变，故界面能很低，如图1-52 所示。例如 Cu 的共格孪晶界的界面能仅为 0.025J/m^2，但非共格孪晶界的能量较高，接近大角度晶界的 1/2。

4. 相界

具有不同晶体结构的两相之间的分界叫相界。相界结构有三种：共格界面、半共格界面和非共格界面。三种类型的相界如图1-53所示。

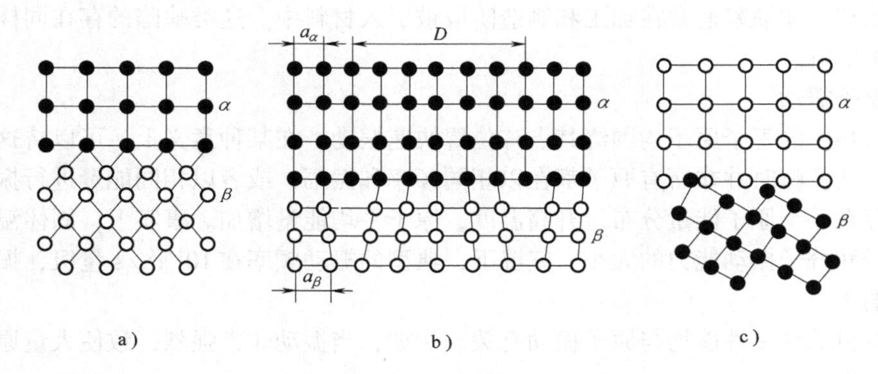

图1-53 各种相界结构示意图

a）共格界面 b）半共格界面 c）非共格界面

如果两相的界面上，原子成一一对应的完全匹配，即界面上的原子同时处于两相晶格的结点上，为相邻两晶体所共有，则这种相界称为共格界面，如图1-53a所示。显然此时界面两侧的两个相必须有特殊位向关系，而且原子排列、晶面间距相差不大。然而大多情况必定产生弹性应变和应力，使界面原子达到匹配。

若两相邻晶粒晶面间距相差较大，界面上原子不可能完全一一对应，某些晶面没有相对应的关系，则形成半共格界面，如图1-53b所示，整个界面由图示的位错和共格区所组成，存在一定失配度，以δ表示

$$\delta=\frac{a_\alpha-a_\beta}{a_\alpha} \tag{1-20}$$

失配度$\delta<0.05$为完全共格；$\delta=0.05\sim0.25$为半共格界面，失配度越大，界面位错间距越小；当失配度$\delta>0.25$时，完全失去匹配能力，成为非共格界面，如图1-53c所示。

共格界面界面能最低，非共格界面界面能最高，半共格界面界面能居中。

5. 晶界特性

由于晶界的结构与晶内不同，使晶界具有一系列不同于晶粒内部的特性。

1）由于界面能的存在，当晶体中存在能降低界面能的异类原子时，这些原子将向晶界偏聚，这种现象叫内吸附。

2）晶界上原子具有较高的能量，且存在较多的晶体缺陷，使原子的扩散速度比晶粒内部快得多。

3）常温下，晶界对位错运动起阻碍作用，故金属材料的晶粒越细，则单位体积晶界面积越多，其强度、硬度越高。

4）晶界比晶内更易氧化和腐蚀。

5）大角度晶界界面能最高，故其晶界迁移速率最大。晶粒的长大及晶界平直化可减少晶界总面积，使晶界能总量下降，故晶粒长大是能量降低过程。由于晶界迁移靠原子扩散，故只有在较高温度下才能进行。

6）由于晶界具有较高能量，固态相变时优先在母相晶界上形核。

四、体缺陷

体缺陷存在于所有固态材料中，其尺寸比前述缺陷大得多，包括孔隙、裂纹、外来夹杂物以及其他相。体缺陷通常在加工和制造阶段被引入材料中。这类缺陷的存在同样会对材料的性能产生影响。

五、原子振动

固体材料中的每个原子均围绕其点阵位置快速振动。在某种意义上，可以将这种振动看做是缺陷。任意瞬时并非所有原子都在以相同频率和振幅，或者以相同能量进行振动。给定温度下，存在一个原子能量分布。升高温度，原子平均能量增加。事实上，固体温度的高低反映了原子和分子振动能力的大小。室温下，典型的振动频率在10^{13}次/s量级，振幅大小为千分之几纳米。

固体材料的许多性能均与原子振动有关。例如，当振动非常强烈，致使大量原子键断开时，就会出现熔化。

第二章　材料的力学性能

材料的力学性能是研究材料在外力作用下的力学行为、物理本质及其评定方法的一门科学。失效是装备或构件在使用过程中由于应力、时间、温度、环境介质等因素而失去原有功能的现象。装备或构件的失效是随机事件，目前尚不能完全预测。失效分析是找出失效的原因，为完善装备或构件提供有效方法，防止同样的失效再发生。材料的力学性能是失效分析的理论基础，本章首先学习材料的力学性能，然后介绍不同类型的失效。

第一节　弹性变形

对于大多数固体材料来说，应力与应变的关系较为复杂，只有理想弹性体的应力与应变之间才具有线性关系。作为一级近似，对于金属材料，在小变形情况下，应力与应变具有简单的线性关系。

一、广义胡克定律

线弹性情况下应力与应变成正比，即满足胡克定律。胡克定律的表达式为

$$\sigma_{ij} = C_{ijkl} \cdot \varepsilon_{kl} \tag{2-1}$$

式中，C_{ijkl}为固体的弹性系数，其中i，j，k，$l=1$，2，3。

即应力应变存在以下关系

$$\left.\begin{aligned}
\sigma_{11} &= C_{11}\varepsilon_{11} + C_{12}\varepsilon_{22} + C_{12}\varepsilon_{33} \\
\sigma_{22} &= C_{12}\varepsilon_{11} + C_{11}\varepsilon_{22} + C_{12}\varepsilon_{33} \\
\sigma_{33} &= C_{12}\varepsilon_{11} + C_{12}\varepsilon_{22} + C_{11}\varepsilon_{33} \\
\sigma_{23} &= 2C_{44}\varepsilon_{23} \\
\sigma_{31} &= 2C_{44}\varepsilon_{31} \\
\sigma_{12} &= 2C_{44}\varepsilon_{12}
\end{aligned}\right\} \tag{2-2}$$

对于各向同性介质，用λ表示C_{12}，用G表示C_{44}，则$C_{11}=\lambda+2G$。其中λ为常数，G为切变模量。通过线性变换，将式（2-2）改用应力表示应变，并令$C_{11}=1/E$，$C_{12}=-G/E$，得

$$\left.\begin{aligned}
\varepsilon_x &= \frac{1}{E}[\sigma_x - \nu(\sigma_y + \sigma_z)] \\
\varepsilon_y &= \frac{1}{E}[\sigma_y - \nu(\sigma_z + \sigma_x)] \\
\varepsilon_z &= \frac{1}{E}[\sigma_z - \nu(\sigma_x + \sigma_y)] \\
\gamma_{xy} &= \frac{2(1+\nu)}{E}\tau_{xy} = \frac{\tau_{xy}}{G} \\
\gamma_{yz} &= \frac{2(1+\nu)}{E}\tau_{yz} = \frac{\tau_{yz}}{G} \\
\gamma_{zx} &= \frac{2(1+\nu)}{E}\tau_{zx} = \frac{\tau_{zx}}{G}
\end{aligned}\right\} \tag{2-3}$$

式（2-3）中，切应变采用了工程应变，是相应应变分量的 2 倍。E 为弹性模量，ν 为泊松比，G 为切变模量。E 与 G 的关系公式为

$$\frac{E}{2(1+\nu)}=G \tag{2-4}$$

单向拉伸状态下（$\sigma_y \neq 0$，其他各应力分量均为零），由式（2-3），胡克定律简化为

$$\left.\begin{aligned}\varepsilon_y&=\frac{\sigma_y}{E}\\ \varepsilon_x&=\varepsilon_z=-\nu\varepsilon_y=-\nu\frac{\sigma_y}{E}\end{aligned}\right\} \tag{2-5}$$

剪切状态下（$\tau_{yx}\neq 0$，其他各应力分量均为零），由式（2-3），胡克定律简化为

$$\gamma_{yx}=\frac{\tau_{yx}}{G} \tag{2-6}$$

弹性模量（E、G）被称为材料的刚度，表征材料对弹性变形的抗力，所以弹性模量越大，相同应力下产生的变形越小。弹性模量对材料的组织不敏感。弹性模量主要取决于原子间的结合力，而合金化、热处理、冷加工对其影响较小。温度升高，弹性模量下降，对于铁，温度每升高 100℃，弹性模量 E 下降 4%。由于弹性变形十分迅速，所以加载速率的改变对其无影响。

一些工程材料在室温下的弹性模量与键型如表 2-1 所示。

表 2-1　一些工程材料的弹性模量和键型

材　料	E/GPa	结合键
软钢	207	金属键
铸铁	170 ~ 190	金属键
铜	110	金属键
铝	69	金属键
钨	410	金属键
金刚石	1140	共价键
Al_2O_3	400	离子键
低密度聚乙烯	0.2	范德华键
天然橡胶	0.003 ~ 0.006	范德华键

二、弹性的物理本质

自由焓随距离的变化导致的变化是弹性产生的根本原因。仿照势能函数的导数是力函数，可求出弹性回复力的表达式为

$$f=\left(\frac{\partial H}{\partial l}\right)_{T,V}-T\left(\frac{\partial S}{\partial l}\right)_{T,V} \tag{2-7}$$

式中，第一项为能弹性回复力，第二项为熵弹性回复力。金属材料、陶瓷材料和玻璃化温度以下的高分子材料属于能弹性，弹性回复力是键长和键角的微小改变所引起的焓变所引起的，而熵的变化所引起的弹性回复力可忽略。处于高弹态的橡胶则属于熵弹性。无应力作用时大分子链呈无规则线团状，构象数最大，因此熵值最大。拉伸时，大分子链的伸展使构象

数减少，熵值下降，自由焓增高，有自发回复到自由焓低的原始卷曲状的趋势，这是弹性回复力产生的主要原因。能弹性也称普弹性，能弹性材料弹性模量大，弹性变形量小，其应力-应变关系符合胡克定律。与能弹性材料不同，具有熵弹性的材料弹性模量小，弹性变形量大，例如天然橡胶，其弹性模量仅为一般固体材料的万分之一左右，而伸长率高达500%~1000%。

三、弹性比功

弹性比功表示材料吸收弹性变形功的能力，又称弹性比能或应变比能。一般用材料开始塑变前单位体积吸收的最大弹性变形功表示。拉伸时，应力-应变曲线上弹性变形阶段下的面积代表弹性比功的大小，如图2-1中的阴影面积。

$$a_e = \frac{1}{2}\sigma_e \cdot \varepsilon_e = \frac{\sigma_e^2}{2E} \qquad (2\text{-}8)$$

式中，a_e 为弹性比功，σ_e 为弹性极限，ε_e 为最大弹性应变。弹性极限 σ_e 是材料由弹性变形过渡到弹-塑性变形的应力，工程上难以准确测定。实际测量时用规定残余伸长应力代替，例如规定残余伸长率为0.01%时所对应的应力为弹性极限。因此弹性极限是材料抵抗微量塑变的抗力。弹性极限是对组织十分敏感的力学性能指标。

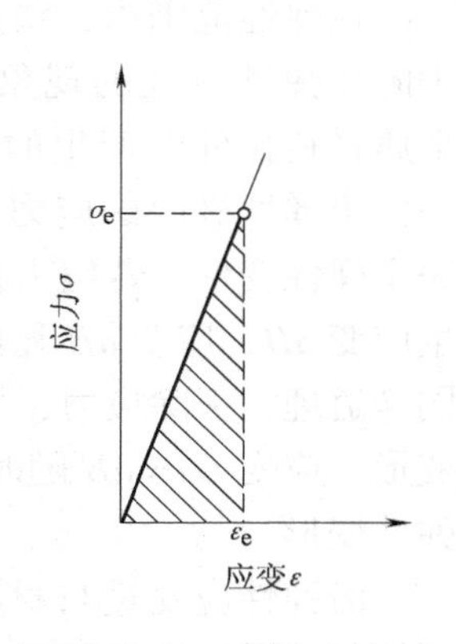

图2-1　弹性比功

生产中，弹簧元件的主要功能是储能减振，要求材料应有尽可能大的弹性比功。由式(2-8)可知，理想的弹性材料应该具有高的弹性极限和低的弹性模量。表2-2列出了几种弹性材料的弹性比功。

表2-2　几种弹性材料的弹性比功

材料	E/MPa	σ_e/MPa	a_e/(MJ/m^3)
高碳弹簧钢	210000	965	0.228
65Mn	≈200000	1380	4.761
55Si2Mn	≈200000	1480	5.476
不锈钢（冷轧）	≈200000	1000	2.5
铍青铜	120000	588	1.44
磷青铜	101000	450	1.0
橡胶	1	2	2

由表2-2可知，对于不同钢种弹性模量差异不大，弹性比功的大小主要取决于弹性极限高低。其中冷轧弹簧钢采用加工硬化提高弹性极限，以提高弹性比功；淬火+中温回火的合金弹簧钢丝具有较高的碳含量，兼有Si、Mn的固溶强化作用，所获得回火托氏体具有更高的弹性极限，可获得更高弹性比功。青铜的弹性极限虽然远低于钢，但弹性模量约为钢的1/2，所以弹性比功也较大，特别是铍青铜适于用作要求无磁性的重要仪表用软弹簧。此外，尽管橡胶的弹性极限极低，但由于弹性模量也极低，所以弹性比功也较高。

四、弹性的不完整性

完全的弹性变形只与载荷的大小有关，而与加载方向和时间无关。但实际上，弹性变形通常不仅是应力的函数，而且还是时间的函数。弹性变形时，应变落后于应力，加载曲线与卸载曲线不重合，存在滞弹性和包申格效应等，这些现象称为弹性的不完整性。

（一）滞弹性

在弹性范围内，快速加载或卸载后，随时间的延长产生附加弹性应变的现象被称为滞弹性，也称为弹性后效。金属材料拉伸时产生的滞弹性，如图 2-2 所示。突然施加一低于弹性极限的应力 σ_0，立即产生瞬时应变 Oa，Oa 为完全弹性变形。若应力保持 σ_0，随时间延长，还会逐渐产生应变 aH，应变 aH 显然与时间有关，被称为滞弹性变形。同样道理，去除应力，立即回复的应变 $eH = Oa$ 为完全弹性变形。应变 $Oe = aH$ 随时间延长逐渐消失，所以 Oe 也是滞弹性变形。

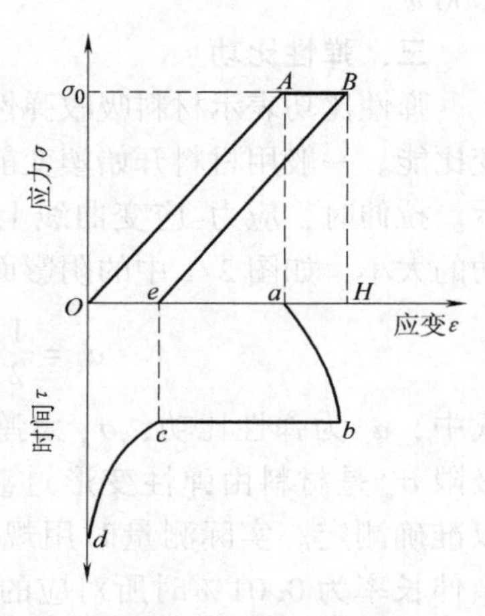

图 2-2 滞弹性示意图

滞弹性应变量与材料的成分和组织有关。材料组织越不均匀，滞弹性越明显。例如，密排六方结构与立方结构相比，其对称性较低，故具有较大的结晶学上的不均匀性，导致金属镁有强烈的弹性后效。

材料的服役条件也影响弹性后效的大小和进行速度。随温度升高，滞弹性变形量增加，其进行速度也加快。此外，应力状态也强烈影响弹性后效，一般应力状态越软，滞弹性变形量越大。所以扭转的弹性后效现象比弯曲和拉伸更明显。

由于金属材料具有滞弹性，因此在弹性范围内快速加载、卸载时，加载线与卸载线不重合，形成一封闭回线即弹性滞后环，如图 2-3a 所示。存在滞后环说明加载时消耗于金属的弹性变形功大于卸载时金属恢复所释放出的弹性能。变形功的一部分为金属所吸收，其大小用滞后环面积度量。金属材料在交变载荷作用下的弹性滞后环，如图 2-3b 所示。滞后环面积越大，材料吸收不可逆变形功的能力越强。

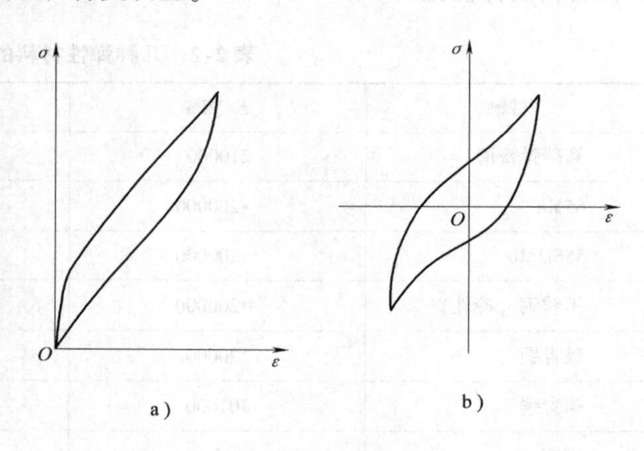

图 2-3 弹性滞后环的类型

a）单向加载 b）交变加载

吸收不可逆变形功的能力也叫金属的内耗。金属材料的内耗越大减振性越好。内耗大的灰铸铁是很好的消振材料，适合制作机床床身、动力机械的底座及支架等，以达到机器稳定运转的目的。12Cr13 型不锈钢也具有较高内耗，用来制作汽轮机叶片，除具有较高耐热性外，还具有优良的减振性，防止共振导致疲劳断裂。但弹簧、音叉等元件则要求内耗越低越好，使仪器仪表具有高精度、高灵敏度。同时由于振动的每个周期所消耗的能量小，可保证振动时间延续得更长。

(二) 包申格效应

正火 35 钢的拉伸曲线如图 2-4 中曲线 1 所示，屈服强度约为 320MPa。若加工成 $d_0 : h_0 =$ 1∶8 的圆柱压缩试样，进行 3% 压缩预变形，卸载后，再重新拉伸，其条件屈服强度 $\sigma_{0.2}$ 降至约 210MPa。这种经预先少量塑变，卸载后再同向加载，规定残余伸长应力增高，反向加载规定残余伸长应力降低的现象，称为包申格（Baoschinger）效应。大多数钢材和非铁合金等都具有包申格效应。

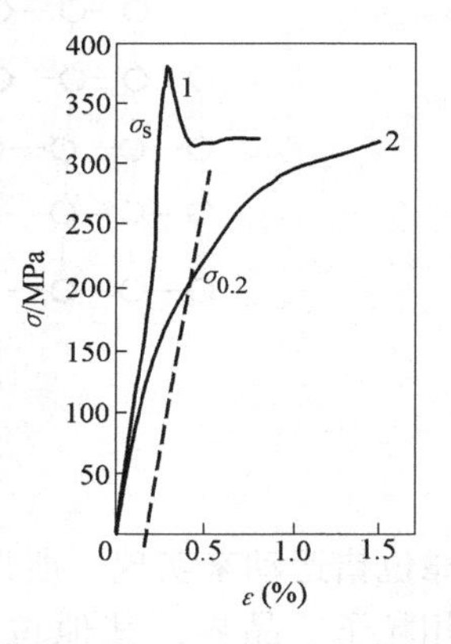

图 2-4　35 钢的包申格效应

包申格效应与位错运动所受阻力的变化有关。在少量预变形过程中，位错源将不断产生位错，生成的位错在晶界、第二相粒子等障碍处塞积，产生与外力相反的应力。如果卸载后同向加载，需克服位错塞积产生的反向应力，故使位错滑移阻力增加，即规定残余伸长应力增加；若预变形后，反向加载，外力与位错塞积产生的应力方向相同，故使位错反向运动所需的外加应力降低，即规定残余伸长应力减小。

包申格效应对于在交变载荷作用下的机件寿命有重要影响。经轻微冷变形的工件在服役时，当其承受与原加工过程加载方向相反的载荷时，应考虑其屈服强度的降低。消除包申格效应的方法是预先进行较大的塑性变形，或在使用前进行回复或再结晶退火。

第二节　塑 性 变 形

当应力高于弹性极限时，金属材料在产生弹性变形的同时还将产生塑性变形。塑性形变与形变强化是金属材料区别于其他工程材料的重要特征。金属室温塑变主要以滑移和孪生两种方式进行。实际金属材料为多晶体，但多晶体的塑变与组成它的各晶粒的变形有关，所以我们首先研究单晶体的塑变。

一、单晶体塑变机制

(一) 滑移

1. 滑移的位错机制

滑移是在切应力作用下，金属材料的一部分相对另一部分沿一定晶面和晶向产生相对位移。位错在切应力作用下发生运动，依靠位错的逐步运动完成了滑移过程。

晶体中刃型位错的滑移过程如图 2-5 所示。在切应力作用下，仅需位错线附近原子作很小的移动，正刃型位错就由 1 位置移动到 2 位置，如图 2-5a 所示。当位错逐步移动到表面，可形成一个高度为 b（柏氏矢量模）的滑移台阶，相当于上下两部分晶体在切应力作用下相对滑动 b 距离，如图 2-5b 所示。大量位错的滑移，就会产生宏观的塑性变形。将抛光的纯铜试样进行适当的塑性变形，在光学显微镜下观察，发现在抛光的表面出现许多互相平行的线条，这是由于发生滑移后试样表面产生高低不平的滑移台阶造成的，称为滑移带。实际上滑移带是由许多密集的滑移线构成的，如图 2-6 所示。

2. 滑移系

滑移总是沿一定晶面和晶向发生，它们分别称为滑移面和滑移方向。一个滑移面和其上的一个滑移方向组成一个滑移系。首先开动的滑移系必定是滑移阻力最小的。晶体的滑移依

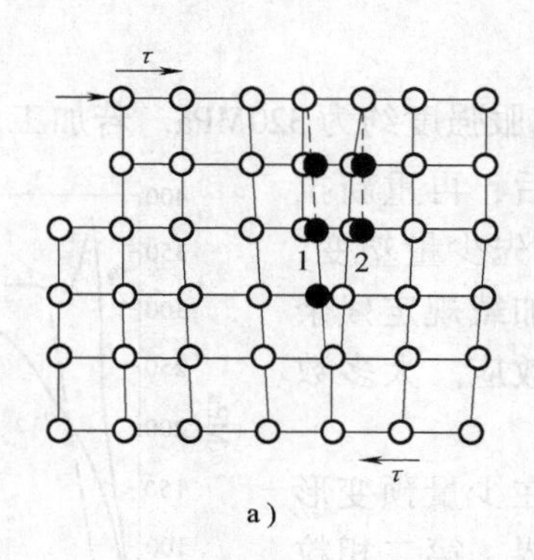

a)

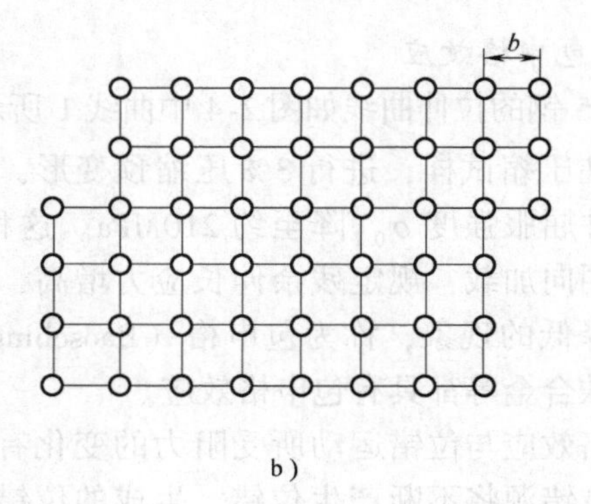

b)

图 2-5 刃型位错的滑移

靠位错运动来实现，所以塑变的阻力来自第二相粒子、晶界、其他位错等对滑动位错的阻碍。其中最基本的固有阻力是晶格阻力即派-纳力（Peierla-Nabarro）。

$$\tau_{\mathrm{P\cdot N}}=\frac{2G}{1-\nu}\mathrm{e}^{-\frac{2\pi a}{b(1-\nu)}} \qquad (2\text{-}9)$$

式中，G 为切变模量，ν 为泊松比，a 为滑移面间距，b 为滑移方向上原子间距。由式（2-9）可知，a 越大，b 越小，派-纳力越小，故滑移面应该是晶面间距最大的密排面，滑移方向应该是原子排列最密排方向。

滑移带
滑移线
滑移带
≈1000 原子间距
≈10000 原子间距
≈100 原子间距

图 2-6 滑移带与滑移线示意图

晶体结构不同，其滑移系也不同。面心立方金属的滑移面属于｛111｝晶面族，共有 4 组，每个滑移面上有 3 个滑移方向，共有 12 个滑移系，如图 2-7a 所示。由于面心立方结构排列致密且滑移系多，所以面心立方金属 Cu、Al、Au 等塑性好。密排六方金属的滑移面为（0001），其上有 3 个〈1120〉型滑移方向，共有 3 个滑移系，如图 2-7b 所示。由于滑移系少，滑移时可能采取的空间位向少，所以 Zn、Cd、Mg 等密排六方金属塑性差。体心立方金属的滑移面属于｛110｝晶面族，共有 6 组，每个滑移面上有 2 个滑移方向，也有 12 个滑移系，如图 2-7c 所示。由于体心立方结构

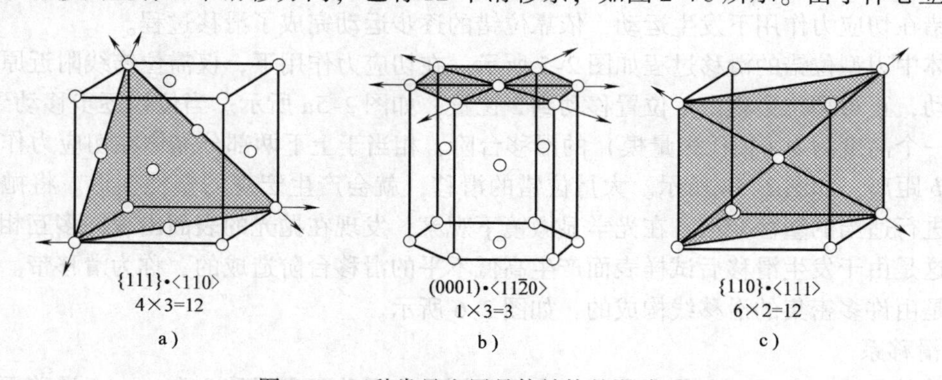

图 2-7 三种常见金属晶体结构的滑移系

a) 面心立方 b) 密排六方 c) 体心立方

缺乏密排程度足够高的密排面，所以滑移面不稳定。除｛110｝外，｛112｝和｛123｝也可成为滑移面，其滑移方向很稳定，均为〈111〉方向，所以体心立方结构实际上有48个滑移系。由于体心立方金属滑移系多，所以比密排六方金属塑性好。但由于滑移面的致密程度不如面心立方金属，所以其塑性不如面心立方金属。

3. 滑移的临界分切应力

当晶体受外力作用时，可将其分解成垂直某一晶面的正应力与沿此面的切应力。只有外力引起的作用在滑移面上，沿滑移方向的分切应力达到某一临界值时，滑移过程才能开始。

设拉应力 F 作用在截面为 A 的圆柱形单晶上，外力与滑移面法线方向夹角为 ϕ，与滑移方向夹角为 λ，如图2-8所示，则外力在滑移方向上的分切应力为

$$\tau = \frac{F}{A/\cos\phi}\cos\lambda = \sigma\cos\lambda\cos\phi \qquad (2\text{-}10)$$

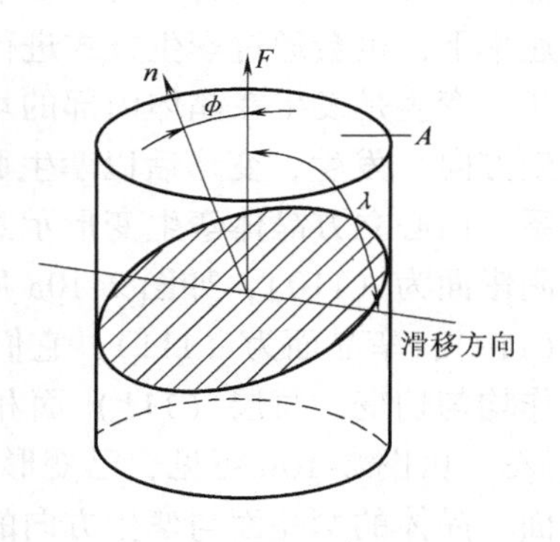

图2-8 临界分切应力分析图

式中，$A/\cos\phi$ 为图2-8中的阴影面积。当式（2-10）中的 τ 达到临界值 τ_c 时，宏观上金属开始屈服，故 $\sigma=\sigma_s$，将 τ_c 和 σ_s 代入式（2-10）得

$$\tau_c = \sigma_s\cos\lambda\cos\phi \text{ 或 } \sigma_s = \frac{\tau_c}{\cos\lambda\cos\phi} \qquad (2\text{-}11)$$

式中，$\cos\lambda\cos\phi$ 称为取向因子或Schmid因子；τ_c 为临界分切应力，其值取决于结合键类型、结构类型、纯度、温度等。

由式（2-11），当 λ、ϕ 都接近45°时，$\cos\lambda\cos\phi$ 取得极大值，σ_s 最低，称为软位向，在外力作用下最易滑移。若 λ、ϕ 只要有一个接近90°时，$\cos\lambda\cos\phi$ 趋近于零，σ_s 趋近于无穷大，此时叫硬位向，不会产生滑移，直至断裂。例如镁单晶在软位向 $\cos\lambda\cos\phi\approx 0.5$ 时，其屈服强度约为2MPa；在 $\cos\lambda\cos\phi<0.1$ 的较硬位向时，其屈服强度上升到8MPa以上。

4. 多滑移与交滑移

对于有多组滑移系的晶体，各滑移系与外力轴的取向不同时，处于软位向的一组滑移系首先开动，这便是单滑移。若多组滑移系处于同等有利位向，在滑移时，这些等效的滑移系可同时开动，或滑移过程中，由于晶体的转动，使两组或多组滑移系交替开动，这便是多滑移。由于多滑移必定造成滑移带的交割，故使滑移阻力增高。发生多滑移时在磨光的晶体表面可看到两组或多组交叉滑移线，如图2-9a所示。

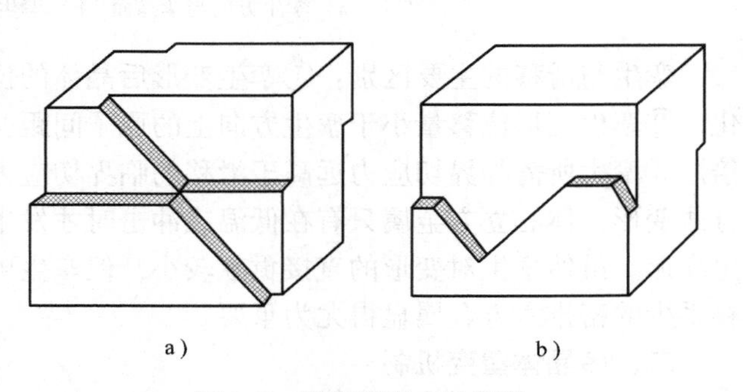

图2-9 滑移线形态示意图
a）交叉滑移线 b）波纹状滑移线

交滑移是指两个或多个滑移面沿同一滑移方向滑移。刃型位错柏氏矢量 b 与位错线 t 垂直，滑移面被限定在柏氏矢量与位错线所决定的平面上，故不可能交滑移。纯螺型位错 b 与 t 平行，滑移面可以是任一个含有位错线

的密排面，这些密排面可以沿同一个滑移方向滑移。螺型位错交滑移所产生的滑移线呈波纹状，如图 2-9b 所示。

(二) 孪生

孪生是冷塑性变形的另一种重要形式，常作为滑移不易进行时的补充。一些滑移系少的密排六方金属如 Cd、Zn、Mg 等常发生孪生变形。体心立方及面心立方金属在低温、高应变速率下，也会通过孪生方式进行塑变。金相显微镜下，形变孪晶一般呈带状，有时为凸透镜状。孪生是发生在晶体内部的均匀切变过程，总是沿一定晶面（孪生面）和一定晶向（孪生方向）发生，变形后以孪生面为分界面，已变形部分与未变形部分呈晶面对称的位向关系。面心立方晶体孪生变形示意图如图 2-10 所示。孪晶面为 (111)，孪生方向为 $[11\bar{2}]$，阴影面为 $(\bar{1}10)$，如图 2-10a 所示。孪生变形原子切变过程如图 2-10b 所示。图中纸面为 $(\bar{1}10)$，孪晶面为 (111)，它们的交线为孪生方向即 $[11\bar{2}]$ 方向。孪生变形时，变形区域作均匀切变，每层 (111) 面相对其相邻晶面，沿 $[11\bar{2}]$ 方向移动了该晶向原子间距的 1/3。由图 2-10b 可见，已变形部分与未变形部分呈镜面对称的位向关系，对称面即为孪晶面。晶体的孪晶面与孪生方向的组合称为孪生系也叫孪生要素，晶体结构不同，孪生系也不同。例如，面心立方晶体孪晶面为 {111}，孪生方向为 〈112〉；体心立方金属孪晶面为 {112}，孪生方向为 $\langle 11\bar{1}\rangle$；密排六方金属 Zn 与 Cd 的孪晶面为 $\{10\bar{1}2\}$，孪生方向为 $\langle 10\bar{1}\bar{1}\rangle$。

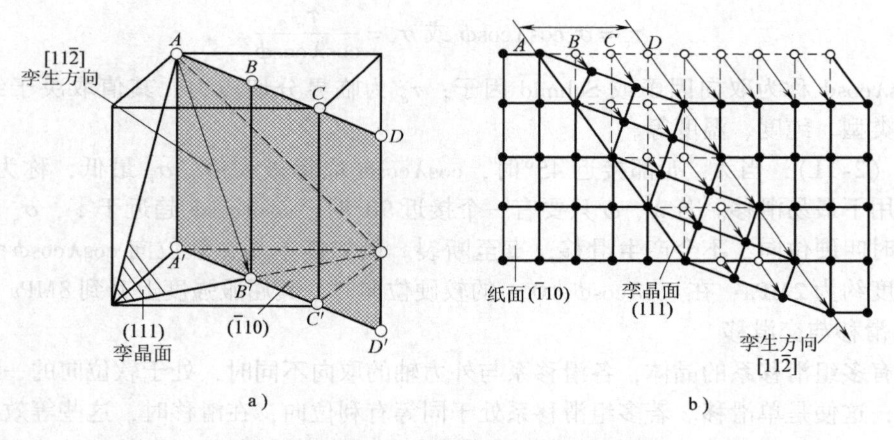

图 2-10 面心立方晶体孪生变形示意图

a) 孪生方向与孪晶面 b) 孪生时原子切变过程

孪生与滑移的主要区别：①孪生变形后晶体的位向发生改变，滑移不引起晶体位向的变化。②孪生变形位移量小于孪生方向上的原子间距，单位位错的滑移矢量为原子间距的整数倍。③孪生所需临界切应力远高于滑移的临界切应力。密排六方金属滑移系少，故常以孪生方式变形，体心立方金属只有在低温或冲击时才发生孪生变形，面心立方金属一般不发生孪生变形。虽然孪生对变形的直接贡献较小，但孪生可改变晶体位向，从而激发滑移，这对滑移系少的密排六方金属显得尤为重要。

二、多晶体塑变机制

实际应用的金属材料大多为多晶体。多晶体塑变与单晶体塑变既有相同之处，又有不同之处。相同之处是变形也以滑移和孪生为基本方式。不同之处是多晶体塑变还受到晶界和晶粒位向影响，使变形更为复杂。

多晶体由许多位向不同的晶粒组成。在外力作用下，只有处于有利位向的晶粒中的那些取向因子最大的滑移系才能首先开动。周围处于不利位向晶粒的各滑移系上的分切应力尚未达到临界值，所以还没有开始塑性变形，处于弹性变形状态。当有晶粒塑变时，就意味着其滑移面上的位错源将不断产生位错，大量位错在切应力作用下，在滑移面上滑移，滑动位错不能越过晶界，于是在晶界前形成位错的平面塞积群，如图 2-11 所示。根据位错线所受的力等于 τb，设塞积群顶端所受的应力为 τ，塞积群作用于顶端领先位错上的力应为 τb，方向与外加切应力 τ_a 相反，若有 n 个位错塞积，则由整个塞积群受力平衡可得

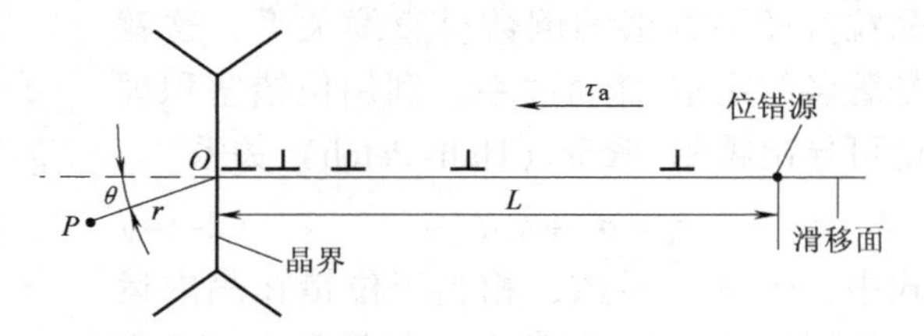

图 2-11　位错的平面塞积群

$$n(\tau_a b) - \tau b = 0$$

$$\tau = n\tau_a \tag{2-12}$$

由式（2-12），塞积顶端有严重应力集中，当位错源到障碍距离 L 越长，塞积的位错数目 n 越多，应力集中越严重。

有人计算在塞积顶附近，离 O 点为 r 处的 P 点，作用于 OP 面（过 OP 线，垂直于纸面）的切应力为

$$\tau = \beta\tau_a\left(\frac{L}{r}\right)^{\frac{1}{2}} \tag{2-13}$$

式中，β 为取向因子，接近 1。由式（2-13），外加切应力 τ_a 一定时，L 越大，r 越小，应力集中可达很高程度。应力集中和外加应力叠加使相临晶粒某滑移系上的临界分切应力达到临界值时，于是该滑移系启动，开始塑变。所以多晶体塑变时具有不同时性和不均匀性，随塑变的进行、晶体的转动，变形趋于均匀化。

多晶体的每个晶粒都处于其他晶粒的包围之中，由于变形的不同时性，为保持金属的连续性，要求临近晶粒的配合。为协调已发生塑变的晶粒的形状改变，周围晶粒必定是多系滑移。面心立方与体心立方滑移系多，协调性好，因此塑性也好；密排六方滑移系少，协调性差，所以塑性差。

室温变形时，由于晶界强度高于晶内，使每个晶粒的变形也不均匀。拉伸时双晶的竹节状变形，如图 2-12 所示。所以室温变形时晶界具有明显强化作用。金属材料晶粒越细小，单位体积的晶界面积越多，晶界强化作用越明显。同时晶粒越细小，变形协调性越好，塑性也越好。

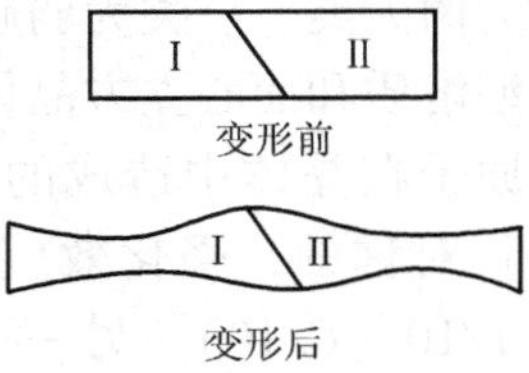

I　II

变形前

I　II

变形后

图 2-12　拉伸时双晶的竹节变形

三、金属的强化机制

强度是指材料在外力作用下，抵抗塑性变形和断裂的能力。提高材料的强度，充分发挥材料的潜力无疑是十分重要的。金属材料的屈服强度或断裂强度受多种因素影响，除金属的本性如切变模量、滑移面间距、滑移矢量、滑移系数目等外，还受合金成分、第二相、晶粒尺寸、形变温度、变形速率、变形方式等影响。这些因素都是通过影响位错运动来影响材料强度的。

(一) 细晶强化

如前所述，由于室温下晶界强度高于晶内，所以晶粒越细小，单位体积所包含的晶界越多，其强化效果越好。这种利用细化晶粒提高金属材料强度的方法叫细晶强化。

$w_C=0.15\%$ 的低碳钢的屈服强度与晶粒尺寸的关系如图 2-13 所示。屈服强度与晶粒直径平方根的倒数呈直线关系，这就是著名的霍尔-派奇关系。利用位错塞积理论可导出霍尔-派奇（Hall-Petch）关系

$$\sigma_s=\sigma_i+k_y d^{-\frac{1}{2}} \tag{2-14}$$

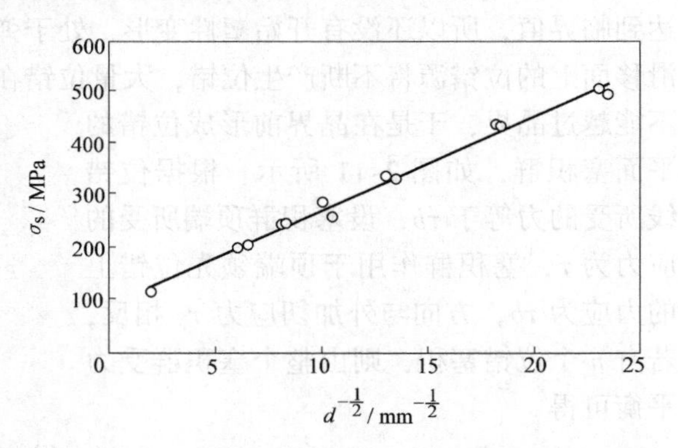

图 2-13 低碳钢的屈服强度与晶粒尺寸的关系

式中，σ_i 为一常数，相当于位错在晶内运动的摩擦力；k_y 为常数，与滑移“越过”晶界传播需要的临界应力有关；d 为晶粒直径。霍尔-派奇关系描述了金属的屈服强度与晶粒尺寸的关系，这已为许多实验所证实。进一步的实验结果表明材料屈服强度与亚晶粒尺寸的关系也满足上述关系。所要说明的是体心立方金属 k_y 值比面心立方和密排六方金属的大，细晶强化更显著。细晶强化的优点在于提高材料强度的同时还可提高材料的塑性。

细晶强化的主要原因是材料晶粒越细小，位错源到晶界距离 L 越小，相同外加切应力 τ_a 作用下，塞积的位错数目 n 越小，作用于塞积顶的切应力 $\tau=n\tau_a$ 也减小，即应力集中减轻。由于应力集中和外加应力叠加使相邻晶粒某滑移系上的临界分切应力达到临界值时，该滑移系才能启动，因此需要更大外加切应力，才能使相邻晶粒的滑移系开动，发生塑变，故晶粒越细小，屈服强度也越高。霍尔-派奇公式是一个普遍关系式，如果是塑性材料，它表示屈服强度或流变应力与晶粒尺寸的关系；如果是脆性材料，表示的是断裂强度与晶粒尺寸的关系。

(二) 固溶强化

合金元素溶入基体金属中可得到单相固溶体合金，如能有效提高其屈服强度，则被称为固溶强化。固溶强化的实质是溶质原子的长程应力场与位错产生交互作用，导致位错运动受阻。

固溶体的屈服应力与溶质浓度大体成线性关系，即随溶质含量增加而直线提高。如果用单位溶质原子浓度引起的切应力增量（$d\tau/dc$）表示强化效应，根据强化效果可将溶质原子分为两大类。一类为弱硬化的溶质，主要是置换型溶质和面心立方晶体中的间隙型溶质。这些原子在晶体中造成的点阵畸变是球形（立方）对称的，强化效应较弱，仅为切变模量的 1/10（$G/10$）。另一类是强硬化的溶质，如体心立方晶体中的间隙原子，这类原子在晶体中造成的点阵畸变是非球形（四方）对称的，强化效应强，比弱硬化的溶质高出一个数量级。不同合金元素对低碳铁素体的固溶强化效果如图 2-14 所示。间隙型溶质原子 C、N、P 固溶强化铁素体作用显著，置换型溶质原子强

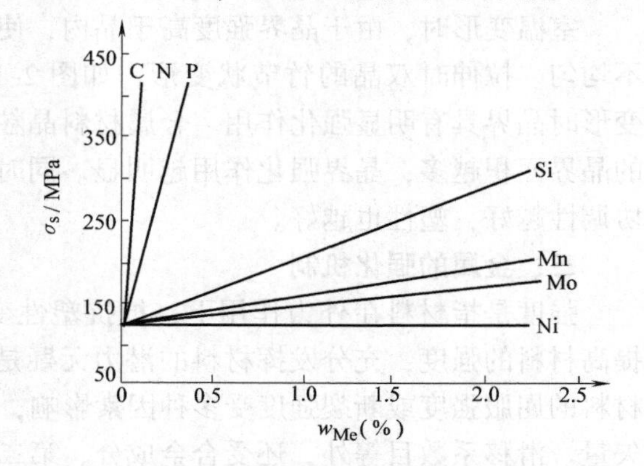

图 2-14 低碳铁素体固溶强化效果示意图

化铁素体作用较弱。

固溶强化的机制为位错钉扎机制。溶质原子对位错的钉扎作用有四种形式，即弹性的、化学的、电学的和近程有序作用。弹性作用即柯垂尔作用，柯垂尔作用阻碍位错运动作用最大。例如 C、N 等间隙原子与刃型位错产生交互作用，为降低交互作用能，在温度和时间许可的情况下，间隙原子将偏聚在刃型位错的拉应力区，形成柯氏气团，使总弹性应变能下降。要使具有柯氏气团的位错运动，必须先挣脱气团，即先“脱钉”或拖着气团走。无论哪种情况均使位错滑移阻力增加，使固溶体合金强度增高。

（三）应变硬化

当外力超过金属材料屈服强度后，就要产生塑性变形，要使变形得以持续进行，必须增加外力。这表明金属材料有一种阻止继续塑变的能力，这就是应变硬化（加工硬化）。应变硬化是金属材料的重要特性。应变硬化与塑性变形的适当配合可保证金属材料有优良的均匀塑变能力，保证冷变形加工的顺利进行；应变硬化也是强化金属材料的重要工艺手段，这对不能进行热处理强化的金属材料显得尤为重要；应变硬化还使机件抗偶然过载能力增强。

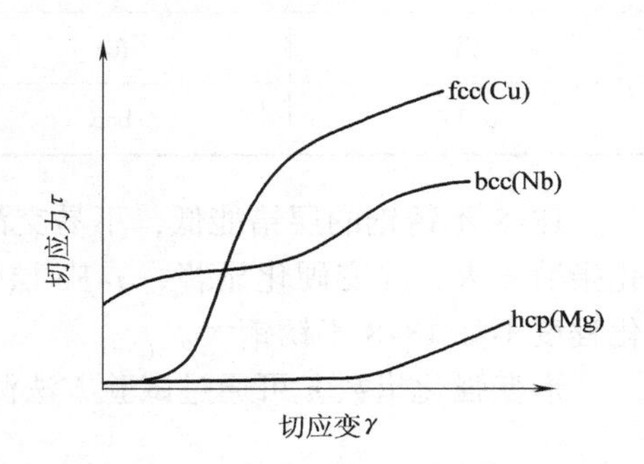

图 2-15　常见三种典型金属晶体的应力-应变曲线

三种典型金属单晶的应力-应变曲线如图 2-15 所示。密排六方金属滑移系少，但在合适的取向下，易滑移阶段相当长，形变强化系数（$\frac{d\tau}{d\gamma}$）也很低，约为 $10^{-4}G$ 数量级，变形量增大到一定程度，滑移系逐渐转到硬位向，变形抗力迅速增高，$\frac{d\tau}{d\gamma}$迅速增大。处于软位向的面心立方金属应力-应变曲线具有明显的三阶段。首先为易滑移阶段，对应单滑移，$\frac{d\tau}{d\gamma}$很低，约为 $10^{-4}G$ 数量级；然后为线性硬化阶段，对应多滑移，$\frac{d\tau}{d\gamma}$很大，约为第一阶段的 30 倍，且为常数，故叫线性硬化阶段。面心立方金属滑移系多，易发生多滑移，故线性硬化阶段较长。当应力大到一定程度，螺位错可借助交滑移越过障碍，使$\frac{d\tau}{d\gamma}$下降，最后进入抛物线硬化阶段（$\tau = K\gamma^{1/2}$）。体心立方金属取向适宜，一般也具有典型的三阶段，由于体心立方具有 48 个滑移系，易发生交滑移，所以线性硬化阶段很短。

多晶体金属材料的应力-应变曲线与单晶体不同，无易滑移阶段。这是因为多晶体塑变需要各晶粒相互协调，至少要有 5 个独立滑移系开动，一开始便是多滑移，故无易滑移阶段。此外，由于各晶粒方位不同及晶界的影响，使多晶体的形变强化系数（$\frac{d\tau}{d\gamma}$）明显高于单晶体。

多晶体在均匀变形阶段的真应力与真应变关系符合 Hollomon 公式

$$S = Ke^n \tag{2-15}$$

式中，S 为真应力；e 为真应变；K 为强度系数；n 为形变强化指数。形变强化指数 n 反映了金属材料抵抗继续塑变的能力。$n=1$，为完全弹性状态，真应力与真应变呈线性关系；$n=0$，$S=K$，无形变硬化能力，例如再结晶温度在室温以上的铅，室温变形时，无加工硬化现象。大多金属材料 $n=0.1\sim0.5$。n 越大，材料应变硬化越显著，对于形变强化指数较高的18-8奥氏体不锈钢，冷轧可使板材的屈服强度提高3~4倍。形变强化指数 n 与层错能 γ 有关。几种金属材料的层错能与形变强化指数，如表2-3所示。

表2-3　几种金属材料的层错能与形变强化指数

金属	点阵类型	层错能 γ / (J/m^2)	形变强化指数 n
18-8 不锈钢	fcc	<0.01	~0.45
铜	fcc	~0.09	~0.30
铝	fcc	~0.25	~0.15
α-Fe	bcc	~0.25	~0.2

18-8不锈钢的层错能低，不易交滑移，故应力-应变曲线的线性硬化阶段较长，形变强化指数 n 大，应变硬化显著。α-Fe层错能高，易发生交滑移，形变强化指数 n 小，应变硬化程度不如18-8不锈钢大。

形变强化指数 n 可通过试验方法测得。式（2-15）两边取对数

$$\lg S=\lg K+n\lg e \tag{2-16}$$

由式（2-16），$\lg S$-$\lg e$ 呈线性关系。只要测定出工程应力-工程应变（σ-ε）曲线，在该曲线上找出若干个点，由公式

$$\left.\begin{aligned}S&=(1+\varepsilon)\sigma\\e&=\ln(1+\varepsilon)\end{aligned}\right\} \tag{2-17}$$

求得几个相应的 S、e 值，即可作出 $\lg S$-$\lg e$ 直线，由该直线斜率可求出形变强化指数 n。

第三节　静载力学性能

力学性能指标是机械设计、选材和制造的重要依据。静载是相对交变载荷和高速载荷而言的。本节主要学习拉伸、压缩、扭转等各种静载下的力学性能。

一、单向静力拉伸

单向静力拉伸试验是工业上应用最广泛的力学性能试验方法之一。金属拉伸试样尺寸可参考GB/T 228—2002。通常采用标准光滑圆柱试样进行试验。除可测定弹性变形阶段的力学性能指标外，还可测定材料的强度指标和塑性指标。

（一）工程应力-应变曲线与拉伸力学性能

单向静力拉伸光滑圆柱试样有两种。标距原始长度为 l_0，原始直径为 d_0。单向静力拉伸的加载轴线与试样轴线重合，载荷缓慢施加，拉伸的应变速率小于等于 10^{-1}/s，测得的工程应力-应变曲线（σ-ε）如图2-16所示。纵坐标为工程应力，用 σ 表示，$\sigma=F/A_0$，F 为载荷，A_0 为原始截面面积，应力单位为MPa；横坐标为工程应变，用 ε 表示，$\varepsilon=\Delta l/l_0$，Δl 为试样两标距间绝对伸长，l_0 为试样原始标距长度。

其中，图2-16a为塑性材料低碳钢的应力-应变曲线。由图可知，应力低于σ_p，σ与ε呈直线关系，即$\sigma = E\varepsilon$。超过σ_p，σ-ε曲线开始偏离直线，故σ_p被称为比例极限。

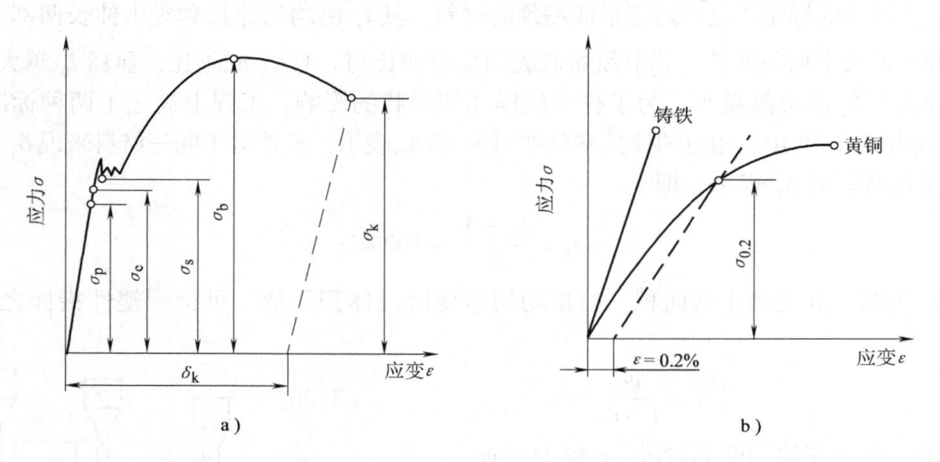

图2-16　材料的应力-应变曲线

a）低碳钢　b）铸铁和黄铜

应力超过σ_p，σ-ε曲线将偏离直线，但只要应力低于σ_e，卸载后变形能完全恢复，试样仍处于弹性变形阶段。当应力大于σ_e，试样在产生弹性变形的同时还发生塑性变形。所以弹性极限σ_e是表征材料对微量塑性变形的抗力。弹性极限不易精确测定，生产中常根据机件服役要求，规定产生一定量残余变形的应力作为“规定弹性极限”。例如，规定以残余伸长为0.01%的应力作为规定残余伸长应力，并记为$\sigma_{0.01}$，$\sigma_{0.01}$即为规定弹性极限。

当应力大于弹性极限时，试样由弹性变形向塑性变形过渡，低碳钢的过渡十分明显。当应力达到上屈服点时，应力不增加，甚至有所下降（出现下屈服点），试样仍可持续变形，这就是低碳钢的屈服现象。试样在外力不增加仍能继续伸长时的应力被称为屈服强度，用σ_s表示。屈服强度是表征材料对微量塑性变形的抗力。

材料屈服后，继续拉伸，会产生均匀塑性变形，同时产生加工硬化，使应力持续增加，直达σ_b。σ_b是材料所能承受的最大应力，叫抗拉强度或强度极限，表征材料对最大均匀塑性变形的抗力。超过该点后，试样开始出现缩颈，进入不均匀塑性变形阶段，由于承载面积急剧减少，导致应力下降，当应力为σ_k时发生断裂，σ_k为断裂强度。

对于无明显屈服点的塑性材料，需用条件屈服强度来表示其抵抗微量塑性变形的能力。如图2-16b中黄铜的应力-应变曲线，无明显屈服现象，此时常以0.2%残余变形时的应力作为条件屈服强度，并用$\sigma_{0.2}$表示。$\sigma_{0.2}$与σ_s都是表征材料对微量塑性变形的抗力。屈服强度是应用最广的性能指标，机械设计中把屈服强度作为强度设计和选材的依据。

图2-16b中脆性材料铸铁的应力-应变曲线，σ与ε呈线性关系，只有弹性变形，不发生塑变，在最高载荷点处发生断裂，即抗拉强度与断裂强度相同，塑性指标为零。

单向静力拉伸除可测定正变弹性模量、弹性极限、屈服强度和抗拉强度外，还可测定材料的塑性指标。塑性是材料的塑性变形能力，可用断后的总伸长率δ_k和断后总断面收缩率ψ_k来表示。

$$\delta_k = \frac{l_k - l_0}{l_0} \times 100\% \tag{2-18}$$

式中，l_k 为断后的标距长度。对于形成缩颈的材料，其 l_k 由均匀伸长和集中伸长两部分组成，而集中伸长远大于均匀伸长。其中颈缩造成的集中伸长与 $\sqrt{A_0}/l_0$ 成正比，显然 l_0 越大，集中变形对伸长率 δ_k 的贡献越小。为了排除试样几何形状的影响，工程上规定了两种标准试样，其 l_0/d_0 分别为 5 和 10。相应的伸长率分别用 δ_5 和 δ_{10} 表示，显然对于同一材料来说 $\delta_5 > \delta_{10}$。

断面收缩率用 ψ_k 表示，即

$$\psi_k = \frac{A_0 - A_k}{A_0} \times 100\% \tag{2-19}$$

式中，A_k 为断口处的最小截面积。根据均匀塑变阶段体积不变，可得到塑性指标之间的关系为

$$\delta = \frac{\psi}{1 - \psi} \tag{2-20}$$

式（2-20）表明在均匀变形阶段，δ 恒大于 ψ。

（二）真应力-真应变曲线

拉伸到某一时刻的真实应力 S 等于该时刻的载荷 F 除以该时刻的截面面积 A，即 $S = \frac{F}{A}$。若试样原始标距为 l_0，拉伸到某一时刻时，标距变为 l，又过了微小时间间隔 dt，此时标距变为 $l + dl$，如图 2-17 所示。定义 $de = \frac{dl}{l}$，两边积分可得到真实线应变

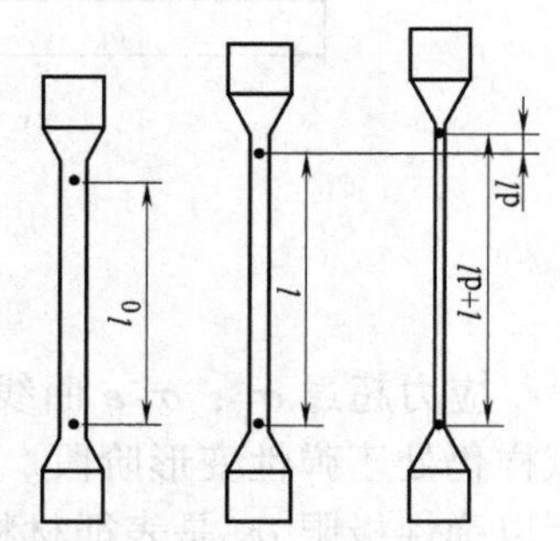

图 2-17 拉伸过程中试样标距变化示意图

$$e = \int_0^e de = \int_{l_0}^{l} \frac{dl}{l} = \ln\frac{l}{l_0} = \ln\frac{l_0 + \Delta l}{l_0} = \ln(1 + \varepsilon) \tag{2-21}$$

对于低碳钢拉伸结果，如果采用真实应力和真实线应变绘制拉伸曲线，可得到真应力-真应变曲线（S-e 曲线），如图 2-18 所示。与图 2-16a 工程应力-应变曲线相比，其主要区别在于随真应变的增加，由于加工硬化，使真实应力一直不断增加。此外，由于真实断裂强度是断裂时的载荷除以发生颈缩断裂后的截面积，尽管断裂载荷较小，但由于断面面积的急剧减小，导致真实断裂强度 S_k 远高于 S_b（最大均匀伸长所对应的真应力）。图 2-18 中的 e_k 为断裂真实线应变，e_b 为均匀塑变阶段的真实线应变。仿照真实线应变，用面积表示的真应变为

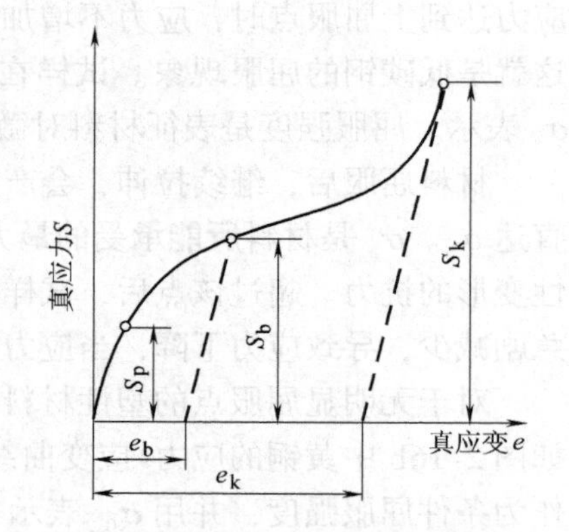

图 2-18 真应力-真应变曲线

$$\psi_e = \ln\frac{A}{A_0} = \ln(1 - \psi) \tag{2-22}$$

真应变与工程应变的关系由式（2-21）和式(2-22)给出，对于均匀塑性变形，测得工程线应变 ε 或 ψ，可求出真应变 e 或 ψ_e。此外，利用体积不变，可证明 $e = -\psi_e$。

（三）屈服现象的本质

屈服现象首先在低碳钢中发现。早期理论认为低碳钢中溶质原子碳与位错交互作用可形

成柯垂尔气团，使位错钉扎。要使钉扎的位错运动，所需切应力增高，于是出现上屈服点。一旦脱钉，在较低应力水平下，位错可持续运动，于是出现下屈服点。然而，该理论解释不了其他金属和合金的屈服现象。后来研究指出当材料变形前可动位错密度ρ很小，塑性变形时位错增殖速度很快，位错运动速度与外加应力有强烈依赖关系时，屈服现象明显。

金属材料塑性变形的应变速率ε与可动位错密度ρ、位错运动平均速率$\bar{v}$和位错柏氏矢量模b成正比，即

$$\varepsilon = b\rho\bar{v} \tag{2-23}$$

恒速拉伸时，由于变形前可动位错密度ρ小，为维持一定的应变速率ε，由式（2-23）可知必须增大位错运动平均速率$\bar{v}$。$\bar{v}$取决于切应力大小，它们之间的关系为

$$\bar{v} = \left(\frac{\tau}{\tau_0}\right)^{m'} \tag{2-24}$$

式中，τ为滑移面上的切应力；τ_0为位错以单位速率运动所需的切应力；m'为位错运动速率应力敏感性指数。由式（2-24），提高$\bar{v}$，必须增加切应力τ，这便出现了上屈服点。一旦塑变，位错大量增殖，位错密度ρ迅速增加。由式（2-23），为维持一定的应变速率，$\bar{v}$将迅速下降，导致τ突然下降，于是出现下屈服点，因此产生了屈服现象。m'值越低，为使$\bar{v}$变化所需切应力的变化越大，屈服现象越明显，反之屈服现象不明显。例如，体心立方金属的位错运动速率应力敏感性指数低，$m'<20$，故具有明显屈服现象；面心立方金属$m'\approx 100 \sim 200$，故屈服现象不明显。

屈服强度是一个对成分、组织结构十分敏感的力学性能指标。凡是影响位错运动的因素均对屈服强度有影响。除金属的本性与晶格类型、晶粒的大小及亚结构、第二相形态及分布等内在因素影响屈服强度外，变形温度、变形速率和应力状态等外部因素对屈服强度也有重要影响。例如降低温度可使体心立方金属的屈服强度急剧升高；提高应变速率也可明显提高材料屈服强度；不同应力状态下的屈服强度也有显著差别，其中三向不等拉伸屈服强度最高。

二、其他静载下的力学性能

同一种材料在不同加载方式下，所处的应力状态不同，表现出的力学行为也不同。单向静力拉伸时，试样处于单向拉应力状态。实际构件在服役过程中还经常受扭转、弯曲或压缩应力的作用，因此有必要测定不同用途的材料在不同载荷作用下的力学性能指标，为设计、选材提供依据。

（一）应力状态软性系数

机件受力后任一点的应力状态可用单元体上的6个应力分量来表示。各应力分量的大小取决于单元体的取向。单元体的取向不同，正应力分量与切应力分量的相对大小是不同的。切应力引起塑性变形并导致韧性断裂，正应力导致脆性断裂。为了表征不同应力状态下材料的力学行为特点，引入应力状态软性系数α

$$\alpha = \tau_{max}/S_{max} \tag{2-25}$$

式中，最大切应力τ_{max}由第三强度理论给出，$\tau_{max}=\frac{1}{2}(\sigma_1-\sigma_3)$；最大正应力$S_{max}$由第二强度理论给出，$S_{max}=\sigma_1-\nu(\sigma_2+\sigma_3)$。其中，$\sigma_1$、$\sigma_2$、$\sigma_3$分别为三个主应力，$\nu$为泊松比。取$\nu=0.25$时应力状态软性系数为

$$\alpha = \frac{\sigma_1 - \sigma_3}{2\sigma_1 - 0.5(\sigma_2 + \sigma_3)} \tag{2-26}$$

不同加载方式的应力状态软性系数见表 2-4。

表 2-4 不同加载方式的应力状态软性系数

加载方式	主应力			α
	σ_1	σ_2	σ_3	
三向不等拉伸	σ	$\frac{8}{9}\sigma$	$\frac{8}{9}\sigma$	0.1
单向拉伸	σ	0	0	0.5
扭转	σ	0	$-\sigma$	0.8
二向等压缩	0	$-\sigma$	$-\sigma$	1
单向压缩	0	0	$-\sigma$	2
三向不等压缩	$-\sigma$	$-\frac{7}{3}\sigma$	$-\frac{7}{3}\sigma$	4

应力状态软性系数的大小表征应力状态的软硬。α 值越大，应力状态越软，其切应力分量越大，材料先塑性变形，然后才发生韧性断裂。反之，α 值越小，表征应力状态越硬，材料不易塑性变形，易产生脆性断裂。由表 2-4 可知，扭转与单向压缩的 α 值大于单向拉伸。所以对于脆性较大的材料采用扭转与单向压缩可更好显示材料的塑性。

（二）单向压缩

单向压缩与单向拉伸仅仅是受力方向相反。因此拉伸的力学性能和相应的计算公式在压缩试验中基本适用，但两者也具有显著差别。单向压缩应力状态软性系数为 2，故适合测定脆性材料的塑性，以反映这些材料塑性指标的微小差别。压缩不会产生缩颈现象，压缩的应力-应变曲线一直呈上升状态。此外压缩试验更接近接触表面承受压应力的机件如滚动轴承的滚动体和套圈的服役条件。鉴于压缩试验的特点，压缩试验主要用于脆性材料。

常用压缩试样一般为圆柱体，也可用立方体或棱柱体。为防止压缩时失稳，试样高度与直径的比 $h_0/d_0 \approx 1.5 \sim 2$。压缩试样的端面与压头之间往往存在很大摩擦力，这会影响试验结果。为减少摩擦力，试样两端要光滑平整，互相平行，并采用涂润滑剂进行润滑。h_0/d_0 越大，测得的抗压强度越低，为使试验结果便于对比，必须使试样 h_0/d_0 为定值。

金属材料的压缩曲线如图 2-19 所示。图中曲线 1 为脆性材料，根据压缩曲线可求出压缩的一系列强度指标，对于脆性材料一般只求抗压强度 σ_{bc}、相对压缩率 ε_{ck} 和相对断面扩张率 ψ_{ck}。

$$\sigma_{bc} = F_{bc}/A_0 \tag{2-27}$$

$$\varepsilon_{ck} = [(h_0 - h_k)/h_0] \times 100\% \tag{2-28}$$

$$\psi_{ck} = [(A_k - A_0)/A_0] \times 100\% \tag{2-29}$$

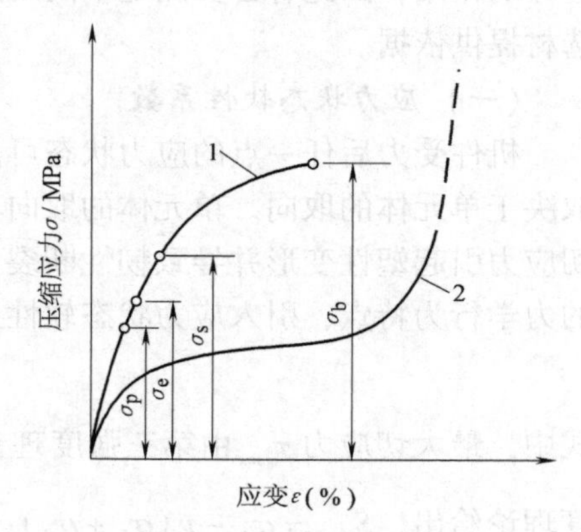

图 2-19 压缩曲线

式中，F_{bc} 为压缩断裂时的载荷；A_0、A_k 分别为试样原始截面积和断裂时的截面积；h_0、h_k 分别为试样原始高度和断裂时的高度。式（2-27）给出的是条件抗压强度，若要测定真实抗压强度，只要用断裂时的载荷除以断裂时的截面积即可。由于 $A_k > A_0$，所以真实抗压强度小于条件抗压强度。图 2-19 中曲线 2 为韧性材料，$A_k > A_0$，承载面积急剧增加，导致压缩载荷也急剧升高，甚至不会发生断裂。

（三）弯曲

弯曲试验时，试样上表面为压应力，下表面为拉应力。因为最大拉应力出现在下表面，故弯曲力学性能对表面缺陷十分敏感。采用弯曲试验可检验表面热处理的质量。此外，脆性材料拉伸时，对偏心十分敏感，利用拉伸不易准确测定抗拉强度。若采用压缩试验可稳定测定其抗弯强度。

弯曲试验可采用三点弯曲或四点弯曲，所用试样截面为矩形或圆形，其加载方式如图2-20所示。三点弯曲采用集中加载，如图2-20a所示。试样最大弯矩 $M_{max} = \frac{FL}{4}$，位置在试样$L/2$处。三点弯曲试样总是在最大弯矩（$L/2$）附近断裂。四点弯曲加载方式如图 2-20b 所示。两加载点之间受到等弯矩作用，最大弯矩$M_{max} = \frac{FK}{2}$，试样在两加载点之间具有组织缺陷处发生断裂。

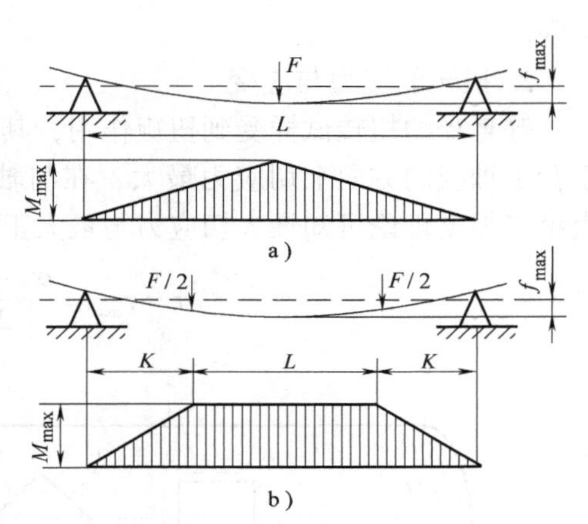

图 2-20 弯曲试验加载方式
a）集中加载 b）等弯矩加载

对于脆性材料，可用弯曲试验测得最大挠度f_{max}，用f_{max}表征脆性材料的塑性好坏，其值可用百分表或挠度计直接读出。由于挠度的大小与试样跨距有关，一般要加以标注，例如对于铸铁弯曲试验，f_{300}代表 ϕ30mm × 340mm、L = 300mm 浇注试样的最大挠度。对于同一材料，显然$f_{600} > f_{300}$。

由载荷 F 和最大挠度 f_{max} 可作出 F-f_{max}曲线，称为弯曲图，如图2-21 所示。图 2-21b 为韧性材料的弯曲图。弯曲试验不能使试样发生断裂，其曲线最后部分可延伸很长，难以测定韧性材料的强度，故韧性材料一般不采用弯曲试验。图 2-21a 为脆性材料的弯曲图，可由式（2-30）求得抗弯强度 σ_{bb}

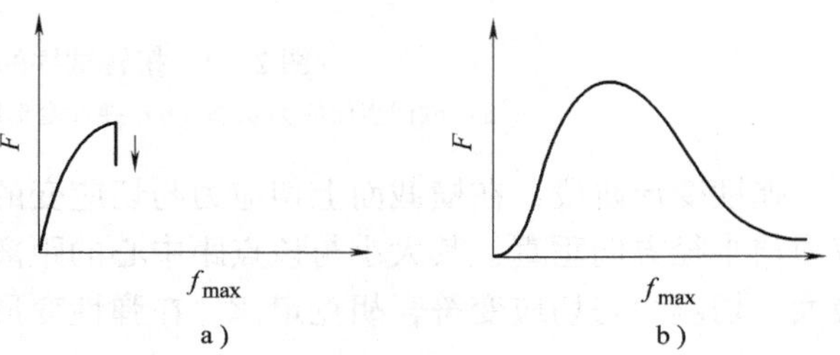

图 2-21 典型的弯曲图
a）脆性材料 b）韧性材料

$$\sigma_{bb} = \frac{M_b}{W} \tag{2-30}$$

式中，M_b 为试样断裂时的弯矩（三点弯曲时 $M_b = \frac{FL}{4}$，四点弯曲时 $M_b = \frac{FK}{2}$）；W 为截面抗弯系数（直径为 d_0 的圆柱试样 $W = \pi d_0/32$，宽为 b、高为 h 的矩形截面试样 $W = bh^2/6$）。

陶瓷材料、工具钢、硬质合金等常用矩形试样，灰铸铁常用铸造圆棒试样。弯曲试样表面粗糙度及表面缺陷对抗弯强度和最大挠度均有影响。

（四）扭转

1. 扭转试验特点

扭转试验的应力状态比单向拉伸软，对于某些脆性材料来说，扭转时它们处于韧性状态，便于测定其塑性指标。扭转无缩颈现象，对于拉伸有缩颈的材料，采用扭转试验可排除缩颈的影响，精确反映变形过程中的应力应变关系。此外扭转时应力沿截面分布不均匀，试样表面应力与应变最大，故可灵敏反映材料表面缺陷。无论脆性材料还是塑性材料，采用扭转试验都可准确测定出剪切变形和断裂的全部力学性能指标。其缺点是由心部向表面应力逐渐增大，当表面发生塑性变形时，心部仍处于弹性状态，所以难以精确测量比例极限和弹性极限。

2. 扭转的应力与应变

等直径的扭转试样受到扭矩作用，其应力与应变如图 2-22 所示。圆杆表面，在切线和平行于轴线的方向上切应力最大，在与轴线成 45°的方向上正应力最大，如图 2-22a 所示。由第三强度理论可知最大切应力与最大正应力相等，即

$$\tau=\tau_{\max}=\frac{\sigma_1-\sigma_3}{2}=\frac{\sigma_1-(-\sigma_1)}{2}=\sigma_1 \tag{2-31}$$

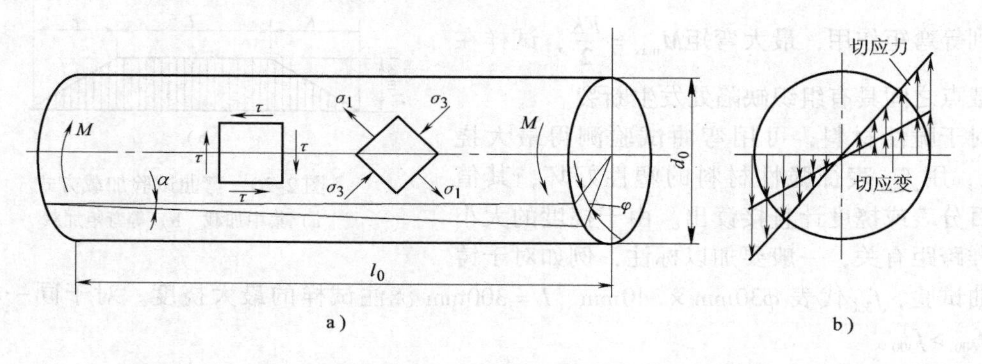

图 2-22　扭转试样的应力与应变

a）试样表面应力状态　b）弹性变形阶段横截面上应力应变分布

弹性变形阶段，在横截面上切应力与切应变的分布如图 2-22b 所示。横截面上各点的切应力与半径方向垂直，其大小与该点距中心的距离成正比，中心处切应力为零，表面切应力最大。切应力与切应变符合胡克定律。在弹性变形范围，表面切应力计算公式如下

$$\tau=M/W \tag{2-32}$$

式中，M 为扭矩，W 为抗扭截面系数。对于圆柱试样，$W=\pi d_0^3/16$，对于空心圆柱试样 $W=\pi d_0^3\left[1-\left(\frac{d_1}{d_0}\right)^4\right]/16$。圆杆表面的切应变为

$$\gamma=\tan\alpha=\frac{\varphi\frac{d_0}{2}}{l_0}=\frac{\varphi d_0}{2l_0} \tag{2-33}$$

式中，d_0 与 l_0 为圆柱试样的原始直径与原始长度，φ 为扭转角，α 为圆杆表面任意平行于轴线的直线因 τ 的作用而转动的角度，见图 2-22a。

3. 扭转试验及测定的力学性能

扭转试验在扭转试验机上进行，主要采用 $d_0=10\text{mm}$、标距长度 $l_0=100\text{mm}$ 的圆柱试样，有时也采用50mm的短试样。随扭矩 M 的增加，扭转角 φ（单位为rad）不断增加。绘制 M-φ 曲线，也叫扭转图，它表示了材料在扭转载荷下，载荷与形变的关系，如图2-23所示。扭转不产生缩颈，变形一直是均匀的，由于加工硬化，扭矩随扭转角的增加不断增加，直至断裂，故 M-φ 曲线形状与拉伸的真应力-真应变曲线极为相似。

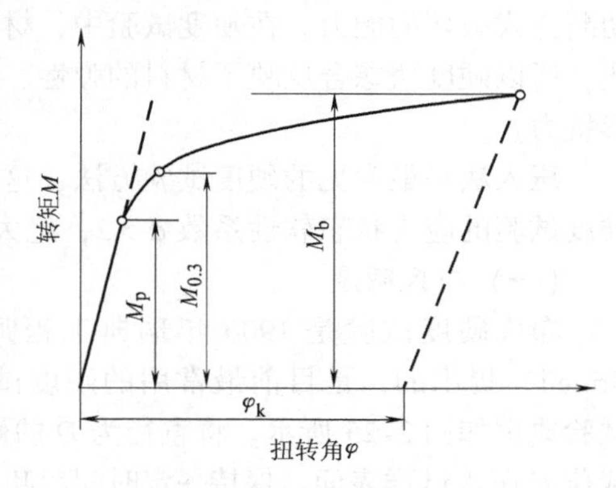

图2-23　扭转图

利用扭转图可确定如下力学性能指标。在弹性范围内，由切应力与切应变的比值可求出切变模量 G，即

$$G=\frac{\tau}{\gamma}=\frac{32Ml_0}{\pi\varphi d_0^4} \tag{2-34}$$

由扭转曲线开始偏离直线时的扭矩 M_p，利用式（2-35）可求出扭转比例极限 τ_p

$$\tau_p=\frac{M_p}{W} \tag{2-35}$$

由残余扭转切应变等于0.3%时的扭矩 $M_{0.3}$，利用式（2-36）可求出扭转屈服极限 $\tau_{0.3}$

$$\tau_{0.3}=\frac{M_{0.3}}{W} \tag{2-36}$$

由试样断裂前的最大扭矩 M_b，利用式（2-37）可求出抗扭强度 τ_b

$$\tau_b=\frac{M_b}{W} \tag{2-37}$$

扭转时的塑性可由残余扭转相对切应变 γ_k 表示，即

$$\gamma_k=\frac{\varphi_k d_0}{2l_0} \tag{2-38}$$

式中，φ_k 为试样断裂时标距长度 l_0 上的扭转角。

4. 扭转试样断口

扭转试样断口主要有两种，剪切断口和正断断口。剪切断口断面与试样轴线垂直，有塑性变形的痕迹，为韧性断口，由切应力 τ 引起，如图2-24a所示。正断断口断面与试样轴线约成45°角，呈螺旋形状，为脆性断口，由正应力引起，如图2-24b所示。若材料的轴向切断抗力比横向低，如带状偏析严重的轧制合金板，扭转断口可出现层状断口，如图2-24c所示。因此可根据断口形貌判断材料的断裂方式。

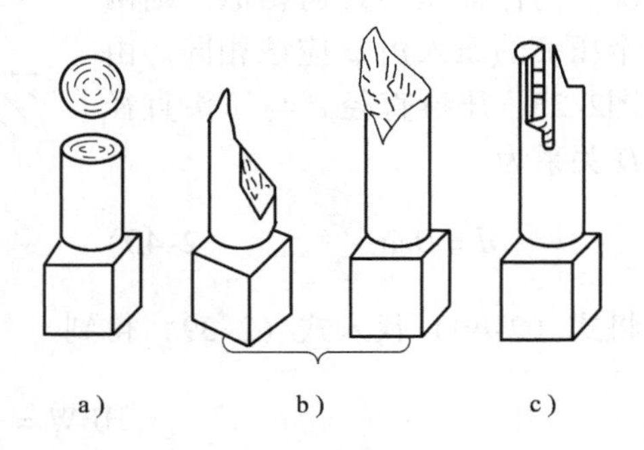

图2-24　扭转断口形态
a）切断断口　b）正断断口
c）木纹状断口

三、硬度

硬度试验与单向静力拉伸试验一样是一种应用

最广的力学性能试验方法。硬度是衡量材料软硬程度的一种性能，其物理意义随试验方法不同而不同。例如压入法硬度值表征材料表面抵抗硬物压入的能力；刻划法硬度值表征材料对切断方式破坏的能力。在硬度试验中，材料首先发生弹性变形，然后发生塑性变形和应变硬化，所以硬度值综合反映了材料的弹性、微量塑性变形抗力、形变硬化能力以及大量塑性变形抗力。

压入法是最常见的硬度试验方法，这里主要介绍布氏、洛氏、维氏和显微硬度。压入法硬度试验的应力状态软性系数 $\alpha>2$，绝大多数材料都能发生不同程度的塑性变形。

（一）布氏硬度

布氏硬度试验是1900年瑞典工程师布利涅尔（J. B. Brinell）提出的，是目前最常用的硬度试验方法。布氏硬度试验原理如图2-25所示。将直径为 D 的硬质合金球，以一定载荷 F 压入试样表面，保持一定时间后卸载，测量试样表面的压痕直径 d，求得球冠形压痕面积 A。定义试样的布氏硬度为

$$\mathrm{HBW}=\frac{0.102\times 2F}{\pi D\left(D-\sqrt{D^2-d^2}\right)} \tag{2-39}$$

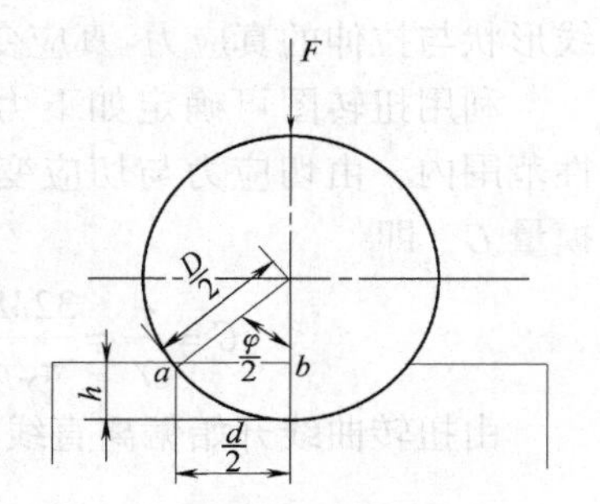

图2-25 布氏硬度试验原理

式中，πDh 为球冠形压痕面积，其中 $h=\frac{D}{2}-\frac{1}{2}\sqrt{D^2-d^2}$，布氏硬度的单位为MPa，但一般不标单位。

布氏硬度值表示方法如下：符号HBW之前的数字为硬度值，符号之后的数字为压头球体直径、载荷大小、载荷保持时间。例如150HBW10/1000/30表示压头为10mm硬质合金球，载荷为9.8kN（1000kgf），保持时间30s所测得的硬度值为150。

为测定软硬或厚薄不同的工件的布氏硬度，必须选用不同载荷和不同的压头直径。测试条件的不同对布氏硬度值会产生明显影响。如何得到统一的、可以互比的硬度值呢？为解决此问题，让我们首先了解压痕相似原理。图2-26表示用两个直径不同的球形压头，采用不同的载荷，压入试样表面的情况。为保证压痕几何相似，则两个压痕的压入角 φ 应该相同。由图2-25，压痕直径 d 与压头直径 D 关系为

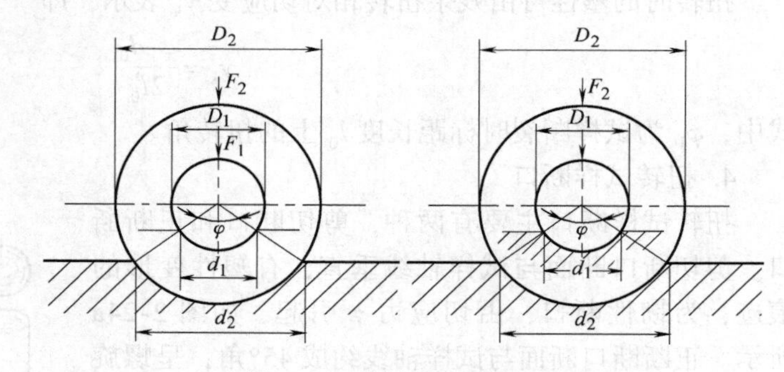

图2-26 布氏硬度试验原理

$$d=D\sin\frac{\varphi}{2} \tag{2-40}$$

将式（2-40）代入式（2-39）得到

$$\mathrm{HBW}=\frac{F}{D^2}\,\frac{2}{\pi\left(1-\sqrt{1-\sin^2\frac{\varphi}{2}}\right)} \tag{2-41}$$

由（2-41），当布氏硬度值相同时，必须满足 $\frac{F}{D^2}=$ 常数，此时所得压痕的压入角保持不变。

国家标准 GB/T231.1—2002 规定，球形压头直径有 10mm、5mm、2.5mm、1mm 四种；$\frac{0.102F}{D^2}$有 30、15、10、5、2.5、1 共六种。为顺利完成布氏硬度试验，国家标准给出$\frac{0.102F}{D^2}$选用表，如表 2-5 所示。

表 2-5 $\frac{0.102F}{D^2}$选用表

材料	布氏硬度	$0.102F/D^2$
钢及铸铁	<140	10
	>140	30
铜及其合金	<35	5
	35~130	10
	>130	30
轻金属及其合金	<35	2.5（1.5）
	35~80	10（5 或 15）
	>80	10（15）
铅、锡		1.25（1）

测试布氏硬度的试样厚度至少应该为压痕深度的 10 倍，一般根据试样厚度选压头直径，当厚度足够时，D 尽可能选 10mm。钢铁材料载荷保持时间为 10~15s，非铁金属 30s，硬度小于 35 的材料为 60s。试验后压痕直径 $d=(0.25\sim0.6)D$，否则试验结果无效，应考虑改变试验条件。在实际生产中，对不能切取试样的工件可采用锤击式简易布氏硬度计进行测量，但其误差较大，一般不作为成品验收依据。布氏硬度压痕面积大，可反映材料较大范围内各组成相的平均硬度，所测硬度值稳定，适合铸铁、轴承合金等具有不同组织组成物的晶粒较粗大的金属材料。其缺点是对不同硬度的材料需更换压头和改变载荷，压痕直径需一个个测量，故操作繁杂，且不宜在成品上进行试验。

（二）洛氏硬度

洛氏硬度试验法也是目前常用的硬度试验法之一。洛氏硬度试验原理与布氏硬度不同。它是以所测量的压痕深度大小来表示硬度值的。

洛氏硬度试验所用压头为圆锥角 $\alpha=120°$ 的金刚石圆锥或直径 $D=1.588$mm 的淬火钢球。用金刚石圆锥测试硬度的示意图如图 2-27 所示。为统一试验条件，使压头保持在恒定位置上，首先加初载荷 $F_0=98.1$N(10kgf)，试样表面产生压痕，其深度为 h_0；再加主载荷 $F_1=1373$N(140kgf)，压痕深度又增加了 h_1，h_1 包括弹性变形和塑性变形两部分；将主载荷卸除，弹性变形部分 h_2 恢复，于是得到试样在有初载荷 F_0 下的压痕深度残余增量 e，$e=h_1-h_2$。如果以 e 的大小计算硬度值，e 越大硬度越低，反之越高。为适应习惯上数值越大硬度越高的概念，故用一个常数 k 减去 e 表示硬度值，并规定 0.002mm 为一个硬度单位。于是得到洛氏硬度值的计算公式为

$$HR=\frac{k-e}{0.002} \tag{2-42}$$

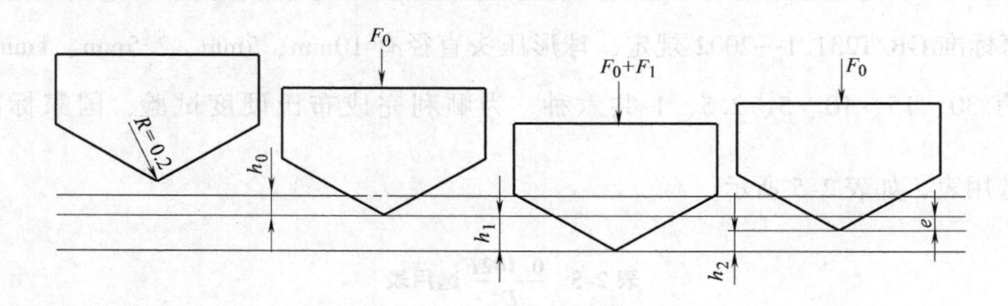

图 2-27 洛氏硬度试验原理

使用金刚石压头时，多用于较硬的材料，$k=0.2$mm。使用淬火钢球时，多用于较软的材料，一般压痕较深，为防止硬度值出现零或负值，取 $k=0.26$mm。

实际测定洛氏硬度时，硬度计的压头上方装有百分表，可直接测出压痕深度，并按式(2-42) 刻度标出相应的硬度值，测试时可由表盘直接读出硬度值。为能使用一种硬度计测定不同软硬的材料，可采用不同的压头与载荷，组成不同的洛氏硬度标尺。我国常用的有 HRA、HRB、HRC 三种。洛氏硬度试验的标尺、试验规范及应用范围见表 2-6。

表 2-6 洛氏硬度试验的标尺、试验规范及应用范围

标尺	硬度符号	压头类型	初载荷 F_0/N	主载荷 F_1/N	测量硬度范围	应用举例
A	HRA	金刚石圆锥	98.07	490.3	20 ~ 88	硬质合金、硬化钢板等
B	HRB	ϕ1.588mm 钢球	98.07	882.6	20 ~ 100	非铁金属、软钢等
C	HRC	金刚石圆锥	98.07	1373	20 ~ 70	热处理工具钢和结构钢

由于洛氏硬度试验载荷较大，所以不宜测定极薄工件和化学热处理渗层浅的表层硬度。表层硬度的测定可采用轻洛氏硬度计或后面将要介绍的显微硬度计。

洛氏硬度试验操作简便，硬度值可从表盘上直接读出，压痕小，可在工件表面进行，所以广泛用于热处理质量的检验。其缺点是压痕小，代表性差，尤其当材料组织不均匀时，所测硬度值重复性差。

（三）维氏硬度与显微硬度

1. 维氏硬度

维氏硬度试验原理与方法和布氏硬度相同。所不同的是维氏硬度试验的压头不是球体，而是两相对面间夹角均为 136°的金刚石四棱锥，如图 2-28a 所示。压头加一定载荷 F，并保持一定时间后卸除载荷，压头将试样表面压出一四方锥形压痕，如图 2-28b 所示。

测量出压痕对角线平均长度 $d\left(d=\dfrac{d_1+d_2}{2}\right)$，计算出压痕面积 A，则

$$HV=\frac{F}{A}=\frac{1.8544F}{d^2}\times 0.102=\frac{0.1891F}{d^2} \tag{2-43}$$

式中，F 单位为 N，d 单位为 mm。

与布氏硬度相同，维氏硬度也不标单位。维氏硬度用符号 HV 表示，HV 后的数字为载荷、载荷保持时间，如 510HV30/20 表示载荷为 294N（30kgf），载荷保持时间 20s，测得的

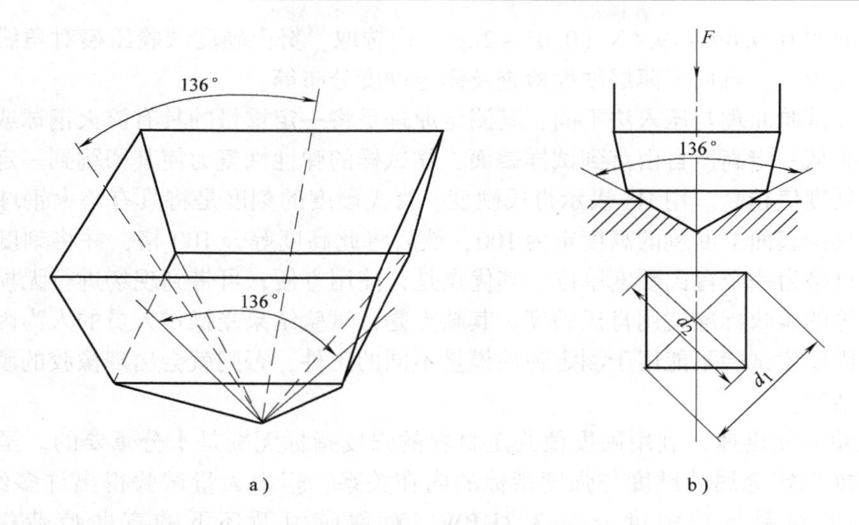

图 2-28　维氏硬度试验压头及压痕示意图

维氏硬度值为 510。由于维氏硬度与布氏硬度测试原理相同，均用 F/A 表示硬度，所以在材料硬度小于 450 时，维氏硬度值与布氏硬度值大体相等。

维氏硬度试验载荷用得最多的有 5、10、20、30、50、100（kgf）六种。若试样厚度较厚、硬化层深度较深、材料的预期硬度较高，应尽可能选较大载荷，以减少测量压痕对角线的误差。

维氏硬度试验与布氏硬度相比不存在 F/D^2 的限制，测量范围宽，可以测量由极软到极硬材料的硬度。维氏硬度试验测定薄层硬度比洛氏硬度试验更准确，也不存在洛氏硬度不同标尺的硬度无法统一的问题。维氏硬度试验缺点是硬度值的测定较麻烦，工作效率不如洛氏硬度高。

2. 显微硬度

前面介绍的布氏硬度、洛氏硬度和维氏硬度加载的载荷较大，只能测定材料组织的平均硬度，无法测定极小范围内物质的硬度，例如淬火组织中残留奥氏体与马氏体的硬度。由于维氏硬度试验力大小对硬度值无影响，所以选用小的试验力就可以测定微区的硬度和极薄硬化层的硬度，这便是显微硬度。显微硬度的试验力很小，压痕尺寸也很小，对角线长度以微米（μm）为单位，需配显微放大装置。为了清楚显示压痕，提高测量精度，硬度试样要进行电解抛光或化学抛光。

在 GB/T4342—1991 中显微硬度表达式为

$$HV = 0.1981\frac{F}{d^2} \tag{2-44}$$

显微硬度的表示方法与维氏硬度相同。

（四）其他硬度

努氏硬度试验属于低载荷压入硬度试验，试验原理与维氏硬度试验相同，所不同的是金刚石四棱锥压头的两个相对面间夹角不等，分别为 172.5°和 130°。菱形压痕的长对角线是短对角线的 7.11 倍，测量时只测定长对角线 l，按下式计算努氏硬度

$$HK = 14.22\frac{F}{l^2} \tag{2-45}$$

式中，载荷 F 可在0.49～19.6N（0.05～2kgf）内选取。努氏硬度试验压痕对角线较长，因此测量精确度较高，可用于薄层硬度检查及测定硬度分布等。

肖氏硬度试验原理与压入法不同，其测定原理是将一定重量的具有淬火钢球或金刚石圆球的标准冲头从一定高度自由落到试样表面，靠试样的弹性恢复力使其回跳到一定高度，回跳高度越大硬度值越高。用HS表示肖氏硬度。肖氏硬度的刻度是将具有淬火钢球的标准冲头在淬火工具钢表面上回跳的高度定为100，然后将此高度等分100格，并将刻度向上延伸到140格，每格为一个肖氏硬度单位。其优点是，使用方便，可带到现场进行无损检测，如大型冷轧辊等的验收标准就用肖氏硬度。其缺点是，试验结果受操作人员的人为因素影响较大。此外肖氏硬度试验不能用于测定弹性模量不同的工件，否则就会出现橡胶的硬度值高于钢件的错误结论。

硬度试验简便迅速，利用硬度值判定材料的强度指标无疑是十分重要的。虽然至今在理论上仍不能确定金属的硬度与强度指标的内在关系，但由大量试验得出许多经验公式。例如对于钢铁材料抗拉强度 $\sigma_b \approx 3.3\text{HBW}$，对称应力循环下的弯曲疲劳极限 $\sigma_{-1} \approx 1.6\text{HBW}$。

第四节　冲击载荷下的力学性能

现代机器中，由于各种构件在服役时的加载速率不同，使条件应变速率 $\dot{\varepsilon}$ 处在 10^{-6}～10^{6}s^{-1} 范围之间。条件应变速率为

$$\dot{\varepsilon} = \frac{\mathrm{d}\varepsilon}{\mathrm{d}t} = \frac{\mathrm{d}(l-l_0)/l_0}{\mathrm{d}t} = \frac{l}{l_0} \cdot \frac{\mathrm{d}l}{\mathrm{d}t} = \frac{v}{l_0} \tag{2-46}$$

式中，l_0 为试样原始长度；l 为试样即时长度；v 为变形速度；t 为时间。由式（2-46）可知，变形速度 v 越大，试样原始长度 l_0 越小，$\dot{\varepsilon}$ 越大。

静力拉伸的应变速率在 10^{-5}～10^{-2}s^{-1}，在此应变速率范围，金属力学性能无明显变化。应变速率大于 10^{-2}s 时力学性能将产生显著变化。随应变速率的提高金属材料变脆的倾向增大。所以有必要研究高应变速率下材料的力学行为。此外，大多数零部件往往存在截面的急剧变化，如螺纹、退刀槽、键槽、轴肩等。这些截面急剧变化的部位可视为缺口。缺口会引起应力集中，并改变应力状态，这使材料应力状态软性系数减小，使材料变脆。生产中广泛采用的缺口试样冲击弯曲试验就是为了显示加载速率和缺口效应对金属材料韧性的影响。

一、缺口试样冲击弯曲试验

缺口试样冲击弯曲试验所用冲击载荷的应变速率在 10^{2}～10^{4}s^{-1}，可测定材料的冲击韧度。根据GB/T229—1994规定，金属材料冲击试验标准试样为夏比（Charpy）U形缺口试样和夏比（Charpy）V形缺口试样。图2-29为夏比（Charpy）U形缺口试样。

摆锤式冲击试验原理如图2-30所示。试验在摆锤式冲击试验机上进行。试样水平放在试验机支架上，缺口位于冲击相背方向，如图2-30a所示。然后使位于一定高度（H_1）的质量为 m 的摆锤冲击缺口试样，打断试样后摆锤抬起的高度为 H_2，如图2-30b所示。打断试样所消耗的能量被称为冲击吸收功，即

$$A_K = mgH_1 - mgH_2 \tag{2-47}$$

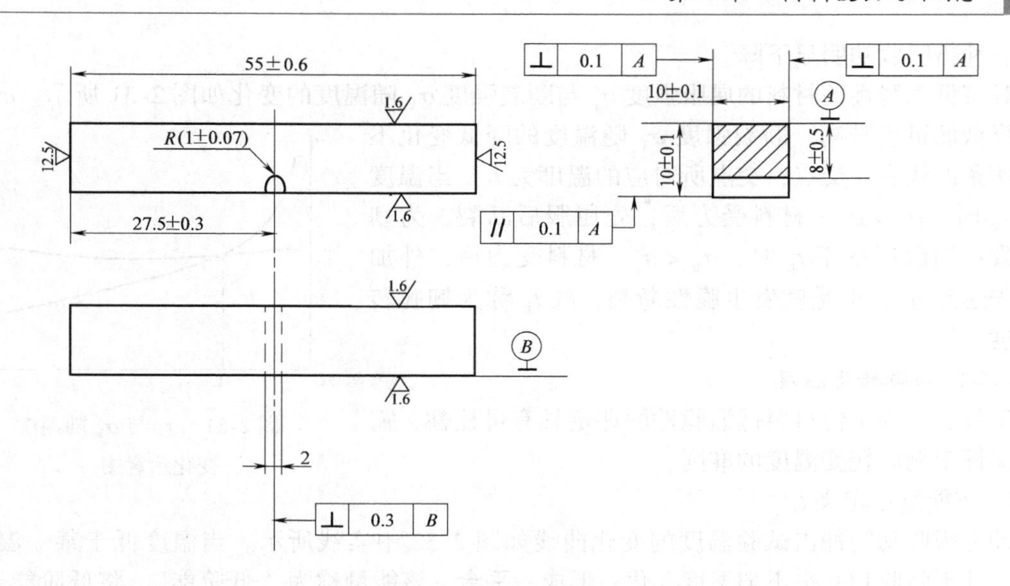

图 2-29 夏比 U 形缺口冲击试验试样

根据所用试样缺口形状不同分别记为 A_{KU} 和 A_{KV}，单位为 J。铸铁、工具钢等脆性材料的冲击试验常采用 10mm×10mm×55mm 无缺口冲击试样。冲击吸收功包括裂纹形成功和裂纹扩展功，它表示在一定条件下，冲断试样所消耗的功，可相对比较材料承受冲击载荷的抗力和对缺口的敏感性。还可利用冲击断口上结晶区所占的面积比例表示材料的脆性倾向。

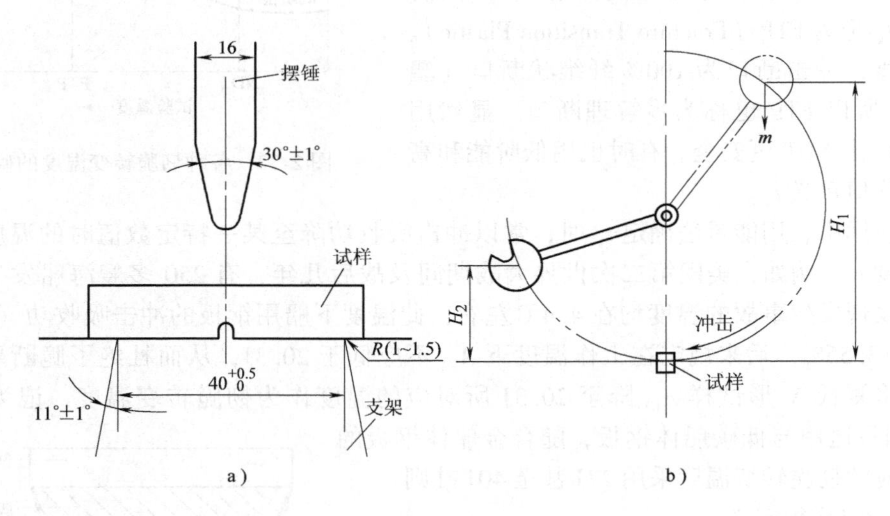

图 2-30 摆锤式冲击试验原理

二、低温脆性及其评定

(一) 低温脆性现象及其本质

工程上的断裂事故多发生于气温较低的条件下，断裂之前无任何征兆，突然发生脆性断裂。因此人们十分关心温度对材料性能的影响。采用系列温度冲击试验可知体心立方与一些密排六方金属及合金具有冷脆现象，即温度低于某一温度 t_k 时，会由韧性状态转变为脆性状态，冲击吸收功明显下降。

具有低温脆性的材料的屈服强度 σ_s 与断裂强度 σ_k 随温度的变化如图 2-31 所示。σ_s 随温度降低而迅速升高，断裂强度 σ_k 随温度的降低变化不大，两条曲线有一交点，交点所对应的温度为 t_k。当温度高于 t_k 时，$\sigma_k > \sigma_s$，材料受力后，先屈服后断裂，为韧性断裂；当温度低于 t_k 时，$\sigma_k < \sigma_s$，材料受力后，外加应力先达到 σ_k，于是就发生脆性断裂，故 t_k 称为韧脆转变温度。

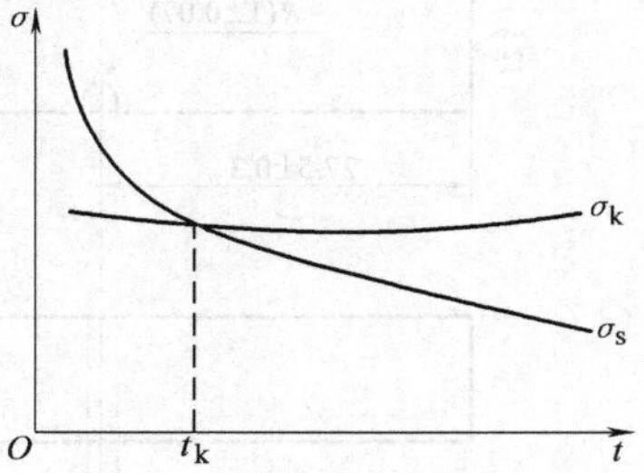

图 2-31　σ_s 与 σ_k 随温度变化示意图

（二）韧脆转变温度

工程上，为了使材料低温脆性的评定具有可比性，需要建立评定韧脆转变温度的准则。

1. 按能量法定义 t_k

冲击吸收功随冲击试验温度的变化曲线如图 2-32 中实线所示。当温度低于某一温度，金属的冲击吸收功几乎不随温度变化，形成一平台，该能量称为“低阶能”。将低阶能开始上升的温度定义为 t_k，并记为 NDT（Nil Ductility Temperature），称为零塑性转变温度。NDT 以下，断口为 100% 结晶状（脆性的解理断口）。温度高于 NDT，一般不会发生低温脆性断裂。当温度高于某一温度时，金属的冲击吸收功也基本不随温度变化，形成一平台，称为“高阶能”，以高阶能定义的 t_k 记为 FTP（Fracture Transition Plastic）。高于此温度，冲击断口为 100% 纤维状断口（塑性断口），所以 FTP 也称为零解理断口。显然用 FTP 定义 t_k 比 NDT 更安全。有时也用低阶能和高阶能的平均值定义 t_k。

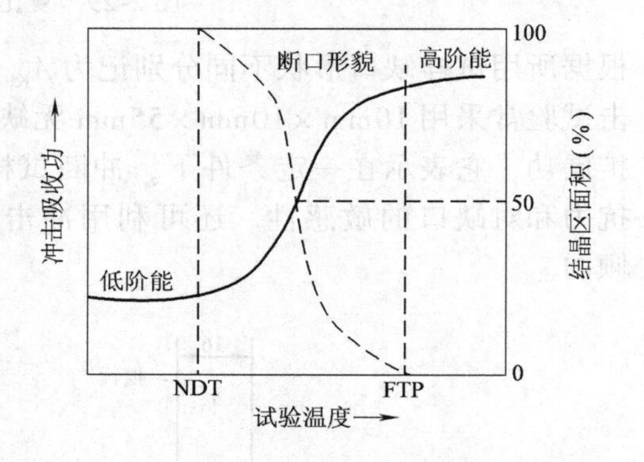

图 2-32　各种韧脆转变温度的确定

实际应用中，用能量法确定 t_k 时，常以冲击吸收功降至某一特定数值时的温度作为韧脆转变温度 t_k。例如，美国第二次世界大战期间及战后几年，有 250 多艘海船发生脆断事故。研究发现发生事故的温度均在 4.4℃左右，此温度下船用钢板的冲击吸收功（A_{KV}）大部分低于 13.558J。后来规定在工作温度下 A_{KV} 不应低于 20.3J，从而杜绝了脆断事故的发生。于是将夏氏 V 形试样 A_{KV} 降至 20.3J 所对应的温度作为韧脆转变温度，记为 $V_{15}TT$。20.3J 准则只适用与低碳船体钢板，随合金船体钢板的应用，相应的韧脆转变温度采用 27J 甚至 40J 准则。

2. 按断口形貌定义 t_k

材料的脆化倾向不仅表现在冲击吸收功上，而且也敏感地表现在冲击断口形貌上。FTP 温度以上的冲击断口为 100% 纤维断口，NDT 温度以下的断口为全部结晶状断口，过渡温度区间均为混合断口。冲击断口形貌示意图如图 2-33 所示。图中脚跟状纤维区和边缘、底部剪切唇区为塑性断口，放射形结晶区为脆性

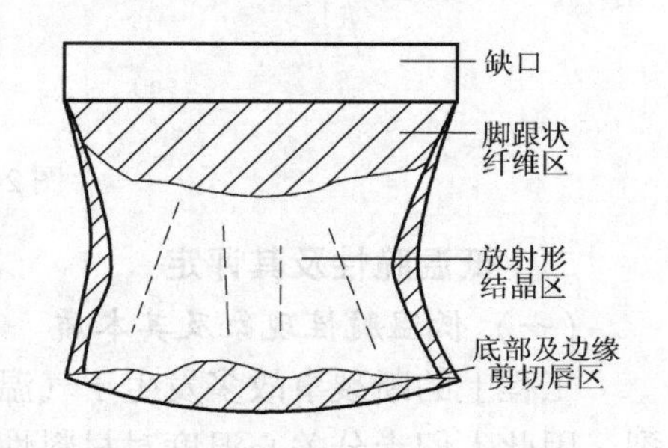

图 2-33　冲击断口形貌示意图

断口。20世纪50年代，美国对汽轮发电机转子飞裂事故的分析中，提出以50%结晶状断口对应的温度作为韧脆转变温度，记为50% FATT或$FATT_{50}$、T_{50}。所要说明的是，由于缺口形状对断裂行为有重要影响，所以国际上通用夏氏V形冲击试样，如果使用其他试样要加以说明。

材料的韧脆转变温度t_k（NDT、$V_{15}TT$、50% FATT等）也是材料的韧性指标，反映了温度对材料韧性的影响。对低温服役的工件显得尤为重要。选材时应有一定的韧性温度储备，一般使用温度应高于韧脆转变温度20～60℃。

三、影响韧脆转变温度的因素

（一）冶金因素

金属的晶体结构不同，其冷脆倾向的大小不同。面心立方金属滑移系多，且滑移的临界分切应力小，在低温高应变速率下有足够的变形能力，因此无冷脆现象。体心立方金属滑移的临界分切应力远高于面心立方金属，且随温度的降低位错运动的晶格阻力急剧增加，故屈服强度随温度的下降急剧升高，这将导致冷脆现象的发生。

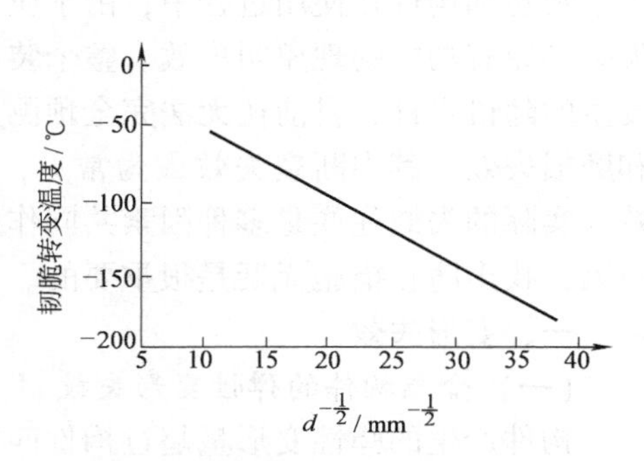

图2-34 低碳马氏体钢的板条束宽度与韧脆转变温度的关系

合金元素与杂质对冷脆也有显著影响。高纯铁即使在4.2K的低温下也有很高的塑性，这说明钢的冷脆现象主要是由杂质或合金元素所引起的。钢中含有C、N、H、P等易发生冷脆，例如碳的质量分数为0.2%左右的轧制或正火的碳钢的韧脆转变温度已上升到0℃附近。

细化晶粒可使材料韧性增加，并降低韧脆转变温度。图2-34为低碳马氏体钢的板条束宽度与韧脆转变温度的关系。由图可知板条束宽度越小，韧脆转变温度越低。铁素体-珠光体钢以及低合金高强度钢也具有此规律。

显微组织也是影响冲击吸收功和韧脆转变温度的重要因素。对钢而言，强度相等而组织不同的钢的冲击韧性和韧脆转变温度不同。较低强度水平时，马氏体高温回火组织（回火索氏体）最佳，贝氏体回火组织次之，片状珠光体组织最差。较高强度水平时，对于中、高碳钢来说，下贝氏体组织与等强度的回火马氏体相比，具有更高的冲击吸收功和更低的韧脆转变温度。钢中夹杂物、碳化物、第二相质点的形态、数量、分布对钢的冲击吸收功和韧脆转变温度有重要影响。例如，钢中碳化物呈网状分布或碳化物尺寸过大都将降低冲击吸收功和提高韧脆转变温度。若碳化物呈球状，可使韧性和冷脆性能得到明显改善。

（二）外部因素

如前所述，温度的降低是材料产生脆化的根本原因。随温度的降低，材料的脆化倾向增加。提高变形速率与降低温度的作用类似，随变形速率的提高断口中纤维区所占的面积减少。例如在-70℃对15钢采用不同冲击速度进行冲击试验。当冲击速度为5m/s时，得到100%纤维状断口；当冲击速度为50m/s时，得到43%纤维状断口；冲击速度为75m/s时，纤维状断口比率已降到32%。试样尺寸的增大也会降低韧性，使韧脆转变温度升高。这是因为随试样尺寸的增大，应力状态发生了改变，由小试样的主要是平面应力状态的力学状态过渡到以平面应变为主的力学状态，这有助于脆性断裂的发生。此外，随尺寸的增大试样内部出现缺陷的几率增高，这也会进一步使冲击韧度下降，冷脆转变温度升高。缺口形状和尺寸对冲击吸收功和脆化倾向有重要影响。缺口越尖锐，应力集中越严重，应力状态越硬，所测得的冲击功越低，冷脆转变温度越高。

第五节 失 效

装备和构件在使用过程中，由于应力、时间、温度、环境介质和操作失误等因素作用，失去其原有功能的现象叫失效。整个装备的失效往往是某个构件失效所引起的。失效是经常发生的随机事件，目前还无法完全预测。常见的失效形式有变形失效、断裂失效、腐蚀失效和磨损失效。其中断裂失效最为常见，也是最危险的失效方式，所以本节重点介绍断裂失效。实际的失效往往是多种因素共同作用的结果，了解失效形式的名称，掌握其特征及产生原因，找出防止措施无疑是很重要的。

一、变形失效

（一）金属构件的弹性变形失效

构件产生的弹性变形量超过构件匹配所允许的数值，称为过量弹性变形失效。对于弯曲变形的轴类零件，当弹性变形量过大（挠度过大或扭转角过大）时会造成轴上啮合零件的严重偏载、啮合失常，甚至咬死，导致传动失效。

还有一类弹性变形是失去弹性功能的失效。对于弹性元件在服役时要求弹性变形具有可逆性、单值性和小变形量的特性。例如弹簧秤上的弹簧，在较小的拉力下，被拉得过长，会造成称重不准确，从而失效。过载、超温、材料组织结构发生变化是产生弹性变形失效的主要原因。而这些原因往往是构件设计不合理、计算错误或选材不当等造成的。

（二）金属构件的塑性变形失效

金属构件在服役时产生的塑性变形量超过允许的数值称为塑性变形失效。由于金属的塑性变形是不可逆的，所以比弹性变形失效更好判断。例如液氨钢瓶充进过量液氨，由于阳光直射，瓶内压力增高，使周向切应力大于材料屈服强度，于是钢瓶产生塑性变形，使钢瓶涨成腰鼓状。液氨用完后，其形状不会恢复，于是钢瓶报废。塑性变形失效原因主要是过载造成的。防止塑性变形失效的措施为：合理选材，控制好材料组织状态及冶金质量，提高金属材料的塑变抗力；正确进行应力计算，合理选择安全系数，减少应力集中和降低设备工作的应力水平；注意腐蚀环境介质对材料强度和尺寸的影响。

（三）高温作用下金属构件的变形失效

1. 蠕变变形失效

金属构件在长时间的恒温、恒应力作用下，即使应力小于屈服强度，也会产生缓慢的塑性变形，这种现象称为蠕变。当温度高于 $0.3T_m$（T_m 为以热力学温度表示的熔点）时蠕变变形才较为明显。蠕变变形主要通过位错滑移与攀移、晶界的滑动、原子与空位的定向迁移来实现。

金属的蠕变过程可用蠕变曲线来描述，典型的蠕变曲线如图 2-35 所示。图中 Oa 为加载后产生的瞬时应变 ε_0，如果所加应力 σ 大于该温度的屈服强度，则 ε_0 除包括弹性变形部分外，还包括塑性变形部分，这一应变还不是蠕变。随时间 t 的增长，在恒应力 σ 作用下，逐渐产生的应变即为蠕变。图中 $abcd$ 曲线即为蠕变曲线。蠕变曲线上任一点的斜率表示该点的蠕变速率 $(\dot{\varepsilon}=\frac{d\varepsilon}{dt})$。按蠕变速率的变化可将蠕变过程分为三阶段。$ab$ 段为减速蠕变阶段，此阶段应变 ε 虽然随时间延长不断增加，但蠕变速率 $\dot{\varepsilon}$ 逐渐减小。这是因为蠕变开始可动位错数目多且滑移阻力小，故开始时蠕变速率 $\dot{\varepsilon}$ 很大，随蠕变的进行，位错源开动阻力和位错滑移阻力增加，逐渐产生应变硬化，导致蠕变速率 $\dot{\varepsilon}$ 不断降低，到 b 点时蠕变速率达到最小值。bc 段为恒速蠕变阶段，此阶段应变硬化和晶界迁移、位错攀移造成的软化互相平衡，$\dot{\varepsilon}$ 几乎不变，故也叫稳态蠕变阶段。cd 段是加速蠕变阶段，由于裂纹的萌生与扩展，塞积位错除攀移外，还可以在裂纹处形成自由表面，使塞积群产生的应力得以松弛，加快了软化速度，使 $\dot{\varepsilon}$ 随时间逐渐增大，材料丧失抵抗变形能力，直到 d 点产生蠕变断裂。

蠕变曲线并非都像图 2-35 那样具有明显的三个阶段。相同条件下，不同金属材料的蠕变曲线往往不同。即使同一种材料，由于温度和应力不同，蠕变曲线三阶段的长短也不同，甚至没有三个阶段。例如，温度一定，低应力时，只有Ⅰ、Ⅱ两阶段，无Ⅲ阶段；应力特别大时，Ⅱ阶段很短，甚至直接转入Ⅲ阶段，如图 2-36 所示。

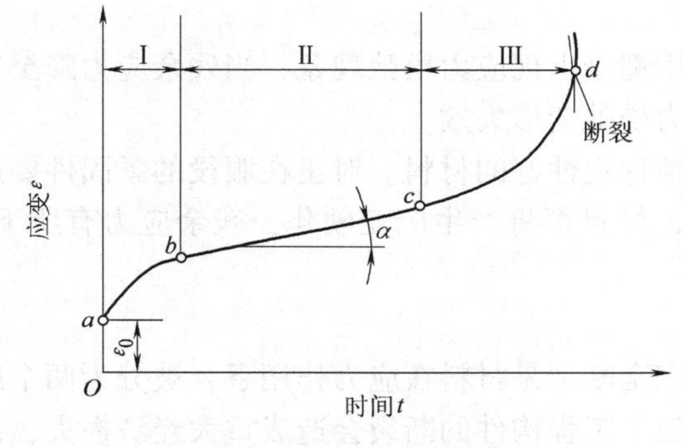

图 2-35　典型蠕变曲线

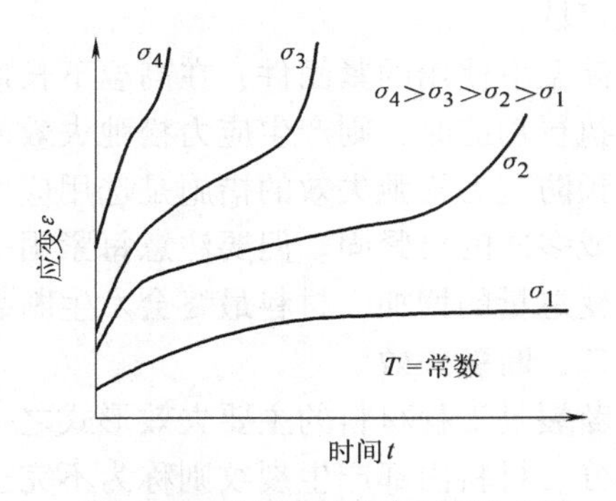

图 2-36　恒定温度下改变应力对蠕变曲线的影响

高温承载构件在长期服役中将经历上述蠕变过程，当蠕变量超过允许数值时，构件产生蠕变失效。压力容器一般规定在 10^5h 为 1%，即蠕变速率 $\dot{\varepsilon}=1\times10^{-5}\%h^{-1}$。

蠕变变形失效是一种塑性变形失效。材料抵抗蠕变的能力用蠕变极限和持久强度来衡量。蠕变极限用给定温度下材料产生规定蠕变速率的应力值（σ_{ε}^{t}）或材料产生一定蠕变变形量的应力值（$\sigma_{\delta/\tau}^{t}$）来表示。例如 $\sigma_{1\times10^{-5}}^{600}=60\text{MPa}$ 表示 600℃温度下，蠕变速率为 $1\times10^{-5}\%\text{h}^{-1}$ 时的蠕变极限为 60MPa。又如 $\sigma_{1/10^5}^{500}=100\text{MPa}$ 表示 500℃温度下，工作 10^5h 后，总伸长率为 1% 的蠕变极限为 100MPa。持久强度则是材料在高温长期载荷作用下，不发生蠕变断裂的最大应力值（σ_{τ}^{t}）。例如 $\sigma_{1\times10^3}^{700}=50\text{MPa}$ 表示 700℃温度下，工作 10^3h 的持久强度为 50MPa。

防止高温蠕变失效的措施是选用抗蠕变性能好的材料。耐热合金的基体材料一般选熔点高，自扩散激活能大，层错能低的金属及合金。基体金属中加入 Cr、Mo、W、Nb 等进行合金化，形成固溶体，产生固溶强化和降低层错能，可提高蠕变极限。也可添加能产生弥散强化的合金元素，强烈阻碍位错的滑移与攀移，提高高温强度。在合金中加入 B 等也能增加晶界扩散激活能，阻碍晶界滑动，提高蠕变极限和持久强度。此外，采用真空冶炼减少气体与杂质含量也可大幅度提高高温抗蠕变性能。由于高温晶界强度低于晶内，所以粗晶粒钢比细晶粒钢有更好的高温强度。

2. 应力松弛变形失效

金属的蠕变是应力不变的条件下，构件不断产生塑性变形的过程。而应力松弛是变形量恒定条件下，随时间的延长，构件的弹性变形不断转为塑性变形使应力不断降低的过程。

保持初始变形量恒定，随时间的延长测定试样上的剩余应力 σ_{sh}，作 $\lg\sigma\text{-}t$ 曲线即为应力松弛曲线。金属的应力松弛曲线如图 2-37 所示。图中的 σ_0 为初始应力，σ_{sh} 叫剩余应力。曲线第一阶段持续时间较短，应力随时间急剧下降；第二阶段持续时间较长，应力缓慢下降。剩余应力 σ_{sh} 是评定金属材料应力松弛稳定性的指标，相同实验条件下，剩余应力 σ_{sh} 大者有较好的松弛稳定性。

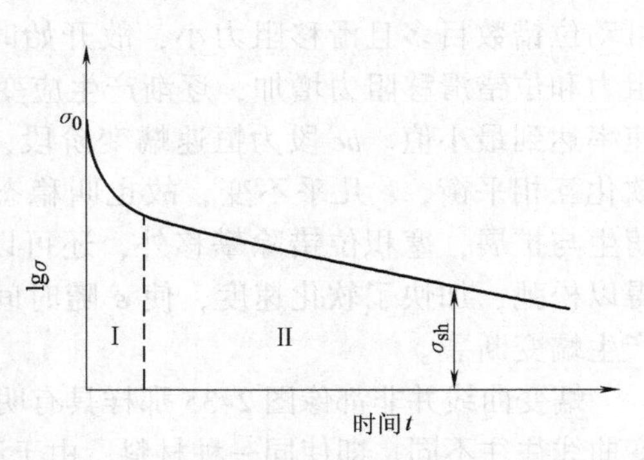

图 2-37　金属的应力松弛曲线

高温下使用的紧固件，在高温下长期使用都会出现应力松弛现象，当残余应力降至影响构件执行功能时，则产生应力松弛失效或应力松弛变形失效。

预防应力松弛失效的措施是选用应力松弛稳定性好的材料。对正在服役的紧固件要进行一次或多次的再紧固。但要注意每紧固一次，材料都将产生应变硬化，残余应力有所下降，随塑变总量的增加，材料最终会发生断裂。

二、断裂失效

断裂是工程材料的主要失效形式之一。完全断裂是材料在应力作用下，被分为两个或几个部分。材料内部产生裂纹则称为不完全断裂。工程构件的断裂会造成重大经济损失，甚至人员伤亡。研究材料断裂的宏观和微观特征、断裂机理、断裂的力学条件、影响断裂的内部和外部因素、提高材料抗断裂能力的方法，对防止断裂事故发生无疑是十分重要的。断裂过程一般要经历裂纹的萌生、裂纹亚稳扩展、裂纹失稳扩展和最后断裂几个阶段。下面首先介绍断裂的基本类型。

（一）断裂的基本类型及特点

1. 韧性断裂与脆性断裂

根据断裂前有无明显塑性变形，可将断裂分为韧性断裂与脆性断裂。韧性断裂是指金属材料在断裂之前产生明显塑性变形，裂纹的扩展过程中要消耗大量能量。

软钢的光滑圆柱试样的静力拉伸断裂是典型的韧性断裂。其宏观的断口为杯锥状，由纤维区、放射区和剪切唇区组成，如图 2-38 所示。

杯锥状断口的形成过程，如图 2-39 所示。当载荷达到拉伸曲线最高点后，便会在试样局部地区产生缩颈，使试样的应力状态由单向拉应力变为三向拉应力状态。试样中心，在三向拉应力作用下，塑性变形难于进行，致使心部的第二相质点和夹杂物本身碎裂并和基体脱

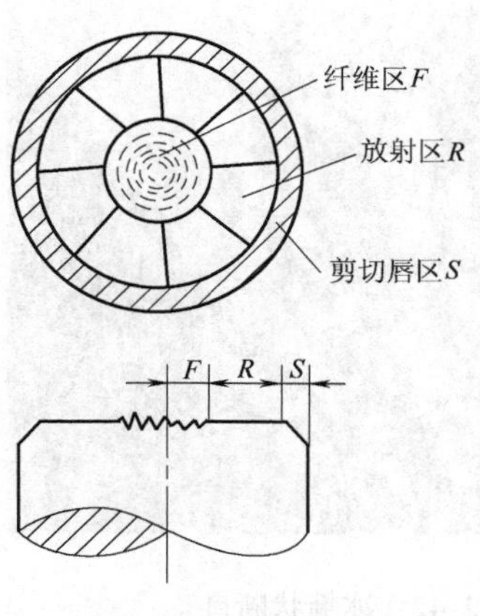

图 2-38　拉伸断口三个区域形成示意图

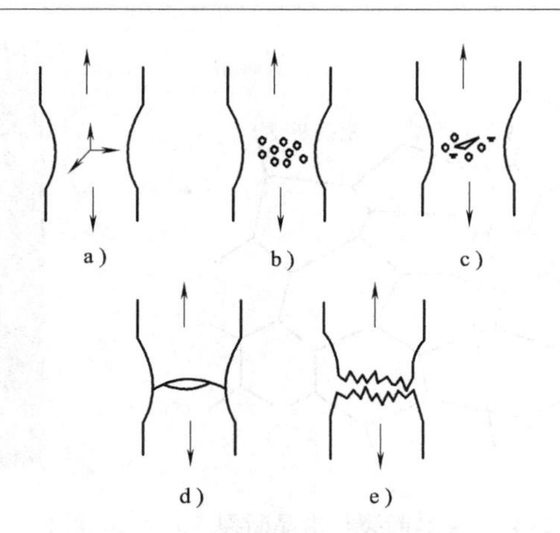

图 2-39　杯锥状断口形成示意图
a）颈缩导致三向应力　b）微孔形成　c）微孔长大　d）微孔连接呈锯齿状　e）边缘剪切断裂

离，形成许多微孔。微孔不断长大和聚合就形成显微裂纹，其两端产生较大塑性变形，且集中在极窄的高变形带内。这些剪切变形带从宏观上看大致与径向呈 50°～60°角。新的微孔就在变形带内成核、长大和聚合。当相邻显微裂纹连接时，裂纹便扩展了一段，这样的过程重复进行就形成锯齿状的纤维区。在纤维区中，裂纹扩展要消耗大量塑性功，裂纹扩展速率很低。当裂纹达到临界尺寸后，就会发生快速低能量的失稳扩展，形成有放射线花样的放射区。裂纹扩展至表面附近，应力状态变为较软的平面应力状态，产生快速不稳定扩展，形成剪切唇区。剪切唇表面光滑，与拉力轴呈 45°角，是典型的切断断口。

拉伸断口三区的形态、大小和相对位置，因材料的性能、试验温度、加载速度、试样形状等不同而发生变化。对于光滑平板矩形试样，其断口和圆柱试样一样，也有三区，所不同的是各区形态不同。其中纤维区变成“椭圆形”，而放射区变为“人字形”花样。人字的尖端指向裂纹源。最后破坏区仍为剪切唇区。这种断口示意图如图 2-40 所示。不管是何种试样，若拉伸断口中的纤维区比例很小，放射区比例明显加大，断裂之前无明显塑变，这便是脆性断裂。脆性断裂的断裂面与正应力垂直，断口平齐光亮，常见放射状或结晶状。一般规定光滑拉伸试样的断面收缩率大于 5% 者为韧性断裂。反之，小于 5% 者为脆性断裂。脆性断裂是在没有任何征兆的情况下突然发生的，所以比韧性断裂危害更大。

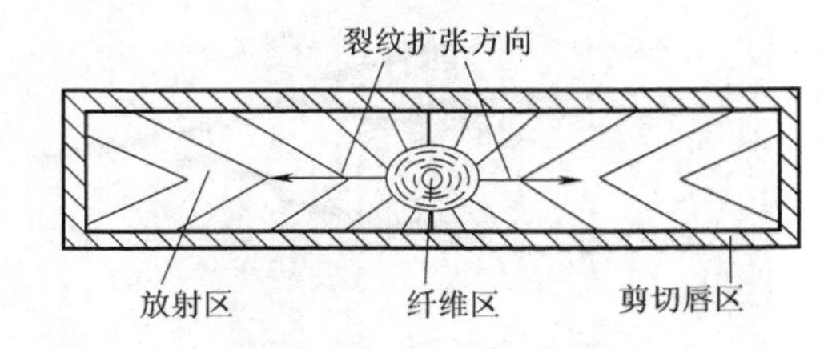

图 2-40　平板矩形拉伸试样宏观断口形态示意图

2. 沿晶断裂与穿晶断裂

根据断裂过程中裂纹扩展的途径可将断裂分为沿晶断裂与穿晶断裂，如图 2-41 所示。裂纹在晶界上形成，并沿晶界扩展直至断裂，叫沿晶断裂。沿晶断裂多为脆性断裂，是由于晶界析出网状或不连续网状脆性相或杂质元素偏聚于晶界等弱化晶界的因素所引起的。沿晶断裂的断口呈冰糖状，如图 2-42 所示。若裂纹扩展时穿过晶内，叫穿晶断裂。穿晶断裂可以是韧性断裂也可以是脆性断裂。此外，还有穿晶和沿晶的混合断口。

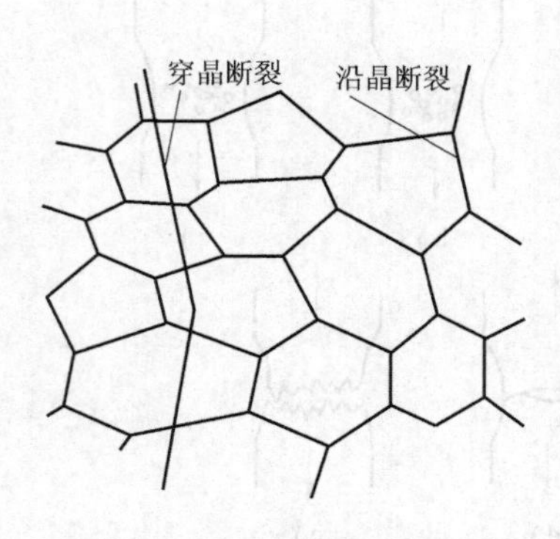

图 2-41 穿晶断裂与沿晶断裂

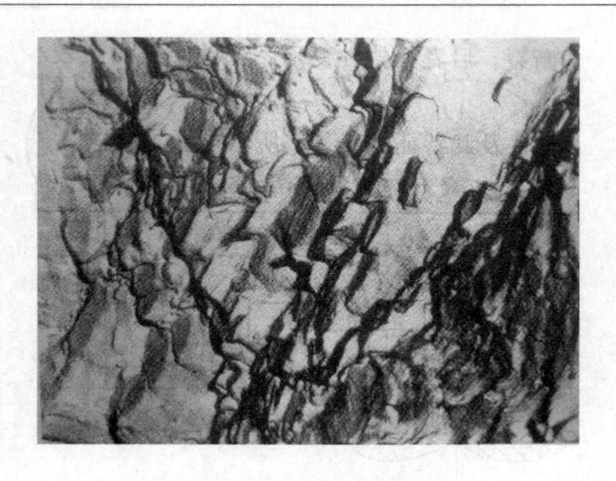

图 2-42 冰糖状断口

3. 解理断裂、微孔聚集型断裂、纯剪切断裂

按断裂的微观机制分类，可将断裂分为解理断裂、微孔聚集型断裂和纯剪切断裂。

解理断裂是材料在正应力作用下，裂纹以极快的速度沿一定结晶学平面产生的穿晶断裂。解理断裂通常在体心立方与密排六方金属中出现，断裂时，往往工作应力并不高，一般在比较低的温度下发生，断裂沿一定结晶学平面（解理面）发生。因为解理断裂是通过破坏原子间的结合键来实现的，所以解理面一般是结合力最弱、面间距最大的密排面或表面能最低的低指数晶面。体心立方金属的常见解理面为 {100}，有时是 {110} 和 {112}，密排六方金属常见解理面为（0001）。

由于解理是沿解理面发生的，所以断口是由许多大致相当于晶粒大小的、微观上极平坦的解理面集合而成。这种大致以晶粒大小为单位的解理面叫解理刻面。在解理刻面内部，解理裂纹扩展时，往往跨越若干个高度不同互相平行的解理面，从而在同一个解理刻面内部出现解理台阶、河流花样等微观特征。图 2-43 为扫描电子显微镜观察到的解理断口形貌，可以看到具有河流花样特征。河流花样示意图如图 2-44 所示。

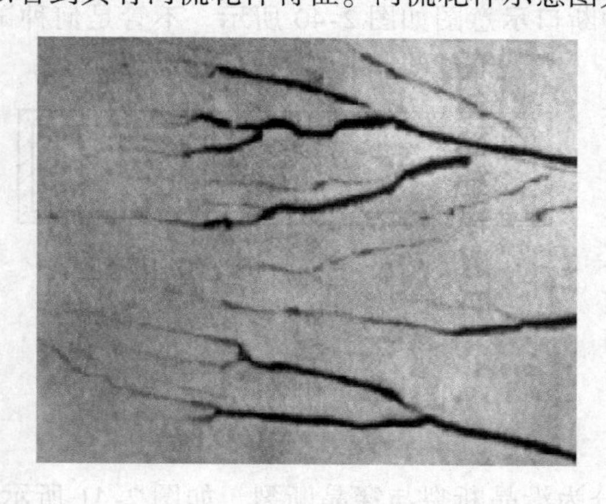

图 2-43 解理断口形貌

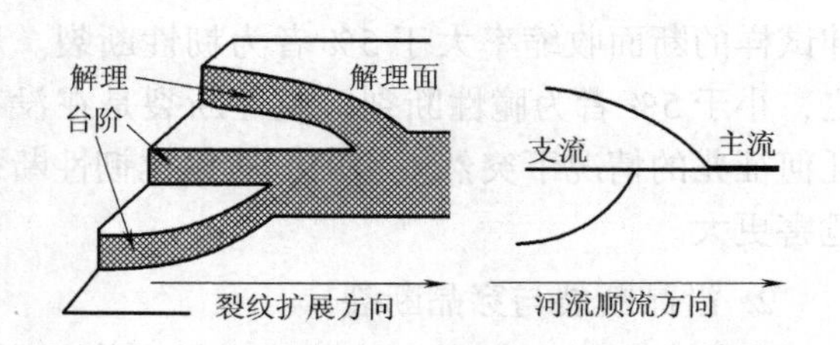

图 2-44 河流花样形成示意图

微孔聚集型断裂是在外力作用下，通过微孔形核、长大、聚合而导致材料断裂而形成的。利用扫描电子显微镜观察其断口，可观察到大小不等的圆形或椭圆形韧窝，如图 2-45 所示。

微孔聚集型断裂属于韧性断裂。微孔是通过第二相质点本身破裂或第二相质点与基体界面脱离而成核的。微孔成核的位错模型如图 2-46 所示。在外加切应力 τ 的作用下，单位位错线所受的力为 τb，在 τb 作用下，位错在滑移面上滑动，如果遇到不可变形的第二相粒子，可采用绕过机制通过粒子，每滑过一个柏氏矢量为 b 的位错，便在粒子周围形成一个位错环，通过多个滑动位错后，在粒子周围便塞集了多个位错环，如图 2-46a 与图 2-46b 所示。当这些位错环移向质点与基体交界面时，界面立即沿滑移面分离而形成微孔，如图 2-46c 所示。微孔形成后，减少了位错塞集引起的反向排斥力，使位错源被激活，不断放出新位错，而塞集群前沿的位错不断进入所形成的微孔，使微孔不断长大。

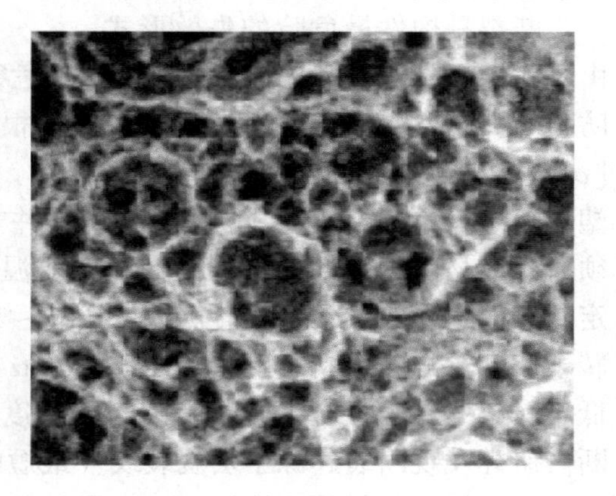

图 2-45 韧窝断口形貌

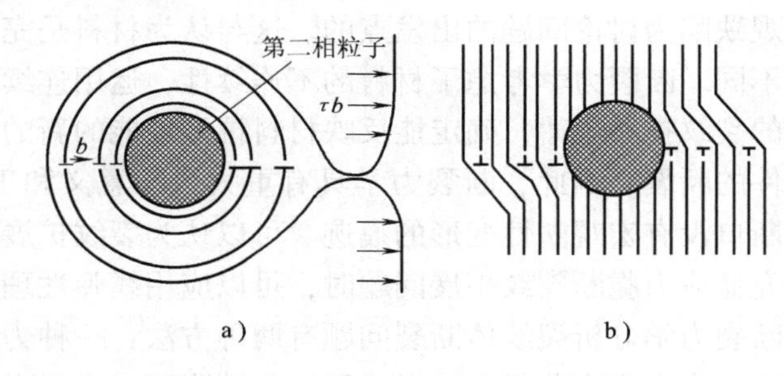

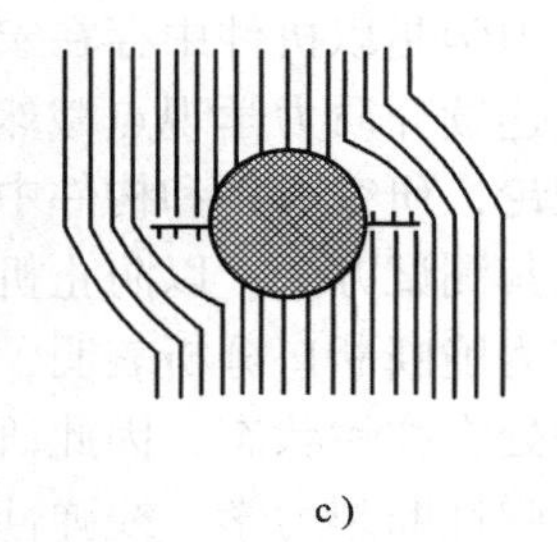

图 2-46 微孔的形核与长大模型

形成微孔后，几个相邻微孔之间的基体的横截面积减小，基体被微孔分割成无数小单元。每个小单元都可看成一个小拉伸样。它们在外力作用下可借助塑性变形产生颈缩断裂，使微孔连接形成显微裂纹。显微裂纹的尖端附近存在三向拉应力区，产生集中塑性变形区，在该区又可形成新的微孔。新的微孔借助内缩颈与其他的微裂纹贯通，裂纹尺寸不断增长，直至断裂。

韧窝形状视应力状态不同而异。垂直于微孔所在平面的正应力使微孔向该面各方向长大倾向相同，于是形成等轴韧窝，例如拉伸断口中心纤维区就是等轴韧窝。在剪切或撕裂条件下也可形成伸长韧窝。

纯剪切断裂是材料在切应力作用下，沿滑移面分离而造成的滑移面分离断裂，如图2-47所示。图 2-47a 为单晶体通过单滑移形成的切离式断口，断口为锋利的楔形（单晶体金属）；图 2-47b 为高纯多晶体试样经过多滑移，经历均匀变形和颈缩阶段，变形至颈部截面积为零时的尖锥状断口。纯剪切断裂一般属于韧性断裂。

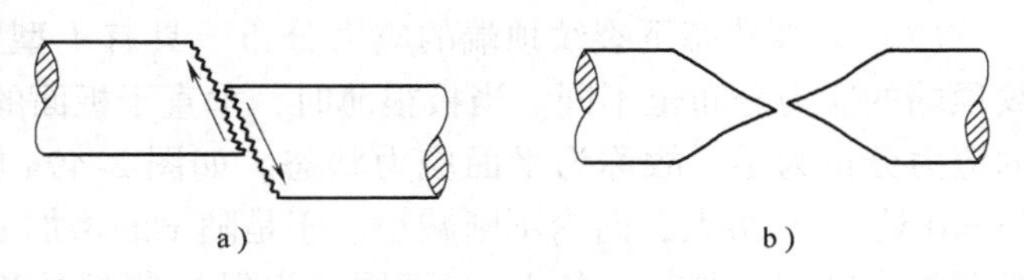

图 2-47 纯剪切断口

a）单滑移形成的切离 b）多滑移形成的切离

（二）断裂力学基本原理

断裂是构件最危险的失效形式，

由于脆性断裂之前无任何征兆，所以其危害更大，极易造成重大经济损失与安全事故。为了防止断裂的发生，传统力学强度理论是根据材料的屈服强度，确定许用应力的。许用应力$[\sigma]=\sigma_{0.2}/n$，式中n为安全系数，$n>1$。一般认为，机件在许用应力以下工作就不会发生塑性变形，更不会发生断裂。然而事实并非如此，长期实践使人们认识到，为防止脆断还必须对所用材料的塑性、韧性、韧脆转变温度等提出要求。这显然无法计算，只能凭经验确定，然而凭经验并不可靠。例如，1953~1956年美国发生了五起发电机转子、汽轮机低压转子和叶轮的脆性断裂事故。H. Liebowitz研究了其中四起事故。四个转子断裂时的应力远低于材料的屈服强度，发生断裂时的温度均在材料韧脆转变温度以上，显然属于低应力脆断。研究发现断裂起源于宏观裂纹（最短的为25mm）或其作用类似于裂纹的其他缺陷。由于裂纹破坏了材料的连续性，改变了材料内部的应力状态和应力分布，所以转子的性能远低于无缺陷的试样的性能。因此，传统力学的强度理论已不适用。断裂力学正是在这种背景下发展起来的一门新型断裂强度科学。

断裂力学是以机件中存在宏观缺陷为讨论问题的出发点的。这与认为材料是完整的、连续的传统连续介质力学观点截然不同。断裂力学考虑了材料的不连续性，运用连续介质力学的弹性理论，研究材料和构件中的裂纹扩展规律，确定能反映材料抗裂性能的新的力学参量和指标及其测试方法，以防止机件的断裂。因此，断裂力学具有重大科学意义和工程价值。大量低应力脆断断口分析表明，断口没有宏观塑性变形的痕迹。可以认为裂纹扩展时，裂纹尖端总是处在弹性状态，因此研究低应力脆断裂纹扩展问题时，可以应用线弹性理论，从而构成了线弹性断裂力学。线弹性断裂力学分析裂纹体断裂问题有两种方法：一种为应力应变分析方法，另一种为能量分析方法。应力应变分析方法考虑裂纹尖端附近应力场强度，得到相应的K判据。

1. 裂纹尖端应力场强度因子K_{I}与断裂韧度K_{IC}

（1）裂纹扩展的基本形式　裂纹尖端应力场与裂纹扩展类型有关，所以首先讨论裂纹扩展的基本形式。含裂纹体的构件，根据外加应力与裂纹扩展面的取向关系，可有三种基本形式，如图2-48所示。

图2-48a为张开型（Ⅰ型）裂纹，受到垂直于裂纹面的拉应力作用；图2-48b为滑开型（Ⅱ），受到平行于裂纹面、并且垂直于裂纹前沿的剪应力作用；图2-48c为撕开型，受到平行于裂纹面、并且平行于裂纹前沿的剪应力作用。其中Ⅰ型裂纹最为常见也最危险，所以是断裂力学着重研究的。但实际裂纹经常不是上述单一形式，而是两种或两种以上的组合。

（2）弹性状态下裂纹顶端的应力分布　具有Ⅰ型穿透裂纹的无限大板的板厚不同，裂纹顶端的应力分布也不同。当板很薄时，垂直于板面的z方向可以自由伸缩，所以沿z方向的应力分量为零，故称为平面应力状态，如图2-49a所示。由于应力集中效应，缺口根部（$x=0$处）σ_y最大，向内不断减小。于是随x的增加ε_y将不断下降，因为$\varepsilon_x=-v\varepsilon_y$，于是沿薄板横向（$x$方向）各点$\varepsilon_x$不同，为保持薄板的连续性，会产生应力$\sigma_x$。在缺口根部（$x=0$处）由于可以自由伸缩，$\sigma_x=0$，然后随$x$的增加$\sigma_x$先增后减。

对于厚板，垂直于板面的z方向不能自由伸缩，即$\varepsilon_z=0$，由广义胡克定律式（2-3），得

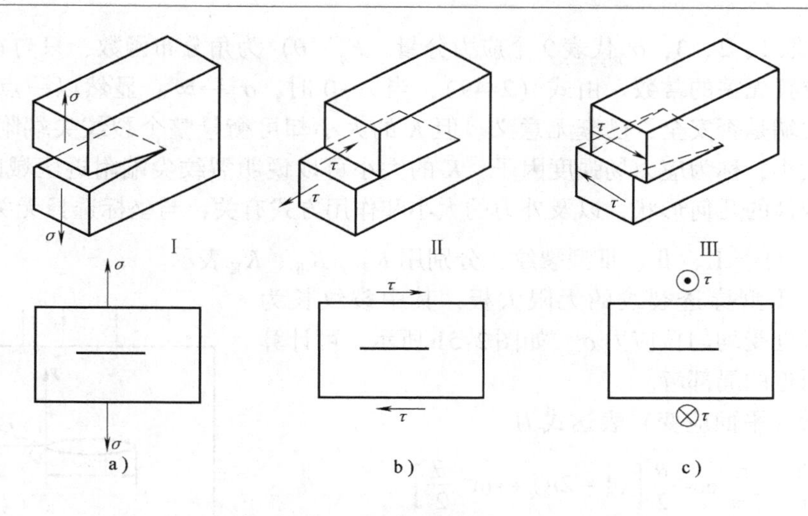

图 2-48 裂纹扩展的基本形式

$$\sigma_z = v\ (\sigma_x + \sigma_y) \tag{2-48}$$

所以厚板缺口前方的弹性应力分布，如图 2-49b 所示。距缺口根部一定距离的裂纹前沿附近呈三向拉应力状态。由于应变分量都限定在 xOy 平面，所以称为平面应变状态。平面应变状态为三向拉应力状态，其应力状态软性系数 α 比平面应力状态小，材料塑性变形比较困难，裂纹容易扩展，这是一种很危险的应力状态。

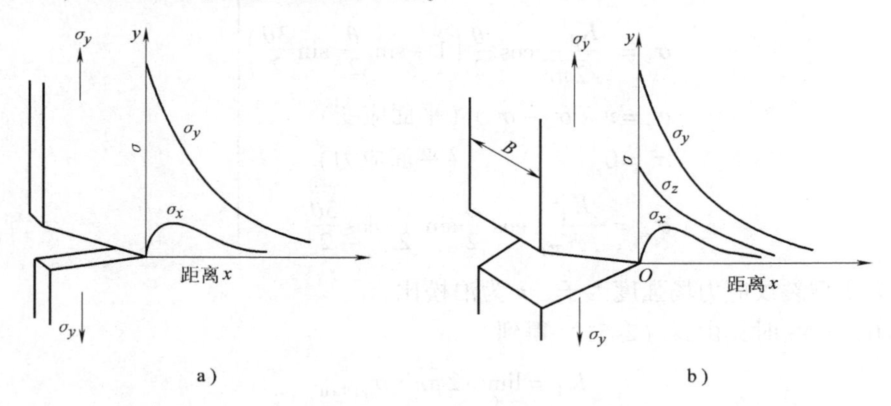

图 2-49 缺口前方的弹性应力分布

a）薄板 b）厚板

（3）应力场强度因子 存在于构件中的裂纹常常是构件断裂的发源地。在外力作用下，裂纹是否扩展，怎样扩展，显然与裂纹尖端的应力场有直接关系。假定裂纹体为线弹性材料，裂纹尖端附近的应力场如图 2-50 所示，由弹性力学方法可得各应力分量形式如下

$$\sigma_{ij} = \frac{K}{\sqrt{2\pi r}} F_{ij}(\theta) \tag{2-49}$$

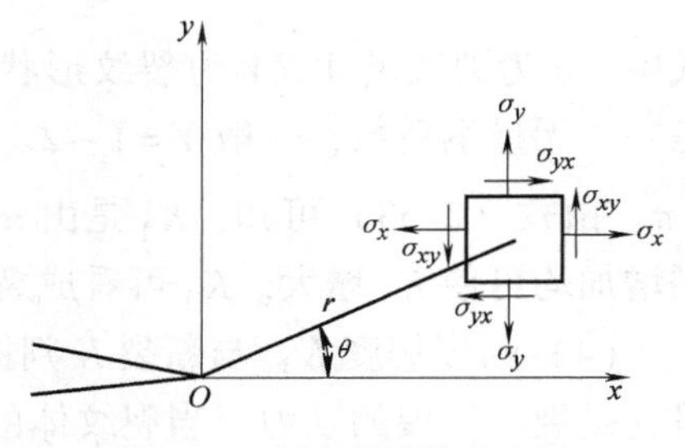

图 2-50 裂纹尖端的应力场

式中，i、j 可取1、2、3，σ_{ij}代表9个应力分量。$F_{ij}(\theta)$ 为角分布函数，只与θ有关。K是一个与坐标位置无关的常数。由式（2-49），当$r \to 0$时，$\sigma_{ij} \to \infty$。显然以一点应力的大小来衡量裂纹尖端是否安全，已毫无意义。但K的大小却可衡量整个裂纹尖端附近应力场中各点应力的大小，称为应力场强度因子。K的大小可以说明裂纹尖端附近区域的安全程度。它与裂纹和构件的几何形状，以及外力的大小和作用方式有关，与坐标选择无关。K的单位为$\mathrm{MPa \cdot m^{\frac{1}{2}}}$，对于Ⅰ、Ⅱ、Ⅲ型裂纹，分别用$K_{\mathrm{I}}$、$K_{\mathrm{II}}$、$K_{\mathrm{III}}$表示。

对于具有Ⅰ型穿透裂纹的无限大板，其中裂纹长为$2a$，在无穷远处受均匀拉应力σ，如图2-51所示。可计算出裂纹尖端附近的局部解。

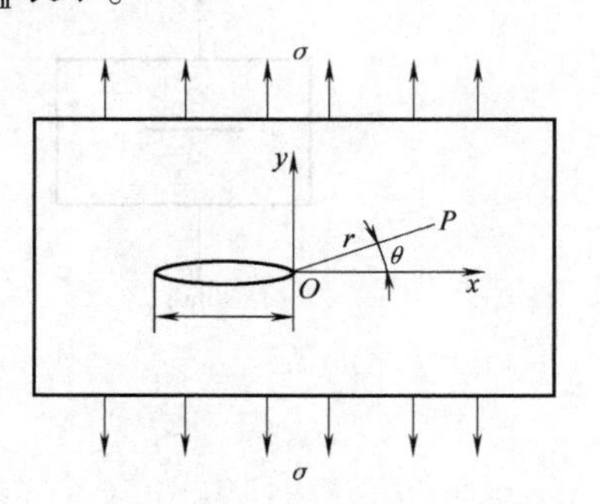

图2-51 具有Ⅰ型穿透裂纹的无限大板

位移分量（平面应变）表达式为

$$u = \frac{K_{\mathrm{I}}}{\mu}\sqrt{\frac{r}{2\pi}}\cos\frac{\theta}{2}\left[(1-2\nu)+\sin^2\frac{\theta}{2}\right]$$

$$v = \frac{K_{\mathrm{I}}}{\mu}\sqrt{\frac{r}{2\pi}}\sin\frac{\theta}{2}\left[(1-2\nu)+\sin^2\frac{\theta}{2}\right] \qquad (2\text{-}50)$$

式中，u、ν分别为x、y方向的位移分量。

裂纹尖端附近的应力场表达式为

$$\left.\begin{aligned}
\sigma_x &= \frac{K_{\mathrm{I}}}{\sqrt{2\pi r}}\cos\frac{\theta}{2}\left(1-\sin\frac{\theta}{2}\sin\frac{3\theta}{2}\right)\\
\sigma_y &= \frac{K_{\mathrm{I}}}{\sqrt{2\pi r}}\cos\frac{\theta}{2}\left(1+\sin\frac{\theta}{2}\sin\frac{3\theta}{2}\right)\\
\sigma_z &= \nu(\sigma_x+\sigma_y)\ (\text{平面应变})\\
\sigma_z &= 0\qquad\qquad (\text{平面应力})\\
\sigma_{xy} &= \frac{K_{\mathrm{I}}}{\sqrt{2\pi r}}\cos\frac{\theta}{2}\sin\frac{\theta}{2}\cos\frac{3\theta}{2}
\end{aligned}\right\} \qquad (2\text{-}51)$$

式中，K_{I}为Ⅰ型裂纹应力场强度因子，ν为泊松比。

当$\theta=0$，$r \to 0$时，由式（2-51）得到

$$K_{\mathrm{I}} = \lim_{r\to 0}\sqrt{2\pi r}\cdot\sigma_{y|\theta=0} \qquad (2\text{-}52)$$

因此，只要知道$\sigma_{y|\theta=0}$的表达式，就可得到K_{I}。所要说明的是，裂纹的形式不同，加载方式不同，K_{I}的具体表达式也不同。但都可表示为

$$K_{\mathrm{I}} = Y\sigma\sqrt{a} \qquad (2\text{-}53)$$

式中，a为裂纹尺寸，Y为裂纹形状因子，与裂纹形状、加载方式以及试样几何因素有关，是一个无量纲系数，一般$Y=1\sim2$。对于图2-51所示无限大板中心穿透性裂纹的情况，$Y=\sqrt{\pi}$。由式（2-53）可知，K_{I}是由σ和a共同决定的复合参量。σ或a单独增加，或它们共同增加均可使K_{I}增大。K_{I}可看成裂纹扩展的动力。

（4）断裂韧度K_{IC}与断裂K判据　如前所述，K_{I}是决定裂纹尖端应力场强弱的复合参量，是裂纹扩展的动力。当裂纹体的应力达到发生断裂的临界值σ_c，对应的裂纹尺寸为临界裂纹a_c时，K_{I}达到裂纹扩展的临界值K_{IC}。K_{IC}被称为断裂韧度，其量纲及单位与K_{I}相

同，常用 $MPa \cdot m^{1/2}$ 为单位。断裂韧度 K_{IC} 是只与材料成分和组织有关，而与载荷及试样无关的力学性能指标。K_{IC} 值越大，材料抵抗裂纹扩展的能力越强。

根据应力场强度因子 K_I 与断裂韧度 K_{IC} 的相对大小，可建立裂纹失稳扩展的判据即 K 判据，即

$$K_I = Y\sigma\sqrt{a} > K_{IC} \tag{2-54}$$

裂纹体受力时，只要满足式（2-54），就会发生脆断，反之，裂纹不扩展。K 判据十分重要，可用来解决很多实际问题。已知材料 K_{IC} 和既有裂纹尺寸 a_0，可以用来判断带裂纹体的构件的承载能力；已知材料 K_{IC} 和最大工作应力 σ，可确定构件中临界裂纹尺寸 a_c；此外，根据工作应力和可能存在的裂纹尺寸，可计算出 K_I 值，为选材提供依据。

2. 裂纹尖端塑性区及 K_I 的修正

前面介绍的 K 判据只适用于完全弹性状态下的断裂分析。实际上金属材料在裂纹扩展前，在裂纹尖端附近总要先出现一个或大或小的塑性变形区，因此 K_I 的表达式及 K 判据已不适用。但试验表明，如果塑性变形区比构件净截面积小一个数量级以上，即小范围屈服条件下，只要对 K_I 进行适当修正，线弹性理论仍然适用。为求得 K_I 的修正方法，需首先了解塑性区的形状及尺寸。

（1）裂纹尖端塑性区的形状及尺寸　单向拉伸情况下，当外加应力达到 σ_s 或 $\sigma_{0.2}$ 时，材料就会屈服，产生塑性变形。但对于实际构件，内部含有裂纹，裂纹前端会出现三向应力状态，简单拉伸的屈服判据显然已不再适用。此时的屈服判据必须采用屈雷斯加最大切应力理论或米赛斯畸变能理论进行推导。其中畸变能理论认为，在复杂应力状态下，当比畸变能等于或超过相同金属材料在单向拉伸屈服时的比畸变能时，材料才屈服，其数学表达式为

$$(\sigma_1-\sigma_2)^2+(\sigma_2-\sigma_3)^2+(\sigma_3-\sigma_1)^2 \geqslant 2\sigma_s^2 \tag{2-55}$$

式中，σ_s 为屈服强度，σ_1、σ_2、σ_3 为三个主应力。由材料力学可知通过一点的主应力与 x、y、z 方向的各应力分量的关系为

$$\left.\begin{aligned}
\sigma_1 &= \frac{\sigma_x+\sigma_y}{2}+\sqrt{\left(\frac{\sigma_x-\sigma_y}{2}\right)^2+\sigma_{xy}^2}\\
\sigma_2 &= \frac{\sigma_x+\sigma_y}{2}-\sqrt{\left(\frac{\sigma_x-\sigma_y}{2}\right)^2+\sigma_{xy}^2}\\
\sigma_3 &= v(\sigma_1+\sigma_3)
\end{aligned}\right\} \tag{2-56}$$

将式（2-51）分别代入式（2-56），得到

$$\left.\begin{aligned}
\sigma_1 &= \frac{K_I}{\sqrt{2\pi r}}\cos\frac{\theta}{2}\left[1+\sin\frac{\theta}{2}\right]\\
\sigma_2 &= \frac{K_I}{\sqrt{2\pi r}}\cos\frac{\theta}{2}\left[1-\sin\frac{\theta}{2}\right]\\
\sigma_3 &= \begin{cases} 0 & \text{（平面应力）}\\ \dfrac{2vK_I}{\sqrt{2\pi r}}\cos\dfrac{\theta}{2} & \text{（平面应变）}\end{cases}
\end{aligned}\right\} \tag{2-57}$$

将式（2-57）代入式（2-55），得到符合塑性变形临界条件的函数表达式整理化简后得到

$$\left.\begin{aligned} r&=\frac{1}{2\pi}\left(\frac{K_{\mathrm{I}}}{\sigma_{\mathrm{s}}}\right)^{2}\left[\cos^{2}\frac{\theta}{2}\left(1+3\sin^{2}\frac{\theta}{2}\right)\right] && (\text{平面应力})\\ r&=\frac{1}{2\pi}\left(\frac{K_{\mathrm{I}}}{\sigma_{\mathrm{s}}}\right)^{2}\left[(1-2v)^{2}\cos^{2}\frac{\theta}{2}+\frac{3}{4}\sin^{2}\frac{\theta}{2}\right] && (\text{平面应变})\end{aligned}\right\} \tag{2-58}$$

式（2-58）即为塑性区边界曲线方程，其图形如图2-52所示。

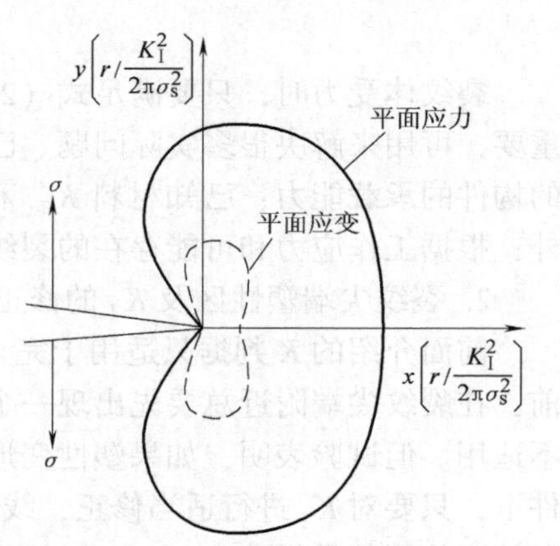

图2-52　裂纹尖端塑性区边界线

由图2-52可知，无论平面应力还是平面应变的塑性区，都是沿 x 方向尺寸最小。定义沿 x 方向的塑性区尺寸为塑性区宽度。将 $\theta=0$ 代入式（2-58），可求得塑性区宽度

$$\left.\begin{aligned} r_0&=\frac{1}{2\pi}\left(\frac{K_{\mathrm{I}}}{\sigma_{\mathrm{s}}}\right)^{2} && (\text{平面应力})\\ r_0&=\frac{(1-2v)^{2}}{2\pi}\left(\frac{K_{\mathrm{I}}}{\sigma_{\mathrm{s}}}\right)^{2} && (\text{平面应变})\end{aligned}\right\} \tag{2-59}$$

若取 $v=0.3$，平面应变的塑性区约为平面应力的六分之一，所以平面应变状态是一种很硬的力学状态。

无论平面应力还是平面应变状态，由于裂纹沿 x 方向扩展消耗的塑性变形功最小，所以裂纹总是易沿 x 方向扩展。

实际上，即使是厚板，也并非都是平面应变状态，由于其表面也可自由伸缩，所以表面仍为平面应力状态。经欧文修正后，平面应变的塑性区宽度应为

$$r_0=\frac{1}{4\sqrt{2}\pi}\left(\frac{K_{\mathrm{I}}}{\sigma_{\mathrm{s}}}\right)^{2} \tag{2-60}$$

修正后的塑性区尺寸与实际较接近。

上述讨论忽略了应力松弛问题。由于裂纹尖端应力集中，使应力场强度增加，当超过该应力状态下的有效屈服应力 σ_{ys} 时，在裂纹前沿产生了屈服区，屈服区内应力恒等于 σ_{ys}，该应力小于应力松弛前的应力。这相当于屈服区释放出了弹性能，而这部分弹性能又作了塑性功，使屈服区周围的区域也发生了塑变，于是屈服区比未考虑应力松弛的屈服区要扩大，如图2-53所示。图中，r_0 与 R_0 分别为未考虑应力松弛和考虑应力松弛的塑性区（屈服区）半径。

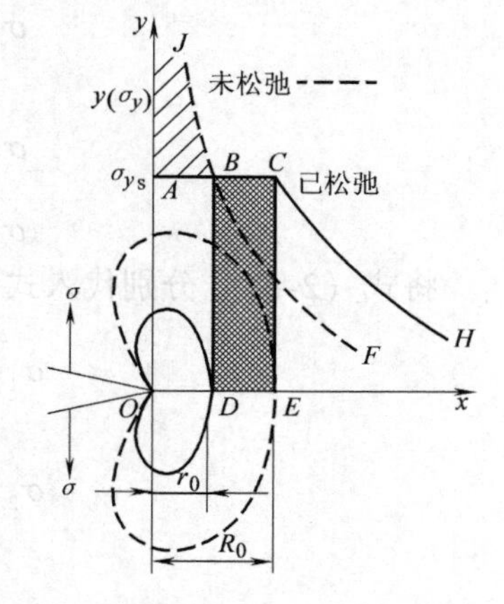

图2-53　应力松弛对塑性区的影响

为求 R_0，将 $\theta=0$ 代入公式（2-51）中的 σ_y 的表达式中，得到未松弛前的应力为 $\sigma_y=\frac{K_{\mathrm{I}}}{\sqrt{2\pi r}}$。应力未松弛时，在 $x\leqslant r_0$ 范围内的弹性能为图2-53中 JB 曲线下的面积。其中影线部分的面积为应力松弛释放的弹性能，应等于塑性功 $BCED$ 矩形面积。此外，由屈服判据可以证明平面应力状态下的有效屈服应力 $\sigma_{ys}=\sigma_{s}$。于是有

$$\int_0^{r_0} \frac{K_{\mathrm{I}}}{\sqrt{2\pi r}} \mathrm{d}r = \sigma_{ys} R_0 = R_0 \sigma_s \tag{2-61}$$

积分得到 $K_{\mathrm{I}} \cdot \sqrt{\frac{2r_0}{\pi}} = \sigma_s R_0$，故有

$$R_0 = \frac{K_{\mathrm{I}}}{\sigma_s} \sqrt{\frac{2r_0}{\pi}} \tag{2-62}$$

由式（2-59）中的平面应力状态 r_0 表达式解出 $\frac{K_{\mathrm{I}}}{\sigma_s} = \sqrt{2\pi r_0}$，代入式（2-62），得到

$$R_0 = \frac{K_{\mathrm{I}}}{\sigma_s} \sqrt{\frac{2r_0}{\pi}} = \sqrt{2\pi r_0} \sqrt{\frac{2r_0}{\pi}} = 2r_0 \tag{2-63}$$

可见，考虑了应力松弛后，平面应力的塑性区宽度 R_0 等于未松弛的塑性区宽度 r_0 的两倍。在平面应变条件下，经欧文修正后考虑应力松弛的塑性区宽度 R_0 也是 r_0 的两倍

$$R_0 = \frac{1}{2\sqrt{2}\pi} \left(\frac{K_{\mathrm{I}}}{\sigma_s} \right)^2 \tag{2-64}$$

由塑性区宽度公式可看出，无论是平面应力状态还是平面应变，不管考虑应力松弛还是未考虑应力松弛，塑性区宽度（R_0 或 r_0）总是与 $(K_{\mathrm{I}}/\sigma_s)^2$ 成正比。在临界状态下，塑性区宽度正比于 $(K_{\mathrm{IC}}/\sigma_s)^2$，所以材料的断裂韧度 K_{IC} 越大，σ_s 越低，裂纹扩展时消耗的塑性功越多，也越安全。

（2）等效裂纹及 K_{I} 的修正　在小范围屈服条件下，当裂纹尖端的应力超过材料有效屈服应力时，便产生了应力松弛。应力松弛有两种方式，一种是使塑性区尺寸扩大，另一种方式是通过裂纹的扩展。既然两种方式是等效的，为了利用线弹性理论计算 K 值，可以设想裂纹长度增加了 r_y，其中 $r_y = r_0$。而裂纹顶端的 O 点也移动到 O' 点，如图 2-54所示。

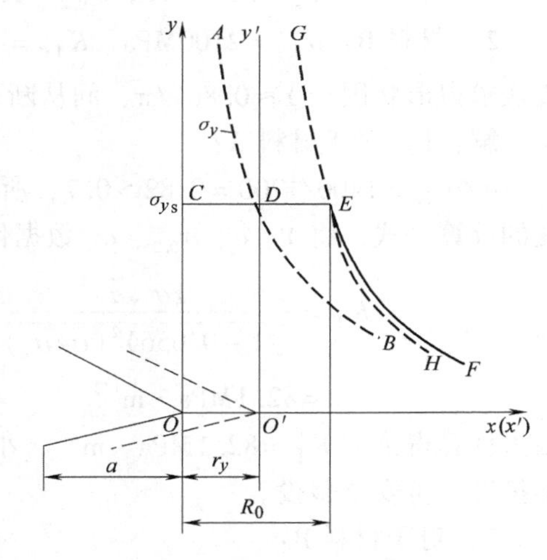

图 2-54　用等效裂纹修正 K_{I}

该模型称为 Irwin 等效模型，$a + r_y$ 称为等效裂纹长度。$CDEF$ 为应力松弛后的应力分布曲线，其弹性部分 EF 与裂纹尺寸为 $a + r_y$，裂纹顶点在 O' 点的弹性应力分布 GEH 基本重合。这样一来，只要采用等效裂纹 $a + r_y$ 代替 a，线弹性断裂力学理论仍然可以使用，此时计算应力场强度因子的公式为

$$K_{\mathrm{I}} = Y\sigma \sqrt{a + r_y} \tag{2-65}$$

计算表明，r_y 等于应力松弛后的塑性区宽度 R_0 的一半，即

$$\left.\begin{aligned} r_y &= \frac{1}{2\pi} \left(\frac{K_{\mathrm{I}}}{\sigma_s} \right)^2 \approx 0.16 \left(\frac{K_{\mathrm{I}}}{\sigma_s} \right)^2 \ （平面应力）\\ r_y &= \frac{1}{4\sqrt{2}\pi} \left(\frac{K_{\mathrm{I}}}{\sigma_s} \right)^2 \approx 0.056 \left(\frac{K_{\mathrm{I}}}{\sigma_s} \right)^2 \ （平面应变）\end{aligned}\right\} \tag{2-66}$$

将式（2-66）代入式（2-65）中，可得到修正后的 K_{I} 值为

$$\left.\begin{aligned} K_{\mathrm{I}} &= \frac{Y\sigma\sqrt{a}}{\sqrt{1-0.16Y^2(\sigma/\sigma_s)}} \text{（平面应力）} \\ K_{\mathrm{I}} &= \frac{Y\sigma\sqrt{a}}{\sqrt{1-0.056Y^2(\sigma/\sigma_s)}} \text{（平面应变）} \end{aligned}\right\} \quad (2\text{-}67)$$

在计算应力场强度因子时，应注意在给定条件下是否需要修正。由式（2-67）可知，当 σ/σ_s 趋近于零时，式（2-67）变为 $K_{\mathrm{I}} = Y\sigma\sqrt{a}$，即无塑性区的影响。随 σ/σ_s 增大，塑性区的影响增大，需要考虑修正。一般 $\sigma/\sigma_s \geqslant 0.7$ 时就需要修正。

3. 断裂 K 判据应用举例

随航天技术的发展，对材料使用性能提出更高要求。例如，随固体燃料发动机壳体的工作压力不断增大，对材料的强度要求也越来越高。为了使用安全，传统的安全设计是加大安全系数，保证壳体不产生屈服，于是对壳体材料的屈服强度要求越来越高。这种设计是不合理的，因为没有考虑壳体存在不可避免的裂纹。壳体的实际断裂强度还决定于断裂韧度和实际裂纹尺寸。而随材料的强度增高，材料的断裂韧度却总是下降的，结果反而增大了脆断倾向。

例 2-1 工作应力 $\sigma = 1400\text{MPa}$ 的壳体，采用高强度钢来制造，焊接时常出现纵向表面半椭圆裂纹，裂纹尺寸为 $a = 1\text{mm}$，$a/c = 0.6$。现有两种材料可选，其性能如下：

1）材料 A：$\sigma_s = 1495\text{MPa}$，$\sigma_{0.2} = 1700\text{MPa}$，$K_{\mathrm{IC}} = 102\text{MPa}\cdot\text{m}^{1/2}$；

2）材料 B：$\sigma_{0.2} = 2100\text{MPa}$，$K_{\mathrm{IC}} = 47\text{MPa}\cdot\text{m}^{1/2}$。

查表求得形状因子 $Y \approx 0.86\sqrt{\pi}$，问从断裂力学角度考虑应如何选材。

解：1）对于材料 A：

$\sigma/\sigma_{0.2} = 1400/1700 = 0.82 > 0.7$，所以要考虑塑性区的修正。选用式（2-67）中平面应变的计算公式，将 Y、a、$\sigma_{0.2}$、σ_s 数据代入，得

$$K_{\mathrm{I}} = \frac{Y\sigma\sqrt{a}}{\sqrt{1-0.056Y^2(\sigma/\sigma_s)}} = \frac{0.86\sqrt{\pi}1400\sqrt{10^{-3}}}{\sqrt{1-0.16\left(0.86\sqrt{\pi}\right)^2(1400/1495)^2}}$$

$$= 82.1\text{MPa}\cdot\text{m}^{1/2}$$

因为计算得到的 $K_{\mathrm{I}} = 82.1\text{MPa}\cdot\text{m}^{1/2}$，小于材料的 K_{IC}（$102\text{MPa}\cdot\text{m}^{1/2}$），由 K 判据，裂纹不扩展，可安全服役。

2）对于材料 B：

$\sigma/\sigma_{0.2} = 1400/2100 = 0.67 < 0.7$，所以不用修正。选用式（2-54），将相应的 Y、a、$\sigma_{0.2}$、σ 数据代入，得

$$K_{\mathrm{I}} = Y\sigma\sqrt{a} = 0.86\sqrt{\pi}1400\sqrt{10^{-3}} \approx 67.5\text{MPa}\cdot\text{m}^{1/2}$$

因为计算得到的 $K_{\mathrm{I}} \approx 67.5\text{MPa}\cdot\text{m}^{1/2}$，大于材料的 K_{IC}（$47\text{MPa}\cdot\text{m}^{1/2}$），由 K 判据，裂纹会扩展，不能安全服役。

本题也可计算断裂应力 σ_c 或临界裂纹 a_c 与工作应力 σ 和初始裂纹 a 比较，也可得到相同结论。这与强度储备法的结论正好相反。

4. 断裂韧度 K_{IC} 的测试

断裂韧度 K_{IC}的测试详见国家标准 GB/T4161—2007。国家标准中规定了四种试样，常用的有三点弯曲和紧凑拉伸试样。现以三点弯曲试样为例简要介绍 K_{IC}的测试方法。

(1) 试样形状、尺寸和制备　三点弯曲试样如图 2-55 所示。由于 K_{IC}是平面应变和小范围屈服条件下裂纹失稳扩展的 K_{I} 的临界值，所以测试时必须满足裂纹尖端处于平面应变或小范围屈服状态。根据式 (2-64)，考虑了应力松弛的平面应变的塑性区宽度应为 $0.11\left(\frac{K_{\mathrm{IC}}}{\sigma_{ys}}\right)^2$，试样的厚度 B、裂纹长度 a 及韧带宽度 $(W-a)$ 尺寸为

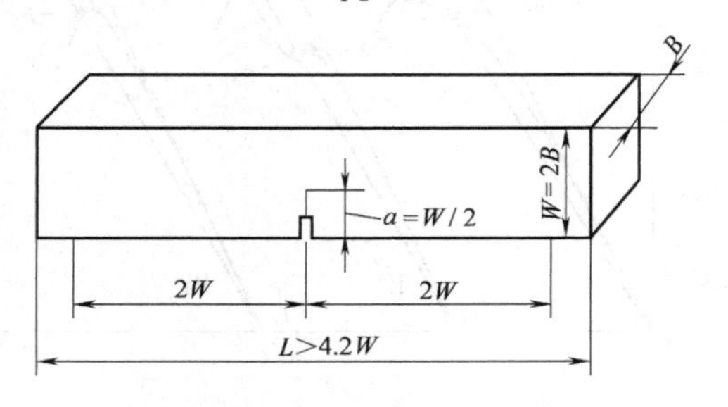

图 2-55　测定 K_{IC}用的标准三点弯曲试样

$$\left.\begin{array}{c} B \\ a \\ (W-a) \end{array}\right\} \geqslant 2.5\left(\frac{K_{\mathrm{IC}}}{\sigma_y}\right)^2 \tag{2-68}$$

式中，σ_y 为有效屈服强度，应预先测试，K_{IC}可参考相近似的材料进行估算，确定出试样的最小厚度 B，然后根据试样比例关系确定 W、L。试样的热处理要与工件尽可能相同。试样缺口一般采用钼丝线切割，预制裂纹可在高频疲劳试验机上进行，裂纹长度不小于 $0.025W$，a/W 应控制在 0.45 ~0.55 范围内，$K_{max} \leqslant 0.7K_{\mathrm{IC}}$。

(2) 测试方法　测量 K_{IC}的方法有位移测量法、落锤法等，其中位移测量法应用最普遍。利用位移测量法的关键是精确测定载荷-裂纹张开位移 (F-V) 曲线。测定 K_{IC}的三点弯曲试验是利用特制夹持装置，在一般万能试验机上进行断裂试验，试验装置如图 2-56 所示。试验机的压头上装有载荷传感器，以测量载荷 F 的大小。在试样口两侧跨接夹式引伸计，以测量裂纹嘴张开位移 V。将载荷传感器输出的载荷信号和夹式引伸计输出的裂纹嘴张开位移信号输入动态应变仪，将其放大后传到 X-Y 函数记录仪中，即可连续记录 F-V 曲线。根据 F-V 曲线可以间接确定裂纹失稳扩展时的载荷 F_Q。

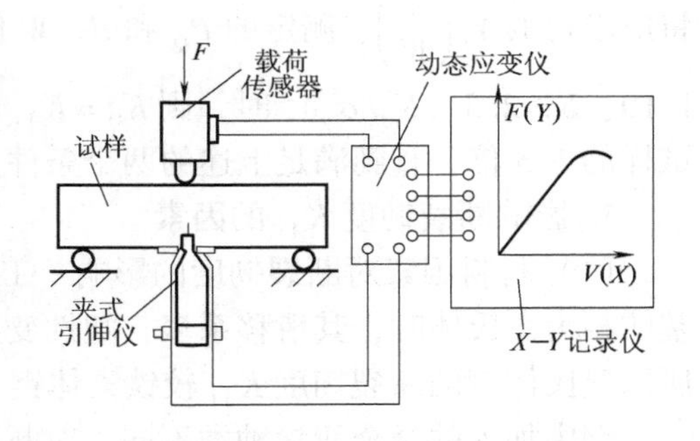

图 2-56　三点弯曲试验装置示意图

由于材料性能和试样尺寸的不同，测出的 F-V 曲线可分为三种类型，如图 2-57 所示。利用 F-V 曲线可以确定裂纹失稳载荷 F_Q。其方法是先从原点作一割线，其斜率比直线 OA 斜率小 5%，割线与 F-V 曲线交点为 F_5。对于Ⅰ情况，F_5 之前没有比 F_5 大的高峰载荷则 $F_Q = F_5$；对于Ⅱ情况，F_5 之前有比 F_5 大的高峰载荷，则此高峰载荷为 F_Q；对于Ⅲ情况，$F_Q = F_{max}$。

试样断裂后，用工具显微镜测量试样断口的裂纹长度 a。由于裂纹呈弧线，如图 2-58 所示，所以规定 $B/4$、$B/2$、$3B/4$ 三处的裂纹长度的平均值为裂纹长度 a。

(3) 试验结果的处理　三点弯曲加载时，裂纹顶端应力场强度因子表达式为

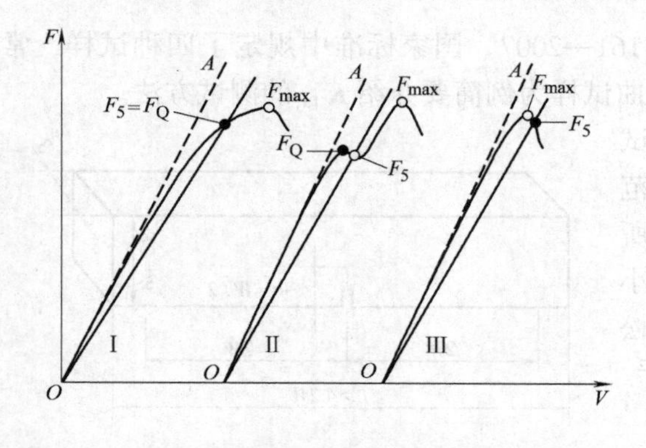

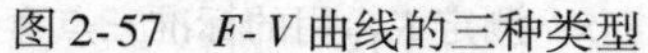
图 2-57 F-V 曲线的三种类型

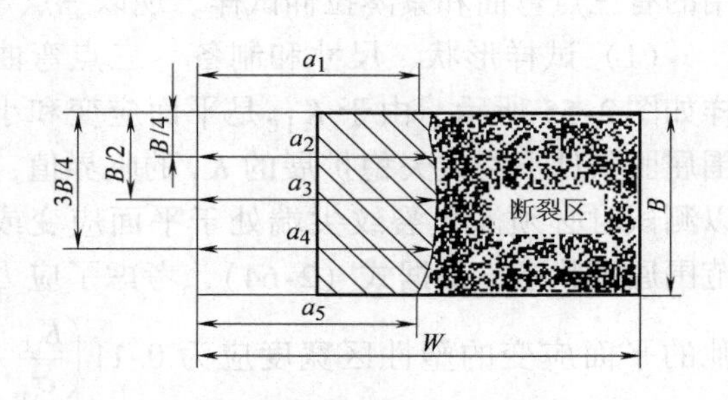

图 2-58 裂纹长度的测量

$$K_Q = \frac{F_Q s}{BW^{3/2}} Y_1\left(\frac{a}{W}\right) \tag{2-69}$$

式中，跨距 $s=4W$。$Y_1\left(\frac{a}{W}\right)$为与 a/W 有关的函数，测量出 a 值，求出 a/W 后，可查表或由下式求得 $Y_1\left(\frac{a}{W}\right)$

$$Y_1\left(\frac{a}{W}\right) = \frac{3\left(\frac{a}{W}\right)^{\frac{1}{2}}\left[1.99 - \frac{a}{W}\left(1-\frac{a}{W}\right)\left(2.15 - 3.93\frac{a}{W} + 2.7\left(\frac{a}{W}\right)^2\right)\right]}{2\left(1+\frac{2a}{W}\right)\left(1-\frac{a}{W}\right)^{\frac{3}{2}}} \tag{2-70}$$

将所求得的 $Y_1\left(\frac{a}{W}\right)$、测定的 P_Q 和 B、W 代入式（2-70），可求得 K_Q。当K_Q 满足 $F_{max}/F_Q \leqslant 1.10$、$B \geqslant 2.5\ (K_Q/\sigma_y)^2$ 时，则 $K_Q = K_{IC}$，否则试验结果无效，建议将试样尺寸至少增至原试样的 1.5 倍，直到满足上述的两个条件为止。

5. 影响断裂韧度 K_{IC}的因素

（1）材料因素对断裂韧度的影响　工程用钢的基体相一般为奥氏体、铁素体、马氏体。基体相为奥氏体时，其滑移系多，塑性变形能力强，加工硬化能力强，不易发生解理断裂，所以奥氏体钢的断裂韧度 K_{IC}较铁素体钢、马氏体钢高。

钢中加入的合金元素种类不同，对断裂韧度影响也不同。总的来说，能提高钢冲击韧度的合金元素一般也可提高钢的断裂韧度。例如，细化晶粒的合金元素由于能提高钢的强度和塑性，可使 K_{IC}增高；能强烈引起固溶强化的元素和形成第二相的合金元素的加入虽然能提高强度，但往往降低断裂韧度 K_{IC}。

钢中非金属夹杂物及第二相在裂纹尖端应力场作用下，本身易发生脆断成为显微裂纹或引起应力集中形成微孔，有利于裂纹的萌生和既有裂纹的扩展。所以当夹杂物或第二相体积分数增加时，会使钢的断裂韧度 K_{IC}下降。此外，夹杂物或第二相形态对断裂韧度 K_{IC}也有重要影响，夹杂物或第二相呈球状均匀分布时其断裂韧度 K_{IC} 明显要高于片状和网状。此外，钢中 Sb、Sn、P、As 等易偏聚于晶界，降低晶间结合强度，易导致沿晶断裂，使断裂韧度 K_{IC}下降。

基体晶粒的大小对断裂韧度有重要影响。一般晶粒越细小，其断裂强度 σ_c 越高，裂纹扩展时所消耗的能量也越多，使 K_{IC} 增高。例如，En24 钢的奥氏体晶粒由 5～6 级细化到 12～13 级，K_{IC} 由 44.5MPa · $m^{1/2}$ 增加到 84MPa · $m^{1/2}$。

钢的显微组织不同其断裂韧度也不同。例如，淬火马氏体在不同温度下的回火产物如果排除回火脆性的影响，随回火温度的增高，强度、硬度下降，塑性、韧性和断裂韧度逐渐升高。例如，在等强度的条件下，高温回火组织比珠光体组织的断裂韧度高得多。马氏体有两种形态，其中板条马氏体比孪晶马氏体有更高的断裂韧度。各类贝氏体中，因下贝氏体的碳化物析出在铁素体内部，形貌类似回火马氏体，所以其断裂韧度 K_{IC} 比铁素体条片间析出碳化物的羽毛状上贝氏体要高。

（2）外部因素对断裂韧度的影响　由于裂纹尖端附近的塑性区尺寸与 $\left(\frac{K_{IC}}{\sigma_s}\right)^2$ 成正比，温度降低，材料屈服强度升高，故塑性区尺寸变小，裂纹扩展所作塑性功减少，裂纹易扩展，使断裂韧度 K_{IC} 急剧下降，材料易发生脆性的解理断裂。

增加形变速率（$\dot{\varepsilon}$）与降低温度效果相同，同样使断裂韧度 K_{IC} 下降。$\dot{\varepsilon}$ 增加一个数量级，可使断裂韧度 K_{IC} 下降 10%。

薄板或小截面构件的力学状态与板厚或大截面构件不同。前者主要是平面应力状态，力学状态较软，裂纹尖端附近的塑性区尺寸较大，裂纹扩展消耗的塑性功多，所测得的 K_{IC} 较大。随板厚或构件的截面尺寸的增加，逐渐接近平面应变状态，裂纹尖端附近的塑性区尺寸逐渐变小，所测得的 K_{IC} 逐渐减小，最后趋于一个稳定的最低值，即平面应变断裂韧度 K_{IC}。

6. 断裂韧度 G_{IC}、J_{IC} 和 δ_c

（1）断裂韧度 G_{IC}　线弹性条件下，除应用应力场分析方法可得到断裂韧度 K_{IC} 外，我们还可以从能量转化关系得到断裂韧度 G_{IC}。根据工程力学，系统的势能等于系统的应变能减去外力所作的功，即 $U = U_e - W$。定义裂纹扩展单位面积时，系统释放的势能的数值为裂纹扩展的能量释放率，并用 G 表示，$G = -\frac{\partial U}{\partial A}$，单位为 MJ · m^{-2}。可以证明 G_I 和 K_I 相似，也是裂纹尺寸 a 和应力 σ 的复合参量。G 是裂纹扩展的原动力，对于Ⅰ型裂纹则为 G_I。

G_I 的临界值即为 G_{IC}，它表示材料阻止裂纹失稳扩展时单位面积所消耗的能量，是裂纹扩展的阻力。G_{IC} 是材料的力学性能指标，只与材料成分和组织结构有关，其单位同 G。

与 K 判据类似，根据 G 与 G_{IC} 的相对大小关系也可以建立 G 判据，即 $G \geqslant G_{IC}$，裂纹失稳扩展。

（2）断裂韧度 J_{IC} 和 δ_c　前面讨论的线弹性断裂力学和相应的断裂判据主要适用于线弹性或小范围屈服的情况，可用于脆性材料和高强度钢的断裂行为的研究。但对于广泛使用的中强度钢及非铁合金构件来说，因其塑性较高，裂纹尖端附近的塑性区尺寸较大，相对构件的截面尺寸，不满足小范围屈服的条件，甚至出现整体屈服现象。此时，线弹性断裂力学已不适用，从而发展了弹塑性断裂力学。目前应用最多的弹塑性断裂力学参量为裂纹张开位移（COD）和 J 积分（J），以及相应的断裂韧度 δ_c 和 J_c。

大量研究表明裂纹尖端的塑性变形的应变量达到某一个临界值时，材料便发生脆性断裂。因此临界应变值可作为材料断裂判据的一个参量。但应变量很小，不易度量。有人建议用裂纹张开位移来间接表示应变量的大小，用临界展开位移 δ_c 来表示材料的断裂韧度，这便是COD法。根据 δ 与 δ_c 的相对大小关系，可以建立断裂的 δ 判据，即 $\delta \geqslant \delta_c$，裂纹失稳扩展。

（三）疲劳断裂

金属构件在交变载荷作用下，虽然应力水平低于材料的抗拉强度，甚至低于屈服强度，但经历一定循环周期后，由于累计损伤，而引起的断裂现象叫疲劳。疲劳断裂的方式多种多样。按应力状态可分为拉压疲劳、弯曲疲劳、扭转疲劳等；按环境和接触情况可分为大气疲劳、腐蚀疲劳、热疲劳、接触疲劳等；按疲劳寿命和应力高低可分为高周疲劳和低周疲劳。其中高周疲劳是疲劳寿命 $N_f > 10^5$ 周次的疲劳破坏，其断裂应力水平较低 $\sigma < \sigma_s$，也称低应力疲劳。据统计，疲劳断裂占构件各种断裂失效的80%以上，是脆性断裂的一种重要形式。因此，进行疲劳断裂失效的分析和研究，对提高构件疲劳抗力，防止疲劳断裂十分重要。

1. 变动载荷和循环应力

变动载荷是引起疲劳的外力，其大小甚至方向随时间呈周期性变化或呈无规则的随机变化，其在单位面积上的平均值为变动应力。前者称为周期变动应力或循环应力，后者称为随机变动应力。生产中机件正常工作时，多为循环应力。这些应力可用载荷谱（应力-时间曲线）来描述。循环应力的波形有正弦波、矩形波和三角形波等。其中最常见的为正弦波，如图2-59所示。

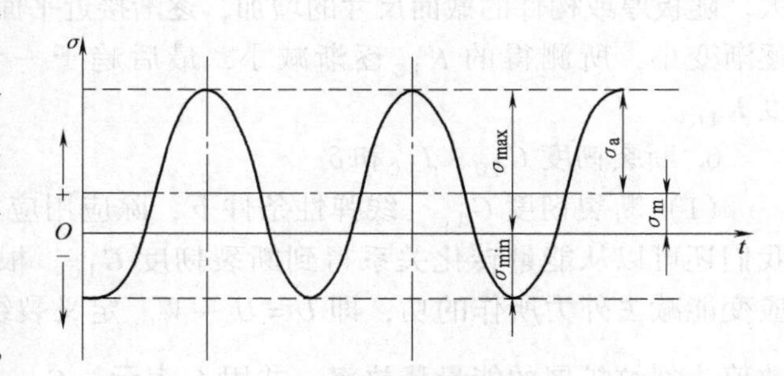

图2-59　波形为正弦波的循环应力

循环应力为正弦波时，其特征可由下述参量来描述，最大应力 σ_{max}，最小应力 σ_{min}，平均应力 $\sigma_m = \frac{\sigma_{max} + \sigma_{min}}{2}$，应力半幅 $\sigma_a = \frac{\sigma_{max} - \sigma_{min}}{2}$ 和应力循环对称系数（应力比）$r = \frac{\sigma_{min}}{\sigma_{max}}$。其中应力循环对称系数 r 表示应力循环不对称程度。

常见的循环应力如图2-60所示。应力循环中既出现拉应力又出现压应力，称为交变循环应力。其中 $r = -1$ 为对称交变应力，如图2-60a所示，大多数旋转轴类零件就是此种情况，例如火车轴的弯曲交变应力；$r < 0$ 为不对称交变应力，如图2-60e所示，例如发动机连杆所受的循环应力；除图2-60a外，其他各图中，$r \neq -1$，故均为不对称循环应力。其中 $r = 0$ 为脉动应力，如图2-60b所示，例如齿轮根部所受的循环弯曲应力；若 $r = -\infty$，为循环脉动压应力，如图2-60c所示，如轴承所受的应力；$0 < r < 1$，为波动应力，如图2-60d所示，如发动机缸盖螺栓所受的循环应力。

2. 疲劳破坏特征和宏观断口

疲劳断裂与其他形式的断裂相比具有如下特点。疲劳断裂是一种“潜藏”的失效方式，在交变载荷作用下，产生累计损伤的过程，虽然具有一定寿命，但断裂却是突发得无任何征

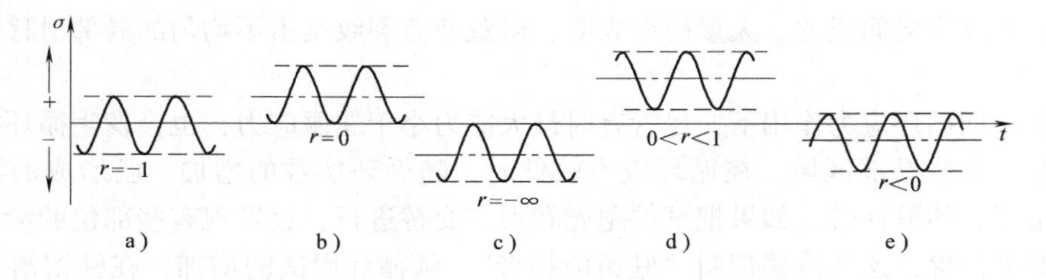

图 2-60　循环应力的类型

兆，属于低应力脆性断裂。疲劳破坏都是从局部开始的，所以对缺陷有高度选择性，缺口、裂纹或组织缺陷等会引发应力集中，往往成为疲劳断裂的策源地。所以实际构件的疲劳破坏过程总是可以明显分为裂纹萌生、裂纹扩展和最终断裂三个过程。

图 2-61 为一带键槽的旋转轴的弯曲疲劳断口。键槽根部由于有应力集中，裂纹在此萌生，称为疲劳源。疲劳源形成后，在循环应力的作用下，在相当长时间内裂纹慢速扩展，该区域叫疲劳裂纹扩展区。此区常可看到“贝纹线”，又称“沙滩花样”。贝壳状条纹是疲劳裂纹前沿线间断扩展的痕迹。在拉应力半周裂纹扩展，在压应力半周裂纹闭合。裂纹两侧反复张合，使疲劳裂纹扩展区成为光滑的磨光区。随疲劳裂纹不断扩展，构件承载面积不断减少，当疲劳裂纹达到临界尺寸 a_c 时，裂纹尖端应力场强度因子 K（K_I）达到材料的 K_C（K_{IC}），裂纹失稳扩展，发生脆性断裂，该区称为瞬断区。瞬断区断口比疲劳裂纹扩展区粗糙，对于脆性材料断口常为结晶状；对于韧性材料中间平面应变区为放射状或人字纹状，在边缘的平面应力区为剪切唇。

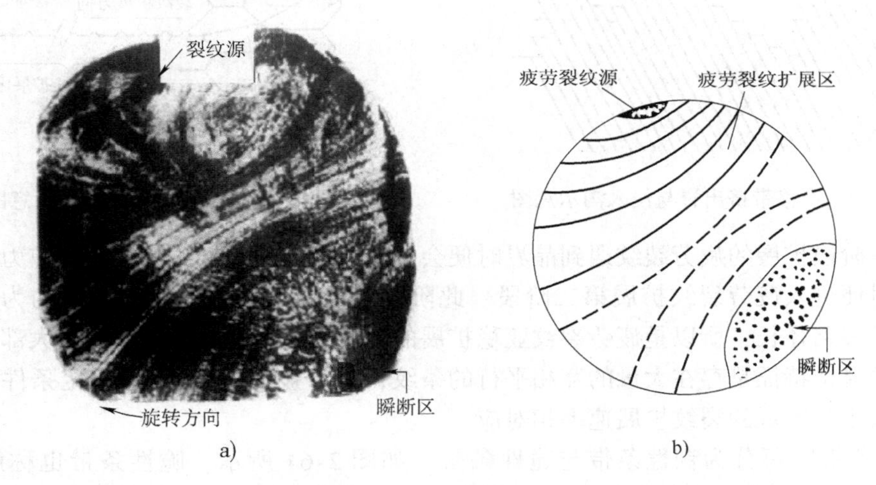

图 2-61　疲劳断口的宏观形貌
a）疲劳断口实物照片　b）疲劳断口三区示意图

随材料的断裂韧度、力学状态、应力集中程度和工作应力的不同，疲劳断口形貌和疲劳裂纹扩展区所占比例也不同。疲劳裂纹扩展区具有贝纹线是高周疲劳断口的重要特征，但在扭转疲劳断口中，一般见不到贝纹线。

3. 疲劳裂纹的萌生和扩展机制

（1）疲劳裂纹的萌生　宏观疲劳裂纹（通常取裂纹尺寸≈0.5mm）是由微观疲劳裂纹

的形成、长大及连接而成的。大量研究表明，微观疲劳裂纹是由不均匀的局部滑移和显微裂纹引起的。

金属在长期循环应力作用下，尽管有时最大应力小于屈服应力，也会发生循环滑移。滑移集中分布在某些局部区域。在循环应力较低时，随循环次数的增加，已形成的滑移带加宽，而不出现新的滑移带。如果把试件抛光和疲劳交替进行，会发现有些部位的滑移带会反复出现在原来位置，这些滑移带叫"驻留滑移带"。随循环周次的增加，在驻留滑移带会形成"挤出脊"和"侵入沟"，如图 2-62 所示。挤出脊和侵入沟是靠两个滑移系在循环应力作用下，交替开动而形成的，它们的尺寸相近，约为几个微米。随挤出和挤进的不断进行可以萌生疲劳裂纹。

除此之外，晶界、亚晶、第二相粒子和夹杂物等处都可能是金属在交变载荷作用下，形成微观疲劳裂纹的策源地。

（2）疲劳裂纹的扩展　疲劳裂纹的扩展是一个不连续过程，可分为两个阶段，如图 2-63所示。疲劳裂纹扩展第一阶段，由挤出脊和侵入沟形成的微裂纹在循环应力作用下，裂纹尖端沿着与拉力轴成 45°角方向的滑移面扩展。裂纹扩展速率很慢，每个应力循环扩展 0.1μm 数量级，但扩展范围仅在 2～5 个晶粒，所以第一阶段占总疲劳寿命比例较少。

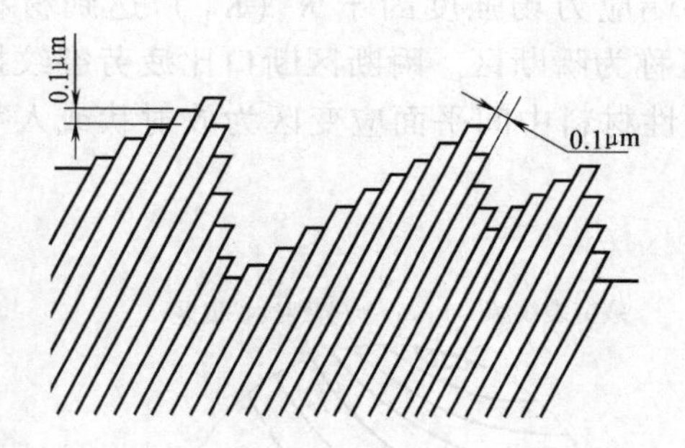

图 2-62　滑移带挤出脊与侵入沟示意图

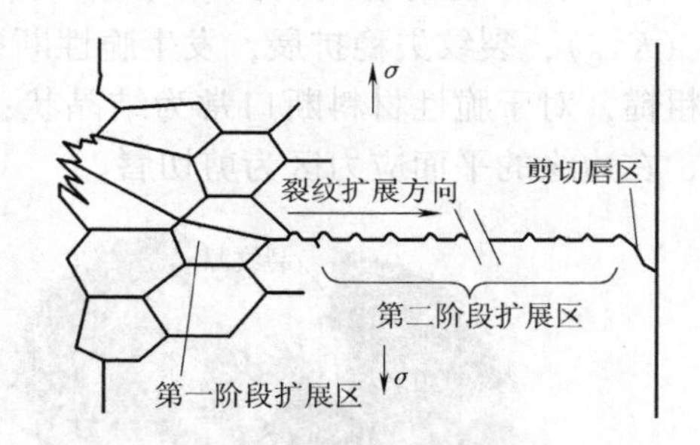

图 2-63　疲劳裂纹扩展示意图

当第一阶段扩展的疲劳裂纹遇到晶界时便会逐渐改变方向，转到与最大拉应力相垂直的方向。此时便进入疲劳裂纹扩展第二阶段。此阶段疲劳裂纹扩展速率较快，约为 μm 数量级，由于扩展路径长，所以是疲劳裂纹亚稳扩展的主要部分，占疲劳寿命的绝大部分。该阶段最突出的显微特征是存在大量的互相平行的条纹，即"疲劳条带"。在一定条件下疲劳条带的间距大小与宏观的裂纹扩展速率相对应。

"疲劳条带"可分为韧性条带与脆性条带，如图 2-64 所示。脆性条带也称解理疲劳条带，它的形成与裂纹扩展中所发生解理有关，在图 2-64b 中可看到，把疲劳条带切成一段段的解理台阶，所以脆性条带不连续，并且间距也不均匀。韧性条带比较常见，它的形成与解理过程无关，有较大塑性变形，条带呈连续状，并且间距均匀规则，如图 2-64a 所示。

韧性条带的形成模型称为塑性钝化模型或莱德-史密斯模型。图 2-65 为韧性条带形成过程。图 2-65 左侧为交变循环应力的变化，右侧为疲劳裂纹扩展第二阶段疲劳裂纹的剖面图。图 2-65a 表示零应力时，裂纹呈闭合状态；图 2-65b 表示拉应力时，裂纹张开，裂纹尖端由于应力集中，而沿与外力成 45°方向滑移；图 2-65c 表示拉应力达到最大时，滑

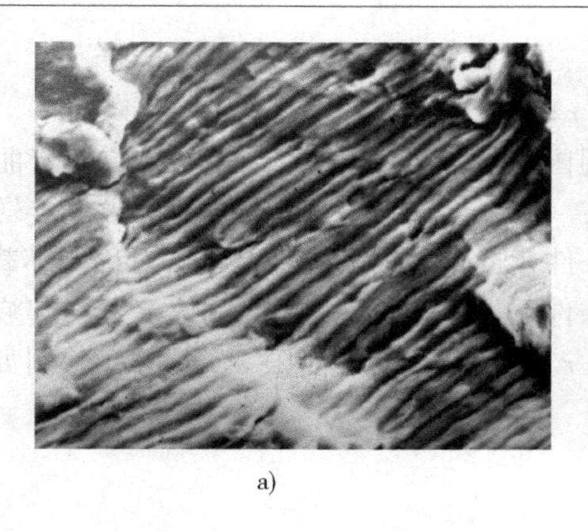

a)

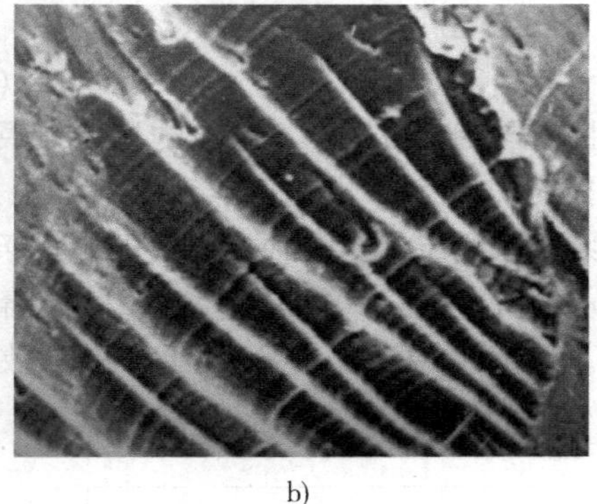

b)

图 2-64 疲劳条带

a) 韧性条带 ×1250 b) 脆性条带 ×320

移区扩大，裂纹尖端钝化，呈半圆形；图 2-65d 表示压应力时，滑移沿反方向进行，裂纹面被压近，裂纹尖端被弯折，开始锐化；图 2-65e 表示压应力达到最大裂纹闭合，尖端形成一对锐利的尖角，裂纹尖端又恢复到图 2-65a 状态，但裂纹向前扩展了 Δa（条带间距），断口上增加了一条新的疲劳条带。在交变循环应力作用下，每个应力循环都留下疲劳裂纹扩展的痕迹，即一个韧性条带。应力越大，材料强度越低，疲劳裂纹扩展越快，疲劳条带间距越宽。

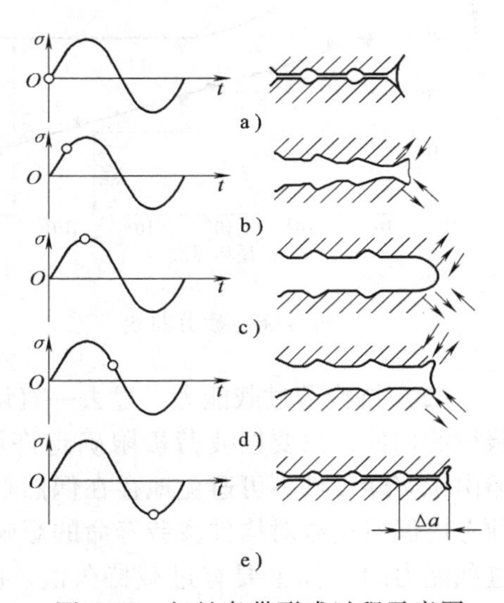

图 2-65 韧性条带形成过程示意图

4. 疲劳抗力指标

传统机械设计中，疲劳应力判据是疲劳设计的基本理论，其中作为疲劳抗力指标主要有疲劳极限、过载持久值、过载损伤界和疲劳缺口敏感度等。

（1）疲劳曲线和疲劳极限 疲劳曲线是疲劳应力与疲劳寿命（σ-N）的关系曲线，也称维勒曲线。典型的金属材料的疲劳曲线如图 2-66 所示。图中纵坐标为循环应力的最大应力 σ_{max}；横坐标为循环周次 N，常用对数坐标表示。其中，中碳钢的疲劳曲线特点是应力越高，循环周次越少，即疲劳寿命越短。随应力水平的下降，疲劳寿命不断增长，当应力低于某一临界值时，在低应力段出现一水平线，水平线所对应的应力为疲劳极限记，为 σ_r。其中 r 为应力循环对称系数，对于对称应力循环下的弯曲疲劳强度记为 σ_{-1}。$\sigma_{max} < \sigma_r$ 时，经历无限次应力循环也不发生疲劳断裂。铝合金疲劳曲线与中碳钢不同，无水平部分，只是随应力下降疲劳寿命不断增长，如图 2-66 所示。不锈钢、高强度钢等材料也具有类似的疲劳曲线。此时，可根据材料使用性能要求规定某一循环周次下不发生断裂的应力作为条件疲劳极限。例如铝合金和高强度钢规定 $N_0 = 10^8$ 周次，钛合金规定 $N_0 = 10^7$ 周次。根据疲劳极限的物理意义可得出疲劳断裂应力判据为

$$\left.\begin{aligned}\sigma &\geqslant \sigma_r \\ \sigma &\geqslant \sigma_{-1}(r=-1)\end{aligned}\right\} \tag{2-71}$$

疲劳曲线与疲劳极限（σ_{-1}）的测定参阅国家标准 GB/T4337—2008。旋转弯曲疲劳试验装置如图 2-67 所示，采用四点弯曲的方法，可满足 $\sigma_m=0$、$r=-1$ 的要求。旋转弯曲疲劳试验的测试原理与大多数轴类零件的服役条件相近。但很多构件是在不对称循环载荷下工作的，即 $r\neq-1$。在最大循环应力 σ_{max} 一定条件下，循环对称系数 r 的改变会引起疲劳极限 σ_r 的变化。一般来说，随应力循环对称系数 r 的增大，疲劳极限 σ_r 也增高，例如 $\sigma_{-1}<\sigma_{-0.3}<\sigma_0<\sigma_{0.3}$。

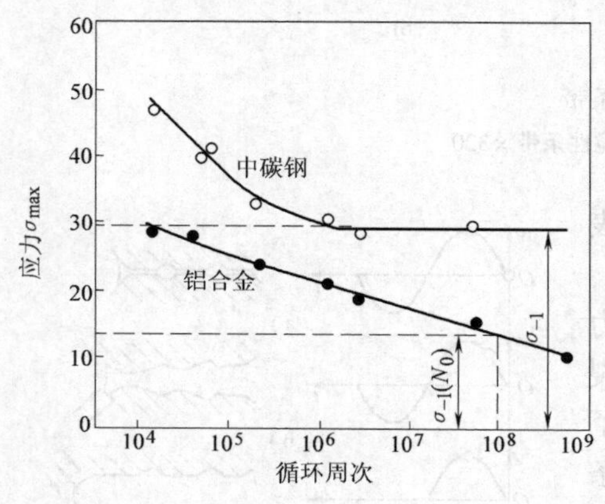

图 2-66 疲劳曲线

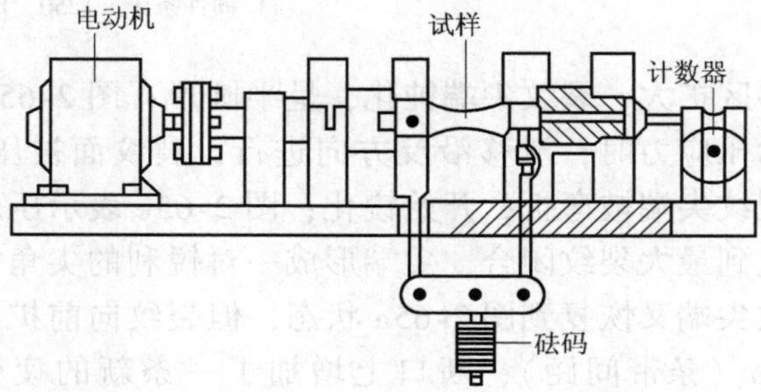

电动机
试样
计数器
砝码

图 2-67 旋转弯曲疲劳试验装置

（2）抗疲劳过载能力　过去一直认为，在循环载荷下服役的构件，只要按疲劳极限确定许用应力就是安全的。但由于实际工件不可避免地存在偶然过载的情况，所以必须考虑偶然过载对构件疲劳寿命的影响。衡量材料抗疲劳过载能力的指标主要有过载持久值。图 2-68 为具有相同 σ_{-1} 的两种不同材料的 σ-N 曲线。在 $\sigma'>\sigma_{-1}$ 超载条件下服役，材料 1 的疲劳寿命 N_1 大于材料 2 的疲劳寿命 N_2。显然材料 1 的抗疲劳过载能力强。

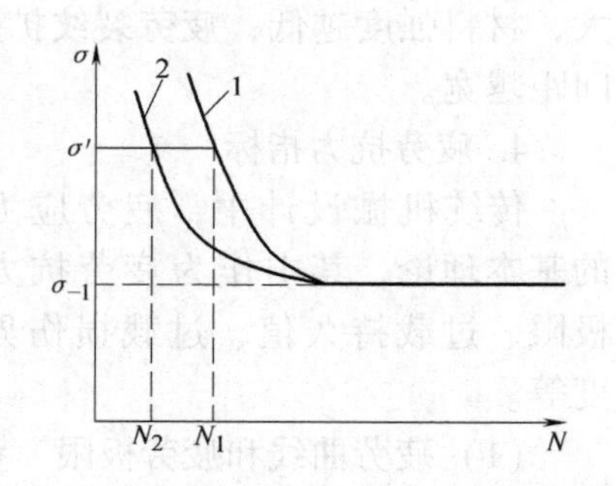

图 2-68 疲劳极限相同抗过载能力不同的材料的 σ-N 曲线

（3）疲劳缺口敏感度　实际构件常常带有台阶、螺纹、键槽、油孔等。这些结构都与缺口类似。前面介绍过疲劳裂纹的萌生具有高度选择性，由于缺口会引发应力集中和改变应力状态，所以往往成为疲劳断裂的策源地。因此有必要研究材料对缺口的敏感程度。

金属材料在交变载荷作用下的缺口敏感性用疲劳缺口敏感度 q_f 评定

$$q_f=\frac{K_f-1}{K_t-1} \tag{2-72}$$

式中，K_t 为理论应力集中系数，为弹性状态下缺口净截面上的最大应力 σ_{max} 和平均应力 σ 之比，$K_t>1$，K_t 只与缺口几何形状有关，可由有关手册查到。K_f 为光滑试样与缺口试样疲劳极限之比，即 $K_f=\dfrac{\sigma_{-1}}{\sigma_{-1N}}$称为疲劳缺口应力集中系数或疲劳强度降低系数，$K_f>1$，其值大小与缺口几何形状和材料因素有关。

当 $q_f=1$，由式（2-72），$K_t=K_f$，缺口试样在疲劳过程中应力分布与弹性状态一样，缺口降低疲劳强度最严重，材料的缺口敏感性最大。

当 $q_f=0$，由式（2-72），$K_f=1$，即 $\sigma_{-1}=\sigma_{-1N}$，即有缺口也不降低疲劳强度，这说明在疲劳过程中由于塑变使应力重新分布，应力集中完全消除，材料的缺口敏感性最低。

对于实际金属材料，q_f 介于 0 ~ 1 之间，q_f 越大，材料对缺口越敏感。高周疲劳时，大多数材料对缺口十分敏感，例如结构钢 $q_f=0.6\sim0.8$。材料的强度、硬度越高，缺口敏感性也越增大。例如，淬火-回火钢与正火、退火钢相比，对缺口更敏感。但灰铸铁对缺口不敏感，$q_f=0\sim0.05$。其原因是因为灰铸铁中存在大量石墨片，而石墨强度与塑性极低，相当于在钢的基体上已存在大量裂纹，就是再增加一个缺口对疲劳强度也影响不大。

5. 疲劳裂纹扩展速率与疲劳寿命的估算

由疲劳宏观断口的分析可知，对于有初始裂纹或有缺口的实际构件，在服役时，疲劳裂纹逐渐长大，当裂纹尺寸达到临界尺寸时，发生突然脆断。所以从预防发生疲劳破坏的意义上说，研究疲劳裂纹扩展规律、预测构件疲劳寿命显得十分重要。

（1）疲劳裂纹扩展曲线　在一定交变载荷下，随循环周次的增加，试样或构件中的裂纹会不断扩展。裂纹扩展曲线，如图 2-69 所示。由图可知随循环周次的增加，a-N 曲线的斜率$\dfrac{da}{dN}=\dfrac{\Delta a_i}{\Delta N_i}$逐渐增大，所以循环寿命绝大部分消耗在裂纹尺寸很小的初期扩展阶段。由不同应力下的两条曲线可知，应力水平越高，裂纹扩展也越快。当裂纹扩展速度$\dfrac{da}{dN}$增加到无限大时，裂纹失稳扩展。

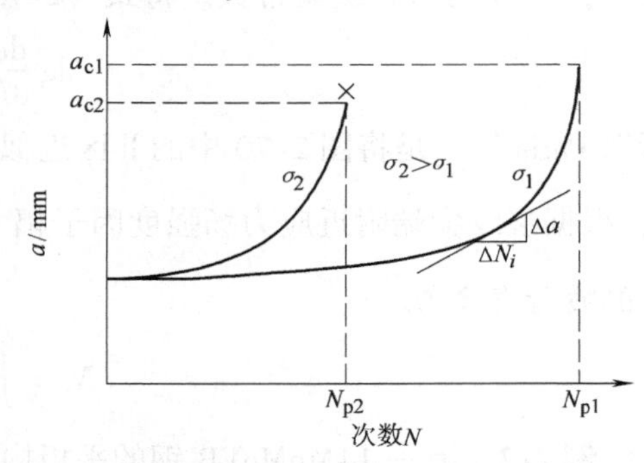

图 2-69　裂纹长度与应力循环次数曲线

（2）疲劳裂纹扩展速率　如果将疲劳裂纹扩展的每一个微小过程都看成是带裂纹体的裂纹的扩展过程，则应力场强度因子必定对裂纹扩展速率有重要影响。

实验表明，决定$\dfrac{da}{dN}$的主要力学参量是应力场强度因子幅 ΔK，ΔK 为 σ_{max} 和 σ_{min} 所对应的应力场强度因子之差，即 $\Delta K_{\mathrm{I}}=K_{\mathrm{I}\,max}-K_{\mathrm{I}\,min}=Y(\sigma_{max}-\sigma_{min})\sqrt{a}$。在双对数坐标下，$\dfrac{da}{dN}$与 ΔK 的关系如图 2-70所示。该图可分为三区：

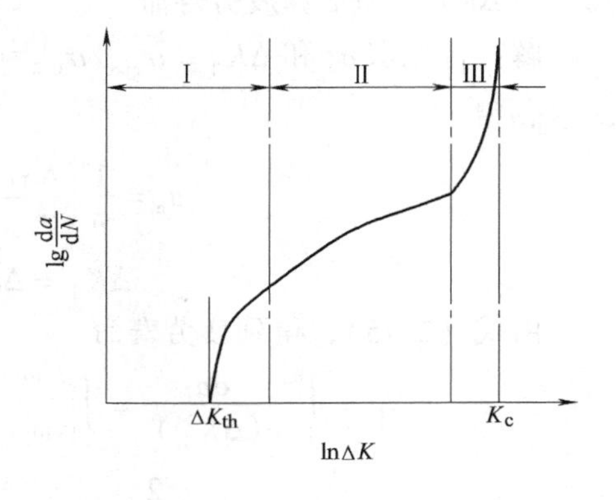

图 2-70　$\dfrac{da}{dN}$与 ΔK 的双对数关系

1）Ⅰ区：疲劳裂纹扩展初始阶段，$\dfrac{da}{dN}$很小，

约 $10^{-8} \sim 10^{-6}$mm/周次。从 ΔK_{th} 开始，$\frac{da}{dN}$快速增加，因 ΔK 变化范围很小，所以$\frac{da}{dN}$提高有限。ΔK_{th} 称为疲劳裂纹扩展门槛值，当 $\Delta K < \Delta K_{th}$ 时，裂纹不扩展；当 $\Delta K > \Delta K_{th}$ 时，裂纹才扩展。所以 ΔK_{th} 也是材料重要的抗疲劳断裂的力学性能指标。

2）Ⅱ区：疲劳裂纹扩展的主要阶段，占疲劳裂纹亚稳扩展的绝大部分。该区虽然$\frac{da}{dN}$较大，约为 $10^{-5} \sim 10^{-2}$ mm/周次，但由于 ΔK 变化范围大，所以是决定疲劳寿命长短的关键。

3）Ⅲ区：疲劳裂纹扩展的最后阶段，$\frac{da}{dN}$很大，并随 ΔK 增加很快增大。只需经历很少周次，当 ΔK 达到其临界值时，就会导致材料失稳断裂。

在 1961 年 Paris 等人根据大量实验数据，提出了在疲劳裂纹扩展的Ⅱ区，$\frac{da}{dN}$与 ΔK 满足经验方程

$$\frac{da}{dN} = c(\Delta K)^n \tag{2-73}$$

式中，c、n 为材料实验常数。将式（2-73）两边取对数

$$\lg \frac{da}{dN} = n\lg\Delta K + \lg c \tag{2-74}$$

所以 Paris 等人是将图 2-70 中的Ⅱ区近似看成直线，直线斜率为 n。只要通过实验确定 c 与 n，根据裂纹尖端附近应力场强度因子幅 ΔK，由式（2-73）便可计算出$\frac{da}{dN}$，进而估算出机件的疲劳寿命 N_f

$$N_f = \int dN \int_{a_0}^{a_c} \frac{da}{c(\Delta K_{\mathrm{I}})^n} \tag{2-75}$$

例 2-2 有一 14MnMoVB 钢的平板构件，中心有 $2a = 2$mm 的穿透裂纹。工作时承受循环载荷，其 $\sigma_{max} = 400$MPa，$\sigma_{min} = 0$；材料 $K_{IC} = 102\text{MPa} \cdot \text{m}^{1/2}$，$\sigma_{0.2} = 720$MPa。测得$\frac{da}{dN} = 0.365 \times 10^{-13}$ $(\Delta K)^3$，请估算疲劳寿命。

解： 首先求 a_c 和 ΔK_{I}。$\sigma_{max}/\sigma_{0.2} \approx 0.56 < 0.7$，不修正。由无限大板穿透裂纹公式 $K_{\mathrm{I}} = \sigma\sqrt{\pi a}$得

$$a_c = \frac{1}{\pi}\left(\frac{K_{\mathrm{I}C}}{\sigma_{max}}\right)^2 \approx \frac{1}{\pi}\left(\frac{102}{400}\right)^2 \text{m} \approx 0.021\text{m}$$

$$\Delta K_{\mathrm{I}} = \Delta\sigma\sqrt{\pi a} = 400\ (\pi a)^{1/2}$$

由式（2-75），得到疲劳寿命

$$N_f = \int_{a_0}^{a_c} \frac{da}{c(\Delta K_{\mathrm{I}})^n} = \int_{1\times10^{-3}}^{21\times10^{-3}} \frac{da}{0.365\times10^{-13}\times400^3(\pi a)^{3/2}}$$

$$= \frac{2}{0.365\times10^{-13}(\sqrt{\pi}400)^3}\left[\frac{1}{\sqrt{1\times10^{-3}}} - \frac{1}{\sqrt{21\times10^{-3}}}\right] \approx 6.2\times10^7$$

上述计算没有考虑材质的不均匀性、温度的变化、介质环境、载荷谱对疲劳裂纹的影响

等，因此结果不精确。

6. 影响疲劳抗力的因素

由于疲劳过程的复杂性，所以材料的疲劳抗力不仅与材料的成分、组织结构、内部缺陷、夹杂物有关，而且还受载荷特性、环境介质、环境温度等因素影响。

（1）材料的成分与组织　在常用金属材料中，结构钢的疲劳强度最高。在没有缺口和缺陷影响的条件下，$\sigma_{-1}/\sigma_b \approx 0.5$。碳具有固溶强化和弥散硬化作用，是提高结构钢强度和硬度的最重要元素，所以随碳含量的增高，其疲劳强度也提高。钢中合金元素Cr、Ni、Mo等主要是通过提高淬透性来提高疲劳强度的。

组织类型不同，其疲劳强度也不同。退火、正火碳化物呈片状分布，易引起应力集中，有利于疲劳裂纹的萌生。所以在等强度情况下，其疲劳强度比淬火+高温回火疲劳极限低。由45钢的疲劳极限与回火温度关系可知，在不同类型的回火组织中回火马氏体的疲劳强度最高；回火托氏体次之；回火索氏体最低。

非金属夹杂物是在冶炼时形成的，它是疲劳裂纹萌生的策源地之一，对疲劳强度有明显影响。所以减少夹杂物数量、尺寸和改善其分布状态对提高疲劳强度是有利的。真空熔炼比普通电炉炼钢夹杂物少，所以可使疲劳强度提高。

细化晶粒除可有效提高材料的强度，推迟疲劳裂纹形核外，由于晶界两侧晶粒位向不同，当疲劳裂纹扩展到晶界时，便被迫改变方向，并使疲劳条带间距变小，所以会降低裂纹扩展速率，延长疲劳寿命。但细化晶粒会增加缺口敏感性。

（2）构件表面状态的影响　大量疲劳失效分析表明，疲劳裂纹多数起源于构件的表层与亚表层。这是由于承受交变载荷的构件的表面工作应力往往较高。例如，承受弯曲疲劳的构件的表面拉应力是最大的。而在制造过程中，各类工艺难以保证表面无缺陷，如淬火裂纹、加工刀痕、表面氧化或脱碳等。这些能引起表面应力集中和降低表面强度的因素都将降低疲劳强度。而且材料强度越高，表面状态对疲劳强度影响越大。所以提高表面质量是提高疲劳强度的重要途径之一。此外，由于螺纹、台阶、油孔等具有缺口效应，会改变应力状态和引起应力集中，所以采用高强度材料制造的构件应保证缺口质量，对于有缺口的构件应选缺口敏感性低的材料，并考虑缺口对疲劳强度的削弱作用。

（3）残余应力与表面强化　工程构件或机械零件的每一个制造工序几乎都不同程度地产生残余应力。残余应力起预加负荷的作用，它与工作应力叠加，可增加构件承载能力，也可降低承载能力。构件表面如果具有残余压应力，可有效提高构件的疲劳强度，这是因为残余压应力能有效降低缺口根部的拉应力峰值，减轻应力集中效应。而表面残余拉应力有利于表面和浅表层裂纹的萌生和扩展，降低疲劳寿命。

机件经表面淬火或表面化学热处理可使表面强度硬度升高，同时还能产生表面残余压应力。表面喷丸及滚压也可使机件表面产生残余压应力和应变硬化。表面强度、硬度的提高和产生表面残余压应力都可提高疲劳强度和疲劳寿命。例如，渗碳齿轮淬火和低温回火后进行喷丸可使疲劳强度提高40%～50%。

（4）工作条件的影响　构件服役的环境条件如载荷频率、次载锻炼、服役环境的温度及介质等对疲劳强度与疲劳寿命都有很大影响。

载荷频率高于10^4次/min，随频率的提高疲劳极限提高；载荷频率在3000～10000次/min之间，交变频率对疲劳极限没有显著影响；载荷频率低于60次/min，疲劳极限有所下降。如服役环境有腐蚀介质，上述影响更显著。

服役温度升高，金属屈服强度下降，疲劳裂纹更易萌生，故使疲劳极限降低。相反降低温度可使疲劳强度升高。

在腐蚀介质环境下工作的构件的疲劳强度会显著下降，并且疲劳曲线没有水平台，即应力水平再低也没有无限寿命。

构件在服役时，偶尔过载，只要没有造成过载损伤，是有益的，可提高疲劳寿命。但如果造成过载损伤，将会降低疲劳寿命。

7. 金属的低周疲劳

除前面介绍的高周疲劳外。在较高应力（接近或超过材料屈服强度）和较少循环次数（$10^2 \sim 10^5$ 次）情况下也会发生疲劳断裂，这种疲劳破坏被称为低周疲劳或塑性疲劳，例如飞机起落架、压力容器等构件的破坏等。

低周疲劳与高周疲劳不同，工作时经常承受塑性应变的循环作用。材料低周疲劳过程中的应力-应变关系，如图 2-71 所示。开始加载曲线沿 OAB 进行，B 对应最大应力，产生的正向应变为 $\varepsilon_t/2$。卸载沿 BC 进行，C 点应力为零，所恢复的 $\Delta\varepsilon_e/2$ 为弹性应变部分，未恢复的 $\Delta\varepsilon_p/2$ 为塑性应变部分。反向加载沿 CD 进行，D 对应反向最大应力。已产生的塑性应变 $\Delta\varepsilon_p/2$ 在反向应力作用下，逐渐恢复，然后产生反方向的应变 $\varepsilon_t/2$，反方向的应变也包括弹性应变与塑性应变两部分。同样 D 点卸载后，沿 DE 进行，卸载恢复的弹性应变为 $\Delta\varepsilon_e/2$。再次正向加载，沿 EB 进行，先是使塑性应变回复，然后又重新产生正向应变，到 B点后，应变量达到最大，即 $\varepsilon_t/2$。经过一定周次循环后，达到稳定状态，如此反复进行，如图 2-72 所示。图中 $\Delta\varepsilon_t$ 为总应变范围，$\Delta\varepsilon_e$ 为弹性应变范围，$\Delta\varepsilon_p$ 为塑性应变范围，$\Delta\varepsilon_t = \Delta\varepsilon_e + \Delta\varepsilon_p$。

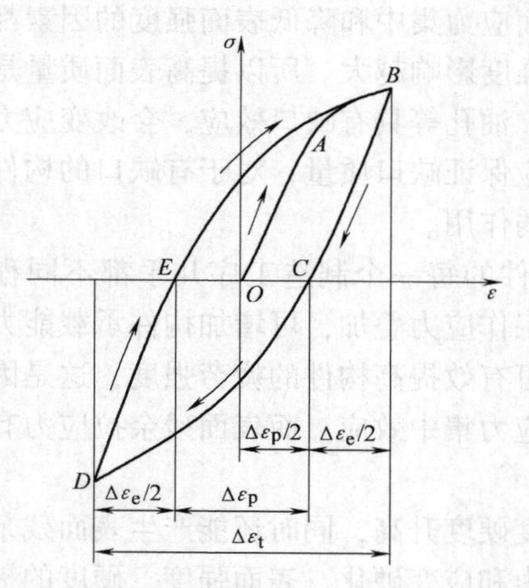

图 2-71 低周疲劳应力-应变滞后回线

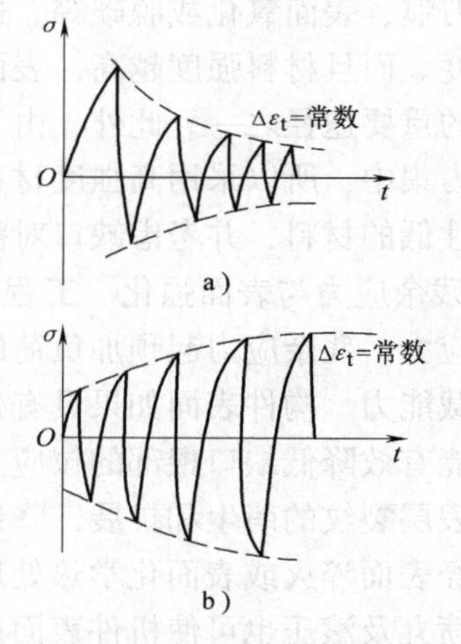

图 2-72 低周疲劳初期 σ-t 曲线

a）循环软化 b）循环硬化

此外，金属材料在承受恒定应变范围循环加载时，循环开始时应力-应变滞后回线是不封闭的，经过一定周次后，才形成封闭滞后回线。金属材料由循环开始到稳定状态，为保持恒定应变范围，随循环周次的增加，其应力（材料的形变抗力）需不断减小，即为循环软化，如图 2-72a 所示。反之，保持恒定应变范围，所需应力不断增大，则为循环硬化，如

图 2-72b 所示。所以低周疲劳服役的构件要考虑其循环特性。

低周疲劳与高周疲劳不同，前者寿命决定于塑性应变幅，而后者寿命决定于应力幅（应力场强度因子）。所以靠提高材料强度、表面化学热处理及喷丸、滚压来提高高周疲劳寿命的方法对低周疲劳不适用。对于在低周疲劳条件下服役的构件选材原则是在满足强度要求的情况下，尽可能选塑性好的材料。因为材料静力拉伸的塑性指标越高，材料抗塑性变形循环的能力越强，低周疲劳寿命也越高。

与高周疲劳类似，低周疲劳寿命主要取决于裂纹扩展寿命。其裂纹成核期较短，有多个裂纹源，微观断口存在塑性疲劳条纹，但其间距大，一般还有韧窝存在。所以对于在交变载荷下服役的构件在选材时应首先判断是高周疲劳还是低周疲劳。

有些构件在服役过程中温度反复变化，如热锻模、热轧辊和热剪刃等。温度循环变化引起热应力的循环变化，并由此引起的疲劳称为热疲劳。热疲劳也是塑性疲劳，其基本规律服从低周疲劳规律。

三、应力腐蚀开裂与氢脆

金属构件在服役过程中经常与各种不同介质相接触，环境介质对金属力学性能的影响，称为环境效应。由于环境效应的作用，金属材料所承受的应力即使低于屈服强度，也会发生突然脆断，这便是环境断裂。常见的静载环境断裂有应力腐蚀开裂和氢脆等。

（一）应力腐蚀开裂

1. 应力腐蚀开裂现象及产生条件

金属材料在拉应力和特定的环境介质作用下，经过一定时间，所产生的低应力脆断现象，称为应力腐蚀开裂（Stress Corrosion Cracking，SCC）。应力腐蚀开裂的发生要具备“三要素”，即应力、环境和金属材料，并且必须同时满足三者的特定条件才可发生，如图 2-73 所示。

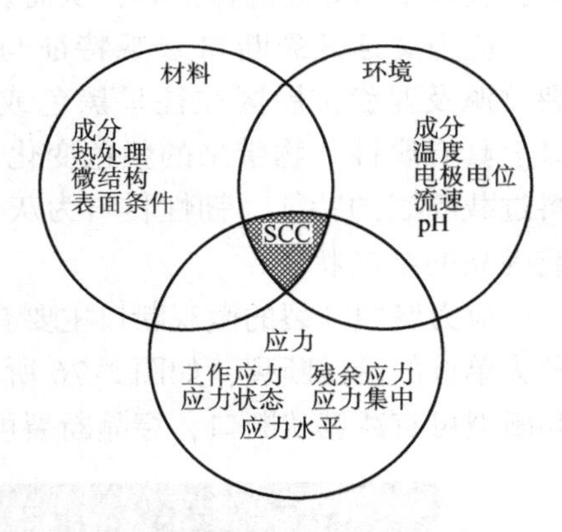

图 2-73　应力腐蚀开裂发生的条件

应力腐蚀一般发生在材料表面能形成良好保护膜的环境介质中，保护膜具有耐蚀性，当保护膜在拉应力作用下局部遭到破坏，材料应力腐蚀开裂才得以进行。如果不能生成良好保护膜，就会发生全面腐蚀，不会产生应力腐蚀开裂。

高纯金属对应力腐蚀开裂的敏感性比合金材料低得多。低碳钢、高强度低合金钢、奥氏体不锈钢、高强度铝合金及黄铜等都属于经常发生应力腐蚀开裂的金属材料。组织状态、晶粒大小、杂质的偏聚等材料的内在因素对应力腐蚀开裂均有影响。例如，H68 铜合金（$w_{Cu}=66\%$ 的黄铜）在氨气氛中，在相同应力水平下，细晶粒合金比粗晶粒合金的使用寿命长得多。

一般在拉应力作用下才引起应力腐蚀断裂。拉应力包括外载荷引起的拉应力和热处理、焊接、冷成形等引起的残余拉应力等。应力水平越高，构件表面应力集中越严重，越易发生应力腐蚀开裂。

此外，一定的金属材料在特定介质中才产生腐蚀断裂。例如低碳钢在苛性钠溶液中会发生“碱脆”；铜合金在氨环境下会产生“氨脆”；奥氏体不锈钢在氯离子介质中会产生“氯脆”等。环境介质的成分、温度、电极电位、流速等均对应力腐蚀开裂有重要影响。例如，随环境介质的温度升高，应力腐蚀开裂加速。

2. 应力腐蚀开裂机理和断口形貌

应力腐蚀开裂过程包括应力腐蚀裂纹的萌生、裂纹的亚稳扩展和失稳扩展。首先是孕育阶段，此期间首先形成腐蚀坑，以此作为裂纹源，当构件表面有缺陷时，可以无孕育阶段，直接进入裂纹亚稳扩展阶段。

应力腐蚀裂纹有两种类型。对于穿晶型裂纹，如图2-74a所示，在拉应力作用下，在局部微区，由于应力集中，发生滑移。于是在表面产生滑移台阶，使保护膜局部遭到破坏，从而产生阳极溶解。遭到破坏的局部区域的裸露的金属表面会重新生成保护膜，但由于拉应力会导致进一步的滑移，保护膜被再次破坏，于是裂纹会不断扩展，形成穿晶型裂纹。

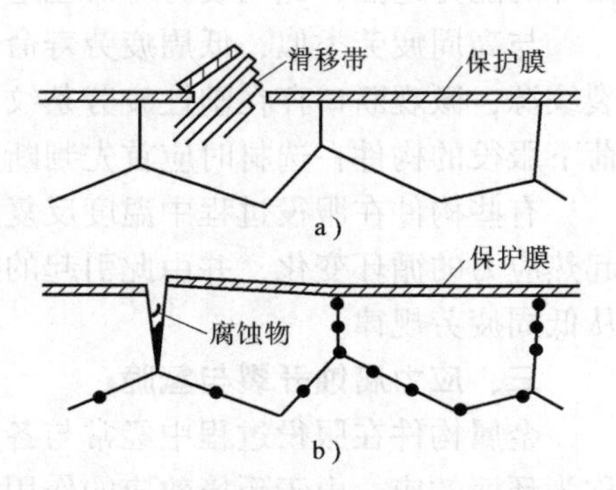

图2-74　应力腐蚀裂纹的形成
a）穿晶型裂纹　b）沿晶型裂纹

沿晶型裂纹如图2-74b所示。由于晶界能量高，发生腐蚀时，将优先腐蚀，在无拉应力情况下，腐蚀产物阻碍了腐蚀介质与金属的进一步接触，不会生成腐蚀裂纹。在拉应力作用下，晶界处会产生应力集中，破坏了晶界处的保护膜，从而裂纹不断沿晶界扩展，形成沿晶型裂纹。

应力腐蚀开裂断口宏观特征与疲劳断口颇为相似，也有亚稳扩展区与最后瞬断区。裂纹源及亚稳扩展区往往呈黑色或灰黑色。亚稳扩展区是粗糙的，隐约可见放射状，断口上具有腐蚀产物带来的颜色变化。失稳扩展区往往没有腐蚀产物，其断口具有金属材料过载断裂的特征。韧性材料为灰色剪切唇和撕裂纹，脆性断口呈银白色的人字形花纹或闪亮的结晶状。

应力腐蚀开裂的微观断口主要有两种，一种为穿晶的枯树枝状，如图2-75所示。另一种为单枝的沿晶断裂，如图2-76所示。应力腐蚀开裂的微观断口还可以有各种花样，如沿晶断裂可有冰糖状断口，穿晶断裂可有河流花样、扇形花样等。

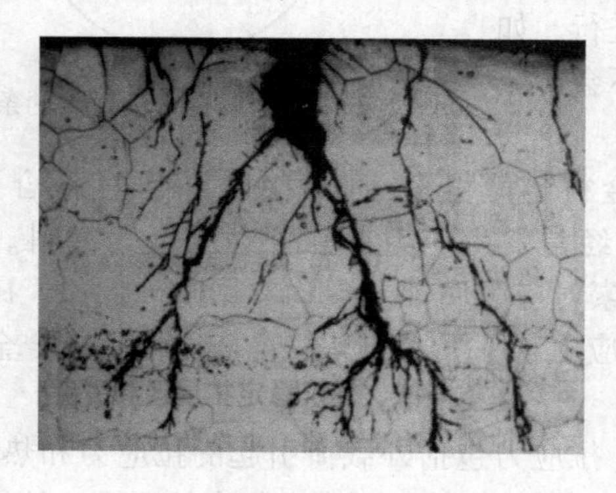
图2-75　应力腐蚀穿晶分叉裂纹

图2-76　应力腐蚀单枝型沿晶断裂裂纹

3. 应力腐蚀抗力指标

衡量材料抗应力腐蚀的指标有不发生应力腐蚀的临界应力 σ_{scc} 和应力腐蚀临界应力场强

度因子 $K_{\mathrm{I\,scc}}$。在测定 σ_{scc} 时，在一定条件的化学介质中，用一系列光滑试样，在不同拉应力水平下，测定延滞断裂的时间 t_f，作出 σ-t_f 曲线，如图 2-77 所示。从而求出不发生应力腐蚀的临界应力 σ_{scc}。材料的 σ_{scc} 越高，抗应力腐蚀的能力越强。

测定 $K_{\mathrm{I\,scc}}$ 时，必须制备一组试样尺寸和裂纹尺寸均相同的预制裂纹的试样，每个试样承受不同的恒定载荷，使裂纹尖端产生不同大小的初始应力场强度因子 $K_{\mathrm{I}初}$，记录在不同 $K_{\mathrm{I}初}$ 作用下的延滞断裂时间 t_f，作出 $K_{\mathrm{I}初}$-$\lg t_f$ 曲线，如图 2-78 所示。曲线水平部分对应的 $K_{\mathrm{I}初}$ 即为 $K_{\mathrm{I\,scc}}$（应力腐蚀临界应力场强度因子或应力腐蚀门槛值）。材料的 $K_{\mathrm{I\,scc}}$ 越高，材料抗应力腐蚀开裂的能力越强。

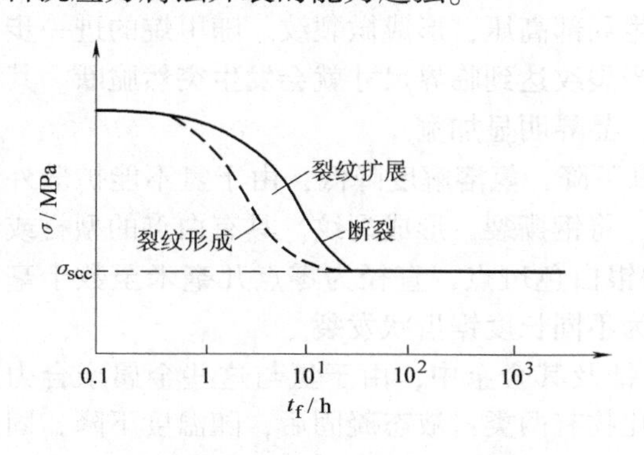

图 2-77　应力腐蚀的 σ-t_f 关系曲线

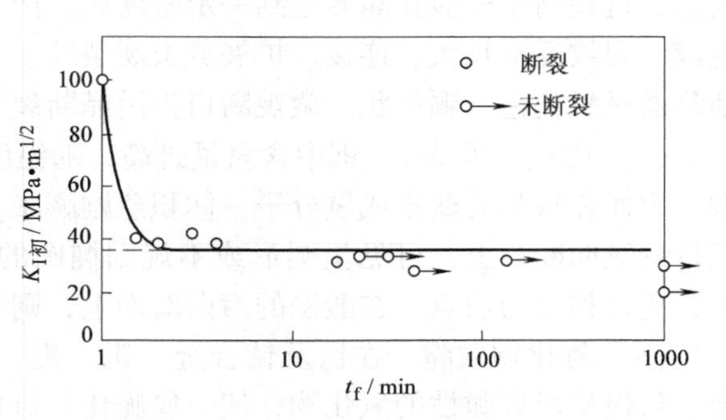

图 2-78　预制裂纹试样的 $K_{\mathrm{I}初}$-$\lg t_f$ 曲线

4. 预防应力腐蚀开裂的措施

由于应力腐蚀开裂的发生必须同时满足应力、环境和金属材料“三要素”的特定条件，所以防止应力腐蚀开裂也要从“三要素”着手。

1）合理选材，尽可能选择 $K_{\mathrm{I\,scc}}$ 较高的材料。防止敏感金属材料和特定腐蚀环境的特殊组合。例如，在氨气或氨盐介质中服役，不要选用铜合金。可采用合金化、热处理和提高冶金质量等方法改善材料抗应力腐蚀性能。

2）构件工作应力不但要远低于材料屈服强度，而且要低于 σ_{scc}。同时还要考虑到材料的固有裂纹和缺陷的存在，在腐蚀环境中，测定 $K_{\mathrm{I\,scc}}$，以决定使用条件下的应力场强度因子和允许的裂纹尺寸。同时要避免应力集中，对必要的缺口要选用较大曲率半径。尽可能减少热处理、冷加工和焊接等残余拉应力。总之，控制和降低应力是防止应力腐蚀开裂行之有效的方法。

3）改善构件工作的介质条件可有效防止应力腐蚀开裂。常用的方法如下：减少或消除引起应力腐蚀开裂的有害化学离子，改变介质温度、浓度、杂质含量和 pH 值等；添加缓蚀剂，改变介质的性质；采用阴极保护法或阳极保护法等电化学保护方法；采用防腐涂层、金属镀层等方法以防止金属构件与腐蚀介质直接接触。

（二）氢脆

氢和应力的联合作用而导致金属材料产生脆断的现象叫氢脆。金属中氢的来源是多方面的。冶炼时原料中含有的水分、油垢等，高温下可分解出氢，氢部分溶入液态金属中。由于氢在液态金属中溶解度高，在固态下溶解度低，凝固后氢便过饱和存在于金属中。酸洗、电镀等加工工艺过程中金属可吸收一部分氢。此外，在含氢环境下服役的构件也可以吸收一部分氢。

1. 氢在金属中的存在形式

氢在金属中可有不同的存在形式。一般情况下，氢以原子态固溶于基体金属中，形成间隙固溶体。由于氢的固溶度随温度降低而下降，所以氢可在缺陷处（空洞、气泡、裂纹等处）聚集形成分子态氢。此外，氢还可与一些过渡族元素、稀土元素或碱土金属作用形成氢化物，与第二相如渗碳体作用形成甲烷气体。

2. 氢脆的基本类型及特征

（1）氢蚀 碳钢在300～500℃的高压氢气氛中工作，氢与碳化物作用生成甲烷（CH_4）气泡，这些高压气泡在晶界达到一定密度后，产生局部高压，形成微裂纹。随甲烷的进一步生成，裂纹逐渐长大、连接、扩展成宏观裂纹。当裂纹达到临界尺寸就会发生突然脆断。其断裂面呈氧化色，颗粒状。微观断口为沿晶断裂，晶界明显加宽。

（2）白点（发裂） 钢中含氢量过高，随温度下降，氢溶解度降低，由于氢不能扩散外逸，因而在缺陷处聚集成氢分子，体积急剧膨胀，将钢撕裂，形成裂纹。具有白点的型材或锻件的纵向断口上，可见呈圆形或不规则椭圆的银白色斑点，直径为零点几毫米至数十毫米，所以称之为白点。在酸浸的横向磨面上，则为不同长度锯齿状发裂。

（3）氢化物致脆 在钛及钛合金，钒、铌、锆及其合金中，由于氢与这些金属亲合力强，氢极易形成脆性的氢化物，使金属脆化。氢化物有两类：液态凝固后，随温度下降，固溶度降低，从过饱和固溶体中析出的氢化物为自发形成氢化物；在含氢量较低情况下，不能生成自发形成氢化物，但受拉应力作用，会形成应力感生氢化物。

生成氢化物的形态和分布对金属脆性有重要影响。当基体晶粒较粗大时，氢化物呈薄片状分布在晶界处，易造成应力集中，危害很大。若基体晶粒较细小，氢化物呈块状不连续分布，危害不大。

（4）氢致延滞断裂 高强度钢或α+β钛合金中含有适量的固溶状态氢，在低于屈服强度的应力持续作用下，经过一段孕育期后，在内部三向拉应力区形成裂纹，裂纹逐步扩展，最后突然发生脆性断裂。这种由氢的作用而产生的延滞断裂现象称为氢致延滞断裂。工程上所说的氢脆多指这类氢脆。

固溶于钢中的氢可与位错产生交互作用，凝聚到刃型位错的拉应力区，形成“柯氏气团”，显然位错密度越高的区域氢浓度也越高。在外力作用下，当应变速率较低，温度不是很低时，氢原子的扩散速度与位错运动速度相差不多，位错将携带氢原子一起运动。如果遇到障碍如晶界、第二相粒子等，会产生位错塞积，同时造成应力集中，若应力足够大，在位错塞积顶部会生成微裂纹。裂纹尖端的应力集中使裂纹尖端附近发生塑性变形，形成位错密度较高的塑性区。氢原子会被位错输送到裂纹尖端，当浓度达到临界值时，该区明显脆化，在拉应力作用下，裂纹将向前扩展一定距离。此时裂纹尖端的氢原子浓度将低于临界值，因此需要经过一段孕育期，靠位错输送氢原子，才能使裂纹前沿的氢浓度再次达到临界值，裂纹才能再一次扩展，所以裂纹的扩展是阶梯式跳跃发展的。

氢致延滞断裂只有在一定温度范围才出现，对于高强度钢室温下最为敏感。提高应变速率，由于氢原子的扩散跟不上位错的运动，所以一般不产生氢致延滞断裂，缓慢加载才能显示出此类脆性。

氢致延滞断裂与环境因素、力学因素及材质因素有关。从材料因素上来说，碳含量较低，硫、磷含量较少的钢氢脆敏感性低，强度等级越高的钢对氢脆越敏感。从环境因素来说，设法切断氢进入金属内部的途径是防止氢脆的关键。可采用表面涂层使金属与介质中的氢隔离，或在含氢介质中加抑制剂，阻止氢向金属内部扩散。机件加工中，要排除产生残余拉应力的因素，相反表面获得一定深度的残余压应力层对防止氢脆是有益的。此外，与应力腐蚀的力学性能指标 $K_{\mathrm{I\,scc}}$ 相类似，金属材料抗氢脆的力学性能指标为氢脆临界应力场强度因子（氢脆门槛值）$K_{\mathrm{I\,HEC}}$。设计时，要求零件的 $K_{\mathrm{I}} < K_{\mathrm{I\,HEC}}$，以保证服役过程中不产生氢致延滞断裂。

第三章　材料的物理性能

第一节　热 学 性 能

当物质发生组织结构、状态变化时，常常伴随产生一定的热效应，因此，热学性能分析已成为研究材料的一种重要手段。另外，材料的膨胀性能、导热性能在精密仪器仪表、电子技术、低温技术和航空、航天工业中作为特殊功能材料均有重要的作用。如标准尺、精密天平、标准电容、微波谐振腔、电真空封接材料、热敏元件、低传导合金等都牵涉到热学性能。

一、热容

1. 热容的定义

固体物质被加热时，特别是吸收一些能量后，温度会上升。热容是反映物质从外部环境吸收热量的能力性质。物体在温度升高 1K 时所吸收的热量称为该物体的热容，所以在温度 t 时物体的热容可以表达为

$$C_t = \left(\frac{\partial Q}{\partial T}\right)_t \tag{3-1}$$

式中，∂T 为温度变化；∂Q 为所需要的能量，单位为 J/K。

物体的质量不同，热容值不同。单位质量物质的热容称为“比热容”，1mol 物质的热容即称为“摩尔热容”。同一物质在不同温度时的热容也往往不同。通常，工程上所用的平均热容是指物体从温度 T_1 到 T_2 所吸收的热量的平均值，即

$$C_{均} = \frac{Q}{T_2 - T_1} \tag{3-2}$$

平均热容是比较粗略的，T_1 到 T_2 的范围越大，精确性越差，而且应用时还特别要注意到它的适用范围。

另外物体的热容还与它的热过程性质有关，假如加热过程是恒压条件下进行的，所测定的热容称为恒压热容（C_p）。假如加热过程是在保持物体容积不变的条件下进行的，则所测定的热容称为恒容热容（C_V）。由于恒压加热过程中，物体除温度升高外，还要对外界做功（膨胀功），所以每提高 1K 温度需要吸收更多的热量，即 $C_p > C_V$。

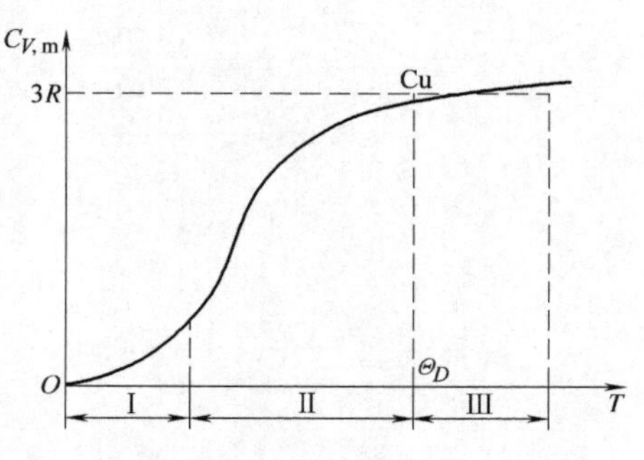

图 3-1　金属铜摩尔定容热容随温度的变化曲线

2. 热容随温度的变化规律

很多相对简单的晶体中，振动对恒容热容的贡献是随温度变化而变化的。图 3-1 为铜的摩尔定容热容（$C_{V,\mathrm{m}}$）随温度变化曲线。可以看出，

曲线可分为三个区域：Ⅰ区（温度接近0K区），$C_{V,m} \propto T$；Ⅱ区（低温区），$C_{V,m} \propto T^3$；Ⅲ区（高温区），$C_{V,m}$变化很平缓，约为$3R$的与温度无关的值，R是气体常数。这是材料不发生相变时，$C_{V,m}$-T曲线的共性规律。若在升温过程中内部组织结构发生变化，则有热效应产生，使$C_{V,m}$-T曲线变化。表3-1提供了一些物质的实验测得的数据。

表3-1　各种材料的热学性能参数

材料		热容 c_p /[J/(kg·K)]	线膨胀系数 α_l /℃$^{-1}$ ×10^{-6}	热导率 λ /[W/(m·K)]	L /(Ω·W/K^2 ×10^{-8})
金属	铝	900	23.6	247	2.20
	铜	386	17.0	398	2.25
	金	128	14.2	315	2.50
	铁	448	11.8	80	2.71
	镍	443	13.3	90	2.08
	银	235	19.7	428	2.13
	钨	138	4.5	178	3.20
	25钢	486	12.0	51.5	—
	06Cr17Ni12Mo2不锈钢	502	16.0	15.9	—
	黄铜（70Cu-30Zn）	375	20.0	120	—
	铁镍钴合金 54Fe-29Ni-17Co	460	5.1	17	2.80
	不胀钢64Fe-36Ni	500	1.6	10	2.75
	超级因瓦合金 63Fe-32Ni-5Co合金	500	0.72	10	2.68
陶瓷材料	氧化铝（Al_2O_3）	775	7.6	39	—
	氧化镁（MgO）	940	13.5^d	37.7	—
	尖晶石（$MgAl_2O_4$）	790	7.6^d	15.0^e	—
	熔融石英（SiO_4）	740	0.4	1.4	—
	钠钙玻璃	840	9.0	1.7	—
	硼硅酸盐玻璃	850	3.3	1.4	—
聚合物	聚乙烯		106~198	0.46~0.50	—
	聚丙烯		145~180	0.12	—
	聚苯乙烯		90~150	0.13	—
	聚四氟乙烯		126~216	0.25	—
	酚醛塑料		122	0.15	—
	尼龙		144	0.24	—
	聚异戊二烯		220	0.14	—

二、热膨胀

1. 热膨胀系数

大多数固体物质受热膨胀，遇冷收缩。固体物质的长度随温度的变化可表示为

$$\frac{l_f - l_0}{l_0} = \alpha_l(T_f - T_0) \tag{3-3}$$

或

$$\frac{\Delta l}{l_0} = \alpha_l \Delta T \tag{3-4}$$

式中，l_0 和 l_f 表示温度从 T_0 变化到 T_f 时的初始长度和最终长度。参数 α_l 被称为线膨胀系数，表示温度升高 1K 时物体的相对伸长。因此物体在 T_f 时的长度 l_f 为

$$l_f = l_0 + \Delta l = l_0 \ (1 + \alpha_l \Delta T) \tag{3-5}$$

实际上固体材料的 α_l 值并不是一个常数，而是随温度的不同稍有变化，通常随温度升高而增大，陶瓷材料的线膨胀系数一般都是不大的，数量级约为 $10^{-5} \sim 10^{-6} K^{-1}$。

当然，加热或冷却会影响物体的尺寸，从而引起体积变化。由温度引起的体积变化可以由下式计算

$$\frac{\Delta V}{V_0} = \alpha_V \Delta T \tag{3-6}$$

式中，ΔV 和 V_0 分别是变化后的体积和初始体积；α_V 是体膨胀系数，相当于温度升高1K 时物体体积相对增大量。对大多数物质而言，α_V 的值是各向异性的，换句话说，它依赖于测量时所沿的晶格方向。对热膨胀是各向同性的物质，α_V 约为 3 倍的 α_l，即$\alpha_V = 3\alpha_l$。

2. 热膨胀机理

必须指出，由于膨胀系数实际并不是一个恒定值，而是随温度而变化的，图 3-2 为实验测定的膨胀曲线 $l = f\ (T)$。从原子的角度来看，热膨胀反映了原子间平均距离的增加。参考固体物质的势能-原子间距曲线（见图 3-3），就能很好地理解这个现象了。在 0K 时平衡的原子间距 r_0 对应了低谷的最小值，曲线上出现了势能低谷。加热使温度连续上升（T_1、T_2、T_3 等），也让振动能从 U_1、U_2 增大到 U_3 等。原子的平均振幅对应着相应温度下波谷的宽度，原子间平均距离由平均位置来体现，随着温度从 r_0、r_1 增大到 r_2。热膨胀实际上要归功于不对称弯曲的势能低谷，而不是随温度升高而增大的原子振动振幅。如果势能低谷是对称的，就没有原子间距的净变化，因此就没有热膨胀。

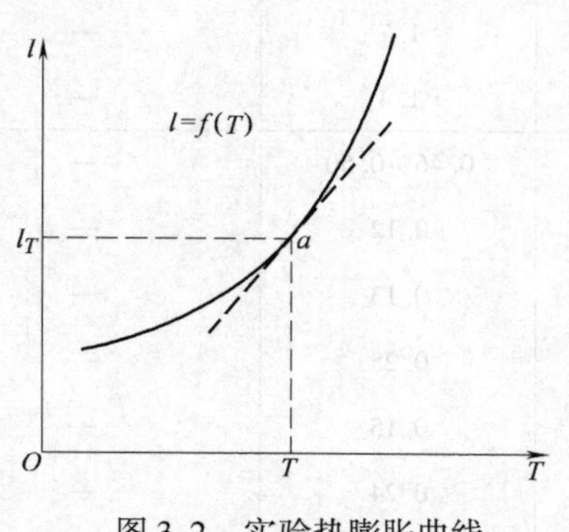

图 3-2　实验热膨胀曲线

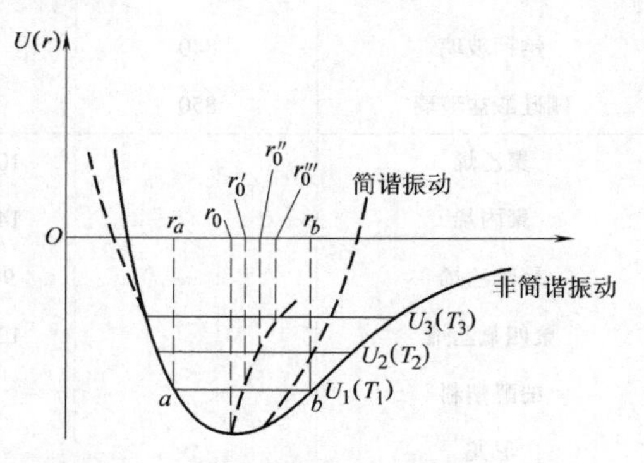

图 3-3　固体物质的势能-原子间距曲线

3. 金属、陶瓷和聚合物的膨胀系数

对于各类物质（金属、陶瓷和聚合物），共价键越强，势能低谷越深越窄。对于一个给定的温度增量，α_l 越小，原子间距的增加也要越小。表 3-2 列出了几种物质的线膨胀系数。

表 3-2 几种物质的线膨胀系数

材料名称	线膨胀系数 $\alpha_l / \times 10^{-6}℃^{-1}$	温度范围/℃	熔点/℃
Al	24.9	30~300	659
Ti	0.2	-120~860	1665
Cr	10.60	250~480	1903
Mn	29.8	30~500	1244
Fe	16.7	30~850	1530
Co	17.9	300~860	1495
Ni	17.1	420~990	1455
Cu	17.18	100	1083
Mo	6.5	1500	2617
W	5.19	1300	3377~4407
Pt	14.2	1120~1700	1760
w_C=0.40%碳钢	11.3	20~100	1500
因瓦合金 36Ni-Fe	0~2	20~100	1425~1460
高锰钢 13Mn-C-Fe	18	20	1350~1400
可伐合金 29Ni-18Co-Fe	4.6~3.2	20~400	≈1460
铬不锈钢 13Cr-0.35C-Fe	10.0	20~400	1480~1530
镍铬不锈钢 18Cr-8Ni-Fe	16.0	20~400	1400~1420
铸铁	10.5~12	0~200	1130~1160
黄铜	18.5~21	20~300	900~950
镍铬合金 80Ni20Cr	17.3	20~1000	1400
GCr9 轴承钢	13.0	0~100	—
GCr15	14.0	0~100	—
镍基合金 K3	11.60	20~100	—
2A12 铝合金	22.7	20~100	—
ZM5 镁合金	26.8	20~100	—
WC	6.9	24~1300	—
VC	6.8	24~1925	—
硬质合金 WC50、Ni5、Mn7、Mo3、Co3、Cu30	9.4	20~100	—
硬质合金		20~900	—
Fe-Cr-Al 合金	12.5	30~100	—
M2 高速工具钢	11.2	20~100	—
玻璃	0.9	20~100	—

如表3-2所示，一些普通金属线膨胀系数的范围是$5\times10^{-6}\sim25\times10^{-6}$℃$^{-1}$。对于一些在有温度波动，而要求尺寸稳定性很高情况下使用的特殊材料，导致了对铁镍合金、铁镍钴合金的开发，它们的α_l数值在$1\sim10^{-6}$℃$^{-1}$。这类合金称为因瓦合金（invariable alloy），它的膨胀特性与硼硅酸盐玻璃（耐热玻璃）相近。因此，当因瓦合金和耐热玻璃连接时，二者连接处可以避免产生热应力，以及由热应力而导致的开裂。典型的因瓦合金36Ni-Fe的线膨胀系数见表3-2。

在很多有着较低热膨胀系数的陶瓷材料中，都有相对较强的化学键作用力，其热膨胀系数在$0.5\times10^{-6}\sim15\times10^{-6}$℃$^{-1}$范围。对非晶和立方晶格陶瓷，$\alpha_l$是各向同性的。实际上，某些陶瓷材料受热之后，在某些晶格方向收缩，而在另一个方向膨胀。无机玻璃的膨胀系数和成分有关。熔融石英（高纯度SiO_2玻璃）热膨胀系数很小，为0.4×10^{-6}℃$^{-1}$。原因是其原子存储密度很小，原子间距的膨胀引起宏观上尺寸变化相对较小。

一些聚合物受热后有非常大的热膨胀，热膨胀系数范围大约为$50\times10^{-6}\sim400\times10^{-6}$℃$^{-1}$。最高的$\alpha_l$值能在线性和分枝聚合物中发现，因为分子间次价键很脆弱，只有很小程度的交联。随着交联程度的增加，热膨胀系数减小。热膨胀系数最小的聚合物是热固性网状聚合物，例如苯酚甲醛，几乎所有的键都是共价键。

三、热传导

1. 热导率

当固体材料一端的温度比另一端高时，热量就会从热端自动地传向冷端，这个现象就称为热传导。热导率是用来描述物质传热能力的性质，即

$$\Delta Q=-\lambda\frac{\mathrm{d}T}{\mathrm{d}x}\Delta S\Delta t \tag{3-7}$$

式中，假如固体材料垂直于x轴方向的截面积为ΔS，沿x轴方向材料内的温度变化率为$\mathrm{d}T/\mathrm{d}x$，在Δt时间内沿x轴正方向传过ΔS截面上的热量为ΔQ，则比例常数λ称为热导率（或导热系数）。

式（3-7）中的负号表示传递的热量ΔQ与温度梯度$\mathrm{d}T/\mathrm{d}x$具有相反的符号，即$\mathrm{d}T/\mathrm{d}x<0$时，$\Delta Q>0$，热量沿$x$轴正方向传递；$\mathrm{d}T/\mathrm{d}x>0$时，$\Delta Q<0$，热量沿$x$轴负方向进行传递。

热导率λ的物理意义是指单位温度梯度下，单位时间内通过单位垂直面积的热量，它的单位为W/(m·K)。

式（3-7）也称为傅里叶定律，它只适用于稳定传热的条件下，即传热过程中，材料在x方向上各处的温度T是恒定的，与时间无关，即$\Delta Q/\Delta t$是一个常数。

假如是不稳定传热过程，即物体内各处的温度随时间是有改变的，例如一个与外界无热交换，本身存在温度梯度的物体，随着时间的延长，温度梯度逐渐趋于零，热端处的温度就会不断降低，同时，冷端处的温度不断升高，以致最终达到一致的平衡温度，此时物体内单位面积上温度随时间的变化率为

$$\frac{\partial T}{\partial t}=\frac{\lambda}{\rho c_p}\cdot\frac{\partial^2 T}{\partial x^2} \tag{3-8}$$

式中，ρ为密度；c_p为恒压热容。

2. 热传导机理

热在固体物质里的传递是通过晶格振动波（声子）和自由电子实现的。一个热导率对应了一种机理，总的热导率为晶格振动和自由电子热传导率两者之和，可以表示为

$$k = k_l + k_e \tag{3-9}$$

式中，k_l 和 k_e 分别是晶格振动和电子热导率。在通常情况下，二者其中之一占有优势。与声子或晶格振动相关联的热能是沿运动方向传递的。k_l 的贡献来自于存在着温度梯度的固体内声子从高温向低温区域的净运动。

自由或传导电子参与电子热传导。在高温区域的自由电子获得动力学能量，然后迁移到低温区域，一部分动力学能量通过声子碰撞或其他晶体缺陷传递给原子自身（作为振动能量）。k_e 对总热导率的相对贡献随自由电子浓度增加而增加，因为有更多的电子可以参与到热传递过程中去。

3. 金属、陶瓷和聚合物的热传导

在高纯度金属中，因为电子不像声子那样容易散射，所以电子对热传导的贡献比声子大。并且，因为金属有大量的自由电子存在参与热传导，所以金属传热性能特别好。表 3-1 给出了几种常见金属的热导率，数值一般在 20 ~ 40W/(m · K)。

由于纯金属中自由电子参与了电传导和热传导，理论处理上建议两个传导应该通过维德曼-弗兰兹定律联系起来

$$L = \frac{k}{\sigma T} \tag{3-10}$$

式中，σ 是电导率；T 是热力学温度；L 是常数。L 的理论值是 $2.44 \times 10^{-8}\Omega \cdot W/K^2$，在热能完全由自由电子传递时与温度无关，对所有金属都一样。

不纯的金属合金导致了热导率的降低，同样，电导率也降低了。也就是说，杂质原子在固溶体中充当了散射中心，降低了电子运动的效率。

因为缺少大量的自由电子，非金属材料是热的不良导体。因此，对热传导的贡献大部分来自于声子，k_e 比 k_l 小得多。在热传导中，声子并没有自由电子那么高效，大部分声子被晶格缺陷散射掉了。

一些陶瓷材料的热导率数值列在表 3-1 中，室温下陶瓷材料的热导率范围大约在 2 ~ 50W/(m · K)。玻璃和其他无定形陶瓷的热导率比晶体陶瓷更低，因为原子结构高度混乱，无规则时声子散射严重。

随着温度的上升，晶格振动的散射更明显。因此，大多数陶瓷材料在升温时热导率都下降，至少在相对较低的温度下是这样，如图 3-4 所示。在更高的温度时热导率开始增加，这时对应为热辐射的贡献，相当数量的红外线热辐射通过透明陶瓷材料进行传输，在这个过程，热导率随温度升高而增大。

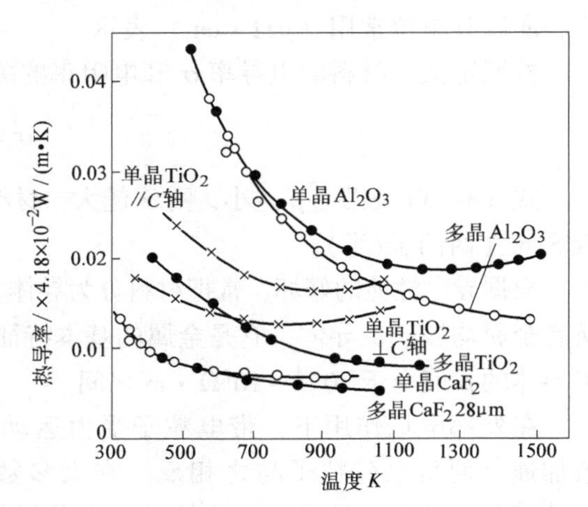

图 3-4　几种陶瓷材料热导率与温度的关系

多孔陶瓷材料可能在热导率上有戏剧性的变化。在多数情况下，增大孔的容积会引起热导率的下降。事实上，很多用作绝热的

陶瓷材料都是多孔的。热量通过小孔传递通常很慢，效率很低。小孔的内部一般包含有静止的空气，它们的热导率很低，约为0.02W/(m·K)。另外，小孔内的气体对流效率也相当低。

大部分聚合物的热导率在0.3W/(m·K)左右。对于这些物质，能量传递是通过分子主链的振动和旋转实现的。热导率的大小依赖于结晶的程度，高结晶度和规则结构的聚合物会比无定形结构的聚合物有更大的热导率。这是因为结晶态的聚合物链有更高效率的振动。

由于热导率低，聚合物经常用作绝热材料。同陶瓷材料一样，它们的绝热性质可以通过引入小孔来加强，一般是在聚合时引入泡沫。泡沫聚苯乙烯（聚苯乙烯泡沫塑料）通常用作饮水杯和绝热箱的保温层。

第二节 电学性能

在进行材料设计时，要考虑其成分和结构对其性能的影响。材料的电学性能通常是要考虑的重要因素之一。例如，在一种集成电路中，不同的材料具有不同的电学行为。一些材料需要较高的导电性（如连接电线），而一些材料需要有良好的电绝缘性能（如包装的表面外层材料）。电学性能是进行材料设计时的重要依据。

一、材料的导电性

一个导体通过的电流I与导体两端的电压U和导体本身的电阻R的关系可以用欧姆定律来表示

$$I=\frac{U}{R} \tag{3-11}$$

电阻R与导体的长度成正比，与导体的截面成反比，可以用电阻公式来表示

$$R=\rho\frac{l}{s} \tag{3-12}$$

式中，ρ为电阻率，表示材料导电性质的物理参数。一般在电阻分析中所测量的电阻都很小，所以其单位常用（$\mu\Omega\cdot\mathrm{cm}$）表示。

按照定义，材料的电导率σ和电阻率的关系为倒数关系，即

$$\sigma=\frac{1}{\rho} \tag{3-13}$$

式（3-13）表明，ρ越小，则σ越大，材料的导电性就越好，电导率的单位为（$\Omega\cdot\mathrm{m}$）$^{-1}$或S/m（西门子/米）。

根据导电性能的好坏，常把材料分为导体、半导体和绝缘体。导体的ρ值小于$10^{-8}\Omega\cdot\mathrm{m}$，所有金属均属于良导体，它是金属的基本特征之一。绝缘体的ρ值在$10^{12}\sim10^{20}\Omega\cdot\mathrm{m}$之间，半导体的$\rho$值介于$10^{-4}\sim10^{7}\Omega\cdot\mathrm{m}$之间。

在外部电场作用下，带电粒子受力运动，从而产生了电流。正电荷粒子在电场方向被加速，而负电荷粒子与之相反。在大多数固体材料中，电子的流动引起电流的产生，这种情况定义为电子导电。此外对于离子材料，有带电离子净移动从而产生电流，成为离子导电。

二、材料导电的机理

在所有的导体、半导体和许多绝缘体材料中，仅存在电子导电，电导率的大小决定于参与导电过程中可利用的电子数目。但是，并非电场中每个原子的所有电子都被加速。在单独的材料中用于电子导电的电子数目与电子能态或能级相对应能量的排布有关，并且与电子在这些能态的占有方式有关。

电子在周期势场中运动时，随着位置的变化，它的势能也呈周期变化，即接近正离子时势能降低，离开时势能增高。这样，价电子在金属中运动就不能看成是完全自由的了，而是要受到周期场的作用。正是由于周期场的影响，使得价电子以不同能量状态分布的能带分裂，见图3-5a。从能带分裂以后的E-K曲线可以看到：当$K<K_1$时，E-K曲线按照抛物线规律连续变化；当$K=\pm K_1$时，只要波数稍有增大，能量便从A跳到B，A和B之间存在着一个能隙ΔE_1；同样，当$K=\pm K_2$时，能带也发生分裂，存在能隙ΔE_2。能隙的存在意味着禁止电子具有A和B与C和D之间的能量，能隙所对应的能带称为禁带，而把电子可以具有的能级所组成的能带称为允带。允带和禁带相互交替，见图3-5b。电子可以具有允带中各能级的能量，但允带中每个能级只允许有两个不同自旋量子数的电子存在。在外加电场的作用下，电子有没有活动的余地，即能否转向电场正端运动的能级上去而产生电流，这要取决于物质的能带结构。而能带结构则与价电子数、禁带的宽窄及允带的主能级等因素有关。所谓空能级是指允带中未被电子填满的能级，具有空能级允带中的电子是自由的，在外电场的作用下参与导电，所以这样的允带称为导带。禁带的宽窄取决于周期势场的变化幅度，变化越大，则禁带越宽；若势场没有变化，则能量间隙为零。

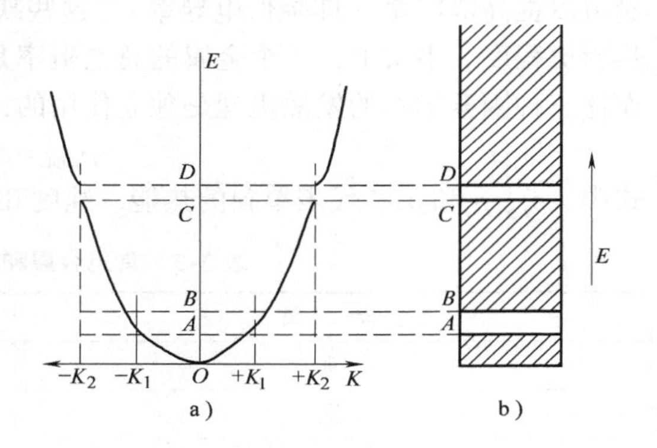

图3-5 周期场中电子的E-K曲线

利用能带理论能够很好地说明物质的导电性。如果允带内的能级未被填满，允带之间没有禁带或允带相互重叠，如图3-6a、b、c所示。在外电场的作用下电子很容易从一个能级转到另一个能级上去而产生电流，有这样能带结构的就是导体。所有金属都属于导体。

一个允带中所有的能级都被电子填满了，这种能带称为满带。若一个满带上面相邻的是一个较宽的禁带，如图3-6d所示，由于满带中的电子没有活动的余地，即便是禁带上面的能带完全是空的（空带），在外电场的作用下电子也很难跳过禁带。也就是说，电子不能趋向于一个择优方向运动，即不能产生电流。有这种能带结构的是绝缘体。

半导体的能带结构与绝缘体相同，所不同的是它的禁带比较窄，如图3-6e所示。电子跳过禁带不像绝缘体那么困难。满带中的电子受热振动的影响，能被激发跳过禁带而进入上面的空带，在外电场的作用下，空带中的自由电子便产生电流。

三、金属的导电性

如前所述，大多数金属都是极好的良导体。表3-3给出了几种常见金属和合金在室温下的电导率，由于大量的自由电子被激发到费米能级的空能级，因此金属具有高导电性。

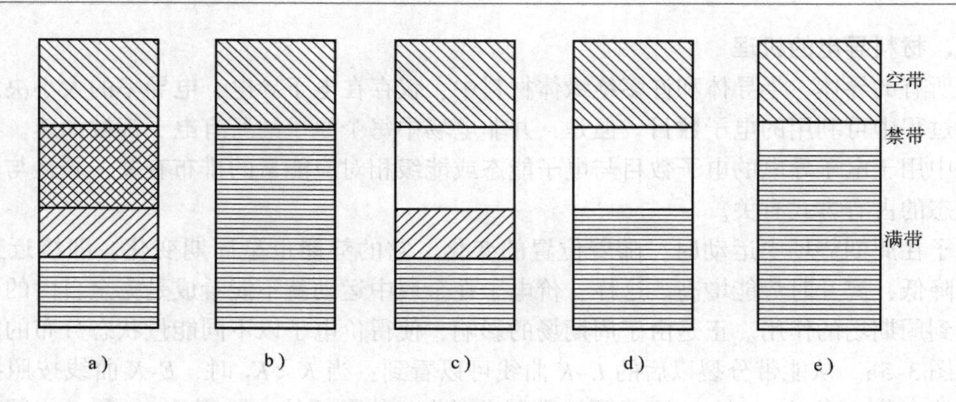

图 3-6 能带填充情况示意图

a)、b)、c) 金属 d) 绝缘体 e) 半导体

金属中存在结晶的缺陷，而这些晶体缺陷可以成为导电电子的发散中心，增加它们的数量可以提高电阻率（即降低电导率）。这些缺陷的浓度取决于金属样品的温度、组成以及受热历史程度。事实上，一个金属的总电阻率是由热运动、杂质、塑性变形三种因素决定的，而这三种因素影响的发散机理是独立作用的，可用下式表示

$$\rho_{\text{total}} = \rho_t + \rho_i + \rho_d \tag{3-14}$$

式中，ρ_t、ρ_i和ρ_d各代表单独的热能、纯度和畸变电阻率。

表 3-3 常见金属和合金在室温下的电导率

金　属	电导率/(Ω·m)$^{-1}$
银	6.8×10^7
铜	6.0×10^7
金	4.3×10^7
铝	3.8×10^7
黄铜	1.6×10^7
铁	1.0×10^7
铂	0.94×10^7
碳素钢	0.6×10^7
不锈钢	0.2×10^7

四、半导体的导电性

半导体材料的电导率不如金属材料的高，然而，它们所具有的独特的电学性能使其具有特殊的用途。这些材料的电学性能对微量的杂质极其敏感。本征半导体是指那些纯金属的电子结构所本征的电学行为。当电学性能受到杂质的影响时，这样的半导体就是非本征的。

本征半导体如图 3-6e 电子能带结构所示。在 0K 时，一个完全充满原子价能带，由相对较窄的禁带隔开与空带分开，一般小于 2eV。两个天然的半导体硅（Si）和锗（Ge），其能带间隙能量分别是 1.7eV 和 0.7eV。它们位于元素周期表的Ⅳ主族，而且是共价键结合。此外，多数半导体材料显示了本征的行为。其中一类是由ⅡA 和ⅤA 族元素构成的，例如 GaAs 和 InSb，它们通常被称为Ⅲ-Ⅴ化合物。由ⅡB 和ⅥA 族元素构成的化合物也显示出了

半导体的性质，如 CdS 和 ZnTe。由两种元素构成的化合物在周期表中的位置与构成它们的元素相比性质差很远，原子之间的化学键变得离子化，带隙能量大小增加，材料有向绝缘材料发展的趋势。表 3-4 给出了一些半导体材料的带隙能量等。

表 3-4 半导体材料在室温时的带隙能量、电导率、电子迁移率和空位迁移率

	材料	带隙能量/eV	电导率/$(\Omega \cdot m)^{-1}$	电子迁移率/$[m^2/(V \cdot s)]$	空位迁移率/$[m^2/(V \cdot s)]$
元素	Si	1.11	4×10^{-4}	0.14	0.05
	Ge	0.67	2.2	0.38	0.18
Ⅲ-Ⅴ化合物	GaP	2.25	—	0.03	0.015
	GaAs	1.42	10^{-6}	0.85	0.04
	InSb	0.17	2×10^{4}	7.7	0.07
Ⅱ-Ⅵ化合物	CdS	2.40	—	0.03	—
	ZnTe	2.26	—	0.33	0.01

在本征半导体中，每个电子都存在于导带中，这样在其中的一个共价键中留下一个空电子的位置，在价带中有一个空电子状态存在。在电子场的影响下，这些在晶体点阵中空缺电子的位置可被认为是其他价电子的运动重复填充到不饱和键中。这个通过加快进行使一个在化学键中空缺电子如同一个正电荷的粒子移动称为空穴。一个空穴所具有的电荷大小与电子相同，但电性相反。因此，在电场存在下，激发态电子和空穴以相反的方向运动。此外，在半导体中电子和空穴都是被晶格缺陷发散的。

事实上，所有商用半导体都是非本征的，而是含有杂质的。也就是说，材料的电行为是由杂质决定的，当存在微量的杂质时，将导致过多的电子和空穴。

以天然半导体硅为例来说明半导体中杂质是如何传输的。一个 Si 原子外层有四个电子，其中每一个与邻近周围四个 Si 原子中的一个电子以共价键相连。现在，假定加入一个化合价为 5 的杂质原子，这个原子可能是周期表中第ⅤA 族的元素（如 P、As、Sb）。在这些杂质原子中，五个价电子中只有四个电子能够参与成键，这是因为在周围的原子仅有四个可能的化学键。而剩下的一个非成键电子则通过静电吸引以极弱的力结合在杂质原子周围的区域，这个电子的结合能是相对较小的（0.01eV）。因此，这个电子很容易从杂质原子上离开，从而变成一个自由或导电的电子。这种类型的材料就称为 n 型杂质半导体。由于电子的密度或浓度较高，它们成为多数载流子；另一方面，空穴则是少数载流子。

在四价的硅（Si）或锗（Ge）中，添加位于周期表第三主族的元素如铝（Al）、硼（B）和镓（Ga）杂质后，产生了与 n 型相反的作用。在每个原子的周围，其中一个共价键是不饱和的，这样的缺陷可被视为一个弱键键合到其他杂原子上的空穴。这个空穴可以从杂质原子上释放，其过程是通过从邻近化学键上电子的转移实现电子和空穴交换位置的。这种空穴的数目多于电子的材料就称为 p 型杂质半导体，这是因为带正电荷的微粒（空穴）主要负责电子传导。当然，空穴是主要的载流子，电子只是少量地出现。

杂质型半导体（包括 n 型和 p 型）都是产生于具有高纯度的材料，这些材料总的杂质含量在 $10^{-7}\%$ 数量级。控制施主杂质和受主杂质的数量，然后再利用各种技术加进去，这种在半导体材料中加入杂质以控制电导率的过程叫做掺杂。

五、离子陶瓷和聚合物的导电性

多数聚合物和离子陶瓷在室温下是绝缘材料，因此具有类似图 3-6d 所示的电子能带结构，充满的价带与空带被一个相对较大的带隙隔开（大于 2eV）。因此，在一般温度下，即使有可利用的热能，但没有几个电子可被激发穿过带隙，则也只有非常小的电导率。表 3-5 给出了室温下几种材料的电导率。当然，使用这些材料主要是利用其绝缘性。随着温度的升高，绝缘材料的电导率升高，最后还会远远大于半导体材料。

表 3-5　典型聚合物和离子陶瓷在室温下的电导率

	材料	电导率/$(\Omega\cdot m)^{-1}$
	石墨	$3\times10^{4}\sim2\times10^{5}$
聚合物	苯酚甲醛	$10^{-9}\sim10^{-10}$
	聚甲基丙烯酸甲酯（有机玻璃）	$<10^{-12}$
	尼龙	$10^{-12}\sim10^{-13}$
	聚苯乙烯	$<10^{-14}$
	聚乙烯	$10^{-15}\sim10^{-17}$
	聚四氟乙烯	$<10^{-17}$
陶瓷	混凝土	
	苏打-石灰玻璃	$10^{-10}\sim10^{-11}$
	瓷器	$10^{-10}\sim10^{-12}$
	硼硅酸盐	$\approx10^{-13}$
	氧化铝	$<10^{-13}$
	熔融石英	$<10^{-19}$

（1）离子材料的导电性　离子材料中的阳离子和阴离子有电子电荷，这样，在电场的存在下就具有迁移或传播的能力。因此，这些带电离子的静移动就会产生电流。当然，阴离子和阳离子的迁移方向相反。离子材料的总电导率 σ_{total} 等于电子和离子导电的贡献总和，即

$$\sigma_{\text{total}}=\sigma_{\text{electronic}}+\sigma_{\text{ionic}} \tag{3-15}$$

离子材料的总电导率与材料本身纯度有关，当然，还与温度有关。离子导电对整个电导率的贡献随着温度的增加而增加，这与电子导电是一样的。但是尽管有两种导电方式，可多数离子材料甚至随温度升高还是绝缘的。

（2）聚合物的电性能　多数聚合物材料是电的不良导体，这是因为没有大量的电子参与导电。虽然这些材料的电子导电机理不是很容易理解，但是有人认为高纯度的聚合物材料是电子导电的。

聚合物材料掺有金属导体后会具有导电性，它们被称为导电聚合物，电导率可达 $1.5\times10^{7}(\Omega\cdot m)^{-1}$，这个值是铜电导率的 1/4。

在许多聚合物中都观察到这个现象，如聚乙炔、聚对苯、聚吡咯、聚苯胺在掺杂了适当的杂质后都可导电。就像半导体一样，这些聚合物也可根据掺杂的杂质制成 n 型（自由电

子控制）和p型（空穴控制）。但是，与半导体不同的是，杂质原子或分子不会取代任何一个聚合物分子。

高纯度聚合物具有电子绝缘体的电子能带结构特征（图3-6d）。大量的自由电子和空穴在这些导电聚合物中产生的机理是复杂且难于理解的。在非常简单的例子中显示出，杂质原子导致新能带的形成。这个新能带覆盖了本征聚合物的价带和导带，并提高到部分满带，在室温下产生了大量的电子和空穴。使聚合物链定向，机械地或是磁性地合成出高度各向异性的材料，这样沿着规定的方向就有最大的电导率。

这些导电聚合物具有大量应用的潜能，因为它们具有低密度、易弯曲和易生产的优点。现在可再充电的电池就使用了聚合物电极，甚至在许多方面还优于相似的金属电池。其他方面的应用如航天航空用的配线、衣服的反静电涂层、电磁屏蔽材料和电子器件（晶体管和二极管）等。

第三节　磁学性能

在真空中造成一个磁场，然后在磁场中放入一种物质，可以发现，不管是什么物质，都会使其所在空间的磁场发生变化。以铁为例，它会使磁场急剧增强，铜则相反，它使磁场减弱，而铝虽然使磁场增强，但很微弱。这就是说，物质在磁场中，由于受磁场的作用都呈现出一定的磁性，这种现象称为磁化。

一、材料的基本磁学性质

在普通物理学中我们已学过用磁感应强度 B 来定量地描述一个磁场，它和通过单位面积上的磁通量（即磁通密度）有关，B 的单位是T（特斯拉）。在真空中，磁场强度 H 与 B 的关系为

$$B=\mu_0 H \tag{3-16}$$

式中，μ_0为真空磁导率，或叫做磁常数，令 $\mu_0=4\pi\times10^{-7}\mathrm{N/A^2}$（或H/m），则 H 的单位为A/m。当磁场内存在介质时，磁感应强度有不同程度的增加，如在$\mu_0 H$项中乘以系数μ_r，加以修正，则有

$$B=\mu_r\mu_0 H \tag{3-17}$$

式中，μ_r为介质的相对磁导率，它与介质的种类有关。$\mu_r\mu_0$又常合为μ，称为介质的磁导率。

引入磁化强度M，它表征物质被磁化的程度。B、H与M三个磁矢量关系为

$$B=\mu_0(H+M) \tag{3-18}$$

式（3-18）清楚地表明，由于在磁场中放进了介质，磁感应强度增大的部分是介质本身被磁化产生了一个附加磁场而作出的贡献。M的单位也是A/m。

从式（3-17）及式（3-18）可得磁化强度与磁场强度的关系为

$$M=(\mu_r-1)H=\chi H \tag{3-19}$$

式中，χ为磁化率。

磁现象的本质是由于带电物体运动的结果。原子中电子的绕核运动、电子本身的自旋，都会产生磁场。一个分子内全部电子运动产生磁场的总和叫做分子磁场。由于分子的热运动，分子磁场的取向是无规则的。当物质置入外加磁场中时，物质内部的分子磁场会随之较有规则地排列，这就形成了介质的附加磁场，使磁场内的磁感应强度

增大。

根据物质被磁化后对磁场所产生的影响，可把物质分为三类：使磁场减弱的物质称为抗磁性物质；使磁场略有增强的称为顺磁性物质；使磁场急剧增加的称为铁磁性物质。

二、材料的顺磁性和抗磁性

1. 顺磁体

大多数物质的原子和离子中，全部电子的磁效应（包括电子轨道运动和电子自旋产生的两种磁效应）相互抵消，不存在磁矩，因而不显现磁性。

另外一些物质，本身已存在永久磁矩，当这类介质放入磁场中时，这些永久磁矩随着它所在的离子或原子比较规则地取向，因而形成了附加磁场，这类物质称为顺磁性物质。如含有奇数个电子的原子（如钠原子）或分子；含有未填满内电子壳层的原子和离子，如过渡元素、稀土元素以及锕系元素的离子和原子（Mn^{2+}、Gd^{3+}、U^{4+}等）；由于内部电子的磁效应只是部分地被抵消，因而保留了一个固有的磁矩即永久磁矩。顺磁性物质除上述元素的盐类外，还有铝、铂等金属。顺磁体的相对磁导率比1稍大，μ_r-1的值在$10^{-5}\sim10^{-8}$的范围。

顺磁性物质的磁化强度M与B的有效值及温度T的关系服从居里-外斯定律

$$M=C\frac{B}{T-\Delta} \tag{3-20}$$

式中，C为常数；Δ对某一种材料来说是常数，对不同的材料可大于零或小于零。对于铁磁金属，Δ为正值，它等于居里点。所谓居里点即金属由铁磁性转变为顺磁性的临界温度。

2. 抗磁体

前面提到过的原子或离子内全部电子的净磁效应为零，无磁矩存在的物质称为抗磁性物质。当抗磁体放入外磁场内，在此介质内感生一个磁矩，按照楞次定律，其方向应与外磁场正方向相反，此种性质称为抗磁性。抗磁性物质有惰性气体、大部分的非金属、绝大多数的有机化合物以及多种金属（如铜、锌、铋、银、金等）。

抗磁体的相对磁导率比1稍小，$1-\mu_r$的值在$10^{-4}\sim10^{-8}$的范围内。

以上两种都是磁化强度很小的弱磁性物质，其相对磁导率μ_r值都非常接近1。还有一类物质，其μ_r值比1大得多，其值在$10^2\sim10^4$数量级，属于强磁性物质，称它们为铁磁性物质，其磁性的产生有特殊的机理。

三、材料的铁磁性

自然界中有五种元素及其合金有特别强的相对磁导率μ_r，它们是铁、钴、镍和稀土元素钆（Gd）、镝（Dy）。如工业纯铁（w_{Fe}99.5%）的最大磁导率μ_{max}为18000，坡莫合金（w_{Ni}78.5%、w_{Fe}21.5%）的μ_{max}竟达100000。它们的原子有很大的固有磁矩，能排列到很高的整齐程度，并达到在某一温度范围之内基本上不受粒子热运动的干扰。这一类物质就是铁磁性物质。

1. 磁化曲线和磁滞回线

铁磁性金属的磁化曲线如图3-7所示。从曲线可以看到，在微弱的磁场中，磁感应强度B与磁化强度M均随外磁场强度的增大缓慢地上升，B与H之间近似地呈直线关系，并且磁化是可逆的。这个阶段的磁导率称为起始磁导率，用μ_a表示，它接近于一个恒定值。当H继续增大到一定值后，B和M急剧增高，磁导率增长得非常快，并出现极大值μ_m，如图3-7所示。这个阶段的磁化是不可逆的，即去除磁场后仍保留着部分磁化。磁场强度再进一步增大，B和M增大的趋势逐渐变缓，磁化进行得越来越难，磁导率变小，并趋向于0。当磁场强度达到H_s时，磁化强度便达到饱和值，磁化强度的饱和值称为饱和磁化强度，用M_s表示，它与材料有关。与M_s相应的磁感应强度称为饱和磁感应强度，用B_s表示。由于$B=\mu_0 H+\mu_0 M$，故当磁场强度大于H_s时，B受磁场强度H的影响仍要继续增大。

如将试样磁化到饱和状态后逐渐减小磁场强度，则B也将随之减小，当$H=0$时，B并不减小到零，而是保留一定的值，如图3-8中的Oc线段，这就是铁磁金属的剩磁现象。去掉外加磁场后的磁感应强度称为剩余磁感应强度，用B_r表示。要使B值继续减小，则必须加一个反向磁场。当H等于H_c时，如图3-8中的Od线段，B值才等于零。H_c为去掉剩磁的临界磁场，它表示铁磁金属保持剩余磁化的能力，称为矫顽力。将反向磁场强度继续增大，B将沿着de变化为$-B_s$。从$-B_s$改为正向磁场，随着磁场强度的增大，B将沿着$efgb$曲线变化为$+B_s$。从图3-8可以看到，磁感应强度的变化落后于磁场强度的变化，这种现象称为磁滞效应，它是铁磁金属的特性之一。由于磁滞效应的存在，磁化一周所得到的闭合回线称为最大磁滞回线，如图3-8所示。回线所包围的面积相当于磁化一周所产生的能量损耗，称为磁滞损耗。

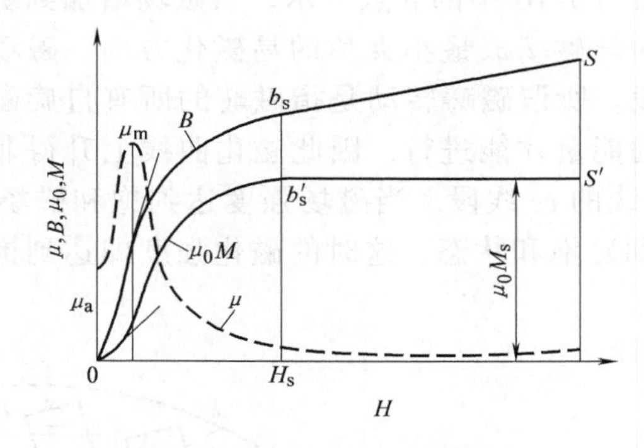

图3-7　铁磁金属的磁化曲线

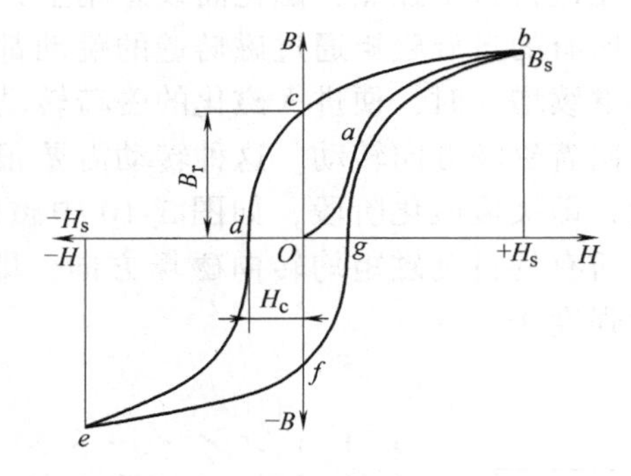

图3-8　铁磁金属的磁滞回线

综上所述，铁磁金属磁化有如下特点：磁化率不是定值，而且变化很大，存在着磁滞现象，很容易磁化并达到饱和状态。铁磁金属磁化之所以有上述表现，现已清楚，是由于在它们内部存在着磁畴。所谓磁畴是指未加磁场时铁磁金属内部已经自发磁化到磁饱和状态的小区域。磁畴的存在已经由磁粉纹图的观察得到了证明。磁畴的尺寸约为$10^{-6}mm^2$。在未加磁场时，它的磁化矢量呈无序分布，因此铁磁体在宏观上并不呈现铁磁性。

2. 磁畴结构

在没有外加磁场时，铁磁晶体内磁畴的磁矩沿易磁化方向排列，并呈封闭状态，如图3-9a所示。通常磁畴呈细小扁平的薄片状或细长的棱柱状，在两个相邻而不同取向的磁畴之间有一个过渡层，通常称为磁畴壁。磁畴壁内自旋磁矩的方向从一个磁畴逐渐过渡到另一个磁畴，如图3-9b所示。由于磁畴壁的自旋磁矩偏离了晶体的易磁化方向，使畴壁处于高能状态。磁畴的大小约为$10^{-6}mm^3$。在多晶体中，一个晶粒内可有数个磁畴。磁畴与晶粒不同，它指晶粒内部自发磁化了的微小区域，在磁场的作用下，它的大小和磁矩方向都可发生变化。

3. 铁磁金属的磁化机制

铁磁金属在外加磁场的作用下所产生的磁化称为技术磁化。实际上，前面所提到的磁化曲线即技术磁化曲线。技术磁化过程的实质就是在外加磁场的作用下磁畴的大小及取向变化的过程。

根据铁磁金属技术磁化曲线，可以把磁化过程分为三个阶段。弱磁场中为起始磁化阶段；中等磁场中为不可逆磁化阶段；较强磁场中为磁化缓慢增加阶段。三个阶段分别对应着不同的磁化机制。为了说明磁化机制，取四个呈封闭结构的磁畴，在未加磁场时，它们的磁化矢量均指向易磁化方向，如图 3-10 所示。在磁化的起始阶段，磁畴的磁化矢量与磁场成锐角的磁畴静磁能较低，而与磁场成钝角的磁畴静磁能较高。由于磁畴壁上的自旋磁矩本来就处于高能状态，因此此时受到磁场的影响很容易发生转动。磁畴壁有一定的厚度。它不受磁场的影响，所以磁畴壁自旋磁矩转动的结果相当于磁畴壁移动，这样使与磁场成锐角的磁畴扩大，而与磁场成钝角的磁畴缩小。于是磁畴的磁化矢量之和在磁场方向上的投影大于零，故铁磁体在宏观上表现出有微弱的磁化，如图 3-10 中的 a 点所示。当磁场强度增大并超过一定值便进入了不可逆磁化阶段。此时磁畴壁随磁场的增强而产生跳动，跳动的结果使大块的磁畴从与磁场夹角较大的不易磁化方向瞬时转向夹角较小的易磁化方向，因此磁化进行得很强烈，磁化曲线急剧上升，如图 3-10 中的 b 点所示。当磁场增加到更强时，所有的自旋磁矩通过磁畴壁的跳动都转向与磁场成最小夹角的易磁化方向。磁场强度再继续增大时，便进入磁化的磁畴转动阶段。所谓磁畴转动是指磁畴的所有自旋磁矩同时向着磁场方向转动。这种转动需要很大的能量才能进行，因此磁化曲线上升得非常缓慢，即缓慢磁化阶段，如图 3-10 中磁化曲线的 ce 线段。当磁场强度达到饱和磁场 H_s 时，所有的自旋磁矩均转向磁场方向，即达到磁饱和状态，这时的磁化强度即达到饱和磁化强度 M_s。

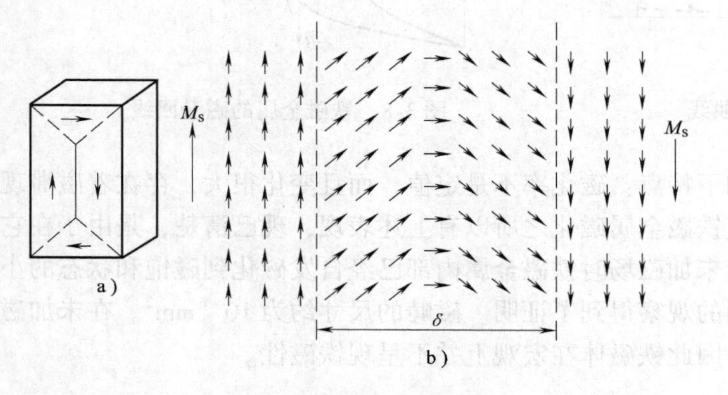

图 3-9 磁畴结构示意图

a) 磁畴结构 b) 磁畴壁

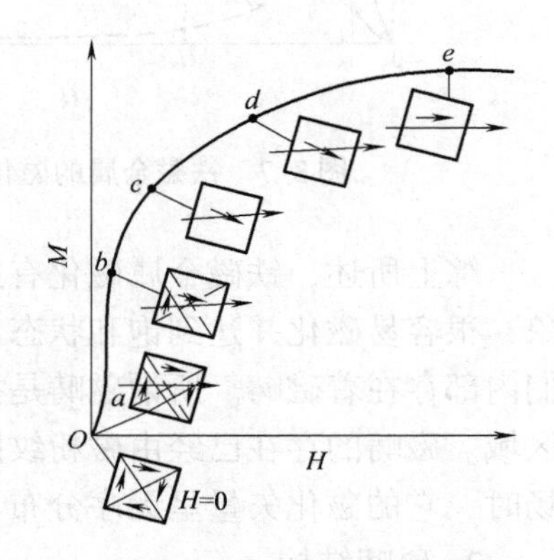

图 3-10 磁化机制示意图

四、材料的反铁磁性

1932 年尼尔发现铂、钯、锰、铬等金属和某些合金的磁化率随温度的变化很小，但数值却相当高，这些物质称为反铁磁性材料。

在温度高于某一温度 T_N（尼尔温度）时，反铁磁性体的磁化率与温度的关系为

$$\chi=\frac{C}{T+\theta} \tag{3-21}$$

式中，θ 为常数（不等于 T_N 的温度值，一般比 T_N 大）。

而当在 T_N 以下温度时，χ 随温度的降低而减小，且几乎与磁场强度无关。

尼尔提出了双次点阵的反铁磁性理论，他假设晶体中顺磁离子的点阵可以分为相互穿插的两个“次点阵” A 与 B，次点阵 A 中每一个离子的任何一个最邻近的离子均位于次点阵 B 上，这就使得相邻的两个次点阵的磁矩全部反平行取向，因而在晶体内存在两种内场的相互作用。等轴简单点阵与等轴体心点阵可以满足这种条件。于是，在极低温度下，由于相邻原子的自旋完全反向，其磁矩几乎完全抵消，故磁化率 χ 几乎接近于“0”。当温度上升时，使自旋相反的作用减弱，χ 增加。而当温度升至尼尔点以上时，热骚动的影响较大，此时反铁磁体与顺磁体有相同的磁化行为。

氧化锰（MnO）是展示这种特性的一种材料。氧化锰是一种由 Mn^{+2} 和 O^{-2} 构成的离子型特征陶器材料。

五、铁氧体的磁性

铁氧体是含铁酸盐的陶瓷质磁性材料。按材料的结构分类，目前已有尖晶石型、石榴石型、磁铅石型以及钙铁矿型、钛铁矿型和钨青铜型六种，新的类型还陆续出现。但从研究详尽、生产和使用普及程度的角度来看，重要的是前面三种。

为了解释铁氧体的磁性，尼尔认为铁氧体中 A 位与 B 位的离子磁矩应是反平行取向的，这样彼此的磁矩就会抵消。但由于铁氧体内总是含有两种或以上的阳离子，而这些离子各具有大小不等弱磁矩（或有些离子完全没有磁性），加以占 A 位或 B 位的离子数目也不相同，因此，晶体内由于磁性的反平行取向而导致的抵消作用，通常并不一定会使磁性完全消失而变成反铁磁体。这就往往保留了“剩余磁矩”，表现出一定的铁磁性，这称为“亚铁磁性”或“铁氧体磁性”。图 3-11 表示在居里点或尼尔点以下时铁磁性、反铁磁性及亚铁磁性的自旋排列，可以比较形象地做出说明。

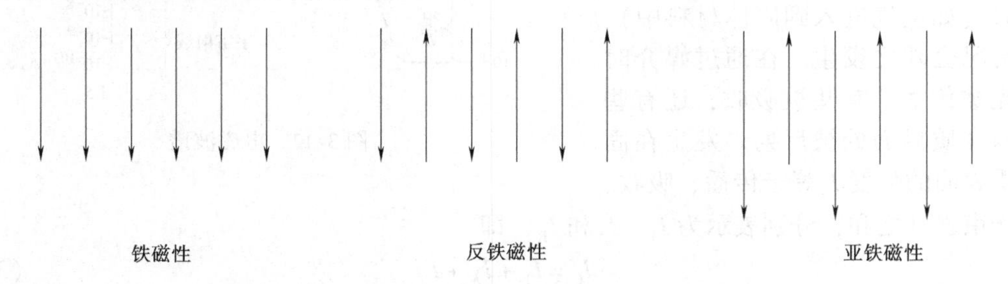

图 3-11 铁磁性、反铁磁性及亚铁磁性的自旋排列

第四节 光学性能

一、基本概念与原理

19 世纪末，经典光学的发展达到了顶峰，其标志是从理论上和实践上证实了光是一种

电磁波，光的本性和传播特性，可以用电磁学的理论来解释。

现在已知的电磁波谱（见图3-12）包括电力长波、无线电波、微波、红外线、可见光、紫外线、X射线、γ射线和宇宙射线。因此，整个可见光谱只不过是电磁波谱中的一段窄小的组成部分。各种电磁波的差别仅仅在于波长的不同，也就是产生的方法和测量的技术和设备各不相同。所有电磁波的传播速度（在真空中）都相同，都等于光在真空中的传播速度 $c=2.997925\times10^8\text{m/s}$，在计算中用 $3\times10^8\text{m/s}$ 已够精确。太阳光是从红外线到紫外线包括了整个可见光在内的连续光谱。

光在真空中的传播速度 c 是真空相对介电常数 ε_0 与真空磁导率 μ_0 乘积的平方根成反比，即

$$c=\frac{1}{\sqrt{\varepsilon_0\mu_0}} \tag{3-22}$$

进一步讲，电磁辐射的频率 ν 和波长 λ 的乘积等于光速，即

$$c=\lambda\nu \tag{3-23}$$

光电效应的实验不能用光的波动说来解释，爱因斯坦的光子理论指出光也有粒子性，光的能量是量子化的，光子的能量 E 为

$$E=h\nu=h\frac{c}{\lambda} \tag{3-24}$$

式中，h 是普朗克常数。

光子的能量转移给了原子外层的电子，使光电子逸出，这就是光电效应。

当光从一种介质进入到另一种介质中时（如空气进入到固体材料中），几种情况会随之发生。在通过媒介时有些光被传播，有些被吸收，还有些会在两介质界面处被反射。发生在固体介质表面的强度 I_0 等于传播、吸收、反射光束强度之和，分别表示为 I_T、I_A 和 I_R，即

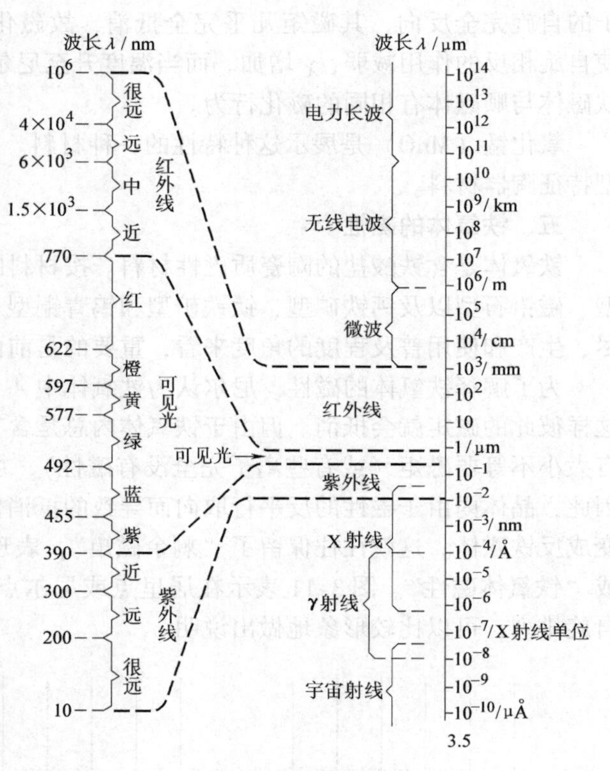

图3-12 电磁波谱

$$I_0=I_T+I_A+I_R \tag{3-25}$$

辐射强度单位为 W/m^2。式（3-25）也可以写成等价形式，即

$$T+A+R=1 \tag{3-26}$$

式中，T、A 和 R 分别表示透光度（I_T/I_0）、吸光度（I_A/I_0）、反射率（I_R/I_0），或者表征材料对部分光的渗透、吸收及反射，总和等于各部分之和，因为光只发生传输、吸收和反射三种现象。

能够透射光、具有相对少的吸收及反射的材料是透光的——人用肉眼能看到。半透明的材料是光通过时发生漫散射，也就是说，光被分散在内部，不能完全地透过材料。不能透射

可见光的材料是不透光的。

绝大多数金属是不透光的，包括整个可见波谱，即所有辐射不是被吸收就是被反射了。非金属材料像玻璃、琥珀、松香等可以透过可见光。另外，有些物质如疏松的木炭等则可把入射光线大部分吸收掉了。

图 3-13 示意地表示了光照射到物体上时发生的几种现象。

二、折射

当光线依次通过相邻的两个折射率不同的介质时，光的行进方向发生改变，称为“折射”。其关系由折射定律确定：折射线在入射线通过入射点的法线所决定的平面上，折射线和入射线分别处于法线的两侧，入射角的正弦与折射角正弦之比，对一定的介质来说是一个常数，即

$$n_{2/1}=\frac{\sin i}{\sin\gamma} \tag{3-27}$$

式中，i 为入射角；γ 为折射角；$n_{2/1}$ 为相对折射率，即介质 2 对介质 1 的折射率。并且有

$$n_{2/1}=\frac{n_2}{n_1} \tag{3-28}$$

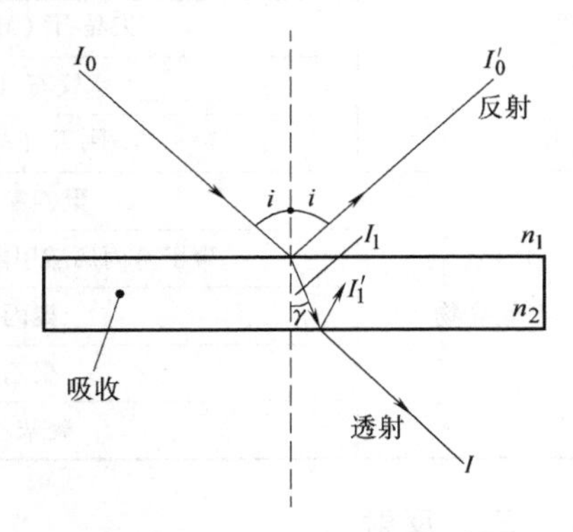

图 3-13 光照射到物体时的现象

光的折射率还可以用光在真空中的速度 c 与在介质中的速度 v 之比表示，即

$$n=\frac{c}{v} \tag{3-29}$$

n 值的大小由光波长决定，这个结果类似于通过玻璃三棱镜将白光光束分离成各色光，当通过棱镜时，每种光在不同方向上折射，这样就完成了各色光的分离。折射率不仅影响光的路径，也影响光在表面的反射。折射并未吸收光的能量，只是改变了光线的方向。

根据光速的定义，在介质中光速表达式为

$$v=\frac{1}{\sqrt{\varepsilon\mu}} \tag{3-30}$$

式中，ε 和 μ 分别是特定物质的介电常数和渗透率。由式（3-29）可以得到

$$n=\frac{c}{v}=\frac{\sqrt{\varepsilon\mu}}{\sqrt{\varepsilon_0\mu_0}}=\sqrt{\varepsilon_r\mu_r} \tag{3-31}$$

式中，ε_r 和 μ_r 分别表示介电常数和相对渗透率。大多材料是可轻度磁化的。

对于透光材料，光的折射率和介电常数之间存在一定关系。对于可见光，在相对高频情况下，折射现象与电子的极化有关。在介质中由于电磁辐射受阻导致电子的极化。通常，原子或离子越大，电子极化越强，速度越慢，光的折射率越大。碱石灰玻璃的折射率近似于 1.5，大量钡和铅离子（如 BaO 和 PbO）的存在使玻璃的折射率大大增加。例如，含 PbO 质量分数 90% 的高铅玻璃其折射率近似为 2.1。

对于透明陶瓷材料有立方晶系结构，其折射率与玻璃晶向各向同性有关。另一方面，非立方晶系的折射率为各向异性，也就是说，离子浓度越高，折射率值越大。表 3-6 给出了几种玻璃透明陶瓷及聚合物的折射率。

表 3-6 几种透明材料的折射率

材料		折射率平均值
陶瓷	硅玻璃	1.458
	耐热玻璃	1.47
	钠钨玻璃	1.51
	石英玻璃	1.55
	高致密含铅玻璃	1.65
	尖晶石（$MgAl_2O_4$）	1.72
	水镁石（MgO）	1.74
	刚玉（Al_2O_3）	1.76
聚合物	聚四氟乙烯	1.35
	聚甲基丙烯酸甲酯（有机玻璃）	1.49
	聚丙烯	1.49
	聚乙烯	1.51
	聚苯乙烯	1.60

三、反射

当光投射到两种介质的界面时，会有一部分“反射”而折回原介质中。其关系由反射定律确定，反射线在入射线和通过入射点的法线所决定的平面上，反射线和入射线分别在法线的两侧。反射角 i' 等于入射角 i（参见图 3-13）。反射改变了光线的方向，但仍然保持着光能的形式而没有转变为其他的能量形式。

理论上，光通过两个折射率不同的介质的界面上时，都会或多或少地发生反射，只是程度不同。发生了反射，虽然光能仍然存在，但对于直接透射的光线来说，光的强度减弱了，所以也是一种损失。

如果定义界面反射损失 m 为在界面处的反射强度 I'_0 与入射强度 I_0 之比，其与相邻两介质的相对折射率有关，相应的关系式为

$$m = \frac{I'_0}{I_0} = \frac{(n_{2/1}-1)^2}{(n_{2/1}+1)^2} = \frac{(n_2-n_1)^2}{(n_2+n_1)^2} \tag{3-32}$$

因此，进入介质 2 的光强度为

$$I_1 = I_0 - I'_0 = I_0\left(1-\frac{I'_0}{I_0}\right) = (1-m)I_0 \tag{3-33}$$

在离开介质 2 重新进入介质 1 时，又再发生一次界面反射，因此透过介质 2 后光的强度（不计吸收的损失）为

$$I = (1-m)^2 I_0 \tag{3-34}$$

四、吸收

除真空外，光通过任何介质都会或多或少地使强度有所减弱，也就是发生了能量的损失。即使是对光不发生散射的所谓透明介质，如玻璃、水溶液等也是如此。

如果介质在可见光范围内对各种波长的吸收程度相同，则称为“均匀吸收”（或一般吸收），在此情况下，随着吸收程度的增加，颜色的变化是从黄到黑。但如果对某一波段有强

烈的吸收，则称为“选择性吸收”。此时介质是有色的，所呈现的颜色是吸收余下颜色的混合色。严格地说，一切介质都是选择性吸收的介质。如以无色的透明介质来说，只是在可见光范围内是均匀吸收的，而在红外及紫外波段也是不透明的。而透紫外线的黑玻璃基本上吸收了可见光，但都让紫外线大量通过。有些硫化物和半导体（硅、锗）的晶体，不但是不透明的，甚至有些金属光泽，可是在红外的某些波段里，透过率却很高。因此，一种介质说它是均匀吸收的还是选择性吸收的都是相对的，所以还是把范围局限在可见光波段内，才便于比较。

介质对光吸收的程度（即光能减弱的程度）与介质的特性及吸收层（即物体被光通过的那部分）的厚度有关，其规律为

$$I = I_0 \mathrm{e}^{-\alpha d} \tag{3-35}$$

式中，α 为吸收系数；d 为吸收层厚度；I 为吸收后光的强度；I_0为吸收前光的强度。

不同物质的吸收系数 α 可以有巨大的差异，即透明物质与不透明物质显著不同，如空气与金属的吸收系数 α 可以相差达十个数量级以上。

五、散射

光射进均匀介质如澄清的水、酒精、玻璃（无机的和有机的）、水晶、冰洲石等单晶时，除了发生折射即引起整个光束改变方向外，不会出现散射的现象。但若其中含有不均匀结构，则在光到达这部分时将引起散射，使光线偏离原来行进的方向而向各个方向偏折。

散射使光改变了方向，减少了透射方向的强度并使材料变得不透明。散射使光沿着前进方向强度减弱的规律与吸收相同，可用下式来表示

$$I = I_0 \mathrm{e}^{-Sd} \tag{3-36}$$

式中，S 为吸收系数。

事物总是一分为二的，散射的存在未必尽是坏事，它往往会给人们带来好处，如乳白玻璃、白珐琅、乳浊釉（盖地釉）就是利用这种原理制成的。

第四章 相 图

相图是表示在平衡状态下物质系统的状态和温度、压力、成分之间关系的简明图解，所以又称为平衡图或状态图。对处于平衡状态的材料，根据它的成分和所处的温度和压力，从相图上可找出相应的表象点就可以了解此时系统中存在哪些相、各相的成分以及各相相对量等。这对材料的理论研究以及确定热加工和热处理工艺参数等无疑是十分重要的。本章首先介绍合金的相结构和相图的基本知识，然后结合几种基本相图讨论材料的结晶过程的基本规律，并对铁碳系相图及合金作比较详细的介绍。

第一节 合金的相结构

纯金属除了有优良的导电性和导热性外，力学性能一般较低，所以工业上应用的金属材料主要是合金。通过熔炼、烧结或其他方法将两种或两种以上的金属元素或金属元素与非金属元素结合在一起所形成的具有金属特性的物质称为合金。组成合金的最基本的独立物质称为组元。组元一般为组成合金的化学元素或稳定的化合物。例如，黄铜的组元为 Cu 和 Zn，铁碳合金的组元为 Fe 和 C。根据组成合金的组元数目，可将合金分为二元合金、三元合金，三个以上组元组成的合金叫多元合金。

由于组成合金的组元的性质不同，它们相互作用可形成不同的相。相是系统中具有同一聚集状态、成分和性能均一、并以界面互相分开的均匀组成部分。例如，$w_{Ni}=50\%$ 的Cu-Ni合金，在固态下，其成分和性能是均匀的，所以是单相。加热到一定温度，开始熔化，此时固相和液相两相共存，两者成分不同，原子聚集状态也不同，跨越液固界面其性能显然有突变，所以此时合金为两相。

由一种相组成的合金叫单相合金，如 $w_{Zn}=30\%$ 的 Cu-Zn 合金是单相合金；当 $w_{Zn}=40\%$ 时，Cu-Zn 合金中出现了成分、结构和性能不同的两种相，此时为两相合金。由于组元的物理、化学性质不同，它们相互作用会生成不同种类的相。合金中的相结构是多种多样的，但可分为两大类：固溶体和化合物。

一、固溶体

溶质原子完全溶入固态溶剂中，所生成的合金相与溶剂的晶格结构相同，该合金相叫固溶体。固溶体的成分一般可在一定范围内连续变化，随溶质的溶入，将引起溶剂晶格畸变，使合金强度、硬度升高，这便是固溶强化。固溶体的分类方法很多。按溶质原子在固溶体中所占的位置可分为置换固溶体与间隙固溶体；按固溶度的大小可分为有限固溶体与无限固溶体；按固溶体中原子的排列情况可分为有序固溶体和无序固溶体。

（一）置换固溶体

形成固溶体时，溶质原子置换了溶剂点阵中的溶剂原子，占据了溶剂晶格的结点位置，以此种方式所形成的固溶体叫置换固溶体。许多元素之间都可形成置换固溶体，但其溶解度即固溶度差异却很大。图 4-1 为形成无限固溶体时两组元原子置换过程示意图。显然晶体结构相同是形成无限固溶体的必要条件。

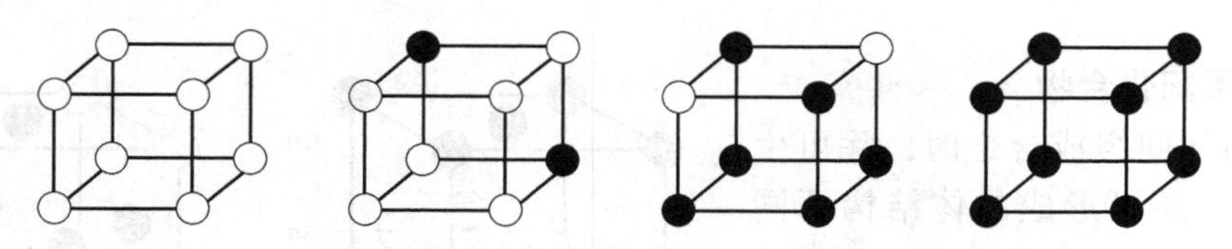

图 4-1　形成无限固溶体时两组元原子置换过程示意图

影响固溶度的因素很多，大量实验证明，晶体结构类型相同，溶剂原子半径 r_A 与溶质原子半径 r_B 的相对差 $|r_A - r_B|/r_A$ 越小，电负性相差越小，固溶度越大。在研究贵金属 Ag、Au 与大于一价的一些元素形成合金时发现，在尺寸因素有利的情况下，溶质原子的价越高，固溶度越小。但若以电子浓度表示固溶度，却几乎相同。所谓电子浓度是合金中价电子数目 e 与合金中原子数目 a 之比

$$C_{电子} = \frac{e}{a} = \frac{V_A(100 - X) + V_B X}{100} \tag{4-1}$$

式中，V_A、V_B 分别为溶剂与溶质的价电子数；X 为溶质的原子百分数。

理论计算表明对于一价金属的每种晶体结构都有一极限电子浓度，面心立方为 1.36，体心立方为 1.48，密排六方为 1.75。若加入大于一价的溶质元素，随溶质含量的增加，电子浓度也将增加，当电子浓度超过极限电子浓度时就会产生新相。

（二）间隙固溶体

一些原子半径小于 0.1nm 的 C、N、H、B 等非金属元素因受尺寸因素影响，不能与过渡族金属元素形成置换固溶体，却可固溶于溶剂晶格的间隙位置，形成间隙固溶体。一般间隙半径比较小，所以形成间隙固溶体时，晶胞要涨大，造成严重的点阵畸变，使能量增高，故固溶度受到限制。例如体心立方铁最大溶碳量仅为 $w_C = 0.0218\%$。由于碳固溶于体心立方铁中，会造成点阵非球形对称的畸变，强化效应比置换型溶质要高出一个数量级。

（三）固溶体的微观不均匀性

固溶体中溶质原子的分布情况可分为无序分布、偏聚分布和短程有序分布，如图 4-2 所示。当短程有序固溶体的成分接近一定原子比时，较高温度时为短程有序分布，缓冷到某一温度以下，会转变为完全有序状态，称为有序固溶体。例如，在 Cu-Au 合金中，Cu 与 Au 的原子数之比为：1∶1 或 3∶1 时，由高温缓冷到 390℃ 以下可形成有序固溶体 CuAu 和 Cu_3Au，其结构如图 4-3 所示。有序固溶体的 X 射线衍射图上会产生附加衍射线条，称超结构线，所以有序固溶体又称超结构。

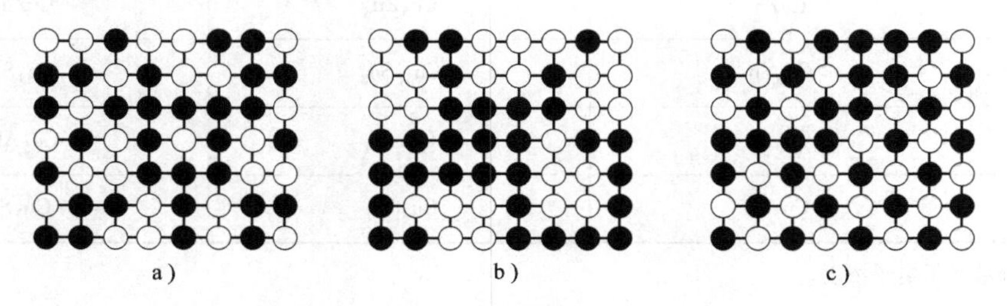

图 4-2　固溶体中溶质原子分布示意图
a）无序分布　b）偏聚分布　c）短程有序分布

固溶体发生有序化转变时，其性能会发生突变，如硬度和脆性显著增加，而塑性和电阻率急剧下降。

二、金属间化合物

A、B 组元间组成合金时，除可生成固溶体外，还可形成晶体结构不同于 A、B 两组元的化合物相。这种相的成分处在 A 在 B 中和 B 在 A 中的最大溶解度之间，因此也叫中间相。中间相的结合键主要为金属键，兼有离子键和共价键，因此中间相又称金属间化合物。根据形成合金相时起主导控制因素的不同可将其分为三大类：主要受电负性控制的正常价化合物；以原子尺寸因素为主要控制因素的间隙相、间隙化合物和拓扑密堆相；以电子浓度为主要控制因素的电子化合物。

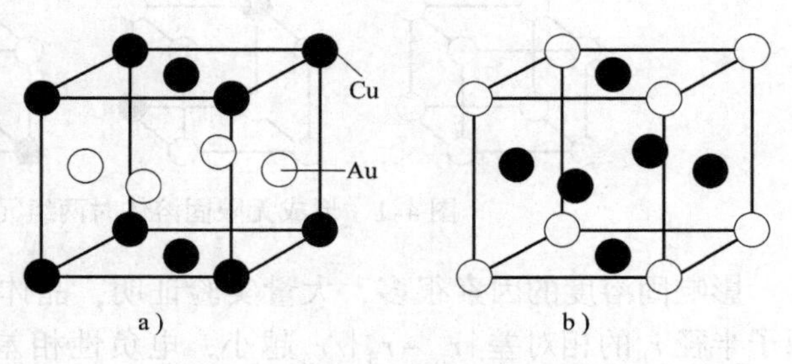

图 4-3　有序固溶体的晶体结构

a) CuAu　b) Cu_3Au

（一）正常价化合物

负电性差别较大的组元可能形成与离子化合物点阵相同的中间相。这种化合物符合化合价规律，所以叫正常价化合物，例如 Mg_2Si、Mg_2Sn、MnS 等，其成分可以用化学式表示。正常价化合物一般有 AB、A_2B（或 AB_2）两种类型。其晶体结构与相应的离子键晶体结构相同。AB 型正常价化合物的晶体结构可以是 NaCl 型结构、立方 ZnS 结构或六方 ZnS 结构。A_2B（或 AB_2）具有 CaF_2型结构（或反 CaF_2型结构）。正常价化合物具有较高的硬度和脆性。在以固溶体为基的合金中，正常价化合物如果合理分布，可使合金得到强化。

（二）电子化合物

有人在研究贵金属 Ag、Au 与 Zn、Al、Sn 所形成的合金时发现：在这些合金中，随成分变化所形成的一系列中间相具有共同的规律，即晶体结构决定于电子浓度。后来在许多过渡族元素形成的合金中也出现了上述规律。合金中常见的电子化合物见表 4-1。

表 4-1　常见的电子化合物

合金系	体心立方$\frac{3}{2}\left(\frac{21}{14}\right)\beta$ 相	复杂立方$\frac{21}{13}\gamma$ 相	密排六方$\frac{7}{4}\left(\frac{21}{12}\right)\varepsilon$ 相
Cu-Zn	CuZn	Cu_5Zn_8	$CuZn_3$
Cu-Sn	Cu_5Sn	$Cu_{31}Sn_8$	Cu_3Sn
Cu-Al	Cu_3Al	Cu_9Al_4	Cu_5Al_3
Cu-Si	Cu_5Si	$Cu_{31}Si_8$	Cu_3Si

注：表中分数表示电子浓度。

决定电子化合物结构的主要因素是电子浓度，但并非唯一因素，其他因素特别是尺寸因素仍起一定作用。例如当电子浓度为 3/2 时，如果尺寸因素接近于零即原子半径差异极小，倾向于形成密排六方结构；尺寸因素较大时倾向于形成体心立方结构。

（三）复杂结构间隙化合物与间隙相

过渡族金属可与 H、B、C、N 等原子半径甚小的非金属元素形成化合物。当非金属（X）与金属（M）的原子半径比 $r_X/r_M<0.59$ 时，所形成的化合物具有简单晶体结构，称为间隙相。在间隙相中，金属原子总是排列成面心立方或密排六方点阵，少数情况也可排列成体心立方或简单六方结构，非金属原子则填充在间隙位置。间隙相也可以用化学式表示，并且一定化学式对应一定晶体结构。

VC 晶体结构如图 4-4 所示。体心立方结构的金属钒在形成 VC 时，金属原子钒排成面心立方点阵，非金属原子碳占据全部的八面体间隙。显然碳原子与钒原子比为 1:1。实际上间隙相的成分可以在一定范围变化，对于 VC，碳原子所占的原子百分比为 43%~50%。间隙相虽然含非金属比例很高，但多数间隙相具有明显的金属性。钢中的一些间隙相如表 4-2 所示，具有极高的硬度和熔点，是硬质合金和合金工具钢的主要强化相。

表 4-2 钢中常见碳化物的熔点和硬度

类 型	间 隙 相						复杂结构间隙化合物	
化学式	TiC	ZrC	VC	NbC	WC	MoC	$Cr_{23}C_6$	Fe_3C
硬度 HV	2850	2840	2010	2050	1370	1840	1650	~800
熔点/℃	3080	3472±20	2650	3608±20	2785±5	2527	1577	1227

当 $r_X/r_M>0.59$ 时，所形成的化合物具有复杂晶体结构称为复杂结构间隙化合物。钢中常出现的复杂结构间隙化合物有 Fe_3C、Mn_3C、Cr_7C_3、$Cr_{23}C_6$ 等，还可形成合金碳化物如 $(Fe, Mn)_3C$、$(Cr, Mo, W)_{23}C_6$ 等。图 4-5 为 Fe_3C 的晶体结构，属于复杂正交结构。具有较高的熔点和硬度的复杂结构间隙化合物也是钢中重要的强化相。

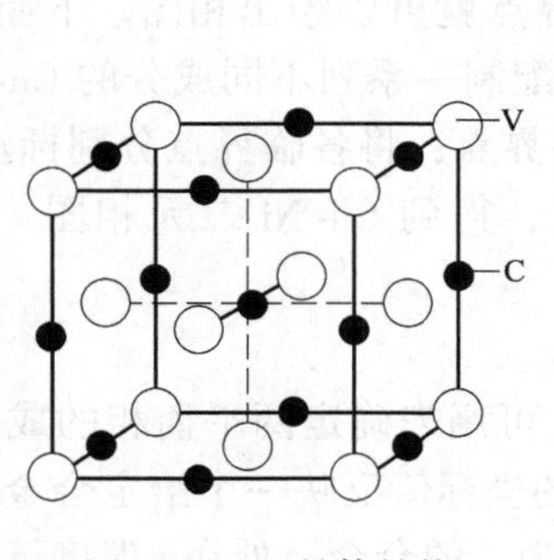

图 4-4 VC 晶体结构

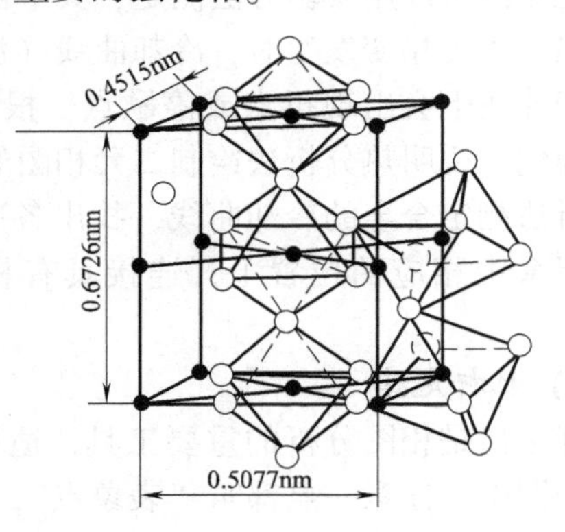

图 4-5 Fe_3C 晶体结构

只要间隙相或复杂结构间隙化合物的数量、形状、大小及分布状态适当，可有效提高钢的强度、硬度、耐磨性和热硬性。

第二节 二元相图

一、相平衡与相律

(一) 相平衡

在指定的温度和压力下，若多相体系的各相中每一组元的浓度均不随时间而变化，则体系达到了相平衡。若体系内不发生化学反应，则相平衡的条件是各组元在它存在的各相中的化学位相等。实际上相平衡是一种动态平衡，从系统内部看，分子和原子在相界处仍在不停地转换，只不过各相之间的转换速度相同而已。

(二) 相律

吉布斯（Gibbs）相律是表示处于热力学平衡状态下，系统的自由度、组元数和相数之间的关系。自由度指可以在一定范围内改变而不引起任何相的产生和消失的最大变量数。决定系统平衡状态的变量主要包括成分、温度、压力等。相律的表达式为

$$f=c-p+n \tag{4-2}$$

式中，f 为自由度；c 为组元数；n 为影响系统平衡状态的外界因素数目；p 为平衡相数。对于凝聚系统，如果压力变化不大，可以略去压力这一变数，此时相律的表达式为

$$f=c-p+1 \tag{4-3}$$

相律是相图的基本规律之一，任何相图都遵从相律。

二、相图的基本知识

(一) 相图的表示方法

对于凝聚系统，相图测量过程中主要控制温度和成分，因此常见的相图大都以温度和成分为坐标。对于二元系，独立的成分变数只有一个，所以二元系只需用一个横坐标表示成分，纵坐标为温度，所以二元相图为一个平面图形；对于三元系，成分变数有两个，所以其成分必须用一个平面图形来表示，加上温度轴，所以三元相图是一个三维的立体图形。

(二) 二元相图的建立

二元相图可以用实验方法测定，其中常用的方法为热分析法。其原理是，将体系均匀冷却或加热，当无相变发生时，冷却曲线（温度-时间曲线）将连续变化。当体系内发生相变时，冷却曲线上会出现折点或停歇点。根据所测的临界点就可以绘出相图。下面以 Cu-Ni 二元系为例，说明热分析法绘制二元相图的过程。首先配制一系列不同成分的 Cu-Ni 合金；用热分析法测定合金的冷却曲线，找出各冷却曲线的临界点；将各临界点分别标注在温度-成分坐标系中相应的位置上，连接具有相同意义的点，得到 Cu-Ni 二元相图，如图 4-6 所示。

(三) 杠杆定律

杠杆定律是相图分析的重要工具，适用于两相区，可用来确定两平衡相的成分和相对量。在相图中，任意一点都叫“表象点”，一个表象点的坐标值反映一个给定合金的成分和温度。例如，在图 4-7 所示的二元系中，O 点表示成分为 x 的合金，处在 t 温度下。欲求该温度下两平衡相的成分，只需过表象点 O 作一水平线，与两相区的边界线分别交于 a、b 两点。a、b 所对应的成分 x_L 与 x_S 就是两平衡相的成分。参考图 4-7a，设合金总质量为 m_0，固相质量为 m_S、液相质量为 m_L。由质量守恒得

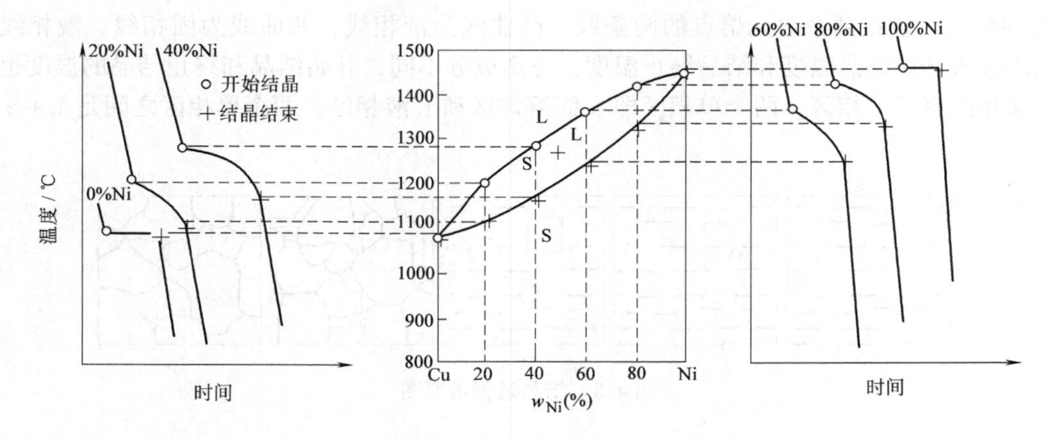

图 4-6 Cu-Ni 二元相图的测定

$$\left.\begin{aligned} m_S + m_L &= m_0 \\ m_S \cdot x_S + m_L \cdot x_L &= m_0 \cdot x \end{aligned}\right\} \tag{4-4}$$

解得

$$\left.\begin{aligned} \frac{m_L}{m_0} &= \frac{x_S - x}{x_S - x_L} = \frac{Ob}{ab} \\ \frac{m_S}{m_0} &= \frac{x - x_L}{x_S - x_L} = \frac{aO}{ab} \end{aligned}\right\} \tag{4-5}$$

由式（4-5）可得

$$m_L \cdot aO = m_S \cdot Ob \tag{4-6}$$

式（4-6）与力学的杠杆原理相同，如图 4-7b 所示，故称之为“杠杆定律”。

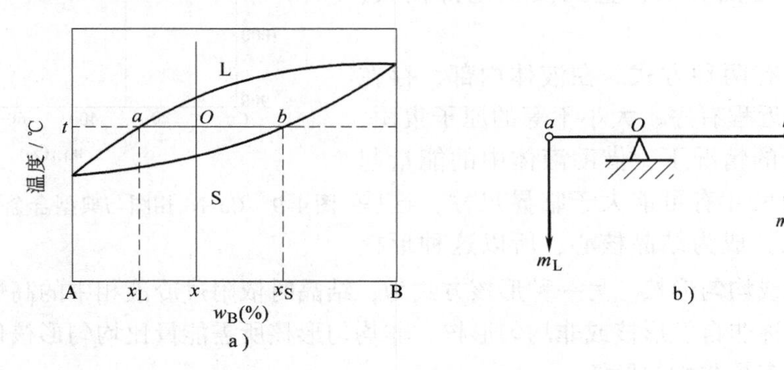

图 4-7 杠杆定律的证明及力学比喻

三、二元匀晶相图

由液相结晶出均一固相的过程称为匀晶转变，具有单一的匀晶转变的相图称为匀晶相图。组成匀晶相图的两个组元在液态和固态均能无限互溶，如 Cu-Ni、Au-Ag、Ag-Pt、Fe-Ni等合金系。现以 Cu-Ni 二元相图为例进行分析。

（一）相图分析与典型合金结晶过程

1. 相图分析

典型的匀晶相图是 Cu-Ni 二元相图，如图 4-8 和图 4-9 所示。Cu 的熔点 1083℃，Ni 的熔点1455℃。连接两个组元熔点的两条线，凸曲线为液相线，凹曲线为固相线。液相线与固相线代表开始结晶温度和结晶终止温度，合金成分不同，开始结晶和终止结晶的温度也不同。该相图有三个相区，两个单相区即α固溶体区和L液相区，两个单相区之间是L+α两相区。

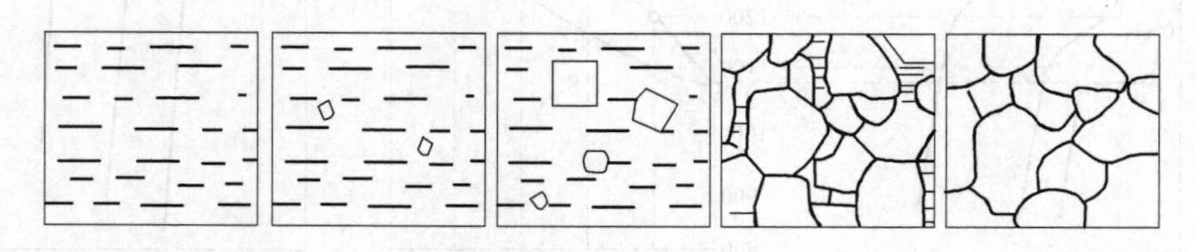

图4-8 结晶过程示意图

2. 结晶过程分析

（1）纯组元的结晶 纯组元结晶时，组元数为1，平衡相数为2，由吉布斯相律$f=c-p+1$，可知$f=1-2+1=0$，所以纯组元在恒温下结晶。液态纯组元冷至理论结晶温度T_m（熔点）以下某一温度T_n，就要发生结晶。

结晶是由液态的短程有序状态转变为固态的长程有序状态。结晶过程包括生核和长大过程，如图4-8所示。冷至理论结晶温度以下，经过一定孕育期，过冷液相中开始出现第一批晶核，随时间推移，已有晶核不断长大，同时又涌现出新的晶核，并且也逐渐长大，直到液相全部消失，结晶完毕。

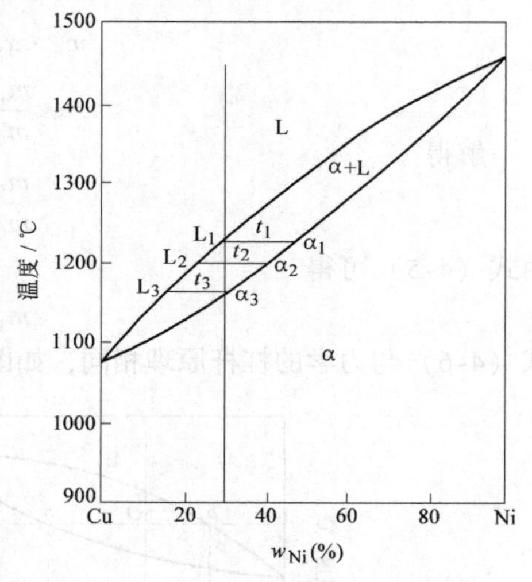

图4-9 Cu-Ni相图与典型合金平衡结晶分析

晶核的形成有两种方式。在液体内部，存在大量时聚时散、近程有序、大小不等的原子集团，即晶胚。在过冷的情况下，借助液体中的能量起伏，某些晶胚的尺寸有可能大于临界尺寸，这些晶胚可自发生长，成为结晶核心，所以这种形核方式叫自发形核或均匀形核。另一种形核方式为，结晶时依附过冷液相中的高熔点固态杂质形成晶核，所以称非自发形核或非均匀形核。非均匀形核所需能量比均匀形核低得多，所以实际金属结晶大多是非均匀形核。

由晶核长成的小晶体叫晶粒，晶粒之间的交界叫晶界。晶粒的二维平衡形貌为多边形块状，三叉晶界，晶界夹角为120℃。由于细晶粒金属强度高且塑性好，所以生产中总是希望获得细小的铸态组织。生产中细化晶粒的方法主要有增大过冷度、变质处理、机械搅拌或超声振动等。

晶粒线长大速度G(cm/s)和单位时间单位体积生成的晶核数目即形核率N($(\mathrm{cm}^3\cdot\mathrm{s})^{-1}$)均与过冷度（$\Delta T=T_m-T_n$）有关。对于金属材料，随$\Delta T$增加，$N$和$G$都增加，但$N$增加得更快，所以增加过冷度可细化晶粒。在浇注前向液体金属中加入能促进非自发形核的物质——变质剂，可增加非自发形核的核心，从而达到细化晶粒的目的。机械搅拌、电磁搅拌或超声振动可使生长中的晶枝被打碎，也可细化晶粒。

（2）固溶体的结晶　对于二元合金，组元数为2，结晶时两相共存，故$f=2-2+1=1$，所以固溶体合金在一定温度范围结晶。典型合金平衡结晶过程如图4-9所示。合金冷至液相线t_1温度开始结晶出含高熔点组元Ni多的α_1固溶体。随温度的下降，固溶体的数量不断增多，液相的数量不断减少，同时液固两相的成分也分别沿液相线和固相线不断变化。冷至固相线温度t_3时，结晶结束。由于平衡结晶，原子有充分扩散时间，所以结晶出的固溶体成分均匀一致。

（二）固溶体合金的非平衡结晶及其组织

偏离了平衡条件的结晶过程称为非平衡结晶。在实际冷却条件下，合金的冷却速度较大，溶质与溶剂原子均不能充分扩散，因此非平衡结晶必定产生化学成分的不均匀现象，即偏析。

分析非平衡结晶过程可参考图4-9。合金冷至液相线温度t_1时仍不能结晶，冷到t_1以下某一温度才开始结晶，首先结晶出的α固溶体含高熔点组元镍较多。当温度下降到t_2时，由于冷速过快，铜、镍原子不能充分扩散，因此所得到的固溶体中镍含量要高于平衡时的固溶体α_2的镍含量。当冷至固相线温度t_3时，结晶本应结束，但非平衡结晶时，仍有一部分液相尚未结晶，直到冷到固相线以下某一温度结晶才结束。由于合金总的含镍量一定，先结晶的固溶体含高熔点组元镍较多，所以后结晶的固溶体必定含镍少而含低熔点铜多。于是一个晶粒内部产生了化学成分的不均匀，称为晶内偏析。由于固溶体合金常以树枝方式长大，先结晶的枝干含高熔点组元多，后结晶的枝晶间含低熔点组元多，所以也叫枝晶偏析。Cu-Ni合金的枝晶偏析如图4-10所示。电子探针测试证实枝干富镍，枝间富铜。富镍的枝杆耐蚀性较强，腐蚀后呈白色；枝间富铜，耐蚀性差，腐蚀后呈黑色。枝晶偏析属于微观偏析，会降低材料力学性能和耐蚀性，采用扩散退火的方法可消除之。

图4-10　Cu-Ni合金的枝晶偏析

四、二元共晶相图与包晶相图

两组元液态完全互溶、固态有限互溶可形成共晶相图或包晶相图。共晶相图与包晶相图是二元相图中最基本的类型。

（一）共晶相图

一定成分的液相冷至某一温度，在恒温下分解为两个不同固相的转变称为共晶转变。具有共晶转变的相图叫共晶相图。转变所生成的两相机械混合物称为共晶组织。常见的共晶相图有Pb-Sb、Pb-Sn、Al-Si、Mg-Al、Ag-Cu相图等。

1. 共晶相图分析

Pb-Sn共晶相图如图4-11所示。其中，共有α、β、L三个单相区；L+α、L+β、α+β三个两相区；水平线*MEN*为α+β+L三相共存区。*MEN*称为共晶线，成分位于*M*点和*N*点之间的合金，均有共晶转变$L \xrightleftharpoons{183℃} \alpha_M + \beta_N$。*AMENB*为固相线，该线以下均为固相。

AEB 为液相线，表示从液相中开始结晶出固相的温度。*MF* 和 *NG* 分别为 Sn 在 Pb 中和 Pb 在 Sn 中的固溶度曲线，随温度的降低固溶度减小。*A*、*B* 为两个纯组元的熔点；*E* 为共晶点，表示该成分的合金平衡冷却可得到 100% 共晶组织。

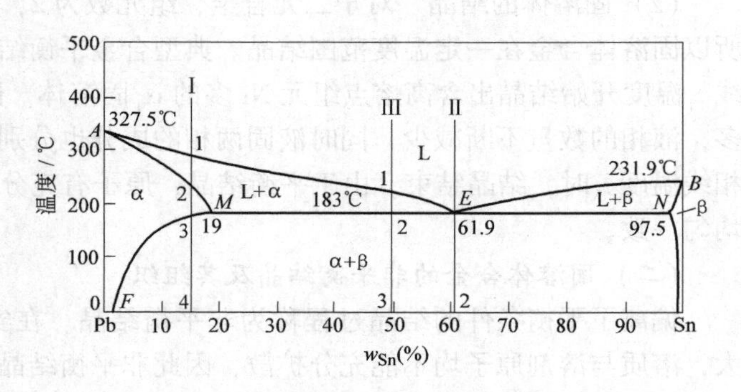

图 4-11 Pb-Sn 共晶相图

共晶温度下，*M* 点以左的合金为 α 固溶体合金，*N* 点以右合金为 β 固溶体合金；*ME* 之间的合金为亚共晶合金，*EN* 之间的合金为过共晶合金。*E* 点成分的合金为共晶合金。

2. Pb-Sn 合金平衡结晶过程

合金平衡结晶过程可参图 4-11，冷却曲线、结晶过程、显微组织如图 4-12 所示。

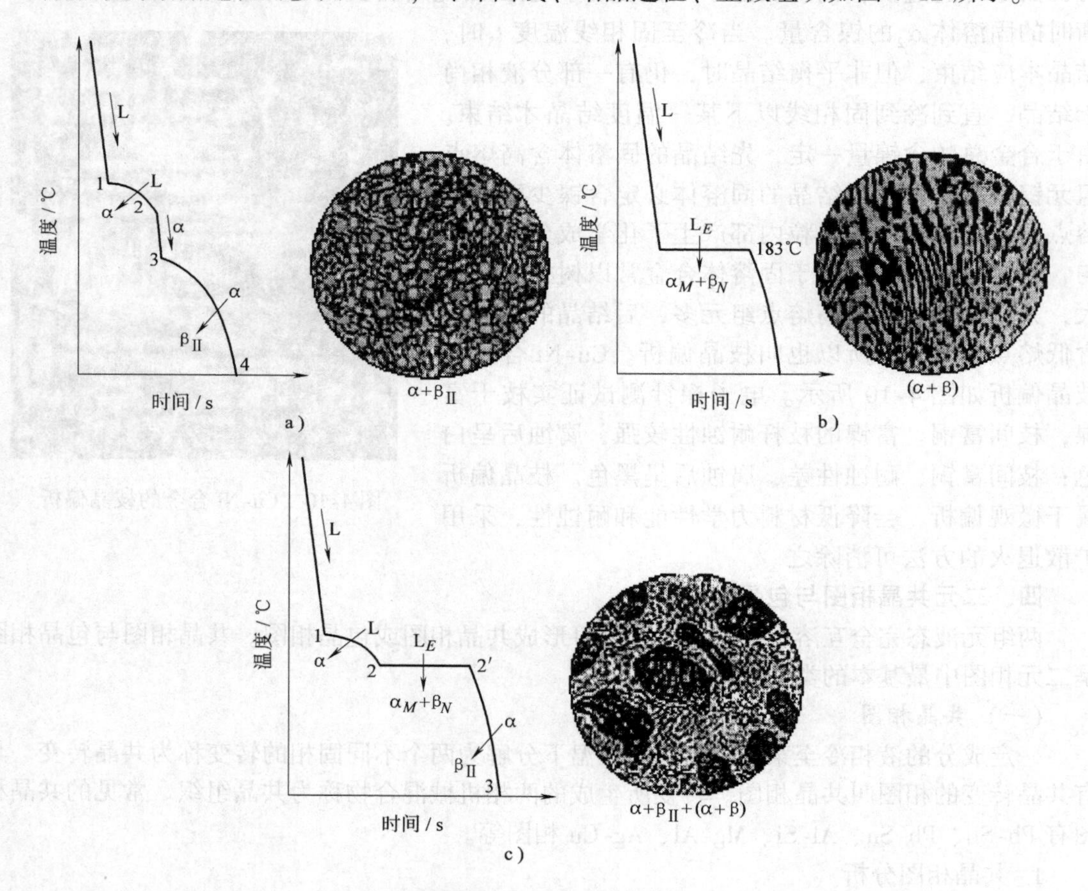

图 4-12 Pb-Sn 合金平衡组织

a) 合金 I（固溶体合金） b) 合金 II（共晶合金） c) 合金 III（亚共晶合金）

图4-11 中合金Ⅰ（α 固溶体合金）的冷却曲线如图4-12a 所示。液相冷至1点，开始由液相中结晶出 α 固溶体。随温度下降，α 相数量不断增多，冷到2点液相全部转变为 α 固溶体，这一转变过程就是前面讲过的匀晶转变。由 2 点到 3 点是单相区，α 固溶体简单冷却。温度降至3点，碰到固溶度曲线，随温度的下降，Sn 在 α 固溶体中的固溶度降低，过剩的 Sn 将以 β 固溶体的形式由 α 固溶体中析出，这种次生相记作 $\beta_{\text{Ⅱ}}$。合金Ⅰ即 α 固溶体合金的显微组织为 $\alpha+\beta_{\text{Ⅱ}}$，如图4-12a 所示。图中黑色基体为 α 相，白色颗粒为 β 相。与此类似，β 固溶体合金的显微组织应为 $\beta+\alpha_{\text{Ⅱ}}$。

图4-11 中合金Ⅱ（$w_{\text{Sn}}=61.9\%$ 的共晶合金）的冷却曲线，如图4-12b 所示。液相冷至共晶温度183℃，发生共晶转变 $L_E \xrightleftharpoons{T_E} \alpha_M+\beta_N$。该反应一直在恒温下进行，直到液相完全消失为止。该合金组织为100%的共晶体，α_M 与 β_N 均呈片状，并且相间分布。随温度降低，由于固溶度的降低，过饱和的 α 和 β 都将析出次生相 $\beta_{\text{Ⅱ}}$ 和 $\alpha_{\text{Ⅱ}}$。由于共晶组织中析出的 $\beta_{\text{Ⅱ}}$ 和 $\alpha_{\text{Ⅱ}}$ 与 α 和 β 混在一起，难以分辨，所以共晶合金室温下的显微组织仍为片状共晶组织，记为 $(\alpha+\beta)$，如图4-12b 所示。共晶转变刚刚结束，共晶体中两相的相对量可由杠杆定律求得

$$\left.\begin{aligned} w_{\alpha_M} &= \frac{EN}{MN} \approx 45.4\% \\ w_{\beta_N} &= \frac{ME}{MN} \approx 54.6\% \end{aligned}\right\} \tag{4-7}$$

所要说明的是虽然共晶组织的基本特征是两相交替分布，但具体形态可以是片状、棒状、球状、螺旋状等。共晶体的形态主要与组成共晶两相的本质和两相的体积分数有关。

图4-11 中合金Ⅲ（$w_{\text{Sn}}=50\%$ 的亚共晶合金）的冷却曲线，如图4-12c 所示。由图4-11，液相冷至1点，开始由液相中结晶出 α 固溶体。随温度下降，α 相不断增多，液相 L 不断减少，液相成分沿液相线 AE 变化，α 相成分沿固相线 AM 变化。冷到2点即共晶温度时，液相成分变到 E 点，α 相成分变到 M 点。E 点成分的液相在共晶温度下发生共晶转变生成共晶体，到2′点液相完全消失。此时合金的组织为 $\alpha_M+(\alpha_M+\beta_N)$。由杠杆定律可计算出共晶转变刚结束，在共晶温度下合金组织组成物的相对量

$$\left.\begin{aligned} w_{(\alpha_M+\beta_N)} &= w_{L_E} = \frac{M2}{ME} = \frac{50-19}{61.9-19} \approx 72.3\% \\ w_{\alpha_M} &= \frac{2E}{ME} = \frac{61.9-50}{61.9-19} \approx 27.7\% \end{aligned}\right\} \tag{4-8}$$

由2′点继续冷却，如前述，虽然共晶体中的固溶体 α 与 β 都要析出次生相，但可以认为共晶体的总量不发生变化。但随温度的降低，先共晶相 α_M 中会析出点状次生相 $\beta_{\text{Ⅱ}}$，故室温下亚共晶合金的组织为 $\alpha+\beta_{\text{Ⅱ}}+(\alpha+\beta)$，如图4-12c 所示。过共晶合金的结晶过程与此类似，只不过先共晶相为 β 相而已，其室温组织为 $\beta+\alpha_{\text{Ⅱ}}+(\alpha+\beta)$。

3. 伪共晶与离异共晶

（1）伪共晶 平衡凝固时，任何偏离共晶成分的合金都不可能得到百分之百的共晶组织。在非平衡凝固条件下，成分接近共晶的亚共晶与过共晶合金，凝固后却可以得到全部的共晶组织。这种非共晶成分的共晶组织称为伪共晶。

伪共晶的获得可参考图4-13。从热力学角度看，将非共晶成分的Ⅰ合金液过冷到两条

液相线延长后所形成的阴影区，此时液体对于α和β都是过饱和的，所以液相可同时生成α和β形成伪共晶，所以阴影区被称为伪共晶区。事实上并不都是如此，至少对于有机物来说，伪共晶区大都不对称，可存在多种形式。伪共晶区的形状取决于两组成相的自身固有特点和它们与液相的成分差异等因素。铝硅合金的伪共晶区偏向硅一侧，如图 4-14 所示。共晶成分的液相过冷到 *a* 点，落不到伪共晶区，只有先析出 α 相，使液相成分移至伪共晶区内，才可进行共晶转变。

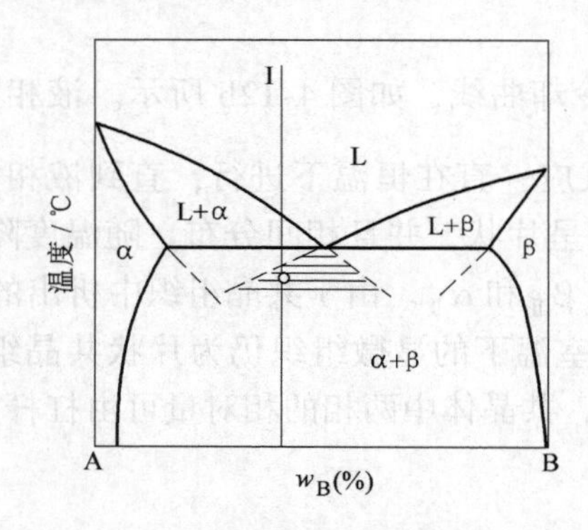

图 4-13 热力学考虑的伪共晶区

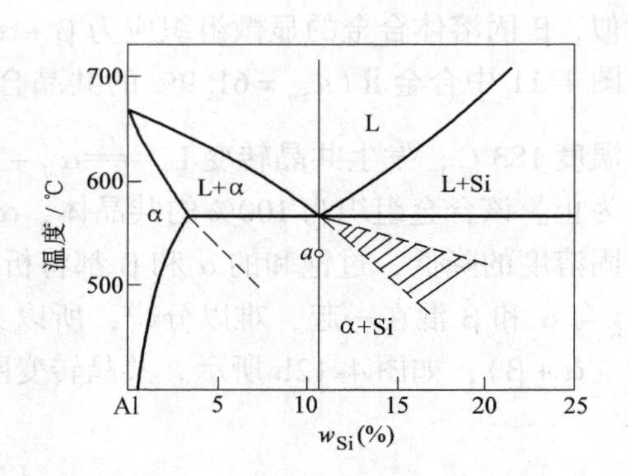

图 4-14 Al-Si 合金系的伪共晶区

（2）离异共晶 当合金中共晶组织所占体积分数很少，先共晶相所占体积分数很大时，共晶组织中与先共晶相相同的相会依附先共晶相长大，把另一组成相孤立出来，形成以先共晶相为基，另一组成相连续或断续分布在先共晶相的晶粒边界上，如图 4-14 所示。这种两相分离的共晶组织叫离异共晶。

（二）包晶相图

包晶转变是由一种液相与一种固相相互作用而生成另一种新固相的反应。Pt-Ag、Sn-Ag、Cd-Hg、Cu-Zn、Cu-Sn 等许多合金系中都有这种转变。

Pt-Ag 相图是一种典型的包晶相图，如图 4-15 所示。*ACB* 为液相线，*APDB* 为固相线。*PDC* 水平线为包晶线，成分在 *P* 点以右、*C* 点以左的合金平衡冷却时都会有包晶转变发生。其中成分为 *D* 点（包晶点）的合金Ⅰ平衡结晶过程，可参考图 4-15。其结晶过程如图 4-16 所示。1 以上液相简单冷却。冷至 1 ~ *D* 之间，发生匀晶转变 L→α，随温度的下降，α 相数量不断增多，液相数量不断减少，两平衡相成分分别沿 *AP*、*AC* 变化。冷至 *D* 点（包晶温度），α 成分变到 *P* 点成分，L 成分变到 *C* 点成分，它们的相对量可由杠杆定律算出

$$\left.\begin{aligned} w_{L_C} &= \frac{PD}{PC} = \frac{42.4-10.5}{66.3-10.5} \approx 57.1\% \\ w_{\alpha_P} &= \frac{DC}{PC} = \frac{66.3-42.4}{66.3-10.5} \approx 42.9\% \end{aligned}\right\} \tag{4-9}$$

此时在 *D* 点温度（1186℃）进行恒温的包晶转变 $L_C + \alpha_P \xrightarrow{1186℃} \beta_D$ 包晶转变产物为 100% 的 β_D。包晶转变结束后，继续冷却，由于固溶度的下降，β 中会析出 $\alpha_{Ⅱ}$，室温组织为 $\beta + \alpha_{Ⅱ}$。

合金Ⅱ位于 *P* 点与 *D* 点之间，1 以上 L 简单冷却，1 ~ 2 液相中析出 α 相，冷到 *D* 点温

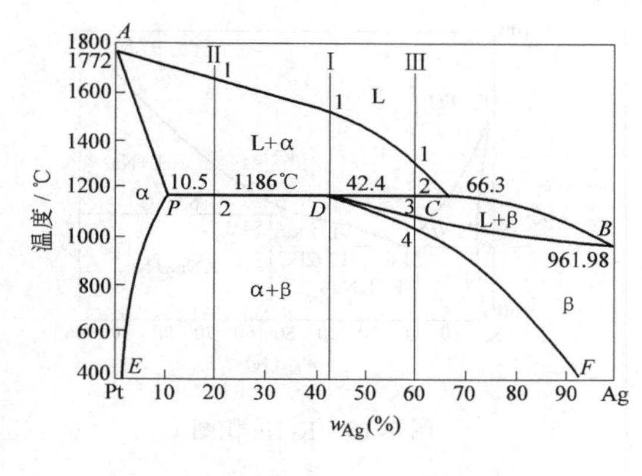

图 4-15 Pt-Ag 相图

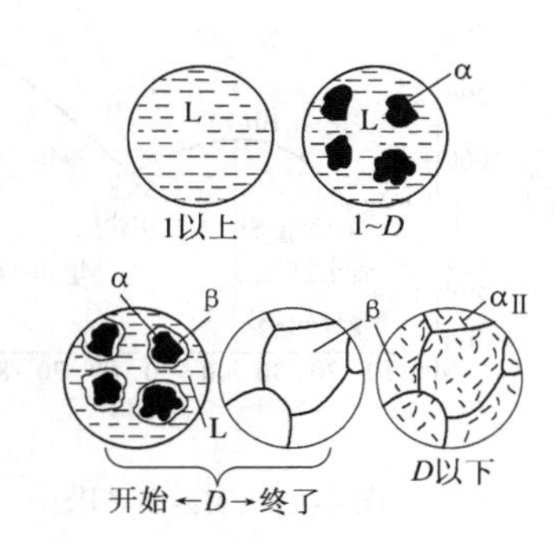

图 4-16 合金 I 平衡结晶示意图

度进行包晶转变，包晶转变结束后，肯定剩余 α 相，所以此时组织为 $\alpha_P+\beta_D$，继续冷却 $\alpha\rightarrow\beta_{\text{II}}$、$\beta\rightarrow\alpha_{\text{II}}$，所以合金Ⅱ的室温组织为 $\alpha+\beta+\beta_{\text{II}}+\alpha_{\text{II}}$。

合金Ⅲ位于 D 点与 C 点之间，1 以上 L 简单冷却，1 ~ 2 液相中析出 α 相，冷至包晶温度进行包晶转变，包晶转变结束后，剩余 L 相，此时两平衡相为 L_C 和 β_D。随温度下降，在 2 ~ 3之间，剩余液相按匀晶转变，全部变为 β 相，3 ~ 4 之间 β 简单冷却，4 以下 $\beta\rightarrow\alpha_{\text{II}}$，所以该合金室温组织为 $\beta+\alpha_{\text{II}}$。

P 点以左和 C 点以右合金的结晶过程与前述共晶相图中的固溶体合金结晶规律相同，这里不再重复。

包晶转变时，β 相包着 α 相生成，这样两个反应相的原子交换必须通过固相 β。由于固态扩散速度远低于液相中的扩散速度，如果要使包晶转变充分进行，则冷却速度必须十分缓慢。在实际生产中，由于冷速快，包晶转变不能充分进行，平衡组织中所没有的 α 相，在非平衡结晶时会在 β 相中心残留下来，所以非平衡结晶时组织中 α 相的数量要明显增多。

五、其他类型的二元相图

除前面介绍的匀晶相图、共晶相图和包晶相图三种最基本的二元相图外，还有许多其他类型的相图。

（一）组元间形成化合物的相图

1. 组元间形成稳定化合物的相图

所谓稳定化合物是指具有一定熔点，并且在熔点以下不发生分解的化合物。其中具有稳定化合物 Mg_2Si 的 Mg-Si 相图如图 4-17 所示。分析这类相图时，可把稳定化合物看成一个组元，于是该相图可分成 Mg-Mg_2Si 和 Mg_2Si-Si 两个共晶相图来研究。

2. 组元间形成不稳定化合物的相图

所谓不稳定化合物是指加热到一定温度就发生分解的化合物。图 4-18 为 K-Na 相图。在 $w_K=45.6\%$，温度低于 6.9℃时，形成一不稳定化合物 KNa_2。KNa_2 加热到 6.9℃分解为液相 L 和 Na 晶体。由图 4-18 可以看出这个化合物是包晶转变 $L+Na\rightarrow KNa_2$ 的产物。组元间形成不稳定化合物时，不能将相图截然分开，只能使相图中多一个单相区。当这个化合物成分不可变时，此单相区为一条垂线，如果能作为溶剂溶解其组成元素，这个相区将具有一定成分范围。

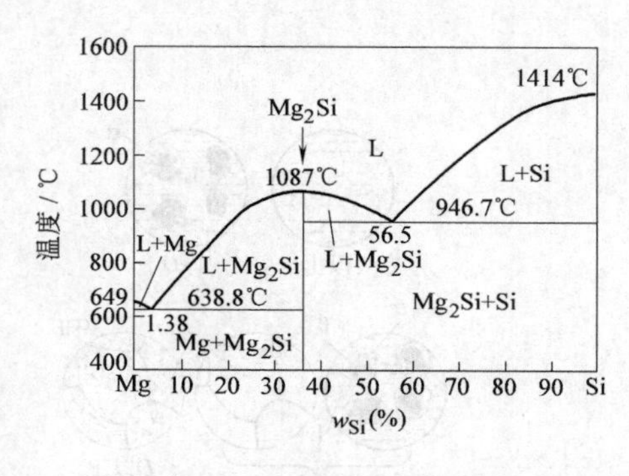

图 4-17 Mg-Si 相图

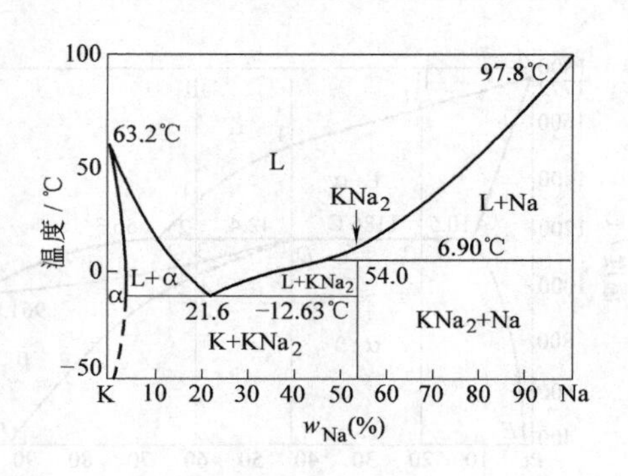

图 4-18 K-Na 相图

由以上分析可知，当组元间形成化合物时，不管是形成稳定化合物还是不稳定化合物，整个相图都是由一些基本相图拼合而成的。

（二）具有共析反应的相图

在高温下，合金液以某种转变方式形成一个固相（固溶体），当冷至某一温度时，一定成分的固相在恒温下分解为两个不同固相的转变称为共析转变。共析转变与共晶转变非常相似，所不同的是反应相不是液相，而是固相。例如，铁碳合金中的高温相奥氏体（$\gamma_{0.77}$）在727℃发生共析反应，生成两种新的固相（Fe_3C 与 $\alpha_{0.0218}$）的转变就是共析转变。

六、合金相图与性能的关系

由相图我们可以大致判断合金在平衡状态下的某些性能。图 4-19 反映了相图与强度、硬度及电导率之间的关系。固溶体合金的性能与合金成分呈曲线变化。由于固溶强化作用，固溶体合金的强度和硬度比溶剂要高，在原子百分比接近50%附近，具有最高的强度与硬度，但它的导电性不如纯金属，如图 4-19a 所示。共晶相图中，在形成机械混合物时，其性能是组成相的平均值，即性能与成分呈直线关系。但共晶组织中各相的分散度对组织敏感的性能有较大影响，当共晶组织很细小时，其强度和硬度有可能出现高峰，如图 4-19b 所示。两组元若能形成稳定化合物，在成分和性能曲线上，在化合物成分点处会出现奇点，如图 4-19c 所示。

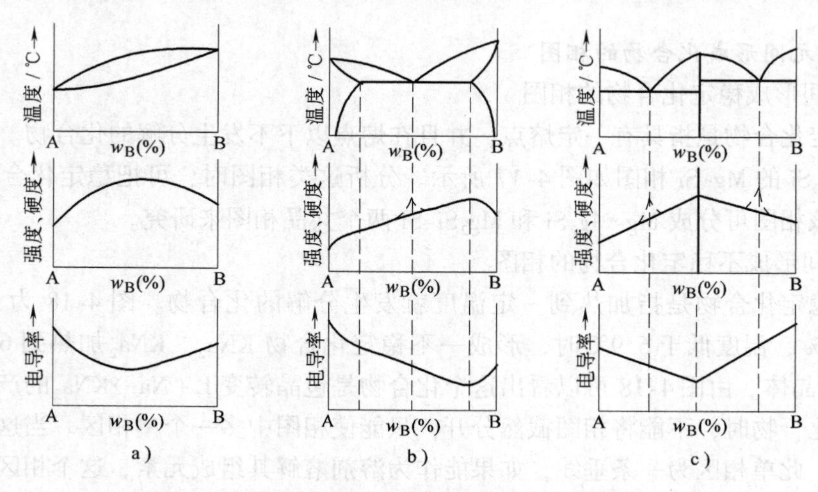

图 4-19 相图与强度、硬度及电导率之间的关系

图 4-20 反映了相图与合金铸造工艺性能的关系。由图可知固溶体合金的流动性不如纯金属和共晶合金好，易形成分散缩孔。液相线与固相线间隔越大，流动性越差，分散缩孔越多，集中缩孔越少。从铸造工艺性来说，由于共晶合金熔点比纯组元低，并且也是恒温结晶，故流动性好，易形成集中缩孔，热裂和偏析倾向小，所以铸造合金宜选择接近共晶成分的合金。

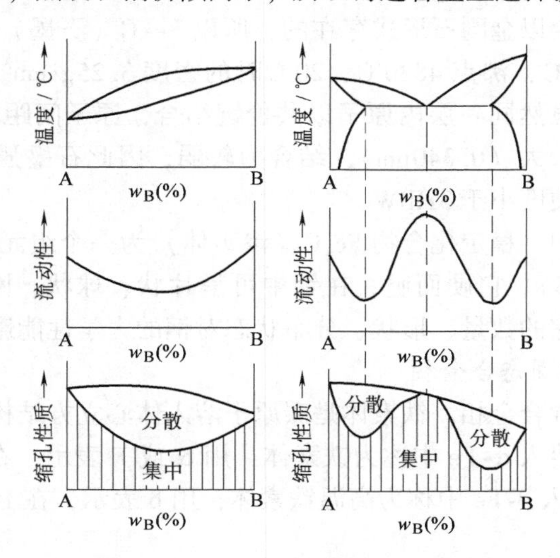

图 4-20　相图与合金铸造工艺性能的关系

第三节　铁碳合金相图与铁碳合金

钢和铁都是以铁为基的合金，具有优良的使用性能。自从公元前 6 世纪我国最早的人工冶炼铁器的出现到现在，它们一直是人类社会中最重要的金属材料。地壳内 $w_{Fe}=4.2\%$，储量集中，易于开采和冶炼，并且可通过固态转变获得多种组织和所需要的使用性能。所以学习铁碳合金相图对于了解、掌握和应用钢和铸铁十分必要。

一、铁碳合金的组元和相

铁与碳可形成一系列稳定化合物，如 Fe_3C、Fe_2C、FeC 等，因此整个铁碳相图可以看成是由 Fe-Fe_3C、Fe_3C-Fe_2C、Fe_2C-FeC 等二元相图所构成的。由于工业上应用的铁碳合金一般 $w_C<5\%$，而 Fe_3C 含碳质量分数为 6.69%，因此在研究铁碳合金时，可以以 Fe 和 Fe_3C 为组元，只研究 Fe-Fe_3C 相图部分已足够。此外，在灰铸铁中，碳主要以石墨形式存在，所以在研究灰铸铁时还需了解 Fe-C（石墨）相图。在 Fe-C 系中，石墨也是一个组元。在热力学上 Fe_3C 是亚稳相，在一定条件下能分解为铁和石墨，即 $Fe_3C \xrightarrow{加热} 3Fe + C$（石墨）。下面首先介绍铁碳合金的组元。

（一）组元

1. 纯铁

铁的原子序数为 26，熔点 1538℃，沸点 2930℃，20℃时的密度 7.87g/cm^3，相对原子质量 55.85。铁原子外层电子的组态是 $3d^64s^2$。随温度的变化铁会发生同素异构转变。912℃以下为体心立方的 α-Fe，912～1394℃为面心立方的 γ-Fe，1394～1538℃为 δ-Fe。低温的铁具有铁磁性，770℃以上无铁磁性。纯铁强度和硬度较低，塑性和韧性较高，具有高的磁导率，常用于要求软磁性的场合，如作仪器仪表的铁心等。

2. 碳和渗碳体

碳的原子序数为6，相对原子质量12.01。自然界中碳以石墨和金刚石两种形式存在。在铁碳合金中，碳是不会以金刚石形式存在的，所以Fe-C（石墨）相图中石墨就是另一个组元。石墨的熔点3836℃，沸点4830℃，20℃时的密度3.25g/cm^3，相对原子质量12.01，具有层状的六方结构。虽然同一层内原子以共价键结合，原子间距较小（0.142nm），结合力较强，但层与层间距较大（0.340nm），结合力较弱，因此石墨强度与塑性极低，例如抗拉强度$\sigma_b < 19.6$MPa，硬度小于3HBW。

在Fe-Fe_3C二元系中，稳定化合物Fe_3C（渗碳体）为一个组元。如前所述，Fe_3C具有复杂正交结构（见图4-5）。它硬而脆，在钢中可呈片状、球状、网状、板状等形态出现，是钢中的主要强化相。它的数量、形状、分布状态对钢的力学性能影响很大。

（二）铁碳合金中的固态合金相

铁碳合金中共有五种合金相。铁素体是碳原子溶入体心立方结构铁中的扁八面体间隙内形成的间隙式固溶体。溶入α-Fe中称为铁素体，用α或F表示，在727℃时，具有最大溶碳量$w_C = 0.0218\%$；溶入δ-Fe中称为高温铁素体，用δ表示，在1495℃时，具有最大溶碳量$w_C = 0.09\%$。

奥氏体是碳原子溶入γ-Fe的正八面体间隙内形成的间隙式固溶体，用γ或A表示。在1148℃时，具有最大溶碳量$w_C = 2.11\%$。此外，渗碳体和石墨也是铁碳合金中的固态合金相，前面已介绍过，这里不再重复。

二、Fe-Fe_3C相图

人们通常研究的铁碳相图中碳的质量分数只到6.69%为止，如图4-21所示。碳含量超过在铁中的固溶度后，可以以Fe_3C形式或石墨形式存在，故铁碳相图有Fe-Fe_3C系与Fe-C（石墨）系两种。由于石墨的自由能永远低于Fe_3C，所以前者为亚稳系，后者为稳定系。热力学决定了碳在稳定系中的固溶体内的固溶度小于亚稳系，而共晶温度与共析温度高于亚稳系。将两相图绘在一起构成双重相图时，Fe-Fe_3C相图位于Fe-C（石墨）相图的右下方，如图4-21所示。两相图有些线完全重合，有些线不同，其中图中实线为Fe-Fe_3C相图，虚线为Fe-C相图。

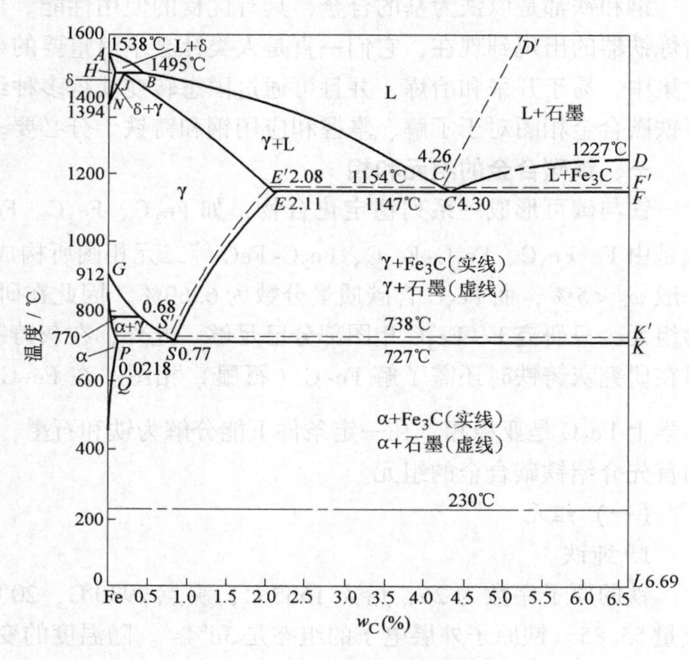

图4-21 铁碳合金双重相图

虽然石墨为稳定相，但在所

研究相图的这个部分，碳的浓度、奥氏体和铁素体的晶体结构都与 Fe_3C 相近，而与石墨相差较大，所以在一般情况下铁碳合金的组织变化还是按亚稳的 Fe-Fe_3C 相图转变。

（一）Fe-Fe_3C 相图分析

Fe-Fe_3C 相图看起来较复杂，实际上是由包晶、共晶和共析三种最基本的相图组成的，所不同的是有些线为两个简单相图所共用，例如 *ES* 线既属于共晶相图部分又属于共析相图部分。

1. Fe-Fe_3C 相图的相区

该相图有 L、α、γ、δ 和 Fe_3C 共五个单相区，利用相区接触法则可找出 L + δ、L + γ、δ + γ 等七个两相区和三个三相区（三条水平线）。

2. 主要特性线

ABCD 与 *AHJECF* 分别为固相线和液相线。

三条水平线，*HJB*（1495℃）为包晶线，*ECF*（1148℃）为共晶线，*PSK*（727℃）为共析线，其恒温转变如下：

包晶转变：$$\delta_{0.09} + L_{0.53} \xrightleftharpoons{1495℃} \gamma_{0.17}$$

共晶转变：$$L_{4.3} \xrightleftharpoons{1148℃} \gamma_{2.11} + Fe_3C$$

共析转变：$$\gamma_{0.77} \xrightleftharpoons{727℃} \alpha_{0.0218} + Fe_3C$$

此外 Fe-Fe_3C 相图还有三条重要的固态转变线：

1）*GS* 线：冷却时，奥氏体开始析出铁素体的转变线；加热时，铁素体全部转变为奥氏体的转变线。*GS* 线也称 A_3 线。

2）*ES* 线：碳在奥氏体中的固溶度曲线，此温度也称 A_{cm} 线。奥氏体冷却到该温度以下将析出渗碳体，称为二次渗碳体，记为 $Fe_3C_{Ⅱ}$，以区别液相析出的一次渗碳体（$Fe_3C_{Ⅰ}$）。

3）*PQ* 线：碳在铁素体中的固溶度曲线。在 727℃ 时，铁素体最大溶碳量 w_C = 0.0218%，600℃时，铁素体的溶碳量 w_C = 0.0057%，铁素体冷却到该温度以下将析出渗碳体，称为三次渗碳体，记为 $Fe_3C_{Ⅲ}$。

此外，770℃线为铁素体的磁性转变线（居里温度），以 A_2 表示。230℃水平虚线为渗碳体的磁性转变线，以 A_0 表示。居里温度以上为顺磁性物质，居里温度以下为铁磁物质。磁性转变时晶格类型不变，也无潜热的放出和体积的突变。

N 点为纯铁的同素异构转变温度（$\delta - Fe \xrightleftharpoons{1394℃} \gamma - Fe$），以 A_4 表示。*G* 点也为纯铁的同素异构转变温度（$\alpha - Fe \xrightleftharpoons{912℃} \gamma - Fe$），以 A_3 表示。*D*、*F*、*K*、*L* 为不同温度下渗碳体的表象点。其他特性点在介绍组元和特性线时已作交代。

（二）典型合金平衡结晶

通常根据含碳量和组织特点对铁碳合金进行分类。$w_C \leqslant 0.0218\%$ 的铁碳合金称为工业纯铁；$0.0218\% < w_C \leqslant 2.11\%$ 的铁碳合金称为钢，钢只有共析转变，而无共晶转变；$w_C > 2.11\%$ 的铁碳合金称为铸铁，铸铁具有共晶转变。

根据组织特征可将铁碳合金分为七种：①工业纯铁（*P* 点以左合金）；②亚共析钢(*P* ~ *S* 点之间合金)；③共析钢（*S* 点合金）；④过共析钢（*S* ~ *E* 点之间合金）；⑤亚共晶铸铁（*E* ~ *C* 点之间合金）；⑥共晶铸铁（*E* 点合金）；⑦过共晶铸铁（*E* 点以右合金）。典型合金结晶过程分析如图 4-22 所示。

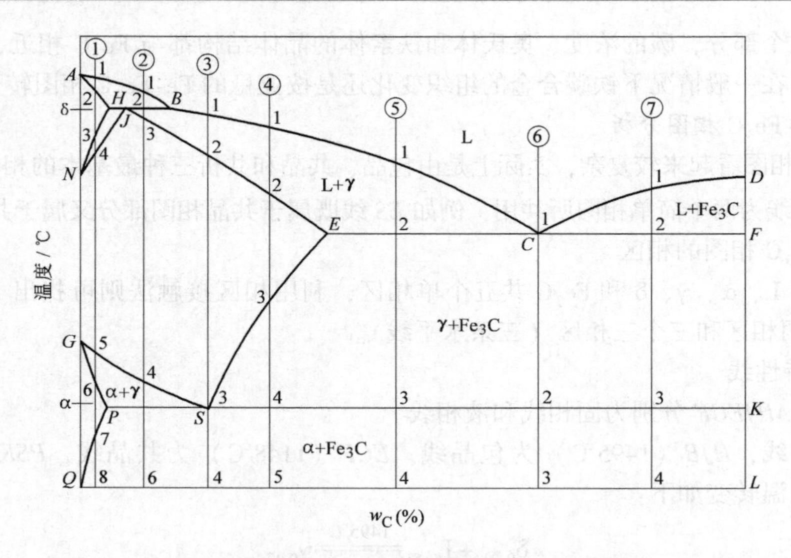

图4-22 典型铁碳合金冷却时的组织转变过程分析

1. 工业纯铁（图4-22中①合金）

合金液冷至1~2点温度发生匀晶转变L→δ，到2点温度，液相全部转变为高温铁素体（δ）；2~3点之间为单相区，高温铁素体简单冷却；3~4点之间，随温度下降，δ→γ，到4点，高温铁素体全部转变为奥氏体；4~5点之间为单相区，奥氏体简单冷却；5~6点之间，随温度下降，γ→α，到6点，奥氏体全部转变为铁素体；6~7点之间为单相区，铁素体简单冷却；温度降到7点，由于固溶度的变化，铁素体中析出三次渗碳体，即$\alpha \rightarrow Fe_3C_{Ⅲ}$。室温组织为$\alpha + Fe_3C_{Ⅲ}$，如图4-23所示。

2. 共析钢（图4-22中③合金）

共析钢合金液冷至1~2点之间，发生匀晶转变L→γ；到2点，液相全部转变为奥氏体；2~3点为单相区，奥氏体简单冷却；在3点（727℃），发生共析转变即$\gamma_S \rightarrow \alpha_P + Fe_3C$，转变产物为珠光体，一般用P表示。珠光体是铁素体与渗碳体的机械混合物，一般为细密的片状组织。珠光体继续冷却到室温，组织不发生变化，所以共析钢的室温组织为100%的片状珠光体，如图4-24所示。珠光体中α和Fe_3C的相对量可由杠杆定律算出

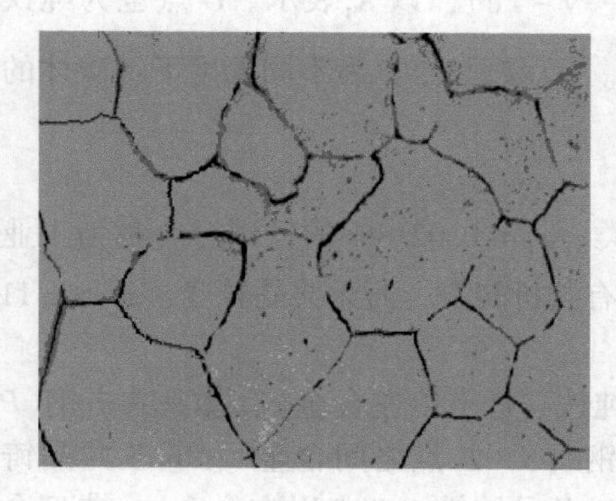

图4-23 工业纯铁的平衡组织

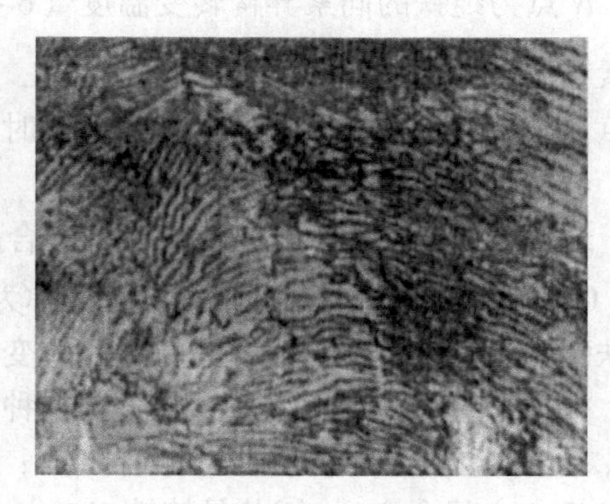

图4-24 共析钢的平衡组织

$$
\left.\begin{aligned}
w_{\alpha} &= \frac{4L}{QL} = \frac{6.69 - 0.77}{6.69} \times 100\% \approx 88\% \\
Fe_3C &= 1 - w_{\alpha} \approx 12\%
\end{aligned}\right\} \tag{4-10}
$$

3. 亚共析钢（图4-22中②合金）

亚共析钢结晶过程示意图、冷却曲线和各温度区间的转变，如图4-25所示。

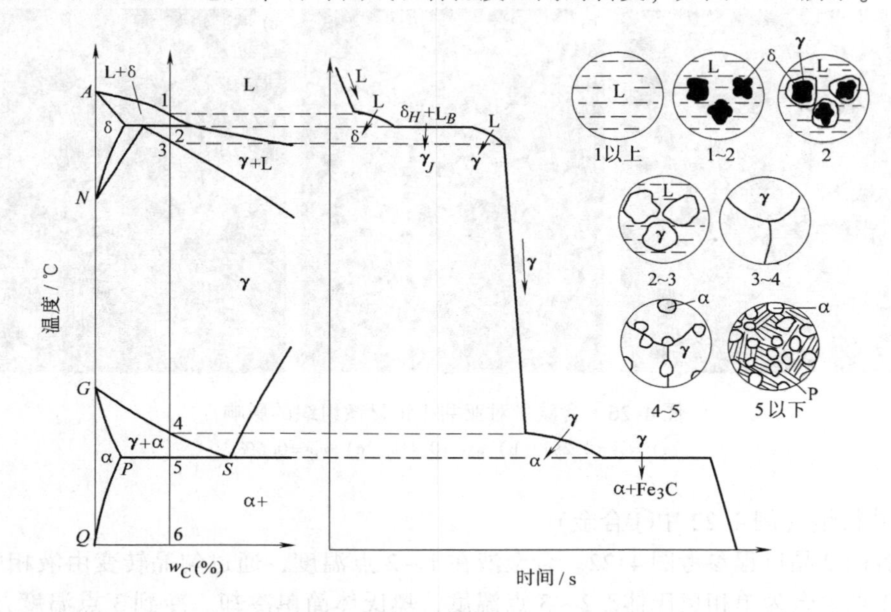

图4-25　亚共析钢平衡冷却时的组织变化

液态合金冷至1~2点温度发生匀晶转变L→δ。随温度下降，固相量不断增多，液相量不断减少，两平衡相成分分别沿固相线和液相线变化。冷至2点温度（1495℃），发生包晶转变：$\delta_H + L_B \rightarrow \gamma_J$。包晶转变后会剩余液相。剩余的液相在2~3点温度，发生匀晶转变L→γ，到3点温度，合金全部变为奥氏体。3~4点温度为单相区，奥氏体简单冷却。当奥氏体冷到4点温度（*GS*线）时，奥氏体开始析出铁素体，即γ→α。随温度下降，铁素体量不断增多，奥氏体量不断减少，它们的成分分别沿*GP*线和*GS*线变化。当温度冷到5点（727℃）时，剩余的奥氏体成分变到0.77%（*S*点），发生共析反应生成珠光体，即$\gamma_S \rightarrow \alpha_P + Fe_3C$。共析反应结束后，继续冷却先共析铁素体中会脱溶出三次渗碳体（$Fe_3C_{Ⅲ}$），但其数量很少，可以忽略，所以亚共析钢室温组织为α+P。

室温下亚共析钢的组织组成物的相对量可由杠杆定律求得

$$
\left.\begin{aligned}
w_{P} &= w_{\gamma_S} = \frac{P5}{PS} \times 100\% \\
w_{\alpha_{先}} &= \frac{5S}{PS} \times 100\%
\end{aligned}\right\} \tag{4-11}
$$

室温下亚共析钢的两相相对量为

$$
\left.\begin{aligned}
w_{Fe_3C} &= \frac{Q6}{QL} \times 100\% \\
w_{\alpha} &= \frac{6L}{QL} \times 100\%
\end{aligned}\right\} \tag{4-12}
$$

由公式（4-11）可知，亚共析钢的含碳量越高，组织组成物中的珠光体量越多，先共析铁素体量$\alpha_{先}$越少。由公式（4-12）可知，随合金含碳量增高，室温下两相的相对量也发生变化，Fe_3C量增多，而α量减少。含碳量对平衡组织的影响见图4-26，显然随碳量增加，珠光体的体积分数增加。

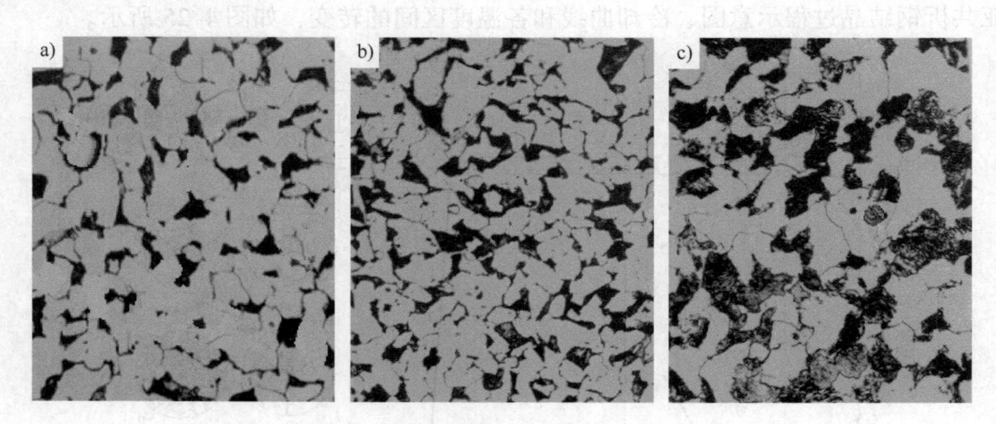

图4-26 含碳量对亚共析钢显微组织的影响

a）$w_C=0.2\%$ b）$w_C=0.4\%$ c）$w_C=0.6\%$

4. 过共析钢（图4-22中④合金）

过共析钢结晶过程参考图4-22。合金液在1~2点温度，通过匀晶转变由液相中析出奥氏体，到2点合金为单相奥氏体。2~3点温度，奥氏体简单冷却。冷到3点温度，碰到*ES*线（碳在奥氏体中的固溶度曲线），所以在3~4点温度，奥氏体析出二次渗碳体（$Fe_3C_{Ⅱ}$），奥氏体成分沿*ES*线变化，冷到4点温度（727℃），奥氏体成分变到*S*点（0.77%），在恒温下进行共析转变生成珠光体。过共析钢室温下的组织为$P+Fe_3C_{Ⅱ}$。室温下组织组成物的相对量可由杠杆定律求得

$$\left.\begin{aligned} w_{Fe_3C_{Ⅱ}} &= \frac{S4}{SK}\times 100\% \\ w_P &= \frac{4K}{SK}\times 100\% \end{aligned}\right\} \tag{4-13}$$

由式（4-13），过共析钢组织中的$Fe_3C_{Ⅱ}$数量随碳含量的增加而增加，显然$w_C=2.11\%$的过共析钢中$Fe_3C_{Ⅱ}$的数量最多。$Fe_3C_{Ⅱ}$往往以网状或不连续网状分布在原奥氏体晶界上，如图4-27所示。$Fe_3C_{Ⅱ}$呈网状分布使钢的脆性增大，塑性和韧性指标下降。

5. 白口铸铁

1）共晶白口铸铁（图4-22中⑥合金）结晶过程：合金液冷至1点（1148℃）进行共晶转变$L_{4.3}\xrightarrow{1148℃}\gamma_{2.11}+Fe_3C$，转变产物为奥氏体与渗碳体的机械混合物——莱氏体（Ld）；在1~2点温度范围冷却，莱氏体中的奥氏体会沿*ES*线变化，析出$Fe_3C_{Ⅱ}$，析出的$Fe_3C_{Ⅱ}$依附在共晶渗碳体上而不易分辨。到2点（727℃）奥氏体成分变到*S*点成分，于是发生共析转变生成珠光体，而共晶渗碳体则不发生变化。我们将室温下的共晶转变产物即$P+Fe_3C_{Ⅱ}+Fe_3C$称为变态莱氏体，记为L′d，如图4-28所示。

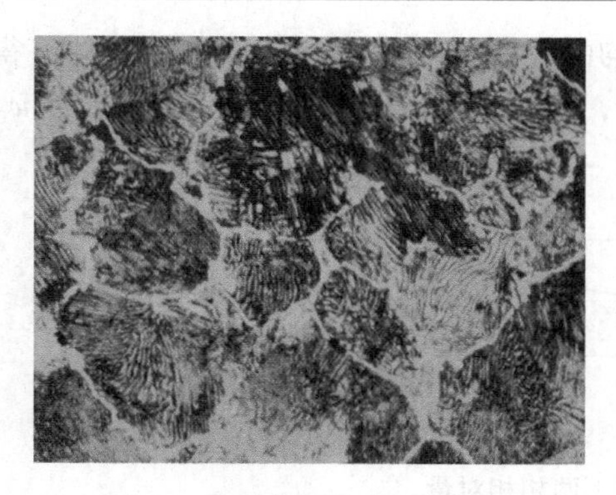

图 4-27 过共析钢的显微组织

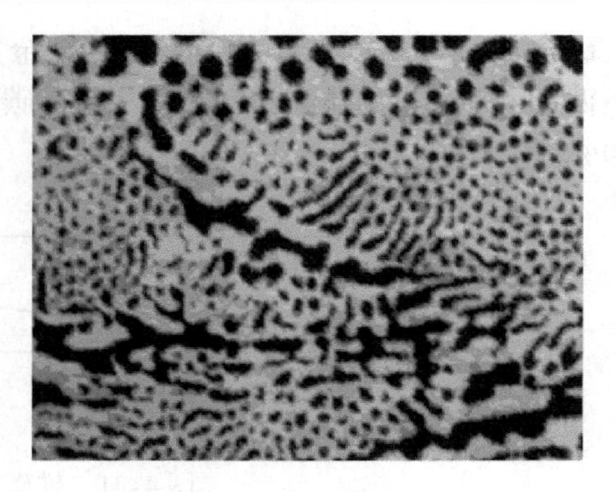

图 4-28 共晶白口铸铁显微组织

2）亚共晶白口铸铁（图 4-22 中⑤合金）结晶过程：合金液在 1～2 点结晶出奥氏体（先共晶奥氏体），液相与固相的成分分别沿固相线和液相线变化，到 2 点温度，奥氏体成分变到 *E* 点成分，液相成分变到 *C* 点成分。继续冷却液相转变同共晶白口铸铁冷到室温成为变态莱氏体 L′d。*E* 点成分奥氏体的转变与过共析钢相同，冷到室温为 $P + Fe_3C_{Ⅱ}$。所以亚共晶白口铸铁的室温组织为 $P + Fe_3C_{Ⅱ} + L'd$，如图 4-29 所示。

3）过共晶白口铸铁（图 4-22 中⑦合金）结晶过程：合金液在 1～2 点结晶出粗大片状一次渗碳体，记为 $Fe_3C_{Ⅰ}$，合金液的成分沿液相线变化，到 2 点即共晶温度，剩余液相成分变到 *C* 点（4.3%）。继续冷却液相转变同共晶白口铸铁冷到室温成为变态莱氏体 L′d。所以过共晶白口铸铁室温组织为 $Fe_3C_{Ⅰ} + L'd$，如图 4-30 所示。

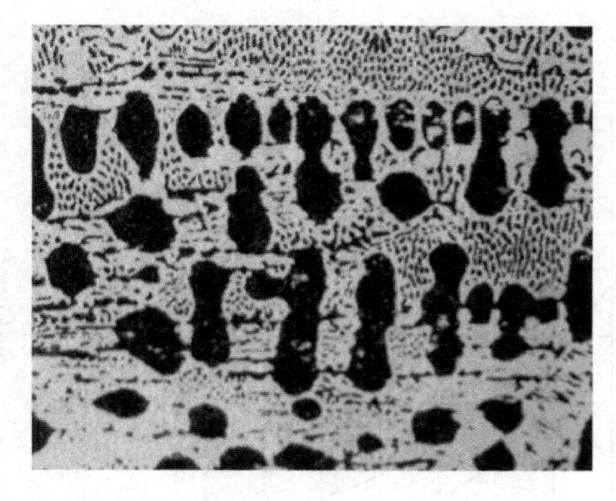

图 4-29 亚共晶白口铸铁显微组织

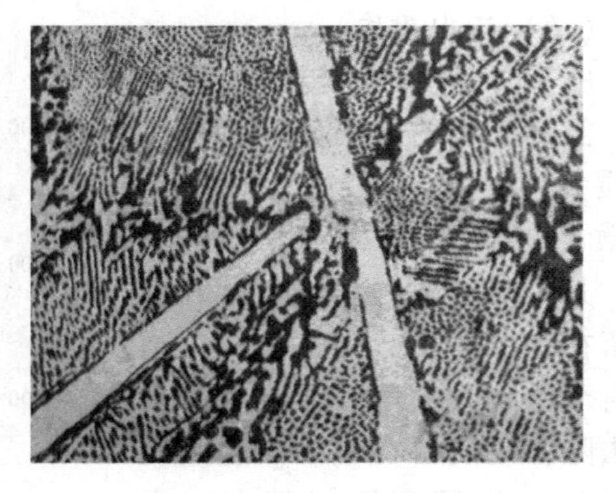

图 4-30 过共晶白口铸铁显微组织

三、碳及杂质对铁碳合金组织和性能的影响

（一）含碳量对铁碳合金平衡组织的影响

通过对典型合金结晶过程的分析可知，随碳含量的增高，室温下铁碳合金的组织变化为

$$\underbrace{\alpha \rightarrow \alpha + Fe_3C_{Ⅲ}}_{\text{工业纯铁}} \rightarrow \underbrace{\alpha + P \rightarrow P \rightarrow P + Fe_3C_{Ⅱ}}_{\text{钢}} \rightarrow \underbrace{P + Fe_3C_{Ⅱ} + L'd \rightarrow L'd \rightarrow L'd + Fe_3C_{Ⅰ}}_{\text{白口铸铁}}$$

随碳含量的增高，渗碳体的存在形态不断发生变化，由 $Fe_3C_{Ⅲ} \rightarrow Fe_3C_{共析} \rightarrow Fe_3C_{Ⅱ} \rightarrow Fe_3C_{共晶} \rightarrow Fe_3C_{Ⅰ}$，这使铁碳合金的组织具有多样性。其中组织组成物中具有莱氏体的铁碳合金为白口铸铁；具有珠光体，而无莱氏体的铁碳合金为钢；既无莱氏体，又无珠光体的铁碳合金为工业纯铁。

碳含量 $w_C>0.0057\%$ 的所有铁碳合金室温下均由 α 和 Fe_3C 两组成，由杠杆定律算得室温下两相相对量如图 4-31 所示，随含碳量增高，硬脆相 Fe_3C 所占比例增高，当 $w_C=6.69\%$ 时，合金为 100% Fe_3C。

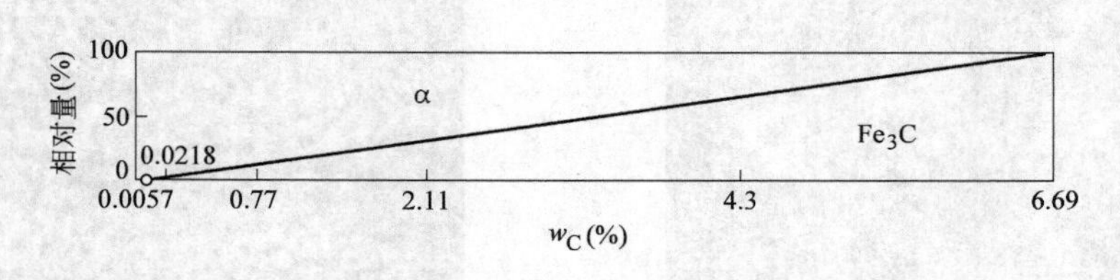

图 4-31 铁碳合金室温下两相相对量

（二）含碳量对铁碳合金力学性能的影响

铁碳合金力学性能主要决定于 α 和 Fe_3C 两相的相对含量和分布状态。室温下，工业纯铁主要是铁素体相加少量三次渗碳体，故强度、硬度不高，塑性、韧性很好，其主要力学性能指标为：$\sigma_b=176\sim274\text{MPa}$，$\sigma_{0.2}=98\sim166\text{MPa}$，硬度为 50～80HBW、$\delta=30\%\sim50\%$，$\psi=70\%\sim80\%$，$a_K=160\sim200\text{J/cm}^2$。白口铸铁含有大量渗碳体，所以其性能特点是硬而脆。钢的力学性能如图 4-32 所示。随含碳量的增高，铁碳合金的塑性指标伸长率 δ、断面收缩率 ψ 和冲击韧度 a_K 不断下降，强度、硬度不断增高。但对于过共析钢，随碳量增高，强度又明显降低，这是因为 Fe_3C_{II} 呈网状（薄膜状）分布在原奥氏体晶界上，会造成严重的脆性。

（三）钢中杂质

由于原料和冶炼工艺的限制，实际应用的碳钢都含有一些杂质元素，如 Si、Mn、S、P 以及微量的气体元素氧、氮、氢等。其中 Si、Mn 是冶炼脱氧后残留在钢中的。S、P、O、N、H 来自于原料或大气，在冶炼时未能去除，而残留在钢中。这些元素对钢的组织和性能都有一定影响。

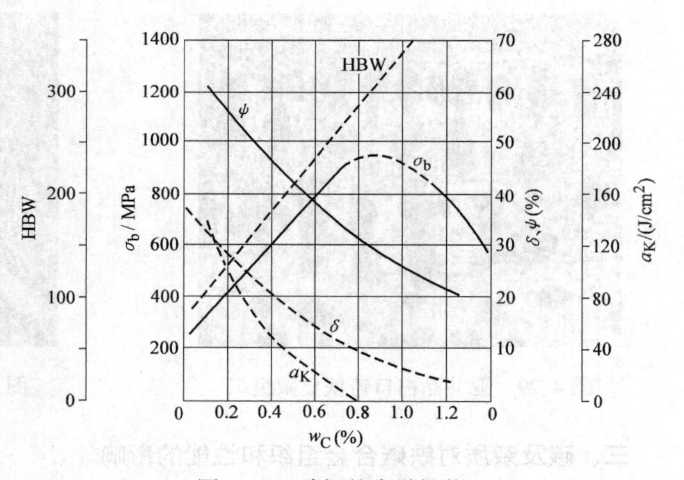

图 4-32 碳钢的力学性能

1. 硅和锰的影响

脱氧剂中的硅和锰总会有一部分溶入钢液中，凝固后固溶于铁素体中。碳钢中 w_{Mn} 一般小于 0.8%，在提高铁素体强度的同时，可稍微提高或不降低钢的塑性。w_{Si} 一般小于 0.5%，硅溶入铁素体后，具有很强的固溶强化作用，但含量较高时，会降低钢的塑性与韧性。所以硅和锰是钢中的有益元素。

2. 硫的影响

硫是在炼钢时由矿石和燃料带到钢中的，是有害元素。它只能溶于钢液中，不能固溶于钢中。钢中含硫量并不是很高时，就可形成 Fe-FeS 两相共晶或 Fe-Fe-FeO 三相共晶。它们的熔点低于热加工温度，分别为989℃和940℃。所以在热压力加工时，会引起开裂即热脆。防止热脆的方法是钢中加入适量的锰，锰与硫的亲合力大于铁，故可防止形成 FeS，而生成熔点为1600℃的 MnS，从而防止热脆发生。

3. 磷的影响

磷也是有害元素，它是由炼钢原料带入钢中的。磷在钢中的溶解度较大，磷固溶于铁素体中，可使钢的强度硬度显著升高，但强烈降低钢的韧性，特别是低温韧性，即磷会引起冷脆。

4. 钢中气体元素的影响

炼钢过程中，经常有氢、氧、氮等气体溶入钢中，因此成品钢总是残留一定量的气体。氧在钢中固溶度很小，几乎全部以氧化物形式存在，如 FeO、SiO_2、Al_2O_3、CaO 等，并且往往形成复合氧化物或硅酸盐。这些非金属夹杂物的数量、性质、大小、分布状态不同，会不同程度地影响钢的各种性能。因此在钢中氧是有害元素。

一般认为氮在钢中也为有害元素。在591℃，氮在 α-Fe 中的最大溶解度 w_N = 0.1%，室温小于0.001%。如果将氮含量较高的钢从高温快冷下来，在室温下长期放置或稍微加热，氮会以氮化铁形式析出产生“时效硬化”，使钢材塑性、韧性下降。近来研究表明，钢中加入足够的铝，采用适当工艺可形成高度弥散分布的 AlN，可有效阻止加热时奥氏体晶粒长大，而获得本质细晶粒钢。另外在低碳钢中加入少量 V、Nb、Ti 等元素，采用控制轧制，可获得在细晶铁素体基体上弥散分布 VN、NbN 等特殊氮化物的组织，可有效提高钢的强韧性。此外，近年来不锈钢的氮合金化取得了较大进展，在加压条件下冶炼和浇注的高氮型奥氏体不锈钢的氮含量可达到0.8%～1.2%（质量分数)。使不锈钢既具有高强度，又具有高耐蚀性，特别是在氯化物环境中的耐局部腐蚀能力。

氢是钢中危害最大的气体元素。氢含量过高，易引起氢脆现象。

总之，气体元素对钢材质量有重要影响，应当尽量除去。采用真空技术、惰性气体净化、渣洗技术、电渣重熔等炉外精炼手段，可有效减少钢中气体和非金属夹杂物。

第五章 金属的扩散与固态转变

第一节 金属的扩散

扩散是物质内部由于热运动而导致原子或分子迁移的过程。在固体中，原子或分子的迁移只能靠扩散来进行，固体中的许多反应如铸件的均匀化退火、合金的许多相变、粉末烧结、离子固体的导电、外来分子向聚合物的渗透都受扩散控制。

一、扩散定律

（一）稳态扩散——菲克第一定律

研究扩散时首先遇到的是扩散速率问题。如果扩散流不随时间改变，则称为稳态条件。一个最常见的稳态扩散的例子就是某种气体原子穿过金属薄板时，两侧气体浓度（或压力）保持不变，即浓度（或压力）差不变，如图 5-1 所示。

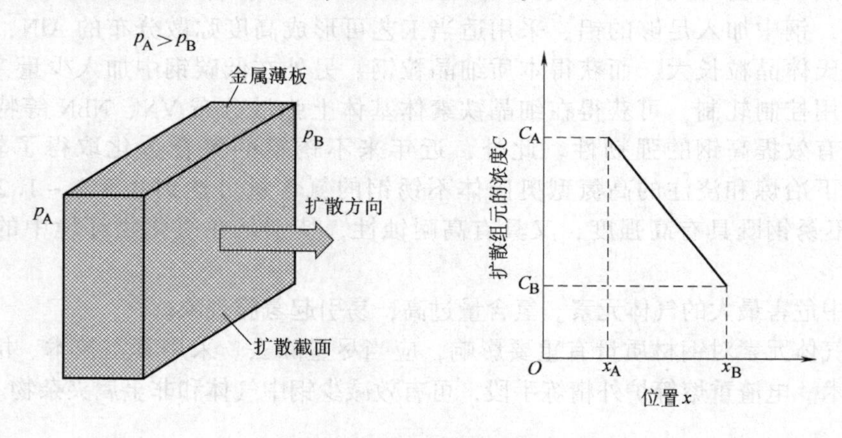

图 5-1　稳态扩散示意图

菲克在 1855 年提出了菲克第一定律来解决这个问题。菲克第一定律的表达式为

$$J = -D\frac{dC}{dx} \tag{5-1}$$

式中，J 为扩散通量（原子数/$m^2 \cdot s$ 或 $kg/m^2 \cdot s$）；C 为扩散组元的体积浓度（原子数/m^3 或 kg/m^3）；D 为扩散系数（m^2/s）；$\frac{dC}{dx}$为浓度梯度；“－”号表示扩散方向为浓度梯度的反方向，即扩散由高浓度区向低浓度区进行。

菲克第一定律表明，只要材料中有浓度梯度，扩散就会由高浓度区向低浓度区进行，而且扩散通量与浓度梯度成正比。

显然当扩散在恒稳态（$\frac{dC}{dx}$和 J 不随时间变化）的条件下时应用式（5-1）相当方便。

（二）非稳态扩散——菲克第二定律

实际上，大多数扩散过程都是在非恒稳态（$\frac{dC}{dx}$和 J 随时间变化）条件下进行的，即非稳态扩散过程（见图5-2），因此式（5-1）的应用受到限制。菲克第二定律是在菲克第一定律的基础上推导出来的，用于解决非稳态扩散问题。菲克第二定律的表达式为

$$\frac{\partial C}{\partial t}=D\frac{\partial^2 C}{\partial x^2} \tag{5-2}$$

式中，C 为扩散物质的体积浓度（原子数/m^3或 kg/m^3）；t 为扩散时间（s）；x 为距离（m）。

式（5-2）给出了 $C=f(t,x)$ 函数关系。由扩散过程的初始条件和边界条件可求出式（5-2）的通解。利用通解可解决包括非恒稳态扩散的具体扩散问题。

（三）扩散问题的计算

对于半无限固体其表面浓度保持不变，例如对于气体扩散问题，其表面分压保持一定的情况下，进行如下假设：

1）扩散前任何扩散原子在体内的分布是均匀的，此时的浓度设为 C_0。

2）x 在表面的值设为零且向固体内部为正方向。

3）在扩散开始之前的时刻确定为时间为零。

边界条件可以简单地表述如下：

1）当 $t=0$ 时，$C=C_0$（$0\leqslant x\leqslant\infty$）。

2）当 $t>0$、$x=0$ 时，$C=C_s$（不变的表面浓度）；$x=\infty$ 时，$C=C_0$。

把上述边界条件代入式（5-2）得

$$\frac{C_x-C_0}{C_s-C_0}=1-\mathrm{erf}\left(\frac{x}{2\sqrt{Dt}}\right) \tag{5-3}$$

式中，C_x为在 t 时刻深度为 x 处的浓度。表达式 erf（$x/2\sqrt{Dt}$）为高斯（Gaussian）误差函数，其值可通过表5-1所示的误差函数表求得，D 为扩散系数。图5-3表明了在某一时刻式（5-3）中的浓度参数关系。因此式（5-3）确定了浓度、位置、时间之间的关系，或者说在 C_0、C_s、和 D 已知的情况下，在任何时刻和位置的浓度 C_x 是无量纲参数（$x/2\sqrt{Dt}$）的函数。

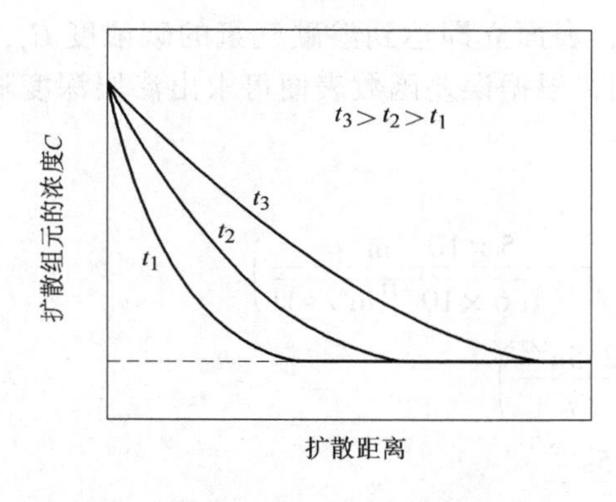

图5-2　不同时刻非稳态扩散的成分分布

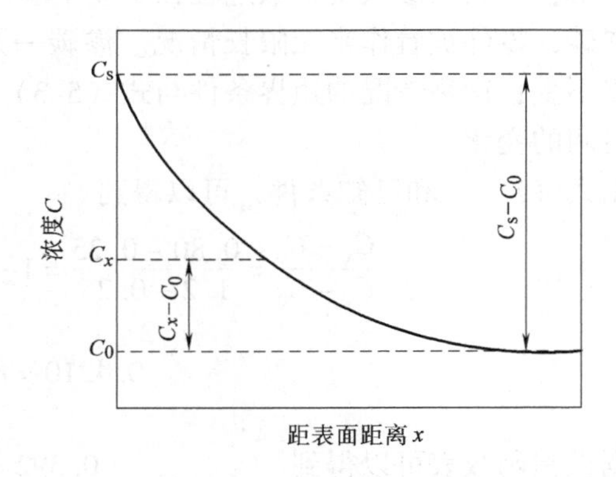

图5-3　式（5-3）中各个参数的关系及成分分布

表 5-1 误差函数表

z	erf (z)	z	erf (z)	z	erf (z)
0	0	0.55	0.5633	1.3	0.9340
0.025	0.0282	0.60	0.6039	1.4	0.9523
0.05	0.0564	0.65	0.6420	1.5	0.9661
0.10	0.1125	0.70	0.6778	1.6	0.9763
0.15	0.1680	0.75	0.7112	1.7	0.9838
0.20	0.2227	0.80	0.7421	1.8	0.9891
0.25	0.2763	0.85	0.7707	1.9	0.9928
0.30	0.3286	0.90	0.7970	2.0	0.9953
0.35	0.3794	0.95	0.8209	2.2	0.9981
0.40	0.4284	1.0	0.8427	2.4	0.9993
0.45	0.4755	1.1	0.8802	2.6	0.9998
0.50	0.5205	1.2	0.9103	2.8	0.9999

假设在某一合金中希望得到的某种元素的浓度为 C_1，式（5-3）左边就变为

$$\frac{C_1 - C_0}{C_s - C_0} = 常数$$

进而可知

$$\frac{x}{2\sqrt{Dt}} = 常数，或\frac{x^2}{Dt} = 常数 \tag{5-4}$$

式（5-4）是一个很重要的结果，它说明“规定浓度的渗层深度” x 正比于$\sqrt{t}$，如要使扩散层深度增加一倍，则扩散时间要增加三倍，基于这一关系式便可进行一些扩散问题的计算。

（四）扩散方程的应用举例

例 5-1 将碳的质量分数为 0.25% 的钢件置于渗碳炉内进行渗碳，渗碳温度为 950℃，渗碳介质碳浓度 $C_s = 1.2\%$。此温度下的碳在铁中的扩散系数 $D = 1.6 \times 10^{-11}\ \text{m}^2/\text{s}$。求要使表层下 0.5mm 处的碳浓度达到 0.8% 需要多长时间。

解： 钢铁的渗碳是扩散过程在工业中应用的典型例子，把低碳钢制的零件放于渗碳介质中渗碳，零件被看作半无限长情况。渗碳一开始，表面立即达到渗碳气氛的碳浓度 C_s，并始终不变；这种情况的边界条件与式（5-3）相同，根据误差函数表便可求出渗层深度随渗碳时间的变化。

根据式（5-3）和已知条件，可以得到

$$\frac{C_x - C_0}{C_s - C_0} = \frac{0.80 - 0.25}{1.2 - 0.25} = 1 - \text{erf}\left(\frac{5 \times 10^{-4}\ \text{m}}{2\sqrt{(1.6 \times 10^{-11}\ \text{m}^2/\text{s})t}}\right)$$

$$0.4210 = \text{erf}\left(\frac{62.5\text{s}^{1/2}}{\sqrt{t}}\right)$$

根据误差函数表可以得到

$$0.392 = \frac{62.5\text{s}^{1/2}}{\sqrt{t}}$$

即

$$t = \left(\frac{62.5\text{s}^{1/2}}{0.392}\right)^2 = 25400\text{s} = 7.1\text{h}$$

例 5-2　当温度为 500℃和 600℃时，铜在铝中的扩散系数分别为 $4.8\times10^{-14}\text{m/s}^2$ 和 $5.3\times10^{-13}\text{m/s}^2$。假设在某一相同层深处，要使保温温度为 500℃时铜在铝中的浓度与在 600℃保温 10h 时相同，需要保温多长时间？

解：由于在相同位置两种扩散温度下的结果相同，根据式（5-4）可以得到

$$D_{500}t_{500}=D_{600}t_{600}$$

或为

$$t_{500}=\frac{D_{600}t_{600}}{D_{500}}=\frac{(5.3\times10^{-13}\text{m}^2/\text{s})\cdot10\text{h}}{4.8\times10^{-14}\text{m}^2/\text{s}}=110.4\text{h}$$

二、扩散机制

对于金属晶体而言，原子扩散的微观机制在通常情况下有两种：空位扩散和间隙扩散。

（一）空位扩散

一个原子从某一点阵位置过渡到相邻空缺点阵位置或空位的过程，称为空位扩散，如图 5-4 所示。当然这一过程需要有空位存在，并且发生空位扩散的程度是这些缺陷数目的函数。在高温下金属晶体内部存在大量的空位。由于扩散原子和空位交换点阵位置，扩散原子在某一方向的扩散正好是空位的反向移动。自扩散和互扩散都是这种扩散机制，对于后者杂质原子将置换基体原子。

空位扩散机制的一个经典应用就是解释了柯肯达尔效应，即将一块纯铜和纯镍对焊在一起后，加热至接近熔点的温度长时间保温，然后冷却，经剥层化学分析发现在纯铜和纯镍一侧均发现另一组元的分布。

（二）间隙扩散

一个间隙原子从一个间隙位置迁移到另一个空的间隙位置的过程，称为间隙扩散，如图 5-5 所示。很显然原子的半径必须满足间隙尺寸的要求，因此这种扩散机制多见于间隙型杂质原子，如氢、碳、氮、氧在钢中的扩散。而对于基体原子或置换型杂质原子很少通过这种机制进行扩散。

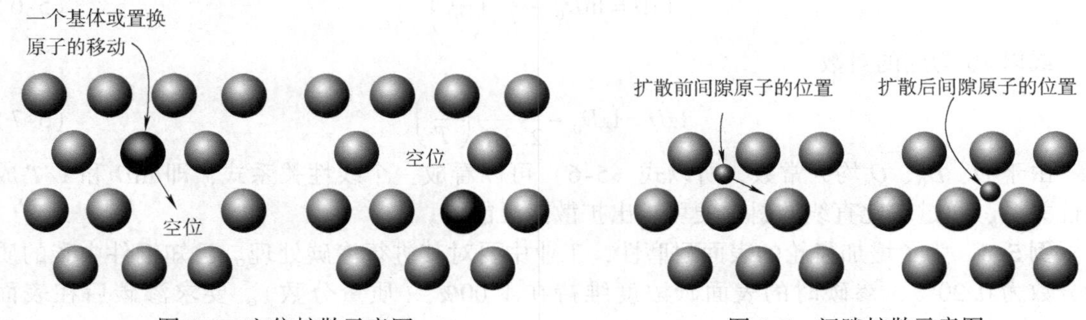

图 5-4　空位扩散示意图　　图 5-5　间隙扩散示意图

在金属合金中，由于间隙原子的半径较小，因此可移动性强，间隙扩散比空位扩散快得多。而且空的间隙位置比空位数目多很多，因此间隙原子移动的可能性也比空位扩散大。

（三）扩散系数

扩散系数是计算扩散问题的重要参数，目前普遍采用下式来求扩散系数，即

$$D=D_0\text{e}^{-Q/RT}\tag{5-5}$$

式中，D_0为扩散常数；Q为扩散激活能。对于间隙扩散，Q表示每摩尔间隙原子跳跃时需越过的势垒；对于空位扩散，Q表示N_A个空位形成能加上每摩尔原子向空位跳动时需越过的势垒。

对于一定的扩散系统（基体及扩散组元一定时），D_0及Q为常数。某些扩散系统的D_0及Q值见表5-2。由表中的数据可以看到，置换扩散的Q值较高，这是渗金属比渗碳慢得多的原因之一。

表5-2　某些扩散系统的D_0及Q值（近似值）

扩散组元	基本金属	$D_0/(m^2/s)$	激活能Q_d		计算值	
			kJ/mol	eV/atom	T/℃	$D/(m^2/s)$
Fe	α-Fe (bcc)	2.8×10^{-4}	251	2.60	500 900	3.0×10^{-21} 1.8×10^{-15}
Fe	γ-Fe (fcc)	5.0×10^{-5}	284	2.94	900 1100	1.1×10^{-17} 7.8×10^{-16}
C	α-Fe	6.2×10^{-7}	80	0.83	500 900	2.4×10^{-12} 1.7×10^{-10}
C	γ-Fe	2.3×10^{-5}	148	1.53	900 1100	5.9×10^{-12} 5.3×10^{-11}
Cu	Cu	7.8×10^{-5}	211	2.19	500	4.2×10^{-19}
Zn	Cu	2.4×10^{-5}	189	1.96	500	4.0×10^{-18}
Al	Al	2.3×10^{-4}	144	1.49	500	4.2×10^{-14}
Cu	Al	6.5×10^{-5}	136	1.41	500	4.1×10^{-14}
Mg	Al	1.2×10^{-4}	131	1.35	500	1.9×10^{-13}
Cu	Ni	2.7×10^{-5}	256	2.65	500	1.3×10^{-22}

通过式（5-5）还可以计算扩散激活能Q。通过对式（5-5）两边取自然对数可以得到

$$\ln D = \ln D_0 - \frac{Q}{R}\left(\frac{1}{T}\right) \tag{5-6}$$

或以10为底的对数

$$\lg D = \lg D_0 - \frac{Q}{2.3R}\left(\frac{1}{T}\right) \tag{5-7}$$

由于D、D_0、Q均为常数，所以式（5-6）可以看成一个线性关系式，即$\ln D$和$1/T$成线性关系，通过求此直线的斜率便可求出扩散激活能Q。

例5-3　为了增加齿轮的表面耐磨性，工业中要对其进行渗碳处理。已知钢件中碳的质量分数为0.20%，渗碳时的表面碳浓度维持在1.00%（质量分数）。要求渗碳后在表面0.75mm处的碳浓度达到0.60%。请确定在900～1050℃范围内合适的热处理规范（利用表5-2中碳在γ-Fe中的扩散系数）。

解：这是一个非稳态扩散问题，利用式（5-3）及已知条件可以得到

$$\frac{C_x - C_0}{C_s - C_0} = \frac{0.60 - 0.20}{1.00 - 0.20} = 1 - \operatorname{erf}\left(\frac{x}{2\sqrt{Dt}}\right)$$

进而有

$$0.5 = \operatorname{erf}\left(\frac{x}{2\sqrt{Dt}}\right)$$

利用如例5-1中的内差法和表5-1中的数据，可以得到

$$\left(\frac{x}{2\sqrt{Dt}}\right)=0.4747$$

把 $x=0.75\text{mm}=7.5\times10^{-4}\text{m}$ 代入并整理后有

$$Dt=6.24\times10^{-7}\text{m}^2$$

另外，根据式（5-5）和表5-2中碳在γ-Fe中的扩散数据有

$$Dt=D_0\exp\left(-\frac{Q}{RT}\right)\cdot t=6.24\times10^{-7}\text{m}^2$$

$$(2.3\times10^{-5}\text{m}^2/\text{s})\exp\left[-\frac{148000\text{J/mol}}{(8.31\text{J/mol}-K)\cdot T}\right]\cdot t=6.24\times10^{-7}\text{m}^2$$

进而有

$$t(\text{ins})=\frac{0.0271}{\exp\left(-\frac{17810}{T}\right)}$$

通过上式可以计算出在规定的温度范围内对应的热处理保温时间，如表5-3所示。

表5-3　计算的热处理温度和保温时间

温度/℃	时　间	
900	1.06×10^5s	29.6h
950	5.72×10^4s	15.9h
1000	3.23×10^4s	9.0h
1050	1.90×10^4s	5.3h

三、影响扩散的因素

扩散速度和方向受诸多因素影响。由式（5-5）可知，凡对 D 有影响的因素都影响扩散过程，现选择主要的分析如下：

1. 温度

由式（5-5）可知 D 与温度成指数关系，可见温度对扩散速度影响很大。例如从表5-2中可以看到，当温度从500℃升高到900℃时，Fe在α-Fe中的扩散系数从 $3.0\times10^{-21}\text{m}^2/\text{s}$ 增加到 $1.8\times10^{-15}\text{m}^2/\text{s}$，增加了近六个数量级。

2. 固溶体类型

间隙固溶体中，间隙原子的扩散与置换固溶体中置换原子的扩散其扩散机制不同，前者的扩散激活能要小得多，扩散速度也快得多。

3. 晶体结构

在温度及成分一定的条件下，任一原子在密堆点阵中的扩散要比在非密堆点阵中的扩散慢。这是由于密堆点阵的致密度比非密堆点阵的大引起的。这个规律对溶剂和溶质都适用，对置换原子和间隙原子也都适用，如纯铁在912℃会发生同素异构转变α→γ。在910℃，碳在α-Fe（体心立方）中的扩散系数约为碳在γ-Fe（面心立方）中的100倍。工业上渗碳都是在γ-Fe中进行的，主要是因为在γ-Fe中碳的最大溶解度为2.11%（质量分数），而碳在α-Fe中的最大溶解度仅为0.02%，在γ-Fe中可以获得更大的碳浓度梯度。另外一个重要原因是γ-Fe区的温度更高。

4. 浓度

扩散系数是随浓度而变化的，有些扩散系统如金-镍系统中浓度的变化使镍和金的自扩散系数发生显著的变化。碳在927℃ γ-Fe 中的扩散系数也随碳浓度而变化，只不过这种变化不是很显著。实际上对于稀固溶体或在小浓度范围内的扩散，将 D 假定与浓度无关引起的误差不大。在实际生产中为数学处理方便，常假定 D 与浓度无关。

5. 合金元素的影响

在二元合金中加入第三元素时，扩散系数也发生变化。某些合金元素对碳在 γ-Fe 中扩散的影响如图5-6所示。从图中可见第二元素的影响可分为三种情况：

1）强碳化物形成元素如 W、Mo、Cr 等，由于它们与碳的亲和力较大，因此能强烈阻止碳的扩散，降低碳的扩散系数。如加入 3% Mo 或 1% W（均为质量分数）会使碳在 γ-Fe 中扩散速率减小一半。

2）不能形成稳定碳化物，但易溶解于碳化物中的元素，如 Mn 等，它们对碳的扩散影响不大。

3）不形成碳化物而溶于固溶体中的元素对碳扩散的影响各不相同。如加入 4%（质量分数）Co 能使碳在 γ-Fe 中的扩散速率增加一倍，而 Si 则降低碳的扩散系数。

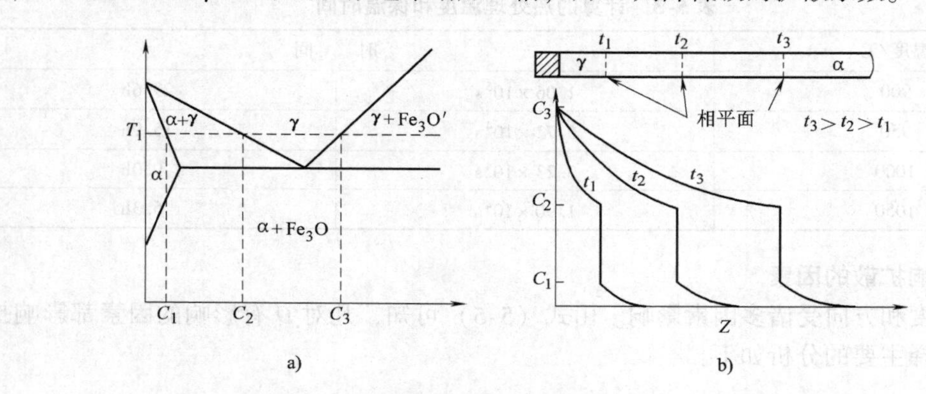

图5-6 合金元素对碳在 γ-Fe 中的扩散的影响

a）铁-碳相图有关部分 b）在 T_1 温度下渗碳棒中的成分分布

四、其他扩散问题

1. 短路扩散

晶体中原子在表面、晶界、位错处的扩散速度比原子在晶内扩散的速度要快，因此称原子在表面、晶界、位错处的扩散为短路扩散。不难理解，在晶界及表面点阵畸变较大，原子处于较高能状态，易于跳动，而且这些地方原子排列不规则，比较开阔，原子运动的阻力小，因而扩散速度快。位错是一种线缺陷，可作为原子快速扩散的通道，因而扩速速度很快。由于表面、晶界、位错占的体积份额很小，所以只有在低温时（晶内扩散十分困难）或晶粒非常细小时，短路扩散的作用才能起显著作用。

2. 反应扩散

假定有一根纯铁棒，一端与石墨装在一起，然后加热到 $T_1=780℃$ 保温。仔细研究渗碳铁棒后会发现铁棒在靠近石墨一侧出现了新相 γ 相（纯铁780℃时应为 α 相），γ 相右侧为 α 相；随渗碳时间的延长，γ-α 界面不断向右侧移动。铁-碳相图及不同时刻铁棒的成分分布如图 5-6 所示。这种通过扩散而产生新相的现象被称为反应扩散或相变扩散。

反应扩散所形成的相及成分可参照相应的相图确定。如由前述相图可知与石墨平衡的 γ 相浓度为 C_3，所以石墨-γ 界面上 γ 相浓度必为 C_3；与 α 相平衡的 γ 相浓度为 C_2，所以在 γ-α 界面上 γ 相的浓度必为 C_2；同理，γ-α 界面上的 α 相浓度必为 C_1。

在二元系中反应扩散不可能产生两相混合区。因为二元系中若两相平衡共存则两相区中扩散原子在各处的化学位 μ_i 相等，$\mathrm{d}\mu_i/\mathrm{d}z=0$，这段区域里没有扩散动力，扩散不能进行。同理，三元系中渗层的各部分都不能有三相平衡共存，但可以有两相区。

第二节 固态相变

当外界条件发生改变时，材料经常发生固态转变，使材料的组织结构发生变化，导致性能发生改变。广义的固态转变是指形变及再结晶在内的一切可引起组织结构变化的过程；狭义的固态转变也称固态相变，是指材料由一种点阵转变为另一种点阵，包括一种化合物的溶入或析出、无序结构变为有序结构、一个均匀固溶体变为不均匀固溶体等。在生产中对金属材料进行的热处理，就是利用材料的固态相变规律，通过适当的加热、保温和冷却，改变材料的组织结构，从而达到改善使用性能的目的。因此，为了研制开发新材料和充分发挥现有材料的潜力，必须了解和掌握固态相变的规律与特点。

一、固态相变分类

固态相变类型繁多，特征各异，不易按统一的标准分类，因此存在许多不同的分类方法，例如按热力学分类、按结构变化分类以及按相变方式分类等，这里仅介绍按热力学分类方法。

利用热力学理论研究相变，使人们在了解相变规律和机制方面取得很大进展。从热力学角度出发，根据相变点的吉布斯自由能导函数的连续情况可将固态相变分为一级相变和二级相变。

相变过程中新旧两相吉布斯自由能相等，但其一阶偏导数不等，这种相变称为一级相变。其数学表达式为

$$G^{\alpha}=G^{\beta};\ \left(\frac{\partial G^{\alpha}}{\partial T}\right)_p\neq\left(\frac{\partial G^{\beta}}{\partial T}\right)_p;\ \left(\frac{\partial G^{\alpha}}{\partial p}\right)_T\neq\left(\frac{\partial G^{\beta}}{\partial p}\right)_T \tag{5-8}$$

由于 $\left(\frac{\partial G}{\partial T}\right)_p=-S$，故相变时，熵呈不连续变化，即有潜热的变化；由于 $\left(\frac{\partial G}{\partial p}\right)_T=V$，因此相变时也有体积的突变。

相变过程中新旧两相吉布斯自由能相等，其一阶偏导数也相等，但二阶偏导数不等，这种相变称为二级相变。由于吉布斯自由能的二阶偏导数与物理量恒压热容 C_p、压缩系数 K 和膨胀系数 α 的关系为

$$\left(\frac{\partial^2 G}{\partial T^2}\right)_p=-\left(\frac{\partial S}{\partial T}\right)_p=-\frac{C_p}{T};\ \left(\frac{\partial^2 G}{\partial p^2}\right)_T=\left(\frac{\partial V}{\partial p}\right)_T=VK;\ \left(\frac{\partial^2 G}{\partial p\partial T}\right)=V\alpha \tag{5-9}$$

故对于二级相变有

$$S^{\alpha}=S^{\beta},\ V^{\alpha}=V^{\beta},\ C_p^{\alpha}\neq C_p^{\beta},\ K^{\alpha}\neq K^{\beta},\ \alpha^{\alpha}\neq\alpha^{\beta} \tag{5-10}$$

由式（5-10），二级相变时吉布斯自由能的一阶偏导数相等，故相变无潜热和体积变化，但热容、压缩系数和膨胀系数要发生突变。

大多数固态相变属于一级相变（图 5-7a），磁性转变、超导态转变及一部分有序-无序转变为二级相变。一级相变符合相区接触法则，相邻相区的相数差一。对于二元相图通常两个单相区之间含有这两个相组成的两相区。对于二级相变，两个单相区仅以一条线所分割，如图 5-7b 所示。

根据一级相变与二级相变的定义，可以推出三级或更高级的相变，实际上三级及三级以上的相变极为少见。

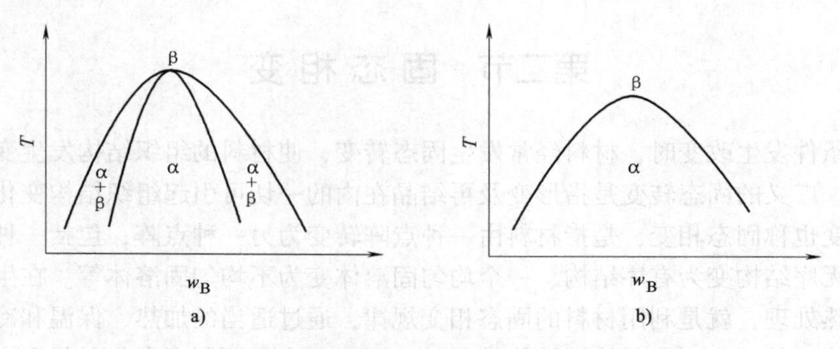

图 5-7　一级相变与二级相变在相图中的特征

a）一级相变　b）二级相变

二、固态相变的特征

固态相变时，有些规律与液态结晶相同。例如大多数固态相变也都包括形核与长大两个基本过程，相变的驱动力均为新旧两相自由能之差。然而，固态相变毕竟是以固相为母相，因此与液态结晶有明显的不同。其主要差别表现在以下几个方面。

（一）相变阻力大

液态结晶时，液-固界面比较简单，只存在界面能，不存在应变能，所以相变阻力只来自界面能。固态相变时新旧两相的界面是两种不同晶体结构的晶体的界面，因此除存在界面能外，还存在因两相体积变化和界面原子的不匹配所引起的弹性应变能。因此固态相变阻力包括界面能和应变能两项，故相变阻力增大。

在具体的固态相变中，新旧两相的界面结构到底是哪种结构，完全取决于界面能和应变能。固态相变过程具有自组织功能，它总是选择相变阻力最小，速度最快的有利途径进行。

界面能由结构界面能和化学界面能组成。前者由界面处的原子键被切断或被削弱所引起，后者由界面处原子的结合键与两相内部结合键的差别所引起。界面能的大小依共格界面、半共格界面和非共格界面而递增。

应变能是由新旧两相比体积不同和界面上原子的不匹配所引起。比体积不同所引起的应变能与新相粒子的几何形状有关。其中盘状应变能最低，针状次之，球状最高。界面上原子的不匹配所引起的应变能以共格界面为最大，且随错配度 δ 的增大而增大。错配度 δ 增大到一定程度为降低应变能将产生界面位错，界面结构变为半共格界面。错配度 δ 进一步增大会形成应变能最低的非共格界面。错配度与界面结构、界面能、应变能和形核功的关系如表 5-4 所示。

表 5-4　错配度与界面结构、界面能、应变能和形核功的关系

错配度（$\delta=\Delta a/a$）	界面结构	界面能/（J/m^2）	应变能	形核功
0	理想共格	0	0	约为0
<0.05	完全共格	0.1	极低→高	很小
0.05～0.25	部分共格	<0.25	高→很低	其次
>0.25	非共格	～0.5	很低→0	最大

（二）惯习面和位向关系

固态相变时新相往往沿母相的一定晶面优先形成，该晶面被称为惯习面。例如亚共析钢中，铁素体除沿奥氏体晶界呈网状析出外，往往优先在粗大奥氏体的 $\{111\}_{\gamma}$ 上呈针片状析出，形成魏氏组织。奥氏体的 $\{111\}_{\gamma}$ 面就是析出先共析铁素体的惯习面。陶瓷中较典型的马氏体相变为 ZrO_2 中的正方相→单斜相（t→m）转变。正方相 t 析出单斜相 m 的惯习面为 $\{110\}_{t}$。

固态相变过程中，为减少界面能，相邻新旧两晶体之间的晶面和相对应的晶向往往具有确定的晶体学位向关系。例如钢中面心立方的奥氏体向体心立方的铁素体转变时，两者便存在着 $\{111\}_{\gamma}/\!/\{110\}_{\alpha}$、$\langle\bar{1}01\rangle_{\gamma}/\!/\langle 11\bar{1}\rangle$ 的晶体学位向关系。ZrO_2 中的正方相→单斜相（t→m）转变也有确定的晶体学位向关系：$(100)_{m}/\!/(110)_{t}$，$[010]_{m}/\!/[001]_{t}$。

当相界面为共格或部分共格界面时，新旧两相必定有一定的晶体学位向关系。如果两相之间没有确定的晶体学位向关系，必定为非共格界面。

（三）晶体缺陷的影响

固态相变时母相中的晶体缺陷对相变起促进作用。这是由于缺陷处存在晶格畸变，原子的自由能较高，形核时，原缺陷能可用于形核，使形核功比均匀形核功降低，故新相易在母相的晶界、位错、层错、空位等缺陷处形核。此外晶体缺陷对组元的扩散和新相的生长均有很大影响。实验表明，母相的晶粒越细，晶内缺陷越多，相变速度也越快。

（四）原子扩散的影响

对于扩散型相变，新旧两相的成分往往不同，相变必须通过组元的扩散才能进行。在此种情况下，扩散就成为相变的主要控制因素。但原子在固态中的扩散速度远低于液态，两者的扩散系数相差几个数量级。因此原子的扩散速度对扩散型固态相变有重大影响。随过冷度的增加，相变的驱动力增大，转变速度加快。但当过冷度增加到一定程度时，扩散成为决定性因素，再增大过冷度会使转变速度减慢，甚至原来的高温转变被抑制，在更低温度下发生无扩散相变。例如共析钢从高温奥氏体状态快速冷却下来，扩散型的珠光体相变被抑制，在更低温度下发生无扩散的马氏体相变，生成亚稳的马氏体组织。

（五）过渡相

过渡相是指成分和结构或两者都处于新旧两相之间的亚稳相。固态相变阻力大，原子扩散困难，尤其当转变温度低、新旧两相成分差异大时，难以直接形成稳定相，往往先形成过渡相，然后在一定条件下逐渐转变为自由能最低的稳定相。但有些固态相变可能由于动力学条件的限制，始终都是亚稳相的形成过程，而不产生平衡相。

三、固态相变时的形核与长大

固态相变的形核可分为扩散形核与无扩散形核。此外还有不需形核的固态相变，如调幅分解。本节只讨论扩散形核。与液态金属结晶类似，固态相变形核方式也有均匀形核与非均

匀形核之分。但通常情况下，晶核主要在母相的晶界、层错、位错、空位等缺陷处形成，这属于不均匀形核。发生在无缺陷区域的均匀形核是少见的。然而，均匀形核简单，便于分析，所以下面重点讨论均匀形核。

（一）均匀形核

固态相变的均匀形核与凝固时相比增加了应变能一项，使形核阻力增大。因此，形成一个新相晶核时，系统吉布斯自由能的变化为

$$\Delta G = n\Delta G_V + \eta n^{2/3}\sigma + n\varepsilon \tag{5-11}$$

式中，n 为晶胚中的原子数；ΔG_V为新旧两相每原子的吉布斯自由能之差；σ 为比表面能；ε 为晶核中每个原子的平均应变能；η 为形状因子，$\eta n^{2/3}$ 为晶核的表面积。其中，$n\Delta G_V$为负值是固态相变的驱动力。表面能的增加 $\eta n^{2/3}\sigma$ 和应变能的增加 $n\varepsilon$ 均为正值是固态相变阻力。

$$\Delta G^*_{均匀} = \frac{1}{3}A^*\sigma \tag{5-12}$$

式中，A^*为临界晶核表面积。

可见固态相变的形核功是临界晶核表面能的1/3，这似乎与液态金属结晶的均匀形核规律一致。但形核阻力除表面能外，又增加了应变能一项，这使固态相变形核更加困难。形核时，往往通过改变晶核形状和共格性等降低形核阻力，使固态相变得以进行。当新相和母相为共格界面时，界面能很低，相变阻力主要来自应变能。为减少应变能，新相晶核应为圆盘状或针状。当新相和母相为非共格界面时，在比体积引起的应变能不大的情况下，相变阻力主要来自界面能，为减少界面能，新相晶核应为球形，以降低单位体积的表面积。

（二）非均匀形核

实际晶体材料中具有大量晶体缺陷，如晶界、位错、层错、空位等，缺陷处原子具有缺陷能。在缺陷处形核时，这些缺陷能可用于形核，因而形核功小于 $\Delta G^*_{均匀}$。由于晶体缺陷是不均匀分布的，所以优先在晶体缺陷处形核，这叫做非均匀形核。非均匀形核时系统的自由能变化为

$$\Delta G = n\Delta G_V + \eta n^{2/3}\sigma + n\varepsilon - n'\Delta G_D \tag{5-13}$$

式中，ΔG_D为晶体缺陷内每一个原子的吉布斯自由能的增加值；n'为缺陷向晶核提供的原子数。与式（5-11）相比，多了一项$-n'\Delta G_D$，使形核阻力减小。

1. 晶界形核

晶界形核受界面能和晶界几何形状等因素的影响，新相晶核在界面、界线、界隅处形核可有不同几何形状。图5-8表示的是在非共格条件下，在三种不同位置形成晶核的可能形状。

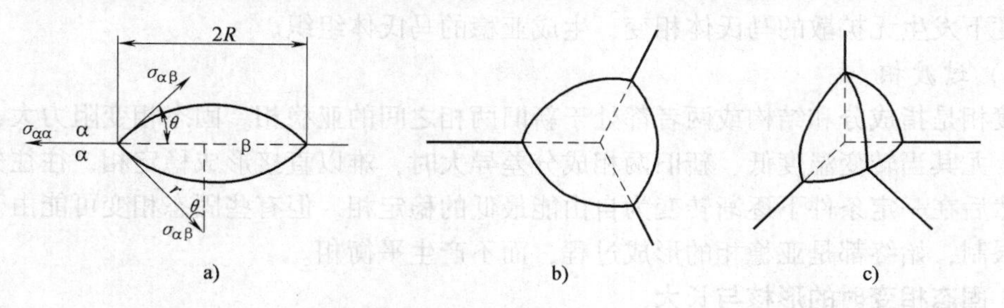

图5-8 晶界形核
a）界面处 b）界线处 c）界隅处

得到界面形核的临界晶核大小和临界晶核形成功为

$$r^{*} = -\frac{2\sigma_{\alpha\beta}V_p}{\Delta G_V} \tag{5-14}$$

$$\Delta G^{*} = \frac{8\pi}{3}\frac{\sigma_{\alpha\beta}V_p^2}{\Delta G_V^2}(2-3\cos\theta+\cos^3\theta) \tag{5-15}$$

式中，V_p 为临界晶核体积。由式（5-15）可知，当接触角 θ 很小时，$(2-3\cos\theta+\cos^3\theta)$ 很小，界面形核的形核功很小，故非共格晶核优先在界面处形核。当 $\theta=0$、$(2-3\cos\theta+\cos^3\theta)=0$、$\Delta G^{*}=0$ 时，形核甚至成为无阻力过程。

可以证明晶界形核时，形核功按界面、界线、界隅递减，因而界隅处形核最容易，但由于界面处提供的形核位置更多，所以固态相变往往以界面形核为主。

2. 位错形核

固态相变时，新相晶核往往也优先在位错线上形核。在位错线上形核时，位错可释放出弹性能，使形核功减小。对于半共格界面，在位错处形核时，位错可成为界面位错，补偿错配，降低界面能，使形核阻力减小。对于扩散型相变，新相与母相成分往往不同，由于溶质与位错的交互作用，可形成气团，产生溶质的偏聚，有利于新相的形核。此外位错可作为短路扩散的通道，使扩散激活能下降，加快形核过程。

3. 层错形核

固态相变时，新相往往在层错区形核。例如低层错能的面心立方金属，扩展位错的宽度 d 很大，有大量的层错区存在，层错区实际上就是密排六方晶体的密排面，这就为面心立方晶体的母相析出密排六方晶体的新相创造了良好的结构条件，新相与母相易形成共格或半共格界面，这使形核易在层错区发生。

4. 空位形核

空位对形核的促进作用已得到证实。尤其是大量过饱和空位存在时，既可促进溶质原子的扩散，又可作为新相形核位置。例如连续脱溶时，沉淀相在过饱和空位处进行非自发形核，使沉淀相弥散分布于整个基体中，由于晶界附近的过饱和空位扩散到晶界而消失，晶界附近会出现“无析出带”。

四、新相的长大

新相晶核形成后，通过新相与母相相界面的迁移，向母相中长大。长大的驱动力是新旧两相吉布斯自由能之差。新相与母相的相界面可能是共格、半共格和非共格界面；新相与母相成分可能相同也可能不同，这使界面的迁移具有多种形式。当新相与母相成分相同时，新相的长大只涉及界面最近邻原子的迁移，这种方式的长大称为界面过程控制长大。

当新相与母相成分不同时，新相长大受到原子长程扩散控制或受到界面过程和扩散过程同时控制。新相长大速度一般通过母相与新相界面上的扩散通量来计算。当新旧两相的相界面为非共格界面时，新相的长大主要为体扩散控制长大。大多数扩散型固态相变属于此类。下面以脱溶转变为例讨论之。

在 A-B 二元相图中，成分为 C_0 的过饱和固溶体 α 相，析出球状富 B 组元的 β 相粒子，在 T_1 温度下，两相平衡成分分别为 C_α 和 C_β，如图 5-9a 所示。成分为 C_0 的 α 相析出 β 相时的浓度分布，如图 5-9b 所示。x 方向为以析出相球体中心为原点的球坐标系 ρ 的一个特定方向。为了简单，假定扩散系数 D 不随位置、时间和浓度而改变。在 $\mathrm{d}t$ 时间内，若半径为 r

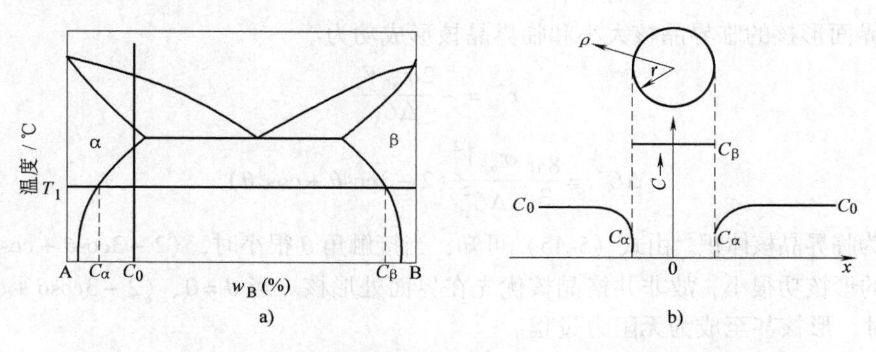

图 5-9 与母相具有非共格界面的新相长大时的浓度分布

a）A-B 二元相图 b）过饱和 α 相中析出球状富 B 组元的 β 相粒子时的浓度分布

的新相 β 长大到半径 $r+\mathrm{d}r$，则由母相 α 扩散到新相 β 的 B 组元的量可表示为 $4\pi r^2$（$C_\beta-C_\alpha$）$\mathrm{d}r$。由菲克第一定律及扩散通量的定义得到

$$D\left(\frac{\partial C}{\partial \rho}\right)_r=\frac{4\pi r^2(C_\beta-C_\alpha)\mathrm{d}r}{4\pi r^2\mathrm{d}t} \tag{5-16}$$

于是得到界面移动速率为

$$u=\frac{\mathrm{d}r}{\mathrm{d}t}=\frac{D}{C_\beta-C_\alpha}\left(\frac{\partial C}{\partial \rho}\right)_r \tag{5-17}$$

由式（5-17）可知，扩散控制的新相长大的界面移动速率与扩散系数 D 和界面附近母相的浓度梯度成正比，与两相浓度差成反比。

五、相变动力学

相变动力学旨在具体描述相变过程的微观机制、过程进行的速率及其外部因素的影响。其中形核率是经典相变动力学研究的主要问题之一，这里首先讨论固态相变的形核率。

（一）形核率

形核率是单位时间、单位体积母相中形成新相晶核的数目。形核率 $\dot{N}$ 可表示为

$$\dot{N}=c^*f \tag{5-18}$$

式中，c^* 为单位体积母相中临界核胚的数目；f 表示靠近临界晶核的原子能够跳到该晶核的频率（单位时间内的次数）。根据麦克斯韦-玻尔兹曼定律

$$c^*=c_0\mathrm{e}^{-\frac{\Delta G^*}{kT}} \tag{5-19}$$

式中，c_0 为单位体积母相中可供形核的位置数；在均匀形核情况下，c_0 等于母相单位体积的原子数；ΔG^* 表示临界晶核形成功；k 为玻尔兹曼常数；T 为热力学温度。

临界晶核的数目并不等于实际能够长大的晶核的数目。为了使临界晶核得以长大，至少有一个原子从母相转移到该晶核中。因此生核率必定与靠近临界晶核的原子能够跳到该晶核的频率 f 有关。f 可表示为

$$f=s\nu_0p\mathrm{e}^{-\frac{Q}{kT}} \tag{5-20}$$

式中，s 为在临界晶核附近母相的原子数；ν_0 为原子的振动频率；p 为进入该临界晶核的几率；Q 为母相原子越过界面进入新相晶核所需越过的能垒，其值接近自扩散激活能。

由式（5-19）和式（5-20）得到均匀形核的表达式为

$$\dot{N}=c^{*}f=s\nu_0 pc_0 e^{-\frac{\Delta G^{*}}{kT}}e^{-\frac{Q}{kT}} \tag{5-21}$$

当过冷度 ΔT 增加时，新旧两相自由能差 ΔG_V 增大，形核功 ΔG^{*} 下降，$e^{-\frac{\Delta G^{*}}{kT}}$ 迅速增加。由于温度变化对能垒 Q 影响不大，所以当 ΔT 增加时，由于转变温度的下降，导致 $e^{-\frac{Q}{kT}}$ 迅速减小。$e^{-\frac{\Delta G^{*}}{kT}}$ 和 $e^{-\frac{Q}{kT}}$ 与 ΔT 的关系如图 5-10 中虚线所示。由式（5-21）可知形核率 $\dot{N}$ 受 $e^{-\frac{\Delta G^{*}}{kT}}$ 和 $e^{-\frac{Q}{kT}}$ 的共同影响，这使形核率 $\dot{N}$ 与 ΔT 的关系呈“山”形，如图 5-10 中实线所示。

（二）相变动力学曲线

固态相变的转变量 x_V 与形核率 $\dot{N}$、转变速度 u、转变时间 t 紧密相关。假定形核是无规的，转变过程中母相成分保持不变，生长相的转变速度与形核率为常数，可推导出转变量 x_V 与 $\dot{N}$、u、t 的关系为

$$x_V=1-\exp\left(-\frac{\pi}{3}u^3\dot{N}t^4\right) \tag{5-22}$$

公式（5-22）称为 Johnson-Mehl 方程，相变动力学曲线可用该方程描述。图 5-11 是依据 Johnson-Mehl 方程绘制出的相变动力学曲线。

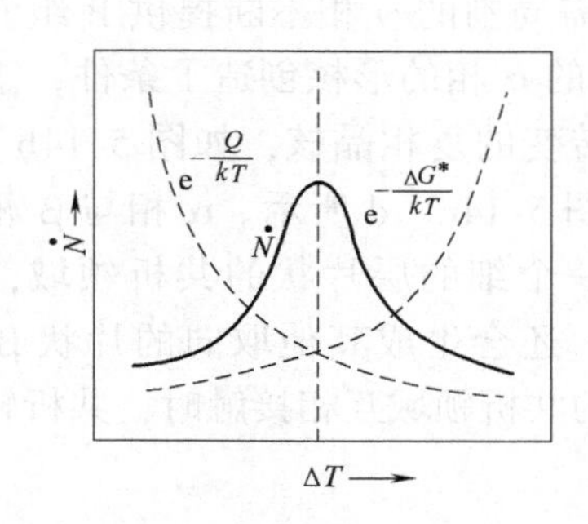

图 5-10　形核率 $\dot{N}$ 与过冷度 ΔT 关系

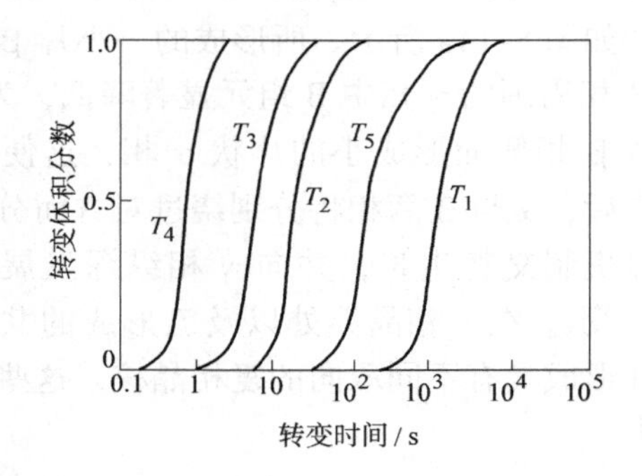

图 5-11　相变动力学曲线和等温转变曲线

（三）等温转变图

将图 5-11 即不同温度下的转变量与时间关系曲线转换到温度-时间坐标系中，可得到“温度-时间-转变量”曲线，叫等温转变图（即 TTT 曲线），如图 5-12 所示。对于大多数扩散相变，形核率 $\dot{N}$ 主要为形核功 ΔG^{*} 控制，对于冷却转变，过冷度 ΔT 增大，形核功 ΔG^{*} 减少，形核率 $\dot{N}$ 增加，转变速度加快；但过冷度对转变速度的影响与此相反，随 ΔT 增大即转变温度的下降，扩散系数 D 下降，扩散相变的线长大速度 u 要下降，使转变速度减慢。这两个互相矛盾的因素共同作用下，使扩散相变的等温转变图呈现“C”字形。转变温度高时，形核孕育期长，转变速度慢，完成转变所需时间长；随温度下降，孕育期变短，转变速度加快，至某一温度，孕育期

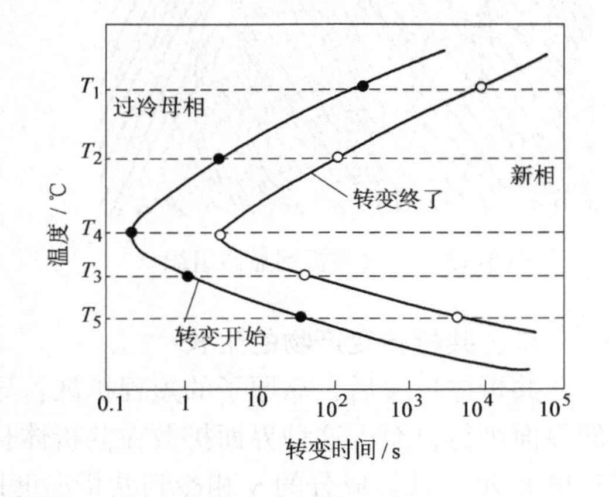

图 5-12　等温转变图

最短，转变速度最快；温度再降低，孕育期又逐渐增长，转变速度逐渐变慢，完成转变所需时间又逐渐变长；当温度很低时扩散相变甚至被抑制。

第三节 扩散型相变——共析转变

共析转变是指由单一的固态母相分解为两个（或多个）结构与成分不同新相的过程，其反应可表示为 $\gamma \rightarrow \alpha + \beta$。这种转变也包括形核长大过程，但由于转变在固态下进行，原子扩散缓慢，因此转变速率远低于共晶转变。共析组织与共晶组织的形貌类似，两相交替分布，可有片状、棒状等不同形态。例如，铁碳合金中的共析组织由片层状的铁素体与渗碳体所组成，又称珠光体（图 5-13）。

一、共析转变的形核

共析转变时，新相常在母相晶界处形核，并以两相交替形成的方式进行。根据母相 γ 的晶界结构、成分、转变温度的不同，新相 α 和 β 中可能某一个为领先相。领先相形成时，通常与相邻晶粒之一有一定位相关系，而与另一晶粒无特定位向关系。共析转变的形核与生长如图 5-14 所示。假定富含 B 组元的 β 为领先相，在晶界处形核并与 γ_1 晶粒具有一定位相关系，如图 5-14a 所示。所形成的一小片 β 相要长大，需周围的 γ 相不断提供 B 组元。这造成 β 相周围的 γ 相中 B 组元显著降低，为富含 A 组元的 α 相的形核创造了条件，于是就在片状 β 相侧面形成小的片状 α 相，这便形成了共析转变的复相晶核，如图 5-14b 所示。形核之后，α 与 β 两相将分别绕过对方而分叉生长，如图 5-14c、d 所示。α 相与 β 相可按此桥接机制交替生长，并向 γ 相纵深发展，最后形成一个细的层片状的共析领域，如图 5-14e所示。在 γ 相晶界处以及已形成的共析领域边缘，还会生成其他取向的片状 β 相晶核，并形成具有不同取向的复相晶核，这些晶核所形成的共析领域互相接触时，共析转变宣告结束。

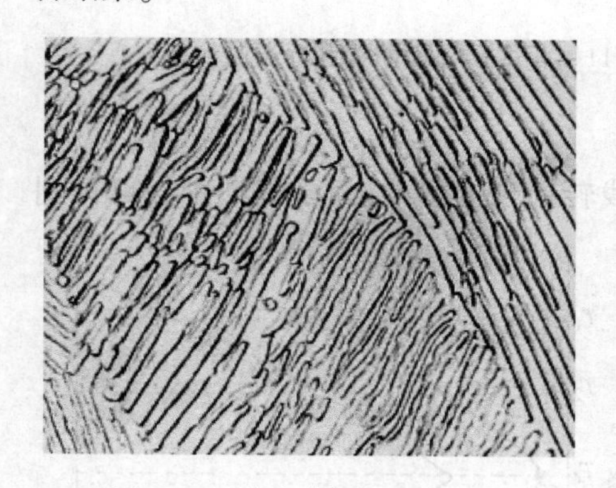

图 5-13 退火共析钢显微组织

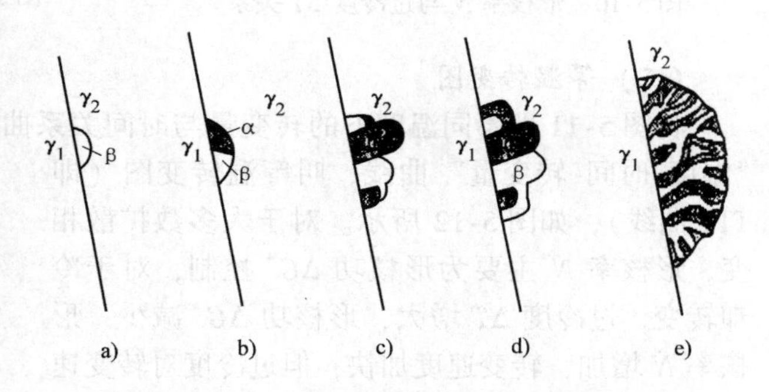

图 5-14 共析转变的形核与生长示意图

二、共析转变产物的生长

共析体形核后，靠原子的短程扩散，导致两相耦合生长。原子的扩散主要沿新相与母相的界面进行，至少这种界面扩散在共析体长大过程中起到了不可忽视的作用。长大机制如图 5-15 所示。共析成分的 γ 相冷到共析温度以下的 T_1 温度，进行共析反应生成（α + β）共析组织，由图 5-15a 可知与 α 相平衡的 γ 相的浓度为 $C_{\gamma\alpha}$，与 β 相平衡的 γ 相的浓度为 $C_{\gamma\beta}$，

且 $C_{\gamma\alpha} > C_{\gamma\beta}$。界面前沿的母相存在浓度梯度，要发生溶质 B 原子的扩散，如图 5-15b 所示。在 α 相前沿 B 组元浓度将降低，为恢复到该温度下的平衡浓度 $C_{\gamma\alpha}$，含 B 组元浓度低的 α 相将长大。在 β 相前沿 B 组元浓度升高，同样为使浓度降低到 $C_{\gamma\beta}$，富 B 的 β 相也要生长，故 α 与 β 两相靠界面扩散耦合生长。

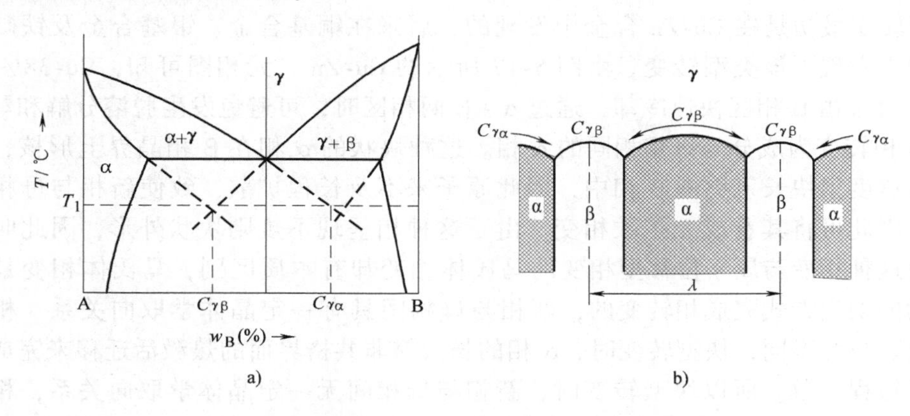

图 5-15　共析体生长时溶质原子的扩散

第四节　无扩散相变

相变前后只是晶体结构发生变化而成分不改变的相变属于无扩散相变。无扩散相变中原子可采用无扩散切变方式完成晶格改组，也可借助热激活靠短程扩散跨过相界面完成相变。常见的无扩散相变包括陶瓷的同质异构转变、金属的马氏体转变和块型转变等。

一、陶瓷的同质异构转变

大多数陶瓷随温度的变化要发生晶型的转变，这些同素异构转变过程往往不需离子的长程扩散，故可认为是无扩散相变。在同素异构转变中具有代表性的无扩散相变分两类：重构型相变和位移型相变。两种无扩散相变模型如图 5-16 所示。

位移型相变中，无需破坏原子的化学键，只需构成晶体的离子沿特定的晶面晶向整体地产生有规律的位移，使结构发生畸变就可完成相变。转变无需扩散，转变速度非常快。例如 ZrO_2 由高温冷至大约 1000℃ 发生的正方相（t）→单斜相（m）的转变。

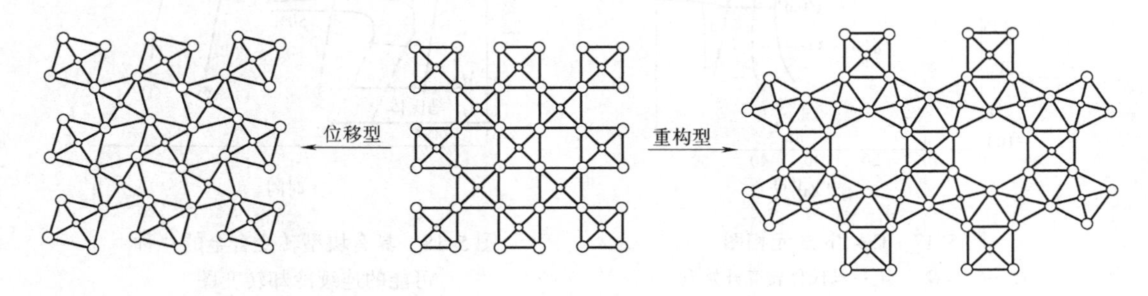

图 5-16　两种无扩散相变模型

重构型相变中，伴随原化学键的破坏与新键的形成，原子靠近程扩散重新排列，相变所需激活能高，故重构型相变较难发生，转变速度缓慢，常常有高温相残留到低温的倾向。例如石英（SiO_2）由高温冷至1470℃发生的高温方石英→高温鳞石英的转变。

二、块型转变

块型转变最初是在 Cu-Zn 合金中发现的，后来在铜基合金、银基合金及铁碳合金等合金系中也发现了该类型转变。由图 5-17 所示的 Cu-Zn 二元相图可知，Cu-38% Zn（质量分数）合金由 β 相区快速冷却，通过 α + β 两相区时，可避免发生脱溶分解和马氏体转变，由 β 相转变为成分与母相相同的 α 相。这种块状的 α 相在 β 相晶界上形核，以每秒数厘米的速度很快长入周围 β 相中，因此原子来不及长程扩散，致使新相与母相具有相同成分，因此可将其看成无扩散相变。由于这种相呈现不规则块状外形，因此叫块型转变。然而这种相变与属于位移型相变的马氏体相变却有本质区别，马氏体相变是原子以协同运动的切变方式完成相转变的，新相与母相间具有一定晶体学取向关系，相变具有浮凸效应。与此不同，块型转变时，α 相的长大靠非共格界面的热激活迁移来完成，原子的迁移靠短程扩散。所以块型转变时，新相与母相间无一定晶体学取向关系，相变无浮凸效应。

由于块型转变是通过母相原子跨越界面进入新相的方式进行的，因此必须在足够高的温度下，保证原子具有短程扩散的能力，这种转变才能进行。图 5-18 是存在块型转变合金的一种可能的连续转变冷却图。以冷速①冷却，类似亚共析钢的先共析铁素体的析出，产生等轴 α 相；以冷速②冷却，产生魏氏组织 α 相；以冷速③冷却，产生块型转变；以冷速④冷却，发生马氏体转变。

除 Cu-Zn 合金外，在许多合金系中也发现了块型转变。例如铁碳合金，只要将 γ 相以适当的冷速冷却，使之快到避免高温相的形成，慢到避免发生马氏体转变，就可以发生块型转变。

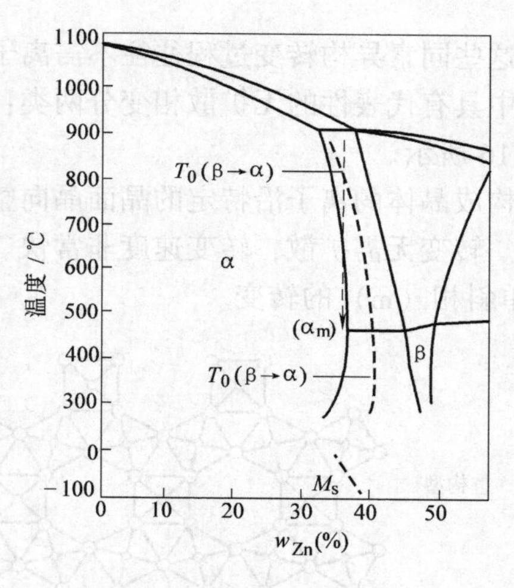

图 5-17　Cu-Zn 二元相图

T_0—$G_\alpha = G_\beta$　M_s—马氏体转变开始点

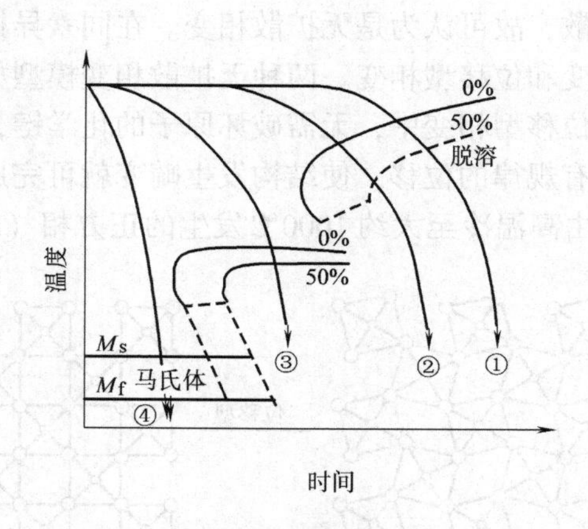

图 5-18　具有块型转变合金的一种可能的连续冷却转变图

M_f—马氏体转变终止点

第五节　马氏体相变

据历史记载，我国在战国时代已进行钢的淬火。辽阳三道壕出土的西汉时代的钢剑即为淬火组织。但直到19世纪中期，索拜（Sorby）才首先用金相显微镜观察到淬火钢中的这种硬相。1895年法国人Osmond为纪念德国冶金学家Adolph Martens，将其命名为Martensite（马氏体）。所以马氏体最初只是指钢从奥氏体区淬火后所得到的组织。马氏体相变发生在很大过冷状态下，相变具有表面浮凸效应和形状的改变，属于无扩散的位移型相变。后来又陆续发现，在一些非铁金属及其合金以及一些非金属化合物中都存在具有相同特征的固态相变，因此现在已把具有这种转变特征的相变统称为马氏体相变，其转变产物称为马氏体。

一、马氏体相变特点

与扩散相变不同，马氏体相变属于位移型相变，主要具有如下特征：

（一）马氏体相变的无扩散性

早在20世纪40年代就发现Li-Mg合金在-190℃时的长大速度仍可高达10^5cm/s数量级。在-20～-196℃温度范围，对于Fe-C和Fe-Ni合金，形成一片马氏体片的时间仅为5×10^{-5}～5×10^{-7}s。显然在这样低的温度下原子几乎不能扩散。此外，Fe-C合金中的马氏体相变前后碳浓度也不发生变化。这表明马氏体相变具有无扩散的特征。

（二）切变共格性与表面浮凸现象

早在20世纪初，Bain E C. 就发现预先抛光的试样发生马氏体相变后原来光滑的表面出现了浮凸，即马氏体形成时和它相交的试样表面发生倾动，一边凹陷，一边凸起，显微镜下观察则出现明显的山阴和山阳，如图5-19a所示。若在原抛光试样表面划一直线划痕SS'，马氏体相变后，变成折线$S''T'TS'$，这些折线在母相与马氏体的界面处保持连续，如图5-19b所示。这表明马氏体相变是以切变方式进行的，并且相变过程中母相与新相马氏体的界面为切变共格界面。

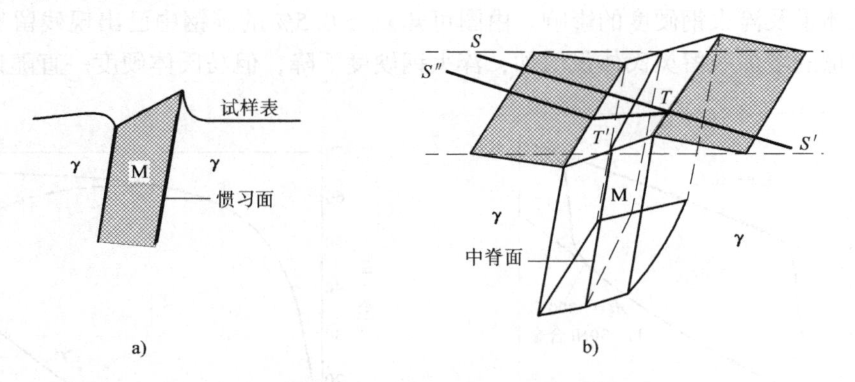

图5-19　高碳马氏体相变引起的表面倾动

（三）位向关系与惯习面

马氏体相变时，新相与母相之间通常具有一定位向关系。对于铁基合金，面心立方奥氏体向体心正方马氏体转变（γ→M）已观察到的位向关系主要有三种：①$\{111\}_\gamma // \{011\}_m$，$\langle101\rangle_\gamma // \langle111\rangle_m$；②$\{111\}_\gamma // \{110\}_m$，$\langle211\rangle_\gamma // \langle110\rangle_m$；③$\{111\}_\gamma // \{110\}_m$差1°，

$\langle 110\rangle_{\gamma}/\!/\langle 111\rangle_{m}$差2°。面心立方奥氏体向六方马氏体转变（γ→ε）的位向关系为$\{111\}_{\gamma}/\!/(0001)_{\varepsilon}$，$\langle 110\rangle_{\gamma}/\!/\langle 11\bar{2}0\rangle_{\varepsilon}$。

马氏体总是在母相的一定晶面上形成，该晶面叫惯习面。马氏体长大时，该面成为两相的相界面，由于马氏体相变具有切变共格的特性，所以惯习面为近似的不畸变面。不同材料中的马氏体相变具有不同的惯习面。钢中已测出的惯习面有$\{111\}_{\gamma}$、$\{225\}_{\gamma}$和$\{259\}_{\gamma}$；Cu-Zn合金中的β′马氏体的惯习面为$\{133\}_{\beta}$；ZrO_2中的正方相向单斜相的转变属于马氏体相变，其中片状马氏体的惯习面为$\{671\}_{m}$或$\{761\}_{m}$，板条马氏体的惯习面为$\{100\}_{m}$。

（四）马氏体相变的可逆性与形状记忆效应

对于某些合金，马氏体相变具有可逆性。图5-20所示为Fe-30Ni合金冷却相变和加热时的逆转变。高温相为面心立方γ相，快冷至马氏体转变开始点（M_s）以下，发生马氏体相变，生成体心立方的α′马氏体。然后再加热到γ相转变开始点（A_s）以上，α′马氏体直接靠逆转变变为面心立方的高温γ相。

钢室温时的平衡相为铁素体与渗碳体，马氏体是亚稳相。所以亚稳相马氏体在加热时，只要原子能够扩散就要从马氏体中析出碳化物，很难发生由马氏体直接转变为奥氏体的逆转变。而对于Au-Cd合金，M_s与A_s相差仅有16℃，相变热滞很小，加热和冷却时很容易发生逆转变，使马氏体呈现弹性似的长大和收缩，这类马氏体称为热弹性马氏体。具有热弹性马氏体转变的合金还有Cu-Al-Ni、Cu-Al-Mn、Cu-Zn-Al等。将具有热弹性马氏体转变的合金在M_s点以下进行塑性变形，当发生逆转变时，原来的变形可以被取消，这种效应叫形状记忆效应。

（五）马氏体相变的不完全性

马氏体相变是在$M_s \sim M_f$（马氏体转变终了点）温度范围内进行的，随转变温度的降低马氏体转变量增加，但总是或多或少残留一些母相。高碳钢和许多合金钢M_s点高于室温，M_f点低于室温，快冷到室温，会保留相当数量的残留奥氏体。图5-21所示为碳钢的含碳量对残留奥氏体量及淬火钢硬度的影响。由图可知$w_C > 0.5\%$的碳钢中已出现残留奥氏体，且随钢中含碳量的增加残留奥氏体量增加，淬火钢硬度下降，但马氏体硬度一直随钢中含碳量

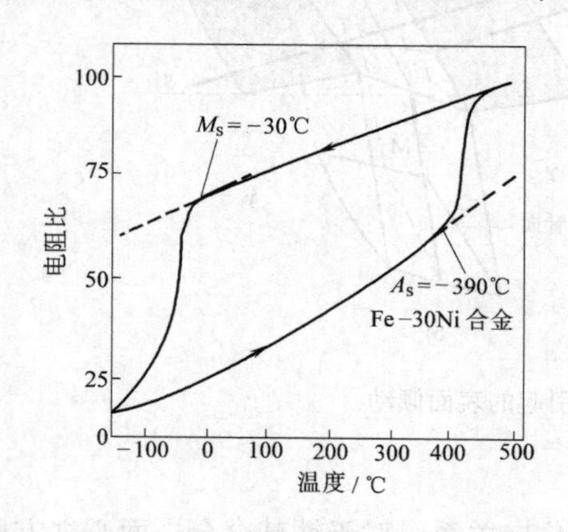

图5-20 Fe-30Ni冷却相变和加热时的逆转变

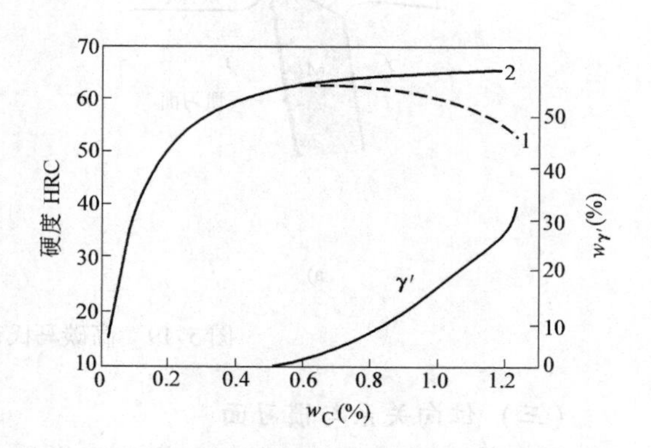

图5-21 钢中含量碳对残留奥氏体量及淬火钢硬度的影响（高于Ac_1及Ac_{cm}淬火）

1—淬火钢硬度 2—马氏体硬度

的增加而增加。陶瓷中的马氏体相变也具有不完全性，例如在 ZrO_2-YO_2陶瓷中的 t→m 的转变，所生成的“N”型马氏体片间的间隙为残留的母相 m。

二、钢中马氏体的结构、形态及性能

最早的马氏体的定义是碳在 α-Fe 中的过饱和固溶体。由于不仅在钢中，在非铁合金和陶瓷材料中也有马氏体相变，所以在20世纪80年代有些学者用马氏体相变特征为马氏体定义。将马氏体定义为母相无扩散的，以惯习面为不变平面的切变共格相变的产物。下面以钢中马氏体为例，简单介绍马氏体的结构、形态及性能。

（一）马氏体的晶体结构

不同材料中的马氏体的晶体结构也不尽相同。ZrO_2基陶瓷中的正方相→单斜相（t→m）转变是典型的马氏体转变，转变产物属于单斜系。Co、Co-Fe、Co-Ni 合金系中，面心立方结构的母相转变为密排六方结构的马氏体。钢中马氏体的晶体结构随合金和碳含量的变化，可存在体心立方、体心正方和密排六方三种晶体结构。

$w_{Mn}=13\%\sim25\%$ 的高锰钢中的 ε′马氏体为密排六方结构。$w_C<0.2\%$ 的低碳钢中的马氏体为体心立方结构，$w_C>0.2\%$ 的中碳和高碳钢中的马氏体为体心正方结构。体心正方马氏体的晶体结构如图5-22所示，碳原子主要占据 Z 轴方向的扁八面体间隙位置。随马氏体含碳量的增加，晶格参数 c 增加，a 下降，马氏体由体心立方结构变为体心正方结构，如图5-23所示。定义 c/a 为正方度，由图5-23，$w_C<0.2\%$ 的低碳钢，$c/a=1$；$w_C>0.2\%$，$c/a>1$，并且随碳含量的增加正方度增大。

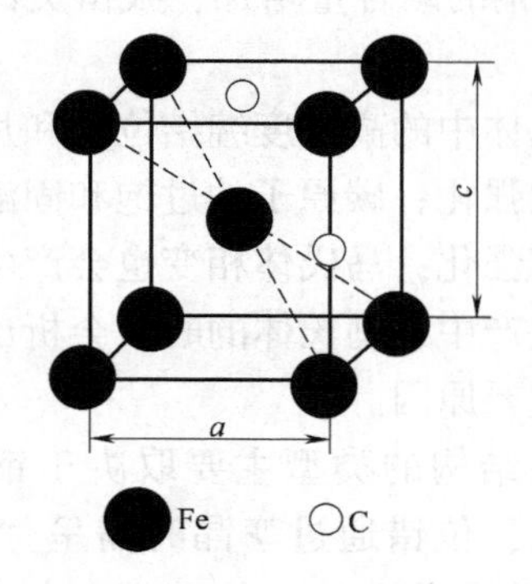

图5-22　体心正方马氏体的晶体结构示意图

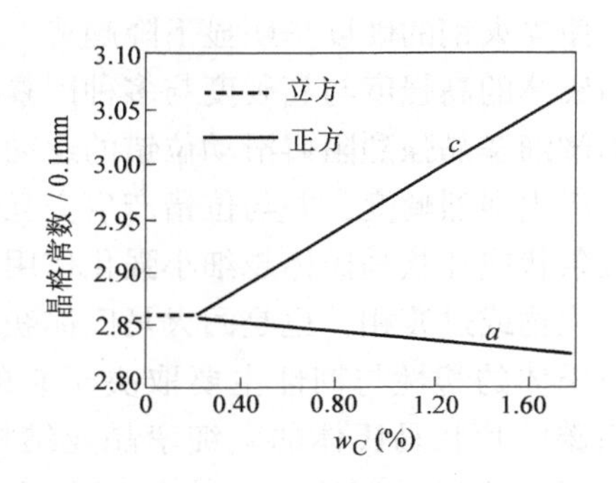

图5-23　马氏体的点阵常数与碳含量关系

（二）马氏体形态及亚结构

马氏体的组织形貌和亚结构极为复杂。金属材料及陶瓷材料中的马氏体形态各异，有片状、板条状、针状、蝶状等。马氏体形态不同，亚结构也不同。钢中马氏体主要有片状和板条状两种，如图5-24所示。

$w_C<0.2\%$ 的碳钢几乎全部生成板条状马氏体，亚结构为密度高达 $10^{11}\sim10^{12}/cm^2$ 的位错，所以板条状马氏体也叫低碳马氏体或位错马氏体。$w_C>1.0\%$ 的碳钢几乎全部生成双凸透镜状的片状马氏体，其亚结构主要为微细孪晶，所以片状马氏体也叫高碳马氏体或孪晶马氏体。在 $w_C>1.4\%$ 的马氏体片状中，经常可见到一条“中脊线”，仿佛把马氏体片分成两半，透射电镜分析表明“中脊线”是更微细的孪晶区。$0.2\%<w_C<1.0\%$ 的过冷奥氏体则形成片状和板条状混合的马氏体，且随碳含量的增加，片状马氏体所占比例增加。

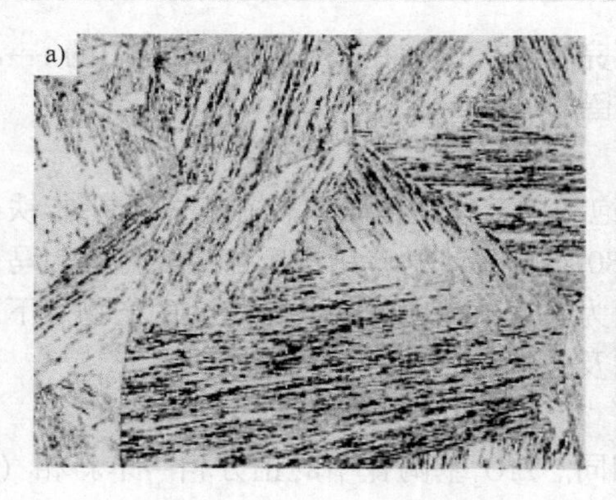

图 5-24 两种马氏体的组织形貌
a）板条马氏体 b）片状马氏体

（三）马氏体的性能

马氏体最主要的性能特点是强度与硬度高。由于硬度与强度可通过经验公式换算，所以通过硬度的测定可推测淬火钢的强度。采用显微硬度计可测定马氏体的硬度，马氏体的硬度随马氏体含碳量的增加而增加。当 $w_C<0.5\%$ 时，马氏体硬度随含碳量的增加急剧增加；$w_C>0.5\%$ 之后，马氏体硬度增加趋于平缓；当 $w_C>0.8\%$ 时，马氏体硬度几乎不增加，说明马氏体的硬度并不代表淬火钢的硬度。当 $w_C<0.5\%$ 时，马氏体硬度与淬火钢的硬度相同。当 $w_C>0.5\%$ 之后，由于钢中出现残留奥氏体，且随钢的碳含量增加，残留奥氏体逐渐增高，使淬火钢的硬度呈明显下降趋势。

马氏体的高强度与高硬度与多种因素有关。板条马氏体中的高密度缠结位错和片状马氏体中的微细孪晶强烈阻碍滑动位错的运动，使马氏体得到强化；碳原子的过饱和固溶使马氏体晶格产生强烈畸变，并与位错产生交互作用，产生固溶强化；马氏体相变也会产生细晶强化，板条状或片状马氏体越细小强化作用越明显。工业生产中，马氏体的时效会析出弥散分布的碳化物或过渡相，也是回火马氏体获得高强硬性的重要原因。

马氏体的塑性与韧性主要取决于它的亚结构。而亚结构的类型主要取决于钢的含碳量。高碳的片状马氏体的微细孪晶亚结构破坏了滑移系，位错通过孪晶时需呈“Z”形，既增加了位错运动阻力，又容易引起应力集中，甚至形成微裂纹，使塑性与韧性下降。板条马氏体的位错胞内位错分布不均匀，胞内存在的位错低密度区使其具有较好的塑性与韧性。

综上所述，片状马氏体硬度高而脆性大，板条马氏体具有足够高的强度和良好的韧性。总之，随马氏体含碳量的增加，强度、硬度增加，塑性、韧性下降。

第六节 贝氏体相变

钢中的贝氏体转变发生在珠光体转变和马氏体转变温度范围之间，故称中温相变。由于转变温度较低，铁原子和置换型的溶质原子难以扩散，但间隙原子碳可以扩散，故为半扩散相变。由于贝氏体相变具有过渡性，既有珠光体分解的某些特性，又有马氏体转变的一些特点，因此贝氏体相变是十分复杂的，至今仍存在切变学派和扩散学派之争。

可将钢中贝氏体定义为：贝氏体是过冷奥氏体的中温转变产物，以贝氏体铁素体为基，同时可能存在θ-渗碳体或ε-碳化物或残留奥氏体等相构成的整合组织。由于贝氏体相变及其产物在实际生产中已得到重要应用，所以研究贝氏体相变具有重要应用价值和理论意义。

一、钢中贝氏体类型及形成过程

贝氏体转变也是形核长大过程。贝氏体相变也有孕育期，在孕育过程中，奥氏体靠碳原子的扩散会形成富碳区和贫碳区。贝氏体铁素体首先在奥氏体晶界处形核，随后长大。贝氏体铁素体是靠切变还是靠扩散长大尚有分歧。此外，关于上贝氏体和下贝氏体中碳化物的析出机制也有争议。最初根据中温区上端和下端所形成的两种组织形态把贝氏体分为羽毛状的上贝氏体和针片状的下贝氏体。后来又发现其他形态的贝氏体，例如无碳贝氏体、粒状贝氏体等。各种贝氏体形成过程如图5-25所示。

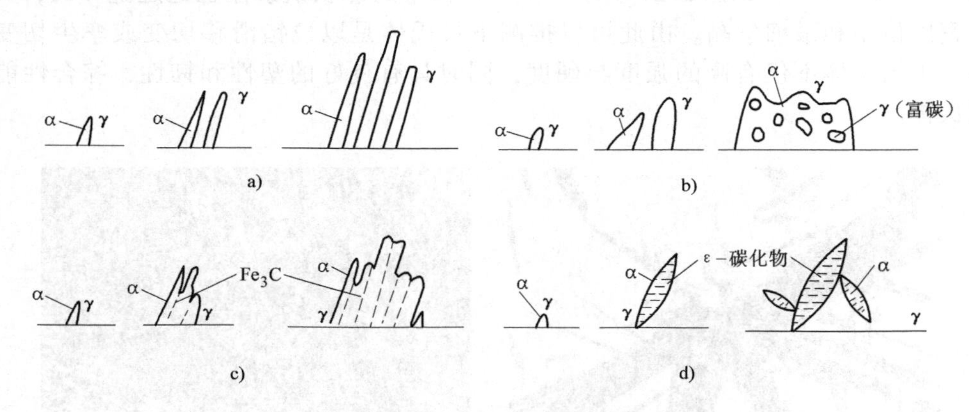

图5-25 贝氏体形成过程示意图
a) 无碳贝氏体 b) 粒状贝氏体 c) 上贝氏体 d) 下贝氏体

二、贝氏体的组织形态

钢的成分不同，贝氏体转变温度不同，可生成不同类型的贝氏体。不同类型的贝氏体形貌各异。

(一) 上贝氏体

在贝氏体转变温度范围的较高温度区域形成上贝氏体。典型的上贝氏体组织形貌呈现羽毛状，光学显微组织及电镜照片如图5-26所示。铁素体板条优先在原奥氏体晶界上形核，然后向一侧奥氏体中长大，铁素体板条互相平行排列，条间分布着断续短杆状渗碳体。铁素体板条呈过饱和状态，并有较高位错密度。随形成温度降低，铁素体板条数量增多，板条间的短杆状渗碳体尺寸减少。上贝氏体铁素体的硬度虽然可达45HRC左右，但由于铁素体板条间析出较粗大的脆性短杆状渗碳体，所以塑性和韧性较低。

(二) 下贝氏体

下贝氏体在贝氏体转变温度范围的较低温度区域形成。典型的下贝氏体组织形貌与片状马氏体相似，呈片状，如图5-27所示。利用透射电子显微镜，在下贝氏体中的片状铁素体内，可观察到沿一定惯习面析出的微细ε-碳化物，其排列方向一般与片状铁素体

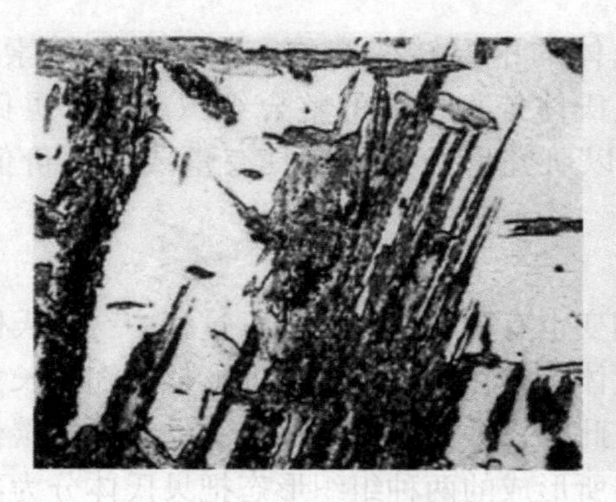

图 5-26　上贝氏体显微组织

长轴成55°~60°夹角，如图 5-27 所示。下贝氏体中的片状铁素体也是过饱和的，其亚结构为高密度位错和微细孪晶。由此可以推测下贝氏体是以位错滑移切变或孪生切变方式形成的。下贝氏体不仅有高的强度与硬度，同时具有良好的塑性和韧性，综合性能优于片状马氏体。

图 5-27　下贝氏体显微组织

（三）其他类型的贝氏体

无碳贝氏体在低碳低合金钢中出现几率较多，也是在贝氏体转变温度区间的较高温度范围内形成的。在无碳贝氏体中，尺寸和排列距离较宽的贝氏体铁素体片条平行排列，片条间是富碳的奥氏体或其随后分解的产物。

低中碳贝氏体钢热轧后空冷至贝氏体转变温度区间的较高温度范围时，也可形成粒状贝氏体。富碳的孤岛状奥氏体分布在块状铁素体基体中，其孤岛状的奥氏体在随后的冷却过程中还可转变成其他产物。但也有人认为粒状贝氏体不是贝氏体转变产物，而是块型转变产物。

第七节　金属回复、再结晶及晶粒长大

经冷变形后的金属材料吸收了部分变形功，其内能增高，结构缺陷增多，处于不稳定状态，具有自发恢复到原始状态的趋势。室温下，原子扩散能力低，这种亚稳状态可一直保持

下去。一旦受热，原子扩散能力增强，就将发生组织结构与性能的变化。回复、再结晶与晶粒长大是冷变形金属加热过程中经历的基本过程。图 5-28 是纯铜冷变形退火后的组织及性能变化情况。

一、回复

回复阶段储存能释放谱可见到三个小峰值，这说明回复阶段加热温度不同，回复机理也不同。低温回复主要涉及点缺陷的运动。空位或间隙原子移动到晶界或位错处消失，空位与间隙原子的相遇复合，空位集结形成空位对或空位片，使点缺陷密度大大下降。

中温回复时，随温度升高，原子活动能力增强，位错可以在滑移面上滑移或交滑移。使异号位错相遇相消，位错密度下降，位错缠结内部重新排列组合，使亚晶规整化。

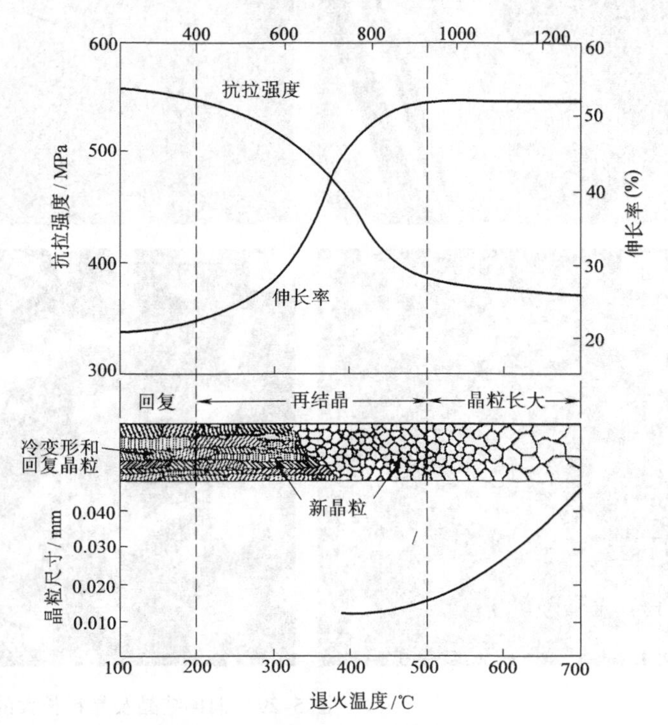

图 5-28 纯铜冷变形退火后组织及性能变化

通过以上几种回复机制，使点缺陷数目减少，使位错互毁，还使许多位错从滑移面转入亚晶界，使位错密度大大降低，并形成能量低的组态。同时使亚晶尺寸增大，亚晶之间的位向差变大。人们习惯用约化温度来表示加热温度的高低。所谓约化温度是指用热力学温标表示的加热温度与其熔点温度之比，即 $T_H = T/T_m$。$0.1 < T_H < 0.3$ 为低温回复；$0.3 < T_H < 0.5$ 为中温回复；$T_H > 0.5$ 为高温回复。

二、再结晶

冷变形后的金属加热到一定温度之后，在变形基体中，重新生成无畸变新晶粒的过程叫再结晶。再结晶使冷变形金属恢复到原来的软化状态。再结晶的驱动力与回复一样，也是冷变形所产生的储存能的释放。再结晶包括生核与长大两个基本过程，图 5-29 为铜冷变形后在不同温度下保温得到的组织，从中可以清晰地看到再结晶和晶粒长大的几个阶段。

三、影响再结晶的因素

再结晶进行的程度与保温温度和时间密切相关。对于多数金属或合金，常用再结晶温度来表征再结晶行为，在此温度保温 1h 再结晶完全发生，表 5-5 是几种金属的再结晶和熔点温度。再结晶温度一般介于（0.3～0.5）T_m之间，并且受许多因素的影响，包括预先冷变形量、微量溶质原子、原始晶粒尺寸、分散相粒子等。冷变形量对再结晶温度的影响如图 5-30 所示，从中可以看到随变形量的增加，再结晶温度降低，当变形量很大时达到一个稳

图 5-29 铜再结晶及晶粒长大的几个阶段

a) 33%冷加工后的组织 b) 在580℃保温3s后的再结晶初始阶段，图中非常细小的晶粒为再结晶晶粒 c) 部分冷变形晶粒被再结晶晶粒取代 d) 发生完全再结晶（580℃，保温8s） e) 580℃保温15min后长大的晶粒 f) 700℃保温10min后长大的晶粒

定值。多数情况下都以此作为最低再结晶温度。从图5-30中还可以看到，当变形量小于5%时将不能发生再结晶，把这个变形量称为临界变形量。一般情况下，这个临界变形量介于2%~20%之间。

纯金属的再结晶速率比合金要快，因此合金化将提高再结晶温度。纯金属的再结晶温度约为$0.3T_m$，而部分合金的再结晶温度可达$0.7T_m$。

其他条件相同情况下，晶粒越细，变形抗力越大，冷变形后储存能越多，再结晶温度越低；相同变形量，晶粒越细，晶界总面积越大，可供形核场所越多，生核率也增

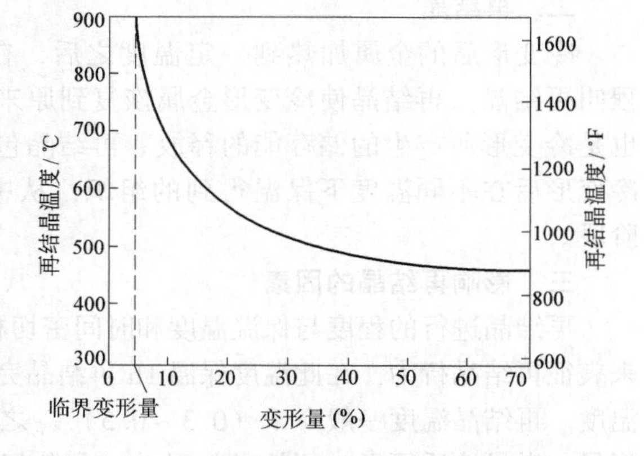

图 5-30 纯铁的再结晶温度与变形量的关系

大，故再结晶速度加快。

分散相粒子直径较大，粒子间距较大的情况下，再结晶被促进；而小的粒子尺寸和小的粒子间距下，再结晶被阻碍。例如 Al + $CuAl_2$ 合金，当粒子直径为 0.3μm，粒子间距大于 1μm 时，对再结晶起促进作用；而当粒子间距小于 1μm 时将起阻碍作用。

表 5-5　几种金属的再结晶和熔点温度

金　属	再结晶温度/℃	熔点/℃
铅	-4	327
锡	-4	232
锌	10	420
纯铝（99.999%）	80	660
纯铜（99.999%）	120	1085
黄铜	475	900
纯镍（99.99%）	370	1455
纯铁	450	1538
钨	1200	3410

四、晶粒长大

冷变形金属在完成再结晶后，继续加热时，会发生晶粒长大，晶粒长大又可分为正常长大和异常长大（二次再结晶）。

（一）晶粒的正常长大

再结晶刚刚完成，得到细小的无畸变等轴晶粒，当升高温度或延长保温时间时，晶粒仍可继续长大，若均匀地连续生长叫正常长大。晶粒长大的驱动力，从整体上看，是晶粒长大前后总的界面能差。细小的晶粒组成的晶体比粗晶粒具有更多的晶界，故界面能高，所以细晶粒长大使体系自由能下降，故是自发过程。从个别晶粒长大的微观过程来说，晶界具有不同的曲率则是晶粒长大的直接原因。

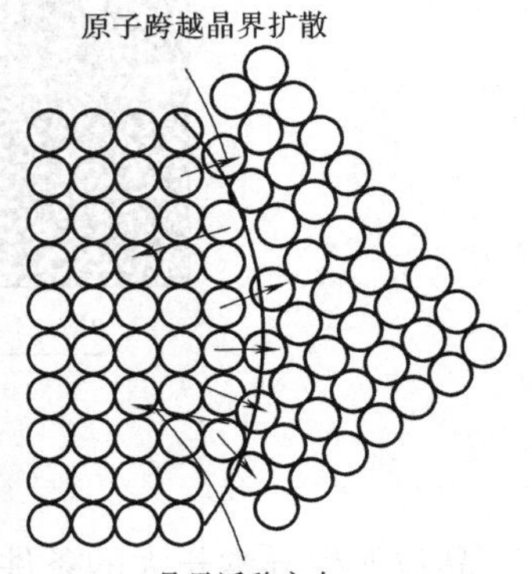

图 5-31　通过原子扩散机制晶粒长大示意图

晶粒长大是通过晶界的迁移来实现的，而这种迁移是原子从晶界一侧到另一侧短程扩散的结果，如图 5-31 所示。晶界迁移方向和原子扩散方向正好相反。

实际的二维晶粒如图 5-32 所示。较大的晶粒往往是六边以上，如晶粒Ⅰ，较小的晶粒往往是少于六边，如晶Ⅱ。为保证界面张力平衡，晶界角应为 120°，故小晶粒的界面必定向外凸，大晶粒的界面必定向内凹。晶界迁移时，向曲率中心移动，如图 5-32 箭头所示，其结果必然是大晶粒吞食小晶粒而长大。

对于多数多晶材料来说，晶粒尺寸 d 和保温时间 t 存在以下关系

$$d^n - d_0^n = Kt \tag{5-23}$$

式中，d_0是 $t=0$ 的初始晶粒尺寸；K 和 n 是温度依赖常数，n 值一般大于或等于 2。铜合金的晶粒尺寸和温度的关系如图 5-33 所示，可见在较低的温度下呈线性关系，随温度的增加，晶粒长大速度加快，也就是说曲线上移到晶粒尺寸较大区域，这可以解释为，随温度升高，原子的扩散速率也随之加快。

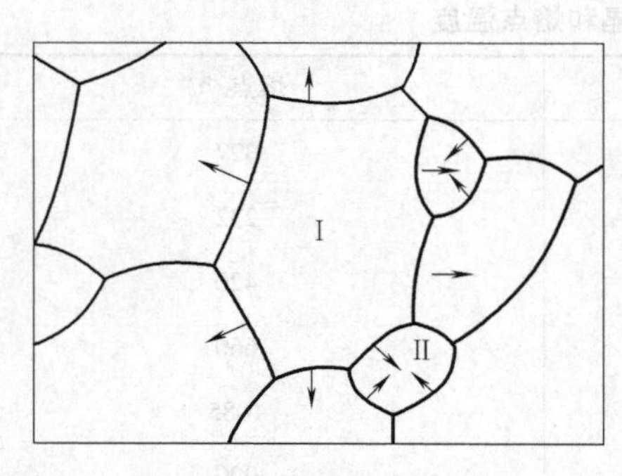

图 5-32 晶粒长大示意图

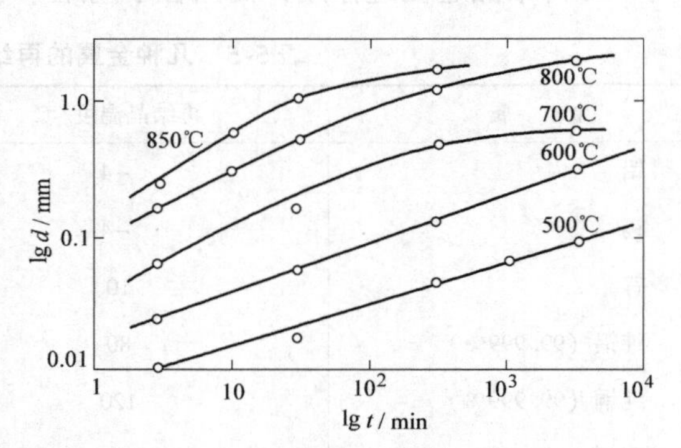

图 5-33 铜合金在不同温度下保温时间和晶粒尺寸的关系

影响晶粒长大的其他因素有杂质和合金元素、第二相质点以及晶粒间的位向差等。

（二）晶粒的异常长大

晶粒的异常长大又称不连续晶粒长大或二次再结晶，是一种特殊的晶粒长大现象。发生这种晶粒长大时，基体中的少数晶粒迅速长大，使晶粒之间尺寸差别显著增大。直至这些迅速长大的晶粒完全互相接触为止，如图 5-34 所示。

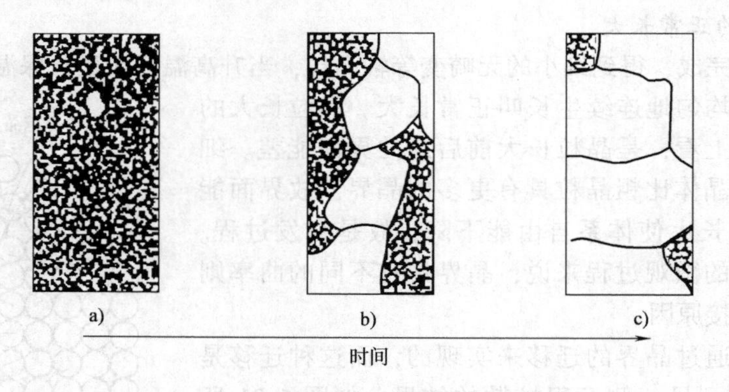

图 5-34 晶粒异常长大示意图

晶粒发生异常长大的条件是，正常晶粒长大过程被分散相粒子、织构或表面热蚀沟等强烈阻碍，能够长大的晶粒数目较少，致使晶粒大小相差悬殊。晶粒尺寸差别越大，大晶粒吞食小晶粒的条件越有利，大晶粒的长大速度也会越来越快，最后形成晶粒大小极不均匀的组织，如图 5-34c 所示。

二次再结晶形成非常粗大的晶粒及非常不均匀的组织，从而降低了材料的强度与塑性，因此在制订冷变形材料再结晶退火工艺时，应注意避免发生二次再结晶。但对某些磁性材料如硅钢片，却可利用二次再结晶，获得粗大具有择优取向的晶粒，使之具有最佳的磁性。

第八节　金属热处理原理

一、钢的加热转变

钢件通过加热、保温和冷却，可改变其组织状态，在很大程度上提高其性能。无论是普通热处理，还是表面热处理，通常都要首先加热到奥氏体。加热质量的好坏，对热处理后的组织与性能有很大影响。钢在加热或冷却时，形成奥氏体的温度范围一般可根据 Fe-Fe_3C 相图进行近似估计。

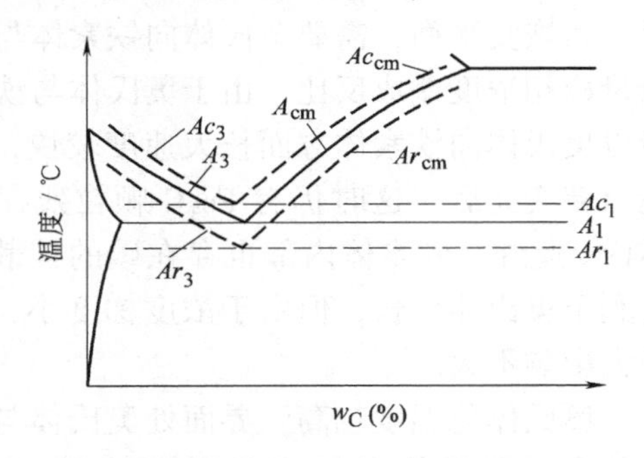

图 5-35　加热或冷却对碳钢的临界点的影响

在实际加热时，珠光体向奥氏体转变的临界点随加热速度的升高而升高，习惯上将一定加热速度（0.125℃/min）的临界点用 Ac_1 表示。同理，Fe-Fe_3C 相图中的上临界点 *GS* 线（A_3 线）与 *ES* 线（A_{cm}线）加热时的临界点分别用 Ac_3 和 Ac_{cm}表示，而冷却时的临界点则用 Ar_3 和 Ar_{cm} 表示。碳钢加热和冷却的各临界点如图 5-35 所示。

（一）共析钢的奥氏体化过程

共析钢加热到 Ac_1 以上，将发生珠光体向奥氏体的转变，也叫奥氏体化，该转变可表示为

$$\alpha + Fe_3C \xrightarrow{Ac_1\text{ 以上}} \gamma$$

$$w_C = 0.0218\% \qquad w_C = 6.69\% \qquad w_C = 0.77\%$$

体心立方　　　复杂正交　　　　面心立方

由此可知，成分相差悬殊、晶体结构完全不同的两相 α 和 Fe_3C 转变成为另一种晶体结构的单相固溶体 γ。因此奥氏体化过程必定有晶格的重构和铁、碳原子的扩散。奥氏体化过程可分为四个阶段，即奥氏体的形核、奥氏体晶核长大、残余 Fe_3C 的溶解和奥氏体的均匀化，如图 5-36 所示。

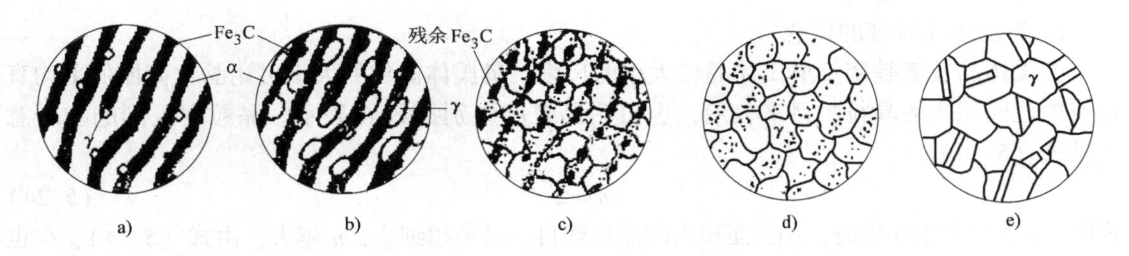

图 5-36　珠光体向奥氏体的转变示意图

a）γ 形核　b）γ 晶核长大　c）残余 Fe_3C 溶解　d）不均匀 γ　e）均匀 γ

将珠光体加热到 Ac_1 以上，经过一段孕育期后，奥氏体在铁素体与 Fe_3C 的相界处形核。这是因为相界面上原子排列紊乱，易满足形核所需的结构起伏，相界面还可释放出界面能，使形核功减小，有利于奥氏体形核。此外，奥氏体的碳含量介于铁素体与 Fe_3C

之间，在相界面形核易满足形核所需的成分起伏。所以奥氏体在铁素体与 Fe_3C 相界面处形核，如图 5-36a 所示。

奥氏体晶核一旦形成就开始长大，如图 5-36b 所示。由 Fe-Fe_3C 可知，在有一定过热度的情况下，与 Fe_3C 平衡的奥氏体的碳浓度 $C_{\gamma\text{-}Fe_3C}$ 高于与铁素体相平衡的奥氏体的碳浓度 $C_{\gamma\text{-}\alpha}$，于是奥氏体内产生碳浓度梯度，发生碳的扩散，使与 Fe_3C 相邻的奥氏体的碳浓度低于平衡碳浓度 $C_{\gamma\text{-}Fe_3C}$，而与铁素体相邻的奥氏体的碳浓度高于平衡碳浓度 $C_{\gamma\text{-}\alpha}$，如图 5-37 所示。为恢复平衡，需要奥氏体向铁素体与 Fe_3C 两个方向推移。扩散相变界面迁移速率 u 与新母两相浓度差成反比，由于奥氏体与铁素体碳含量的差远小于 Fe_3C 与奥氏体碳含量的差，所以奥氏体向铁素体方面长大速度较快，这使得铁素体完全转变完后，这时仍有 Fe_3C 颗粒残存在生成的奥氏体内。此外，铁素体内部也存在碳的扩散，这种扩散也有利于奥氏体生长，但由于浓度梯度小，对奥氏体晶核长大影响不大。

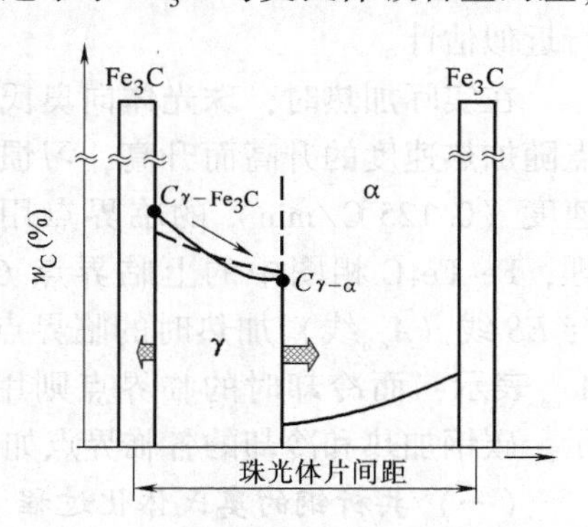

图 5-37 奥氏体晶核在珠光体中长大示意图

奥氏体化温度越高，界面处奥氏体与铁素体的浓度差越小，奥氏体向铁素体方面推移速度越快，残余 Fe_3C 也越多。随保温时间的增加，残余 Fe_3C 将不断溶解，如图 5-36c 所示。

当残余 Fe_3C 全部溶解后，奥氏体内碳的分布是不均匀的，如图 5-36d 所示。碳分布不均匀，奥氏体要经过长时间的保温才可得到单相均匀的奥氏体，如图 5-36e 所示。于是奥氏体化过程全部完成。

对于亚共析钢与过共析钢，必须加热到上临界点以上才能完全奥氏体化，得到单相奥氏体。如果加热温度在上下临界点之间，无论保温多长时间，必定存在一部分尚未转变的先共析相。这种加热叫“不完全奥氏体化”。

（二）奥氏体晶粒长大及其控制

奥氏体化完成后，如果继续加热或保温，奥氏体晶粒必然要长大。长大的驱动力是总界面能的减少。而奥氏体晶粒的大小直接影响冷却转变产物的性能，所以控制奥氏体晶粒的大小具有重要的实际意义。

1. 奥氏体晶粒度的概念

奥氏体晶粒度是衡量奥氏体晶粒大小的尺度。奥氏体晶粒的大小可用晶粒截面的平均直径或单位面积内的晶粒数目来表示，也可用晶粒度级别指数 G 表示。晶粒度级别的物理意义见式（5-24）

$$n = 2^{G-1} \tag{5-24}$$

式中，n 为放大 100 倍时，$1in^2$ 面积内的晶粒数目。晶粒越细小，n 越大，由式（5-24），G 也越大。根据相关标准的规定，将钢加热到 (930 ± 10)℃，保温 3 ~ 8h，冷却后测定奥氏体晶粒度。测定奥氏体晶粒度时，通常在放大 100 倍的情况下与标准晶粒度等级图进行比较评级。标准等级图分为 1 ~ 8 级，其中由 8 级到 1 级晶粒尺寸越来越大。

奥氏体晶粒度分为三种。起始晶粒度是奥氏体化刚刚完成时奥氏体晶粒的大小。起始晶粒度一般比较细小，在随后的加热或保温过程中，奥氏体晶粒要长大。实际晶粒度是指在具体热处理或加热条件下，实际获得的奥氏体晶粒大小。由于奥氏体晶粒长大是必然的，所以实际晶粒尺寸总比起始晶粒大，实际晶粒尺寸的大小直接影响钢件的性能。

为了表示不同牌号钢的奥氏体晶粒长大倾向高低，引入本质晶粒度概念。通常在放大100倍的情况下与标准晶粒度等级图进行比较评级。晶粒度在1～4级的定为本质粗晶粒钢，晶粒度在5～8级的定为本质细晶粒钢，如图5-38所示。但不能认为本质细晶粒钢在任何温度下加热都不粗化，实际上在950～1000℃以上，本质细晶粒钢的奥氏体晶粒尺寸比本质粗晶粒钢还粗大，因为高于950～1000℃，本质细晶粒钢具有更大的长大倾向，只是在950℃以下本质细晶粒钢长大倾向小。铝脱氧或含钒、钛、铌、锆、钼、钨的钢为本质细晶粒钢。

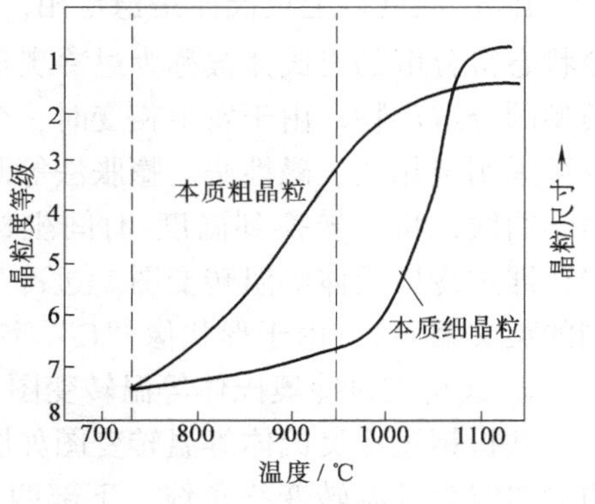

图5-38　钢的本质晶粒度

2. 影响奥氏体晶粒大小的因素

（1）加热温度与保温时间的影响　奥氏体化温度一定，随保温时间增加，晶粒不断长大，但长大到一定尺寸后几乎不再长大。奥氏体化温度越高，晶粒长大越快，与之对应的极限晶粒尺寸也越大。所以奥氏体化温度越低，保温时间越短，奥氏体晶粒越细小。

（2）加热速度的影响　最高加热温度相同，加热速度越快，奥氏体晶粒越细小。其原因有两方面：首先，加热速度越快，过热度越大，相变驱动力增大，形核率急剧增加，因而起始晶粒度越小；其次，加热速度越快，加热时间越短，奥氏体晶粒来不及长大。所以短时快速加热是细化奥氏体晶粒的重要手段。

（3）化学成分的影响　加热温度和保温时间相同时，钢中碳含量越低，奥氏体晶粒越细小。例如，同样加热到1300℃，保温3h，$w_C=0.8\%$钢的奥氏体晶粒的平均面积为$0.15mm^2$，比$w_C=0.24\%$的钢大15倍。合金元素对奥氏体晶粒长大的影响可分述如下：强烈阻止奥氏体晶粒长大的合金元素有铝、钒、钛、铌、锆等；一般阻碍奥氏体晶粒长大的有钼、钨、铬等；影响不大的有非碳化物元素硅、镍、铜等；促进奥氏体晶粒长大的有锰、磷、碳、氮和过量铝。一般阻止奥氏体晶粒长大的合金元素均能生成弥散分布的稳定碳化物或氮化物，在奥氏体化过程中，阻碍奥氏体晶粒长大。而促进奥氏体晶粒长大的元素固溶在奥氏体中会减弱铁原子的结合力，加速铁原子的自扩散，从而促进奥氏体晶粒长大。

（4）原始组织的影响　一般情况下，片状珠光体比粒状珠光体更容易过热。因为片状珠光体相界面多，奥氏体化时生核率高，转变速率快，奥氏体形成后，过早进入长大阶段，所以最终获得的奥氏体晶粒较粗大。原始组织为马氏体、贝氏体等非平衡组织时，易发生组织遗传性。例如，经历了过热淬火的钢件的室温组织为马氏体组织，由于其原始奥氏体晶粒很粗大，在重新奥氏体化时，新生成的奥氏体晶粒与原来的粗大奥氏体晶粒具有相同的形状、大小和取向，这种现象叫组织遗传。为了杜绝组织遗传，需先采用正火或完全退火，获得近似平衡组织，然后再进行随后的淬火热处理。

二、钢的冷却转变

冷却过程是热处理的关键工序，它决定冷却转变后的组织与性能。冷却方式是多种多样的，可分为连续冷却和等温冷却两大类。研究不同冷却条件下的过冷奥氏体转变规律及转变产物的组织形貌和性能无疑是十分重要的。

(一) 过冷奥氏体等温转变图

在 A_1 温度以上奥氏体是稳定相，一旦过冷到 A_1 温度以下就成为不稳定相。这种处于过冷状态待分解的奥氏体被称为过冷奥氏体。过冷奥氏体在不同温度范围等温，可分解为不同类型的分解产物。由于发生相变时，金相组织形貌、线膨胀系数、铁磁性都要发生变化，所以可采用金相法、磁性法、膨胀法等测定出不同温度下的转变量与时间关系曲线，即相变动力学曲线，将其转换到温度-时间坐标系中，可得到“温度-时间-转变量”之间的关系曲线，即过冷奥氏体等温转变图。过冷奥氏体等温转变图也叫 TTT 曲线（时间-温度-转变三词的英文缩写），由于形状像“C”字，故也叫 C 曲线。

1. 共析钢过冷奥氏体等温转变图

共析钢过冷奥氏体等温转变图如图 5-39 所示。图中左边的曲线为等温转变开始线，右边的曲线为等温转变终了线，下部两条水平线分别是马氏体转变开始线（M_s 线）和马氏体转变终了线（M_f 线）。共析钢等温转变图分为四个区。A_1 线以上为奥氏体稳定存在区；等温转变开始线左方是过冷奥氏体区；等温转变终了线右方是转变产物区；等温转变开始线与等温转变终了线之间为过冷奥氏体与转变产物共存区。M_s 线以下均为马氏体与残留奥氏体共存区。

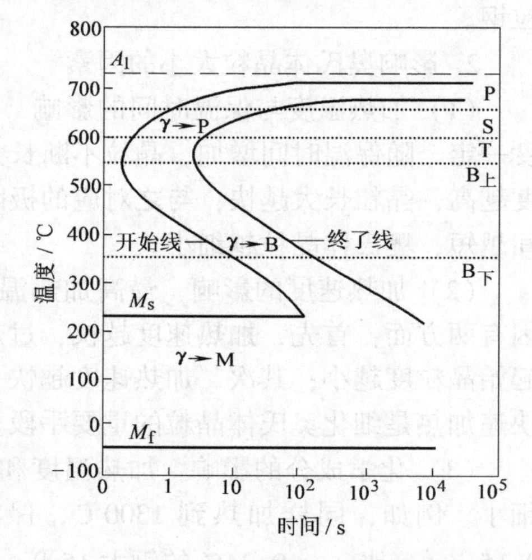

图 5-39 共析钢过冷奥氏体等温转变图

与其他扩散相变的等温转变图类似，共析钢等温转变图也呈“C”字。在 A_1 ~ 550℃ 为珠光体转变区。转变产物均为铁素体与渗碳体的层片状机械混合物，其片间距随过冷度的增加而减小。在该温度范围原子有足够的扩散能力，随转变温度的下降，由于相变驱动力的增加，使孕育期变短，转变速度加快。在鼻尖所对应的温度即 550℃，孕育期最短，奥氏体最不稳定。其中，A_1 ~ 650℃ 生成的较粗片状组织叫珠光体，用 P 表示，光学显微镜就可分辨出片层形态；650 ~ 600℃ 生成细片状组织叫索氏体，用 S 表示，高倍光学显微镜才可分辨其片层结构；600 ~ 550℃ 生成极细片状组织叫托氏体，用 T 表示，只有在电镜下才能分辨清楚。片状珠光体的性能主要取决于片间距，片间距越小，强度和硬度越高，塑性和韧性也越好。例如片间距 0.6 ~ 0.7μm 的粗珠光体抗拉强度约为 $\sigma_b = 55\text{MPa}$，伸长率约为 $\delta = 5\%$，布氏硬度约为 180HBW；片间距 0.25 ~ 0.3μm 的索氏体抗拉强度约为 $\sigma_b = 110\text{MPa}$，伸长率约为 $\delta = 10\%$，布氏硬度约为 270HBW。

550℃ ~ M_s 之间为贝氏体转变区。随转变温度的下降，虽然相变驱动力仍在增大，但碳原子扩散能力急剧下降，导致转变速度下降，孕育期逐渐变长。550 ~ 350℃ 生成羽毛状的上贝氏体，350℃ ~ M_s 之间生成针片状下贝氏体。中温区下部形成的下贝氏体强韧性好，中温区上部形成的上贝氏体由于铁素体条片间析出条状渗碳体，所以冲击韧度差，强度低。

转变温度降到 M_s 点以下，相变驱动力大到足以发生马氏体相变。由于马氏体相变为无扩散切变，所以转变不需孕育期，随转变温度降低，马氏体量将不断增加，到 M_f 点马氏体相变结束。马氏体相变具有不完全性，没有发生转变的奥氏体叫残留奥氏体。共析钢淬火主要得到片状马氏体加少量残留奥氏体，其硬度高达 61～63HRC，而伸长率仅为 1% 左右，所以高碳马氏体硬而脆。

2. 影响奥氏体等温转变的因素

影响奥氏体等温转变的因素也就是影响等温转变图形状和位置的因素。下面利用等温转变图的变化说明各种因素对奥氏体等温转变的影响。

（1）奥氏体碳浓度的影响　在碳钢中，共析钢等温转变曲线最简单，如图 5-39 所示。亚共析钢与过共析钢的等温转变图与共析钢类似，但多出了一条先共析铁素体析出线或先共析渗碳体析出线，如图 5-40 所示。此外，随钢中碳含量增加，M_s 点下降。亚共析钢随碳含量增加，等温转变图右移，过共析钢随碳含量增加，等温转变图左移，而共析钢等温转变图位置最靠右，所以共析钢过冷奥氏体最稳定。

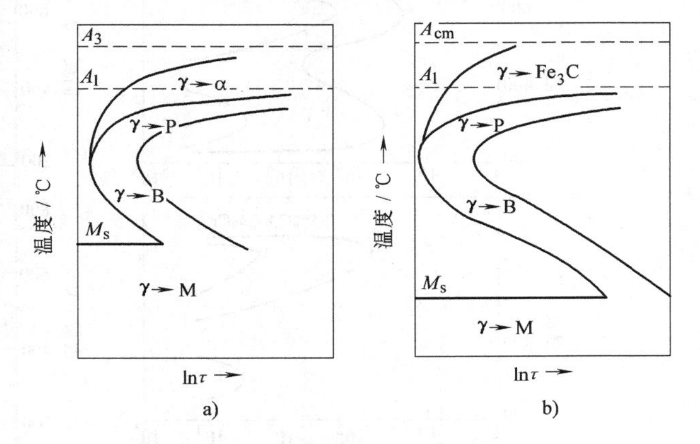

图 5-40　含碳量对等温转变图的影响

a）亚共析钢　b）过共析钢

（2）合金元素的影响　合金元素只有溶入奥氏体中才对过冷奥氏体等温转变产生重要影响。除 Co 外，几乎所有合金元素溶入奥氏体，都使等温转变图右移，增大奥氏体稳定性。Cr、Mo、W、V 等碳化物形成元素使等温转变图右移，并具有双“鼻子”，如图 5-41a 所示，Mn、Si、Ni、Cu 等非碳化物形成元素使等温转变图右移，但不改变其形状，如图 5-41b 所示。此外，有些合金元素对过冷奥氏体的三种分解转变，即先共析转变、珠光体转变和贝氏体转变的推迟作用不同，使等温转变图形状发生改变。以上是合金元素单独作用的规律，如果多种合金元素复合加入，对过冷奥氏体分解转变的影响更复杂，推迟作用也更明显。此外，除 Co、Al 外，绝大多数合金元素均使 M_s 点下降。

（3）奥氏体化状态的影响　随加热温度的升高，保温时间的增长，奥氏体的晶粒将不断长大，总晶界面积减小，成分更加均匀。不利于新相形核，使过冷奥氏体的稳定性增加，等温转变图右移。

（二）过冷奥氏体连续冷却转变图

过冷奥氏体等温转变图可用来指导等温热处理工艺，也可粗略估计连续冷却条件下热处理后的产物。但只限于粗略的定性分析，甚至可能作出错误判断。因此测定各种钢的过冷奥氏体连续冷却转变图十分必要。

过冷奥氏体连续冷却转变图也叫 CCT 曲线（Continuous Cooling Transformation）。其测定方法也有金相法、磁性法和膨胀法。下面以膨胀法为例简要介绍如下。制备一组膨胀试样，利用膨胀仪，测定出奥氏体化后，以不同冷却速度冷却时的转变开始点和终了点。将各点绘在温度-时间坐标系中，并将具有相同意义的点连成曲线，可得到过冷奥氏体连续冷却转变

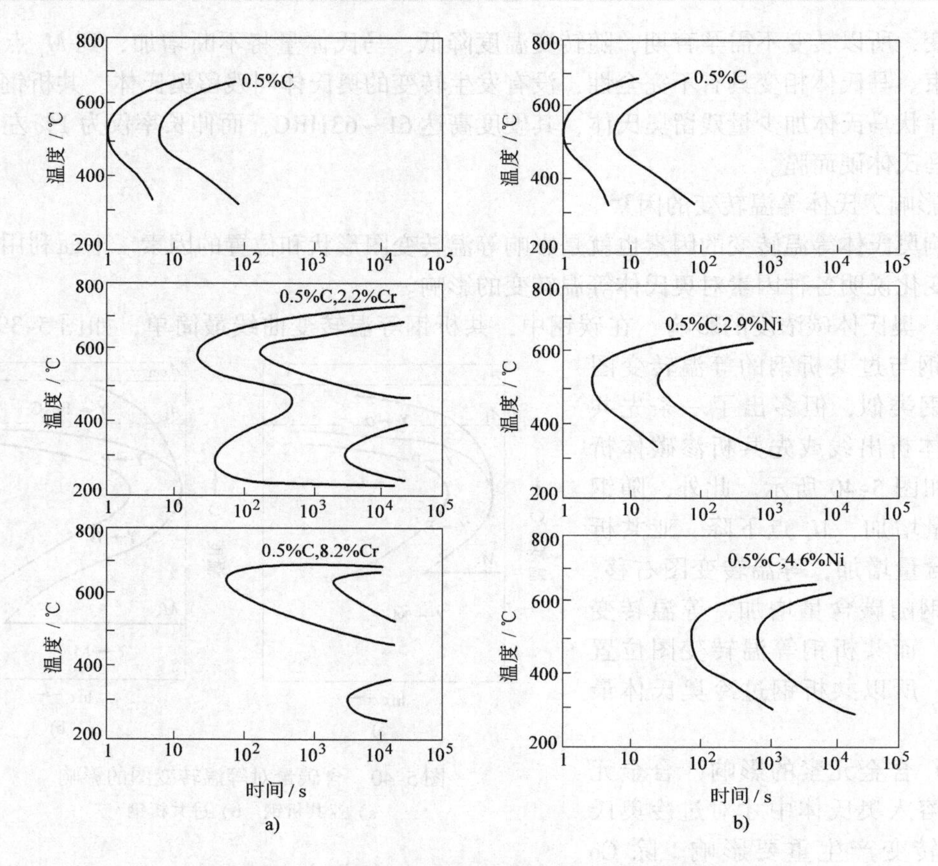

图 5-41　合金元素对过冷奥氏体等温转变的影响

图。共析钢的连续冷却转变图如图 5-42 所示。

图中 P_s 线表示珠光体转变开始线，P_z 表示珠光体转变终了，虚线 K 表示珠光体转变中止线。冷却曲线碰到珠光体转变中止线，过冷奥氏体不再发生珠光体转变，继续冷到 M_s 线以下发生马氏体转变。冷速 v_k 称为上临界冷却速度，是得到全部马氏体的最小冷速。v_k 越小，淬火冷却时越容易得到马氏体。冷速 v'_k 称为下临界冷却速度，是得到全部珠光体的最大冷速，v'_k 越小，得到全部珠光体的退火所需时间越长。由图 5-42 可知，以 350℃/s 冷速冷却得到马氏体 + 残留奥氏体；以 5℃/s 冷速冷却得到全部珠光体。连续冷却转变图位于等温转变图的右下方。如果以 v_k 冷速冷却时，已碰到等温转变曲线的转变开始线，按等温转变图应有一部分珠光体生成，但连续冷却转变时确无珠光体，其组织为马氏体 + 残留奥氏体。所以用等温转变图估计连续冷却转变产物不够准确。但连续冷却对转变速率极快的马氏

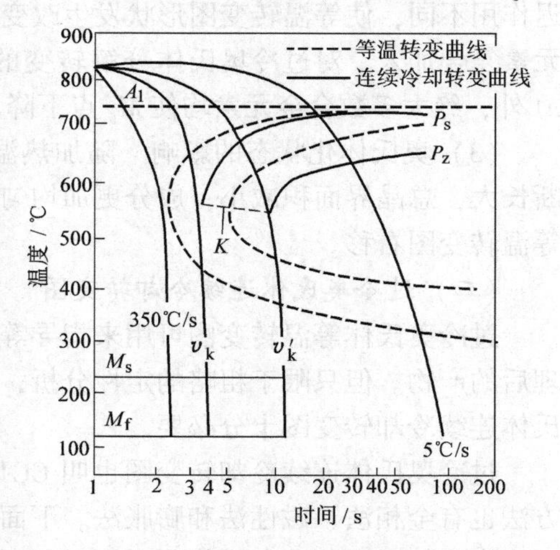

图 5-42　共析钢连续冷却转变图

体相变无影响。此外，由共析钢和过共析钢等温转变图可知贝氏体转变的孕育期较长，连续冷却时达不到能发生贝氏体转变的孕育效果，故共析钢和过共析钢连续冷却无贝氏体转变。

过共析钢的连续冷却转变图形状与共析钢的连续冷却转变图相似，如图 5-43 所示。与共析钢相比，多出一条先共析渗碳体析出线，M_s 线右端的升高与析出先共析渗碳体、使周围奥氏体含碳量下降有关。

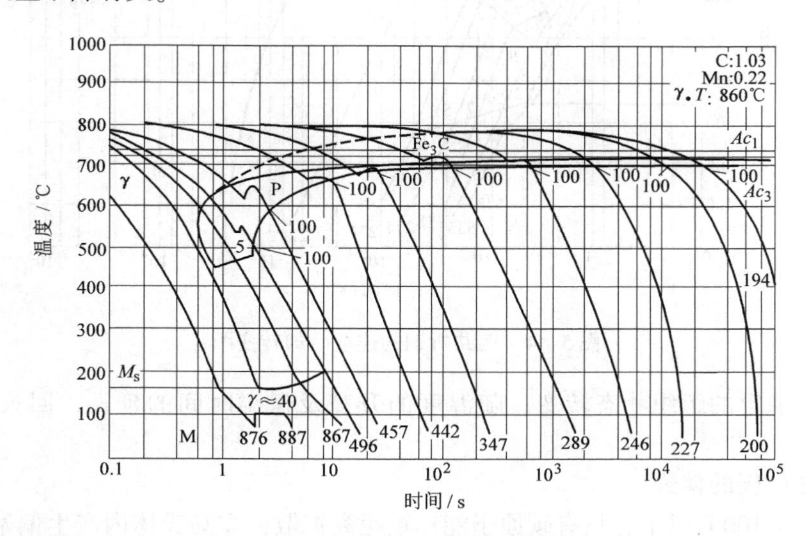

图 5-43　过共析钢的连续冷却转变曲线

亚共析钢连续冷却转变图与共析钢完全不同，除都有珠光体转变区外，还出现了先共析铁素体析出区和贝氏体转变区。此外，由于铁素体和贝氏体的析出，使其周围的奥氏体含碳量升高，使马氏体转变开始点下降，故 M_s 线右端下降，如图 5-44 所示。图中冷却曲线旁边的数字表示每种组织的形成量，最下边的数字表示转变产物的维氏硬度值。

利用连续冷却转变曲线可准确估算出不同冷速下的产物。由图 5-44，以大于上临界冷却速度 v_k 的冷速冷却，可得到马氏体 + 残余奥氏体；以小于下临界冷速 v_k' 的冷速冷却可得到铁素体 + 珠光体；冷却速度介于 v_k 与 v_k' 之间，除能得到马氏体 + 残留奥氏体外，还有可能得到贝氏体、铁素体、珠光体。最后需要指出的是，奥氏体化条件对连续冷却转变图也有很大影响，选用或测定连续冷却转变图时要引起充分注意。

三、钢的回火转变

钢淬火所获得的马氏体组织一般不能直接使用，需进行回火，以消除内应力和降低脆性，增加塑性和韧性，获得所要求的强韧性配合后才能实际应用。回火是将淬火钢加热到临界点 A_1 以下某一温度，保温一定时间，然后冷却到室温的一种热处理工艺。为保证回火后获得所需要的组织与性能，研究回火转变是十分重要的。

（一）淬火钢在回火过程中的组织转变

淬火钢的组织主要有马氏体和残留奥氏体，此外可能存在一些未溶碳化物等。马氏体处于含碳过饱和状态，残留奥氏体在 A_1 温度以下是亚稳相，此外淬火组织中的高密度位错、微细孪晶和内应力都是不稳定因素。随回火温度的升高、原子活动能力的增强，

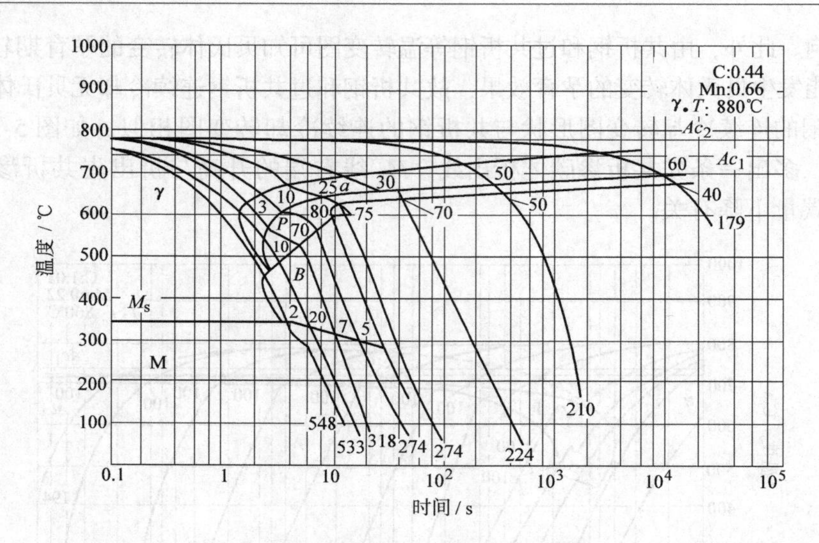

图 5-44 亚共析钢的连续冷却转变图

要向较稳定或稳定的组织状态转变。随温度的升高及保温时间的延长，回火转变可经历以下过程。

1. 马氏体中碳的偏聚

回火温度在100℃以下，只有碳原子能作短距离扩散，在马氏体内产生偏聚。一是碳原子非均匀偏聚到位错线上，形成“柯氏气团”。二是形成类似GP区的碳原子“均匀偏聚”，即碳原子在马氏体晶格的（001）$_M$ 面偏聚，为碳化物的析出作准备，也称为“化学偏聚”。碳的偏聚使局部马氏体的正方度（c/a）增加，晶格畸变增大，同时增加了滑动位错运动的阻力，使马氏体强度、硬度略有增高。

2. 马氏体的分解与碳化物类型的变化

100℃以上回火，马氏体便开始分解。低碳板条马氏体的分解比较简单，200℃以下只有碳的偏聚，不存在过渡相，200℃以上直接析出 θ-Fe_3C。高碳片状马氏体的脱溶惯序为：100℃以上，析出极细片状 ε-$Fe_{2.4}C$ 或 η-Fe_2C；温度高于200℃，η-Fe_2C 或 ε-$Fe_{2.4}C$ 开始溶解，同时析出另一个亚稳相 χ-Fe_5C_2，并迅速开始平衡相 θ-Fe_3C 的析出，在很宽的温度范围 χ-Fe_5C_2 与 θ-Fe_3C 共存，直到450℃全部变为 θ-Fe_3C。中碳（$0.2\% < w_C < 0.6\%$）钢淬火后，得到板条与片状混合马氏体。100℃开始析出 ε-$Fe_{2.4}C$ 或 η-Fe_2C，200℃就有 θ-Fe_3C 析出，但无过渡相 χ-Fe_5C_2 的析出。随回火温度升高，马氏体的含碳量不断下降，正方度减小，到250℃时正方度已降到1.003。淬火高碳钢在100～250℃以下回火，得到具有一定过饱和程度的α相和 ε-$Fe_{2.4}C$（η-Fe_2C）的复相组织，叫回火马氏体，如图5-45所示。

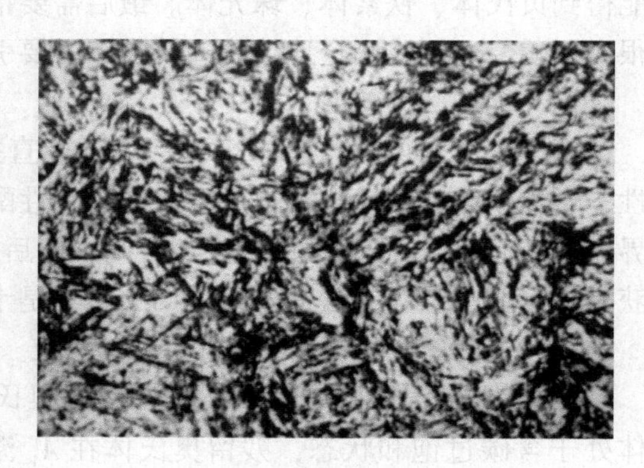

图 5-45 回火马氏体

3. 残留奥氏体的转变

$w_C > 0.4\%$ 的碳钢淬火后，总含有少量残留奥氏体，随钢的碳含量增加，残留奥氏体量增多。残留奥氏体在200℃开始分解，到300℃残留奥氏体的分解基本完成。分解产物相当于相同温度下的等温分解产物下贝氏体。所要说明的是，残留奥氏体的分解都是不完全的。

4. 碳化物的聚集球化与长大

回火温度超过400℃，析出的θ-Fe_3C要发生Ostwald粗化，θ-Fe_3C聚集球化并长大。碳化物粒子的尺寸随回火温度的升高和保温时间的增长而增大。

5. α相的回复与再结晶

随回火温度的升高，马氏体中的高密度位错与精细孪晶将发生变化。400℃以上回火，已发生高温回复，板条马氏体中的位错密度急剧下降，逐渐形成位错密度较低的亚晶。250℃以上回火，片状马氏体中的孪晶逐渐消失，也出现位错网络。总之，400℃以上回火，α相的回复成为主要过程，但仍然保持原来马氏体的针片状或板条状外形。这种未发生再结晶的α相基体上分布着大量弥散分布的碳化物的回火产物叫回火托氏体，如图5-46所示。回火温度升高到500℃以上，α相可发生再结晶，失去淬火马氏体的外形，成为低位错密度的等轴晶。在已发生再结晶的α相基体上分布着细粒状的碳化物的回火产物叫回火索氏体，如图5-47所示。

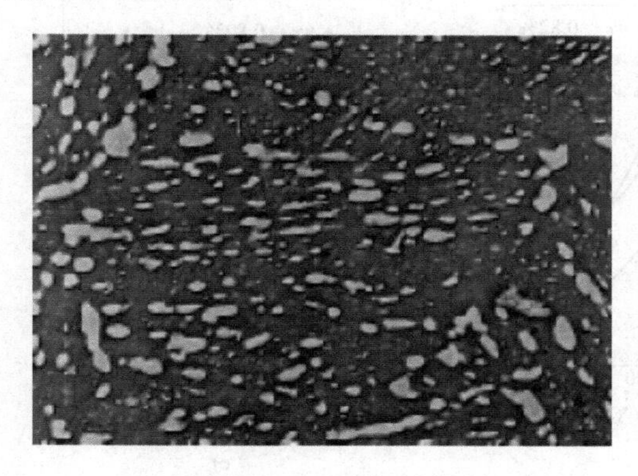

图5-46　回火托氏体

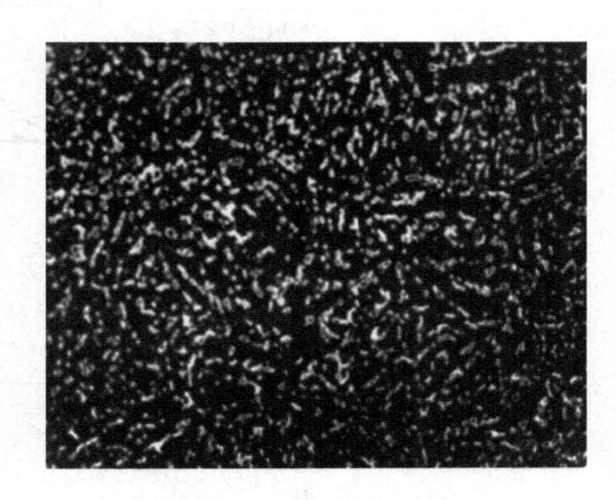

图5-47　回火索氏体

（二）淬火钢回火时内应力与力学性能的变化

1. 淬火钢中内应力的消除

钢在淬火冷却过程中，由于工件各部位冷却不均匀，造成温度的不均匀，会引起热应力。由于奥氏体转变为马氏体体积要膨胀，因此当组织转变不均匀或转变不同时，还会造成相变应力。两者的叠加形成淬火钢的内应力。内应力按平衡范围的大小分为三类。宏观区域性的应力称为第一类内应力；晶粒或亚晶粒范围内平衡的应力称为第二类内应力；由于碳的过饱和固溶，马氏体相变引起亚结构的变化及转变后新相与母相的共格等使晶格产生畸变而引起的应力称为第三类内应力。淬火钢件存在内应力往往是有害的。例如，第一类内应力往往易造成工件的变形与开裂。所以为消除淬火钢的内应力和提高工件韧性，淬火工件必须进行回火。在α相的回复与再结晶过程中，淬火钢的内应力逐步消除。回火温度和时间对第一类内应力的影响如图5-48所示。不同温度下回火，在回火开始阶段，内应力快速下降，且随时间延长，内应力的下降趋于平缓。回火温度越高，内应力降低越显著。550℃回火一定时间第一类内应力基本消除。

2. 回火过程中性能的变化

淬火钢回火时的硬度变化如图5-49a所示。200℃以下回火时，硬度值变化很小。200℃以上回火时，硬度显著降低，且回火温度越高，回火硬度越低。淬火钢回火时抗拉强度的变化规律如图5-49b所示。低碳钢淬火后得到板条马氏体，淬火状态或200℃以下低温回火状态其抗拉强度均较高。高碳钢淬火后得到片状马氏体，低于300℃回火时，由于不能消除淬火的宏观应力，所以呈脆性断裂，不能准确测定其抗拉强度。当回火温度高于300℃时，不同碳含量的钢的抗拉强度与回火温度的关系与淬火钢回火时的硬度变化规律相同，随回火温度升高抗拉强度明显下降。伸长率与回火温度的关系如图5-49c所示，其总的变化趋势是随回火温度的升高，伸长率增高。

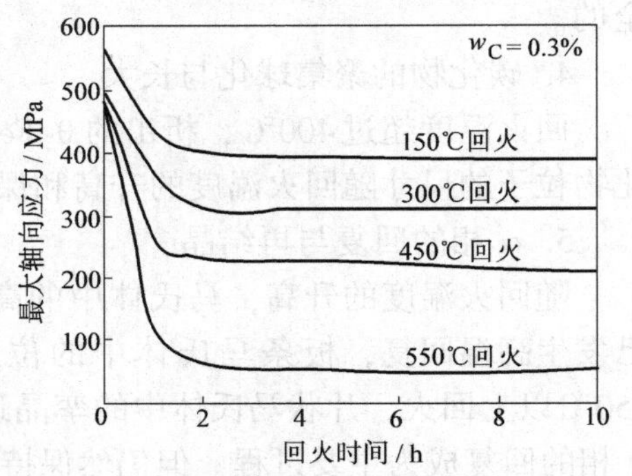

图5-48　回火温度与时间对淬火-回火钢内应力的影响

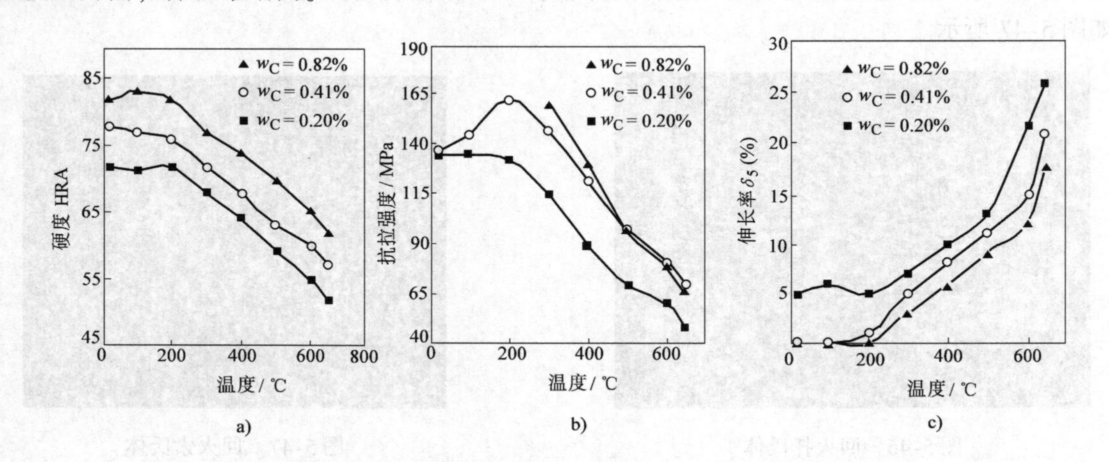

图5-49　回火温度对力学性能的影响

（三）回火脆性

淬火钢回火时，随回火温度的升高，力学性能的变化趋势是强度与硬度降低，塑性提高。但冲击韧度并不总是随回火温度的升高而简单地增加，有些钢在某些温度区间回火时，韧性比较低，温度回火时反而显著降低，这种现象称为回火脆性，如图5-50所示。常见的回火脆性有两种。在较低温度（250~400℃）出现的回火脆性称为第一类回火脆性或低温回火脆性；在较高温度（450~650℃）出现的回火脆性称为第二类回火脆性或高温回火脆性。

第一类回火脆性几乎在所有的钢中都会出现。早期认为马氏体分解时沿马氏体片边界析出断续薄壳状 ε-$Fe_{2.4}C$ 降低晶界强度是产生第一类回火脆性的主要原因。近年来几乎一致认为 θ-Fe_3C 和 χ-Fe_5C_2 早期的不均匀析出是产生第一类回火脆性的基本原因。目前尚无有效方法抑制和消除，所以称为不可逆回火脆性。为防止第一类回火脆性发生，生产中只能避开第一类回火脆性温度范围回火。

第二类回火脆性主要在合金结构钢中出现。淬火合金钢在第二类回火脆性温度范围回火并缓冷时出现这种回火脆性，回火后快冷不产生，如图5-50所示。所以第二类回火脆性也叫可逆回火脆性。产生原因主要与P、As、Sb、Sn等杂质元素在晶界的偏聚有关。钢中含有Mn、Cr、Ni等合金元素促进晶界的内吸附，使晶界进一步弱化，使第二类回火脆性增大。Mo、W、Ti可抑制杂质元素在晶界的偏聚，可减弱回火脆性倾向。回火冷却时采用快冷或钢中加入0.5%Mo或1.0%W（质量分数），可基本消除第二类回火脆性。

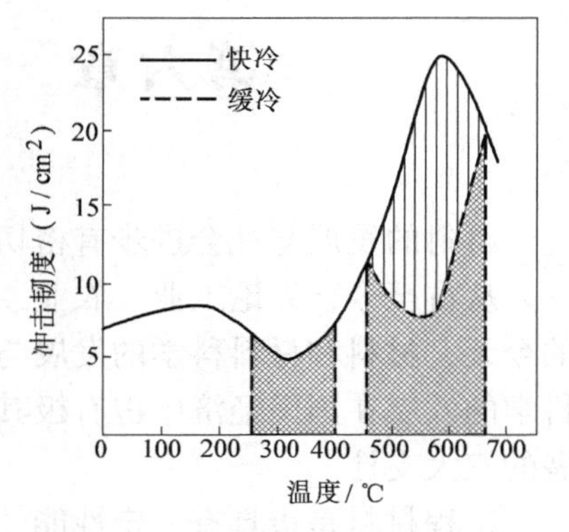

图5-50 中碳镍铬钢的回火脆性

第六章　金属材料应用和热处理

材料的发展与社会进步有密切关系，材料的应用是衡量人类社会文明程度的重要标志之一。从古至今，无论工业、农业、国防和日常生活都离不开材料，特别是在生产力高度发达的今天，材料和材料科学的发展与进步已成为衡量一个国家科学技术水平的重要标志。材料科学的发展在国民经济中占有极其重要的地位，因此，材料、能源、信息被誉为现代经济发展的三大支柱。

工程材料是指具有一定性能、在一定条件下能承担某种功能、被用来制造零件或元件的材料。按使用性能可将工程材料分为结构材料和功能材料。结构材料以力学性能为主，兼有一定的物理、化学性能。功能材料以特殊的物理、化学性能为主，如具有电、光、声、磁、热等特殊功能和效应。此外，常按化学组成为工程材料分类，可分为金属材料、无机非金属材料、高分子材料和复合材料。

金属材料又可分为钢铁材料与非铁金属两大类。通常将铁及其合金称为钢铁材料，而铝、铜、镁、锌、钛及其合金等称为非铁金属。

第一节　工 业 用 钢

工业用钢是应用量最大、应用范围最广泛的金属材料。碳素钢冶炼方便，易于加工，价格低廉，是应用最广泛的工业用钢。但随工业和科技的发展，碳素钢已不能满足越来越高的使用性能要求，为弥补碳素钢的不足，发展了合金钢。在冶炼时，在碳钢基础上，有目的地加入一种或几种化学元素即合金元素可获得合金钢。钢中常用合金元素种类很多，如 Cr、Mn、Ni、Si、Mo、V、W、RE 等。合金元素与铁、碳及合金元素之间的相互作用改变了钢的组织结构，使钢得到更优良或特殊的性能。合金钢的性能较好，但价格较贵，因此在碳钢能满足使用性能要求时，一般不用合金钢。

一、钢中的合金元素

（一）合金元素在钢中的存在形式

钢中常加入的金属合金元素有 Cr 、Mn、Ni、Mo、W、V、Ti 、Nb、Zr、Ta、Al、Co、Cu、Re 等；常加入的非金属合金元素有 C、N、B、Si，有时 P、S 也可起合金元素作用。合金元素加入钢中，在钢中的主要存在形式有四种：

1）以固溶形式存在。例如，非碳化物形成元素可固溶于铁素体、奥氏体或马氏体中。

2）形成强化相。例如，对于碳化物形成元素可形成特殊碳化物或溶入渗碳体形成合金渗碳体。

3）形成夹杂物。例如，合金元素与 O、N、S 作用生成氧化物、氮化物、硫化物。

4）游离态存在。例如，Pb、Cu 既不固溶也不形成化合物，所以常以游离态存在。

（二）合金元素与铁、碳的相互作用

1. 合金元素与铁的相互作用

合金元素的加入，使铁的同素异构转变点 A_3、A_4 发生变化。其改变规律可由 Fe-Me 二元相图表现出来。根据合金元素对 γ 区的影响，将合金元素分为扩大 γ 区和缩小 γ 区两大类。其中扩大 γ 区的合金元素又可分为无限扩大 γ 区元素和有限扩大 γ 区元素。而缩小 γ 区的合金元素也可分为封闭 γ 区元素和缩小 γ 区元素。

无限扩大 γ 区元素加入铁中，可使 A_3 点下降，A_4 点升高，使 γ 相稳定存在的温度范围变宽，当其加入量增加到一定数量以上时，室温下可获得单相奥氏体。这类合金元素有 Ni、Mn、Co。其中 Fe-Mn 二元相图如图 6-1a 所示。

有限扩大 γ 区元素加入铁中，也可使 A_3 点下降，A_4 点升高，但由于它们与铁只能形成有限固溶体，因此不能使 γ 相区完全开启。这类合金元素有 C、N、Cu、Zn、Au 等。其中 Fe-Cu 二元相图如图 6-1b 所示。

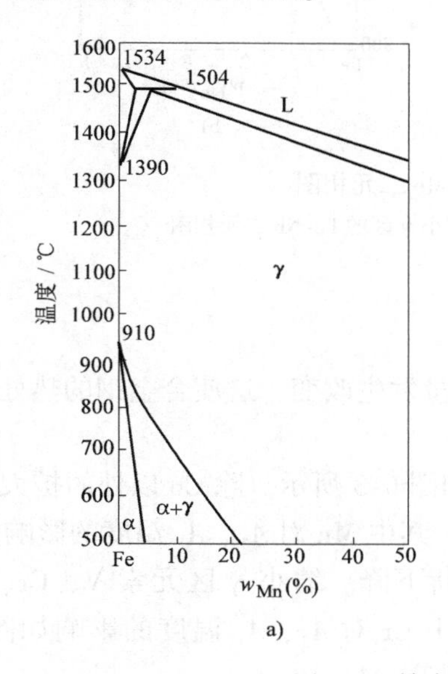

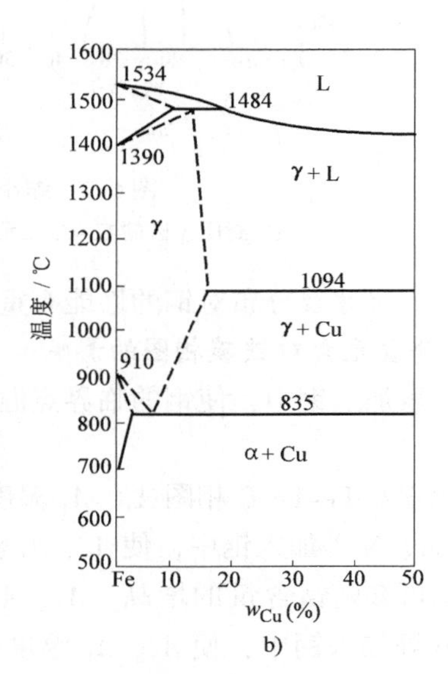

图 6-1　扩大 γ 区的 Fe-Me 二元相图

a）无限扩大 γ 区的 Fe-Mn 相图　b）有限扩大 γ 区的 Fe-Cu 相图

封闭 γ 区元素加入铁中，可使 A_3 点上升，A_4 点下降，限制 γ 相的形成。当其加入量增加到一定数量以上时，γ 相区被封闭，使 δ 相区与 α 相区连成一片，这类合金元素有 V、Cr、Ti、Mo、W、Si 等。其中 Fe-Cr 二元相图如图 6-2a 所示。

缩小 γ 区元素加入铁中，虽然也可使 A_3 点上升，A_4 点下降，使 γ 相存在的温度范围缩小，但由于固溶度小，因此不能使 γ 区封闭。这类合金元素有 B、Nb、Ta、Zr 等。其中 Fe-Nb 二元相图如图 6-2b 所示。

2. 合金元素与碳的相互作用

合金元素加入钢中，由于不同的合金元素与碳的亲合力不同，根据与碳相互作用情况，可将钢中合金元素分为碳化物形成元素与非碳化物形成元素两大类。Ti、Zr、V、Nb、W、Mo、Cr、Mn、Fe 为碳化物形成元素，它们与碳的亲和力按由 Fe 到 Ti 的顺序逐渐增强。其中 Ti、Zr、V、Nb 为强碳化物形成元素，W、Mo、Cr 为中碳化物形成元素，Mn、Fe 为弱碳化物形成元素。合金元素与碳的亲合力越强，形成的碳化物越稳定，在钢中的溶解度也越小。碳化物具有高熔点、高硬度、脆性大等特点，是钢铁中的重要组成相。碳化物的成分、

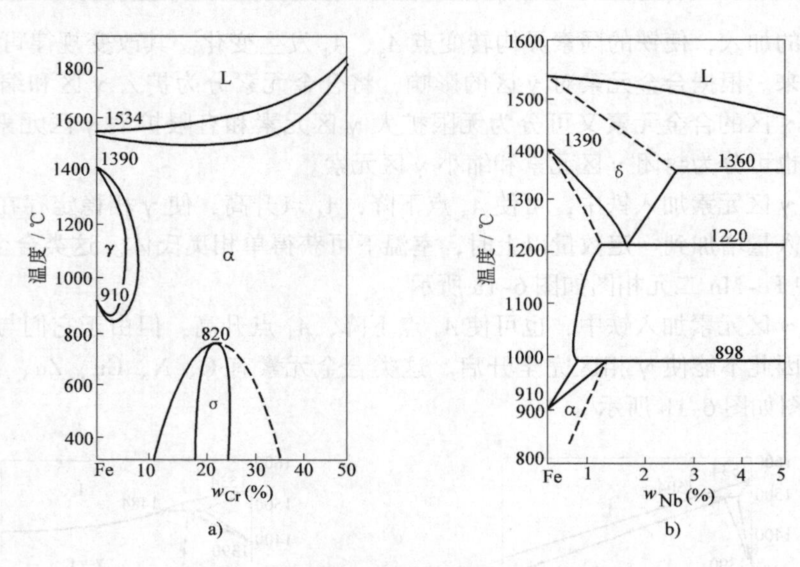

图6-2 缩小γ区的Fe-Me二元相图

a）封闭γ区的Fe-Cr二元相图 b）缩小γ区的Fe-Nb二元相图

类型、数量、尺寸及分布对钢的性能有重要影响。

（三）合金元素对铁碳相图的影响

合金元素加入钢中，使钢的临界点温度和含碳量发生改变，这使合金钢的热处理规范不同于碳钢。

合金元素对Fe-Fe_3C相图A_3、A_1温度的影响如图6-3所示。除Co以外的扩大γ区元素Mn、Ni、Cu、N等加入钢中，使A_3、A_1温度下降。其中Mn对A_3、A_1温度的影响如图6-3a所示。由图可知随锰含量的增高，A_3、A_1温度不断下降。缩小γ区元素V、Cr、Ti、Mo、W、Si、Nb等加入钢中，使A_3、A_1温度升高。其中Cr对A_3、A_1温度的影响如图6-3b所示。由图可知随Cr含量的增高，A_3、A_1温度不断升高。

所有合金元素加入钢中都使S、E点左移。其中扩大γ区元素使Fe-Fe_3C相图中S、E点向左下方移动，如图6-3a所示；缩小γ区元素使S、E点向左上方移动，如图6-3b所示。对于高合金钢W18Cr4V，尽管$w_C\approx0.7\%\sim0.8\%$，但由于大量合金元素的加入，使S、E点大大左移，铸态组织中已出现莱氏体组织。

（四）合金元素对加热转变的影响

钢的加热转变属于扩散相变，包括奥氏体生核、奥氏体晶核长大、残余碳化物的溶解和奥氏体的均匀化。合金元素的加入对碳化物的溶解、碳和铁原子的扩散均有影响，所以必定对合金钢的奥氏体过程有重要影响。

首先合金元素的加入会对碳化物的溶解过程产生影响。强碳化物形成元素加入钢中，与碳相互作用可形成稳定性更高的特殊碳化物，如TiC、NbC、VC等；中碳化物形成元素与碳相互作用可形成稳定性较高的特殊碳化物，如$M_{23}C_6$、M_7C_3、M_2C、MC等。这些合金碳化物的稳定性高于渗碳体，要使这些合金碳化物溶入奥氏体，必须加热到更高温度，保温更长时间。故强碳化物形成元素与中碳化物形成元素加入钢中，阻碍碳化物溶解。钢中加入弱碳化物形成元素Mn，可降低强碳化物的稳定性，促进稳定性高的碳化物的溶解。碳化物形成

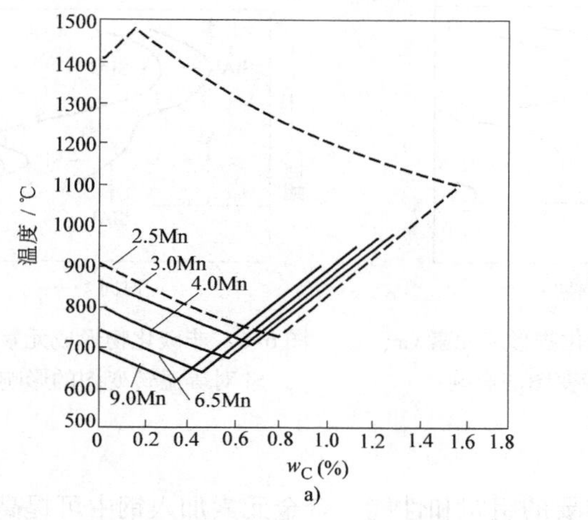

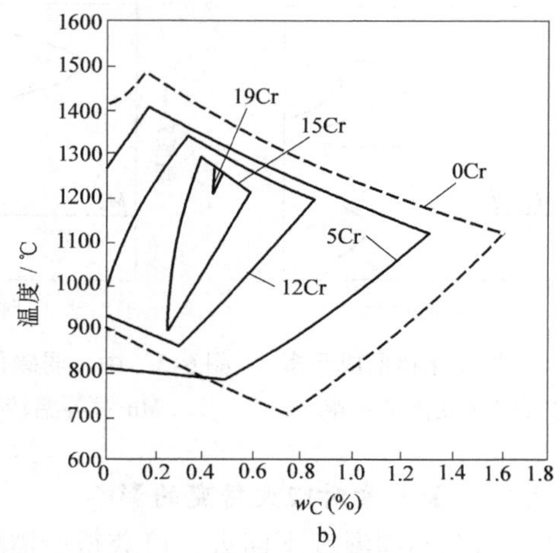

图6-3　合金元素对钢临界点的影响

a）扩大γ区元素Mn的影响　b）缩小γ区元素Cr的影响

元素的加入提高了碳在奥氏体中的扩散激活能，这对奥氏体形成有一定阻碍作用。非碳化物形成元素镍、钴降低碳在奥氏体中的扩散激活能，对奥氏体形成有一定促进作用。此外，残留碳化物的溶解完成后，还有奥氏体的均匀化过程，由于合金元素扩散缓慢，所以对于合金钢特别是高合金钢奥氏体的均匀化所需时间更长。

合金元素对奥氏体晶粒长大的影响因合金元素的不同而异。强烈阻碍奥氏体晶粒长大的合金元素有Al、Ti、Nb、V、Zr等，中等阻止的有W、Mo、Cr等，促进奥氏体晶粒长大的有P、C、Mn（高碳时），影响不大的有Si、Ni、Co、Cu等。

（五）合金元素对过冷奥氏体转变的影响

合金元素对过冷奥氏体转变的影响主要表现在对奥氏体等温转变图的影响。由钢的冷却转变一节可知，除Co使等温转变图左移外，所有合金元素溶入奥氏体，都增加过冷奥氏体的稳定性，使等温转变图右移。

Ti、Nb、V、W、Mo等强、中碳化物形成元素升高珠光体转变温度范围，降低贝氏体转变温度范围，将等温转变图变为“双鼻子”。它们强烈推迟珠光体转变，但推迟贝氏体转变作用较弱。这些元素对等温转变图形状的影响如图6-4所示。

中碳化物形成元素Cr强烈推迟贝氏体转变，而对珠光体转变推迟作用较弱，对等温转变图形状的影响如图6-5所示。

一般认为非碳化物形成元素Ni、Mn、Si、Co、Al、Cu只改变等温转变图位置，但不改变形状。但很多文献报道Si、Al推迟贝氏体转变更强烈，其等温转变图形状如图6-6所示。

钢中加入合金元素使等温转变图右移，降低了钢临界淬火冷却速度，提高了钢的淬透性。在较缓和的冷速下，可获得更深的淬透层。由于强碳化物形成元素所形成的特殊碳化物十分稳定，一般在淬火加热温度不高时，不易溶入奥氏体，所以钢中最常见的提高淬透性的合金元素主要有Cr、Mn、Si、Ni、B。

除Al、Co外，绝大多数合金元素加入钢中都降低M_s点。随钢中合金元素的增加，M_s与M_f不断下降，淬火钢中的残留奥氏体量也不断增多。

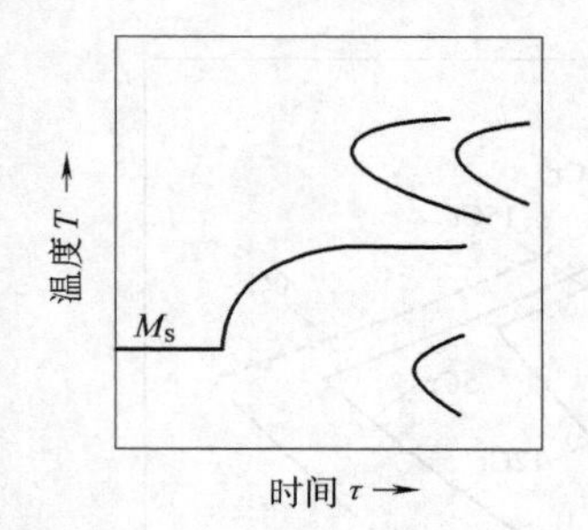

图6-4 强碳化物形成元素对等温转变图的影响

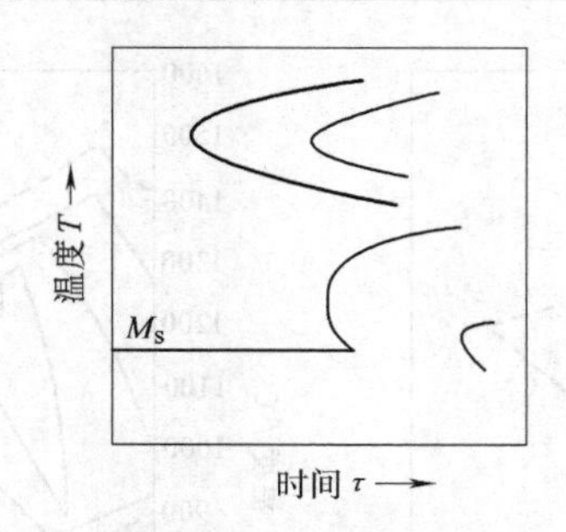

图6-5 中、弱碳化物形成元素Cr、Mn对等温转变图的影响

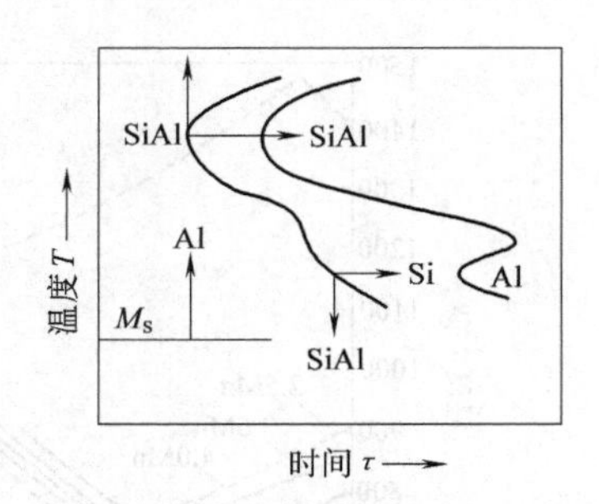

图6-6 非碳化物形成元素Al、Si对等温转变图的影响

（六）合金元素对回火转变的影响

淬火钢在不同温度下回火，可获得所需要的组织和性能。合金元素加入钢中可提高钢的耐回火性，使回火转变各阶段的转变速度大大减缓，将其推到更高的温度范围。

1. 合金元素对马氏体分解的影响

固溶于马氏体中的碳化物形成元素与碳的亲和力强，阻碍回火过程中碳的偏聚、亚稳碳化物和稳定碳化物的析出，推迟马氏体分解过程，可将碳钢马氏体分解完毕的温度由260℃左右提高到500℃左右。其中V、Nb提高钢的耐回火性作用比W、Mo、Cr更强烈。

非碳化物形成元素Si、Al、P由于能抑制ε-$Fe_{2.4}C$溶解和Fe_3C析出，从而也可推迟马氏体分解过程，提高钢的耐回火性。非碳化物形成元素Ni和弱碳化物形成元素Mn则对马氏体分解过程影响甚微。

2. 合金元素对回火过程中残留奥氏体转变的影响

淬火钢中残留奥氏体的转变基本遵循过冷奥氏体等温分解规律。大多数合金元素的加入都增加奥氏体的稳定性，使淬火钢中残留奥氏体量增加，并使残留奥氏体分解温度升高。例如，含碳化物形成元素多的高合金钢淬火后，在500～600℃温度加热，残留奥氏体并不分解，而是在随后冷却时发生残留奥氏体向马氏体的转变，这称为“二次淬火”。

3. 合金元素对回火过程中碳化物析出的影响

如前所述，Si、Al能抑制ε-$Fe_{2.4}C$溶解和Fe_3C析出，使碳钢马氏体分解完毕的温度由260℃左右提高到300℃以上，Cr也具有较弱的推迟作用。随回火温度升高，合金元素通过扩散重新分布，非碳化物形成元素将离开渗碳体，碳化物形成元素向渗碳体富集形成合金渗碳体，与此同时要发生合金渗碳体的粗化。非碳化物形成元素Si、Al和强、中碳化物形成元素对合金渗碳体的粗化起阻碍作用。

钢中含有强、中碳化物形成元素较多时，还会形成特殊碳化物。特殊碳化物的形成有原位析出和离位析出两种方式。随回火温度的不断升高、保温时间的增长，合金渗碳体溶解的碳化物形成元素不断增多，超过其溶解度时，合金渗碳体就在原位转变为特殊碳化物。例如，在高铬高碳钢中特殊碳化物$(Fe, Cr)_7C_3$是由合金渗碳体$(Fe, Cr)_3C$在原位转变过来的。由于原来合金渗碳体颗粒比较粗大，所以原位转变过来的特殊碳化物颗粒也较粗大。

回火时，特殊碳化物还有另一种析出方式，即从过饱和α中直接析出即离位析出，同时伴随渗碳体的溶解。例如，MC 均是以这种方式形成的。所形成的 TiC、VC、NbC、WC 等细小弥散分布。此外，还有一些特殊碳化物既可原位析出又可离位析出，例如 W_2C、Mo_2C 等。离位析出的特殊碳化物一般与母相保持共格不易聚集长大，有很强的弥散硬化效应。

4. 合金元素对 α 相回复与再结晶的影响

大部分合金元素的加入均延缓了回火过程中的 α 相回复与再结晶过程。其主要原因有两个：其一是合金元素溶入钢的基体中，提高了固溶原子的结合力，阻碍了原子扩散过程；其二是强、中碳化物形成元素还可形成高度弥散分布的特殊碳化物钉扎位错，延缓 α 相的回复与再结晶过程。其中，Co、Mo、W、Cr、V 显著提高 α 相的再结晶温度，Si、Mn 影响次之，Ni 影响较小。

二、工程结构钢

现代工业生产中使用的钢材品种繁多，为了便于生产、管理、选用和研究，有必要对工业用钢进行分类和编号。按用途可将钢分为结构钢、工具钢、特殊性能钢三大类。结构钢又可分为工程结构钢和机械制造结构钢。

工程结构钢是用来制造各种工程结构的一大类钢种，如制造桥梁、船体、高压容器、管道和建筑构件等。要求钢材有较高屈服强度，优良的塑性、韧性，较低的韧脆转变温度和较高的抗大气腐蚀能力。此外，还应有优良的工艺性能，如良好焊接性和冷成形性。

工程结构钢包括碳素工程结构钢和低合金高强度钢。碳素工程结构钢冶炼容易，成本低廉，虽然含有较多有害杂质，但也能满足一般工程结构使用性能要求，因而应用较广，用量很大，约占工程结构钢的70%。在碳素工程结构钢基础上，加入少量合金元素所获得低合金高强度钢具有更高的强度、更低的韧脆转变温度、更高的抗大气腐蚀能力，可用于制作要求自重轻、承载大、力学性能要求高的重要的工程构件。

（一）碳素工程结构钢

按 GB/T700—2006 规定碳素工程结构钢按屈服强度等级分为五级，即 Q195、Q215、Q235、Q255、Q275。其中汉语拼音字母 Q 表示屈服强度，其后的数字表示屈服强度数值，单位 MPa。其中 Q195 与 Q275 未分等级；Q215 与 Q255 只有 A、B 两个等级，Q235 分 A、B、C、D 四个等级。等级的划分主要以有害元素硫、磷含量来划分。例如，A 级 $w_S<0.050\%$，$w_P<0.045\%$；D 级 $w_S<0.035\%$，$w_P<0.035\%$。其中 A 级不做冲击试验，B 级做 V 形缺口常温冲击试验，C、D 级做 U 形缺口常温或 $-20℃$ 冲击试验。碳素工程结构钢因冶炼脱氧方法不同可分为沸腾钢、半镇静钢和镇静钢。用 F 表示沸腾钢，用 b 表示半镇静钢。碳素工程结构钢的等级及脱氧方法标注在钢牌号的屈服强度数值后面，例如，Q235AF，A 表示级别，F 表示沸腾钢。

除硫、磷外，碳素工程结构钢另外常存元素含量为 $w_C=0.06\%\sim0.38\%$，$w_{Si}<0.50\%$，$w_{Mn}<0.80\%$。碳素工程结构钢大部分以热轧成品供货，少数以冷轧薄板、冷拔管和丝供货。Q195 碳含量很低，塑性好，常用作铁丝及各种薄板，代替优质碳素结构钢中低碳的 08、08F、10 钢。Q275 属于中碳，有较高强度，可代替 30、40 钢制造不重要的机械零部件。

（二）低合金高强度结构钢

在碳素工程结构钢的基础上加入少量（质量分数小于3%）合金元素可获得低合金高强度钢。为提高塑性与韧性，其含碳量一般较低，$w_C=0.1\%\sim0.2\%$。加入 Mn、Si 强化铁素体，其加入量为 $w_{Mn}=0.8\%\sim1.7\%$，$w_{Si}=0.2\%\sim0.6\%$。加入 V、Nb、Ti、N、RE 等微合金化，依靠沉淀强化和细晶强化来提高钢的强度、塑性。加入 Cu、P 可提高抗大气腐蚀能力。Mn 的加入还可降低韧脆转变温度。常见低合金高强度结构钢新旧标准对照及用途见表 6-1。

表 6-1　低合金高强度结构钢新旧标准对照及用途

标　准	新标准（GB/T1591—1994）	旧标准（GB1591—1988）	用　途
代号意义举例	Q 390 D D：质量等级 390：$\sigma_s=420\text{MPa}$ Q：屈服点中“屈”字的汉语拼音第一个字母	10MnPNbRE RE：$w_{RE}=0.02\%\sim0.2\%$ Nb：$w_{Nb}=0.015\%\sim0.05\%$ P：$w_P=0.06\%\sim0.12\%$ Mn：$w_{Mn}=0.8\%\sim1.2\%$ 10：$w_C\leqslant0.14\%$	
牌号	Q295（A、B）	09MnV，09MnNb，09Mn2，12Mn	低压锅炉、容器、油罐、船舶等
	Q345（A ~ E）	16Mn，16MnRE，12MnV，14MnNb，09MnCuPTi，10MnSiCu，18Nb	船舶、车辆、桥梁、压力容器、大型结构件、起重机等
	Q390（A ~ E）	10MnPNbRE，15MnV，15MnTi，16MnNb	
	Q420（A ~ E）	15MnVNb，14MnVTiRE	船舶、车辆、高压容器、电站设备、化工设备、锅炉等
	Q460（C、D、E）	14MnMoVBRE，14CrMnMoVB	

（三）提高低合金高强度结构钢力学性能的途径

1. 控制轧制的应用

将含 Nb、Ti 的低合金高强度结构钢加热到 1250 ~ 1350℃，使 Nb、Ti 的碳、氮化合物部分溶入奥氏体中，以便在随后的轧制过程中析出，抑制再结晶和限制奥氏体晶粒的长大，在轧后的冷却过程中弥散析出特殊碳化物和氮化物起到强化作用。在 950℃以上时，每一道次的压下量都能使奥氏体发生动态再结晶，应变诱导析出的 Nb（C，N）等可阻碍奥氏体再结晶和晶粒长大。在 950℃以下、A_3 点以上的轧制，已变形的奥氏体只发生部分再结晶，或处于动态回复状态，形变奥氏体变为饼状，内部被交叉形变带分割成许多小块，在轧后的冷却过程中，先共析铁素体可在形变奥氏体的晶界和晶内同时生核，形成极细的铁素体晶粒，铁素体晶粒尺寸可达到 5μm 左右。使材料的屈服强度达到 500MPa 以上，韧脆转变温度明显下降。

2. 发展低碳贝氏体钢

钢中加入推迟先共析铁素体和珠光体转变作用强烈、推迟贝氏体转变作用较弱的合金元素 Mo、B，再加入 Mn、Cr 等元素进一步推迟先共析铁素体和珠光体转变，并使贝氏体转变开始点 B_S 下降，在轧后空冷或正火状态下，可获得下贝氏体。下贝氏体具有优良的强韧性、更低的韧脆转变温度。如果加入 Nb、Ti、V 等细化晶粒和弥散硬化的合金元素可进一步提高贝氏体钢的性能。成分为 $w_C=0.10\%\sim0.16\%$、$w_{Mn}=1.10\%\sim1.60\%$、$w_{Si}=0.17\%\sim0.37\%$、$w_V=0.04\%\sim0.1\%$、$w_{Mo}=0.30\%\sim0.60\%$、$w_B=0.0015\%\sim0.006\%$、$w_{RE}=0.15\%\sim0.206\%$ 的 Q460 就是典型的低碳贝氏体钢。板厚 6 ~ 10mm 热轧态板材的力学性能 $\sigma_b>650\text{MPa}$，$\sigma_s>500\text{MPa}$，$\delta>16\%$。

3. 低碳马氏体钢

对于淬透性好的低合金高强度结构钢，如 Mn-Si-Mo-V-Nb 系低碳马氏体钢可采用锻后直接淬火、自回火工艺，所获得的低碳马氏体具有高强度、高韧性和高疲劳极限，可达到合金调质钢的水平。

三、机械制造结构钢

机械制造结构钢又称机器零件用钢，用于制造各种机械零件，如轴类、齿轮、弹簧、轴承、紧固件和高强度结构等。机器零件在工作时可能承受拉、压、弯、扭、冲击、摩擦等复杂应力作用，这些应力可以是单向或交变的，可能在高温或有腐蚀介质条件下工作，零件破坏方式多种多样，所以要求机械制造结构钢有优良的使用性能。

根据 GB/T3077—1998，机械制造结构钢的牌号由“数字 + 元素符号 + 数字”组成。前两位数字为以平均万分数表示的碳的质量分数；所加合金元素均以元素符号表示，其后的数字为以平均百分数表示的该合金元素的质量分数。如果合金元素平均质量分数小于 1.5%，牌号中一般只标明元素符号，不标注表示含量的数字。若其质量分数≥1.5%、≥2.5%、≥3.5%…，则元素符号后相应地标出 2、3、4…。如果 S、P 质量分数均小于 0.025%，为高级优质钢，牌号后要加“A”，其他均为优质钢，其 S、P 质量分数均小于 0.035%。

根据生产工艺和用途可将机械制造结构钢分为：调质钢、渗碳钢、弹簧钢、轴承钢等。

（一）调质钢

轴类零件是机器设备上最常见且重要的零件，如机床主轴，汽车半轴，发动机曲轴、连杆以及高强度螺栓等，工作时受力情况比较复杂，要求具有优良的综合力学性能。中碳钢或中碳合金钢调质后获得的回火索氏体具有较高的强度、塑性、韧性、疲劳极限、断裂韧度和较低的韧脆转变温度，可以满足工件使用性能的要求。

1. 调质钢的化学成分

调质钢的碳含量为 $w_C = 0.3\% \sim 0.5\%$ 之间，以保证调质后，碳化物有足够的体积分数，通过弥散硬化获得所需要的强度，但碳含量也不宜过高，防止塑性与韧性指标的下降。为了增加淬透性，调质钢中常加入 Cr、Mn、Si、Ni 和微量 B 以提高淬透性。此外，Mn、Si、Ni 固溶于铁素体中还可起到固溶强化作用。为获得细化的铁素体晶粒，必须防止加热时奥氏体晶粒过分长大，所以常加入中、强碳化物形成元素 W、Mo、V、Ti、Nb 等细化奥氏体晶粒。此外，合金调质钢有较大回火脆性倾向，W、Mo 的加入也可抑制第二类回火脆性的发生。

调质钢是根据淬透性高低进行分级的，也就是根据合金元素含量多少来分级。同一级别的调质钢在应用时可互换。

碳素调质钢，如 45、45B 等，淬透性低，一般采用水或盐水冷却，变形开裂倾向大，适合做截面尺寸小、力学性能要求不高的工件。由于碳素调质钢价格便宜，在能满足淬透性要求的前提下，得到普遍应用。

40Cr、45Mn2、40MnB 等合金调质钢属于同一等级，少量合金元素的加入，显著增加了钢的淬透性，一般采用油淬，油淬临界直径接近 30 ~ 40mm，适于制造较重要的调质件，如机床主轴、汽车和拖拉机上的连杆、螺栓等。38CrSi、30CrMnSi、35CrMo、42CrMo、42MnVB、40CrNi 等为淬透性较高的一级钢种，采用油淬，油淬临界直径接近 40 ~ 60mm，可制造截面尺寸较大的中型甚至大型零件，如曲轴、齿轮等。40CrNiMo、34Cr3MoV、

37CrNi3、25Cr2Ni4W 等为淬透性更高的一级钢种，油淬临界直径 60mm 以上，适合制作大截面的承受重载的工件，如航空发动机轴等。

2. 调质钢的热处理

调质钢在热加工后，必须经过预备热处理降低硬度，以利于切削加工；预备热处理还可消除热加工缺陷，改善组织，为淬火作好准备。对合金含量较低的钢，可采用正火或完全退火。对合金含量较高的钢采用正火加高温回火作为预备热处理。高温回火可使正火处理所得到的马氏体转变为粒状珠光体。

最终热处理为调质。碳钢淬火温度为 Ac_3 + （30～50）℃，合金钢可适当提高淬火温度。回火温度范围为 500～650℃。具体回火温度按硬度选取，要求强度、硬度高的选下限。常用调质钢的热处理工艺及力学性能见表 6-2。

表 6-2 常用调质钢的热处理工艺及力学性能

钢 种	热处理工艺	力学性能				
		$\sigma_{0.2}$/MPa	σ_b/MPa	δ(%)	ψ(%)	a_K/(J/cm²)
45	830～840℃水淬，580～640℃回火（空）	≥350	≥650	≥17	≥38	≥45
40Cr	850℃油淬，500℃回火（水、油）	≥800	≥1000	≥9	≥45	≥60
40CrMn	840℃油淬，520℃回火（水、油）	≥850	≥1000	≥9	≥45	≥60
35SiMn	900℃水淬，590℃回火（水、油）	≥750	≥900	≥15	≥45	≥60
38CrMoAl	940℃水、油淬，640℃回火（水、油）	≥850	≥1000	≥14	≥50	≥90
40CrNiMo	850℃油淬，600℃回火（水、油）	≥850	≥1000	≥12	≥55	≥100
40SiNiCrMoV	927℃正火，870℃淬油，300℃两次回火	≥1520	≥1860	≥8	≥30	≥39

合金调质钢有较大高温回火脆性倾向。为防止高温回火脆性发生，高温回火后要采用水冷或油冷。对于大锻件要采用合金化方法防止回火脆性。钢中杂质 P、Sn、Sb、As 等在原奥氏体晶界偏聚引起晶界脆化，是产生高温回火脆性的主要原因。钢中加入稀土元素也可减轻或消除第二类回火脆性，这是因为稀土元素能与杂质元素生成金属间化合物 LaP、LaSn、CeP、CeSb 等。加 Mo 或 W 也可防止和减轻高温回火脆性。

调质钢不一定都进行调质处理。因为回火索氏体组织不能充分发挥碳提高钢强度方面的潜力，所以当零件以提高强度和疲劳强度为主要目的时，可采用淬火加低温回火代替调质。由于碳对过饱和 α 相的固溶强化、ε-$Fe_{2.4}C$ 的沉淀强化和马氏体相变的冷作硬化作用，使中碳回火马氏体具有极高的强度。应用于航空航天结构件上的低合金超高强度结构钢就是以调质钢为基础发展起来的。为改善低合金超高强度结构钢的韧性，采用真空感应炉熔炼和电渣重熔减少钢中气体和有害杂质含量。加入能抑制 ε-$Fe_{2.4}C$ 溶解和 Fe_3C 析出的合金元素 Si 等，提高耐回火性，将第一类回火脆性的温度提高。例如，在 40CrNiMo 基础上加入 V、Si，提高 Mo 含量，得到 300M（40SiNiCrMoV）钢，V 可细化晶粒，Si 可提高耐回火性，使该钢回火温度提高到 300℃以上，使韧性得到显著改善。300M 钢的热处理工艺为：927℃正火，870℃淬火，300℃两次回火。大截面（ϕ300mm）中心的力学性能为：$\sigma_{0.2}\geqslant 1520$MPa，$\sigma_b\geqslant 1860$MPa，$\delta\geqslant 8\%$，$\psi\geqslant 30\%$，$a_{KV}\geqslant 39$J/cm²。其强度指标大幅度增高，塑性、韧性指标稍有下降，断裂韧度 K_{IC} 达到 75MPa·m$^{1/2}$。

低合金超高强度结构钢和合金调质钢经淬火加低温回火后，其韧性与含碳量有关。例如低合金超高强度钢当碳的质量分数超过0.3%时，虽然随碳的质量分数增高，强度持续增高，但钢的韧性特别是断裂韧度显著下降。所以应合理控制碳含量，以获得最佳强度与塑性的配合。

（二）渗碳钢与渗氮钢

要求表面高硬度、高耐磨，心部有较高韧性和足够强度的机械零件需要进行表面化学热处理。为适应渗碳和渗氮热处理发展了渗碳钢和渗氮钢。

1. 渗碳钢

渗碳钢均为低碳钢，w_C=0.1%~0.25%，个别钢种可到0.3%。低碳是保证心部得到低碳马氏体，具有足够的强韧性。为了增加淬透性，加入Cr、Mn、Ni、Si、B；为了获得本质细晶粒钢，加入少量W、Mo、Ti、V、Nb等中、强碳化物元素，防止渗碳温度下奥氏体晶粒粗化，以便实现渗碳直淬工艺，同时还可形成合金碳化物增加渗层耐磨性。

碳素渗碳钢15、20淬透性低，适合制作尺寸小、载荷轻、对心部强度要求不高的小型耐磨零件，如活塞销、套筒、链条等。油淬临界直径小于20mm的有一定淬透性的20Cr、20MnV、20Mn2等钢种适合中等载荷，并要求抗冲击和耐磨的小型零件。油淬临界直径20~40mm的中淬透性渗碳钢20CrMnTi、20MnVB、20MnTiB、20CrMnMo等适合制造尺寸较大、承受中等载荷的重要零件，如汽车或拖拉机传动齿轮等。油淬临界直径70mm以上的高淬透性渗碳钢20Cr2Ni4A、18Cr2Ni4WA等适合制作大型重载的齿轮和轴类，如航空发动机和坦克齿轮。

气体渗碳温度为930℃左右，可采用滴注式气体渗碳，也可用可控气氛渗碳。采用氧探头、碳势控制仪等可实现碳势和层深精确控制。工件经渗碳和随后淬火加低温回火热处理后，表层组织为高碳回火马氏体、弥散分布的碳化物及少量残留奥氏体，具有高硬度、高的接触疲劳强度、优异的耐磨性。心部组织为既强又韧的低碳马氏体。常用渗碳钢热处理工艺及力学性能见表6-3。

表6-3　常用渗碳钢热处理工艺及力学性能

钢　种	热处理工艺	力学性能				
		$\sigma_{0.2}$/MPa	σ_b/MPa	δ(%)	ψ(%)	a_K/(J/cm^2)
20Cr	880℃油淬，200℃回火	≥550	≥850	≥10	≥40	≥60
20MnV	880℃油淬，200℃回火	≥600	≥800	≥10	≥40	≥70
20CrMnTi	870℃油淬，200℃回火	≥850	≥1100	≥10	≥45	≥70
20MnTiBRE	850℃油淬，200℃回火	≥1079	≥1373	≥10	≥45	≥59
12CrNi3A	860℃油淬，780油淬，200℃回火	≥685	≥930	≥11	≥50	≥71
18Cr2Ni4WA	850℃油淬，200℃回火	≥834	≥1175	≥11	≥45	≥98

渗碳后的热处理根据渗碳钢种的不同有所差异。对于20CrMnTi等本质细晶粒钢，可采用渗碳后预冷到870℃左右直接淬火加低温回火。对于20Cr等本质粗晶粒钢，渗碳后由于奥氏体晶粒特别粗大不能直接淬火，应空冷或缓冷到室温，然后重新加热淬火加低温回火。对于12CrNi3A、20Cr2Ni4、18Cr2Ni4WA等高淬透性的渗碳钢，渗碳后由于奥氏体晶粒特别粗大，渗层表层碳含量又高，若直接淬火，渗层中将保留大量残留奥氏体，使表面硬度下降。所以渗碳后要空冷或缓冷，在淬火前进行一次620~650℃高温回火，使碳化物充分析出，随后加热到较低温度Ac_1+(30~50)℃淬火，再进行一次低温回火。此外，该钢也可采用渗碳空冷或缓冷后，重新两次淬火加低温回火工艺。但此法成本高，工件易氧化、脱碳，

生产中要慎用。

2. 渗氮钢

为了提高齿轮、曲轴、气缸套、阀杆等零件的耐磨性和疲劳强度常采用表面强化渗氮。普通气体渗氮以氨气为渗剂，渗氮温度一般为480~570℃。为保证渗氮后心部组织有比较好的综合力学性能，渗氮钢多采用中碳合金钢，渗氮前要经过调质处理。钢中加入氮化物形成元素Al、Mo、Cr、V等可形成与基体共格的弥散分布的合金氮化物，可显著提高渗氮层的硬度和耐磨性。氮原子的渗入可显著提高零件表面残余压应力，使工件疲劳强度与接触疲劳强度显著增高。最典型的渗氮钢为38CrMoAlA钢，渗氮后表面硬度可达900~1000HV。不含Al的调质钢35CrMo、40Cr、40CrV等也可用于渗氮，渗氮后表面硬度也可达到500~800HV，硬度梯度比38CrMoAlA要平缓。

所要说明的是，不同碳含量的碳钢、合金钢、铸铁均可进行表面抗蚀渗氮。抗蚀渗氮能提高表面耐蚀性的原因是表面生成了致密的ε-$Fe_{2,3}N$。此外，不锈钢也可通过固溶渗氮实现不锈钢表面氮合金化，提高不锈钢抗局部腐蚀能力。

（三）弹簧钢

弹簧钢是用于制造各种弹簧的钢种。弹簧的主要作用是吸收冲击能量，起减振和缓和冲击的作用。弹簧钢应具有高的弹性极限、疲劳极限和屈强比（$\sigma_{0.2}/\sigma_b$），具有一定的塑性与韧性。高温和腐蚀介质条件下工作的弹簧还应有良好的耐回火性和耐蚀性。根据弹簧成形方法可将弹簧钢分为热成形和冷成形两类。

为满足弹簧元件对使用性能的要求，热成形弹簧钢的碳含量w_C=0.4%~0.74%，并加入Si、Mn、Cr、V进行合金化。其中，Cr、Mn、Si可增加淬透性，Mn、Si还可强化铁素体，V可细化晶粒。为提高疲劳寿命，要求钢的杂质含量少，表面质量高。

热成形弹簧的热处理工艺是淬火加中温回火。中温回火消除了绝大部分的淬火残余应力，得到回火托氏体——细小的渗碳体颗粒弥散分布在已发生回复的α相基体上。常用热成形弹簧钢的热处理工艺、力学性能及应用见表6-4。

表6-4 常用热成形弹簧钢的热处理工艺、力学性能及应用

钢种	热处理	力学性能				用途
		$\sigma_{0.2}$/MPa	σ_b/MPa	δ(%)	ψ(%)	
65	840℃油淬，480℃回火	800	1000	9	35	截面<12~15mm小弹簧
65Mn	830℃油淬，480℃回火	800	1000	8	30	截面8~15mm螺旋弹簧、板弹簧
60Si2Mn	870℃油淬，460℃回火	1200	1300	5	25	截面<25mm螺旋弹簧、板弹簧
60Si2MnWA	850℃油淬，420℃回火	1700	1900	5	20	工作温度≤350℃，截面<50mm螺旋弹簧、板弹簧
70Si3MnA	860℃油淬，420℃回火	1600	1800	5	20	截面<25mm各种弹簧
50CrVA	850℃油淬，520℃回火	1100	1300	10	45	工作温度<400℃，截面<30mm重载螺旋弹簧、板弹簧
50CrMnA	840℃油淬，490℃回火	1200	1300	6	35	截面<50mm螺旋弹簧、板弹簧
55SiMnMoVNb	880℃油淬，530℃回火	≥1300	≥1400	≥7	≥35	可代替50CrV

除热成形弹簧外，还有冷成形弹簧。例如，制造直径较细的螺旋弹簧时，可先进行多次冷拔，使钢丝具有很高的表面粗糙度等级，并具有极高强度和一定塑性。然后将冷拔钢丝冷卷成形，再在250～300℃回火1h，去除应力和稳定尺寸，可得到冷成形弹簧。碳素冷成形弹簧钢 w_C =0.6%～0.9%，以保证冷成形弹簧具有较高的弹性极限、疲劳极限和一定的塑性与韧性。

（四）滚动轴承钢

滚动轴承钢是用于制造轴承圈和滚动体的专用钢种。轴承元件工作时多为点或线接触，承受的真应力高达1500～5000MPa，因此要求滚动轴承钢必须有非常高的硬度和抗压强度。由于滚动轴承工作时长期承受变动载荷，应力交变次数每分钟高达数万次，在接触压应力和摩擦力综合作用下极易产生接触疲劳破坏，如麻点、浅层剥落与深层剥落。此外，轴承钢还应有一定韧性、尺寸稳定性和抗大气及润滑油腐蚀能力。

为满足滚动轴承使用性能的要求，滚动轴承钢的碳含量控制在 w_C =0.95%～1.15%之间。使马氏体中碳的质量分数维持在0.45%～0.5%，以保证马氏体的高硬度和提高零件的接触疲劳强度。此外，必须有足够的碳生成弥散分布碳化物提高硬度和耐磨性。碳含量也不宜过多，避免碳化物粗化或呈网状、带状分布，强烈降低接触疲劳强度。

轴承钢以Cr为主要合金元素，Cr可以增加钢的淬透性，还可形成合金渗碳体，对提高耐蚀能力也有益处。但Cr含量不宜过多，若 w_{Cr} >1.65%，会引起碳化物分布不均匀并增加残留奥氏体量，降低接触疲劳强度、硬度和尺寸稳定性。为进一步增加滚动轴承钢的淬透性，还可加入Si、Mn进行合金化。

滚动轴承钢的牌号与其他合金结构钢不同。含碳量不标出（w_C =0.95%～1.15%），用汉语拼音字母“G”表示滚动轴承钢，加入的合金元素均以元素符号表示，其中“Cr”后的数字为以平均千分数表示的铬元素的质量分数，其他合金元素表示方法同合金结构钢。

滚动轴承钢的预备热处理为球化退火，获得粒状珠光体。其目的是降低硬度，改善切削加工性能，并为淬火作组织上的准备。最终热处理工艺是淬火加低温回火。最终热处理后的组织为极细小的回火马氏体、弥散分部的碳化物和少量的残留奥氏体，其硬度为61～66HRC。对于精密零部件，淬火后尚需冷处理，减少残留奥氏体量，保证尺寸精度，然后再低温回火。在轴承磨削加工后为消除磨削应力，一般还要在120～150℃保温5～10h。常用滚动轴承钢的成分、热处理工艺和用途见表6-5。

表6-5　滚动轴承钢的成分、热处理工艺和用途

钢　种	主要化学成分（%）							热处理工艺		主要应用
	w_C	w_{Cr}	w_{Si}	w_{Mn}	w_V	w_{Mo}	w_{Re}	淬火温度/℃	回火温度/℃	
GCr6	1.05～1.15	0.40～0.70	0.15～0.35	0.20～0.40				800～820	150～170	<10mm的各种滚动体
GCr9	1.0～1.10	0.90～1.12	0.15～0.35	0.20～0.40				800～820	150～160	<20mm的各种滚动体
GCr15	0.95～1.05	1.30～1.65	0.15～0.35	0.20～0.40				820～840	150～160	25～50mm钢球，壁厚<14mm、外径<250mm的轴承套圈，直径25mm左右滚柱

（续）

钢　种	主要化学成分（%）							热处理工艺		主 要 应 用
	w_C	w_{Cr}	w_{Si}	w_{Mn}	w_V	w_{Mo}	w_{Re}	淬火温度/℃	回火温度/℃	
GCr15 SiMn	0.95 ~ 1.05	1.30 ~ 1.65	0.40 ~ 0.65	0.90 ~ 1.20				820 ~ 840	170 ~ 200	直径 20 ~ 200mm 的钢球，壁厚 > 14mm、外径 > 250mm 的套圈
GMnMoVRE	0.95 ~ 1.05		0.15 ~ 0.40	1.10 ~ 1.40	0.15 ~ 0.25	0.4 ~ 0.6	0.05 ~ 0.10	770 ~ 810	170 ± 5	代用 GCr15，用于军工和民用轴承
GSiMnMoV	0.95 ~ 1.10		0.45 ~ 0.65	0.75 ~ 1.05	0.20 ~ 0.30	0.2 ~ 0.4		780 ~ 820	175 ~ 200	与 GMnMoVRE 相同

四、工具钢

工具钢是用于制造各种加工工具的钢种。根据用途不同可分为刃具、模具和量具三大类。按化学成分可分为碳素工具钢、合金工具钢和高速钢三类。刃具钢应有高硬度、高耐磨性、一定的塑性和韧性，有的还要求热硬性。模具钢分为热作模具钢与冷作模具钢。热作模具钢用于制造热锻模、压铸模等，应具有较高的高温强度和硬度、优良的塑性与韧性、较好的抗热疲劳性能等。冷作模具钢用于制造冷冲模、冷镦模、拔丝模、冷轧辊等，应具有高硬度、高耐磨性，一定的塑性和韧性。量具钢用来制造量规、游标卡尺、千分尺等，应具有高硬度、高耐磨性和高的尺寸稳定性。各类工具的工作条件不同，对性能的要求不同，所以各类工具钢的化学成分、热处理工艺和所获得的组织往往也不同。

（一）碳素工具钢

按 GB/T1298—2008 标准，碳素工具钢牌号最前面用汉语拼音字母“T”表示碳素工具钢，其后的数字为以千分数表示的碳的质量分数，碳素工具钢是 $w_C = 0.65\% \sim 1.35\%$ 的高碳钢。含锰较高者，钢号后标以“Mn”，高级优质钢尚需加“A”。常见牌号有 T7、T8、T9…T13 等。例如，T8MnA 为 $w_C = 0.75\% \sim 0.84\%$、$w_{Mn} = 0.40\% \sim 0.60\%$、$w_S \leqslant 0.020\%$、$w_P \leqslant 0.030\%$ 的高级优质碳素工具钢。

碳素工具钢生产成本低，冷、热加工性能好，最终热处理采用不完全淬火加低温回火，可获得高硬度和高的耐磨性。例如，T12 经 760 ~ 780℃ 水淬，180 ~ 200℃ 回火，硬度可达到 60 ~ 62HRC。所以碳素工具钢在生产中得到广泛应用。其缺点是淬透性低，热硬性差，仅适合制作如木工工具、丝锥、板牙、手锯条等手动工具和低速切削的刃具如钻头、刨刀等。

（二）合金工具钢

合金工具钢的编号原则与合金结构钢大体相同，所不同的是含碳量表示方法不同。平均含碳量 $w_C \geqslant 1\%$ 不标出，$w_C \leqslant 1\%$ 时，以千分数表示碳的质量分数。合金元素表示方法也与合金结构钢大体相同，不同的是对铬含量低的钢，铬含量是以平均千分数表示的，并在数字前加“0”，以示区别。常见低合金工具钢的牌号、成分、热处理工艺、硬度见表 6-6。

加入 Cr、Si 、Mn 可显著提高钢的淬透性，例如 9SiCr 的油淬直径可达到 40 ~ 50mm。所以 Cr、Cr2、9SiCr、CrWMn 可以制造较大截面、形状复杂的刃具，如车刀、铰刀、拉刀和冷作模具等。

表 6-6 常见低合金工具钢的牌号、成分、热处理工艺、硬度

钢 种	主要化学成分（%）					热处理工艺		硬度 HRC
	w_C	w_{Mn}	w_{Si}	w_{Cr}	w_W	淬火温度/℃	回火温度/℃	
Cr06	1.30～1.45	0.2～0.4	≤0.35	0.5～0.7		780～810	160～180	63～65
Cr	0.95～1.10	≤0.40	≤0.35	0.75～1.05		830～860	150～170	62～64
Cr2	0.95～1.10	≤0.35	≤0.40	1.30～1.60		830～850	150～170	62～65
9SiCr	0.85	0.3～0.6	1.2～1.6	0.95～1.25		830～860	150～200	62～64
CrMn	1.30～1.50	0.40～0.75	≤0.40	1.30～1.60		820～840	160～200	63～65
CrWMn	0.95～1.05	0.80～1.10	0.15～0.35	0.90～1.20	1.2～1.60	820～840	160～200	62～65
CrW5	1.25～1.50	≤0.4	≤0.4	0.4～0.7	4.5～5.5	820～840	150～160	65～66

为了提高合金工具钢的耐磨性，进一步增高了钢的碳含量。例如 Cr06、CrW5 钢中碳的质量分数高达 1.25%～1.50%。此外为了进一步提高硬度与耐磨性采用 W 合金化，W 的加入可形成特殊合金碳化物，显著提高钢的硬度与耐磨性，例如 CrW5 钢在水冷时硬度可达 67～68HRC。所以 Cr06、CrW5 等钢适合制造慢速切削硬金属用的刀具，如车刀、铣刀、刨刀、麻花钻等。合金元素的加入，特别是非碳化物形成合元素 Si 的加入还可提高耐回火性，使合金工具钢在 250～300℃温度下，仍可保持在 60HRC 以上。

合金工具钢的预备热处理为球化退火获得球状珠光体组织，以便切削加工，并为淬火作好组织准备。最终热处理采用不完全淬火加低温回火，获得细小的回火马氏体、弥散分布的碳化物和少量残留奥氏体。常用合金工具钢的淬火、回火工艺及处理后的硬度见表 6-6。合金工具钢淬透性较好，为了减少开裂变形，一般采用油淬，但对于淬透性不好的 Cr06、CrW6、W 钢，也常采用水淬。对于淬透性高的钢种为减少变形也可以考虑分级和等温淬火。例如，当直径小于 40mm 时，9SiCr 可采用硝盐分级，分级淬火温度为 180℃左右，停留时间 2～5min。也可在 180～200℃等温淬火 30～40min，获得下贝氏体组织，下贝氏体组织的硬度仍可达到 60HRC 以上，强度与塑性得到较大提高。

（三）高速钢

为了适应高速切削，必须提高工具钢的热硬性，为此采用 W、Mo、Cr、Co、V 等进行合金化，发展了高速钢。高速钢的主要特点是除具有高硬度、高耐磨性、一定的韧性外，还具有优异的热硬性，在 600℃时，硬度仍可达到 55HRC 以上。根据钢中主要合金元素成分可将高速钢分为三类：钨系高速钢、钼系高速钢和钨钼系高速钢。高速钢牌号中一般不标含碳量，合金元素表示方法也与合金结构钢大体相同。常见高速钢的牌号和化学成分见表 6-7。

高速钢可分为通用型高速钢和特殊高性能高速钢。其中钨系高速钢 W18Cr4V 和钨-钼系高速钢 W6Mo5Cr4V2 应用最普遍，属于通用型高速钢。特殊高性能高速钢包括高碳高钒型高速钢（如 W6Mo5Cr4V3）、一般含钴型高速钢（如 W18Cr4VCo5）、高碳钒钴型高速钢（如 W12Cr4V5Co5）、超硬型高速钢（如 W6Mo5Cr4V2Al）。

表 6-7 常见高速钢的牌号和化学成分

类别	牌号	美国钢号	主要化学成分（%）						
			w_C	w_W	w_{Mo}	w_V	w_{Cr}	w_{Co}	w_{Al}
通用型	W18Cr4V	T1	0.70~0.80	17.5~19.0	≤0.30	1.0~1.4	3.80~4.40		
	9W18Cr4V		0.90~1.0	17.5~19.0	≤0.30	1.0~1.4	3.80~4.40		
	W12Cr4VMo		1.20~1.40	11.5~13.0	≤0.30	1.00~1.40	3.80~4.40		
	W6Mo5Cr4V2	M2	0.8~0.9	5.50~6.75	4.50~5.50	1.75~2.20	3.80~4.40		
	W2Mo8Cr4V	M1	0.8~0.9	1.40~2.10	8.20~9.20	1.00~1.30	3.80~4.40		
	Mo8Cr4V2	M10	0.8~0.9		7.75~8.50	1.80~2.20	3.80~4.40		
特殊高性能	W6Mo5Cr4V3	M3	1.10~1.25	5.75~6.75	4.75~5.75	2.80~3.30	3.80~4.40		
	W18Cr4VCo5	T4	0.75	18.00		1.00	4.00	5.00	
	W2Mo9Cr4VCo8	M42	1.05~1.15	1.15~1.85	9.00~10.00	0.95~1.35	3.50~4.25	7.75~8.75	
	W6Mo5Cr4V2Co8	M36	0.80	6.00	5.00	2.00	4.00	8.00	
	W7Mo4Cr4V2Co5	M41	1.10	6.75	3.75	2.00	4.25	5.00	
	W12Cr4V5Co5	T15	1.50~1.60	12.0~13.0		4.50~5.25	3.75~5.00	4.75~5.25	
	W6Mo5Cr4V2Al		1.05~1.20	5.50~6.75	4.50~5.50	1.75~2.20	3.80~4.40		0.80~1.20

1. 高速钢的合金化原理

高速钢属于高碳钢，w_C 为 0.70%~1.60%，其中含有大量 W、Mo、Cr、V、Co 以及总质量分数少于 2% 的其他合金元素如 Al、Si、RE、Nb、N 等。

碳的加入量必须保证淬火后可得到高碳马氏体，高温回火时能造成显著的弥散硬化效应。弥散硬化所析出的强化相主要为 M_2C 型（W_2C、Mo_2C）、MC 型（VC）和 $M_{23}C_6$ 型（$Cr_{23}C_6$）合金碳化物。高速钢的碳含量必须与所加合金元素相匹配，碳含量过高或过低均对性能有不利影响。当钢中强碳化物形成元素钒的质量分数增加时，碳含量必须相应增加，例如 W6Mo5Cr4V2 的碳含量 $w_C = 0.80\% \sim 0.90\%$，而 W6Mo5Cr4V3 的碳含量增加到 $w_C = 1.10\% \sim 1.25\%$。

W、Mo、V 的加入可提高高速钢的耐回火性，并在回火过程中产生弥散硬化效应，使高速钢具有优良的热硬性。W、Mo 作用相同，所以高速钢有钨系、钨-钼系和钼系高速钢之分。其中一份 Mo 相当于两份 W。V 的弥散硬化作用显著，高速钢中 V 的加入量在 1%~5%（质量分数），随钒含量的增加，钢的硬度和耐磨性增加，磨削加工性能变坏。加入非碳化物形成元素 Co 可抑制合金碳化物的粗化，并能生成 CoW 金属间化合物增加弥散硬化效果，进一步提高钢的耐回火性和热硬性。在所有高速钢中 Cr 的质量分数均为 4%，主要提高钢的淬透性，也能提高钢的抗氧化性、耐蚀性。

2. 高速钢的铸态组织

由于高速钢中含有大量合金元素，使 Fe-C 相图中 E、S 点大大左移，当其平衡冷却时，可发生共晶转变，生成莱氏体，所以又称高速钢为莱氏体钢。虽然不同高速钢成分差异较大，但由于主加元素大体相同，所以室温铸态组织也相似。W18Cr4V 钢的铸态组织由粗大鱼骨状共晶组织莱氏体、中心黑色 δ-共析体、四周白亮的马氏体 + 残留奥氏体组成，如图 6-7 所示。采用热处理的方法难以消除粗大共晶碳化物，必须通过锻造方法将其打碎，锻造时应增大锻造比，反复镦粗拔长，使碳化物分布均匀。碳化物是否细小，分布是否均匀，是考核高速钢的主要性能指标。

3. 高速钢的热处理

为了降低硬度便于切削加工，并为淬火作好组织准备，锻轧后需要球化退火。W18Cr4V 钢的退火温度为 860～880℃，稍高于 Ac_1，保温 2～3h。此时高温组织为含合金元素不多的奥氏体和未溶的剩余碳化物，然后随炉缓慢冷却，可转变为粒状珠光体和剩余碳化物。退火状态下合金碳化物的体积分数大约为 30%。为了提高生产效率也可采用等温球化退火工艺，即 860～880℃保温 2～3h，快速降温至 720～750℃保温 4～5h，随炉冷至 550℃出炉空冷。

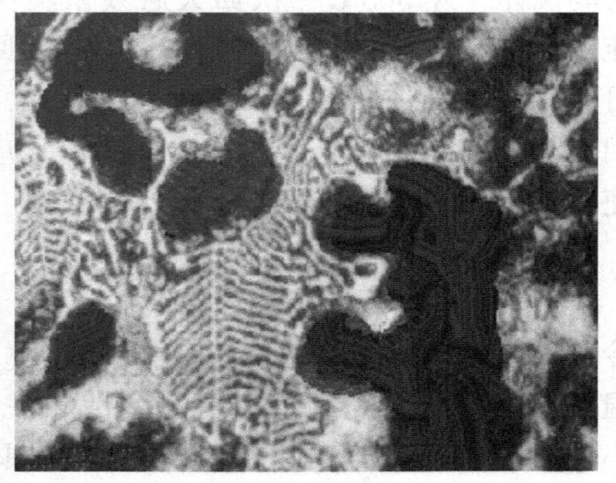

图 6-7　铸态组织

高速钢淬火的目的是为了获得耐回火性高的高合金马氏体，并在回火时析出细小弥散分布的合金碳化物，产生弥散硬化效应，使钢具有高的硬度和热硬性。由于高速钢中的合金碳化物比较稳定，所以必须加热到更高的温度才能使之溶入奥氏体，淬火后才能得到高合金马氏体。高速钢中含铬的 $M_{23}C_6$ 型碳化物在 900℃便可大量溶入，但含 W、V 的 M_6C、MC 型碳化物必须加热到 1000～1100℃以上才开始溶解。所以淬火加热温度高是高速钢热处理最重要的特点。在 W18Cr4V 钢的正常淬火温度 1270～1280℃下，奥氏体中合金元素的质量分数为 $w_W=7\%\sim8\%$，$w_V=1.0\%\sim1.4\%$，$w_{Cr}\approx4.0\%$，剩余碳化物的体积分数约 9%～8%。由于剩余碳化物可阻碍奥氏体晶粒长大，所以淬火时奥氏体晶粒仍然很细小。淬火温度也不宜过高，以防止工件过热或过烧。此外，由于高速钢是高合金钢，导热性差，为减少工件变形和缩短高温停留时间，淬火加热一般要采用两次预热或一次预热。高速钢有极好的淬透性，空冷就可得到马氏体，但为了防止空冷析出合金碳化物，降低马氏体中的合金含量，影响热硬性，所以必须采用油冷或分级淬火（分级温度为 580～620℃）。W18Cr4V 钢的淬火与回火工艺，如图 6-8 所示。

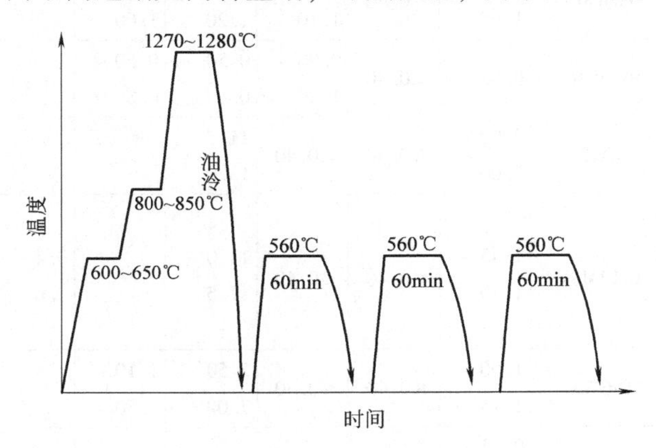

图 6-8　W18Cr4V 钢淬火与回火工艺

高速钢淬火后的组织为马氏体 + 碳化物 + 残留奥氏体，其中残留奥氏体的量约为 20%～30%。回火目的是在回火过程中产生弥散硬化效应和减少残留奥氏体量，使高速钢获得优良的热硬性和更高的硬度。淬火后的 W18Cr4V 钢在不同温度下回火，回火后的硬度和回火温度之间的关系，如图 6-9 所示。400℃以下回火，仅有少量 M_3C 合金渗碳体析出，450℃以上 M_3C 回溶，M_2C 和 MC 型合金碳化物开始弥散析出，产生弥散硬化效应，并在 560℃达到峰值，硬度为 63～65HRC。所以高速钢淬火温度选在 560℃左右，此时，马氏体中碳的质量分数仍能保持在 0.25% 左右。高速钢淬火后的残留奥氏体十分稳定，回火加热时并不分解，在回火后的冷却过程中发生“二次淬火”，部分残留奥氏体转变为马氏体。经560℃一次回火后残留奥氏体量仅能降至10%左右，必须进行560℃三次回火，才可使残留奥氏体量降到2%以下。此外，每一次回火都可以消除新产生的马氏体的淬火应力。高速钢回火工艺也如图6-8所示。

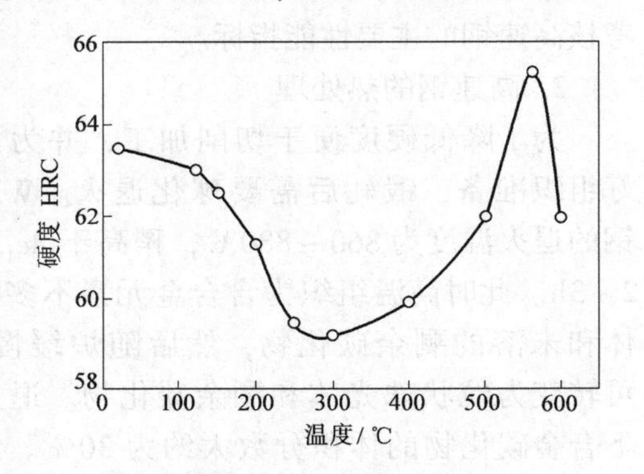

图6-9 W18Cr4V钢1280℃淬火不同温度回火后的硬度

（四）冷作模具钢

用于制作金属冷变形如冷锻、冷冲、冷挤压、冷镦、拉丝等的模具用钢叫冷作模具钢。其工作温度不高，要求高硬度、高耐磨性和一定韧性。小型模具常采用碳素工具钢和低合金工具钢制作，如T10、T12、9Mn2V、CrWMn等。尺寸大、形状复杂、重负荷的模具常采用高淬透性、高耐磨的高碳高铬模具钢（如Cr12MoV）、高速钢基体钢（6W6Mo5Cr4V）和高碳中铬模具钢（如Cr6WV）等。常用冷作模具钢的化学成分、热处理工艺及硬度见表6-8。

表6-8 常用冷作模具钢的化学成分、热处理工艺及硬度

钢号	化学成分（%）							热处理工艺		硬度 HRC
	w_C	w_{Si}	w_{Mn}	w_{Cr}	w_W	w_{Mo}	w_V	淬火温度/℃	回火温度/℃	
9Mn2V	0.85~0.95	≤0.40	1.70~0.95				0.10~0.25	780~810，油	160~200	60~61
CrWMn	0.90~1.05	≤0.40	0.80~1.10	0.90~1.20	1.20~1.60			800~820，油	160~200	60~61
9CrWMn	0.85	≤0.40	0.90~1.20	0.50~0.8	0.50~0.8			800~830，油	150~260	57~61
Cr12	2.00~3.00	≤0.40	≤0.40	11.5~13.0				950~1000，油	200~450	58~64
Cr12MoV	1.45~1.70	≤0.40	≤0.40	11.0~12.5		0.4~0.6	0.15~0.35	980~1030，油	150~170	61~64
								1100~1150，油	500~520（2~3次）	60~62
Cr6WV	1.00~1.15	≤0.40	≤0.40	5.50~7.00	1.10~1.50			960~980，热油	160~200	58~62
6W6Mo5Cr4V	0.55~0.65			4.00	~6.00	~5.00	1.00	1180~1200，油	560~580（3次）	60~63

高碳高铬型冷作模具钢中的Cr12，碳质量分数高达2%~3%，铸态组织中有大量共晶莱氏体，Cr_7C_3碳化物占16%~20%的体积分数，虽然有优异的耐磨性，但由于碳化物较粗大且分布不均匀，使钢有较大脆性。为克服此缺点，适当降低碳含量，减少共晶莱氏体数量，添加Mo、V细化晶粒，形成了Cr12MoV钢。Cr12型冷作模具钢也需要通过锻造方法将粗大共晶碳化物打碎，锻后也需要球化退火。Cr12MoV具有极高淬透性，截面300~400mm以下

可以完全淬透，其热处理工艺见表6-8。可采用一次硬化法即低温淬火加低温回火。淬火加热温度为980～1030℃，此时奥氏体晶粒十分细小，尚有大量未溶碳化物，淬火变形小，强度与韧性较好，生产上多采用此法。有时为获得较好的热硬性，也可采用二次硬化法，即采用较高淬火温度（1100～1150℃），使Cr_7C_3碳化物大量溶入奥氏体中，淬火后有大量残留奥氏体和含铬量高的淬火马氏体，采用500～520℃多次回火，可使残留奥氏体转变为马氏体，使钢的硬度回升到60～62HRC。

为保留Cr12型钢优异的耐磨性和克服碳化物分布不均匀的现象，适当降低碳、铬质量分数，发展了高碳中铬型冷作模具钢，如Cr6WV、Cr5MoV、Cr4W2MoV等。高碳中铬型冷作模具钢属于过共析钢，由于铸造属于不平衡冷却，铸态组织中可具有少量莱氏体，也需锻造将合金碳化物打碎，退火状态碳化物体积分数约为15%。该类钢耐磨性好，热处理变形小，适合制作要求较高硬度、耐磨和具有一定韧性的冷作模具。其中Cr6WV的热处理工艺及处理后硬度见表6-8。

基体钢是根据通用高速钢基体成分而设计的，它既有高速钢的强度和热硬性，又降低了脆性，适合制造高冲击负荷下工作的冷作模具。其中6W6Mo5Cr4V是在高速钢W6Mo5Cr4V2基础上适当降低碳、钒而得到的。与高速钢W6Mo5Cr4V2热处理工艺相比，只是将淬火温度降低了30～40℃，其他未改变。

（五）热作模具钢

热作模具钢是用于制造金属热成形模具的钢种。一种是对红热固态金属施加压力使金属成形，如锤锻模、热挤压模等；另一种是液态金属压力铸造用的模具，即压铸模。锤锻模表面温度可高达600～650℃，压铸模内表面温度可达800℃，模具工作时要经受升温和降温的交变作用。要求热作模具钢有一定热强性、较好韧性、优良抗高温氧化性和抗热疲劳性能。此外，为保证模具整个截面组织和性能的均匀性，需要有优良淬透性。

为满足使用性能要求，热作模具钢含碳量为中碳，$w_C=0.3\%\sim0.6\%$，以保证具有优良的韧性、较高强度和硬度。加入Cr、Mn、Ni、Si提高淬透性。此外，Cr、Si、W、Mo能提高高温强度和耐回火性，也有助于提高模具抗热疲劳性能，W、Mo还可防止第二类回火脆性。常用热作模具钢的成分、热处理和硬度见表6-9。

表6-9　常用热作模具钢的成分、热处理和硬度

钢　号	化学成分（%）								热处理工艺		硬度HRC
	w_C	w_{Si}	w_{Mn}	w_{Cr}	w_{Mo}	w_W	w_V	w_{Ni}	淬火温度/℃	回火温度/℃	
5CrMnMo	0.50～0.60	0.25～0.60	1.20～1.60	0.60～0.90	0.15～0.35				830～850，油	490～640	30～47
5CrNiMo	0.50～0.60	≤0.40	0.50～0.80	0.50～0.80	0.15～0.35			1.40～1.80	840～860，油	490～660	30～47
3Cr2W8V	0.30～0.40	≤0.40	≤0.40	2.20～2.70		7.50～9.00	0.20～0.50		1050～1150，油	600～620	50～54
4Cr5MoSiV	0.32～0.42	0.8～1.20	≤0.40	4.50～5.50	1.00～1.50		0.30～0.50		1000～1025，油	540～650	40～54

（续）

钢　号	化学成分（%）								热处理工艺		硬度 HRC
	w_C	w_{Si}	w_{Mn}	w_{Cr}	w_{Mo}	w_W	w_V	w_{Ni}	淬火温度/℃	回火温度/℃	
4Cr5MoSiV1	0.32 ~ 0.42	0.80 ~ 1.20	≤0.40	4.50 ~ 5.50	1.00 ~ 1.50		0.80 ~ 1.10		1010 ~ 1030，油	560 ~ 580，二次回火	49 ~ 51
4Cr5W2SiV	0.32 ~ 0.42	0.80 ~ 1.20	≤0.40	4.50 ~ 5.50		1.60 ~ 2.40	0.80 ~ 1.10		1010 ~ 1030，油	580，二次回火	49
5Cr4W5Mo2V	0.40 ~ 0.50	≤0.40	0.20 ~ 0.60	3.80 ~ 4.50	1.70 ~ 2.30	4.50 ~ 5.30	0.80 ~ 1.20		1130 ~ 1140，油	600 ~ 630	50 ~ 56

其中，5CrMnMo与5CrNiMo是最常用的锤锻模用钢，其热处理工艺见表6-9。为减小变形或开裂，可采用分级淬火和等温淬火，也可在空气中预冷至750 ~ 780℃，然后油冷至150 ~ 200℃，再出油空冷。回火温度主要根据锻模尺寸和所要求硬度来决定。例如，小型模具要求硬度44 ~ 47HRC，回火温度490 ~ 510℃，得到回火托氏体。大型模具要求硬度34 ~ 37HRC，回火温度560 ~ 600℃，得到回火索氏体。5CrMnMo具有中等淬透性，适合制作模高小于400mm的锤锻模，模高大于400mm的锤锻模应采用高淬透性的5CrNiMo。

热挤压模或压铸模在工作时与红热金属或液态金属接触时间长，受热温度高，常采用高热强性的3Cr2W8V及Cr5型热作模具钢，如4Cr5MoSiV（H11）、4Cr5MoSiV1（H13）、4Cr5W2SiV等。其热处理工艺见表6-9。由于此类钢含有W、Mo、V，因此在500 ~ 600℃回火能析出W_2C、Mo_2C、VC等碳化物，产生弥散硬化作用。此外这类钢还具有高淬透性、高耐回火性、高的抗高温氧化性，广泛用于铝合金压铸模、热挤压模、热剪刃、精密锻造模具等。

（六）量具钢

量具钢是用于制造游标卡尺、千分尺、量块、塞规等量具的钢种。由于量具必须保证具有非常高的尺寸精度，在使用过程中经常受到摩擦与碰撞，所以要求量具钢应具有高硬度、高耐磨性、足够的韧性、较好的耐蚀性和高的尺寸稳定性。

根据量具的种类及精度要求，量具可选用不同的钢种。尺寸小、精度要求不高、形状简单的量规、塞规、样板等，选用碳素工具钢T10A、T11A、T12A；精度要求较高的量块、塞规、环规、样套等可选用低合金工具钢，如Cr2、CrMn、CrWMn及滚动轴承钢GCr15；要求在腐蚀条件下工作的要选用马氏体不锈钢4Cr13、9Cr18。此外，要求精度不高、形状简单的量具也可采用渗碳钢15、15Cr、20、20Cr。

量具钢热处理的主要特点是保持高硬度、高耐磨的前提下，尽量采取各种措施使量具在长期使用中保持尺寸稳定性。量具钢的淬火在保证硬度的前提下，尽量取淬火温度的下限，以减小变形。一般采用油冷，不宜采用分级淬火和等温淬火，以减少残留奥氏体量。高精度的量具淬火后立即采用冷处理，以减少残留奥氏体量，增加尺寸稳定性。回火一般采用低温（150 ~ 160℃）长时间回火，回火时间不少于4 ~ 5h。为进一步提高尺寸稳定性，降低残余内应力，回火后还要在120 ~ 150℃进行24 ~ 36h的时效处理。

五、特殊性能钢

具有特殊使用性能的钢种叫特殊性能钢。特殊性能钢包括不锈钢、耐热钢、耐磨钢、磁钢等。下面首先介绍不锈钢。

（一）不锈钢

在工业生产中，零件在服役过程中经常会遇到各种腐蚀介质，如各种不同浓度和类型的酸、盐、碱、腐蚀气体和水蒸气等。由于金属的腐蚀会引起许多金属零件的失效，所以提高金属零部件耐蚀性能十分重要。在自然环境或一些腐蚀介质中具有耐蚀性能的一类钢叫不锈钢。

1. 金属腐蚀的概念

根据腐蚀过程中是否产生腐蚀电流，将金属的腐蚀分为化学腐蚀和电化学腐蚀。化学腐蚀中不产生电流，腐蚀过程中会形成覆盖在金属表面的腐蚀产物，使金属与腐蚀介质隔离开，如果这层保护膜稳定、致密、完整，可阻碍腐蚀过程的进行。形成保护膜的过程叫钝化。因此提高金属抗化学腐蚀能力主要是通过合金化等方法，使金属生成完整致密的钝化膜。

在实际生产中，在不同腐蚀介质中的腐蚀类型属于电化学腐蚀。由于金属微观成分、组织和应力的不均匀使工件不同微区的电极电位不同，在有电解质溶液存在时会形成微电池。其中电位低的区域为阳极，阳极发生氧化反应：$Me \rightarrow Me^{n+} + ne$，金属离子 Me^{n+} 进入溶液中，电位低的区域不断被腐蚀。提高基体金属的电极电位，可使两极电位差减小，从而降低腐蚀电流，有效提高金属材料的耐蚀性。

2. 不锈钢的合金化原理

加入Cr、Ni、Si等元素可提高钢基体的电极电位。其中Cr是决定不锈钢耐蚀性的最主要的合金元素。Cr加入铁中与铁形成固溶体时，其电极电位随Cr质量分数的增加呈突变式变化，Cr的摩尔分数达到12.5%、25%…即1/8、2/8、…、n/8时，铁的电极电位突然显著升高。摩尔分数12.5%相当于 $w_{Cr}=11.7\%$，所以一般不锈钢中铬的质量分数均在13%以上。

钢中加入Cr、Si、Al等元素可形成 Cr_2O_3、SiO_2、Al_2O_3 等稳定、致密、完整的钝化膜，提高耐蚀性。加入足够的Cr可获得单相铁素体或马氏体不锈钢，加入Cr-Ni或Cr-Mn-N可获得单相奥氏体钢，室温下为单相组织，可以减少微电池的数量，提高耐蚀性。加入Mo、Cu等能提高钢抗非氧化性酸的腐蚀能力。加入Ti、Nb等，减小铬的偏析，可减少晶间腐蚀倾向。此外，少数钢种加入S以改善切削加工性能。

氮为强烈形成和稳定 γ 区元素，采用氮合金化可节约价格贵的镍，并显著提高奥氏体不锈钢的强度，而不损害钢的塑性和韧性。氮合金化可显著提高钢的耐蚀性，氮有助于形成初次膜及以后的含铬钝化膜，引起点蚀的有效电压、点蚀电位和保护电位均随氮含量的增加而增加。氮对点蚀的作用可用抗孔蚀当量PREN来表示。Hans Berns提供的抗孔蚀当量：$PREN = w_{Cr} + 0.033w_{Mo} + 0.3w_N$，所以高氮不锈钢有优异的耐蚀性能，特别是抗局部腐蚀能力。

3. 常用不锈钢的种类和特点

常用不锈钢包括铁素体不锈钢、马氏体不锈钢、奥氏体不锈钢和双相不锈钢。不锈钢牌号前面的数字为以平均千分数表示的碳元素的质量分数，但 $w_C \leqslant 0.03\%$ 及0.08%者，钢号前面分别冠以“00”及“0”，其他合金元素表示方法同合金结构钢。不锈钢有害元素含量低，$w_S \leqslant 0.030\%$，$w_P \leqslant 0.035\%$。

（1）铁素体不锈钢　常用铁素体不锈钢的化学成分和热力学性能参数见表6-10。铁素体不锈钢的Cr含量高，$w_{Cr}=12\%\sim30\%$，C含量低，$w_C\leqslant0.15\%$，有时还加入合金元素Ti、Mo、Al、Si等。

表6-10　常用铁素体不锈钢的化学成分和热力学性能参数（GB/T 20878—2007）

类型	钢号	化学成分（%）					热力学性能				
		w_C	w_{Si}	w_{Mn}	w_{Cr}	其他	熔点/℃	比热容/[kJ/(kg·K)]	热导率/[W/(m·K)]（100℃）	线膨胀系数/($\times10^6$/K)（0~100℃）	纵向弹性模量/GPa（20℃）
铁素体型	06Cr13（0Cr13）	0.08	1.00	1.00	11.50~13.50	$w_S=0.03$ $w_P=0.04$	—	0.46	25.0	10.6	220
	10Cr15（1Cr15）	0.12	1.00	1.00	14.0~16.00	$w_S=0.03$ $w_P=0.04$	—	0.46	26.0	10.3	200
	10Cr17（1Cr17）	0.12	1.00	0.12	16.0~18.00	$w_S=0.03$ $w_P=0.04$	1480~1508	0.46	26.0	10.5	200
	008Cr27Mo（00Cr27Mo）	0.01	0.40	0.40	25~27.50	$w_{Mo}=0.75$~1.50	—	0.46	26.0	11.0	206
	022Cr18Ti（00Cr17）	0.03	0.75	1.00	16.0~19.0	$w_{Ti}=0.10$~1.00	—	0.46	35.1（20℃）	10.4	200
	10Cr17Mo（1Cr17Mo）	0.12	1.00	1.00	16.0~18.0	$w_{Mo}=0.75$~1.25	—	0.46	26.0	11.9	200
	00Cr30Mo2（00Cr30Mo2）	0.01	0.10	0.40	28.50~32.00	$w_{Mo}=1.50$~2.50	—	0.50	26.0	11.0	210

铁素体不锈钢不含价格昂贵的Ni，所以价格比奥氏体不锈钢低，其强度高于奥氏体不锈钢，并具有优良的抗应力腐蚀性能，但韧性低，脆性大，存在冷脆现象。高铬铁素体不锈钢脆性大的原因是多方面的。通常高铬铁素体不锈钢晶粒粗大是脆化的重要原因之一。晶粒粗化的原因是体心立方铁的扩散系数大，所以铁素体不锈钢具有低的晶粒粗化温度和高的晶粒粗化速度。此外，铁素体不锈钢加热冷却过程中无相变，又不能通过相变来细化晶粒。对$w_{Cr}>17\%$的高铬铁素体不锈钢550~820℃长期加热，由铁素体中析出Fe-Cr金属间化合物σ相，伴随较大体积效应，σ相常常沿晶界分布，引起很大脆性。将钢加热到850~950℃可使σ相溶入铁素体中，随后快冷可抑制σ相析出。$w_{Cr}>15\%$的铁素体不锈钢还存在475℃脆性，即在400~520℃温度范围长时间加热后或在此温度范围缓冷时，钢在室温下很脆，此现象在475℃加热更甚，所以称为"475℃脆性"。475℃脆性产生原因与铁素体内铬原子的有序化有关，形成许多富铬铁素体α″，其点阵结构为体心立方，它们与母相保持共格，引起畸变和内应力，此时引起钢的强度升高，冲击韧度下降。"475℃脆性"也可采用580~650℃保温1~5h后快冷消除之。

高铬含量的铁素体不锈钢在氧化性酸中具有良好的耐蚀性，并具有较高抗氧化性，广泛应用于硝酸、氮肥、磷酸等工业，也可作为高温抗氧化材料。其中10Cr17型铁素体不锈钢应用更普遍。

（2）马氏体不锈钢　常用马氏体不锈钢的化学成分、热处理及性能参数见表6-11。与铁素体不锈钢相比，马氏体不锈钢的 Cr 含量的上限有所下降，$w_{Cr} \approx 12\% \sim 18\%$，$w_C \approx 0.1\% \sim 1.0\%$。由于碳量增加或加入，扩大 γ 区的元素 Ni 使该钢种的 M_s 点上升到室温以上，加热时有较多奥氏体，甚至可完全奥氏体化，快冷时可发生马氏体相变，因此叫马氏体不锈钢。

表 6-11 常用马氏体不锈钢的化学成分、热处理及性能参数（GB/T 20878—2007）

类型	钢号	化学成分（%）					热力学性能				
		w_C	w_{Si}	w_{Mn}	w_{Cr}	其他	熔点/℃	比热容/[kJ/(kg·K)]	热导率/[W/(m·K)]（100℃）	线膨胀系数/(×10⁶/K)（0~100℃）	纵向弹性模量/GPa（20℃）
马氏体型	12Cr13（1Cr13）	0.15	1.00	1.00	11.50～3.50	$w_S=0.03$ $w_P=0.04$	1480～1530	0.46	24.2	11.0	200
	20Cr3（2Cr13）	0.16～0.25	1.00	1.00	12.00～14.00	$w_S=0.03$ $w_P=0.04$	1470～1510	0.46	22.2	10.3	200
	30Cr13（3Cr13）	0.26～0.35	1.00	1.00	12.00～14.00	$w_S=0.03$ $w_P=0.04$	1365	0.17	25.1	10.5	219
	40Cr13（4Cr13）	0.36～0.45	0.60	0.80	12.0～14.0	$w_S=0.03$ $w_P=0.04$	—	0.46	28.1	10.5	215
	32Cr13Mo（3Cr13Mo）	0.28～0.35	0.80	1.00	12.0～14.0	$w_S=0.03$ $w_P=0.04$	—	—	—	—	—
	14Cr17Ni2（1Cr17Ni2）	0.11～0.17	0.80	0.80	16.0～18.0	$w_{Ni}=1.50\sim2.50$	—	0.46	20.2	10.3	193
	95Cr18（9Cr18）	0.90～1.00	0.80	0.80	17.0～19.0	$w_S=0.03$ $w_P=0.04$	1377～1510	0.48	29.3	10.5	200
	90Cr18MoV（9Cr18MoV）	0.85～0.95	0.80	0.80	17.0～19.0	$w_{Mo}=1.00\sim1.30$ $w_V=0.07\sim0.12$	—	0.46	29.3	10.5	211

含碳量较低的马氏体不锈钢 12Cr13、20Cr13、13Cr13Mo、14Cr17Ni2 经淬火、高温回火热处理，具有较好综合力学性能，可用于制造汽轮机叶片、石油热裂设备等不锈结构件。含碳量较高的 30Cr13、40Cr13、68Cr17、85Cr17、95Cr18、90Cr18MoV 等经淬火加低温回火后具有较高硬度与强度，用于制造要求耐蚀的医用手术工具、测量工具、不锈钢轴承、弹簧等。马氏体不锈钢的耐蚀性、塑韧性、焊接性较铁素体不锈钢和奥氏体不锈钢要差，但由于它具有较高强度与硬度的同时兼有较好的耐蚀性，所以是机械工业中广泛使用的一类钢。

（3）奥氏体不锈钢　常用奥氏体不锈钢的化学成分和热力学性能参数见表 6-12。与铁素体不锈钢和马氏体不锈钢相比，该钢种除含较多铬外，还加入扩大 γ 区元素，如 Ni、Mn、N，室温为奥氏体。奥氏体不锈钢是应用最广泛的无铁磁性的不锈钢，具有优异的耐酸性、良好的焊接性和低的韧脆转变温度，但强度指标较低。采用 N 合金化可显著提高强度、耐蚀性，并不显著损害钢的塑性和韧性。

表 6-12 常用奥氏体不锈钢的化学成分和热力学性能参数（GB/T 20878—2007）

类型	钢号	化学成分（%）						热力学性能				
		w_C	w_{Si}	w_{Cr}	w_{Ni}	w_{Mn}	其他	熔点/℃	比热容/[kJ/(kg·K)]	热导率/[W/(m·K)]（100℃）	线膨胀系数/（$\times10^6$/K）（0~100℃）	纵向弹性模量/GPa（20℃）
奥氏体型	06Cr19Ni10（0Cr18Ni9）	0.08	1.00	18.0~20.0	8.0~11.0	2.00		1398~1454	0.50	16.3	17.2	193
	12Cr18Ni9（1Cr18Ni9）	≤0.12	1.00	17.0~19.0	8.0~11.00	2.00	—	1398~1420	0.50	16.3	17.3	193
	06Cr18Ni11Ti（0Cr18Ni10Ti）	0.08	1.00	17.0~19.0	9.0~12.0	2.00	$w_{Ti}=5w_C$~0.7	1398~1427	0.50	16.3	16.6	193
	07Cr19Ni11Ti（1Cr18Ni11Ti）	0.04~0.10	0.75	17.0~20.0	9.0~13.0	2.00	$w_{Ti}=4w_C$~0.6	—	—	—	—	—
	022Cr19Ni10（00Cr19Ni10）	0.03	1.00	18.0~20.0	8.0~12.0	2.00	—	—	0.50	16.3	16.8	—
	022Cr17Ni12Mo2（00Cr17Ni14Mo2）	0.03	1.00	16.0~18.0	10.0~14.0	≤2.00	$w_{Mo}=2$~3		0.50	16.3	16.0	193
	022Cr18Ni14Mo2Cu2（00Cr18Ni14Mo2Cu2）	0.03	1.00	17.0~19.0	12.0~16.0	2.00	$w_{Mo}=1.2$~2.75 $w_{Cu}=1.0$~2.5	—	0.50	16.1	16.0	191
	0Cr18Mn8Ni5N	≤0.10	≤1.0	17.0~19.0	4.00~6.00	7.50~10.0	$w_N=0.15$~0.25					
	Cr17Mn13Mo2N	≤0.10	≤1.0	16.5~18.0		12.0~15.0	$w_{Mo}=1.8$~2.2 $w_N=0.2$~0.3					
	0Cr23Ni28Mo3Cu3Ti	≤0.06	≤1.0	22.0~25.0	26.0~29.0	≤0.8	$w_{Mo}=2.5$~3.0 $w_{Cu}=2.5$~3.5 $w_{Ti}=0.4$~0.7					

为防止冷却时析出（Cr，Fe）$_{23}$C$_6$ 使基体局部贫铬，降低耐蚀性，所以奥氏体不锈钢一般含碳较少，$w_C\leqslant0.12\%$。为获得单相奥氏体，需加入扩大 γ 区元素 Ni 或 Mn。单独加入 Ni，为获得单相奥氏体，Ni 的质量分数要达到 24%，但 Cr、Ni 配合使用时，$w_{Ni}=8\%$、

$w_{Cr}=17\%$就能得到单相奥氏体，所以奥氏体不锈钢的主要成分为$w_{Cr}\geqslant 18\%$，$w_{Ni}\geqslant 8\%$，如12Cr18Ni9、06Cr19Ni10。在18-8基础上又发展了许多新钢种。

为了节约价格昂贵的Ni或防止Ni析出引起Ni过敏，采用Mn-N联合加入，发展了Fe-Cr-Mn-Ni-N系和Fe-Cr-Mn-N系奥氏体不锈钢，例如0Cr18Mn8Ni5N、Cr17Mn13Mo2N等。为了提高耐蚀性，进一步降低碳含量，并加入Mo、Cu提高钢在盐酸、硫酸、磷酸、尿素中的耐蚀性，发展了022Cr18Ni14Mo2Cu2、022Cr17Ni12Mo2等钢种。为防止晶间腐蚀，加入Ti、Nb，如07Cr19Ni11Ti、07Cr18Ni11Nb等。为进一步提高耐蚀性和耐热性，增加了Cr、Ni加入量，形成了06Cr23Ni18、11Cr23Ni18等钢种。

为了获得均匀的奥氏体组织，提高耐蚀性并消粗除加工硬化，奥氏体不锈钢也需要热处理。常用热处理工艺有固溶处理、稳定化处理和去应力处理。常用奥氏体不锈钢的化学成分和热力学性能参数见表6-12。奥氏体不锈钢固溶处理工艺为加热到1000～1150℃，使碳化物全部溶入奥氏体中，然后水冷，获得单相奥氏体组织。稳定化处理的加热温度为850～900℃保温1～4h，使Cr的碳化物溶入钢中，碳与强碳化物形成元素可形成TiC、NbC，将钢中的碳固定住，在随后冷却过程中可防止$Cr_{23}C_6$析出，不会产生贫铬区，减小晶间腐蚀倾向。去应力退火一般加热到300～350℃，然后缓慢冷却，消除焊接应力和冷加工的残余应力，提高钢的抗应力腐蚀性能。

（4）双相不锈钢　双相不锈钢是近几十年发展起来的新型不锈钢。适当控制Cr当量和Ni当量，使固溶组织中铁素体和奥氏体相约各占一半，一般较少的相也需达到30%。双相钢兼有铁素体不锈钢和奥氏体不锈钢的优点。双相钢具有较高强度和疲劳强度，屈服强度是18-8型奥氏体钢的两倍，与奥氏体钢相比具有更高的抗应力腐蚀能力。同时具有奥氏体钢优异的耐酸性、良好的焊接性和低的韧脆转变温度等优点。虽然双相不锈钢的脆化倾向与铁素体不锈钢相比有所降低，但也存在铁素体不锈钢的各种脆化倾向。双相不锈钢可分为不同级别，低合金型代表牌号为UNSS32304（23Cr-4Ni-0.1N），中合金型代表牌号为UNSS31803（22Cr-5Ni-3Mo-0.15N），高合金型代表牌号为UNSS32550（25Cr-6Ni-3Mo-2Cu-0.2N），超级双相不锈钢代表牌号为UNSS32750（Cr25-7Ni-3.7Mo-0.3N）。尤其是含Mo、Cu、、W、N的超级双相不锈钢具有良好的耐蚀性和综合力学性能，可与超级奥氏体不锈钢相媲美，适用于苛刻的介质条件。

（5）沉淀硬化型不锈钢　不锈钢为获得高强度，一般采用在马氏体基体上产生沉淀强化的方法。为保证钢的耐蚀性和M_s点在室温以下或所需要的温度，Cr质量分数一般控制在12%～17%，Ni质量分数一般控制在4%～8%。加入Mo、Al、Cu、Nb，以便人工时效时从过饱和马氏体中析出金属间化合物而产生沉淀强化。其中马氏体沉淀硬化型不锈钢Custom455（$w_{Cr}=12\%$，$w_{Ni}=8\%$，$w_{Cu}=2.5\%$，$w_{Ti}=1.2\%$，$w_{Nb}=0.3\%$）经高温固溶处理和480℃时效4h，屈服强度$\sigma_{0.2}=1620$MPa，抗拉强度$\sigma_b=1690$MPa，伸长率$\delta=12\%$，硬度49HRC。对于半奥氏体沉淀硬化型不锈钢07Cr15Ni7Mo2Al经950℃固溶处理、-38℃冷处理和510℃时效处理后，屈服强度$\sigma_{0.2}=1551$MPa，抗拉强度$\sigma_b=1655$MPa，伸长率$\delta=6\%$，硬度48HRC。

（二）耐热钢

耐热钢是用来制作在高温下服役的部件用钢，常用来制作蒸汽锅炉、燃气涡轮、石化和喷气式发动机等零部件。许多部件要在300℃以上工作，有的工作温度高达1200℃，所以要求耐热钢有足够的热强性、优良的抗高温氧化性和抗高温介质腐蚀性。

1. 耐热钢的合金化

钢在高温下与空气接触要发生氧化。575℃以上会生成 FeO，FeO 为 Fe 的缺位固溶体，铁在 FeO 内有很高的扩散速率，而氧化膜生长速度主要取决于铁的扩散速率，因此 FeO 层增厚很快，所以要提高抗氧化性必须阻止 FeO 的出现。加入 Cr、Al、Si 可提高 FeO 出现的温度，并能生成致密的含 Cr_2O_3、Al_2O_3、Fe_2SiO_4 的保护膜，有效提高高温抗氧化性。

加入 W、Mo、Cr 能增强基体原子的结合力，提高再结晶温度，因此可显著提高耐热钢的高温强度。加入 V、Ti、Nb 可形成高温条件下稳定存在的 MC 型碳化物，起到沉淀强化作用。由于体心立方的 α 相高温强度低，所以加入 Ni、Mn、N 等扩大 γ 区元素，获得奥氏体，以提高高温强度。此外，加入 Ni、Ti、Al 等可形成金属间化合物 Ni_3（Al，Ti）产生沉淀强化，也可提高高温强度。

2. 常用耐热钢

（1）铁素体-珠光体耐热钢　铁素体-珠光体耐热钢常用钢号、化学成分见表 6-13。该钢种含合金元素总质量分数少于 5%，经过热处理可使钢产生固溶强化和弥散硬化，使蠕变抗力增高，广泛用于动力、石化、化工等行业，常作为锅炉用钢和管道材料，在 450 ~ 620℃蒸汽介质中可长期服役。

表 6-13　铁素体-珠光体耐热钢常用钢号、化学成分

牌 号	化学成分（%）							
	w_C	w_{Cr}	w_{Mo}	w_V	w_{Si}	w_{Mn}	w_{Ti}	w_B
15CrMo	0.12 ~ 0.18	0.80 ~ 1.10	0.40 ~ 0.55		0.17 ~ 0.37	0.40 ~ 0.70		
12CrMoV	0.08 ~ 0.15	0.40 ~ 0.60	0.25 ~ 0.35	0.15 ~ 0.30	0.17 ~ 0.37	0.40 ~ 0.70		
12Cr1MoV	0.08 ~ 0.15	0.90 ~ 1.20	0.25 ~ 0.35	0.15 ~ 0.30	0.17 ~ 0.37	0.40 ~ 0.70		
12Cr2MoWVTiB	0.08 ~ 0.15	1.60 ~ 2.10	0.50 ~ 0.60	0.28 ~ 0.42	0.46 ~ 0.75	0.45 ~ 0.65	0.06 ~ 0.12	~0.008

铁素体-珠光体耐热钢一般采用正火（950 ~ 1050℃）或淬火后，在高于使用温度 100℃（600 ~ 750℃）回火。其中马氏体高温回火的组织具有更高的持久强度。例如，12Cr1MoV 钢 980℃水淬，740℃回火后，在 580℃温度下，工作 10000h 的破断应力即持久强度为 $\sigma_{10^4}^{580}$ = 127MPa，600℃的持久强度为 $\sigma_{10^4}^{600}$ = 100MPa。12Cr2MoWVSiTiB 钢经 1010 ~ 1030℃奥氏体化后空冷，得到粒状贝氏体，再经 770 ~ 790℃回火，得到有良好组织稳定性的组织，其 620℃的持久强度为 $\sigma_{10^5}^{620}$ = 63.7 ~ 98.2MPa。其中 V、Ti 主要起沉淀强化作用、Cr、W、Mo 固溶于基体中起固溶强化作用，B 起强化晶界作用，Cr、Si 可提高钢在 600 ~ 620℃时的抗氧化性。

（2）马氏体耐热钢　马氏体耐热钢常用钢号、化学成分见表 6-14。它可分为高铬钢和硅铬钢。该钢种合金元素总质量分数一般大于 10%。高铬钢是在 Cr13 型马氏体不锈钢基础上，为提高热强性加入少量 W、Mo、V 等合金元素形成的。常用钢号有 1Cr13、2Cr13、1Cr13Mo、1Cr11MoV、1Cr12WMoV 等，可制造使用温度低于 580℃的汽轮机、燃气轮机、增压器叶片等。硅铬钢除加入 Cr、Mo、V 等元素外，还加入了 Si，以提高其抗氧化性能。

主要钢号有 4Cr9Si2、4Cr10Si2Mo 等，主要用于使用温度低于 750℃ 的受动载荷的部件，如汽车发动机、柴油机的排气阀和 900℃ 以下的加热炉底板等。此外，为进一步提高高温性能，进一步增加了 Cr 含量，发展了 8Cr20Si2Ni、1Cr17Ni2 等钢种。

表 6-14　马氏体耐热钢常用钢号、化学成分（GB/T 20878—2007）

牌　号	化学成分（%）							
	w_{C}	w_{Cr}	w_{Mo}	w_{V}	w_{Si}	w_{W}	w_{Mn}	w_{Ni}
12Cr13、20Cr13（1Cr13、2Cr13）	见表 6-11 马氏体不锈钢							
14Cr11MoV（1Cr11MoV）	0.11～0.18	10.0～11.5	0.50～0.70	0.25～0.40	≤0.5		0.60	
15Cr12WMoV（1Cr12WMoV）	0.11～0.18	11.0～13.0	0.50～0.70	0.15～0.30	≤0.4	0.70～1.00	0.50～0.90	0.4～0.8
42Cr9Si2（4Cr9Si2）	0.35～0.50	8.0～10.0			2.00～3.00		0.70	0.60
40Cr10Si2Mo（4Cr10Si2Mo）	0.35～0.45	9.0～10.5	0.70～0.90		1.90～2.60		0.70	0.60

马氏体耐热钢的热处理工艺为 1000～1100℃ 加热，使合金元素固溶于奥氏体中，采用空冷或油冷，然后在高于使用温度 100℃ 回火。回火温度一般高于 600℃，以避开回火脆性区，回火后采用空冷或油冷。

（3）奥氏体耐热钢　由于奥氏体原子排列致密，原子间结合力较强，再结晶温度较高，因此奥氏体耐热钢比铁素体-珠光体耐热钢和马氏体耐热钢具有更高的热强性和高温抗氧化性。根据强化原理可将奥氏体耐热钢分为固溶强化型、碳化物强化型和金属间化合物强化型。典型奥氏体耐热钢化学成分、热处理工艺和用途举例见表 6-15。

表 6-15　典型奥氏体耐热钢化学成分、热处理工艺和用途举例（GB/T 20878—2007）

	牌　号	化学成分（%）							热处理工艺	用途举例
		w_{C}	w_{Cr}	w_{Ni}	w_{Mn}	w_{Al}	w_{Si}	其他		
固溶强化	1Cr18Ni9Mo	≤0.14	17～19	9～11				w_{Mo} = 2.5	1050 ～ 1100℃ 空冷	700℃ 以下工作的蒸汽过热气管、燃气轮机叶片、喷气发动机排气管等
	1Cr18Ni11Nb	≤0.10	17～19	9～13				w_{Nb} < 0.15	1100 ～ 1100℃ 水淬	
	1Cr14Ni19W2Nb	0.07～0.12	13～15	18～20				w_{W} = 2.0～2.7 w_{Nb} = 0.9～1.3	1140 ～ 1160℃ 水淬	
	16Cr25Ni20Si2（1Cr25Ni20-Si2）	≤0.20	24～27	18～21	≤1.5		1.5～2.5		1100 ～ 1150℃ 油、水、空冷	高温加热炉及燃烧室构件、燃气轮机、增压器涡轮及叶片等
	Cr20Ni32	<0.1	20.5	32		0.3		w_{Ti} = 0.3 w_{Cu} = 0.3	1100 ～ 1150℃ 水淬	

（续）

	牌　号	化学成分（%）							热处理工艺	用途举例
		w_C	w_{Cr}	w_{Ni}	w_{Mn}	w_{Al}	w_{Si}	其他		
碳化物强化	Cr25Ni20	0.35～0.45	24～26	19～26					铸态	高温加热炉耐热构件
	45Cr14Ni14-W2Mo（4Cr14Ni14-W2Mo）	0.4～0.5	13～15	13～15	≤0.7		≤0.8	w_W=2.0～2.75 w_{Mo}=0.25～0.40	1150～1200℃淬火，650～750℃时效	内燃机重负荷排气阀、燃气轮机叶片等
	4Cr13Ni8Mn8-MoVNb	0.34～0.40	11.5～13.5	7～9	7.5～9.5		0.3～0.8	w_{Nb}=0.25～0.5 w_V=1.25～1.55 w_{Mo}=1.1～1.4	1140℃水冷，770～800℃时效	650℃以下工作的涡轮盘、排气阀、紧固件等
金属间化合物强化	0Cr15Ni26Mo-Ti2AlVB	≤0.08	13.5～16.0	24～27	1.0～2.0	≤0.4	0.4～1.0	w_{Ti}=1.75～2.30 w_B=0.001～0.01	980～1000℃油冷，700～760℃时效	700℃以下工作的喷气发动机部件等
	0Cr15Ni35W2-Mo2Ti2Al3B	≤0.08	14～16	33～36	0.5	2.4～2.8	≤0.4	w_W=1.7～2.2 w_{Ti}=2.1～2.5 w_B≤0.015 w_{Mo}=1.7～2.2	1140℃ 4h空冷，830℃时效3h，650℃时效16h	750～800℃以下工作的部件，可部分替代镍基合金
	0Cr14Ni37W6-Ti3Al2B	≤0.08	12～16	35～40	≤0.5	1.4～2.2	≤0.6	w_W=5.0～6.5 w_{Ti}=2.4～3.2 w_B<0.02	1180℃1.5h空冷，1050℃ 4h空冷，800℃时效16h	

固溶强化型奥氏体耐热钢是在18-8型不锈钢基础上发展起来的。该钢种加入Mo、W以强化奥氏体，加入Nb可生成部分NbC强化晶界，由于Mo、W、Nb都是强铁素体形成元素，为保持奥氏体的稳定，可将Ni质量分数进一步提高。为进一步提高高温抗氧化性，有的钢种增加了Cr含量或采用Si合金化，为稳定奥氏体相应增加了Ni含量。固溶强化型奥氏体耐热钢采用1050～1150℃固溶处理后，具有中等持久强度$\sigma_{10^5}^{650}\approx100$MPa，可在600～700℃温度下长期工作。

碳化物强化型奥氏体耐热钢与固溶强化型奥氏体耐热钢相比主要是增加了碳含量，$w_C\approx$0.3%～0.5%，保证固溶处理加人工时效可弥散析出足够的以MC型碳化物为主的特殊碳化物，如NbC、VC。为节约价格昂贵的Ni，以Mn代Ni，还发展了4Cr13Mn8Ni8MoVNb等钢种。

金属间化合物强化型奥氏体耐热钢与其他类型奥氏体耐热钢相比，将Ni质量分数提高，加入 Al、Ti，保证固溶处理加人工时效时能生成金属间化合物 γ'-Ni_3（Al，Ti）相，进一步提高热强性，有时加入少量 B 强化晶界，以提高高温抗蠕变性能。金属间化合物强化型奥氏体耐热钢具有更好的热强性和抗高温氧化性，可在 750～800℃温度下长期工作，部分替代镍基高温合金，制造喷气发动机部件等。

工业加热炉需要大量耐热构件，工作时承受应力不大，主要要求有优良的抗氧化性。高 Cr-Ni 奥氏体钢可在 1000～1200℃温度范围长期工作，常用钢号有 3Cr18Ni25Si2、1Cr25Ni20Si2，2Cr25Ni20 等。为节约价格昂贵的 Ni，发展了 Cr-Mn-N 奥氏体耐热钢，常用钢号有 3Cr18Mn12Si2N、2Cr20Mn9Ni2Si2N、5Cr21Mn9Ni4N 等，替代高 Cr-Ni 奥氏体钢。

（三）耐磨钢

耐磨钢是具有高耐磨性的钢种。其中高锰钢 Mn13 以其优异的加工硬化能力和高韧性被广泛应用于冶金、矿山、交通等行业，用于制造挖掘机铲斗、碎石机颚板、拖拉机和坦克的履带板、铁道上的辙叉等。在高压力或冲击负荷下能产生强烈的加工硬化和形变诱发马氏体，具有优异的耐磨性。常用钢种 Mn13 的化学成分为 w_C = 0.9%～1.4%，w_{Mn} = 11.5%～15%，w_{Si} = 0.3%～1.0%，$w_S \leqslant 0.05\%$，$w_P \leqslant 0.12\%$，$w_{Cr} \leqslant 1\%$，$w_{Ni} \leqslant 1\%$，$w_{Cu} \leqslant 0.3\%$。

高锰钢机械加工比较困难，一般采用铸造，铸造后硬而脆，必须进行水韧处理，即 1050～1100℃加热水淬，以获得单相均匀奥氏体，使其具有强韧结合与耐冲击的优良性能。水韧处理后的 ZGMn13 强度指标为 σ_b = 800～1000MPa，$\sigma_{0.2}$ = 250～400MPa，δ = 35%～40%，ψ = 40%～50%，a_{KV} = 20～30J/cm²。水韧处理后的高锰钢受到冲击后会诱发生成马氏体，表面也会产生加工硬化，使表面硬度强度显著升高，使耐磨性显著增高。在冲击载荷很小的情况下不易产生加工硬化和诱发生成马氏体，故耐磨性有所降低。有试验证明，在磨损应力较小的情况下，Mn13 钢耐磨性不如介稳奥氏体锰钢。用于试验的锰钢的化学成分见表 6-16。耐磨性以一定时间（20min）内试样损失质量（g）的倒数表示。介稳奥氏体锰钢耐磨性与磨损冲击吸收功之间的关系，如图 6-10 所示。冲击吸收功小于 1.0J 时，系列介稳奥氏体锰钢的耐磨性均明显优于高锰钢 Mn13，当冲击吸收功大于 3.0J 时，高锰钢 Mn13 的耐磨性高于介稳奥氏体锰钢。此外高锰钢无磁性，也可用于既耐磨又抗磁化的零件。

表 6-16　试验用钢的化学成分、热处理工艺及相组成

牌号	化学成分（%）					热处理工艺	相组成
	w_C	w_{Mn}	w_{Si}	w_S	w_P		
Mn4	1.10	3.86	0.57	0.025	0.032	1050℃水淬	α + γ
Mn5	1.11	5.00	0.51	0.021	0.014	1050℃水淬	γ
Mn6	1.00	6.10	0.80	0.029	0.040	1050℃水淬	γ
Mn8	0.91	7.89	0.47	0.023	0.014	1050℃水淬	γ
Mn13	1.10	12.5	0.62	0.023	0.015	1050℃水淬	γ

（四）易削钢

切削加工性是钢的重要工艺性能之一。发展易削钢可提高切削速度，延长刀具寿命。在改善切削加工性方面，非金属夹杂物和金属间化合物起了重要作用。钢中加入S、Te、Pb、Ca等元素时，可形成MnS、CaS、MnTe、PbTe等夹杂物。在热轧时沿轧向被拉长，呈条状或纺锤状，破坏了钢的连续性，减少了切削摩擦力，降低了刀具的耗损，而对钢材的纵向力学性能影响不大。

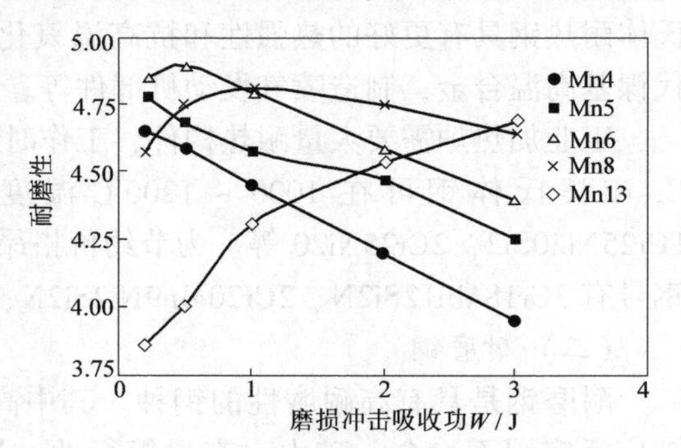

图6-10 介稳奥氏体锰钢耐磨性与磨损冲击吸收功之间的关系

当钢中有足够量Mn时，可形成MnS夹杂。MnS夹杂物在切削剪切区作为应力集中源，可引起切屑断裂，降低刀具与切屑的摩擦，导致切削温度和切削力的下降，减少刀具磨损并提高刀具寿命。低碳硫易削钢Y12、Y20含硫量$w_S=0.08\%\sim0.2\%$，含锰量高的中碳钢Y40Mn含硫量$w_S=0.18\%\sim0.30\%$。

Pb对改善切削加工性能也是有益的，所以含铅易削钢的应用仅次于硫易削钢。铅在钢中溶解度极低，以分散单质质点形式分布在钢中，可作为内部润滑剂，降低切削摩擦力，使切削力和切削温度下降，减少刀具磨损。Pb对室温强度、塑性和韧性影响较小，但使用温度接近Pb的熔点时，钢会产生热脆。含铅易削碳钢YP40、YP30CrMo含铅量$w_{Pb}=0.15\%\sim0.30\%$。

此外，钢中加入Se、Te、Bi、Ca也可改善切削加工性能。为了改善切削性能，S、Pb、Ca、Te等元素可复合加入，会收到更佳效果，例如S-Te-Pb、Ca-S、Ca-S-Pb易削钢具有更好的切削性能。

第二节 铸 铁

铸铁是以铁、碳、硅为主要成分，并在结晶过程中具有共晶转变的多元铁基铸造合金。铸铁的化学成分一般为：$w_C=2\%\sim4\%$，$w_{Si}=1\%\sim3\%$，$w_{Mn}=0.1\%\sim1.0\%$，$w_S=0.02\%\sim0.25\%$，$w_P=0.05\%\sim1.0\%$，与钢相比铸铁碳含量高，有害元素S、P含量高，其力学性能如强度、塑性与韧性等较低，但具有优良耐磨性、减振性及低的缺口敏感性。铸铁价格低廉，具有优良铸造性和切削加工性，因此在工业生产中被广泛应用，其用量仅次于钢材。按重量统计，机床中铸铁件占60%～90%，汽车与拖拉机中铸铁件占50%～70%。随着铸铁铸造技术如变质处理和球化处理的成功应用及铸铁合金化和热处理等强化手段的应用，铸铁的应用范围必将越来越广。

根据碳在铸铁中的存在形式，可将铸铁分为灰铸铁、白口铸铁、麻口铸铁。

灰铸铁：碳主要以石墨形式存在，断口呈灰黑色，是目前应用最广泛的一类铸铁。白口铸铁：碳主要以Fe_3C形式存在，共晶组织为莱氏体，断口呈银白色，硬度高，脆性大。介于两者之间的为麻口铸铁，碳既以Fe_3C形式存在，又以石墨形式存在。由于白口铸铁、麻口铸铁脆性大，因此工业上很少应用，工业上广泛应用的是灰铸铁。根据石墨形态可将灰铸铁分为球墨铸铁（石墨呈球形）、蠕墨铸铁（石墨呈蠕虫状）、可锻铸铁（石墨呈团絮状）、灰铸铁（石墨呈片状）。

一、铸铁的石墨化

（一）铁碳合金双重相图

石墨是碳的一种结晶形态，属于六方系，原子呈层状排列，同层原子以共价键结合，层与层之间以分子键结合，分子键结合力弱，所以石墨的强度极低。

从热力学条件上看，石墨的自由能比渗碳体低，所以石墨为稳定的平衡相，而渗碳体为亚稳相。但相变的发生不完全取决于热力学条件，还要看动力学条件。从结构和成分上看由液相、奥氏体或铁素体中析出石墨都比析出渗碳体困难。首先，石墨形核必须有更大的浓度起伏，例如共晶转变时液相 $w_C=4.26\%$，而石墨 $w_C=100\%$，两者成分差异远大于液相与渗碳体的成分差异；其次，液相的近程有序原子集团、奥氏体或铁素体的晶体结构都与复杂正交结构渗碳体的晶体结构相近，而与六方点阵的石墨差异较大。所以从动力学条件上看有利于渗碳体形核。因此在实际生产中，铸铁液的化学成分、过热度、冷却速度以及孕育处理等状况不同，结晶时可完全按 Fe-Fe_3C 相图进行结晶，也可以完全按 Fe-C（石墨）相图进行结晶。我们将 Fe-Fe_3C 相图和 Fe-C（石墨）相图绘在一起称为铁碳合金双重相图，如图 6-11所示。其中实线为 Fe-Fe_3C 系，虚线为 Fe-C（石墨）系，凡是虚线与实线重合的线条都用实线表示，图中 G 表示石墨。由图可知，Fe-Fe_3C 相图位于 Fe-C 相图的右下方。

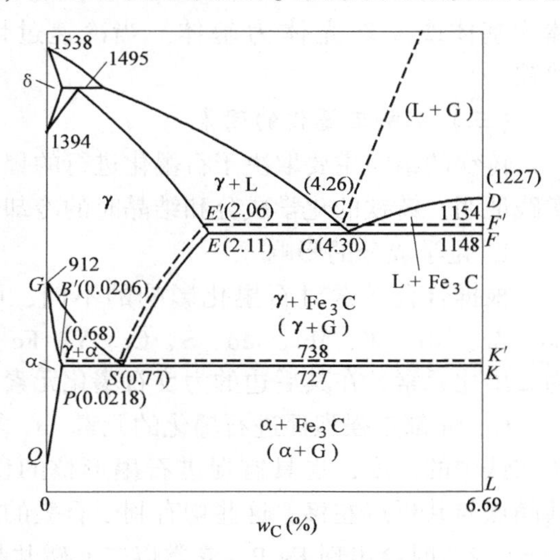

图 6-11　铁碳合金双重相图

（二）铸铁的石墨化过程

石墨化就是铸铁中石墨的形成过程。参考图 6-11 中的 Fe-C（石墨）相图，共晶成分（$w_C=4.26\%$）的铸铁液进行结晶的石墨化过程，如图 6-12 所示。当铸铁液以极缓慢的冷速冷却时，首先液相简单冷却，冷至 1154℃开始凝固，形成奥氏体加共晶石墨的共晶体。随温度下降，由于奥氏体溶碳量不断下降，奥氏体中将析出二次石墨，冷至 738℃时，奥氏体的质量分数变为 0.68%，此时发生共析转变生成铁素体加共析石墨。温度再下降，由于铁素体固溶碳量减少，将由铁素体中析出少量三次石墨。亚共晶合金与过共晶合金的石墨化过程与共晶合金类似，所不同的是在共晶转变之前，亚共晶合金首先析出

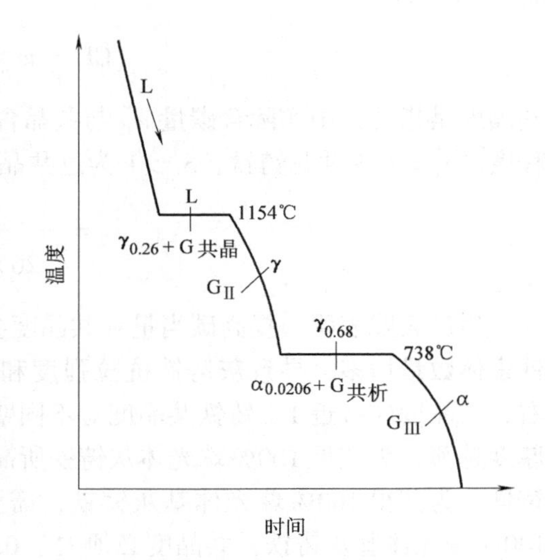

图 6-12　共晶合金的石墨化过程

奥氏体，即 L→γ，过共晶合金首先析出一次石墨，即 $L \to G_I$，当冷至 1154℃，液相成分变到共晶点成分时，才开始进行共晶转变。当石墨化进行得十分充分时，可得到以铁素体为基的灰铸铁，室温下由铁素体和石墨两相组成。根据上述石墨化过程的分析，在极缓慢的情况下，石墨化过程可分为两个阶段：第一阶段包括液态石墨化（液相中析出一次石墨和共晶液相进行共晶反应生成共晶石墨）和奥氏体中析出二次石墨过程；第二阶段主要为共析转变形成共析石墨的过程。第一阶段石墨化温度高，碳原子扩散能力强，容易进行得完全。第二阶段石墨化温度低，碳原子扩散能力弱，石墨化往往进行得不充分，甚至被抑制。所以灰铸铁除以铁素体为基体外，还可以铁素体加珠光体为基体或以珠光体为基体。当冷速过快时，第一阶段石墨化被抑制，则会得到白口铸铁。

（三）影响石墨化的因素

铸铁的组织主要取决于石墨化进行的程度，所以了解影响石墨化的因素显得十分重要。实践证明，铸铁的化学成分和结晶时的冷却速度是影响石墨化和铸铁显微组织的主要因素。

1. 化学成分的影响

根据合金元素对石墨化影响的不同，可将其排序如下：Al、C、Si、Ti、Ni、Cu、P、Co、Zr、Nb、W、Mn、Mo、S、Cr、V、Fe、Mg、Ce、B，其中 Nb 是中性的，在其前边的为石墨化元素，在其后边的为反石墨化元素。各元素离 Nb 越远，其作用越强烈。

C、Si 都是强烈促进石墨化的元素。C 含量越高，越有利于石墨形核，Si 的加入可提高碳在铁中的活度，也具有促进石墨形核的作用。此外，Si 的加入使共晶与共析温度升高，共晶点与共析点左移，这些均有利于石墨的形核。P 也是石墨化元素，作用不如 C 强烈。当 $w_P > 0.2\%$ 时会出现 Fe_3P，它常以二元磷共晶和三元磷共晶存在。磷共晶硬且脆，细小均匀分布时可提高耐磨性，若呈网状分布，将降低铸铁强度，增加脆性，所以除耐磨铸铁外，磷的质量分数应控制在 0.2% 以下。为综合考虑 C、Si、P 对显微组织的影响，引入碳当量 CE 和共晶度 S_C 的概念。碳当量是将 w_{Si} 和 w_P 折合成相当的碳的质量分数与实际碳的质量分数 w_C 之和，即

$$CE = w_C + \frac{1}{3}(w_{Si} + w_P) \tag{6-1}$$

共晶度是指铸铁中实际含碳量 w_C 与共晶含碳量之比，反映铸铁的实际成分接近共晶成分的程度。$S_C = 1$ 为共晶铸铁，$S_C > 1$ 为过共晶铸铁，$S_C < 1$ 为亚共晶铸铁。

$$S_C = \frac{w_C}{4.26\% - \frac{1}{3}(w_{Si} + w_P)} \tag{6-2}$$

生产实践表明，提高碳当量和共晶度会使石墨化能力增强，石墨数量增多且变得粗大，铁素体数量增多，导致灰铸铁抗拉强度和硬度呈直线下降。一般铸铁碳当量控制在 4% 左右，共晶度应接近 1。铸铁共晶度对不同壁厚铸件显微组织的影响见图 6-13，由图可知铸件厚度越薄，为获得 100% 珠光体灰铸铁所需要的共晶度越大，例如，对于壁厚大于 40mm 的铸件，为获得 100% 珠光体基灰铸铁，需要共晶度大于 0.6；而壁厚 5mm 的铸件，为获得 100% 珠光体基灰铸铁，共晶度必须大于 0.9。

S 是强烈阻碍石墨化的元素，而且会降低铁液流动性，并使铸件中产生气泡，所以 S 是

有害元素，一般硫的质量分数要控制在0.15%以下。Mn能扩大γ区，降低共析温度，因此也属于阻碍石墨化元素，但Mn能与S反应，生成MnS，削弱S的有害作用。所以Mn与S作用后多余的Mn应控制在w_{Mn}=0.4%~1.0%为宜，Mn可阻碍第二阶段石墨化，促进珠光体基体的形成，但铸铁中的Mn含量也不宜过多，否则会增加白口倾向。总之，C、Si、Mn为调节组织元素，P为控制元素，S为限制元素。

2. 冷却速度的影响

由于Fe-C相图位于Fe-Fe_3C相图的左上方，所以铸件的冷却速度越缓慢，即过冷度越小，越有利于按Fe-C相图进行结晶和转变，即越有利于石墨化过程的进行。反之，易按Fe-Fe_3C相图进行结晶和转变，尤其对转变温度低的共析石墨化影响更明显。铸件的冷却速度受多方面因素影响，如浇注温度、造型材料、铸造方法和铸件壁厚等。其中铸件壁厚是影响冷却速度的主要因素。在影响冷速的其他条件一定时，铸件壁厚度越薄，冷速越快，白口倾向越大。铸件壁厚对铸铁显微组织的影响见图6-14。对于同一化学成分（$w_C + w_{Si}$ = 4.5%），当壁厚小于5mm时为白口铸铁，壁厚在10~40mm时为珠光体灰铸铁，壁厚大于50mm为铁素体灰铸铁。由图6-14还可看出，随碳、硅总加入量的增加，铸铁白口倾向降低。

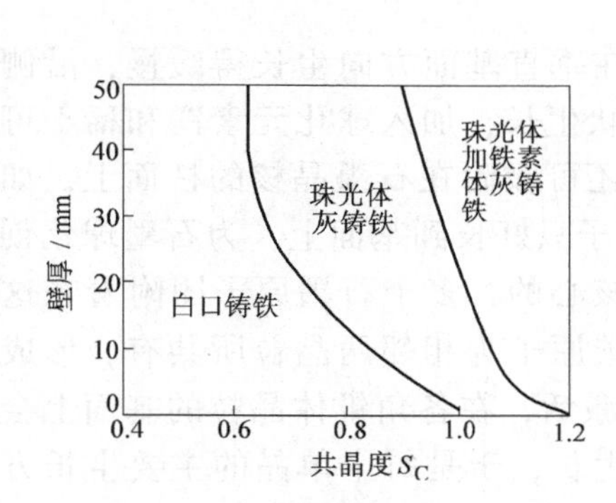

图6-13　共晶度对不同壁厚铸件显微组织的影响

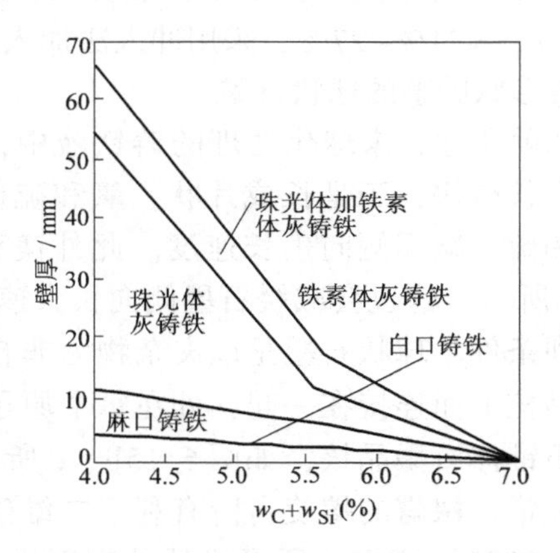

图6-14　铸件壁厚与铸铁碳、硅质量分数之和对铸件显微组织的影响

二、铸铁中石墨形态的控制

铸铁的组织是由钢基体和石墨两部分组成的。灰铸铁中石墨是在与铁液相接触的条件下以片状方式生长的。在石墨基面上，每个碳原子均以共价键结合方式与邻近碳原子结合，结合力特别强，而层与层之间间距大，结合力弱。若垂直基面生长，需在已形成石墨的某一原子层面上，生长出另一新原子层面，由于层与层之间结合力弱，如果新原子层面不够大，便有可能重新溶入铸铁液中。而每一层面的边缘即侧面上的碳原子总有一个共价键是没有结合的，只要铸铁液中有个别原子进入适当位置，便能牢固结合上去。所以石墨晶核在垂直基面方向生长缓慢，沿侧向生长得快，于是长成片状。

石墨抗拉强度极低，塑性极差，伸长率几乎为零，所以铸铁中的石墨像基体中的孔洞和裂纹，破坏了铸铁的连续性，减少了基体利用率。当石墨呈片状时，割裂基体作用最严重，极易引起应力集中效应，使铸铁的力学性能变差。石墨若呈蠕虫状、团絮状或球状，可显著提高铸铁的力学性能。所以提高铸铁力学性能的关键是控制铸铁中石墨的形态、大小、数量和分布情况。

（一）孕育处理

以硅铁（$w_{Si}=75\%$）和硅钙合金为孕育剂，在浇注时，采用冲入法将其加入到铁液中，促进石墨的非自发形核，细化片状石墨。钙的加入能形成 CaC_2，CaC_2 可作为石墨非均匀形核的核心。硅的加入，在铁液中形成许多微小富硅区，增大了成分起伏，此外硅铁的溶解造成局部微区的温度下降，形成温度起伏，所以硅的加入有利于激发自生石墨晶核。经孕育处理的灰铸铁叫孕育铸铁，其显微组织为在细小的珠光体基体上，分布着细小片状石墨，提高了铸铁的硬度与抗拉强度。

（二）球化处理

将球化剂加入到铸铁液中的操作叫球化处理。常用球化剂有镁、稀土、稀土-镁合金三种。纯镁的球化率和球化作用高，但镁的密度小，沸点低于铁液温度，加入时易燃烧和引起铁液飞溅，使球化处理操作不便。稀土作球化剂操作简便安全，能净化铁液，减轻“干扰元素”的反球化作用，但球化作用不如镁。稀土-镁合金是我国首创的球化剂，克服了上述两种球化剂的不足。其中主要成分为：$w_{RE}=17\%\sim25\%$，$w_{Mg}=3\%\sim12\%$，$w_{Si}=34\%\sim42\%$，$w_{Fe}=21\%\sim27\%$，采用冲入法加入，加入的质量分数为合金总质量的 0.8%~1.5%，可获得形状圆整的球状石墨。

如前所述，未球化处理的铸铁液中，石墨晶核在垂直基面方向生长得缓慢，沿侧向石墨生长得快，于是长成片状。氧和硫促进石墨片状生长，加入球化元素镁和稀土可脱去氧和硫，减缓侧向生长速度。此外镁和稀土原子还可吸附在石墨晶核的柱面上，如图 6-15a 所示。这也会减缓石墨侧向长大速度，使碳原子只好长到基面上，为石墨球化创造了有利条件。球状石墨是以夹杂物为非自发形核的核心的，多个石墨原子团附着在这个异质晶核上而连接在一起，处在每个原子团边缘的碳原子为相邻两晶粒所共有，形成一个个角锥体石墨晶核，如图 6-15b、c 所示。通过热激活，在各角锥体晶粒的基面上会产生螺位错，裸露的螺旋台阶有利于二维碳原子集团生长，于是每个单晶的主要生长方向均为［0001］方向，所形成的外表面均为（0001）面。图 6-15c 为球状石墨的螺旋生长示意图。

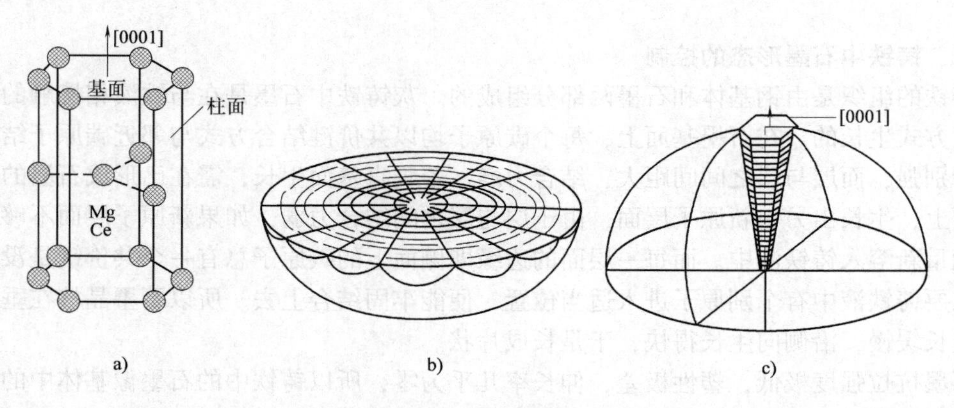

图 6-15　球状石墨的生长过程

球化剂中，镁和稀土增加了白口倾向，因此球化处理后，立即加入硅铁合金或硅铁与硅钙合金进行孕育处理。孕育处理可使石墨球数量增多，球径减小，形状圆整，分布均匀，极大地消除了应力集中效应，提高了基体利用率。

（三）蠕化处理

铸铁中石墨的另一种形态是蠕虫状，介于球状和片状之间，端部圆钝，长宽比较小，约为2~8，与片状石墨相比，应力集中效应减轻，力学性能明显提高。浇铸时将蠕化剂冲入，可获得蠕虫状石墨。蠕化剂一般同时包括球化元素和反球化元素。例如，常用蠕化剂有镁和钛铝复合蠕化剂，靠镁的球化作用和钛、铝反球化元素干扰作用的综合作用，可获得蠕虫状石墨。蠕化剂的加入增加了白口倾向，因此蠕化处理后，一般要采用硅铁合金进行孕育处理。

（四）可锻化退火

可锻化退火即石墨化退火是将白口铸铁加热到900~1000℃，此时的组织为奥氏体和渗碳体。在保温过程中，在奥氏体和渗碳体交界处将生成石墨晶核。随渗碳体不断溶入奥氏体，碳原子通过奥氏体中的扩散，不断扩散到石墨晶核处，使石墨晶核不断长大，形成团絮状石墨。可锻化退火周期长达数十个小时，为缩短可锻化退火时间通常对铸铁液进行孕育处理。孕育剂中常含有铋、铝、硼、钛、稀土等元素。少量铋强烈阻碍共晶石墨化，保证铸件得到白口，为可锻铸铁的退火创造了条件。可锻化退火时少量铋并不显著阻碍退火过程的石墨化。而少量硼的加入又能强烈促进退火过程的石墨化。所以常采用硼-铋作为孕育剂。此外在铁液中加入能形成氮化物、碳化物和稀土氧化物的元素也可促进石墨化退火过程中石墨团絮的形核。团絮状石墨减轻了对基体的割裂作用，缓解了应力集中，使铸铁的力学性能得到改善。

三、常用铸铁

（一）灰铸铁

灰铸铁石墨呈片状。根据基体组织不同可分为铁素体灰铸铁、铁素体-珠光体灰铸铁和珠光体灰铸铁三种。

灰铸铁的成分、牌号、处理方法、显微组织及应用举例，见表6-17。灰铸铁牌号由“灰铁”二字汉语拼音字首“HT”和其后的数字组成，数字表示最低抗拉强度值。例如HT200表示最低抗拉强度不低于200MPa的灰铸铁。对于同一成分的灰铸铁，由于铸件壁厚不同，冷却速度不同，所得显微组织差别较大，强度差别也较大。锰是反石墨化元素，若要得到铁素体为主的HT100，锰含量要适当低些，而对于珠光体基灰铸铁如HT200、HT250等，应适当增高锰含量，以便抑制共析石墨化，获得珠光体基灰铸铁。较高强度灰铸铁如HT300和HT350，要采用硅铁（$w_{Si}=75\%$）和硅钙合金进行孕育处理，以细化片状石墨，提高其力学性能。灰铸铁中石墨呈片状，割裂基体严重且易引起应力集中，故属于脆性材料，其伸长率小于1%。

灰铸铁的显微组织，取决于石墨化进程。如果第二阶段石墨化即共析石墨化进行得很充分，则可得到铁素体灰铸铁；如果完全被抑制则得到珠光体灰铸铁；如果部分进行可得到铁素体+珠光体基体灰铸铁。三种不同基体灰铸铁的显微组织如图6-16所示。

表 6-17 灰铸铁的成分、牌号、处理方法、显微组织及应用举例

铸铁牌号	铸件壁厚/mm	化学成分（%）					处理方法	显微组织		应用举例
		w_{C}	w_{Si}	w_{Mn}	w_{P}	w_{S}		基体	石墨	
HT100		3.4~3.9	2.1~2.6	0.5~0.6	<0.3	<0.15		铁素体＋少量珠光体	粗片状	下水管、底座、外罩支架等低负荷不重要零件
HT150	<30 30~50 >50	3.2~3.5	2.0~2.4 1.9~2.3 1.8~2.2	0.5~0.8 0.5~0.8 0.5~0.9	<0.3	<0.15		铁素体＋珠光体	较粗片状	端盖、轴承座、齿轮箱、工作台等中等负荷零件
HT200	<30 30~50 >50	3.2~3.5 3.1~3.4 3.0~3.3	1.6~2.0 1.5~1.8 1.4~1.6	0.7~0.9 0.7~0.9 0.8~1.0	<0.3	<0.12		珠光体	中等片状	气缸、齿轮、飞轮、齿轮箱外壳、凸轮等承受较大负荷的零件
HT250	<30 30~50 >50	3.0~3.3 2.9~3.2 2.8~3.1	1.5~1.8 1.4~1.7 1.3~1.6	0.8~1.0 0.9~1.1 1.0~1.2	<0.2	<0.12		细珠光体	较细片状	
HT300	<30 30~50 >50	3.0~3.3 2.9~3.2 2.8~3.1	1.4~1.7 1.3~1.6 1.2~1.5	0.8~1.0 0.9~1.1 1.0~1.2	<0.15	<0.12	孕育处理	索氏体或托氏体	细小片状	齿轮、凸轮、机床卡盘、滑动壳体、重负荷的床身、液压缸、液压泵等受高负荷的零件
HT350	<30 30~50 >50	2.8~3.1 2.8~3.1 2.7~3.0	1.3~1.6 1.2~1.5 1.1~1.4	1.0~1.3 1.0~1.3 1.1~1.4	<0.15	<0.10	孕育处理			

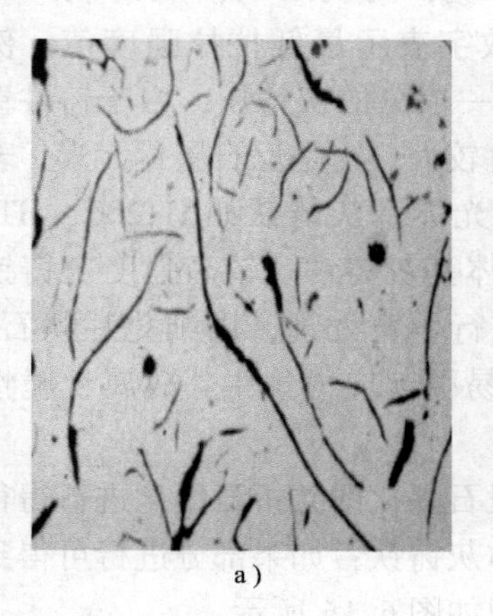
a)

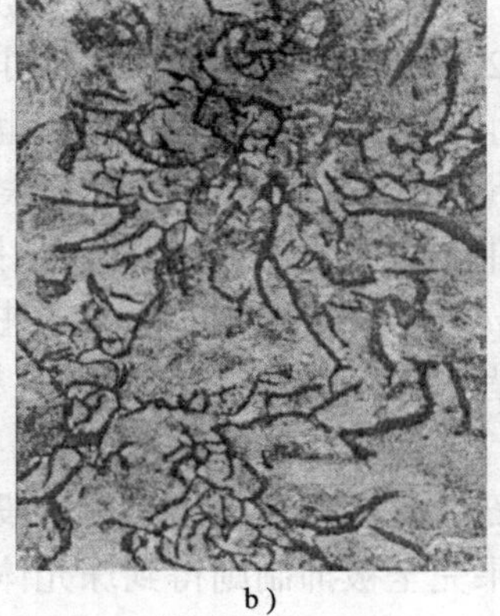
b)

c)

图 6-16 灰铸铁的显微组织

a）铁素体灰铸铁 b）珠光体灰铸铁 c）铁素体＋珠光体灰铸铁

热处理不能改变石墨的形态和分布，所以不能显著改善灰铸铁的力学性能。故灰铸铁的热处理主要是消除铸造应力。去应力退火加热温度一般为500~560℃，保温一段时间后，随炉缓冷至150℃出炉。对于壁厚不均匀的铸件，薄壁处易出现白口，不易切削加工，为消除白口，要采用退火或正火工艺。消除白口的热处理加热温度为850~950℃，保温1~5h，使共晶渗碳体分解，然后炉冷或空冷，最终得到珠光体+铁素体基体的灰铸铁或珠光体基体的灰铸铁，降低了硬度，改善了切削加工性能。

（二）球墨铸铁

球墨铸铁石墨呈球状，它对基体割裂作用减轻，消除了应力集中效应，充分发挥了基体的强度与塑性。由于球化处理时加入了Mg和RE，增加了白口倾向，所以与灰铸铁相比，球墨铸铁的碳当量稍高，碳当量为4.5%~4.7%，其中w_C=3.7%~4.0%，w_{Si}=2.0%~2.1%，反石墨化元素Mn稍低，w_{Mn}≤0.3%~0.8%。S是阻碍球化元素，它能与球化元素Mg、Ce反应生成硫化物，所以要严格控制含硫量，一般球化处理前铁液的硫含量w_S<0.06%。降低P含量可提高铸铁的塑性与韧性，所以球墨铸铁的P含量要控制在w_P<0.08%。生产中，对上述成分的铸铁液先采用球化处理，随后进行孕育处理可获得球墨铸铁。

球墨铸铁牌号如表6-18所示。由“球铁”二字汉语拼音字首“QT”和其后的两组数字组成，两组数字分别表示最低抗拉强度值和最小伸长率。例如QT 450—10表示最低抗拉强度不低于450MPa、伸长率不低于10%的球墨铸铁。

表6-18　球墨铸铁牌号、基体组织、力学性能及应用举例

铸铁牌号	基体组织	力学性能				应用举例
		σ_b/MPa	$\sigma_{0.2}$/MPa	δ（%）	硬度HBW	
		最小值				
QT400—18	铁素体	400	250	18	130~180	汽车、拖拉机底盘零件；后桥壳、阀体、阀盖、轮毂等
QT400—15	铁素体	400	250	15	130~180	
QT450—10	铁素体	450	310	10	160~210	
QT500—7	铁素体+珠光体	500	320	7	170~230	齿轮、传动轴、阀门、电动机架
QT600—3	珠光体+铁素体	600	370	3	190~270	柴油机、汽油机曲轴；车床、铣床主轴；凸轮、连杆、液压汽缸等
QT700—2	珠光体	700	420	2	225~305	
QT800—2	珠光体或回火组织	800	480	2	245~335	
QT900—2	贝氏体或回火马氏体	900	600	2	280~360	汽车、拖拉机传动齿轮；柴油机凸轮

球墨铸铁的力学性能主要取决于基体的组织。球墨铸铁基体可以是铁素体、铁素体+珠光体、珠光体、贝氏体及淬火加不同温度回火组织，如回火马氏体、回火托氏体等。铸态球墨铸铁的显微组织如图6-17所示，其中铁素体+珠光体球墨铸铁和珠光体球墨铸铁可像钢一样通过热处理进行强化，如正火、等温淬火、淬火加不同温度回火。各类球墨铸铁的力学性能及应用举例也见表6-18。球墨铸铁除保留了灰铸铁的优点外，通过热处理还可进一步

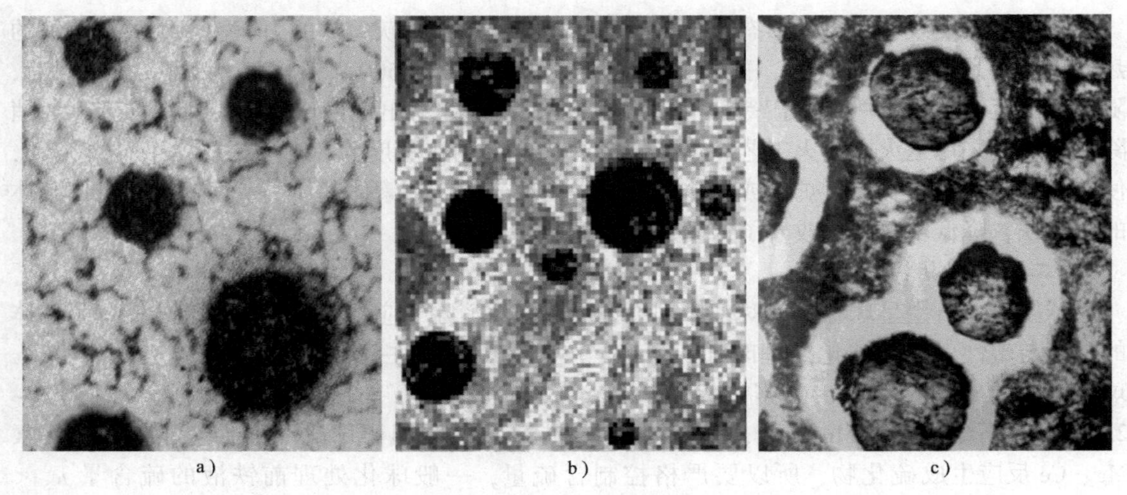

图 6-17 球墨铸铁的显微组织

a) 铁素体球墨铸铁 b) 珠光体球墨铸铁 c) 铁素体 + 珠光体球墨铸铁

提高力学性能，可部分替代钢材，在工业上得到广泛应用，是最重要的铸造金属材料。

(三) 蠕墨铸铁

蠕墨铸铁的化学成分与球墨铸铁相似，也要求较高碳当量（碳当量为4.3%~4.6%），低的硫、磷含量，适当的含锰量。其化学成分范围为：$w_C = 3.5\% \sim 3.9\%$，$w_{Si} = 2.1\% \sim 2.8\%$，$w_{Mn} = 0.4\% \sim 0.8\%$，$w_S < 0.1\%$，$w_P < 0.1\%$。蠕墨铸铁获得方法是先对铸铁液进行蠕化处理，接着进行孕育处理，可得到石墨形状为蠕虫状的蠕墨铸铁。

蠕墨铸铁牌号、基体组织及力学性能见表6-19。其牌号由“蠕铁”二字汉语拼音字首“RT”和其后的数字组成，数字表示最低抗拉强度值。蠕墨铸铁的力学性能介于灰铸铁和球墨铸铁之间。蠕墨铸铁基体组织也有三种：铁素体、铁素体 + 珠光体、珠光体，其中铁素体蠕墨铸铁的显微组织如图6-18所示。

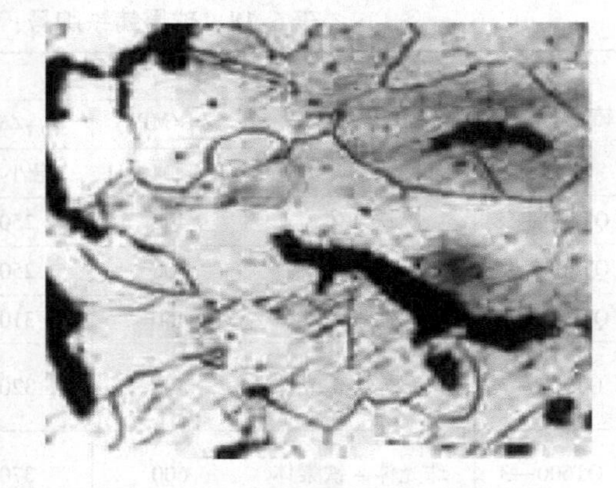

图 6-18 铁素体蠕墨铸铁的显微组织

表 6-19 蠕墨铸铁牌号、基体组织及力学性能

铸铁牌号	基体组织	力学性能			
		最小值			硬度 HBW
		σ_b/MPa	$\sigma_{0.2}$/MPa	δ (%)	
RuT420	珠光体	420	335	0.75	200 ~ 280
RuT380	珠光体	380	300	0.75	193 ~ 274
RuT340	珠光体 + 铁素体	340	270	1.0	170 ~ 249
RuT300	铁素体 + 珠光体	300	240	1.5	140 ~ 217
RuT260	铁素体	260	195	3	121 ~ 197

蠕墨铸铁的力学性能主要取决于石墨蠕化的效果。蠕化效果用蠕化率表示。蠕化率表示在检测视场中蠕虫状石墨占全部石墨的百分数。适当控制球化元素镁或稀土含量可得到高的蠕化率。蠕墨铸铁的强度、塑性和韧性均优于灰铸铁。与相同基体的球墨铸铁相比，蠕墨铸铁的强度稍低，塑性与韧性却明显低于球墨铸铁。但蠕墨铸铁减振性和铸造性均优于球墨铸铁，还具有耐热冲击和抗热生长等优点，因此蠕墨铸铁广泛用于电动机外壳、柴油机缸盖、机座、床身、钢锭模、排水管、阀体等。

（四）可锻铸铁

可锻铸铁是由一定成分的白口铸铁经石墨化退火得到的一种高强度铸铁。由于石墨呈团絮状，对基体割裂作用小，所以可锻铸铁比灰铸铁强度高，塑性与韧性好，因此叫可锻铸铁或展性铸铁，其实可锻铸铁是不可锻造的。

可锻铸铁为团絮状石墨分布在钢的基体上，根据基体组织不同可分为黑心可锻铸铁、珠光体可锻铸铁和白心可锻铸铁。其中黑心可锻铸铁的显微组织如图 6-19 所示，在铁素体基体上分布着团絮状石墨。根据 GB/T9440—1988 标准，可锻铸铁牌号中“KT”为“可铁”二字汉语拼音字首，“H”、“Z”和“B”分别表示“黑心可锻铸铁”、“珠光体可锻铸铁”和“白心可锻铸铁”，其后的两组数字分别表示最低抗拉强度值和最小伸长率。可锻铸铁牌号、力学性能及应用举例见表 6-20。由于石墨呈团絮状，因此使可锻铸铁强度尤其是塑性明显高于与灰铸铁。

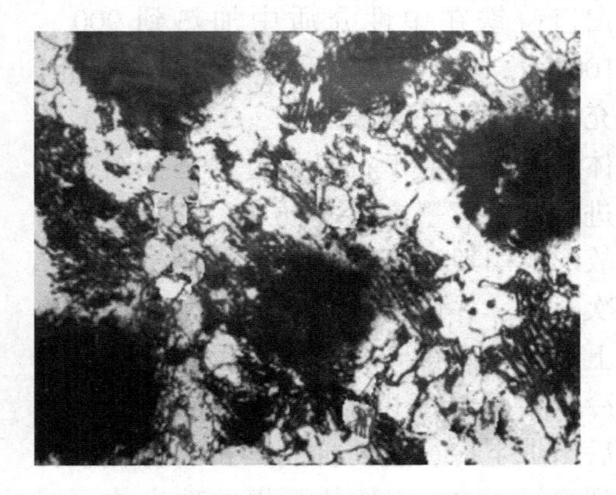

图 6-19　黑心可锻铸铁的显微组织

要生产可锻铸铁，首先要得到白口铸铁，所以可锻铸铁的石墨化元素 C、Si 的含量要比灰铸铁少，$w_C = 2.0\% \sim 2.8\%$，$w_{Si} = 1.2\% \sim 1.8\%$。对于铁素体可锻铸铁 Mn 含量要低，$w_{Mn} = 0.3\% \sim 0.6\%$。对于珠光体可锻铸铁为抑制共析石墨化，反石墨化元素 Mn 含量要增高，$w_{Mn} = 0.8\% \sim 1.2\%$。

表 6-20　可锻铸铁的牌号、力学性能及应用举例

铸铁牌号及分级			力学性能				应用举例
			σ_b/MPa	$\sigma_{0.2}$/MPa	δ（%）	硬度 HBW	
	A	B	最小值				
黑心可锻铸铁（铁素体可锻铸铁）	KTH300—06		300	—	6	120 ~ 163	弯头、三通等管件
		KTH330—08	330	—	8		汽车与拖拉机前后轮壳、减速器壳、转向节等受冲击振动的零件
	KTH350—10		350	200	10		
		KTH370—12	370	—	12		
珠光体可锻铸铁	KTZ450-06		450	280	6	152 ~ 219	曲轴、凸轮轴、连杆、齿轮、轴套等承受较高动静载荷和要求较高耐磨性的零件
	KTZ550-04		500	340	4	179 ~ 241	
	KTZ650-02		600	420	2	201 ~ 269	
	KTZ700-02		700	550	2	240 ~ 290	

（续）

铸铁牌号及分级			力学性能				应用举例
			σ_b/MPa	$\sigma_{0.2}$/MPa	δ（%）	硬度 HBW	
	A	B	最小值				
白心可锻铸铁	KTB350-04		350		4	≤230	同黑心可锻铸铁（因生产工艺复杂，周期长，应用较少）
	KTB380-12		380	200	12	≤200	
	KTB400-05		400	220	5	≤220	
	KTB450-07		450	260	7	≤220	

可锻铸铁的显微组织取决于石墨化退火工艺。石墨化退火工艺曲线如图 6-20 所示。将白口铸铁在中性介质中加热到 900～1000℃，此时为奥氏体和 Fe_3C 两相。充分保温，使亚稳的 Fe_3C 分解为奥氏体和石墨，由于石墨化过程是在固态下进行的，石墨在各个方向上不断聚集，故形成团絮状石墨。随后炉冷将析出二次石墨，并依附在已形成的团絮状石墨上。如果要得到珠光体可锻铸铁，需炉冷至共析温度以上（820～880℃），然后出炉空冷，从而抑制共析石墨化，得到组织为 P + 团絮状石墨的珠光体可锻铸铁，如图 6-20 所示。

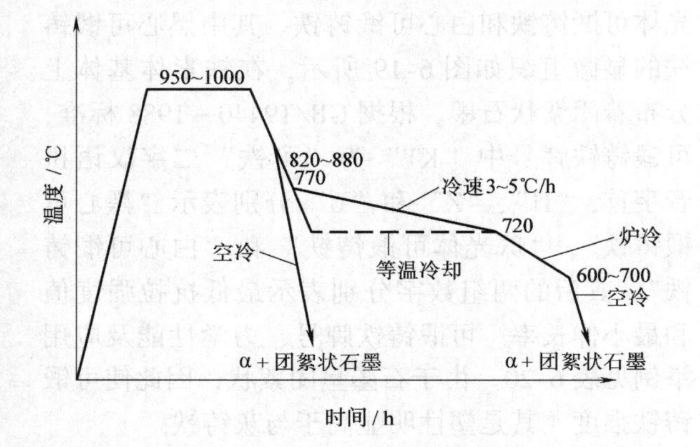

图 6-20 石墨化退火工艺曲线

如果要得到铁素体可锻铸铁，有两种冷却方法，如图 6-20 所示。一种按图中实线冷却，在 Fe-C 相图的共析温度区间以 3～5℃/h 的极慢冷速冷却，使之发生共析石墨化，即 γ→α + 石墨，共析石墨也依附在已有的团絮状石墨上形成以铁素体为基的可锻铸铁。另一种按②中虚线冷却，冷至共析温度以下（约 720℃），使之发生珠光体转变，然后通过长期保温使珠光体转变为铁素体加石墨，也可得到铁素体为基的可锻铸铁。铁素体可锻铸铁的表层脱碳呈灰白色，断口心部有大量团絮状石墨呈黑绒色，故铁素体可锻铸铁也叫黑心可锻铸铁。

如果白口铸铁件在氧化性介质中退火，表面形成 1.5～2mm 脱碳层，表面形成铁素体，而心部得到珠光体基加团絮状石墨，其断口中心呈白色，表面呈暗灰色，故称白心可锻铸铁。白心可锻铸铁退火周期长，但性能并不比另外两类可锻铸铁好，所以应用较少。

塑性好、强度较低的黑心可锻铸铁适合制作耐冲击、减振、耐磨的零件。珠光体可锻铸铁强度较高，具有一定塑性与韧性，可用于制造承受较高冲击、振动及扭转载荷的零件。各类可锻铸铁的应用举例详见表 6-20。白心可锻铸铁退火周期长，但性能并不比另外两类可锻铸铁好，所以应用较少。

第三节　非铁金属及合金

钢铁材料以外的金属及合金称为非铁金属，同时把密度低于 4.5g/cm³ 的金属称为轻金属。现在轻金属铝和钛及其合金在工业中占有越来越重要的地位。从表 6-21 中可知，尽管钢有很高的弹性模量和屈服强度，但铝及钛合金的比刚度和比强度并不亚于钢甚至超过它。

表 6-21　结构轻合金的力学性能

合金	$\rho/(g/cm^3)$	E/GPa	σ_s/ MPa	E/ρ	$E^{1/2}/\rho$	$E^{1/3}/\rho$	σ_s/ρ	蠕变温度/℃
铝合金	2.7	71	25 ~ 600	26	3.1	1.5	9 ~ 220	150 ~ 250
镁合金	1.7	45	70 ~ 270	25	4.0	2.1	41 ~ 160	150 ~ 250
钛合金	4.5	120	170 ~ 1280	27	2.4	1.1	38 ~ 280	400 ~ 600
钢	7.9	210	220 ~ 1600	27	1.8	0.75	28 ~ 200	400 ~ 600

注：E/ρ、$E^{1/2}/\rho$、$E^{1/3}/\rho$ 分别表示拉棒、梁和板的抗弯比刚度。

一、铝及铝合金

（一）纯铝

铝是自然界蕴藏量最丰富的金属，约占地壳质量的 8%。

铝作为一种金属材料，具有三大优点，使得它在非铁金属中占据非常重要的地位。一是质量轻，比强度高，铝的密度为 2.7×10^3kg/m³，除了镁和铍以外，它是工程金属中最轻的。虽然强度很低（$\sigma_b=80\sim100$MPa），合金化以后的强度也不及钢，弹性模量只有钢的 1/3，但就比强度、比刚度而言，铝合金较钢有更大的优势，因此，飞机的主框架要选用铝合金。二是具有良好的导电、导热性。其电导率约为铜的 60%，如果按单位质量计，铝的电导率则超过了铜，在远距离输送的电缆中常代替铜线。三是耐蚀性好。铝可与大气中的氧迅速作用，在表面生成一层 Al_2O_3 薄膜，保护内部的材料不受环境侵害。

铝具有面心立方晶体结构，结晶后无同素异构转变，表现出极好的塑性，适于冷热加工成形。

工业纯铝的纯度为 99.7%~99.8%，其他为杂质，如铁、硅、铜、锌、镁等。

纯铝的牌号用国际四位字符体系表示。牌号中第 1、3、4 位为阿拉伯数字，第 2 位为英文大写字母 A、B 或其他它母（有时也可用数字）。纯铝牌号中第 1 位数字为 1，即其牌号用 1×××表示，第 3、4 位为铝的最低质量分数中小数点后面的两位数字，例如铝的最低质量分数为 99.70%，则第 3、4 位的数字为 70。如果第 2 位的字母为 A，则表示原始纯铝；如果第 2 位的字母为 B 或其他字母，则表示为原始纯铝的改型情况，即与原始纯铝相比，元素含量略有改变；如果第 2 位不是字母而是数字，则表示杂质极限含量的控制情况，0 表示纯铝中杂质含量没有特殊控制，1 ~ 9 则表示对一种或几种杂质的极限含量有特殊控制。例如，1A99 表示铝的质量分数为 99.99% 的原始纯铝；1B99 表示铝的质量分数为 99.99% 的改型纯铝，1B99 是 1A99 的改型牌号；1A85 表示铝的质量分数为 99.85% 的原始纯铝；1B85 是 1A85 的改型牌号，表示铝的质量分数为 99.85% 的改型纯铝；1070 表示杂质极限含量无特殊控制、铝的质量分数为 99.70% 的纯铝；1145 表示对一种杂质的极限含量有特殊控制、铝的质量分数为 99.45% 的纯铝；1235 表示对两种杂质的极限含量有特殊控制、铝的质量分数为99.35%的纯铝。纯铝牌号中最后两位的数字越大，则其纯度越高。纯铝常用的牌号有：1A99（原LG5）、1A97（原LG4）、1A93（原LG3）、1A90（原LG2）、1A85（原LG1）、1070A（代L1）、1060（代L2）、1050A（代L3）、1035（代L4）、1200（代L5）。

（二）铝合金

在铝中加入合金元素，配制成各种成分的铝合金，再经过冷变形加工或热处理，是提高纯铝强度的有效途径。目前工业上使用的某些铝合金强度已高达600MPa以上，且仍保持着密度小、耐蚀性好的特点。

1. 铝合金的分类

根据铝合金的成分和生产工艺特点，通常将铝合金分为变形铝合金和铸造铝合金。所谓变形铝合金是指合金经熔化后浇成铸锭，再经压力加工（锻造、轧制、挤压等）制成板材、带材、棒材、管材、线材以及其他各种型材，要求具有较高的塑性和良好的工艺成形性能。铸造铝合金则是将熔融的合金液直接浇入铸型中获得成形铸件。要求合金应具有良好的铸造性能，如流动性好，收缩小，抗热裂性高。

在铝中通常加入的合金元素有Cu、Mg、Zn、Si、Mn及稀土元素。这些元素在固态铝中的溶解度一般都是有限的，它们与铝所生成的相图大都具有二元共晶相图的特点，相图的一般形式如图6-21所示。在相图上可以直观划分变形铝合金和铸造铝合金的成分范围。相图上最大饱和溶解度D是这两类合金的理论分界线。溶质成分低于D点的合金，加热时均能形成单相固溶体组织，塑性好，适于压力加工，故划归为变形铝合金。成分位于D点右侧的合金熔点低，结晶时发生共晶反应，固态下具有共晶组织，塑性较差，但流动性好，适于铸造，故划归为铸造铝合金。但应指出，以D点成分划分铝合金的类别不是绝对的，因为有些铝合金的成分虽在D点以右，但仍可压力加工，属于变形铝合金；而有些合金成分虽在FD之间，却也可用于铸造。变形铝合金又分为可热处理强化和不可热处理强化两类，凡成分在F点左侧的合金，从室温到液相出现的，均为单相α固溶体，其成分不随温度的变化而发生改变，故不能进行热处理强化，即为不可热处理强化的铝合金，但它们能通过形变强化（加工硬化）和再结晶处理来调整其组织性能。成分在FD之间的铝合金，其固溶体的成分随温度的变化而发生改变，可以通过热处理改性，即属于可热处理强化的铝合金。

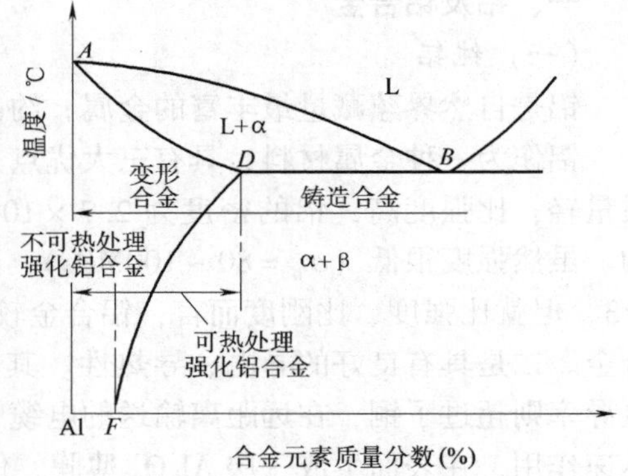

图6-21 铝合金分类示意图

2. 铝合金的强化

固态铝无同素异构转变，因此铝合金不能像钢一样借助于相变强化。合金元素对铝的强化作用主要表现为固溶强化、时效强化、过剩相强化和细化组织强化。对不可热处理强化的铝合金进行冷变形是这类合金强化的重要方式。

3. 铝合金的热处理

为获得优良的力学性能，铝合金在使用前一般需经热处理，主要工艺方法有退火、时效强化处理以及回火处理等。

（三）变形铝合金

变形铝合金均是以压力加工方法制成各种型材、棒料、板、管等半成品供应，其供应态有退火态、淬火时效态、淬火人工时效态等。变形铝合金的牌号也是用国际四位数字体系来表示的。牌号中第1、3、4位为阿拉伯数字，第2位为英文大写字母A、B或其他字母（有时也可用数字）。第1位数字为2～9，分别表示变形铝合金的组别，其中2×××表示以铜为主要合金元素的铝合金即铝铜合金；3×××表示以锰为主要合金元素的铝合金即铝锰合金；4×××表示以硅为主要合金元素的铝合金即铝硅合金；5×××表示以镁为主要合金元素的铝合金即铝镁合金；6×××表示以镁和硅为主要合金元素并以Mg_2Si相为强化相的铝合金即铝镁硅合金；7×××表示以锌为主要合金元素的铝合金即铝锌合金；8×××表示以其他合金元素为主要合金元素的铝合金，如铝锂合金；9×××表示备用合金组。最后两位数字为合金的编号，没有特殊的意义，仅用来区分同一组中的不同合金。如果第2位字母为A，则表示为原始合金；如果是B或其他字母，则表示是原始合金的改型合金；如果第2位为数字，0表示原始合金，1～9表示改型合金。例如，2A01为铝铜原始合金，2A05为铝镁原始合金，5B05为铝镁改型合金等。表6-22为常用变形铝合金的牌号、化学成分、力学性能和用途。

（1）铝铜合金　这类合金是以Cu为主要合金元素，再加入Si、Mn、Mg、Fe、Ni等元素构成的。这些合金元素的主要作用是：Cu和Mg形成强化相$CuAl_2$（θ相）及$CuMgAl_2$（S相），Mg和Si形成强化相Mg_2Si相，Fe和Ni形成耐热强化相Al_9FeNi相。这些强化相通过自然时效或人工时效而析出，可提高合金的强度。Mn可提高合金的耐蚀性，也有一定的固溶强化作用。常用变形铝铜合金的牌号有2A01（原LY1）、2A10（原LY10）、2A11（原LY11）、2A12（原LY12）、2A14（原LD10）、2B50（原LD6）、2A70（原LD7）。

2A01、2A10、2A11、2A12是Al-Cu-Mg合金，它们可以通过时效强化，即时效后析出$CuAl_2$（θ相）及$CuMgAl_2$（S相）而使合金的强度、硬度提高，可以采用自然时效，也可采用人工时效。例如，2A11淬火温度为505～510℃，2A12为495～505℃，一般淬火温度范围不超过±5℃，必须严格控制。温度低了则强化效果降低，温度高了则易产生晶界熔化，产生“过烧”使零件报废；另一方面，耐蚀性差，易产生晶间腐蚀，在海水中尤甚，因而在此时需要在硬铝的表面包覆一层高纯铝。

2A14、2A10、2A11、2A12在机械工业和航空工业中得到了广泛的应用。2A01、2A10中Mg、Cu含量低，强度低，塑性好，主要用作铆钉，2A11和2A12中Mg、Cu含量较多，时效处理后抗拉强度可分别达到400MPa和470MPa，通常可制成板材、型材和管材，主要用于飞机构件，螺旋桨、叶片等重要部件。

2A14、2A50、2B50是Al-Cu-Mg-Si合金，其中Mg、Si形成强化相Mg_2Si相。这类合金的热塑性好，适宜进行锻、挤、轧和冲压等工艺加工，主要用于制造要求中等强度、较高塑性及耐蚀的锻件和模锻件，如喷气发动机的压气机叶轮等。2A70、2A80、2A90为Al-Cu-Mg-Fe-Ni合金，其中Fe和Ni可形成耐热强化相Al_9FeNi相。这三种合金的耐热强度依次递减，在300℃、100h下的持久强度分别为45MPa、40MPa、35MPa，主要用于制造150～225℃工作温度范围内的铝合金零件，如发动机的压气机叶片等。

（2）铝锰合金　这类合金以Mn为主要合金元素，其中还含有适量的Mg和少量的Si和Fe。这些合金元素的主要作用是：Mn和Mg提高合金的耐蚀性和塑性，并同时起到固溶强化的作用，Si和Fe主要起固溶强化的作用。

表 6-22 常用变形铝合金的牌号、化学成分、力学性能和用途（GB/T 3077—1999、GB/T3190—1996）

组别	牌号（代号）	化学成分（%）						供应状态	试样状态	力学性能（≥）			用途
		w_{Cu}	w_{Mg}	w_{Mn}	w_{Zn}	w_{Si}	$w_{其他}$			σ_b/MPa	$\sigma_{0.2}$/MPa	δ_{10}(%)	
铝铜合金	2A01（LY1）	2.20～3.00	0.20～0.50	0.20	0.10		Ti 0.15		BM BCZ	300	—	24	工作温度不超过100℃的零件，铆钉等
	2A11（LY11）	3.80～4.80	0.40～0.80	0.40～0.80	0.30		Ti 0.15	Y	M CZ	363～373	177～196	12 15	中等强度结构件，如骨架、螺旋桨、叶片、铆钉等
	2A12（LY12）	3.80～4.90	1.20～1.80	0.30～0.90	0.30		Ti 0.15	Y	M CZ	216～465	270～275	14 8	高强度结构件，航空模锻件及150℃以下工作的零件等
	2A14	3.90～4.80	0.40～0.80	0.40～1.00	0.30	0.60～1.20	Fe 0.70 Ti 0.15		BCS	422	333	5	承受重载荷的锻件或模锻件
	2A50（LD5）	1.80～2.60	0.40～0.80	0.40～0.80	0.30	0.70～1.20	Ti 0.15	R BCZ	BCS	420	330	7	形状复杂、中等强度的锻件等
	2A70	1.90～2.50	1.40～1.80	0.20	0.30	0.35	Fe 0.90～1.50 Ni 0.90～1.50 Ti 0.02～0.10		BCS	415	270	13	内燃机活塞和在高温下工作的复杂锻件、板材可作高温下工作的结构件
铝锰合金	3A21（LF21）	0.20	—	1.00～1.60	0.10	0.60	Fe 0.70	BR	BR	95～147	—	20	焊接油箱、油管、焊条、铆钉及轻载零件
铝镁合金	5A05（LF5）	0.10	4.80～5.50	0.30～0.60	0.20		Fe 0.50	BR	BR	<265	150	15	焊接油箱、油管、焊条、铆钉及中载零件
	5B05（LF10）	0.20	4.70～5.70	0.20～0.60	—	0.40	Fe 0.40 Ti 0.15			280	150	15	焊接油箱、油管、焊条、铆钉及中载零件

（续）

组别	牌号（代号）	化学成分（%）						供应状态	试样状态	力学性能（≥）			用途
		w_{Cu}	w_{Mg}	w_{Mn}	w_{Zn}	w_{Si}	$w_{其他}$			σ_b/MPa	$\sigma_{0.2}$/MPa	δ_{10}(%)	
铝锌合金	7A04（LC4）	1.40～2.00	1.80～2.80	0.20～0.60	5.00～7.00		Cr 0.10～0.25	Y	M	245		10	用作受力结构的铆钉等
								Y	CS	490		7	
								BR	BCS	549		6	
	7A09（LC9）	1.20～2.00	2.00～3.00	0.15	5.10～6.10	0.50	Fe 0.50 Cr 0.16～0.30 Ti 0.10			481～490	412～422	7	结构中主要受力件，如飞机大梁、桁架、加强框、蒙皮接头及起落架等
铝锂合金	8090	1.00～1.60	0.60～1.30	0.10	0.25	0.20	Li 2.20～2.27 Ti 0.10 Zr 0.04～0.16			—	—	—	飞机结构件、火箭和导弹壳体、燃料箱等

注：表中各状态字母分别表示：B 为不包铝（无 B 者为包铝）；R 为热加工；M 为退火；C 为淬火；CS 为淬火＋人工时效；Y 为硬化（冷轧）。

铝锰合金锻造退火后为单相固溶体组织，耐蚀性高，塑性好，易于变形加工，焊接性好，但切削性差，不能进行热处理强化，常用冷变形加工产生加工硬化，以提高强度。常用变形铝锰合金的牌号有3A21（原LF21）、3003、3103、3004，其耐蚀性和强度均高于纯铝，用于制造需要弯曲、冲压加工的零件，如油罐、油箱、管道等。

（3）铝镁合金　这类合金以Mg为主要合金元素，其中还含有适量的Mn和少量的Si和Fe等元素。这些合金元素的主要作用是：Mg减小合金的密度，提高耐蚀性和塑性，同时起到固溶强化的作用，Mn提高合金的耐蚀性和塑性，也起固溶强化的作用，Si和Fe主要起固溶强化的作用。

和铝锰合金相似，铝镁合金锻造退火后也为单相固溶体组织，耐蚀性高，塑性好，易于变形加工，焊接性好，但切削加工性差，不能进行热处理强化，常用冷变形加工产生加工硬化，以提高强度。

常用变形铝镁合金的牌号有5A03（原LF3）、5A05（原LF5）、5B05（原LF10）、5A06（原LF6），它们的密度比纯铝要小，强度比铝锰合金高，有较高的疲劳强度和抗振性，在航空工业中得到广泛的应用，如制造管道、容器及承受中等载荷的零件。

（4）铝锌合金　这类合金以Zn为主要合金元素，再加入适量的Cu、Mg和少量的Cr和Mn等元素，是Al-Zn-Cu-Mg合金。其时效强化相除了有θ、S相外，主要强化相有$MgZn_2$（η相）和$Al_2Mg_3Zn_3$（T相）。铝锌合金在时效时可产生强烈的强化效果，也是时效后强度最高的一种铝合金。铝锌合金的常用牌号为7A04（原LC4）和7A09（原LC9）。

铝锌合金的热态塑性好，一般经过热加工后，进行淬火+人工时效。其淬火温度为455～480℃，人工时效温度为120～140℃，7A04时效后抗拉强度可达600MPa。这类铝合金的缺点就是耐蚀性差，一般采用1%的铝锌合金和纯铝进行包覆，以提高耐蚀性；该合金耐热性也较差。

铝锌合金主要用于要求质量轻、工作温度不超过120～130℃的受力较大的结构件，如飞机蒙皮、壁板、大梁、起落架部件等。

（5）铝锂合金　铝锂合金是近年来国内外致力研究的一种新型变形铝合金，它是在Al-Cu合金和AL-Mg合金的基础上加入0.9%～2.8%的锂和0.08%～0.16%的锆（质量分数）而发展起来的。已研制成功的铝锂合金有Al-Cu-Li系、Al-Mg-Li系、Al-Cu-Mg-Li系，它们的牌号和化学成分如表6-22所示。研究表明，铝锂合金中的强化相有δ′（Al_3Li）相、θ（$CuAl_2$）相和T_1（Al_2MgLi）相，它们都有明显的时效强化作用，可以通过热处理（固溶处理+时效）来提高铝锂合金的强度。

铝锂合金具有密度低、比强度和比刚度高（相对于传统的铝合金和钛合金）、疲劳强度较好、耐蚀性和耐热性好等优点，是取代传统铝合金制作飞机和航天器结构件的理想材料，相比铝合金和钛合金质量可减轻10%～20%。目前，2090合金（Al-Cu-Li系）、1420合金（Al-Mg-Li系）和8090合金（Al-Cu-Mg-Li系）已成功用于制造波音飞机、F15战斗机、EFA战斗机及火箭和导弹的壳体、燃料箱等，取得了明显的减重效果。

（四）铸造铝合金

铸造铝合金中加入的合金元素主要有Si、Cu、Mg、Mn、Ni、Cr、Zn、RE等。按合金中主加元素种类的不同，铸造铝合金可分为Al-Si系、Al-Cu系、Al-Mg系和Al-Zn系四类，其中Al-Si系应用最为广泛。铸造铝合金的牌号用“铸”、“铝”两字的汉语拼音字首“ZL”后加三位数字表示。第一位数表示合金类别（1表示Al-Si系，2表示Al-Cu系，3表示

Al-Mg系，4表示Al-Zn系），后两位数字表示合金顺序号。顺序号不同，化学成分也不一样。表6-23列出了常用铸造铝合金的牌号和化学成分。

表6-23 常用铸造铝合金的牌号和化学成分

合金系列	合金牌号	化学成分（%）						
		w_{Si}	w_{Cu}	w_{Mg}	w_{Zn}	w_{Mn}	w_{RE}	$w_{其他}$
Al-Si系	ZL101	6.0～8.0	—	0.2～0.4	—	—	—	—
	ZL102	10.0～13.0	—	—	—	—	—	—
	ZL103	4.5～5.5	1.5～3.0	0.35～0.6	—	0.6～0.9	—	—
	ZL104	8.0～10.5	—	0.17～0.3	—	0.2～0.5	—	—
	ZL105	4.5～5.5	1.0～1.5	0.35～0.6	—	—	—	—
Al-Cu系	ZL201	—	4.5～5.3	—	—	0.6～1.0	—	Ti：0.15～0.35
	ZL202	—	4.8～5.3	—	—	0.6～1.0	—	Ti：0.15～0.35
	ZL203	—	4.0～5.0	—	—	—	—	—
Al-Mg系	ZL301	—	—	9.5～11.5	—	—	—	—
	ZL302	0.8～1.2	—	10.5～13	—	—	—	Ti：0.05～0.15
	ZL303	0.8～1.3	—	4.5～5.5	—	0.1～0.4	—	—
Al-Zn系	ZL401	6.0～8.0	—	0.1～0.3	7.0～12.0	—	—	—

二、钛及钛合金

钛在地壳中的质量分数约为1%。钛及其合金由于具有比强度高、耐热性好、耐蚀性能优异等突出优点，自1951年正式作为结构材料使用以来，发展极为迅速。目前，在航空工业和化工工业中得到了广泛的应用。但钛的化学性质十分活泼，因此钛及其合金的熔铸、焊接和部分热处理均要在真空或惰性气体中进行，致使生产成本高，价格较其他金属材料贵得多。

（一）纯钛

钛是一种银白色的金属，密度小（$4.5\times10^3kg/m^3$），熔点高（1668℃），有较高的比强度和比刚度、较高的高温强度，这使得在航空工业上钛合金的用量逐渐扩大并部分取代了铝合金。钛的热膨胀系数很小，在加热和冷却过程中产生的热应力较小。钛的导热性差，约为铁的1/5，摩擦因数大，所以钛及其合金的切削、磨削加工性能较差。在550℃以下的空气中，钛的表面很容易形成薄而致密的惰性氧化膜，因此，它在氧化性介质中的耐蚀性比大多数不锈钢更为优良，在海水等介质中也具有极高的耐蚀性。钛在不同浓度的硝酸、硫酸、盐酸以及碱溶液和大多数有机酸中，也具有良好的耐蚀性；但氢氟酸对钛有很大的腐蚀作用。

纯钛具有同素异构转变，在882.5℃以上直至熔点具有体心立方晶格，称为β-Ti，在882.5℃以下具有密排六方晶格，称为α-Ti。一般来讲，具有密排六方晶格的金属像Zn、Cd、Mg等都是较脆的，不易塑性变形，但α-Ti的塑性远比它们要高，可在室温下进行冷轧，其厚度减缩率可超过90%而不出现明显的裂纹，这在该结构中的金属中是罕见的。

钛中常见的杂质有O、N、C、H、Fe、Si等元素，少量的杂质可使钛的强度和硬度上升而塑性和韧性下降，按杂质的含量不同，工业纯钛可分为TA1、TA2、TA3三个牌号，其中“T”为“钛”字的汉语拼音字头，数字为顺序号，数字越大，杂质含量越多，强度越高，塑性越低。用Mg还原$TiCl_4$制成的工业纯钛称为海绵钛，或称镁热法钛，其纯度可达99.5%，工业纯钛的含钛量一般在99.5%～99.0%（质量分数）之间。

工业纯钛的室温组织为密排六方晶格的α相，不能进行热处理强化，实际生产和工程应用中主要采用冷变形的方法对其进行强化。因此工业纯钛的热处理方式主要是再结晶退火和去应力退火。

工业纯钛塑性高，具有优良的焊接性和耐蚀性，长期工作温度可达300℃，可制成板材、棒材、线材、带材、管材和锻件等。它的板材、棒材具有较高的强度，可直接用于飞机、船舶、化工等行业，以及制造各种耐蚀并在300℃以下工作且强度要求不高的零件，如热交换器、制盐厂的管道、石油工业中的阀门等。工业纯钛的化学成分和力学性能见表6-24。

表6-24 工业纯钛的化学成分和力学性能

牌号	杂质含量（%）（≤）						力学性能		
	w_{Fe}	w_{Si}	w_C	w_N	w_H	w_O	σ_b/MPa	δ（%）	Ψ（%）
TA1	0.15	0.10	0.05	0.03	0.015	0.10	≥350	>30	>50
TA2	0.30	0.15	0.10	0.05	0.015	0.15	≥450	>30	>45
TA3	0.30	0.15	0.10	0.05	0.015	0.15	≥550	>30	>30

（二）钛的合金化及钛合金的分类

1. 钛的合金化

在钛中加入合金元素形成钛合金，以使工业纯钛的强度获得显著提高。钛合金与纯钛一样，也具有同素异构转变，转变的温度随加入合金元素的性质和含量而定。加入的合金元素通常按其对钛的同素异构转变温度的影响分成三类：扩大α相区、使α→β转变的温度升高的元素称为α相稳定元素，如Al、O、N、C等。扩大β相区、使β→α转变的温度降低的元素称为β相稳定元素。根据该类元素与钛所形成的相图不同，又将其细分为β同晶型元素（如Mo、V、Nb、Ta及稀土等）和β共析型元素（如Cr、Fe、Mn、Cu、Si等）。对相变温度影响不大的元素称为中性元素，如Zr、Sn等。图6-22所示为α相稳定元素和β相稳定元素对钛同素异构转变温度的影响规律。

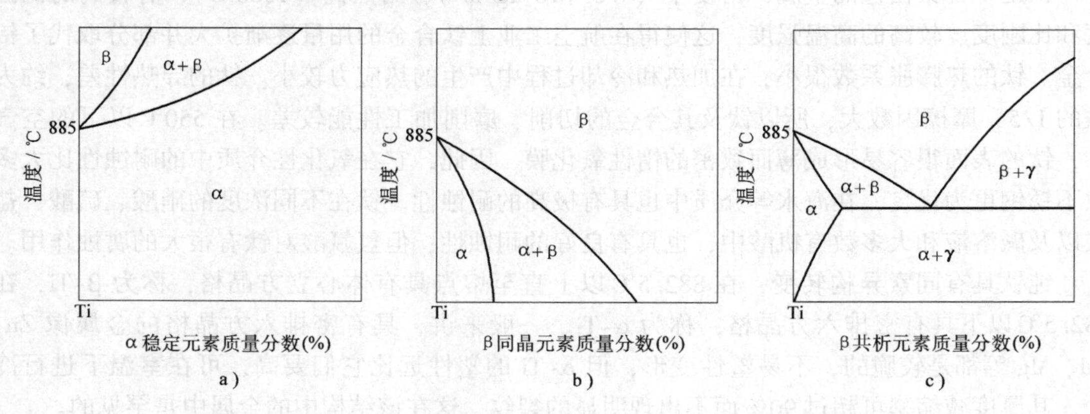

图6-22 合金元素对钛同素异构转变温度的影响规律

2. 钛合金的分类

钛合金按退火状态下的相组成可将其分为α型钛合金、β型钛合金和α+β型钛合金三大类，分别以TA、TB和TC后加顺序号表示其牌号。表6-25列出了我国钛合金的化学成分及主要力学性能。

表 6-25 钛合金的化学成分及主要力学性能（棒材）

合金类型	合金牌号	化学成分（质量分数,%）	热处理规范	室温力学性能				高温力学性能（≥）		
				σ_b/ MPa	σ_{10}(%)	ψ(%)	a_K/(J/cm^2)	试验温度/℃	瞬时强度 σ_b/ MPa	持久强度 σ_{100}/MPa
α钛合金	TA1	工业纯钛	650～700℃，1h，空冷	350	25	50	—	—	—	—
	TA5	Ti-Al:3.3～4.7;B:0.005	700～850℃，1h，空冷	450	20	40	—	—	—	—
	TA6	Ti-Al:4.0～5.5	750～800℃，1h，空冷	700	10	27	30	350	430	400
	TA7	TI-Al:4.0～6.0;Sn:2.0～3.0	750～800℃，1h，空冷	800	10	27	30	350	350	450
	TA8	Ti-Al:4.5～5.5;Sn:2.0～3.0;Cu:2.5～3.2;Zr:1.0～1.5	750～800℃，1h，空冷	1000	10	25	20～30	500	500	500
β钛合金	TB2	Ti-Al:2.5～3.5;Cr:7.5～8.5;Mo:4.7～5.7;V:4.7～5.7	淬火:800～850℃，保温30min，空冷或水冷 时效:450～500℃，8h，空冷	<1000 1400	40 10	40 10	30 15	— —	— —	— —
α+β钛合金	TC1	Ti-Al:1.0～2.5;Mn:0.7～2.0	700～750℃，1h，空冷	600	30	30	45	350	350	330
	TC2	Ti-Al:1.0～2.5;Mn:0.8～2.0	700～750℃，1h，空冷	700	30	30	40	350	430	400
	TC4	Ti-Al:5.5～6.0;V:3.5～4.5	700～800℃，1h～2h，空冷	920	30	30	40	400	630	580
	TC6	Ti-Al:5.5～7.0;Cr:0.8～2.3;Mo:2.0～3.0	750～870℃，1h，空冷	950	23	23	30	450	600	550
	TC8	Ti-Al:5.8～6.8;Mo:2.8～3.8;Si:0.2～0.35		1050	30	30	30	450	720	700
	TC9	Ti-Al:5.8～6.8;Mo:2.8～3.8;Sn:1.8～2.0;Si:0.2～0.4	950～1000℃，1h，空冷+530℃，1h，空冷	1080	25	25	30	500	800	600
	TC10	Ti-Al:5.5～6.5，Sn:1.5～2.5，V:5.5～6.5;Fe:0.35～1.0，Cu:0.35～1.0	700～800℃，1h，空冷	1050	30	30	30	400	850	800

三、铜及铜合金

与其他金属不同，铜在自然界中既以矿石的形式存在，也同时以纯金属的形式存在。其应用以纯铜为主，据统计，在铜及其合金的产品中，约80%是以纯铜被加工成各种形状供应的。

（一）纯铜

纯铜呈紫红色，所以又称紫铜。纯铜的密度为$8.9\times10^3kg/m^3$，属重金属范畴。其熔点为1083℃，无同素异构转变，无磁性。纯铜最显著的特点是导电、导热性好，仅次于银，见表6-26，这是工程材料中其他金属无法比拟的。纯铜具有很高的化学稳定性，在大气、淡水中具有良好的耐蚀性，但在海水中的耐蚀性较差，同时在氨盐、氯盐、碳酸盐及氧化性硝酸和浓硫酸溶液中腐蚀速度会加快。

表6-26 工业纯金属在20℃时的相对电导率和导热率

金属	相对电导率（铜=100）	相对热导率（铜=100）	金属	相对电导率（铜=100）	相对热导率（铜=100）
银	106	108	钴	18	17
铜	100	100	铁	17	17
金	72	76	钢	13~17	13~17
铝	62	56	铂	16	18
锰	39	41	锡	15	17
锌	29	29	铅	8	9
镍	25	15	锑	4.5	5
镉	23	24			

纯铜具有面心立方晶格，表现出极优良的塑性，可进行冷热压力加工。纯铜的强度、硬度不高，在退火状态下，抗拉强度约为240MPa，布氏硬度为40~50HBW。采用冷变形加工可使其抗拉强度提高到400~500MPa，布氏硬度可达100~120HBW，但塑性会相应降低。

工业纯铜中常含有质量分数为0.1%~0.5%的杂质，如铅、铋、氧、硫、磷等，它们对铜的性能有很大的影响。不仅降低了铜的导电、导热性，铅、铋还会与铜形成低熔点（$<400℃$）的共晶体，这些共晶体分布在铜的晶界上，当对铜进行热加工时，共晶体发生熔化，造成脆性断裂，即产生“热脆”。而氧、硫也会与铜形成共晶体，虽不会引起热脆，但由于共晶体中的Cu_2S、Cu_2O均为脆性化合物，因此在冷变形加工时易产生破裂，即产生“冷脆”。

工业纯铜的牌号以铜的汉语拼音字头“T”加数字表示，数字越大，杂质的含量越高。纯铜除配制铜合金和其他合金外，主要用于制作导电、导热及兼具耐蚀性的器材，如电线、电缆、电刷、铜管、散热器和冷凝器零件等。

（二）铜合金

工业纯铜的强度低，尽管通过冷变形加工可使其强度提高，但塑性却急剧地下降，因此，不适于用作结构材料。为满足制作结构件的要求，需对纯铜进行合金化，加入一些如Zn、Al、Sn、Mn、Ni等适宜的合金元素。研究表明，这些合金元素在铜中的固溶度均大于9.4%，可产生显著的固溶强化效果，能够获得强度及塑性都满足要求的铜合金。

根据化学成分的特点，铜合金分为黄铜、白铜和青铜三大类。黄铜是以锌为主要合金元素的铜合金，白铜则是以镍为主要合金元素的铜合金，早期的青铜是铜与锡的合金，现代工业则把除锌和镍以外的其他元素为主要合金元素的铜合金都称为青铜。常用黄铜和青铜的化学成分及性能见表6-27和表6-28。

表6-27　常用黄铜的化学成分和力学性能

合金类别	合金牌号	化学成分（质量分数,%）	力学性能（≥）		
			σ_b/MPa	δ(%)	HBW
普通黄铜	H62	Cu60.5～63.5，其余Zn	330	49	56
	H68	Cu66.5～68.5，其余Zn	320	56	—
	H80	Cu79.0～81.0，其余Zn	310	52	53
锡黄铜	HSn90-1	Cu89～91、Sn0.9～1.1，其余Zn	(M)270	35	—
铅黄铜	HPb59-1	Cu57～60、Pb0.8～0.9，其余Zn	400	45	90
铝黄铜	HAl59-3-2	Cu57～60、Al2.5～3.5，Ni2.0～3.0，其余Zn	380	50	75
锰黄铜	HMn58-2	Cu57～60、Mn1.0～2.0，其余Zn	400	40	85
铸造硅黄铜	ZCuZn16Si4Pb2	Cu79～81、Pb2.0～4.0、Si2.5～4.5，其余Zn	(J)300 (S)250	15 7	100 90
铸造铝黄铜	ZCuZn31Al2	Cu66～68、Al2.0～3.0，其余Zn	(J)400	15	90

注：M表示退火；S表示砂型；J表示金属型。

表6-28　常用青铜的化学成分和力学性能

合金类别	合金牌号	化学成分（质量分数,%）	力学性能（≥）		
			σ_b/MPa	δ(%)	HBW
铸造锡青铜	ZCuSn10Pb1	Sn6～11，P0.8～1.2，其余Cu	(J)200～300	7～10	90～120
	ZCuSn6Zn6Pb3	Sn5～7，Zn5～7，Pb2～4，其余Cu	(S)150～250	8～12	60
压力加工锡青铜	QSn6.5～0.1	Sn6～7，Pb0.1～0.25，其余Cu	(Y)700～800	1.2	160～200
	QSn4-4-4	Sn3～5，Zn3～5，Pb3.5～4.5，其余Cu	(Y)550～650	2～4	160～180
铝青铜	QAl7	Al6～8，其余Cu	(Y)600～750	5	170～190
	QAl9-4	Al6～8，Fe2～4，其余Cu	(Y)700～800	5	160～200
铍青铜	QBe1.9	Be1.8～2.1，其余Cu	(CS)1150	2	300
	QBe2	Be1.9～2.2，其余Cu	(CS)1250	2	330

注：J表示金属型；S表示砂型；Y表示硬化；CS表示淬火后人工时效。

第四节　金属热处理

钢的热处理工艺种类很多，主要包括普通热处理、表面热处理和特殊热处理。普通热处理主要包括：退火、正火、淬火、回火。表面热处理包括：表面热处理和化学热处理。特殊热处理主要包括：形变热处理、磁场热处理等。这里仅重点介绍普通热处理。

一、钢的退火

将钢加热到临界点以上，保温一定时间，然后缓慢冷却，获得接近平衡组织的热处理工艺叫退火。实际在生产中，退火可分为两大类。加热温度在 A_1 以上的退火称为“重结晶退火”，在 A_1 温度以下的退火称为“低温退火”。按退火后的冷却方式可将退火分为连续冷却退火与等温退火。下面简单介绍常见的退火工艺。

（一）完全退火

完全退火主要用于亚共析钢，它是指将钢加热到 Ac_3 +(30 ~ 50)℃，完全奥氏体化后，缓慢冷却，获得接近平衡组织的热处理工艺，如图 6-23 所示。主要目的是细化晶粒，消除过热缺陷，降低硬度，改善切削性能和消除内应力。采用连续冷却方式退火时，退火冷速要足够慢。碳钢冷速为 100 ~ 200℃/h，一般合金钢冷速为 50 ~ 100℃/h，高合金钢冷速为 10 ~ 50℃/h，以保证奥氏体在 A_1 ~ 650℃ 温度范围转变。随炉缓冷或稍加控制可达到所需冷速，但退火周期长，生产效率低。此外，由于冷速难以控制得恰到好处，转变又是在一定温度范围进行，故工件内外组织性能不均匀。

为克服普通退火的缺点，常采用等温退火工艺，如图 6-24 所示。等温退火加热温度及目的与普通的完全退火相似，其不同点在于退火冷却方式不同。等温退火的等温温度主要根据硬度要求来选取。等温温度选取要适当。温度过高，工件硬度偏低且退火所需时间过长；等温温度过低，硬度偏高，等温退火的等温时间要参考奥氏体等温转变图，保证等温转变的完成。等温后，炉冷到 600℃ 即可出炉空冷。等温退火可准确控制转变的过冷度，保证工件内外基本上在同一温度下转变，工件组织性能均匀，并可缩短退火时间提高生产效率。

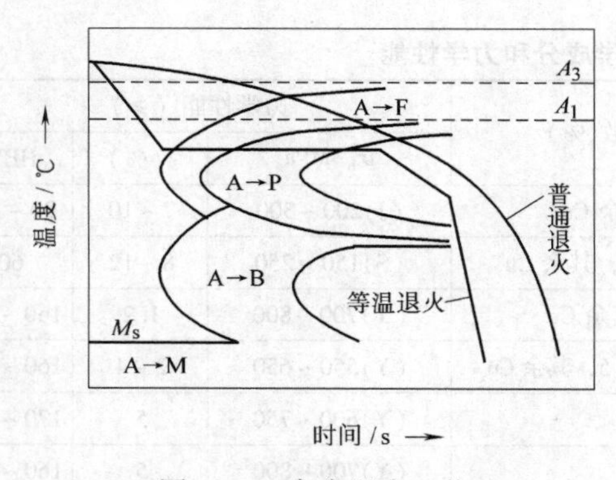

图 6-23 完全退火工艺

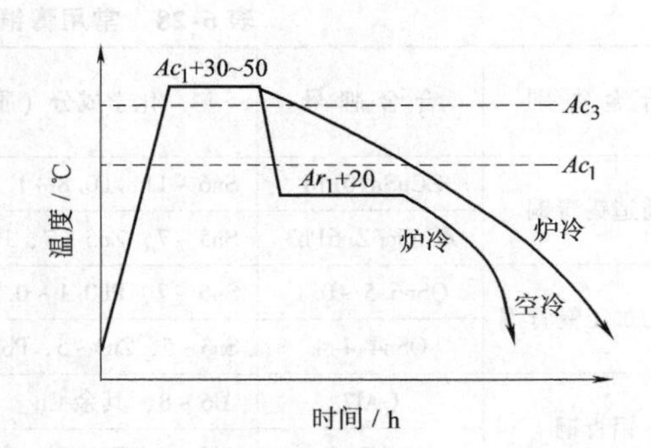

图 6-24 亚共析钢的等温退火工艺

（二）球化退火

球化退火属于不完全退火，主要用于共析钢与过共析钢。球化退火的目的是降低硬度，便于切削加工，并为淬火作好组织准备。为防止冷却转变生成片状珠光体，球化退火的加热温度确定为 Ac_1 +(20 ~ 40)℃，采用较短的保温时间，获得碳浓度不均匀的奥氏体 + 弥散分布的未溶颗粒状碳物。当其冷到 A_1 点以下时，在较小过冷度条件下，未溶的 Fe_3C 颗粒可成为 Fe_3C 非均匀形核的核心，每个 Fe_3C 晶核可独立长大，周围形成铁素体，这样便形成粒状珠光体。球化退火工艺分为普通球化退火和等温球化退火。普通球化退火与等温球化退火的加热工艺相同，但冷却工艺不同。普通球化退火要缓冷，对于碳钢冷速为 50 ~ 100℃/h，对于合金钢冷速为 10 ~ 50℃/h。等温球化退火则采用等温冷却方式，等温温度约为 Ar_1 以下 20℃。图 6-25 所示为 T12 钢的两种球化退火工艺。对于原始组织中有粗大网状碳化物的过共析钢，球化退火前要先正火消除网状后，再进行球化退火，否则网状碳化物加热时不易溶断。

（三）均匀化退火

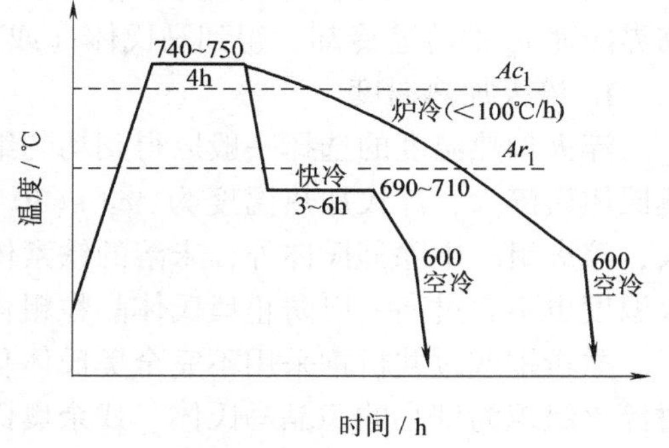

图6-25　T12钢球化退火工艺

均匀化退火（扩散退火）主要用于合金钢铸件和铸锭，目的是依靠原子扩散消除晶内偏析，使化学成分均匀化。所以加热温度高，保温时间长是其主要特点。低合金钢铸件加热温度为1050～1100℃，高合金钢加热温度为1100～1250℃。保温时间一般为10～15h。铸锭加热温度可比铸件高100℃。扩散退火使组织严重过热，必须采用完全退火或其他工艺方法细化晶粒。由于扩散退火耗热能过大，工件烧损严重，加上设备折旧，故成本高，所以不是特别必要，一般不采用均匀化退火。

（四）去应力退火与再结晶退火

去应力退火属于低温退火。去应力退火的目的是消除铸、锻、焊、冷冲压等工件的残余应力，同时还可降低硬度，提高尺寸稳定性和防止工件变形开裂。钢件加热温度较宽，一般为500～650℃，保温时间按厚度选取，一般选3min/mm。去应力退火的加热冷却速度均要缓慢，以防止加热过程中工件变形和冷却过快重新产生内应力。

将冷变形金属加热到理论再结晶温度以上100～150℃，适当保温，使变形晶粒重新转变为无畸变等轴晶粒的工艺叫再结晶退火。再结晶退火也属于低温退火，其目的是消除冷变形金属的加工硬化和残余应力，恢复冷变形金属的塑性。

二、钢的正火

将钢加热到上临界点（Ac_3、Ac_{cm}）以上，保温使之完全奥氏体化后，在空气中冷却的热处理工艺叫正火。正火加热温度的高低与钢的碳含量有关。高碳钢加热温度为Ac_{cm}+(30～50)℃；中碳钢为Ac_3+(50～100)℃；低碳钢为Ac_3+(100～150)℃。正火冷却方式多采用空冷，对于大件也可采用吹风或喷雾冷却。正火适用于不同碳含量的碳钢和低、中合金钢，但不适用于高合金钢。因为高合金钢过冷奥氏体十分稳定，空冷就可得到马氏体组织，不能得到珠光体。正火与完全退火的组织中都有片状珠光体，但正火得到的是伪共析组织，其片间距更小，钢的强度、硬度也更高。

正火的主要目的包括：消除晶粒粗大、带状组织、魏氏组织等热加工缺陷；用于过共析钢网状碳化物的消除；用于低碳钢，提高其硬度，改善切削性能；对于性能要求不高的中碳钢和中碳合金钢工件，正火可作为最终热处理代替调质改善力学性能；对于过热淬火返修工件，常采用正火工艺，消除组织遗传性，以便重新淬火。

三、钢的淬火与回火

工件通过淬火可显著提高硬度和强度。如果配合不同温度的回火，即可消除淬火内应力，又可获得不同的力学性能，满足不同的使用性能要求，所以淬火与回火是密不可分的。不同钢种的淬火与回火工艺不尽相同，合理制订淬火与回火工艺直接影响工件的性能和使用寿命。

（一）钢的淬火

淬火是将钢加热到临界点以上，保温一定时间，然后在水或油等淬火介质中，以大于上临界冷速 v_k 的冷速冷却，得到马氏体（或下贝氏体）的热处理工艺。

1. 淬火加热温度

淬火加热温度的选择一般以得到均匀细小的奥氏体晶粒为原则。对于亚共析钢采用完全奥氏体后淬火，淬火加热温度为 $Ac_3+(30\sim50)$℃。若将亚共析钢加热到 $Ac_1\sim Ac_3$ 之间淬火，淬火组织中除马氏体外，未溶的铁素体还将保留下来，造成硬度不足及硬度不均匀。淬火温度也不宜过高，以防止奥氏体晶粒粗化，淬火后得到粗大马氏体。

共析钢或过共析钢采用不完全奥氏体化后淬火，淬火加热温度为 $Ac_1+(30\sim50)$℃。此时淬火组织为细小的隐晶马氏体、残余奥氏体和未溶的细小弥散分布的碳化物。其强度与硬度高，耐磨性好，且具有一定的韧性。若将过共析钢淬火加热温度升高到 Ac_{cm} 以上，奥氏体晶粒将显著粗化，淬火后，得到粗大片状马氏体和大量残留奥氏体，虽然对硬度影响不大，但韧性明显下降，甚至出现淬火裂纹。

对于含有碳化物形成元素的合金钢，为加速奥氏体化过程，淬火温度可适当高些。对于低合金钢淬火温度为 $Ac_3+(50\sim100)$℃。对含有 Cr、W、Mo、V 等合金元素的高合金钢，在奥氏体化时，由于合金碳化物难溶解，为使合金碳化物能溶入奥氏体中，所需加热温度更高。例如，W18Cr4V 的淬火加热温度高达 1270～1280℃。但对于碳、锰含量较高的钢，由于奥氏体化时晶粒易粗化，所以应选较低的淬火温度。

2. 淬火介质

将经加热保温后的工件放到一定淬火介质中冷却是淬火的关键工序。淬火时为获得马氏体，一般都需要快速冷却，但冷却速度也不能过大，以避免产生过大的淬火应力，使工件变形或开裂。不同的淬火介质具有不同的冷却能力和冷却特性。理想淬火介质的冷却曲线如图 6-26 所示。在 650～400℃温度范围即等温转变图鼻尖温度附近，淬火介质应有足够强的冷却能力，使工件快速冷却，以避免奥氏体分解为珠光体和贝氏体。在此温度范围以上或以下，由于奥氏体稳定性增高，淬火介质的冷却能力可适当降低，使工件在稍缓慢的冷速下冷却，以减少淬火应力，防止工件变形和开裂。

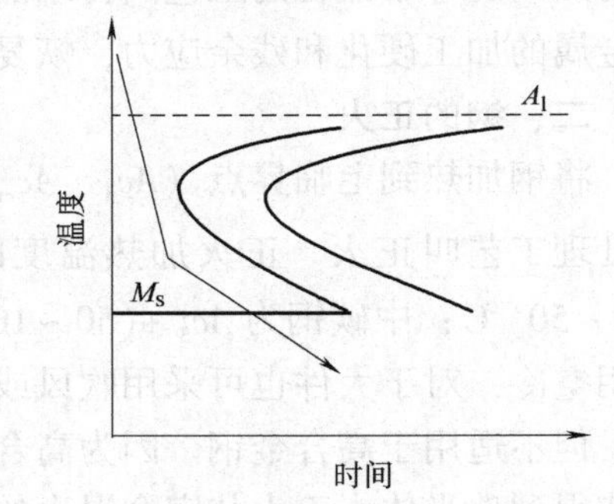

图 6-26　钢的理想淬火介质的冷却曲线

常用淬火介质有水质淬火介质、油质淬火介质、低温盐浴、碱浴和金属浴等。

水是最常用的淬火介质，具有冷却能力强、价廉、安全、环保、易实现自动化和淬火工件不需清洗等优点，被广泛用于碳素钢的淬火。但水的冷却特性不好，以 20℃水为例，在需要快冷的 650～400℃温度范围，水的冷速很小，大约 200℃/s。在 400℃以下需要慢冷的温度范围，水的冷速过快，在 300℃达到冷速的最大值 800℃/s。随水温升高，冷却能力下降，冷却特性变坏。所以淬火槽内的水温不能超过 30℃。水中加入适量 NaCl 或 NaOH 可改善水的冷却特性并增加冷却能力。例如，10% NaCl 水溶液，最大冷速移到 600℃左右，冷速可达 1800℃/s。

油也是一种常用淬火介质，有植物油和矿物油两类。植物油冷却特性比较理想，但价格高，易老化，故目前已被矿物油取代。常用的矿物油有全损耗系统用油与锭子油。油的冷却能力比水小很多，但冷却特性好，适合做淬透性好的合金钢的淬火介质。例如，L-AN100 全损耗系统用油在需要快冷的中温度区冷速快，在550℃附近出现最大冷速，冷速为200℃/s 左右。在需要缓冷的低温区冷速一般小于30℃/s，比水慢得多。

低温盐浴和碱浴的冷却能力与矿物油相差不多。在高温区冷速快，随温度下降，冷速下降。这种冷却特性既可保证奥氏体向马氏体的转变，又可减少工件开裂变形，广泛用于分级淬火和等温淬火，适用于尺寸不大、形状复杂、要求变形量小的工件。

3. 淬火方法

淬火方法的选择原则是在确保获得优良淬火组织和性能的条件下，尽量减少淬火应力，减少变形与开裂。常用的淬火方法如图 6-27 所示。

（1）单液淬火　单液淬火是将奥氏体化的工件投入一种淬火介质中冷却，直到马氏体转变结束（见图 6-27 中①）。这种方法适合于形状简单的钢件。碳钢一般水淬，合金钢油淬。优点是操作简便，易实现机械化。缺点是易产生较大淬火应力，引起开裂变形。为减少淬火应力，常采用预冷淬火。将奥氏体化的工件从炉中取出，在空气或预冷炉中停留一定时间，减少了工件与淬火介质之间的温差，待工件冷到临界点稍上，再投入淬火介质中冷却，可减小淬火应力，减少工件变形开裂倾向。其缺点是预冷时间不易控制，需靠经验来掌握。

（2）双液淬火　双液淬火是先将奥氏体化的工件投入一种冷却能力强的淬火介质中冷却，冷至300℃左右，转入冷却能力弱的淬火介质中冷却，直至完成马氏体转变（见图 6-27 中②）。其冷却曲线与图 6-26 的理想淬火冷却曲线类似，既避免了过冷奥氏体发生中途分解，又降低了低温区的冷却速度，减少了淬火应力，克服了单液淬火的缺点。碳钢一般以水为快冷介质，油为慢冷介质。对于淬透性好的合金钢也可以采用油淬空冷方法。

（3）分级淬火　分级淬火是将奥氏体化的工件淬入 M_s 点附近温度的盐浴或碱浴中，停留2～5min，使工件内外温度较为均匀，然后取出空冷到室温，使之发生马氏体转变（见图 6-27③）。分级温度可略高于或略低于 M_s 点。分级淬火不但减小了热应力，而且也减小了组织应力，从而减少了开裂变形倾向。采用 M_s 点以上分级，淬火介质温度较高，工件在浴炉中冷速较慢，等温时间又有限，截面尺寸大的工件难以达到上临界冷却速度。采用 M_s 点以下分级可克服该缺点，适于稍大工件的淬火。

（4）等温淬火　等温淬火是将奥氏体化的工件淬入 M_s 点以上的盐浴中，等温足够长的时间，使之转变为下贝氏体组织（见图 6-27④）。与分级淬火不同，等温淬火除了能减少开裂变形倾向外，主要是为了获得强韧性更好的下贝氏体组织。等温的时间要参考等温转变图确定，确保贝氏体转变的完成。

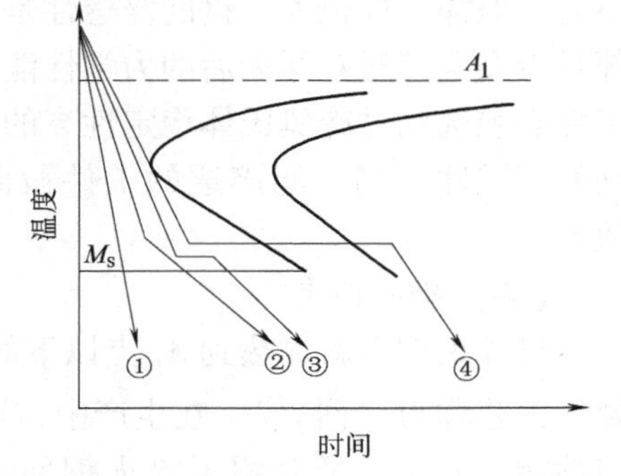

图 6-27　各种淬火冷却方式示意图

4. 钢的淬透性

钢的淬透性是指钢在淬火时获得马氏体的能力，其大小用一定条件下淬火获得的淬透层深度表示。所获得的淬透层深度越深，钢的淬透性越好。在未淬透的情况下，通常把由表面至半马氏体区的距离作为淬透层深度。所谓半马氏体区是指淬火组织中马氏体和非马氏体组织各占一半的区域。通常将该钢半马氏体区的硬度定为淬透层深度的临界硬度，利用测定横断面上的硬度分布曲线可确定出淬透层的深度。半马氏体区的硬度主要取决于钢的碳含量，不同碳含量的钢，半马氏体区的硬度不同，例如45钢半马氏体区的硬度为42HRC，而T10钢高达55HRC。

淬透性的测定方法主要有临界直径法和末端淬火法。临界淬火直径（D_c）是指圆棒试样在某种介质中淬火时，所能得到的最大淬透直径。所测得的D_c越大，淬透性越好。所谓淬透是指试样中心部位刚好达到半马氏体（或90%~95%马氏体）。在其他条件一定时，淬火介质冷却能力越强，临界直径D_c越大，所以$D_{c水} > D_{c油}$。钢中加入合金元素可使等温转变图右移，奥氏体稳定性增加，临界冷却速度变小，所以合金钢的淬透性比碳钢好。例如，60钢$D_{c水}=11\sim17$mm，$D_{c油}=6\sim12$mm；60Si2Mn钢$D_{c水}=55\sim62$mm，$D_{c油}=32\sim46$mm。

除用临界直径法表示钢的淬透性外，目前最常用的方法为末端淬火法。末端淬火法测定钢淬透性的原理如图6-28a所示。采用$\phi25$mm×100mm标准试样，奥氏体化后迅速放入实验装置中喷水冷却。显然，靠近喷水口的试样末端冷速最大，随距水冷端距离的增加，冷速逐渐减慢。冷却后的试样沿轴线方向磨去0.2~0.5mm，然后从试样末端起每隔1.5mm测量一次硬度，可得到端淬曲线，如图6-28b所示。该曲线为45钢的端淬曲线，硬度呈剧烈下降趋势，说明该钢淬透性差。根据相关规定，可用J××-d表示钢的淬透性，例如J42-3表示距淬火末端3mm处的硬度值为42HRC。显然J42-12比J42-3淬透性好。在端淬曲线上，距水冷端1.5mm处的硬度值最高，可代表钢的淬硬性（淬火所能达到的最大硬度）；硬度下降最陡的位置对应钢的半马氏体硬度。

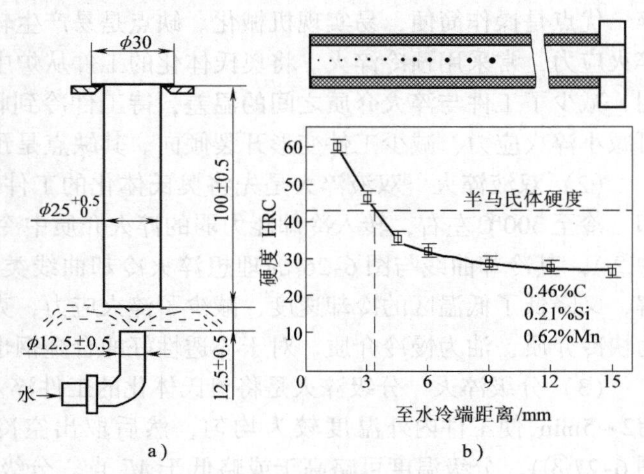

图6-28 末端淬火法示意图
a）端淬实验原理示意图 b）45钢的端淬曲线

此外要把钢的“淬透性”与“淬硬性”区分开。钢淬火所能达到的最大硬度主要取决于马氏体的碳含量。例如，高碳钢淬火后淬硬性很高，但淬透性很小。而低碳合金钢淬硬性不高，但淬透性很大。钢的淬透性是重要的热处理工艺性能。工件整体淬火时，从表面到心部是否完全淬透对回火后的力学性能特别是冲击韧度有重要影响。所以，对于大截面重要的工件必须选用过冷奥氏体稳定性高的合金钢，保证淬火时完全淬透或获得足够深的淬透层。钢的淬透性越高，能淬透的工件截面尺寸越大，所以淬透性是机械零件选材的重要参考数据。

（二）钢的回火

将淬火钢重新加热到A_1点以下的某一确定温度，保温后，以适当方式冷却到室温的热处理工艺称为“回火”。在生产中，淬火与回火是紧密相连的。回火决定了钢件最终的组织与性能。前面已经介绍了淬火钢回火过程中的组织转变和性能变化，这里简单介绍回火工艺。

1. 低温回火

低温回火温度为150~250℃，回火组织为回火马氏体。淬火高碳钢常采用低温回火，回火后的组织为隐晶回火马氏体、均匀细粒状碳化物和极少量的残留奥氏体。既保持了淬火钢的高硬度、高强度和优良的耐磨性，又在一定程度上消除了淬火应力，提高了韧性。对于低碳淬火钢，低温回火可减少淬火应力，提高钢的韧性，使钢具有优良的综合力学性能。

2. 中温回火

中温回火温度为350~500℃，回火组织为回火托氏体。对于一般碳钢和低合金钢，中温回火时，α相已发生回复，但仍保持淬火马氏体的形态，淬火内应力基本消除。碳化物已开始聚集，细小的碳化物颗粒弥散分布在α相基体上。经中温回火后的钢具有高的弹性极限、较高的强度与硬度、良好的塑性与韧性，所以中温回火主要用于弹簧零件和热锻模具。

3. 高温回火

高温回火温度为500~650℃，回火组织为回火索氏体，主要用于中碳结构钢。调质处理后，钢具有优良的综合力学性能，可用来制作要求较高强度并承受冲击或交变载荷的重要机械零件，如曲轴、连杆、螺栓及齿轮等。回火后一般采用空冷，但对于有高温回火脆性的钢应采用快冷抑制第二类回火脆性的产生。

第七章　陶瓷的结构与性能

第一节　陶瓷的晶体结构

陶瓷的结构是由晶体、玻璃体和气孔所组成的。陶瓷晶体中的原子是靠化学键结合的，其化学键主要有共价键和离子键。相应的晶体为共价键晶体和离子键晶体。陶瓷中的这两种晶体是化合物而不是单质，其晶体结构不像金属那样简单，可分为典型晶体结构和硅酸盐晶体结构。

一、典型晶体结构

陶瓷的典型晶体结构主要有如下几种：

1. AB 型结构

AB 型结构中阴离子（B）与阳离子（A）的比为 $n:n$。这种类型主要包括：闪锌矿型结构（ZnS），4∶4 配位，阴离子构成 fcc 结构，阳离子位于1/2 四面体间隙中；纤锌矿型结构（ZnS），4∶4 配位，阴离子构成 hcp 结构，阳离子位于 1/2 四面体间隙中；岩盐型结构（NaCl），6∶6 配位，阴离子构成 fcc 结构，阳离子位于八面体间隙中；氯化铯型结构（CsCl），8∶8 配位，阴离子构成简单立方结构，阳离子位于立方体间隙中；砷化镍型结构（NiAs），6∶6 配位，阴离子构成 hcp 结构，阳离子位于八面体间隙中。

2. AB_2 型结构

AB_2 型结构的配位数为 $2n:n$。这种类型主要包括：硅石型结构（SiO_2），4∶2 配位，1 个 Si 和 4 个 O 构成［SiO_4］四面体，四面体之间共顶角连接而形成的结构；金红石型结构（TiO_2），6∶3 配位，阴离子构成畸变的密排立方结构，阳离子位于 1/2 八面体间隙中；氟石型结构（CaF_2），8∶4 配位，阳离子构成 fcc 结构，阴离子位于四面体间隙中。

3. A_2B 型结构

A_2B 型结构的配位数为 $n:2n$。这种类型主要包括：赤铜矿型结构（K_2O），2∶4 配位，阴离子构成 bcc 结构，阳离子位于八面体间隙中；反氟石型结构（Na_2O），4∶8 配位，这种结构中阴阳离子的位置与氟石型结构正好相反，阴离子构成 fcc 结构，阳离子位于四面体间隙中。

4. 其他类型结构

其他类型主要有：①A_2B_3 刚玉型结构（α-Al_2O_3），6∶4 配位，阴离子构成 hcp 结构，阳离子位于2/3 八面体间隙中。②ABO_3 钛铁矿型结构（$FeTiO_3$），6∶6∶4 配位，阴离子构成 hcp 结构，阳离子 A 和 B 位于2/3 八面体间隙中。A 和 B 有两种排列方式，一是 A 层和 B 层交互排列，二是在同一层内 A 和 B 共存。这种结构可以看作是将刚玉型结构中的 Al 位置被 Fe 和 Ti 置换所形成的。③ABO_3 钙钛矿型结构（$CaTiO_3$），12∶6∶6 配位，A 离子和 O 离子构成 fcc 结构，阴离子 B 位于 1/4 八面体间隙中。在这种结构中，Ca 离子位于角顶，O

离子位于面心，Ti 离子位于体心。④A_2BO_4 橄榄石型结构（Mg_2SiO_4），6:4:4 配位，阴离子构成 hcp 结构，A 离子位于 1/2 八面体间隙中，B 离子位于 1/8 四面体间隙中。⑤AB_2O_4 正尖晶石型结构（$MgAl_2O_4$），4:6:4 配位，阴离子构成 fcc 结构，A 离子位于 1/8 四面体间隙中，B 离子位于 1/2 八面体间隙中。⑥B(AB)O_4 反尖晶石型结构（$FeMgFeO_4$），4:6:4配位，阴离子构成 fcc 结构，B 离子位于 1/8 四面体间隙中，AB 离子位于 1/2 八面体间隙中。可见，反尖晶石型结构是把正尖晶石型结构中的 A 和部分 B 颠倒而形成的。

陶瓷典型晶体结构见表 7-1。

表 7-1 陶瓷典型晶体结构

结构代号	结构名称	配位数	阴离子堆积方式	阳离子位置	举 例
AB	氯化铯	8:8	简单立方	全部立方体间隙	CsCl、CsBr
	岩盐型	6:6	立方密堆	全部八面体间隙	NaCl、MgO、NiO、TiC、TiN
	砷化镍	6:6	六方密堆	全部八面体间隙	NiAs、FeS、FeSe、CoSe
	闪锌矿	4:4	立方密堆	1/2 四面体间隙	ZnS、BeO、金刚石、β-SiC
	纤锌矿	4:4	六方密堆	1/2 四面体间隙	ZnS、ZnO、α-SiC
AB_2	氟石型	8:4	简单立方	1/2 立方体间隙	CaF_2、c-ZrO_2、UO_2、ThO_2
	金红石	6:3	畸变立方	1/2 八面体间隙	TiO_2、VO_2、SnO_2、MnO_2
	硅石型	4:2	四面体	四面体间隙	SiO_2、GeO_2
A_2B	反氟石	4:8	立方密堆	全部四面体间隙	Li_2O、Na_2O、K_2O、Rb_2O
	赤铜矿	2:4	体心立方	八面体间隙	K_2O、Ag_2O
A_2B_3	刚玉型	6:4	六方密堆	2/3 八面体间隙	α-Al_2O_3、Cr_2O_3、α-Fe_2O_3
ABO_3	钙钛矿	12:6:6	六方密堆	1/4 八面体间隙	$CaTiO_3$、$BaTiO_3$、$PbZrO_3$、$PbTiO_3$
	钛铁矿	6:6:4	六方密堆	2/3 八面体间隙	$FeTiO_3$、$MgTiO_3$、$MnTiO_3$、$CoTiO_3$
A_2BO_4	橄榄石	6:4:4	六方密堆	1/2 八面体间隙 A 1/8 四面体间隙 B	Mg_2SiO_4、Fe_2SiO_4
AB_2O_4	尖晶石	4:6:4	立方密堆	1/8 四面体间隙 A 1/2 四面体间隙 B	$MgAl_2O_4$、$CoAl_2O_4$、$ZnFe_2O_4$
B(AB)O_4	尖晶石（倒反）	4:6:4	立方密堆	1/8 四面体间隙 B 1/2 八面体间隙 AB	$MgTiMgO_4$、$FeMgFeO_4$

二、硅酸盐晶体结构

硅酸盐晶体是构成地壳的主要矿物（质量分数 85%），是制造陶瓷的主要原料。硅酸盐晶体结构的特点是具有硅氧四面体 $[SiO_4]^{4-}$，即 1 个 Si 被 4 个 O^{2-} 所包围。由于 Si 离子的配位数为 4，它赋予每个 O^{2-} 离子的电价为 1，即等于 O^{2-} 离子电价的一半，O^{2-} 离子另一半电价可以连接其他阳离子，也可以与另一个 Si 离子相连。根据 $[SiO_4]^{4-}$ 连接方式不同，硅酸盐晶体可分成五种结构，见表 7-2。

表 7-2 硅酸盐晶体结构

结构名称	连接方式	Si : O	结构形状	结构式	实例
岛状	0	1 : 4	四面体	$[SiO_4]^{4-}$	$Mg_2[SiO_4]$
环状	1	1 : 3.5	双四面体	$[Si_2O_7]^{6-}$	$Ca_2[Si_2O_7]$
	2	1 : 3	三节环	$[Si_3O_9]^{6-}$	$BaTi[Si_3O_9]$
			四节环	$[Si_4O_{12}]^{8-}$	$Ba_4(Ti,Nb,Fe)_8O_{16}[Si_4O_{12}]Cl$
			六节环	$[Si_6O_{18}]^{12-}$	$Be_3Al_2[Si_6O_{18}]$
链状	2	1 : 3	单链	$[Si_2O_6]^{4-}$	$CaMg[Si_2O_6]$
	2.5	1 : 2.75	双链	$[Si_4O_{11}]^{6-}$	$Ca_2Mg_5[Si_4O_{11}](OH)_2$
层状	3	1 : 2.5	平面层	$[Si_4O_{10}]^{4-}$	$Mg_3[Si_4O_{10}](OH)_2$
架状	4	1 : 2	骨架	$[SiO_2]$	SiO_2
				$[Si_{4-x}O_8]^{x-}$	$Na[AlSi_3O_8]$

1. 粘土的晶体结构

粘土是由铝硅酸盐岩石长期风化形成的颗粒小于0.01mm 的矿物。单矿物粘土是生产陶瓷的重要原料。粘土属于层状硅酸盐结构。它的种类很多，根据硅-氧四面体片与铝-氧八面体片共用氧原子情况不同，粘土的晶体结构可分为1∶1 层状结构（一个硅氧片和一个铝氧片共用氧原子）和2∶1 层状结构（两个硅氧片和一个铝氧片共用氧原子）。高岭石族粘土和埃洛石族粘土属于1∶1 层状结构，见图 7-1；蒙脱石族粘土、叶蜡石族粘土、伊利石族粘土属于2∶1 层状结构，见图 7-2。粘土矿物的晶体结构数据见表 7-3。

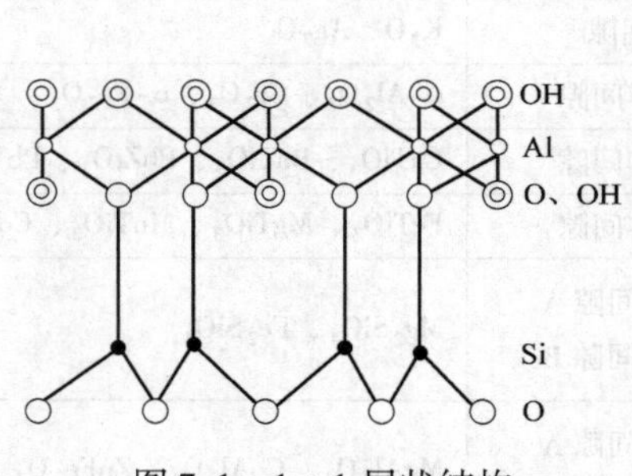

图 7-1 1∶1 层状结构

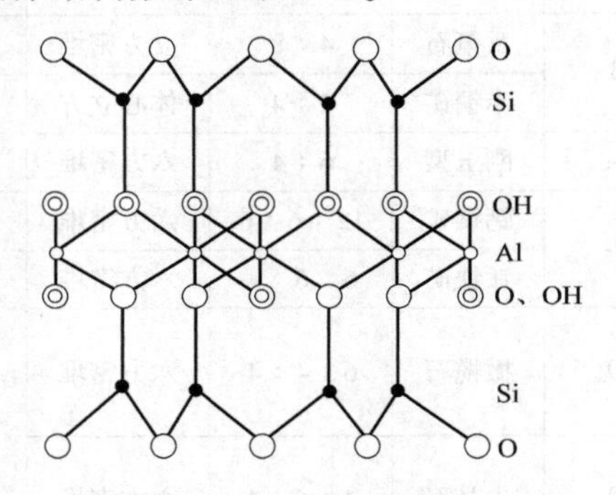

图 7-2 2∶1 层状结构

表 7-3 粘土矿物的晶体结构数据

名称	晶系	结构式	结构形状	结构层数	*a*	*b*	*c*
高岭石	三斜	$Al_2[(OH)_4/Si_2O_3]$	层状	1 : 1	5.14	8.93	7.14
埃洛石	单斜	$Al_2[(OH)_4/Si_2O_5]\cdot nH_2O$	层状	1 : 1	5.15	8.94	10.1
叶蜡石	单斜	$Al_2[(OH)_2/Si_4O_{10}]$	层状	2 : 1	5.15	8.92	9.20
蒙脱石	单斜	$Al_2[(OH)_4/Si_4O_{10}]\cdot nH_2O$	层状	2 : 1	5.15	8.94	15.2
伊利石	单斜	$(K,H)Al_2[(OH)_2AlSi_3O_{10}]$	层状	2 : 1	5.91	8.99	10.1

2. 石英的晶体结构

石英晶体有 7 种变体，均属架状硅酸盐结构。β-石英、β-鳞石英、β-方石英结构上的差别是硅氧四面体的连接方式不同。在β-方石英中，两个共顶的硅氧四面体相连，相当于以桥氧为中心对称。在β-鳞石英中，两个共顶的硅氧四面体之间相当于有一个对称面。而在β-石英中，相当于在β-鳞石英基础上 Si-O-Si 键角由180°转变为150°。β-石英属六方晶系，α-石英与β-石英不同的是，Si-O-Si 键角不是150°，而是144°，由于这一角度的变化，α-石英的结构变为三方晶系。β-鳞石英属六方晶系，硅氧四面体按六节环的方式连接，构成四面体层，层中任何两个相邻四面体的角顶指向相反方向，然后上下层之间再以角顶相连成架状结构，见图 7-3。β-方石英属立方晶系，每个 Si^{4+} 都和 4 个 O^{2-} 相连，每个 O^{2-} 都连接两个对称的硅氧四面体。石英的晶体结构数据见表 7-4。

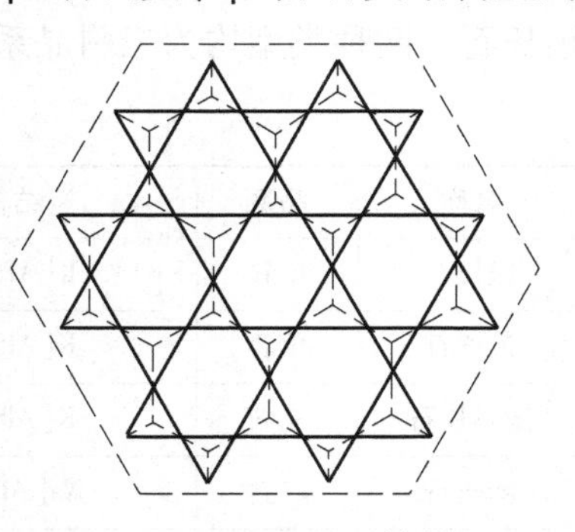
图 7-3 β-鳞石英晶体结构

表 7-4 石英的晶体结构数据

晶型	晶系	结构形状	晶格常数	Si-O 间距	Si-O-Si 键角
α-石英	三方	架状	$a=4.913$，$c=5.405$	1.61	144
β-石英	六方	架状	$a=4.999$，$c=4.457$	1.62	147
α-鳞石英	斜方 单斜	架状	$a=8.74$，$b=5.04$，$c=8.24$ $a=18.45$，$b=4.99$，$c=13.83$	1.51~1.71	140
β-鳞石英	六方	架状	$a=5.06$，$c=8.25$	1.53~1.55	180
γ-鳞石英	六方	架状			
α-方石英	四方	架状	$a=4.972$，$c=6.921$	1.60~1.61	147
β-方石英	立方	架状	$a=7.12$	1.56~1.69	151

3. 长石的晶体结构

长石也是生产陶瓷的三大原料之一，它是碱金属或碱土金属的铝硅酸盐。长石可分为钾钠长石系列和斜长石系列，均属架状硅酸盐结构。钾长石（透长石）是 4 个四面体（其中有一个 [AlO_4]）相互共顶角形成一个四节环，其中两个四面体顶尖朝上，另两个朝下，形成曲轴状的链，链与链之间以桥氧连接，形成三维架状结构。钠长石、钙长石也具有类似的结构，只是结构的对称性下降。长石的晶体结构见图 7-4。在架状结构中，Si、Al 原子的有序-无序，影响晶体结构的对称性和轴长。当 Si、Al 原子的排列完全无序时（图 7-4a），如透长石，则具有单斜晶系

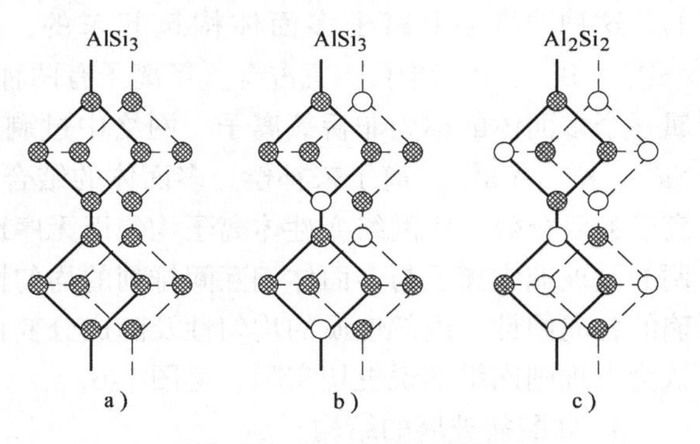

图 7-4 长石的晶体结构
a) 完全无序透长石 b) 完全有序微斜长石
c) 完全有序钙长石

的对称。当Si、Al原子完全有序时，则有两种类型：具有$AlSi_3$成分的长石，O为Al所占据（图7-4b），如微斜长石；具有Al_2Si_2成分的长石，Al、Si原子相间排列（图7-4c），如钙长石。两种类型均为三斜晶系对称。长石的晶体结构数据见表7-5。

表7-5 长石的晶体结构数据

名称	晶系	结构式	结构形状	*a*	*b*	*c*
透长石	单斜	$K[AlSi_3O_8]$	架状	8.600	13.030	7.180
正长石	单斜	$K[AlSi_3O_8]$	架状	8.562	12.996	7.193
微斜长石	三斜	$K[AlSi_3O_8]$	架状	8.540	12.970	7.220
钠长石	三斜	$Na[AlSi_3O_8]$	架状	8.135	12.788	7.154
钙长石	三斜	$Ca[AlSi_3O_8]$	架状	8.177	12.877	14.169
钡长石	单斜	$Ba[AlSi_3O_8]$	架状	8.640	13.050	14.400
歪长石	三斜	$NaK[AlSi_3O_8]$	架状	8.200	12.700	7.000

三、陶瓷的玻璃体结构

陶瓷中玻璃体是非晶态的无定形物质。关于玻璃的结构学说目前主要有两个：晶子学说和无规则网络学说。

1. 晶子学说

晶子学说认为玻璃是由无数“晶子”组成的，所谓“晶子”不同于一般微晶，而是带有晶格变形的有序区域，它们分散在无定形介质中，并从“晶子”到无定形部分是逐步完成的，两者之间无明显界限。晶子学说揭示了玻璃体的一个结构特征，即微不均匀性及近程有序性。其主要根据是X射线衍射为“馒头峰”，见图7-5。但根据衍射峰的宽度计算的晶体尺寸只有晶格大小（1nm），这似乎不太可能。但实验表明，玻璃体的红外反射和吸收光谱与同成分的晶体是一致的。这说明玻璃中存在局部不均匀区，该区原子排列与相应晶体的原子排列大体一致。因此认为，结构的不均匀性和有序性是玻璃的共性。

2. 无规则网络学说

无规则网络学说认为玻璃态物质与相应的晶体一样，也是由一个三维空间网络所构成的。这种网络是由离子多面体构筑起来的，多面体中心被多电荷离子，即网络形成体（Si^{4+}、B^{3+}、P^{5+}离子）所占有。氧离子有两种类型，凡属两个多面体的称为桥氧离子，凡属一个多面体的称为非桥氧离子。网络中过剩的负电荷则由网络间隙中的网络变性体（如Na^+、K^+、Ca^{2+}）离子来补偿。多面体的结合程度甚至整个网络的结合程度都取决于桥氧离子的百分数，而网络变性体离子均匀而无序地分布在四面体的间隙中。无规则网络学说强调的是玻璃中离子与多面体相互间排列的均匀性、连续性及无序性。这些结构特征可以在玻璃的各向同性、内部性质的均匀性及随成分变化时玻璃性质变化的连续性上得到反映。一般认为无规则网络学说更切实际，见图7-6。

3. 硅酸盐玻璃的结构

石英玻璃是由硅氧四面体$[SiO_4]^{4-}$以顶角相连而组成的三维架状网络，这些网络没有像石英晶体那样远程有序，是其他二元、三元、多元硅酸盐玻璃结构的基础。

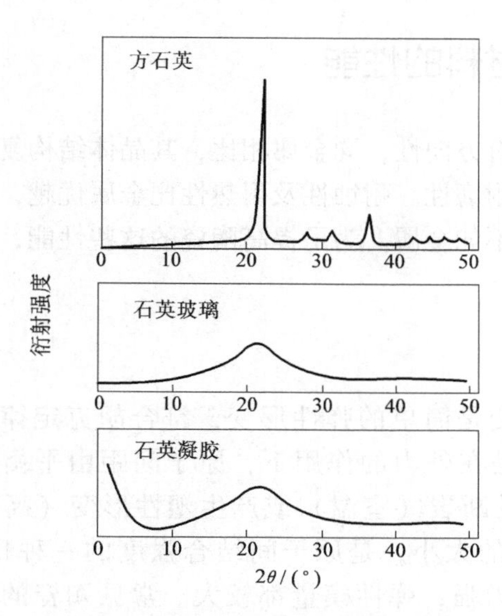

图 7-5　石英的 X 射线衍射图

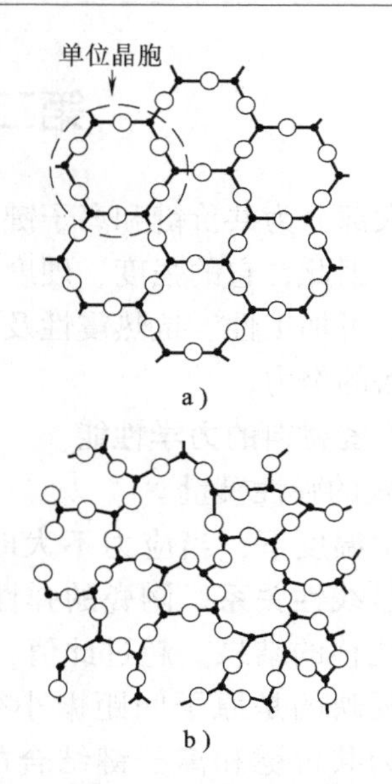

图 7-6　玻璃体和晶体的网络结构

a）晶体　b）玻璃体

石英玻璃与石英晶体在两个硅氧四面体之间键角的差别见图 7-7。从中可见，石英玻璃 Si-O-Si 键角变动范围大，使石英玻璃中的硅氧四面体排列成无规则网络。这个无规则网络不一定是均匀一致的，在密度和结构上会有局部起伏的。

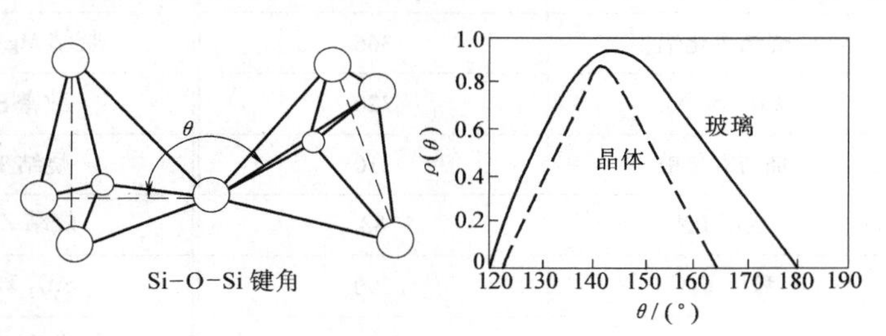

图 7-7　硅氧四面体 Si-O-Si 键角

SiO_2 在玻璃中的结构状态，对硅酸盐玻璃的性质起决定性的影响。当玻璃网络变性体加入到石英玻璃中时，使原来 O/Si 比为 2 的三维架状结构遭到破坏，硅氧四面体连接方式的改变会伴随玻璃性质变化。尤其是从三个方向发展的架状结构向两个方向层状结构变化，以及从层状结构向一个方向发展的链状结构变化时，性质变化更大。O/Si 比例对硅酸盐网络结构的影响，见表 7-6。

表 7-6　O/Si 比例对硅酸盐网络结构的影响

O/Si	硅氧结构
2	网络（SiO_2）
2～2.5	网络
2.5	网络
2.5～3	网络和链或环
3	链或环
3.5	群状硅酸盐离子团
4	岛状硅酸盐

第二节 陶瓷材料的性能

陶瓷大部分为共价键和离子键，键合牢固并有方向性，同金属相比，其晶体结构复杂而表面能小。因此，它的强度、硬度、弹性模量、耐磨性、耐蚀性及耐热性比金属优越，但塑性、韧性、可加工性、抗热震性及使用可靠性却不如金属。为了提高陶瓷的这些性能，人们进行了不懈的努力。

一、陶瓷材料的力学性能

1. 陶瓷的弹性模量

在正常温度下，当应力不大时，陶瓷的形变是简单的弹性形变，符合胡克定律，应力与应变呈线性关系。陶瓷的弹性形变实际上是在外力的作用下，原子间距由平衡位置产生很小位移的结果。超过此值，就会产生键的断裂（室温）或产生塑性形变（高温）。弹性模量反映的是原子间距微小变化所需外力的大小，是原子间结合强度的一种指标。陶瓷大多为共价键和离子键结合的晶体，结合力强，弹性模量都较大。常见陶瓷的弹性模量见表 7-7。

表 7-7 常见陶瓷的弹性模量

陶瓷材料	E/GPa	陶瓷材料	E/GPa
烧结氧化铝	366	烧结 $MgAl_2O_4$	233
热压 Si_3N_4	320	致密 SiC	467
烧结氧化铍	310	烧结 TiC	310
热压 BN	83	烧结 ZrO_2	150
热压 B_4C	290	SiO_2 玻璃	72
石墨	9	莫来石瓷	69
烧结 MgO	210	滑石瓷	69
烧结 $MoSi_2$	407	AlN 瓷	310

影响陶瓷弹性模量的外因主要有：应力状态、温度、熔点及致密度等。压应力使原子间距变小，弹性模量将会增加；拉应力使原子间距增大，因而弹性模量下降。像陶瓷这样的脆性材料，在较小的拉应力下就会断裂。随温度增加、气孔率增加及熔点降低，陶瓷的弹性模量降低。弹性模量还具有方向性，不同的晶向具有不同的弹性模量。但大部分陶瓷是多晶体，整体上弹性模量表现为各向同性。对于定向组织的陶瓷才具有各向异性。含有玻璃相的陶瓷，弹性模量不再是与时间无关的常数，而是随着时间的增加而降低。这时变形不是真正的弹性变形，而是滞弹性，这种变形不是瞬时恢复，而是随时间逐渐恢复。如果施加恒定应变，则应力随时间而减小，这种现象称为弛豫。这种模量称为弛豫模量，即

$$E_R(t) = \sigma(t)/\varepsilon_0 \tag{7-1}$$

在晶态陶瓷中，滞弹性弛豫最主要的根源是残余的玻璃相。这种残余玻璃相常处在晶界上，当温度达到玻璃转变温度时，晶界上的滞弹性弛豫就变得重要起来。

2. 陶瓷的硬度

硬度是材料抵抗局部压力而产生变形的能力。金属的硬度是测表面塑性变形的程度，所以硬度与强度成正比。陶瓷是脆性材料，在压头压入区发生伪塑性变形，所以硬度很难与强度直接对应起来，但硬度高，耐磨性好；并且在测维氏硬度的同时，可以测得断裂韧度。

测维氏硬度的压头是对面角136°的金刚石，由于陶瓷为脆硬材料，大多数情况下压痕的边缘产生破碎，同时在压痕角上沿对角线延长方向产生裂纹。根据压痕角部产生裂纹的长度，可计算断裂韧度

$$K_{IC}=0.045E^{0.6}H_{T}^{0.1}(a^{2}/c^{3/2}) \tag{7-2}$$

式中，E 为弹性模量；H_T 为真实硬度；a 为压痕对角线半长；c 为压痕裂纹半长。

显微硬度可测显微组织中不同相或不同晶粒的硬度。陶瓷常用莫氏硬度（划痕硬度）来测量，莫氏硬度分15级。金刚石最硬，为15级；滑石最软，为1级。莫氏硬度反映的是陶瓷抵抗破坏的能力。陶瓷的硬度主要取决于其组成和结构。离子半径越小，离子电价越高，配位数越大，结合能越大，抵抗外力刻划和压入的能力越强，硬度越高。陶瓷的显微组织、裂纹、杂质等对硬度都有影响。陶瓷的硬度与弹性模量大体呈线性关系。

$$E\approx 20\text{HV} \tag{7-3}$$

常见陶瓷的硬度见表7-8。

表7-8　常见陶瓷的硬度

陶瓷材料	硬度 HV	陶瓷材料	硬度 HV
WC	1500～2400	ZrO_2	1200
α-Al_2O_3	1500	SiC	2400
B_4C	2500～3700	Si_3N_4	1600
cBN	7500	Sialon	1800
金刚石	10000～11000		

随着温度的增加，陶瓷的硬度降低，见图7-8。与其他高温性能的测试相比，方法简便，所需试样少。另外，高温硬度与高温强度有一定的对应关系，但硬度对温度的敏感性比强度对温度的敏感性大，即随温度的提高，硬度比强度下降得快。

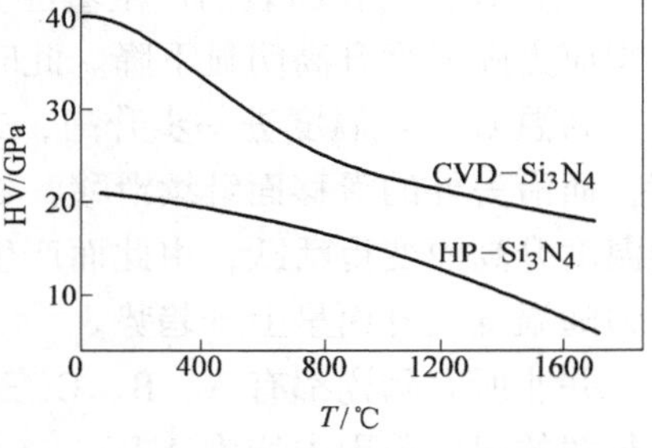

图7-8　Si_3N_4 陶瓷的硬度

3. 陶瓷的强度

陶瓷在室温下几乎不能产生滑移和位错运动，很难产生塑性变形，其破坏方式为脆性断裂，室温下只能测得断裂强度。理论断裂强度主要取决于原子间结合力即化学键类型和原子种类，可近似写成

$$\sigma_{th}\approx 0.1E \tag{7-4}$$

陶瓷的实际强度要比理论强度小两个数量级。例如 Al_2O_3，$\sigma_{th}=46$GPa，晶须14GPa，单晶7GPa，多晶0.1～1GPa。这是由于陶瓷内部存在微小裂纹的扩展而导致断裂。常见陶瓷的断裂强度见表7-9。

表 7-9 常见陶瓷的断裂强度

陶瓷材料	晶粒尺寸/μm	气孔率(%)	断裂强度/MPa
高铝砖		24	13.5
烧结 Al_2O_3	48	≈0	266
热压 Al_2O_3	3	≈0	900
单晶 Al_2O_3		0	2000
热压 MgO	1	≈0	340
烧结 MgO	20	1.1	70
单晶 MgO		0	1300

断裂强度取决于陶瓷的化学成分和组织结构，但同时也随外界条件（温度、应力等）的变化而变化。陶瓷的断裂强度随气孔率的增加而按指数规律下降。这是由于气孔降低了载荷作用的横截面积，同时气孔也会引起应力集中。为了获得高断裂强度，应制备接近理论密度的无气孔陶瓷。陶瓷的断裂强度与晶粒尺寸的关系符合 H-P 公式，即晶粒越细，断裂强度越高。晶界相的成分、性质及数量对陶瓷断裂强度有影响。晶界上的晶相能起到阻止裂纹扩展并松弛裂纹尖端应力场的作用。而晶界上的玻璃相对断裂强度不利。所以应热处理使之晶化。此外，通过复合的方法也是强化的途径之一。

陶瓷一般高温强度较高。当 $T < 1/2T_m$ 时，陶瓷的强度基本保持不变。当 $T > 1/2T_m$ 时，强度才出现明显下降。陶瓷的断裂应力随温度变化的曲线见图 7-9。

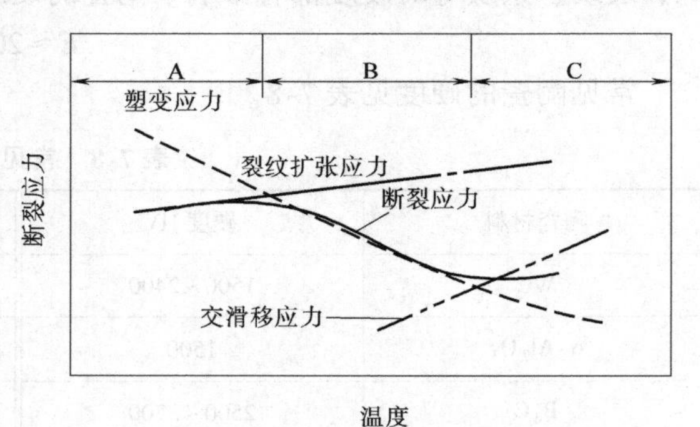

图 7-9 陶瓷的断裂应力与温度的关系

该曲线分为 A、B、C 三个区域。

低温 A 区：断裂前无塑性变形，断裂主要决定于内部的缺陷引起的裂纹扩展，为脆性断裂。在 A 区断裂应力随温度变化不大。

中温 B 区：在断裂前产生塑性变形，强度对缺陷的敏感性降低，断裂受塑性变形控制。断裂应力随温度升高明显下降。此时的断裂应力受位错塞积机制控制。

高温 C 区：温度进一步升高，二维滑移系开动。位错塞积群中的一部分位错产生交滑移，而沿另外的滑移面继续滑移，松弛了应力集中，抑制了裂纹的萌生。由于位错的交滑移随温度升高而变得活跃，由此而产生的对位错塞积前端应力的松弛作用越发明显。所以断裂应力随温度上升而呈上升趋势。

并非所有陶瓷都有 A、B、C 三个区域。共价键很强的 Si_3N_4 很难产生位错运动，因此在很宽的温度范围内均为 A 区，这种材料即使在很高的温度下，断裂应力也降低很少，可作高温结构材料。Al_2O_3 陶瓷在 1000℃以下为 A 区，1000℃以上为 B 区。对应 MgO，没有 A 区，从室温到 1700℃范围内均为 B 区，大于 1700℃时出现 C 区。

4. 陶瓷的韧性

陶瓷是脆性材料，对裂纹敏感性很强，其断裂行为可用弹性力学来描述。评价陶瓷韧性

的参数是断裂韧度 K_{IC}。由于陶瓷中存在许多裂纹和缺陷，在外力作用下，产生应力集中。当应力达到一定程度时，裂纹失稳扩展而导致断裂，此时的临界应力强度因子就是断裂韧度。常见陶瓷的断裂韧度见表7-10。

表7-10 常见陶瓷的断裂韧度

陶　瓷	$K_{IC}/MPa \cdot m^{1/2}$
Al_2O_3	4～4.5
Al_2O_3-ZrO_2	4～4.5
ZrO_2	1～2
ZrO_2-Y_2O_3	6～15
ZrO_2-CaO	8～10
ZrO_2-MgO	5～6
Si_3N_4	5～6
SiAlON	5～7
SiC	3.5～6
B_4C	5～6

由表7-10可见，陶瓷的断裂韧度很低，提高陶瓷断裂韧度的途径主要有：相变韧化、纤维韧化以及颗粒韧化等。

ZrO_2 的t-m马氏体相变将产生3%～5%的体积膨胀。相变产生的体积效应和形状效应要吸收大量的能量，从而提高韧性，这就是相变韧化。相变韧化机理有三种：应力诱导相变韧化、诱发微裂纹韧化和残余应力韧化。当晶粒小于诱发显微裂纹的临界尺寸时，裂纹扩展进入含有t-ZrO_2 晶粒区域，在裂纹尖端应力场的作用下，形成过程区。在过程区发生t-m相变，因而产生新的断裂表面而吸收能量。另外还有体积膨胀效应也要吸收能量，并且体积膨胀对裂纹产生压应力，阻碍裂纹扩展，提高了断裂韧度，这就是应力诱发相变韧化。当晶粒大于诱发显微裂纹的临界尺寸时，在冷却过程中发生t-m相变的同时，诱发显微裂纹。这种微小裂纹在主裂纹区尖端过程区内张开而分散，要吸收能量，使主裂纹扩展阻力增加，从而使断裂韧度增加。在这些微裂纹没有互相连接起来之前，K_{IC}与显微裂纹的密度成正比，而一旦相互连接，则导致韧性下降。当晶粒尺寸大于室温下m相变的临界尺寸而小于诱发显微裂纹的临界尺寸时，虽然冷却到室温已发生了t-m相变，由于其粒径较小，积累膨胀较小，所以不能诱发裂纹。但在这部分m相晶粒周围存在残余应力。当裂纹扩展到残余应力区时，残余应力释放，同时有闭合、阻碍裂纹扩展的作用，产生残余应力韧化。利用 ZrO_2 的t-m相变韧化作用，可以提高 Al_2O_3、Si_3N_4、莫来石等陶瓷的韧性。

在陶瓷中加入单向排布长纤维可改善韧性。当裂纹扩展遇到纤维时，裂纹受阻，裂纹要继续扩展必须提高外加应力，由于基体与纤维界面解离，且纤维的强度高于基体的强度，开始时产生纤维的拔出。拔出的长度达到某一临界值时，纤维发生断裂。因此裂纹扩展必须克服由于纤维的加入而产生的拔出功及纤维断裂功，使韧性提高。实际上扩展阻力增加，从而韧性得到提高，例如碳纤维增强硅酸盐玻璃、Si_3N_4 陶瓷等。多维排布纤维的增强增韧机理与单向排布长纤维复合材料一样，主要是纤维的拔出和裂纹转向，例如宇航用三向C/C复合材料。短纤维和晶须也有增强增韧陶瓷的作用，其强韧化机理主要是靠短纤维和晶须的拔出桥连与裂纹转向对强度和韧性提高的。但是短纤维和晶须必须超过临界长径比（L/d）才起作用。例如，C_f 强韧化微晶玻璃、SiC_w 强韧化 ZrO_2、Al_2O_3 和 Si_3N_4 陶瓷。

颗粒增韧效果不如短纤维和晶须。如果颗粒种类、粒径、含量及基体选择得当，仍有一定的韧化效果；同时使高温蠕变性能得到改善。颗粒增韧陶瓷的韧化机理主要有：细化基本晶粒、裂纹转向与分叉等。例如 SiC_p 颗粒强韧化 Al_2O_3 和 Si_3N_4 陶瓷。

5. 陶瓷的塑性

塑性形变是指外力除去后不能恢复的形变。材料受这种形变而不破坏的能力称为延性。大部分陶瓷在室温都是脆性材料，主要原因是：①陶瓷多为离子键和共价键，具有明显的方向性，滑移系少；②大部分陶瓷的晶体结构复杂，满足滑移的条件困难；③陶瓷中位错不易形成，位错运动困难，难以产生塑性形变。

影响陶瓷塑性形变的因素除上述化学键、晶体结构和位错外，还有温度、应变速率和显微组织等。随着温度的升高和应变速率的降低，陶瓷塑性形变加剧。晶粒细小到一定程度，在一定的温度和应变速率下还可能产生超塑性。

（1）典型陶瓷的塑性形变　具有 NaCl 结构的强离子型陶瓷（MgO），低温滑移最容易在 $\{110\}$ 面 $\langle 1\bar{1}0\rangle$ 方向上进行，高温下沿 $\{110\}\langle 110\rangle$ 滑移。而弱离子型陶瓷（PbS）在低温下可在 $\{100\}$ 面发生滑移。这是由于离子的极化性降低了斥力，在较低温度下即可在 $\{100\}$ 面上产生滑移。影响 NaCl 型结构陶瓷塑性形变的因素有两类：一类是材料本身的微观结构（如晶体结构、晶体缺陷等）；另一类是外部因素，包括形变温度和形变速率等。

与 NaCl 型不同，CaF_2 型陶瓷在低温发生 $\{100\}\langle 110\rangle$ 滑移，高温时有辅助系统 $\{111\}\langle 110\rangle$ 和 $\{110\}\langle 110\rangle$ 开动，位错运动速度对应变的敏感性比 NaCl 型小。在相同温度和应力下，CaF_2 中的螺型位错运动速度高于刃型位错，这使交叉滑移在高温时易于进行。

Al_2O_3 单晶在 900℃以上，在 $\{0001\}\langle 11\bar{2}0\rangle$ 上产生滑移，引起各向异性变形。在更高温度时，可在棱柱面 $\{1\bar{2}10\}$ 上沿 $\langle 10\bar{1}0\rangle$ 或 $\langle 10\bar{1}1\rangle$ 方向、在角锥面 $\{1\bar{1}02\}$ 上沿 $\langle 01\bar{1}1\rangle$ 方向和 $\{10\bar{1}1\}$ 面上沿 $\langle 01\bar{1}1\rangle$ 方向发生滑移。这些非基面上的滑移也能在较低温度及很高的应力下发生。即使是在 1700℃，产生非基面滑移的应力也是产生基面滑移的 10 倍。Al_2O_3 的塑变可看作是由层错带分开的 1/4 不完全位错组成的扩展位错运动产生的滑移而引起的。这种位错结构在晶体学上是低能量排列，位错穿过晶体所需的能量较小，且塑变所需的应力低，滑移对温度和应变速率敏感。

（2）陶瓷的超塑性　具有细晶组织的金属材料在适当的温度和应变速率下，会呈现出异常高的塑性变形率（$\Delta l/l \geqslant 100\%$），即超塑性（Superplasticity）。陶瓷材料在适当的组织及变形条件下也同样可以获得超塑性。陶瓷的加工成形和陶瓷的增韧问题是人们一直关注亟待解决的关键问题。陶瓷超塑性的发现为解决这个问题打开了新途径。超塑性可分为相变超塑性和组织超塑性。相变超塑性是靠陶瓷在承载时温度循环产生相变来获得超塑性；组织超塑性是靠特定的组织在恒定应变速率下获得超塑性，其中研究得较多的是晶粒细化超塑性。陶瓷超塑性主要是材料界面所贡献的，是由于界面滑移引起的。陶瓷中的界面数量和界面性质对超塑性负有重要的责任。一般来说，陶瓷的超塑性对界面数量的要求有一个临界范围，界面数量太少，没有超塑性，这是因为晶粒大，大晶粒容易成为应力集中的位置，并为孔洞的形成提供了主要的位置。界面数量过多虽然可能出现超塑性，但由于材料强度的下降也不能成为超塑性材料。最近研究表明，陶瓷出现超塑性的晶粒临界尺寸范围为 200～500nm。

关于陶瓷超塑性的机制至今还不十分清楚。目前有两种说法：一是界面扩散蠕变和扩散范性；二是晶界迁移和粘滞流变。这些理论都还很粗糙，有待进一步研究。目前，已经研究了 ZrO_2、Al_2O_3、Si_3N_4、SiC、TiO_2 等陶瓷材料的超塑性。金属材料最大超塑性为：5500%（Al-Bronze，1985）；陶瓷材料最大超塑性为：1038%（TZP with glass，1993）。陶瓷与金属细晶超塑性的比较见表 7-11。

表 7-11　陶瓷与金属细晶超塑性的比较

指　标	金　属	陶　瓷
最大伸长率	5500%	1038%
临界晶粒尺寸 d/μm	<10	<1
塑性极限	对应变速率敏感	Z-H 参数
缩颈	有	无
ε-σ 曲线	3 区	1 区
应变速率敏感指数	≈0.5	≈0.5
激活能 Q	晶界扩散	晶界扩散
晶粒尺寸指数 P	2～3	3

影响陶瓷超塑性的因素主要有：晶粒尺寸、晶界性质、变形温度、变形速率。晶粒尺寸越小，晶界相越多，越容易产生晶界滑动，流变应力越小，伸长率越高。虽然流变应力随变形温度的增加而降低，但并非温度越高伸长率越大，而是在某一温度出现最大值；同时，伸长率也不是随应变速率的降低而单调升高，而是在某一特定应变速率时出现最大值。

在超塑性变形过程中，应变会促使晶粒长大。晶粒长大由两部分构成：一部分是由于高温下保持退火作用产生的静态生长；另一部分是由于变形促使的动态长大。对于 Al_2O_3 陶瓷来说，静态长大不明显，动态长大明显。

（3）陶瓷的蠕变　陶瓷在高温下受恒定应力长时间作用时，可以发生缓慢塑性变形，即蠕变。陶瓷的蠕变速率不仅是温度、应力和时间的函数，而且还是结构的函数，包括显微结构（晶粒尺寸、气孔率、相分布等）以及微观结构（化学键种类、晶体结构、晶体缺陷等）。

蠕变变形和超塑性变形并不是简单地由位错的滑移来进行的。为使滑移产生，必须克服位错运动的各种障碍：一是热障碍，短程应力场的障碍；二是非热障碍，长程应力场的障碍。蠕变变形机理有两种：扩散理论和位错理论。

扩散蠕变理论认为蠕变是由晶界间扩散而产生变形，晶界起重要作用，对晶粒尺寸敏感。在扩散蠕变过程中，多晶体内的自扩散使多晶体在应力作用下屈服，变形起因于每个晶内的扩散流动。这种扩散使多晶体中原子（或离子）离开受法向压应力的晶界，而流向受法向拉应力的晶界，导致晶粒伸长，而引起应变。晶界上的拉应力使空位浓度增加，而压应力使空位浓度降低，称为应力诱发空位扩散。结果变形过程总是伴随晶界的滑动。

位错蠕变机理认为蠕变是由于位错的运动而产生变形，是晶内机制。位错运动有两种方式：攀移和滑移。在高温蠕变中位错的攀移起重要作用。位错的攀移实际上是离子扩散的过程。位错的攀移即位错运动到滑移面以外，要求位错线以上的一个原子跳入位错，等价于位错的滑移面上升一个晶面间距。攀移过程取决于晶格空位扩散，这种机制与晶粒尺寸基本无关。对于多晶陶瓷，如能一直断裂，在充分高的压力下满足变形所需要的滑移系条件，则可发生只由位错滑移而产生的塑变。

晶界滑动是蠕变和超塑性的共性。两者的区别是：蠕变时晶粒沿应力方向拉长；超塑性是晶粒转动，相邻晶粒的相对位置发生变化，晶粒形状在变形前后不变，仍为等轴状。

影响陶瓷蠕变的因素除温度和应力外，最重要的是显微组织、晶体结构、晶体缺陷、晶粒尺寸、相组成、晶界性质、化学成分及周围环境条件气氛等。随气孔率增加，蠕变速率加快。这是由于气孔减少了抵抗蠕变的有效截面积。晶粒愈小，蠕变速率愈大，因为晶粒愈小，晶界面积愈大，晶界扩散也就增大。单晶无晶界，抗蠕变性能比多晶好。玻璃相比晶相蠕变速率大。玻璃相对蠕变的影响，取决于玻璃相对晶相的润湿程度。不润湿时，晶界处为晶粒与晶粒结合，抗蠕变性能好。完全润湿时，晶粒被玻璃相包围，抗蠕变性能差。常见陶瓷的蠕变速率见表 7-12。

表 7-12 常见陶瓷的蠕变速率

陶瓷材料	蠕变速率(1300℃,5.6MPa)/h^{-1}
多晶 Al_2O_3	0.13×10^{-5}
多晶 BeO	30×10^{-5}
多晶 MgO	3.3×10^{-5}
多晶 $MgAl_2O_4$（2~5μm）	26.3×10^{-5}
多晶 $MgAl_2O_4$（1~3μm）	0.1×10^{-5}
多晶 ThO_2	100×10^{-5}
多晶 ZrO_2（稳定化）	3×10^{-5}
石英玻璃	20000×10^{-5}

二、陶瓷材料的热学性能

陶瓷的热学性能，如熔点、热容、热膨胀系数、热导率和抗热震性等，不仅对陶瓷的制备有重要意义，还直接影响着它们在工程上的应用。

1. 陶瓷的熔点

陶瓷的特点之一是耐高温。要成为耐热材料，首先要熔点高。熔点（T_m）是维持晶体结构的原子间结合力强弱的反映。结合越强，原子的热震动越稳定，越能将晶体结构维持到更高温度，T_m 就越高。各种陶瓷的熔点见图 7-10。

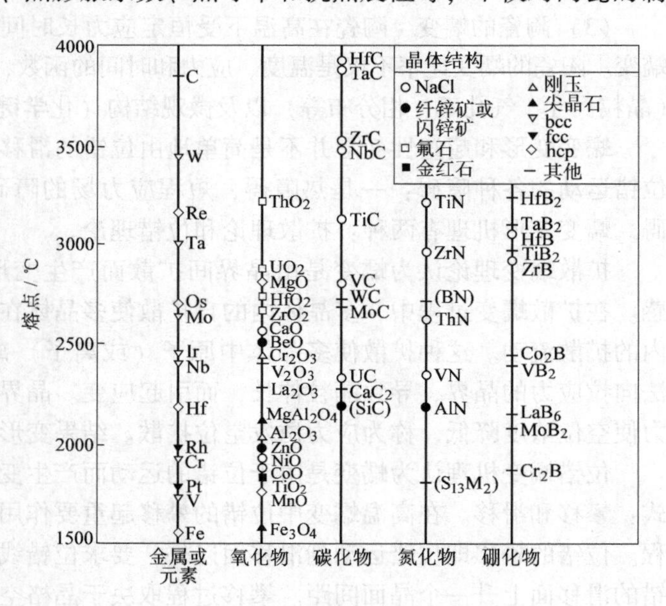

图 7-10 各种陶瓷的熔点

在陶瓷中，碳化物的熔点最高，大量高熔点的碳化物具有 NaCl 型结构。氮化物和硼化物也不乏高熔点的化合物，氮化物中具有 NaCl 型结构的、硼化物中具有 NaCl 型结构和六方 AB_2 结构的大多熔点很高。对于氧化物熔点高的则多具有 CaF_2 和 NaCl 型晶体结构。NaCl 型和 CaF_2 型晶体结构熔点高，是由于这种结构离子配位数大，离子结合强度高。

2. 陶瓷的热容

几种陶瓷的热容-温度曲线见图 7-11。从中可见，在高于德拜温度（1/5～1/2）T_m 时，热容趋于常数 25J/(mol·K)，而低于德拜温度，热容与 T^3 成正比变化。不同陶瓷的德拜温度不同，它与化学键强、弹性模量、熔点等有关。

陶瓷的热容与结构关系不大。相变时，由于热量不连续变化，热容发生突变，因此可用热容研究相变。在较高温度下，热容具有加和性，即物质的摩尔热容等于构成该物质元素原子热容的总和。

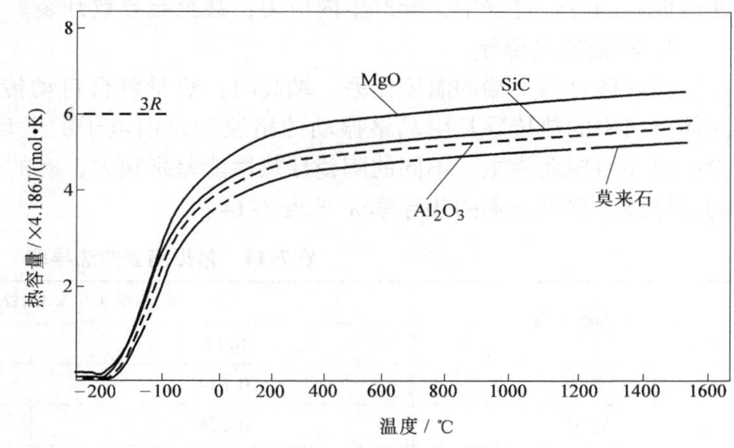

图 7-11　几种陶瓷的热容-温度曲线

3. 陶瓷的热膨胀

物体的体积或长度随温度升高而增大的现象称为热膨胀。陶瓷的线膨胀系数都不大，约为 10^{-5}～$10^{-6}K^{-1}$。常见陶瓷的线膨胀系数见表 7-13。陶瓷热膨胀的本质是点阵结构中质点间平均距离随温度升高而增大，另外晶体中的热缺陷将造成局部晶格的畸变和膨胀，尤其在高温下，这也是膨胀的一个因素。

表 7-13　常见陶瓷的线膨胀系数

陶瓷材料	α_l(0～1000℃)/(×10^{-6}/K)	陶瓷材料	α_l(0～1000℃)/(×10^{-6}/K)
Al_2O_3	8.8	Y_2O_3	9.3
BeO	9.0	ZrO_2	10.8
MgO	13.5	SiO_2 玻璃	0.5
莫来石	5.3	硅酸盐玻璃	9.0
尖晶石	7.6	瓷器	6.0
B_4C	4.5	粘土耐火砖	5.5
SiC（浸硅法）	4.4	$MgO \cdot Al_2O_3$	9.0
SiC（常压烧结）	4.8	$Al_2O_3 \cdot TiO_2$	2.5
SiC（CVD 法）	4.8	堇青石	2.5
Si_3N_4（反应烧结法）	3.2	TiC 金属陶瓷	9.0
Si_3N_4（常压烧结）	3.4	TiC	7.4
Si_3N_4（热压烧结）	2.6	$ZrSiO_4$	4.5

质点间结合力越强，温度升高时质点振动的振幅增加得越少，热膨胀系数越小。结合能大，熔点也较高，所以熔点高的陶瓷膨胀系数小。组成相同，结构不同，膨胀系数也不同。

通常结构紧密的晶体，膨胀系数较大。而无定形的玻璃，膨胀系数较小，因为玻璃结构较松弛，内部孔隙较多。当温度升高时，原子间距增大时，部分地被结构内部空隙所容纳，宏观的膨胀量就小些。陶瓷大多为多晶多相组织。对于各向同性晶体组成的多晶体，热膨胀系数与单晶体系统相同；对于各向异性的多晶体或复相陶瓷，由于各相的膨胀系数不同，则它们在烧成后的冷却过程中，会产生内应力，甚至会导致开裂。

4. 陶瓷的热传导

当固体材料一端的温度比另一端高时，热量就会自动传向冷端，这种现象称为热传导。固体材料中的热传导是由晶格振动的格波和自由电子的运动来实现的。陶瓷中自由电子极少，以晶格振动为主。不同的陶瓷导热性能差别很大，有的是优良的绝热材料，有的却是热的良导体。常见陶瓷的热导率 λ 见表 7-14。

表 7-14 常见陶瓷的热导率

陶瓷材料	热导率 λ/[×4.18668W/(cm·K)]	
	100℃	1000℃
莫来石	0.014	0.009
$MgAl_2O_4$	0.036	0.014
Al_2O_3	0.072	0.015
BeO	0.525	0.049
MgO	0.090	0.017
ThO_2	0.025	0.007
UO_2	0.024	0.008
石墨	0.43	0.15
ZrO_2	0.0047	0.0055
SiO_2 玻璃	0.0048	0.006
硅酸盐玻璃	0.004	
TiC	0.060	0.014
瓷器	0.004	0.0045
粘土耐火砖	0.0027	0.0037
TiC 金属陶瓷	0.08	0.02

热传导又分为声子传导和光子传导。在温度不太高时，主要是声子传导；在高温时光子传导起作用。声子传导与晶格振动有关，晶体结构越复杂，晶格振动的非谐性程度越大，格波受到的散射越大，而平均自由程越小，热导率越低。对于同一材料，多晶体比单晶体热导率小。由于多晶体中晶粒尺寸小，晶界多，晶界杂质多，声子更容易受到散射，平均自由程小，热导率就低；并且在高温时单晶比多晶光子传导更明显。固溶体降低热导率，因为置换原子造成晶格畸变，增加了格波散射，减少了平均自由程。玻璃的热导率较小，随温度增加，热导率稍有增加。因为玻璃仅是近程有序，自由程近似为常数，即等于原子间距，这是声子自由程的下限，所以热导率就低。石英玻璃的热导率比石英晶体低 3 个数量级。

不同组成的晶体，热导率差异很大。因为构成晶体质点的大小、性质不同，晶格振动状态不同，传热的能力就不同。一般来说，质点的相对原子质量越小，晶体的密度越小，弹性模量越大，德拜温度越高，热导率越大。所以凡是轻元素或结合能大的晶体，λ 较大。陶瓷中通常含有气孔，一般在温度不高时，气孔率不大，气孔尺寸很小，均匀分散在陶瓷中时，随气孔率增加，热导率降低，在光子传导时，微气孔形成了散射中心，导致透明度下降，使自由程降低。因此大多数烧结陶瓷的光子传导率比单晶和玻璃小 1~3 个数量级。

5. 陶瓷的抗热震性

抗热震性是指陶瓷承受温度的急剧变化而抵抗破坏的能力。一般来说，陶瓷的抗热震性是比较差的。在热冲击下的损坏有两种类型：一种是材料发生瞬时断裂，对这类破坏的抵抗称为抗热震断裂性；另一种是在热冲击循环作用下，材料表面开裂、剥落，并不断发展，以致最终碎裂或变质而损坏，对这类破坏的抵抗称为抗热震损伤性。

（1）抗热震断裂性　只要材料中最大热应力 σ_{max} 不超过抗拉强度 σ_b，则材料不致损坏。因此材料中允许存在的最大温差 ΔT_{max} 为

$$\Delta T_{max} = \sigma(1-\mu)/\alpha E \tag{7-5}$$

ΔT_{max} 越大，材料能承受的温度变化越大，则抗热震性越好。所以定义 $R=\sigma(1-\mu)/\alpha E$ 为第一热应力因子，适用于陶瓷急剧受热或冷却时。

实际材料中的热应力还与材料的热导率、形状大小、表面对环境进行热传递的能力有关。考虑这些因素，则有

$$\Delta T_{max} = f(R) + f'\left[\frac{\sigma(1-\mu)}{\alpha E}\cdot\frac{\lambda}{bh}\right] \tag{7-6}$$

定义 $R'=\sigma(1-\mu)\lambda/\alpha E$ 为第二热应力因子，适用于陶瓷缓慢受热或冷却时。

有些实际场合往往关心的是材料所允许的最大冷却（或加热）速率 $\mathrm{d}T/\mathrm{d}t$

$$(\mathrm{d}T/\mathrm{d}t)_{max} = \frac{\sigma(1-\mu)}{\alpha E}\cdot\frac{\lambda}{\rho C}\cdot\frac{3}{b^2} \tag{7-7}$$

定义 $R''=\sigma(1-\mu)/\alpha E\cdot\lambda/\rho C$ 为第三热应力因子，适用于陶瓷恒速受热或冷却时。热导率 λ 越大，材料密度和热容 C 越小，即热量在材料内部传递越快，材料内部温差越小，对抗热震性越有利。常见陶瓷的 R 和 R' 见表 7-15。

表 7-15　常见陶瓷的 R 和 R'

陶瓷材料	$\sigma/\times10^{-1}$ (kg/m^2)	$E/\times10^2$ (kg/m^2)	$\alpha/(\times10^{-6}$ /K)	R/K	$\lambda/[\times10^{-2}$W/(m·K)]			$R'/\times10^{-2}$(W/m)		
					373K	673K	1273K	373K	673K	1273K
Al_2O_3	1.47	3.58	8.8	47	0.31	0.13	0.63	14.2	6.27	2.93
BeO	1.47	3.09	9.0	53	2.2	0.93	0.21	131	50.2	10.9
MgO	0.98	2.11	13.5	34	0.36	0.16	0.07	12.1	5.4	2.4
$MgAl_2O_4$	0.84	2.39	7.6	47	0.16	0.10	0.06	6.3	4.6	2.2
ThO_2	0.84	1.48	9.2	62	0.10	0.05	0.03	6.3	3.9	2.1
ZrO_2	1.40	1.48	10.0	106	0.02	0.02	0.02	1.8	1.9	2.1
莫来石	0.84	1.48	5.3	107	0.06	0.05	0.04	6.7	5.0	4.6
瓷器	0.70	0.70	6.0	167	0.02	0.02	0.02	2.8	2.9	3.1
钠钙玻璃	0.70	0.67	9.0	117	0.02	0.02		1.97	2.16	
SiO_2 玻璃	1.09	0.74	0.5	3000	0.02	0.02		47.7	56.5	

（续）

陶瓷材料	$\sigma/\times10^{-1}$ (kg/m^2)	$E/\times10^2$ (kg/m^2)	$\alpha/(\times10^{-6}$ /K)	R/K	$\lambda/[\times10^{-2}W/(m\cdot K)]$			$R'/\times10^{-2}(W/m)$		
					373K	673K	1273K	373K	673K	1273K
Si_3N_4	1.10	2.50	2.25	157		0.18			29.9	
B_4C	1.57	4.56	5.5	498		0.83			41.2	
金属陶瓷	3.86	3.65	8.65	127	0.09			2.8		
石墨	0.24	0.11	3.0	735	1.79	1.12	0.62	1300	825	456

（2）抗热震损伤性　通常在实际材料中都存在一定大小、数量的微裂纹，在热冲击下，这些裂纹产生、扩展，与材料的弹性应变能有关。抗应力损伤性正比于断裂表面能，反比于应变能。因此定义两个抗热应力损伤因子为

$$R^{\mathrm{III}}=\frac{E}{\sigma^2(1-\mu)} \tag{7-8}$$

$$R^{\mathrm{IV}}=\frac{E\gamma}{\sigma^2(1-\mu)} \tag{7-9}$$

R^{III}实际上就是材料中储存的弹性应变能的倒数，用于比较具有相同断裂表面能材料的抗热震损伤性；R^{IV}用于比较具有不同断裂表面能（γ）材料的抗热震损伤性。R^{III}和R^{IV}高的材料抗热应力损伤性好。

抗热应力损伤性好的材料，应有低的强度和高的弹性模量，这与R、R'和R''正好相反。这是因为两者的判据不同。在抗热应力断裂性中，是从热弹性力学观点出发，以强度-应力为判据，认为材料中热应力达到抗拉强度极限后，材料就产生开裂，而一旦有裂纹产生就导致材料完全破坏。所导出的结果对于一般的玻璃、瓷器和电子陶瓷等都能较好地适用。但是对于一些含有微孔的材料如粘土砖和非均质的金属陶瓷等都不适用。在这些材料中发现，热冲击下材料中产生裂纹时，即使这些裂纹是从表面开始的，在裂纹瞬时扩展过程中也可能被微孔、晶界或金属相所中止，而不致引起材料的完全破坏。例如在耐火砖中，含有一定的气孔率时（10%~20%）反而具有良好的抗热冲击损伤性。而气孔是降低材料强度和热导率的，会使R、R'和R''值都要减小。因此这一现象按强度-应力理论就不能得到解释。所以，对抗热震性问题提出第二种处理方式，这就是从断裂力学观点出发以应变能-断裂能为判据的理论。这种理论认为，在抗热应力损伤性中，强度高的材料，原先裂纹在热应力作用下容易产生过度的扩展，对抗热应力不利。

对于多晶材料，具有一定数量、大小的裂纹会使抗热应力损伤性得到改善。在材料中虽然局部范围内可能产生破裂，但整个材料中的平均应力是不大的，因此严重的损坏可以避免。例如在Al_2O_3陶瓷中加入ZrO_2预制微裂纹，可明显改进抗热应力损伤性。

综上所述，对于陶瓷的抗热震性应注意两点：

1）对于要求高抗热应力断裂能力的陶瓷，成分选择、显微结构设计和表面处理，应有利于材料保持低的热膨胀系数、低的弹性模量、尽量高的强度、高的断裂韧度和高的热导率，也就是使R、R'和R''提高。

2）对于要求抗热应力损伤性能的陶瓷，成分选择、显微结构设计和表面处理，应有利于材料具有较高的弹性模量、高的断裂表面能、低的强度和低的热膨胀系数。适当引入气孔

和通过适当表面处理引入微裂纹，可避免出现灾难性动态裂纹扩展。

三、陶瓷材料的电学性能

由于陶瓷材料在电场和磁场中具有特殊的性能，同时还具有优良的力学性能、热性能以及良好的化学稳定性，因而陶瓷材料已经成为电磁装置中不可缺少的工程材料。

按室温电阻率的大小，工程材料可分成导体、半导体和绝缘体三类，其电阻率范围如下：

导体　$\rho < 10^{2}\Omega \cdot cm$

半导体　$10^{-2} < \rho < 10^{9}\Omega \cdot cm$

绝缘体　$\rho > 10^{9}\Omega \cdot cm$

绝缘体又叫电介质。大多数陶瓷材料属于绝缘体，部分属于半导体，也有少数陶瓷导体。半导体陶瓷材料可以用来制造耐热元件、整流器、热敏电阻、检波器以及其他元件，这些元件在现代电子工程中的作用越来越重要。绝缘体不导电并具有高的介电常数（电容率），作为绝缘子和电容器材料得到广泛的应用。某些陶瓷材料有良好绝缘性的同时还是强磁体，这类陶瓷已经成为一种新型磁性材料，在一些新工业部门中用来制造各种磁性元件，如滤波器、大功率传感器、微波装置元件及计算机中的记忆元件等。

1. 电介质的极化

任何物质都是运动着的质点（原子、分子或离子）所组成的。在没有外电场作用时，质点的正负电荷中心通常是重合的，对外不呈现电极性。在外电场作用下，正负电荷将离开其平衡位置发生相对位移。由于质点内部正负电荷静电引力的作用，这种相对位移是有限的，在一定温度和电场强度条件下，当其移动一定距离后，将达到新的平衡位置。正负电荷中心不再重合的结果形成了感生电偶极矩，整个介质呈现电极性；另外，在某些极性分子物质中，固有的永久电偶极矩在外电场作用下，倾向于沿电场排列。感生电偶极矩和沿电场排列的永久电偶极矩反过来又会对外电场发生影响。这种外电场与永久的或感生的电偶极矩之间相互作用的现象叫做介质的极化。

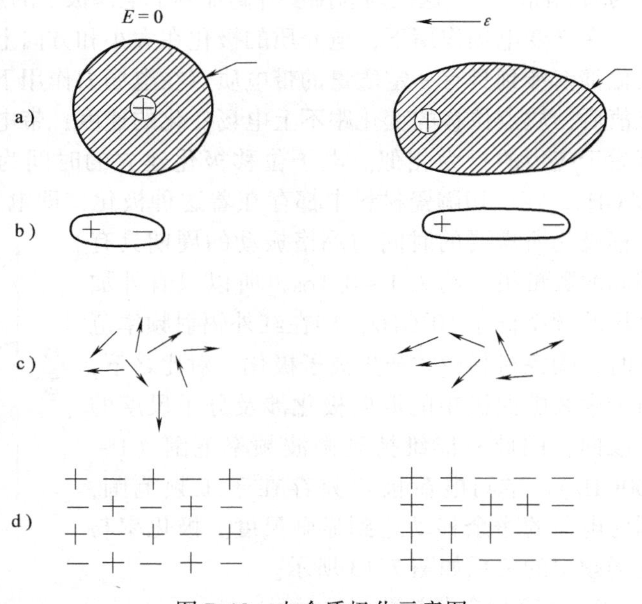

图 7-12　电介质极化示意图

a) 电子位移极化　b) 离子位移极化　c) 取向极化　d) 空间电荷和界面极化

按照物质的结构，电介质的极化有四种基本类型，见图 7-12。

1）原子、离子或分子本质上都是由带正电的原子核和绕核运动的电子云所构成的。在外电场作用下，电子云和原子核之间发生相对位移，因而产生感生电偶极矩并在质点附近产生与外电场方向相反的局部电场，这种极化称为电子位移极化（图 7-12a）。

2）由不同原子（或离子）构成

的分子，在电场作用下，分子中的正负离子发生相对位移（键角和离子间距的改变）而产生感生电偶极矩，这种极化称为离子位移极化（图 7-12b）。

3）某些极性分子结构的电介质具有永久电偶极矩，由于外电场作用，这些永久电偶极矩发生转向，产生极化，称为取向极化（图 7-12c）。

4）图 7-12d 所示为另一种极化类型的模型。在多相材料中不可避免地存在各种缺陷，例如晶界、晶格缺位、杂质、位错等。自由电荷的载流子由于电场的作用在晶体中移动时，在缺陷和界面处被捕获或堆积，造成电荷的局部积聚而产生了永久电偶极矩，这种极化称为空间电荷和界面极化。

电介质极化后，由于周围其他质点极化的影响，电介质中各质点的局部电场通常大于平均电场。用 E_{loc} 表示局部电场，则各极化质点的电偶极矩 P 与 E_{loc} 有如下关系

$$P=\chi E_{\text{loc}} \tag{7-10}$$

式中，χ 为比例常数，叫做质点极化率。单位体积电介质的总电偶极矩定义为极化强度 P

$$P=N\chi E_{\text{loc}} \tag{7-11}$$

式中，N 为单位体积的极化质点数目（电偶极子数目）。电介质的总极化率 χ 等于上述四种极化率之和，即

$$\chi=\chi_{\text{e}}+\chi_{\text{a}}+\chi_{\text{d}}+\chi_{\text{s}} \tag{7-12}$$

式中，χ_{e}为电子位移极化率；χ_{a}为离子位移极化率；χ_{d}为取向极化率；χ_{s}为空间电荷和界面极化率。

极化率的大小取决于电介质的晶体结构、温度和外加电场的频率。电子极化率几乎不受温度的影响。对于一组给定离子，例如卤族元素的阴离子，电子极化率随离子直径的增大而增大。离子极化率与键强度和离子的质量有关。取向极化率随永久电偶极矩的增加而增加，随温度的增加而减少。这是因为温度升高加剧了电偶极子的热运动，使偶极子取向变得困难所致。

在交变电场作用下，电介质的极化在大小和方向上都将随电场的变化而变化。由于所有极化都牵涉到具有一定质量的带电质点在电场力作用下的位移，因此当交变电场频率超过一定值后，质点位移的变化跟不上电场变化的速度，带电质点的这种行为与滞弹性材料中应变落后于应力的行为相似。电子位移极化建立的时间为 0.01～0.001ps，只要电场频率小于 10^6GHz，在一切陶瓷材料中都存在着这种极化，即电子极化可达到紫外线频率范围。离子位移极化所需要的时间与晶格振动的周期具有相同的数量级，约为 1～0.1ps，所以只有外加电场的频率低于 10^4GHz，即在红外辐射频率范围时，陶瓷材料中才产生离子极化。对比之下，由于永久电偶极矩的取向极化涉及分子尺度的再取向，因此只能维持到微波频率范围（1～100GHz）。空间电荷极化只存在于工频范围，因为电荷的净余移动达到显微尺度。极化率与电场频率的关系如图 7-13 所示。

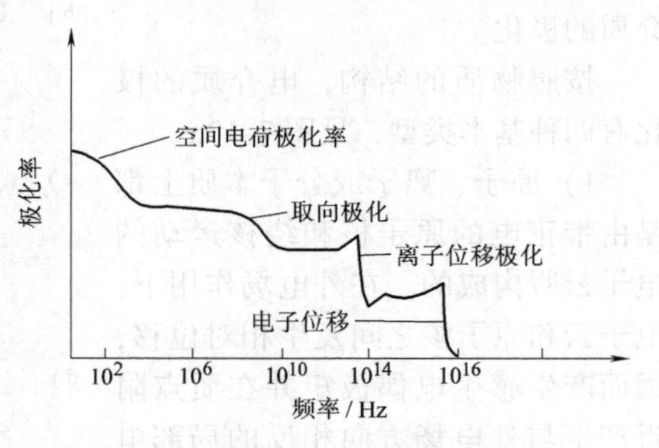

图 7-13 极化率与电场频率的关系

2. 电容和介电常数

处于真空中的两块平行电容器板，两板距离为 d，板的面积为 A，在直流外电场作用下，两板的电荷量分别为 $+q_0$ 和 $-q_0$，两板之间的电场强度为

$$E_0 = q_0/\varepsilon_0 A \tag{7-13}$$

式中，ε_0 为真空介电常数，其值为 $8.854\times10^{-12}\text{F/m}$。

两板间的电压为

$$U_0 = q_0 d/\varepsilon_0 A \tag{7-14}$$

真空电容器的电容为

$$C_0 = q_0/U_0 = A\varepsilon_0/d \tag{7-15}$$

如果两板中间置入陶瓷介质，在电场作用下介质发生极化，在靠近极板的表面，积聚了束缚在介质上的电荷，该电荷与电极上的电荷符号相反，因而在介质中建立了与原电场 E_0 方向相反的电场 E_p，使原电场有减少的趋势。要使原电场 E_0 保持不变，电源必须供给极板更多的电荷 q，如图 7-14 所示。而介质的介电常数可表示为

$$\varepsilon_r = q/q_0 \tag{7-16}$$

式中，ε_r为相对介电常数。

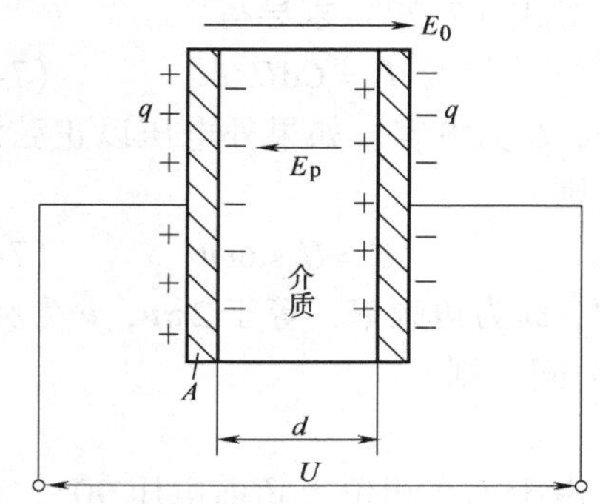

图 7-14 陶瓷介质在电场作用下发生极化

相对介电常数表示带有介质的电容器的介电常数为真空介电常数的倍数，并非介质的绝对介电常数。但是工程上常用相对介电常数描述介质的介电性质，称作介电常数。它表示介质储存电荷的能力，是介质的特性参数。

陶瓷材料的介电常数数值范围很大（2～100000）。介电常数大的材料，适用于制造容量大、体积小的电容器，介电常数小的材料，可用来制造装置零件。一定条件下，多相材料的介电常数可以根据各组成相的介电常数、相对量及其分布进行计算。在常温恒频率交变电场条件下，如果各组成相的方向与外电场平行，其介电常数为

$$\frac{1}{\varepsilon_m} = \frac{V_1}{\varepsilon_1} + \frac{V_2}{\varepsilon_2} + \cdots + \frac{V_n}{\varepsilon_n} \tag{7-17}$$

如果各组成相与外电场方向垂直，则 ε_m为

$$\varepsilon_m = V_1\varepsilon_1 + V_2\varepsilon_2 + \cdots + V_n\varepsilon_n \tag{7-18}$$

式中，ε_m为多相材料的介电常数；ε_1、ε_2、…、ε_n 为各组成相的介电常数；V_1、V_2、…、V_n 为各组成相的体积分数。

多相材料介电常数的一般形式为

$$(\varepsilon_m)^b = \sum_n V_n(\varepsilon_n)^b \tag{7-19}$$

式中，b 为常数。当 b 接近零时

$$(\varepsilon_m)^b = 1 + n\log\varepsilon_n \tag{7-20}$$

$$\log\varepsilon_m = \sum V_n \log\varepsilon_n \tag{7-21}$$

式（7-21）可用来估算多相系统的介电常数。图 7-15 表明计算结果与实验结果吻合较好。

3. 介质损耗

陶瓷作为电介质材料使用时，在储存电荷的同时，部分电能将转变成热能而损耗，单位时间内损耗的电能叫做介质损耗。电介质损耗主要由电导和极化所引起。在直流电压下，损

耗仅由电导引起；在交变电场下，陶瓷材料中电导引起的损耗在常温时其值很小，可以忽略不计，其介质损耗主要由极化引起。

电场频率较低时，电介质的极化过程能够与电场保持同步。由于电场方向变化，电介质中充电电流 I_d 可由下式求出

$$U = \frac{q}{c} = \int_0^t \frac{I_d \mathrm{d}t}{C} \tag{7-22}$$

对式（7-22）求导得

$$I_d = C\mathrm{d}U/\mathrm{d}t \tag{7-23}$$

式中，C 为电容。如果外电压以正弦波变化，则

$$U = U_0 \sin\omega t \tag{7-24}$$

式中，ω 为角频率，等于 $2\pi\nu$，ν 为频率；t 为时间，则

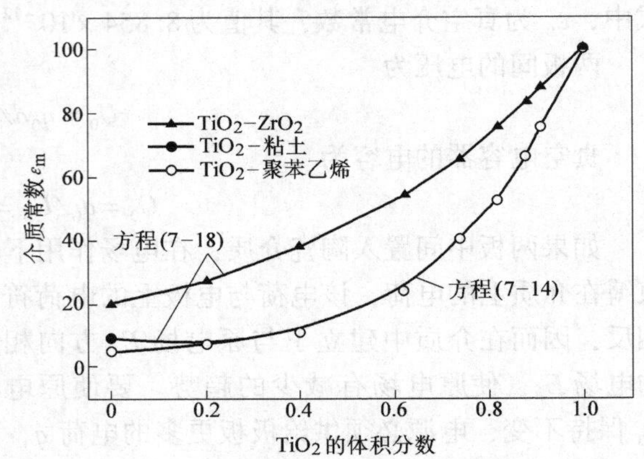

图 7-15　TiO_2 的含量对两相陶瓷材料介电常数的影响

$$I_d = CU_0\omega\cos\omega t \tag{7-25}$$

由于 I_d在相位上超前电压 90°，介质损耗等于零。随着电场频率的增加，电介质中极化过程开始落后于外加电压的变化，电流超前于电压的相位不再是 90°，而是 $90°-\delta$。δ 称为损耗角，它的大小代表了介质损耗的程度。此时介质的介电常数通常以复数形式表示

$$\varepsilon^* = \varepsilon' - i\varepsilon'' \tag{7-26}$$

实数部分 $\varepsilon' = \varepsilon_r$，表征电介质的极化强度；虚数部分 $\varepsilon'' = \varepsilon'\tan\delta = \varepsilon_r\tan\delta$ 为损耗指数，表示电介质在单位电场强度作用下，电场交变一次所产生的单位体积介质损耗功率。$\tan\delta$ 和 $\varepsilon'(\varepsilon_r)$ 是选择电介质材料时需要考虑的两个主要参数。以绝缘为主要目的时，应选择具有低介电常数和小损失角的材料；以介电为主要目的时，在保持小 δ 的条件下，应选择 ε'大的材料。

陶瓷材料的介质损耗取决于频率、温度、环境湿度及其微观结构等因素。ε'随频率增加而减少，$\tan\delta$ 随频率增加出现峰值，因此介质损耗在某一频率范围急剧增加。高频时虽然每周期损耗很少，但因每秒周期数多，介质损耗仍然很大。介质损耗随温度的变化主要取决于 $\tan\delta$ 随温度的变化。电介质吸潮后电导损耗增大。此外，电介质表面吸附水分和其他杂质也增加了介质损耗。

4. 电介质的击穿和介电强度

每一种绝缘材料只能在一定电压范围内保持介电状态。当电场强度超过某一临界值时，通过电介质的电流会急剧增大，电介质由介电状态变为导电状态，完全失去绝缘性能，同时在固体材料中往往伴随着材料本身的不可逆破坏，这种现象叫做电介质的击穿。击穿时的电压称作击穿电压，相应的电场强度称为击穿电场强度或介电强度（绝缘强度）。介电强度 E_j 通常表示为

$$E_j = U_j/d \tag{7-27}$$

式中，U_j 为击穿电压；d 为击穿处电介质厚度。

固体电介质的主要击穿形式是电击穿和热击穿。在强电场作用下，电介质内部带电质点

一方面从电场获得能量而剧烈运动；另一方面在运动过程中与晶格离子相碰撞而损失能量。如果在两次碰撞之间从电场获得的能量大于因碰撞损失的能量，则带电质点被电场加速，使其动能足以将其他电子撞击到导带中去，引起晶格离子的电离而增加电导，导致介质击穿。当介质损耗产生的热量来不及向环境散失时，就会引起电介质局部温度的升高，从而引起电导和介质损耗的增大，导致介质击穿，这称为热击穿。热击穿常常伴随着电介质局部熔化、蒸发和绝缘体穿孔等现象。

陶瓷材料通常由主晶相、玻璃相和气孔构成。除上述两种击穿机理外，还可能发生气孔中气体放电击穿的现象。由于气体的介电常数很小，因此在外电场作用下，气孔内部电场强度要大于介质的平均电场强度。若电介质的介电常数用 ε_1' 表示；气体介电常数用 ε_2' 表示，则气孔内电场强度 E_w 为

$$E_w \approx \frac{3\varepsilon_1'}{\varepsilon_2' + 2\varepsilon_1'} E_{av} \tag{7-28}$$

式中，E_{av} 为材料平均电场强度。

因为 $\varepsilon_2' < \varepsilon_1'$，故 $E_w > E_{av}$，即气孔内电场强度局部增大，导致气孔内气体电离放电，气孔周围介质也因而受热引起电介质局部击穿。E_w 与气孔的形状和尺寸有关，随气孔尺寸的减少而增大；圆扁平孔使局部电场强度增加尤其强烈，E_w 可高达 $6E_{av}$。

5. 陶瓷材料的电导

在外电场作用下，单位时间内通过单位面积的电荷定义为电流密度 J。电场强度与电流密度的关系为

$$J = \sigma E \tag{7-29}$$

式中，σ 为单位电场强度下的电流密度，定义为电导率。电流密度单位为 A/cm^2；电场强度单位为 V/cm，则电导率单位为 $1/(\Omega \cdot cm)$ 或 S/cm，电导率和电流密度都是宏观参量。从微观角度看，电流是带电质点在电场作用下流动的结果。通常在外电场作用下，带电质点除自身的热运动外，还能够在电场方向上（或相反方向上）获得额外的附加速度。这样一来，电导率可用微观参量描述。如果单位固体中带电质点（载流子）的数量为 n，每个质点所带电荷为 Ze（e 为电子电荷，等于 1.6×10^{-19}C，Z 为每一个载荷质点的电荷，相当于 e 的倍数，对于离子微粒等于其价数），而质点在外电场方向的平均迁移速度为 v，则

$$J = nZev \tag{7-30}$$

由式（7-29）和式（7-30）得

$$\sigma = nZev/E \tag{7-31}$$

令 $\chi = v/E$，χ 被定义为载流子的迁移率，则

$$\sigma = nZe\chi \tag{7-32}$$

上述讨论表明，客观上按式（7-29）测得的电导率在微观上由载流子的浓度和迁移率所决定。因此要描述固体导电的本质，必须研究其载流子的类型和迁移率。

固体中导电的载流子有电子、离子及其他带电的质点（空位）。陶瓷材料的结合键为离子键和共价键，它的导电载流子随电场强度和温度的变化而改变。在低温弱电场作用下，主要是弱联系填隙离子参加导电，随电场强度增加，联系强的基本离子也可能参加导电，高温时呈现电子导电。按其载流子性质不同，陶瓷材料电导分为电子电导和离子电导。

（1）电子电导　根据能带理论，导体、半导体和绝缘体的区别起因于其能带结构的不

同。金属导体中满带与空带（导带）互相毗邻或重叠，电子进入空带不需要或只需要很小能量，施以外电场，空带中的大量电子在晶体中定向迁移形成电流。半导体和绝缘体具有类似的能带结构，满带和空带被一个宽的禁带所隔开，电子要由满带跃迁到空带需要外界供给能量，使电子激发。很明显，禁带窄电子跃迁比较容易，禁带愈宽这种跃迁愈难实现。电子由满带跃迁到空带时，在满带即留下电子空穴，空带中的电子和满带中的空穴在外电场作用下沿外电场方向互相反向运动即形成电流。半导体材料的禁带小于2V。例如，典型半导体材料硅的禁带宽度约为1.15V；锗的禁带宽度只有0.66V；而绝缘材料的禁带宽为6~12V，典型值为5V。处于室温的半导体材料，由于电子热运动，有相当数量的电子被激发到空带，因此，相对来说其有较好的导电能力，这类半导体叫本征半导体。晶体中杂质的存在对电子能态发生影响，禁带中可能出现能够提供电子或空穴的杂质能级。由于杂质能级的存在，实质上相当于禁带宽度变窄，因而电子和空穴跃迁到导带和满带的几率增加，电导率增大。通常能提供电子的杂质能级称为施主能级，提供空穴的能级称为受主能级，相应的杂质半导体叫做n型半导体和p型半导体。

电子电导的电导率取决于导带和满带中电子和空穴的浓度及迁移率。电子和空穴的浓度与温度有关，其值为

$$n = N\exp(-\Delta E/2kT) \tag{7-33}$$

式中，N为分子晶体中满带的电子总数；ΔE为电子跃迁激活能；T为热力学温度。

由于晶格热振动，电子迁移过程中与晶格及晶体缺陷发生碰撞引起电子散射，假设两次碰撞之间电子的平均自由时间为τ，则可以利用电子在电场中加速和散射的简单模型计算电子（空穴）的迁移率。其计算公式为

$$\chi = e\tau/m \tag{7-34}$$

式中，m为电子质量，由式（7-32）和式（7-34）得电子电导的电导率为

$$\sigma = nZe^2\tau/m \tag{7-35}$$

温度升高对电子电导率的影响表现在两个方面：一方面，使载流子浓度增大；另一方面，使载流子的散射几率增大，迁移率减小。由于电子电导主要取决于载流子的浓度，因此，总的表现为电导率随温度的升高而增大。

（2）离子电导　结合键为离子键的陶瓷材料，温度高于热力学零度时，离子在其晶格结点处不停地进行着热振动，某些高能量的离子可能脱离其结点位置跃迁到晶格间隙位置成为填隙离子，同时在原结点处留下空位。在结构紧密的晶体中，脱离结点的离子不在晶体内部形成填隙离子，而是跃迁到晶体表面正常结点上形成新层，晶体内只有空位存在。由于晶体整体上是电中性的，因此正负离子空位总是成对地出现在晶体内部。填隙离子和空位的出现破坏了晶体的完整性，是晶体缺陷的一种。晶体内有填隙离子和空位同时存在的缺陷称作弗兰克尔缺陷；只有空位的缺陷称作肖脱基缺陷。

晶体内若有离解性杂质存在时，杂质离子替代晶体的基本离子占据结点位置或占据晶格间隙，形成填隙离子。与结点离子相比，填隙离子具有较高的势能，处于介稳定状态，是一种弱联系离子。在外电场作用下，填隙离子以向邻近晶格间隙跃迁的方式沿电场方向迁移，形成离子电导。空位周围的结点离子，由于热运动的起伏，也较容易迁移到空位上而在原结点处留下新的空位，施以外电场时，空位不断地沿外电场方向迁移，也形成离子电导。

离子电导载流子（离子或空位）的浓度与离子离解的活化能W有关，单位体积内填隙

离子或空位的数目为

$$n = N\exp(-W/kT) \tag{7-36}$$

单位电场强度作用下，离子或空位沿电场方向的平均迁移速度，即迁移率与离子的扩散系数有关，其值为

$$\chi = ZeD/kT \tag{7-37}$$

式中，$D = A\exp(-W/kT)$ 为离子或空位的扩散系数。

由于电导率是由电导载流子的浓度及其迁移率决定的，所以，式（7-36）和式（7-37）表明，离子电导的电导率不仅取决于离子离解活化能，还取决于离子迁移活化能。

电导率随温度升高而增大。某些陶瓷材料与金属的电导率随温度的变化见图7-16。

多相陶瓷材料的电导率取决于各组成相的电导率与相对量。其变化规律与热导率的变化规律类似，但气孔或裂纹对材料电导率的影响更大。

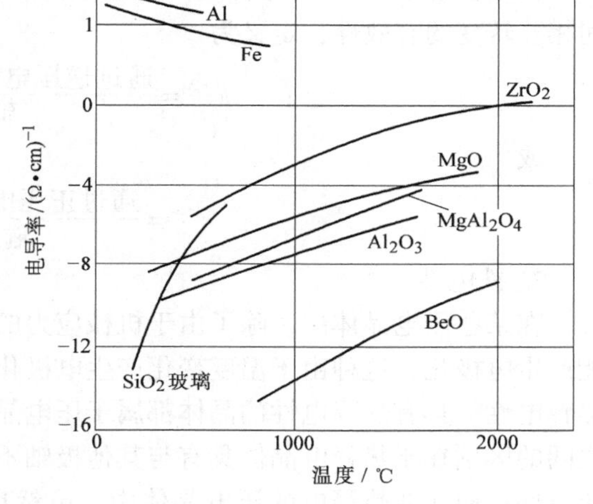

图7-16　陶瓷材料与金属的电导率随温度的变化

6. 压电性

在某些电介质晶体中，除了在电场作用下，由于带电质点的相对位移而发生极化外，在特定方向上对晶体施加压力或拉力，在介质的两端表面内也会出现正负束缚电荷，其电荷密度与外力成比例变化；反之，在外电场作用下，介质成比例地产生形变，这种现象称为压电性。

晶体的压电性由晶体结构的对称性所决定。具有对称中心的晶体不具有压电性，因为在这样的晶体中，正负电荷的中心对称式排列不会因为形变而遭受破坏。换句话说，机械力的作用不会使其正负电荷中心发生相对位移，即不能使之产生极化。所以只有晶体结构具有极轴的那些晶体才具有压电性。

描述压电材料的参数除了介电常数和介质损耗以外，还有描述其弹性谐振时的力学性能的机械品质因子 Q_m；反映材料“压”与“电”之间耦合效应的压电常数 d^*（或 g）以及机电耦合系数 k^* 等。

利用压电体的压电效应，如果对一个按一定取向和形状制成的有电极的压电晶片（或压电陶瓷片）输入电信号，并使信号频率与晶片的机械谐振频率一致，由于逆压电效应，晶片就会产生机械谐振，而正压电效应使晶片产生机械谐振，其结果又会输出电信号，这种晶片称为压电振子。压电振子谐振时，要克服内摩擦而消耗能量造成机械损耗。机械品质因子 Q_m 反映压电振子在谐振时的损耗程度，定义为

$$Q_m = 2\pi \frac{\text{谐振时振子储存的机械能量}}{\text{谐振一周振子机械损耗的能量}} \tag{7-38}$$

式中，Q_m 是衡量压电材料性能的重要参数。压电陶瓷的 Q_m 因配方和工艺条件的不同差别很大。例如，锆钛酸铅压电陶瓷PZT的 Q_m 可在50～3000之间变化。

对于正压电效应，压电常数 d^* 通常用介质电位移 D_f（单位面积的电荷）和应力 σ 表示

$$d^{*}=D_{\mathrm{f}}/\sigma \tag{7-39}$$

对于逆压电效应，d^{*} 用施加电场强度 E 和应变 S 表示

$$d^{*}=S/E \tag{7-40}$$

正压电效应和逆压电效应的 d^{*} 在数值上相等，即

$$d^{*}=D_{\mathrm{f}}/\sigma=S/E$$

但是单位不同，前者为C/N，后者为m/V。

另一个常用的压电常数 g 表示由应力所产生的电场，其常用单位为V·m/N，其值等于 d^{*} 与介电常数之比，即

$$g=d^{*}/\varepsilon_{\mathrm{r}}\varepsilon_{0} \tag{7-41}$$

机电耦合系数 k^{*} 是综合反映压电材料性能的参数，它反映压电材料的机械能与电能之间相互转变的有效性，定义为

$$k^{*2}=\frac{\text{通过逆压电效应转换的机械能}}{\text{输入电能}} \tag{7-42}$$

或

$$k^{*2}=\frac{\text{通过正压电效应转换的电能}}{\text{输入机械能}} \tag{7-43}$$

7. 铁电性

在某些压电晶体中，除了由于机械应力的作用产生电极化以外，当对其均匀加热时，也能产生电极化，这种由于温度变化产生电极化的现象称作热释电效应，晶体的这种性质称为热释电性。具有热释电性的晶体都属于压电晶体，但压电晶体不一定都具有热释电性。它们之间的区别在于热释电晶体具有与其他极轴不相同的唯一极轴，能够自发极化，具有静水压压电性；而在非热释电的压电晶体中，虽然也存在极轴，但是它们的几个极轴方向是对称的，在均匀受热膨胀或受静水压应力时，在各个极轴方向引起的正负电荷中心相对位移相等，虽然就每一个极轴方向看电矩有了改变，但总的看来正负电荷中心并没有发生相对位移，即总电矩并无改变，因此不出现热释电效应。但是当在某一方向施加机械应力时，情况则不同了，正负电荷中心将沿相应的极轴方向相对位移，产生电极化，出现压电效应。

铁电晶体是热释电晶体中的一类。它们都能自发极化，但是铁电晶体除具有压电性和热释电性外还有铁电性，即其自发极化可以随外电场而反向，与铁磁体具有磁滞回线相似，铁电体的极化强度随外电场的变化形成一电滞回线。

晶体的铁电性与其晶体结构及晶体内部存在电畴有关。最广泛使用的铁电体 $BaTiO_3$ 具有钙钛矿型晶体结构，如图7-17a所示。Ba^{2+} 位于六面体的八个顶角上，O^{2-} 位于六面体的六个面心，Ti^{4+} 位于六面体的中心。这种结构也可看成由氧八面体所组成，它的中央被较小的金属离子 Ti^{4+} 所占据，而较大的 Ba^{2+} 离子则处在八个氧八面体的间隙中，如图7-17b所示。由于氧八面体中间的空隙大于 Ti^{4+} 的体积，故围绕其中心位置不停地作热振动的 Ti^{4+} 可能瞬时偏离其中心位置。对于立方晶胞，这种偏离在各个方向上几率均等，对中心偏离统计平均结果为零，即正负电荷中心仍是重合的，不出现自发极化。

$BaTiO_3$ 的晶体结构随温度发生改变，低于120℃（居里温度）由立方晶格转变为四方晶格，晶胞的一个边拉长，氧八面体中间间隙变形，Ti^{4+} 沿长边方向偏离其中心位置的几率增大，产生自发极化。铁电体自发极化消失的温度称作居里温度。高于居里温度，铁电体和一

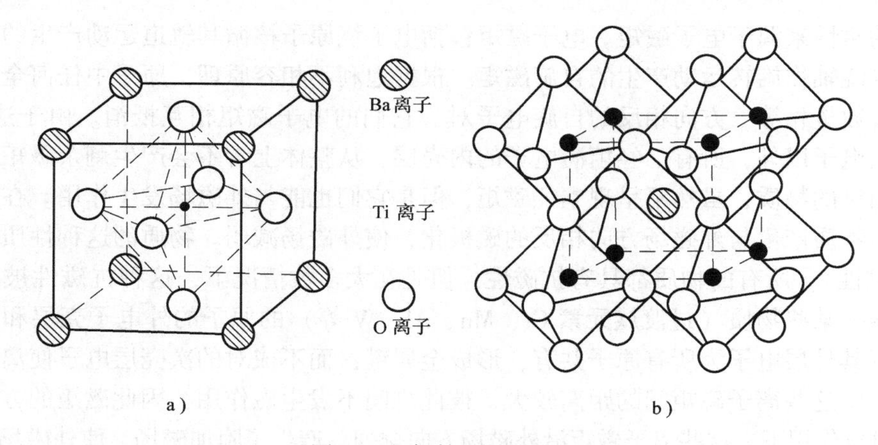

图7-17 钙钛矿晶胞结构
a）晶胞 b）氧八面体

般电介质一样，其介电常数 ε_r 为

$$\varepsilon_r = B/(T-\theta) \tag{7-44}$$

式中，B 为常数，其值为 $10^3 \sim 10^5$ 数量级；θ 为特征温度，一般不等于居里温度。

低于居里温度，铁电体由许多自发极化方向相同的小区域所组成，这些小区域称为电畴。在外电场作用下，铁电体的极化强度随外电场的变化而变化，形成电滞回线，如图7-18所示。电滞回线与电畴的极化转向所引起的电畴运动有关。对没有极化的铁电体施加电场，其极化强度按曲线 $OABC$ 增加，起始时增加较快，这是由于与外电场方向不一致的那些电畴随电场的增加而重新取向的结果。当电场增大到只具有单个电畴时，极化强度便达到饱和，此后极化强度随外电场的增加而线性增加，如图7-18中的 BC 段。BC 线外推到电场等于零，与纵坐标轴相交于 P_s 点，相当于晶体内所有自发极化位于同一方向，P_s 点称为自发极化强度。随着电场强度下降，极化强度不再沿 $CBAO$ 回到零，而是当电场强度降到零时，铁电体中仍有剩余极化强度。欲使剩余极化强度减到零，必须在相反方向上施加矫顽电场 E_c。反向电场继续增大时，又会引起反向的极化（见图7-18）。

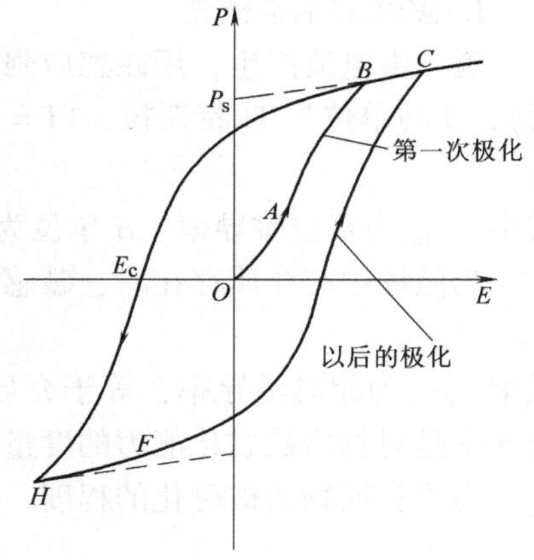

图7-18 极化与电场频率的关系

压电陶瓷种类很多，最常用的有钛酸钡陶瓷、锆钛酸铅陶瓷以及以锆钛酸铅为基础的三元系陶瓷。由于压电陶瓷具有高的介电常数和机械能与电能相互转换的功能，工程中得到了广泛的应用，如压电陶瓷可用来制造滤波器、扬声器、拾音器和换能器等。

四、陶瓷材料的磁学性能

磁性是物质的基本属性之一。从微观的角度要了解物质的磁性，必须深入研究物质的基本结构，从工程的角度，研究材料的宏观基本磁性能及磁性材料的工程应用更加重要。

物质的磁性有两类：一类与物质的原子结构有关，称为本征磁性；另一类主要取决于磁性材料的磁畴及与磁畴有关的现象，称为技术磁性。

物质的磁性来源于电子磁矩。电子磁矩包括电子绕原子核循其轨道运动产生的轨道磁矩和电子自身绕轴作旋转运动产生的自旋磁矩。根据泡利不相容原理，原子中任何全部填满的能级都含有数量相等、方向相反的自旋电子对，它们的电子磁矩相互抵消。由于这个原因，除了外壳层电子以外，所有已经填满电子的内壳层，从整体上看不会产生剩余磁矩。外电子壳层完全填满的物质，虽然不呈现本征磁矩，但是它们也能与外磁场发生作用。在外磁场作用下，这些物质产生与外磁场方向相反的磁极化，使外磁场减弱。物质的这种性质称为抗磁性（或逆磁性）。所有的物质都具有抗磁性，但是在大多数情况下，这种抗磁性被其他的磁现象所掩盖，某些物质（过渡族元素 Cr、Mn、Al、W 等）的原子的外电子壳层和次外壳层都未填满，其外层电子为所有原子共有，形成金属键；而不成对的次壳层电子使离子具有本征磁矩。由于这些离子磁矩间的距离较大，彼此之间不发生磁作用，因此磁矩的方向是紊乱的。在外磁场作用下，这些离子磁矩沿外磁场方向排列，产生了附加磁场，使外磁场增强，材料的这种性质称为顺磁性。在某些过渡族元素中，如 Fe、Co 和 Ni，由于它们的离子磁矩之间距离近，互相发生强烈作用，导致邻近的离子磁矩取向排列，产生自发磁化。在外磁场作用下，这些物质中产生的附加磁场强烈地增强外磁场，外磁场去除后，其磁性仍能长期保留，材料的这种性质称作铁磁性。工程上把具有铁磁性的材料（铁磁体和铁氧体）称作磁性材料。

磁性材料的磁性由磁导率 μ_m、磁化率 χ_m、饱和磁感应强度 B_s、矫顽力 H_c、剩磁 B_r 及磁滞损耗系数等参量描述，这些基本磁性参量决定着材料的工程应用。

1. 磁性的基本概念

磁场由电流产生，用磁感应强度 B 定量地描述。B 是通过单位面积的磁通量（磁通密度），B 的单位是 T[特斯拉，$1T = 1N/(A \cdot m)$]。在真空中，磁场强度 H 和 B 之间关系为

$$B = \mu_{0m} H \tag{7-45}$$

式中，μ_{0m} 为真空磁导率；H 单位为 A/m，则 $\mu_{0m} = 4\pi \times 10^7 H/m$。

当磁场中有介质存在时，磁感应强度 B 或多或少发生变化，即

$$B = \mu_m H = \mu_{mr} \mu_{0m} H \tag{7-46}$$

式中，μ_{mr} 为相对磁导率，等于介质磁导率 μ_m 与真空磁导率 μ_{0m} 之比，是一个无量纲的量。磁导率是对物质被磁化能力的度量，对于大多数物质，$\mu_{mr} \approx 1$。

为了表征物质被磁化的程度，引入磁化强度 M。B、H 和 M 之间的关系为

$$B = \mu_{0m}(H + M) \tag{7-47}$$

式（7-47）表明磁场中存在介质时，磁感应强度的变化是由于介质被磁化产生了附加磁场的结果。M 的单位也是 A/m。

由式（7-46）和式（7-47）得磁化强度与磁场强度的关系为

$$M = (\mu_{mr} - 1)H = \chi_m H \tag{7-48}$$

χ_m 被定义为物质的磁化率，它表征在单位磁场作用下，物质被磁化的程度。它也是一个无量纲的量。

2. 磁性的物理本质

按磁化率的不同，材料分为顺磁性材料、抗磁性材料、铁磁性材料（铁磁体和铁氧体）、反铁磁性材料、介磁性材料。顺磁性材料 $\chi_m > 0$，其值为 $10^{-3} \sim 10^{-6}$；抗磁性材料 $\chi_m < 0$，其绝对值约为 10^{-6}；铁磁性材料磁化率高（$\chi_m \approx 10^2 \sim 10^5$），并且其值随磁场强度而变化。它们的磁化强度和磁场强度的关系不能用单一的函数来描述。在这类磁性材料中，最

常用的有 Fe、Co 和 Ni 以及由这些元素形成的许多合金（铁磁体磁性材料）和以氧化铁为主要成分的一些磁性化合物（铁氧体磁性材料）。前者属于金属材料，后者属于陶瓷材料。绝大多数的铁氧体具有形式相同的化学分子式 $MO \cdot Fe_2O_3$。M 代表两价的金属离子，如 Fe^{2+} 及 Ni^{2+} 以及 Mn^{2+}、Cu^{2+}、Mg^{2+} 等。这些氧化物通常具有尖晶石型晶体结构。另外两类重要的铁氧体磁性材料是具有磁铅石（化学式为 $MO \cdot 6Fe_2O_3$）和石榴石型（$5Fe_2O_3 \cdot 3M_2O_3$）晶体结构的化合物。在这两类化合物中，M 分别代表 Ba、Sr 或 Pb、Gd 及某些三价元素。反铁磁性材料的磁化率也较高，但其值随温度升高而减小，这与下面介绍的铁磁性材料磁化率随温度变化的规律相反，故称反铁磁性材料。MnO、FeO、NiO、$FeCl_2$ 和 MnSe 等化合物属于反铁磁性材料。还有一些材料，如 MnAs 和 MnBi 随外磁场强度和温度的变化，可能表现铁磁性也可能表现反铁磁性，这类材料称为介磁性材料。

材料在外磁场作用下所表现的各种不同磁学性质是由物质的结构所决定的。某些物质中，原子或离子具有不成对的电子，导致了原子磁矩的产生。原子磁矩的排列方式决定着物质的磁性，如图 7-19 所示。

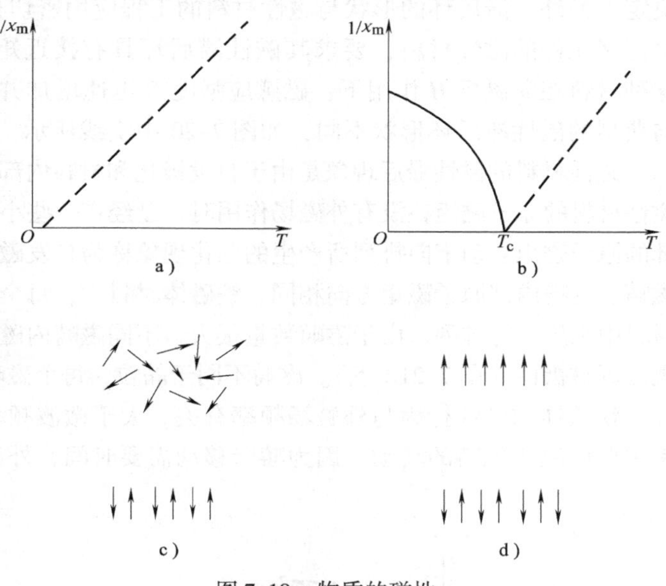

图 7-19　物质的磁性

a）顺磁性　b）电磁性　c）反铁磁性　d）铁氧体磁性

某些物质具有方向紊乱的原子磁矩。施加外磁场后，紊乱取向的原子磁矩沿外磁场方向排列而被磁极化，由于原子的热振动力图破坏这种磁极化，因此对于一定的磁场强度，磁极化取决于温度，其磁化率与温度的关系为

$$\chi_m = C/T \tag{7-49}$$

式中，C 为居里常数。式（7-49）称为居里定律。物质的这种性能称为顺磁性，如图 7-19a 所示。

图 7-19b 所示的原子平行排列，在高温时这种平行排列的原子磁矩由于热振动也与在顺磁物质中一样而变紊乱，它的磁化率随温度的变化规律与顺磁物质相同，如图 7-19 中虚线所示。当温度降到 T_c 时，原子间的相互作用能大于其热振动能，即使没有外磁场作用，原子磁矩也能平行排列，使晶体的磁化率急剧增加，T_c 叫做居里温度。磁化率 χ_m 与温度的关系如下式所示

$$\chi_m = C/(T - T_c) \tag{7-50}$$

物质的这种性能称为铁磁性。

晶体的原子磁矩也可能反平行排列，如果反平行排列的原子磁矩大小相等，它们将互相抵消（图 7-19c）。具有这种结构的晶体称作反铁磁性晶体，它们的磁性叫反铁磁性。

如果晶体成对反平行排列的原子磁矩大小不等（见图 7-19d），晶体将有净剩余磁矩出现。

具有这种性质的物质叫铁氧体材料。它的磁化率倒数与温度之间的关系近似地由下式给出

$$\frac{1}{\chi_{\mathrm{m}}}=T+\frac{\theta}{C} \tag{7-51}$$

式中，θ 为一常数，称为渐近居里温度。

3. 磁畴和单晶体的磁性滞后

低于居里温度，在铁磁体和铁氧体磁性材料中出现磁性滞后现象。典型的磁性滞后环如图 7-20 所示。磁性滞后对于磁性材料具有重要意义，因为磁滞损耗由滞后环包围的面积所决定。另外，滞后环的形状与磁性材料的工程应用密切相关。例如，用来制造高速电子计算机记忆元件的磁性材料，要求其磁性滞后环具有接近矩形的形状，如图 7-20 中虚线所示。这种材料在弱磁场 H 作用下，磁感应强度 B 迅速增加并保持稳定到饱和磁感应强度 B_s，这与典型的磁性滞后环形状不同，如图 7-20 中实线所示。

磁性材料的磁性滞后现象是由于自发极化和材料内部存在磁畴所引起的。铁磁体和铁氧体磁性材料的原子磁矩在没有外磁场作用时，已经在一些小区域内定向排列，这种完全由材料内部的原子磁矩自动定向排列所产生的磁化现象称为自发磁化。互相邻接的自发磁化小区域叫做磁畴。磁畴内部原子磁矩方向相同。铁磁体材料中，每个磁畴的磁矩同向平行排列；而铁氧体材料中则反平行排列。由于磁畴数量很大，不同磁畴内磁矩排列方向各异，因此通常材料不呈现宏观磁极性（图 7-21A 点）。磁畴不同于晶粒，每个磁畴大约含有 10^{14}~10^{15} 个原子。

铁氧体的磁性行为与外磁场频率有关。大于微波频率范围，许多铁氧体材料的起始磁导率主要取决于磁畴的转动，因为畴壁移动需要时间，外磁场频率高时畴壁移动来不及发生。

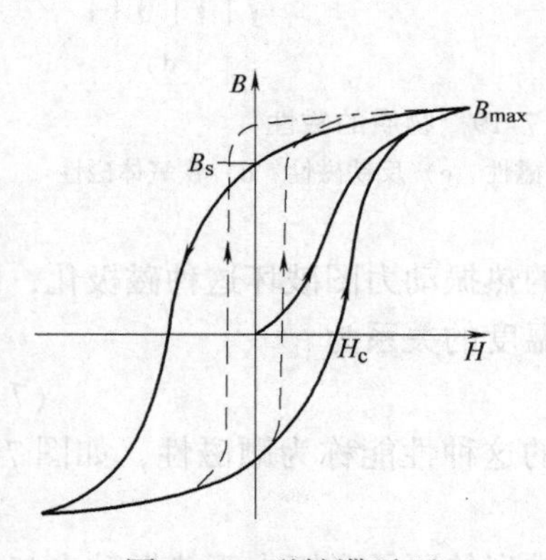

图 7-20　磁性滞后环

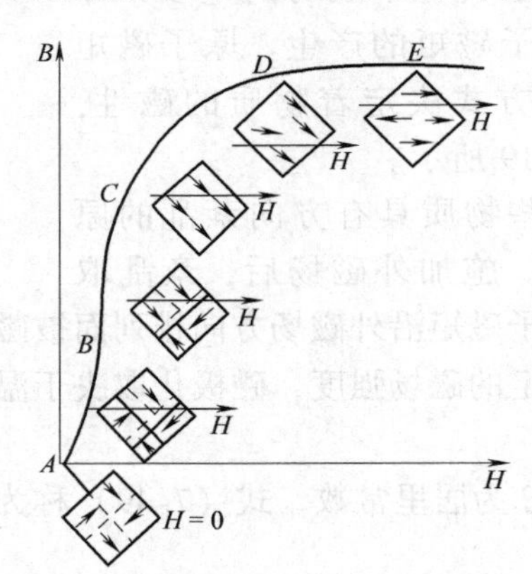

图 7-21　磁矩随磁场强度增加的变化

多晶体是由许多晶粒组成的，如果晶粒细，例如小于 0.1μm 时，每个晶粒可能只含有一个磁畴。在外磁场作用下，它的磁化过程主要通过磁畴转动而不是通过畴壁移动进行，因为畴壁穿过晶界需要的能量远大于磁畴转动的能量。要得到矩形滞后环，在弱磁场作用下，即应具有很大的磁感应强度，但是弱磁场难以使磁畴转动，因此细晶粒的多晶体铁氧体磁性材料，不宜用于制造计算机的记忆元件。杂质和气孔阻碍了畴壁的移动，使材料的起始磁导率降低。在高频弱磁场作用下，铁磁材料的畴壁运动主要在单个晶粒内进行，因此要求晶粒内不含杂质和气孔。在强磁场作用下，铁氧体材料的磁化过程不再局限在单个晶粒内进行，此时需要考虑晶界气孔和杂质对磁化的阻碍作用。

4. 磁晶各向异性和磁致伸缩

铁磁性材料的磁化和退磁的难易程度取决于晶体的结构、晶粒取向、应变状态以及外磁场的方向和强度。由于晶体结构各向异性的缘故，沿某个晶体学方向要比沿其他方向更易磁化的性能称为磁晶各向异性。容易磁化的方向称为软磁方向；难于磁化的方向称为硬磁方向。沿软磁和硬磁方向磁化时需要的能量差，叫做磁晶各向异性。磁晶各向异性与晶体结构的对称性密切相关。结构对称性高的磁晶各向异性小；结构对称性低的磁晶各向异性大。磁晶各向异性小、缺陷也少的材料，磁畴转动容易，因而其磁导率也高。

铁磁材料在磁场作用下，磁化的同时伴随尺寸的变化，这一现象叫磁致伸缩。这个过程是可逆的，即在外力作用下，由于磁性材料尺寸的变化反过来也能导致磁化程度的改变。磁致伸缩是由于在外磁场作用下，引起的磁畴转向所致。磁畴转动使材料发生应变，这种应变可能为正也可能为负。磁致伸缩的大小取决于材料的起始磁畴位向，这可以通过热处理和冷加工来控制。某些材料随外磁场的增强而收缩，随外磁场减弱而伸长，这种材料叫做负磁致伸缩材料；反之，则称为正磁致伸缩材料。利用材料的磁致伸缩效应制造的传感器，可以用来进行机械能和电能的相互转换。

五、陶瓷材料的光学性能

陶瓷材料，特别是玻璃，因为它们特具的光学性能而得到了广泛的应用。绝大多数陶瓷材料的禁带很宽，对可见光的吸收很小。透明陶瓷材料最重要的光学性能是能够折射可见光和光的色散，这些性能是玻璃在光学系统中得到广泛应用的基础；与折射现象有关的其他光学性能包括光的散射、光在界面的反射、材料的半透明性和光泽。

1. 电磁辐射及其特点

电磁辐射波谱包括很宽的频率范围，见图 7-22。其波长范围从低频端的 100Mm（无线电波）延伸到高频端的超过 0.1pm（射线和宇宙射线）。可见光只占整个波长范围很窄的一小部分。

电磁波在真空中的传播速度 C_s，等于频率 υ 和波长的乘积，即

$$C_s = \lambda_\omega \upsilon \tag{7-52}$$

所有电磁波的 C_s 值相等，$C_s = 2.997925 \times 10^8 m/s$。电磁波与物质之间的相互作用既取决于波的频率和波长，也取决于材料的性能。光遇到物体时，可能发生三种转变。对于给定波长的电磁波，可能被物体反射、吸收或穿透该物体（透射）。即整个入射波为这三部分之和

$$A_0 + T_0 + R_0 = 1 \tag{7-53}$$

式中，A_0 为吸收率；T_0 为透射率；R_0 为反射率。

2. 折射与色散

光的本质就是电磁波，它具有波粒二象性。给定波长的电磁辐射，可以看做是由能量为 $h\upsilon$（h 为普朗克常量）的光子组成的。因此辐射强度即为单位时间射到单位面积上的光子数目。从这个意义上说，电磁辐射具有粒子的本质。在一定条件下，光能发生干涉和衍射，即光具有波动性。既然光在本质上是由同一频率的交变电场和交变磁场组成的同步波，那么光波必然可以改变电子在核周围的电荷分布，即引起电子极化。介电材料在可见光作用下产生极化电场，引起原子正负电荷中心相对周期位移，如图 7-12 所示。这种电子位移极化基本上与温度无关，低于紫外线频率时也与频率无关。由于极化相互作用的结果，固体介质中光的行进方向将发生改变，与真空中相比，光的速度和波长变小，这种现象称为光的折射。在

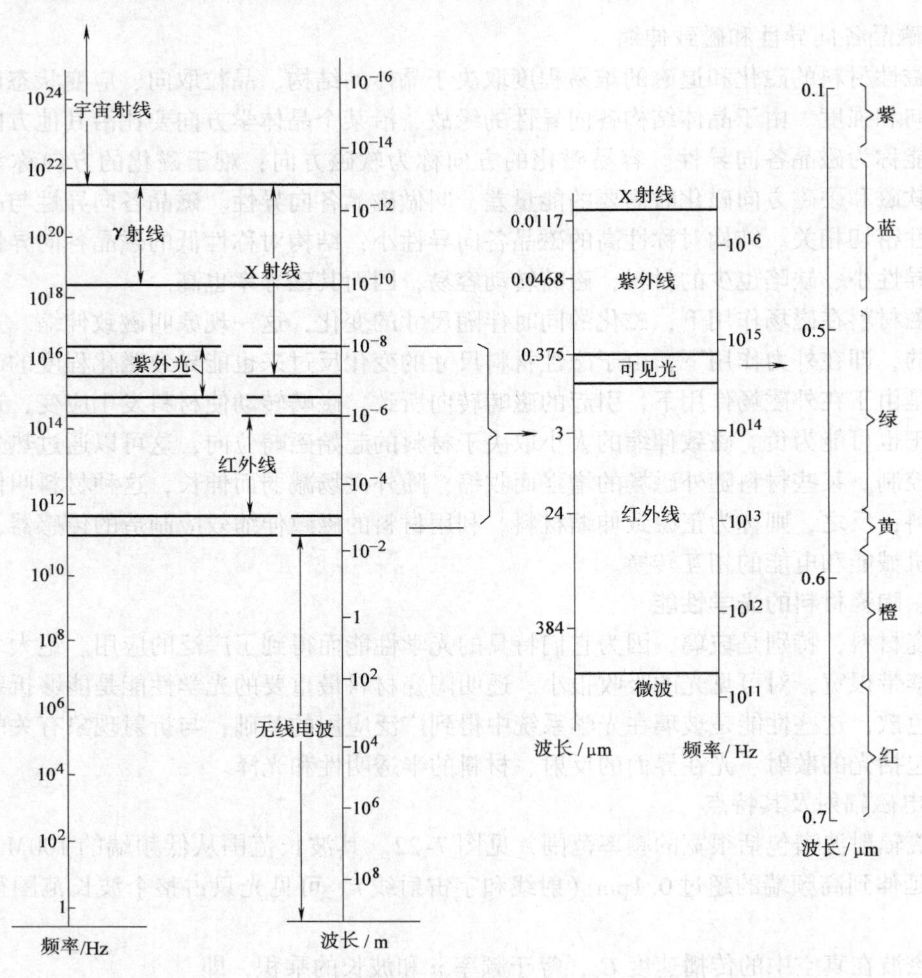

图 7-22 电磁辐射波谱

真空中光速 C_s 和介质中光速 v_s 之比称为折射率 n。

$$n=\frac{C_s}{v_s}=\frac{\lambda_{真空}}{\lambda_{\omega介质}}=\frac{\sin\alpha}{\sin\beta} \tag{7-54}$$

式中，α 为入射角；β 为折射角。

等轴系介质（立方晶体）和非晶态介质（如玻璃）的折射率不因光的传播方向改变而变化，这类介质称作均质介质。而非等轴系的晶体，在不同方向上其折射率不同，在原子（或离子）的密堆方向上光的折射率较大，光进入介质时出现两条折射光线，有两个折射率，这种现象叫作双折射，这类介质称作非均质介质。

均质介质在外力作用下，由于原子间距变化也能引起光的双折射。单向压缩时沿压缩方向折射率增加；单向拉伸则相反。这种由于外应力作用介质而产生的双折射现象是光测弹性学的基础。

介质的折射率与光的波长有关。不同波长的单色光照射到同一材料上时，波长短的折射率大。光在介质中的折射率随波长而异的现象称为色散。科希在 1836 年提出的波长与折射率的经验公式为

$$n = A + \frac{B}{\lambda_{\omega}^{2}} + \frac{C}{\lambda_{\omega}^{4}} \tag{7-55}$$

式中，A、B、C 是与材料有关的常数。式（7-55）表明折射率随波长的增加而减少，这种色散称为正常色散。

3. 反射、吸收和透射

除了真空，光通过任何介质强度都会减弱。这种减弱是因为光被介质吸收，转化为热能，以及介质结构不均匀使光散射的缘故。一束强度为 I_0 的入射光，穿过厚度为 x 的固体后，如果不考虑界面的反射，其强度 I' 由下式给出

$$I' = I_0 \exp(-\beta x) \tag{7-56}$$

式中，β 为吸收系数，是材料的基本参量，对于给定材料，与入射光的波长有关。

光通过两种介质界面时，被部分反射折回原介质。反射后，光能依然存在，但对于透射光来说，光强度减弱了，光的反射强度与相邻介质的折射率有关，其关系式为

$$\frac{I_0'}{I_0} = \left(\frac{n_s - n_m}{n_s + n_m}\right)^2 \tag{7-57}$$

式中，I_0' 为反射光的强度；$I_0'/I_0 = R$，为反射系数或界面反射损失；n_s、n_m 分别为固体和周围介质的折射率。

只考虑反射时，光从周围介质进入固体的光强度 I_s' 为

$$I_s' = I_0 - I_0' = I_0(1 - I_0'/I_0) = I_0(1 - R) \tag{7-58}$$

光离开固体重新进入周围介质时，将再次发生界面反射，因此透过固体的光强度 I_s 为

$$I_s = I_0(1 - R)^2 \tag{7-59}$$

由式（7-56）和式（7-59）得到强度为 I_0 的一束入射光，穿过厚度为 x 的固体后，其强度 I 为（见图 7-23）

$$I = I_0(1 - R)^2 \exp(-\beta x) \tag{7-60}$$

物质的颜色取决于它对各种光的反射、吸收和透射。

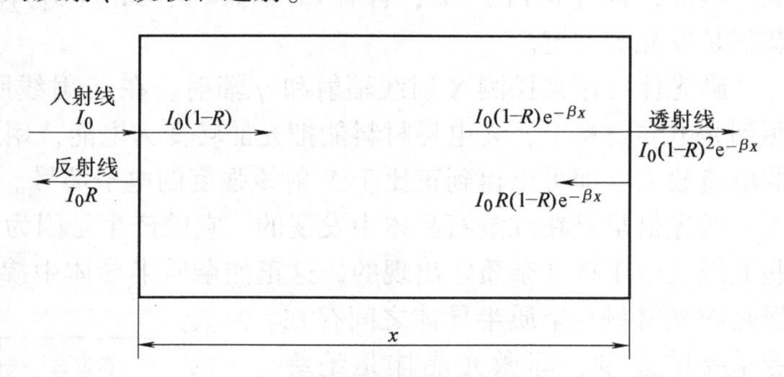

图 7-23　光通过固体时的反射、吸收和透射

不透明物体的颜色由反射光的颜色所决定；透明物体的颜色由透射光的颜色所决定。光由折射率大的介质（光密介质）入射到折射率小的介质（光疏介质）时，折射线偏离法线，当入射角大于某一临界值时，折射角可达到 90°，即没有光进入光疏介质，这种现象称为全反射，相应的入射角叫做临界角 ϕ。因此发生全反射的条件是入射角必须等于或大于 ϕ。利用全反射现象，可以制造全反射棱镜，用以改变光线的方向。近年来迅速发展的光导纤维也是利用全反射的原理来实现信息传送的。光导纤维中心是折射率较高的芯体（SiO_2），直径只有几到几十微米，外面包覆一层折射率较低的包层（如硅橡胶），组成直径为 100 ~ 150μm 的细丝。当光从纤维端面进入芯体行进到芯体和包层界面时，由于发生全反射而折回芯体内，行进至另外一面又遇到界面，再次折回，结果

光被封闭在芯体内传播。光纤通信的优点是通信容量大；没有电通信线路中的串线、噪声和干扰现象；随着玻璃纤维成本的降低，有可能降低通信的成本。

光通过均匀的透明介质时，从侧面看不到光线，即除了因折射光束方向发生改变外，不发生散射。但是，当光通过由主晶相、非晶相和气孔组成的结构不均匀的多相陶瓷材料时，在界面和气孔处光的折射率将发生不连续的变化，引起内反射和散射。第二相尺寸与入射波长愈接近。其折射率与主晶相差别愈大，引起散射愈严重。由于陶瓷材料原子结构具有宽的禁带，因此对可见光吸收很小，反射也不大（约4%），本质上应具有高的透光性；但实际上许多陶瓷材料透光性很差，主要原因是它们的结构不均匀引起光散射造成的，故要提高陶瓷的透光性，主要途径是提高陶瓷密度，减少缺陷、气孔率和杂质等，减少散射。

4. 发射、发光和激光

原子中的电子占据着不同的能级。电子可以以不同的方式（如通过热运动引起的碰撞，吸收光子或高能电子轰击等）吸收能量，从低能级升到高能级，吸收了能量、由低能级跃迁到高能级的电子称为受激电子，这些电子从激发态回到低能态时，吸收的能量又以电磁辐射的形式释放出来，发射的光子波长由下式决定

$$E = hC_s/\lambda_\omega = hv \tag{7-61}$$

式中，E 为电子跃迁的能级间的能量差。如果发射的电磁辐射在可见光范围内，这种发射即叫做发光。例如，食盐在火里燃烧时发射黄光是人们熟知的例子。在燃烧过程中，钠原子中的3s轨道电子受热激发跃迁到3p轨道，当电子重新返回3s轨道时，即发射出波长为589nm的黄光。

上述这种吸收和发射对某些物质是瞬时间完成的；而对另一些物质完成的时间间隔则较长。当原子或分子吸收能量后即刻发光，若能量供给中断则发光立刻停止（持续10ns），这类发光称作荧光；当光的激发源撤掉后，光的衰减时间较长，这种发光称作磷光。能够将激发能转变为可见光的材料叫做磷光体。磷光体通常由本身不发光的主晶体添加外来元素构成。例如，含有Mn的ZnS，含有Ce或Mn的$Ca_3(PO_4)_2$以及含有Pb、Mn的$CaSiO_3$等。掺杂剂是发光的关键。

磷光体可用来探测X射线辐射和γ辐射。在X射线照射下磷光体发光，如果该发射光照到光电导材料上，光电导材料能把光能转变为电能，用适当的电子线路将通过光电导材料的电流放大，即可以得到正比于X射线强度的电子信号。

激光最早是在红宝石晶体中发现的。它的产生是因为晶体禁带中存在局部化的能级。这些能级是由于掺加杂质才出现的，这正如杂质半导体中掺加杂质出现杂质能级的情况一样。但是激光材料与杂质半导体之间存在着重要的差别，即激光晶体是绝缘体，它的杂质能级远低于导带。

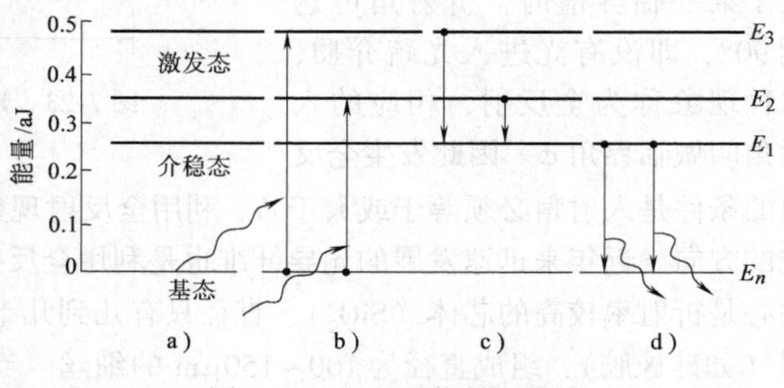

图7-24 红宝石激光的原理

红宝石是掺杂0.05% Cr^{3+} 的 Al_2O_3 单晶体。由于Cr离子的存在，在禁带中出现了局部化的能级，如图7-24所示。正常情况下电子处于基态 E_0。电子吸收蓝光后跃迁到激发态，能量为 E_2 和 E_3。电子从激发态衰减到亚稳态

E_1 是一个非辐射过程，然而从亚稳态返回到基态则发射红色光线（波长为694.3nm）。电子从激发态 E_2 和 E_3 衰减到亚稳态 E_1 的速度比 E_1 返回到 E_0 的速度快得多，因此如果用适当手段将电子激发到高能级，则在亚稳态能级将积聚份额较大的电子，此时如果一旦有电子从亚稳态跃迁回基态，发射光子就会触发处于亚稳态的其他电子的发射，在很短时间内形成雪崩的发射，利用这种受激发射可以得到单波长的强辐射波。受激发射的特点是发射光子与激发其发射的光子相位相同，因此可以得到相干辐射。

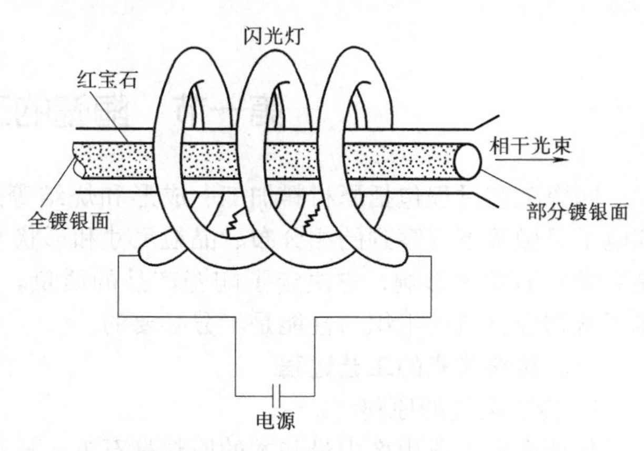

图7-25 工作中的红宝石激光器示意图

红宝石激光器的示意图如图7-25所示。中间的棒状红宝石晶体两端分别全镀银或半镀银。当用氙闪光灯照射时，由于两镀银端部的反射，光子沿晶体轴向往返传播多次从而激发了尽可能多的电子。高于某一辐射强度，辐射的受激发射进行的光放大效应即会发生，强的红色光束从半镀银端射出。这种光束高度集中，发射角小于1°，在1cm²的横截面积上强度可达10kW，但延续时间很短（0.5ms）。

第八章　陶瓷的工艺过程和应用

第一节　陶瓷的工艺过程

陶瓷工艺过程包括原材料加工、成形和烧结等过程，它对显微组织（包括光学显微镜和电子显微镜下观察到的相分布、晶粒尺寸和形状、气孔数量、形状与分布、杂质、缺陷及晶界等）有重大影响，它决定了陶瓷产品的质量。因此熟悉陶瓷生产工艺过程，对于进一步了解陶瓷材料的组织与性能是十分必要的。

一、传统陶瓷的工艺过程

1. 传统陶瓷的原料

传统陶瓷工业生产中最基本的原料是石英、长石和粘土三大类以及一些化工原材料。从工艺角度可把上述原料分为两类。一类为可塑性原料，主要是粘土类物质，包括高岭土、多水高岭土、烧后呈白色的各种类型粘土和作为增塑剂的膨润土等。它们在生产中起塑化和结合作用，赋予坯料以塑性与注浆成形性能，保证干坯强度及烧后的各种使用性能，如机械强度、热稳定性、化学稳定性等。它们是能够进行成形的基础，也是粘土质陶瓷的成瓷基础。另一类为非可塑性原料，主要是石英和长石。石英属于减粘物质，可降低坯料的粘性。烧成中部分石英熔解在长石玻璃中，提高液相粘度，防止高温变形，冷却后在瓷坯中起骨架作用。长石属于熔剂原料，高温下熔融后，可以熔解一部分石英及高岭土分解产物，熔融后的高粘度玻璃可以起到高温胶结作用。除长石外，还有花岗岩、滑石、白云石、石灰石等也能起同样作用。

（1）石英（SiO_2）　石英是构成地壳的主要成分，部分以硅酸盐化合物状态存在，构成各种矿物岩石，另一部分则以独立状态存在，成为单独的矿物实体。不论石英以哪种形态存在，其化学成分均为 SiO_2。此外还经常含有少量的 Al_2O_3、Fe_2O_3、CaO、MgO、TiO_2等杂质。石英的外观视其种类不同而异，有的呈乳白色，有的呈灰色半透明状态，断口有玻璃光泽，莫氏硬度为7，密度依晶型而异，一般在 2.23～2.65g/cm^3 之间。

石英在加热过程中发生下列晶型转变：

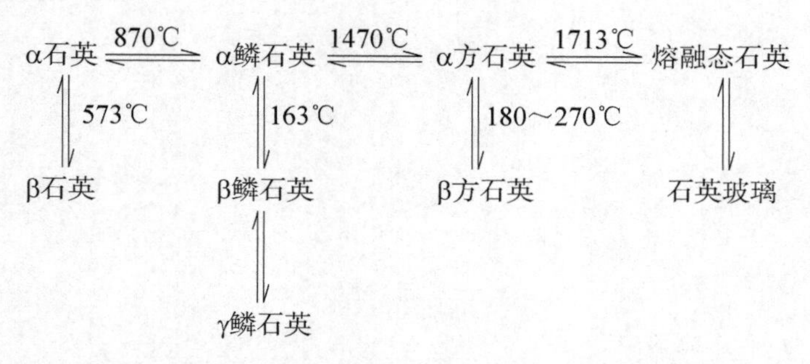

石英晶型转化的结果，会引起一系列物理变化，如体积、密度、强度等的变化。其中，

对陶瓷生产影响较大的是体积变化。

（2）长石　长石是一族矿物的总称，是架状硅酸盐结构，一般又分四大类：钠长石（$Na_2O \cdot Al_2O_3 \cdot 6SiO_2$）、钾长石（$K_2O \cdot Al_2O_3 \cdot 6SiO_2$）、钙长石（$CaO \cdot Al_2O_3 \cdot 2SiO_2$）、钡长石（$BaO \cdot Al_2O_3 \cdot 2SiO_2$）。

在地壳中单一的长石很少，多数是几种长石的互溶物。钾长石一般呈粉红色，密度为2.56~2.59g/cm³，莫氏硬度为6~6.5，断口呈玻璃光泽，解理清楚。钠长石和钙长石一般呈白色或灰白色，密度为2.60g/cm³，其他物理性能与钾长石近似。其熔融温度分别为：钾长石，1190℃；钠长石，1100℃；钙长石，1550℃。

在陶瓷生产中使用的长石是几种长石的互溶物，并含有其他杂质，所以它没有一个固定的熔融温度，只是在一个温度范围内逐渐软化熔融变为乳白色粘稠玻璃态物质。熔融后的玻璃态物质能够溶解一部分粘土分解物及部分石英，促进成瓷反应的进行，并降低烧成温度，减少燃料消耗。这种作用通常称为助熔作用。此外，由于高温下长石熔体具有较大粘度，可以起到高温热塑作用与高温胶结作用，防止高温变形。冷却后长石熔体以透明玻璃体状态存在于瓷体中，构成瓷的玻璃基质，增加透明度，提高光泽与透光度，改善瓷的外观质量与使用效能。

长石在陶瓷生产中，用作坯料、釉料、色料、熔剂等基本组分，用量很大，作用很重要。

（3）粘土　粘土是一种含水铝硅酸盐矿物，是由地壳中含长石类岩石经过长期风化与地质作用而生成的。粘土在自然界中分布很广，种类繁多，藏量丰富。

粘土矿物的主要化学成分是SiO_2、Al_2O_3和水，还含有Fe_2O_3、TiO_2等成分。粘土具有独特的可塑性与结合性，调水后成为软泥，能塑造成形，烧后变得致密坚硬。这样一种性能构成了陶瓷的生产工艺基础，因而它是陶瓷的基础原料。

粘土矿物主要有以下几类：①高岭石类，一般称为高岭土（$Al_2O_3 \cdot 2SiO_2 \cdot 2H_2O$）；②伊利石类，这类粘土主要是水云母质粘土，或绢云母质粘土；③蒙脱石类，主要是由蒙脱石、拜来石等构成的粘土，这类粘土又称为膨润土。

下面以高岭土为例，进行简单说明。高岭土的矿物分子式为$Al_2O_3 \cdot 2SiO_2 \cdot 2H_2O$，晶体呈极细六角形鳞片状，轮廓清楚，晶片往往互相重叠，外观呈白、浅灰色，被其他杂质污染时可显黑褐、粉红、米黄等色。高岭土在加热过程中发生脱水、分解、析出新晶相等物理化学变化，自600℃开始，高岭石生成偏高岭石（$Al_2O_3 \cdot 2SiO_2$），反应式如下

$$Al_2O_3 \cdot 2SiO_2 \cdot 2H_2O \rightarrow Al_2O_3 \cdot 2SiO_2 + 2H_2O$$

脱水后，偏高岭石转化为新的尖晶石型的结构物（$2Al_2O_3 \cdot 3SiO_2$），反应式如下

$$2(Al_2O_3 \cdot 2SiO_2) \rightarrow 2Al_2O_3 \cdot 3SiO_2 + SiO_2$$

在1050~1100℃又开始转化为莫来石，反应式如下

$$3(2Al_2O_3 \cdot 3SiO_2) \rightarrow 2(3Al_2O_3 \cdot 2SiO_2) + 5SiO_2$$

温度进一步升高（1200~1400℃），莫来石晶体长大。莫来石是一种针状或细柱状晶体，密度为3.15g/cm³，熔融温度1810℃，熔融后分解为刚玉和石英玻璃，本身机械强度高，热稳定性好，化学稳定性强。

2. 坯料制备

传统日用陶瓷坯料通常按制品的成形法分成含水量19%~26%（质量分数）的可塑法

成形坯料与含水量为30%~35%（质量分数）的注浆法成形坯料两种。

（1）可塑法成形　可塑法成形坯料要求在含水量低的情况下有良好的可塑性，同时坯料中各种原料与水分应混合均匀且含空气量低，可塑法成形是陶瓷生产中最常用的一种成形方法，目前国内使用最普遍的流程如图8-1所示。

其中石英的煅烧是为了便于粉碎，通常的脉石英或石英岩质地坚硬，粉碎困难，通过煅烧到900~1000℃，低温β-石英转变为α-石英，其体积发生骤然膨胀，致使石英内部结构疏松，利于粉碎。煅烧后若在空气中或冷水中急冷可加剧内应力，也促使碎裂。另外，原料粉碎可以提高原料精选效率、均匀坯料、致密坯体以及促进物化反应并降低烧成温度。原料中的Fe含量，对烧成后陶瓷的颜色有很大影响，对烧后颜色影响最大的为铁钛化合物。Fe_2O_3含量不同，烧成后可以被着成不同的颜色，如Fe_2O_3含量在0.5%（质量分数）以下时，烧成后呈白色；若高达10%（质量分数）以上便可呈现深色。对于日用和工艺陶瓷来说，烧后的颜色是产品质量中的一个重要因素。因此去除Fe是一个重要的工艺过程。

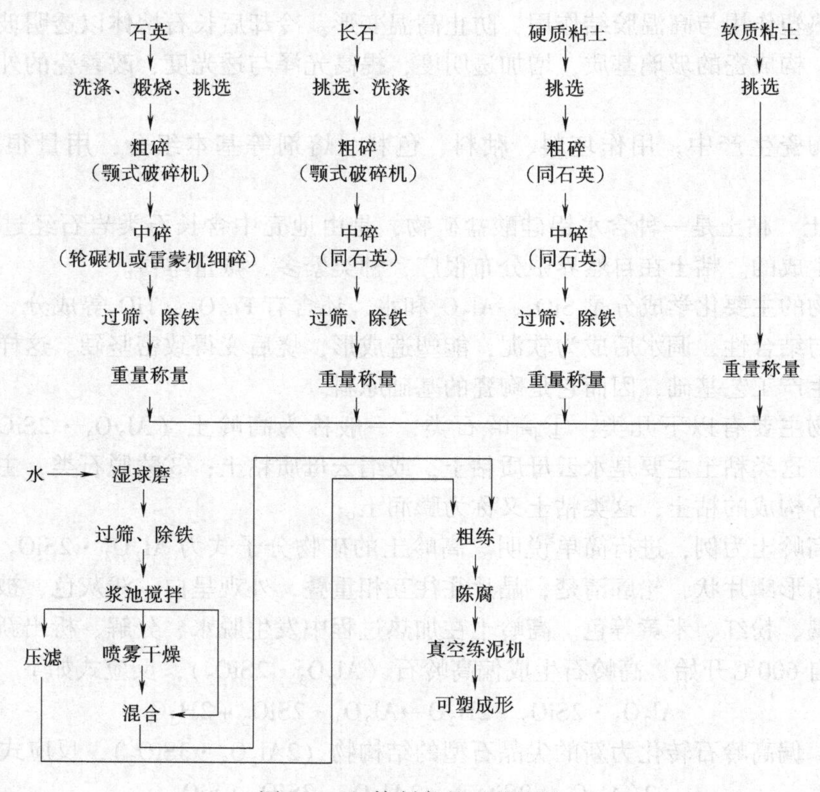

图8-1　坯体制备的工艺流程

陈腐可以促使泥料中水分均匀分布，同时在陈腐过程中还有细菌作用，促使有机物的腐烂并产生有机酸，使泥料可塑性进一步提高。真空练泥可以排除泥饼中的残留空气，提高泥料的致密性和可塑性，并使泥料的水分和组织均匀，改善成形性能，提高泥坯的干燥强度和成瓷后的机械强度。

（2）注浆法成形　坯料注浆法成形用的坯料含水量为30%~35%（质量分数）。对注浆料来说，要求它在含水量较低的情况下具有良好的流动性、悬浮性与稳定性，料浆中各原料与水分均匀混合，而且料浆具有良好的渗透性等。上述这些性能，主要通过调整坯料配方与加入合适的电解质来解决。但正确选择制备流程与工艺控制也可以在某种程度上改善泥浆性能。如泥浆搅拌可促使泥浆组成均一，保持悬浮状态，减少分层现象。陈腐不但可使水分均匀，促使泥料中的空气排除，同时也可增加坯料的粘性和强度。一般泥浆在使用前需存放1~3昼夜。

注浆泥料的制备流程基本上和可塑法成形坯料制备流程相似，一般有经过压滤与不经过压滤两种方法。不压滤法是按配比将各种原料、水和电解质一起装入球磨机混合研磨，直接制成注浆泥浆，或将粉磨好的各种原料按配比在搅拌机中加水和电解质混合成均匀的泥浆。该法虽操作简单，设备费用低，但泥浆稳定性较差。

经过压滤的泥浆质量高，稳定性好。这种泥浆的制备方法是将球磨后的泥浆经过压滤脱水成泥饼。然后将泥饼碎成小块，与电解质以及水再搅拌成泥浆。经过压滤的泥料，由于在压滤时滤去了由原料中混入的有害的可溶性盐类（如 Ca^{2+}、Mg^{2+} 以及其他有影响的阴离子 SO_4^{2-}），可以改善泥浆的稳定性，适用于生产质量要求较高、形状较复杂的产品，但成本较高。

3. 成形

成形就是将制备好的坯料用各种不同的方法制成具有一定形状和尺寸的坯件（生泥）。成形后的坯件仅为半成品，其后还要进行干燥、上釉、烧成等多道工序。

根据坯料性能与含水量的不同，陶瓷成形方法可分为三大类，即可塑法成形、注浆法成形和干压法成形。

可塑法成形是用各种不同的外力对具有可塑性的坯料（泥团）进行加工，迫使坯料在外力作用下发生可塑变形而制成生坯的成形方法。可塑法成形基于坯料具有可塑性。对于可塑成形来说，要求可塑坯料具有较高的屈服强度和较大延伸变形量（在破裂点前）。较高的屈服强度是保证成形时坯料有足够的稳定性，而较大的延伸变形量则保证其易被塑成各种形状而不开裂。

注浆法成形是将制备好的坯料泥浆注入多孔性模型内，由于多孔性模型的吸水性，泥浆贴近模壁的一层被模子吸水而形成均匀的泥层。该泥层随时间的延长而逐渐加厚，当达到所需的厚度时，可将多余的泥浆倾出。最后该层继续脱水收缩而与模型脱离，从模型中取出后即为毛坯。整个过程的示意图如图8-2所示。

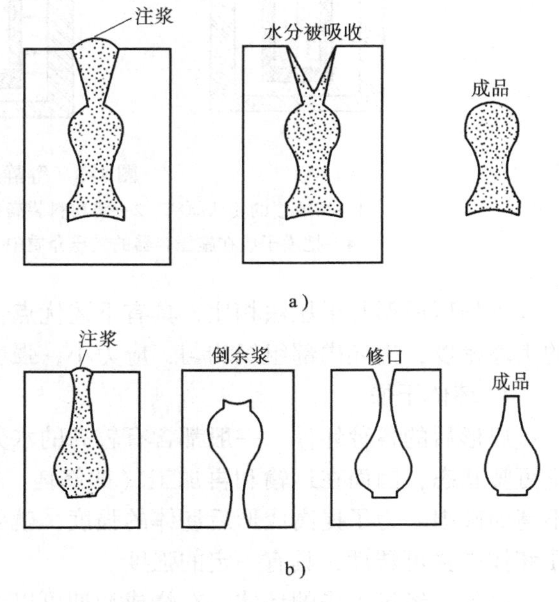

图8-2　注浆法成形过程示意图

注浆法成形适用于形状复杂、不规则、薄而体积大且尺寸要求不严的器物，如花瓶、茶壶、汤碗、手柄等。注浆成形后的坯体结构较均匀，但其含水量大且不均匀，干燥与烧成收缩也较大；另一方面，有适应性大、便于机械化等优点。

干压法成形是利用压力将干粉坯料在模型中压成致密坯体的一种成形方法。由于干压成形的坯料水分少，压力大，坯体比较致密，因此能获得收缩小、形状准确、无需大干燥的生坯。干压成形过程简单，生产量大，缺陷少，便于机械化，因此对于成形形状简单的小型坯体较为合适，但对于形状复杂的大型制品，采用一般的干压成形就有困难。

等静压成形与干压成形相似，也是利用压力将干粉料在模型中压制成形。但等静压成形的压力不像干压成形那样只局限于一两个受压面，而是在模具的各个面上都施以均匀的压力，这种均匀受压是利用了液体或气体能均匀地向各个方向传递压力的特性。等静压成形过程示意图如图 8-3 所示。将粉料装进一只有弹性的模具内，密封，然后把模具连同粉料一起放在充有液体或气体的高压容器中。封闭后，用泵对液体或气体加压，压力均匀地传送到弹性模壁和粉料上，使粉料被压成与模具形状相像的压实物，但尺寸要比模具小一些。受压结束后，慢慢减压，从模具中取出坯体。

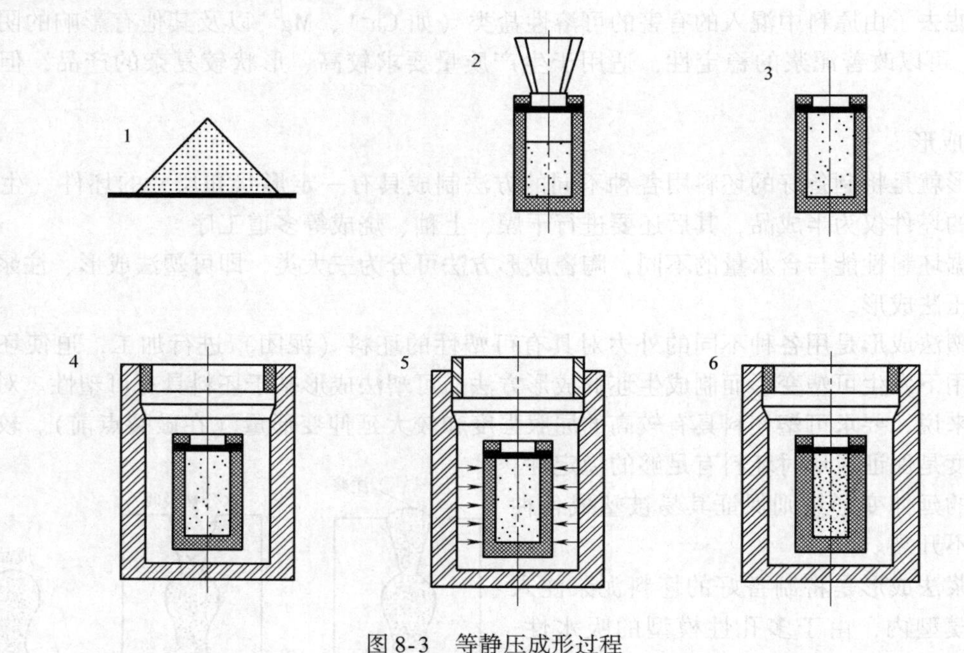

图 8-3　等静压成形过程

1—待成形的粉状原料　2—将粉料装满有弹性的软模　3—把模子关上并封严
4—把模子放在施压容器的施压介质中　5—施压　6—减压之后，得到毛坯

等静压成形与干压法相比，具有下述优点：当所施加的压强大致相同时，可以得到较高的生坯密度，生坯内部组织均匀，应力小，强度高，并对产品尺寸限制小等。

4. 坯体干燥

成形后的各种坯体，一般都含有较高的水分，尤其是可塑成形和注浆成形后的坯体，还呈可塑状态，因而在运输和再加工（如修坯、镶接和施釉）过程中，很易变形或因为强度不高而破损。为了提高成形后坯体的强度，就要进行干燥，以除去坯体中所含的部分水分，使坯体失去可塑性，具有一定的强度。

另外，经过干燥的坯体，在烧成初期可以经受快速升温，从而缩短烧成周期，提高窑炉的周转率，降低燃料消耗。否则，在烧成过程中大量水分的快速排出，会造成坯体的严重变形与开裂。坯体中含水量较高，其吸附釉浆的能力很差。为了提高坯体吸附釉层能力，也需进行干燥。因此，成形后的坯体必须进行干燥，排除水分。实践表明，生坯的强度随着水分的降低而大为提高。当生坯的水分含量干燥到1%~2%（质量分数）时，已有足够的强度和吸附釉层的能力，无需再继续干燥。若生坯的水分再降低，则生坯在存放过程中会自然吸收空气中的水分。干燥的实质是水分扩散的过程。水分扩散靠外扩散和内扩散来进行。外扩散就是坯体表面的水分以蒸汽形式从表面扩散到周围介质中去的过程，也就是水分蒸发的过程。内扩散则是水分在坯体内部进行移动的过程。干燥的速度取决于内外扩散的速度。

坯体在干燥过程中，随着水分的排出，坯体不断发生收缩。收缩的原因可用图8-4来示意地说明。

未干燥的坯体可以看成由连续的水膜包围着的固体颗粒所组成，颗粒被水膜相互分开，坯体在干燥过程中随着自由水的排出，颗粒开始靠近，使坯体发生收缩。自由水不断排出，坯体不断收缩。若坯体干燥过快或不均匀，则由于坯体内外层或各部位收缩不一致而产生内应力。当内应力超过处于塑性状态的坯体屈服值时，就会使坯体发生变形。当内应力超过塑性状态坯体的破裂点或超过弹性状态坯体的强度时，坯体就会发生开裂。变形与开裂是干燥过程中常见的缺陷。为了防止过量变形与开裂，可以采取调整坯料、降低坯体收缩率的办法和改进干燥制度。

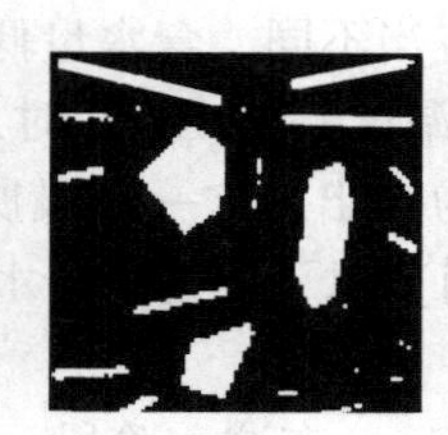

图8-4 坯体干燥过程的示意图

5. 上釉

釉是附着于陶瓷坯体表面的连续玻璃质层，具有与玻璃相类似的物理与化学性质。陶瓷坯体表面的釉层从外观来说使陶瓷具有平滑而光泽的表面，增加陶瓷的美观，尤其是颜色釉与艺术釉更增添了陶瓷制品的艺术价值。就力学性能来说，正确配合的釉层可以增加陶瓷的强度与表面硬度，同时还可以使陶瓷的电气绝缘性能、抗化学腐蚀性能有所提高。

按釉料的组成成分可分为长石釉、石灰釉、铅釉、硼釉、铅硼釉等。传统日用瓷生产中主要用长石釉与石灰釉。长石釉主要由石英、长石、大理石、高岭土等所组成，其特征是硬度较高，光泽较强，略具乳白色。石灰釉主要由瓷石（由石英、绢云母组成，并含有若干高岭土、长石等岩石矿物）与釉灰（主要成分为碳酸钙）配制而成。石灰釉的特点是透光性强，适应性能好，硬度亦较高。

将釉料经配料、制浆后进行施釉。施釉方法可以分为浸釉法、喷釉法、浇釉法、刷釉法。浸釉法是将产品全部浸入釉料中，使之附着一层釉浆。喷釉法是利用压缩空气或静电效应，将釉浆喷成雾状，使其粘附于坯体。浇釉法是将釉浆浇到坯体上，该方法适用于大件器皿。刷釉法常用于同一个坯体上施几种不同釉料，如用于艺术陶瓷生产。

6. 烧成

经过成形、上釉后的半成品，必须最后通过高温烧成才能获得瓷器的一切特性。坯体在烧成过程中发生一系列物理化学变化，如膨胀、收缩、气体的产生、液相的出现、旧晶相的消失、新晶相的析出等，这些变化在不同温度阶段中进行的状况决定了陶瓷的质量与性能。烧成过程大致可分为四个阶段：

蒸发期——坯体内残余水分的排除——室温～300℃左右

氧化分解和晶型转化期——{排除结构水；有机物、碳和无机物等的氧化；碳酸盐、硫化物等的分解；晶型转变}300～950℃

玻化成瓷期——{坯体内氧化分解反应的继续；形成液相，固相溶解；釉的溶解}950℃～烧成温度

冷却期——{液相析晶；液相的过冷凝固；晶型转变}止火温度～室温

（1）蒸发期（室温～300℃） 坯体在这一阶段主要是排除在干燥中所没有除掉的残余水分。入窑坯体含水量多少不同，则升温速度应当不同。含水量低时，升温可以较快。含水量较高时，升温速度要严格控制。因为当坯体温度高于120℃时，坯体内的水分发生强烈汽化，有可能使制品开裂，对大型厚壁制品尤为突出。这一阶段所发生的变化纯属物理现象。一般制品入窑水分多在5%（质量分数，余同）以下，这部分水相当于吸附水，因而排除时收缩很小。

（2）氧化分解与晶型转化期（300～950℃） 在这一阶段，坯体内部发生了较复杂的物理化学变化，粘土中的结构水得到排除，碳酸盐分解；有机物、碳素和硫化物被氧化；石英晶型转化。下面分别加以说明。

1）粘土中结构水的排除。高岭土的脱水方程如下

$$\underset{\text{高岭土}}{Al_2O_3 \cdot 2SiO_2 \cdot 2H_2O} \longrightarrow \underset{\text{脱水高岭土}}{Al_2O_3 \cdot 2SiO_2} + \underset{\text{蒸汽}}{2H_2O\uparrow}$$

强烈地排除结构水发生在400～525℃之间，到525℃还保留2%～3%结构水，这部分水一直延迟到750～800℃才脱完。某些粘土甚至更高。

2）碳酸盐分解。坯料中多少夹杂一些碳酸盐矿物杂质（质量分数约2%～3%），如石灰石（$CaCO_3$）、白云石（$MgCO_3 \cdot CaCO_3$）等，这些杂质随温度升高发生分解，反应如下

$$\underset{\text{大理石}}{CaCO_3} \xrightarrow{550\sim1000℃} CaO + CO_2\uparrow$$

$$MgCO_3 \xrightarrow{500\sim750℃} MgO + CO_2\uparrow$$

瓷坯中存在的碳酸盐类一般在1000℃时基本上分解完毕。

3）碳素、硫化物及有机物的氧化。可塑性粘土及硬质粘土中往往含有碳素、硫化物及

有机物。压制成形时，坯料中添加有机粘合剂，坯料表面粘有润滑油，这类物质加热时都要发生氧化，反应如下

$$C_{有机物} + O_2 \xrightarrow{350℃以上} CO_2 \uparrow$$

$$C_{碳素} + O_2 \xrightarrow{600℃以上} CO_2 \uparrow$$

$$FeS_2 + O_2 \xrightarrow{350 \sim 450℃} FeS + SO_2 \uparrow$$

$$4FeS + 7O_2 \xrightarrow{500 \sim 800℃} 2Fe_2O_3 + 4SO_2 \uparrow$$

$$Fe_2(SO_3)_3 \xrightarrow{560 \sim 770℃} Fe_2O_3 + 3SO_2 \uparrow$$

石英的晶型转变为

$$\beta 石英 \xrightleftharpoons{573℃} \alpha 石英 + 0.82\% 膨胀$$

石英在573℃时的晶型转变，使坯体的体积膨胀，密度下降。随着结构水以及氧化分解反应所产生的气体被排除，坯体的重量急速减少，气孔率增加。这可以缓冲晶型转变时体积膨胀所引起的内应力的增加。同时随着温度的升高，坯体的机械强度也得到提高，具有一定的强度来抵抗各种应力的损坏作用。

（3）玻化成瓷期（950℃~烧成温度）　玻化成瓷期是整个烧成过程的关键。该期的最大特点是釉层玻化和坯体瓷化。坯体的基本原料长石（如 $K_2O \cdot Al_2O_3 \cdot 6SiO_2$ 和石英 SiO_2）与高岭石（$Al_2O_3 \cdot 2SiO_2$）在三元相图上的最低共熔点为985℃。随着温度的提高，液相量逐渐增多。液相对坯体的成瓷作用主要表现在两个方面：一方面它起着致密化的作用，由于液相表面张力的作用，使固体颗粒接近，促使坯体致密化。另一方面液相的存在促进了晶体的生长，液相不断溶解固体颗粒，并从液相中析出新的比较稳定的结晶相——莫来石。当温度高于1200℃时，石英颗粒和粘土的分解产物不断溶解。在熔融的长石玻璃中，当溶解的 Al_2O_3 和 SiO_2 达到饱和时，则析出在此温度下稳定的莫来石晶体。析出以后，液相对 Al_2O_3 和 SiO_2 而言又呈不饱和状态。因此溶解过程与莫来石晶体的不断析出和线性尺寸的长大交错贯穿。在瓷胎中起“骨架”作用，使瓷坯强度增大。最终，莫来石、残留石英与瓷坯内其他组成部分借助于玻璃状物质而连结在一起，组成了致密的、有较高机械强度的瓷坯。这就是新相的重结晶和坯体的烧成过程。

（4）冷却期（止火温度~室温）　在冷却期间必须注意各阶段的冷却速度，以保证获得质量良好的制品。在冷却初期，瓷坯中的玻璃相还处于塑性状态，以致快速冷却所引起的结晶相与液相的热压缩不均匀而产生的应力，在很大程度上被液相所缓冲，故不会产生有害作用，这就给冷却初期的快冷提供了可能性。冷却至玻璃相由塑性状态转变为固态时的临界温度是必须切实注意的，一般在750~550℃之间，这时由于结构的显著变化会引起较大的应力，因此，冷却速度必须缓慢，以减少其内应力。

以上便是传统陶瓷整个工艺过程。下面简单介绍一种新的成形烧结方法——加压烧结法。

加压烧结法是在加压成形的同时加热烧结的方法。它有下列特征：①由于塑性流动，促进了高密度化，得到接近于理论密度的烧结体；②由于加温加压助长了粒子间的接触和扩散效果，降低了烧结温度，缩短了烧结时间，结果抑制了晶粒长大，可以得到具有良好力学性能和电性能的烧结体；③晶粒的排列、晶粒直径的控制、含有高蒸气压成分系的成分变化的

抑制等均易于进行。

图 8-5 表示了 Al_2O_3 加压烧结时，其密度和烧结温度的关系。加压烧结设备的基本构造是电加热和油压加压。典型加热方法如图 8-6 所示。

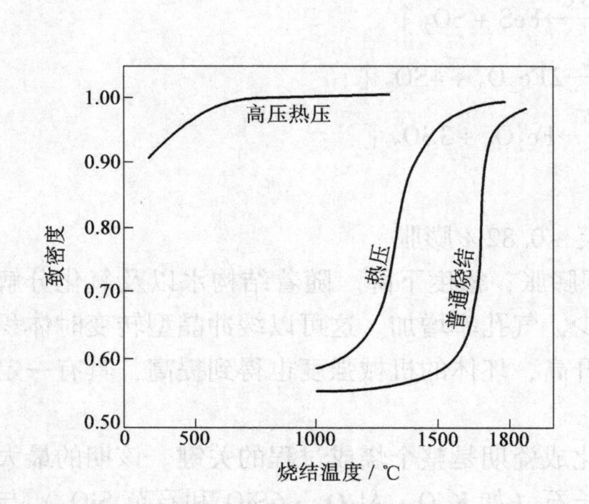

图 8-5　Al_2O_3 烧结体的密度与烧结温度的关系

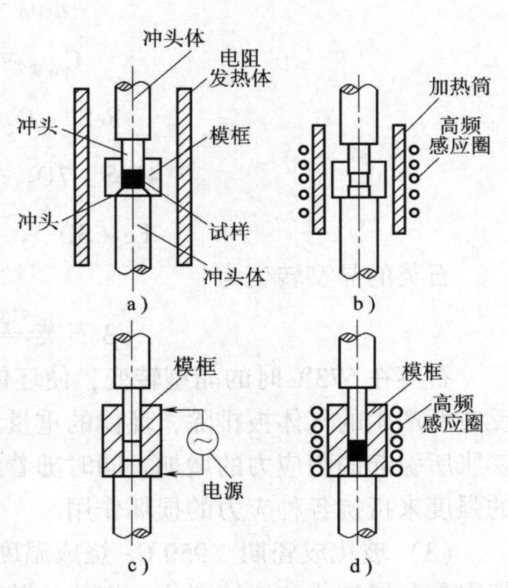

图 8-6　各种加热烧结的加热方法

a）电阻间接加热　b）高频式间接加热

c）电阻通电式直接加热　d）高频式直接加热

二、特种结构陶瓷的工艺过程

高温、高强度结构陶瓷材料主要包括下列两大类：一类是金属（主要是过渡族金属）和 C、N、B、O、Si 等非金属的化合物；另一类是非金属之间的化合物，如 Si 和 B 的碳化物、氮化物等。具体可分为以下几组：

1）氧化物：如 Al_2O_3、BeO、CaO、CeO、MgO、ZrO_2、SnO_2、UO_2 等。它们的熔点都在 2000℃左右，甚至更高。

2）碳化物：如 SiC、B_4C、WC、TiC、HfC、NbC、ZrC 等几类化合物。它们的熔点最高，硬度高，脆性大。

3）氮化物：如 BN、Si_3N_4、AlN、ZrN、HfN 等。它们都是高熔点物质，一般地说，氮化物是最硬的材料。

4）硼化物：如 HfB_2、ZrB_2、WB、MoB 等。熔点均在 2000℃以上。硼化物的氧化性最强。

5）硅化物：如 $MoSi_2$、$ZrSi_2$ 等。熔点在 2000℃左右。在高温氧化气氛中使用时，表面生成 SiO_2 或硅酸保护层，抗氧化能力强。

上述陶瓷材料的原料都不是自然界中存在的矿物，而必须经过一系列人工提炼过程才能获得，现分别举例说明：

1. 氧化物陶瓷

以高铝瓷为例，高铝瓷是一种以 Al_2O_3 和 SiO_2 为主要成分的陶瓷，其中 Al_2O_3 的质量分数在 45% 以上。随 Al_2O_3 含量的增高，其力学和物理性能都有明显的改善。高铝瓷生产中主要采用工业氧化铝作原料，它是将含铝量高的天然矿物如铝矾土，用碱法或酸法处理而得。

工业氧化铝是白色松散的结晶粉末，它是由许多粒径小于0.1μm的γ-Al_2O_3晶粒组成的多孔球聚集体，其孔隙率约达30%，根据杂质含量，工业氧化铝可分为几种不同的等级，如表8-1所示。

表8-1 氧化铝质量标准

项目	杂质含量（质量分数,%）				
	一级	二级	三级	四级	五级
Al_2O_3	>98.6	≥98.5	≥98.4	≥98.3	≥98.2
SiO_2	≤0.02	≤0.04	≤0.06	≤0.08	≤0.10
Fe_2O_3	<0.03	≤0.04	≤0.04	≤0.04	≤0.04
Na_2O	0.5	0.56	0.6	0.6	0.6
烧失量	<0.8	≤0.8	≤0.8	≤0.8	≤1.0

一般，对于机电性能要求较高的超高级刚玉质瓷或刚玉瓷刀，最好用一级工业氧化铝。其他的高铝瓷，按性能要求不同，可用品位稍低的氧化铝，品位较次的Al_2O_3可用来生产研磨材料或高级耐火材料。

若利用铝钒土、水铝石、工业Al_2O_3或杂质高的天然刚玉砂将上述原料加碳在电炉内于2000~2400℃熔融，便能得到人造刚玉。人造刚玉中的Al_2O_3质量分数可达99.96%以上，Na_2O质量分数可低于0.1%~0.3%。

在Al_2O_3含量较高的瓷坯中，主要晶相为刚玉（α-Al_2O_3）。我国目前大量生产含有氧化铝95%（质量分数）的刚玉瓷。这种刚玉瓷，由于Al_2O_3含量高，具有很高的耐火度和强度。其中生产工艺过程如下：

（1）工业氧化铝的预烧 预烧使原料中的γ-Al_2O_3全部转变为α-Al_2O_3，减少烧成收缩。预烧还能排除原料中大部分Na_2O杂质。

（2）原料的细磨 由于工业Al_2O_3是由氧化铝微晶组成的疏松多孔聚集体，因此很难烧结致密。为了要破坏这种聚集体的多孔性，必须将原料细磨。但过细粉磨，也可能使烧结时的重结晶作用很难控制，导致晶粒长大，降低材料性能。

（3）酸洗 如果采用钢球磨粉磨，料浆要经过酸洗除铁。盐酸能与铁生成$FeCl_2$或$FeCl_3$而溶解，然后再水洗以达到除铁的目的。

（4）成形 把经酸洗除铁并烘干备用的原料采用干压、挤制、注浆、轧膜、捣打、热压及等静压等方法成形，以适应各种不同形状的要求。

（5）烧成 烧成制度对刚玉制品的密度及显微结构起着决定性作用，从而对性能也起着决定性作用。适当地控制加热温度和保温时间，可获得致密的具有细小晶粒的高质量瓷坯。

（6）表面处理 对于高温、高强度构件或表面要求平整而光滑的制品，烧成后往往要经过研磨及抛光。

2. 碳化物陶瓷

下面以碳化硅陶瓷为例说明。

（1）SiC 原料的获得　SiC 是将石英、碳和锯末装在电弧炉中合成而得的。合成反应为：$SiO_2 + 3C \longrightarrow SiC + 2CO$。

反应温度一般高达 1900～2000℃左右，最终得到 β-SiC 及 α-SiC 的混合物。其中 α-SiC 属于六方结构，在高温下是稳定相。而 β-SiC 属于等轴结构，在低温下是稳定相。β-SiC 向 α-SiC 的转变温度为 2100～2400℃。Si 与 C 原子之间以共价键结合。

（2）SiC 陶瓷的生产工艺　SiC 难以烧结，因而必须加入烧结促进剂，如 B_4C_9 以及 Al_2O_3 等，然后将粒度为 1μm 左右的原料采用注浆、干压或等静压成形，于 2100℃烧结。其气孔率约 10%。采用热压法得到的产品密度得到进一步改善，达到理论密度的 99% 以上。

3. 氮化物陶瓷

以氮化硅为例说明。

（1）Si_3N_4 原料的获得　工业合成 Si_3N_4 有两种方法。一种是将硅粉在氮气中加热

$$3Si + 2N_2 \longrightarrow Si_3N_4$$

另一种方法是用硅的卤化物（$SiCl_4$、$SiBr_4$ 等）与氨反应

$$3SiCl_4 + 4NH_3 \longrightarrow Si_3N_4 + 12HCl$$

所得到的 Si_3N_4 粉末一般都是 α 相与 β 相的混合物，其中 α-Si_3N_4 是在 1100～1250℃生成的低温相，β-Si_3N_4 是在 1300～1500℃下生成的高温相。α 相加热到 1400～1600℃开始变为 β 相，到 1800℃转变结束。这一转变是不可逆的。

（2）Si_3N_4 陶瓷的生产工艺　Si_3N_4 陶瓷的生产方法有反应烧结法和热压烧结法。反应烧结法的主要工艺过程如下：

将 Si 粉或 Si 粉与 Si_3O_4 粉的混合料按一般陶瓷生产方法成形，然后在氮化炉内于 1150～1200℃预氮化，获得一定的强度之后，可在机床上进行车、刨、钻、铣等切削加工，然后在 1350～1450℃进一步氮化 18～36h，直到全部成为 Si_3N_4 为止。由于第二次氮化，其体积几乎不变化，因而得到的产品尺寸精确，体积稳定。

反应烧结后获得的 Si_3N_4 坯体密度比硅粉素坯密度增大 66.5%，这是氮化的极限值，可以用它来衡量氮化反应的程度。为了提高氮化效率和促进烧结，一般加入 2%（质量分数）的 $CrF_2 \cdot 3H_2O$，能使氮化后密度增长 63%，即达到 Si_3N_4 理论密度的 90%。

热压烧结法是将 Si_3N_4 粉和少量添加剂（如 MgO、Al_2O_3、MgF_2、AlF_3 或 FeO 等）在 19.6MPa 以上的压强和 1600～1704℃条件下热压成形烧结。原料 Si_3N_4 粉的相组成对产品密度影响很大，其结果如表 8-2 所示。

表 8-2　原料中 Si_3N_4 含量对制品的影响

Si_3N_4 原料相组成	原料配比	密度/(g/cm^3)	产品相组成	产品抗弯强度/MPa
约 90% α 相 约 10% β 相	Si_3N_4 + 5% MgO	3.20	β-Si_3N_4	650
约 90% β 相 约 10% α 相	Si_3N_4 + 5% MgO	3.24	β-Si_3N_4	374

注：表中各百分数为质量分数。

表中产品的抗弯强度显著差异的原因在于 α 相多的原料，最终获得的产品含有针状

Si_3N_4晶体，组织细小，故强度高。而β相多的原料最终获得的产品含有较粗的粒状Si_3N_4晶粒，使强度下降。但是耐热冲击性随含量增大而增大。热压烧结得到的产品比反应烧结得到的产品密度高，性能好。

4. 赛龙（Sialon）陶瓷材料

在Si_3N_4中添加多量Al_2O_3构成Si-Al-O-N系统的新型陶瓷材料，称为赛龙陶瓷材料。这类材料可用常压烧结方法获得接近热压法Si_3N_4材料的性能，因此近年来发展很快。而反应烧结赛龙制品的工艺是将Si_3N_4粉与适量Al_2O_3粉及AlN粉共同混合，成形之后，在1700℃的氮气气氛中烧结。烧成后坯体中由（Si，Al）（O，N）$_4$四面体和硅氧四面体互相连结，形成$Si_{6-x}Al_xN_{8-x}O_x$型主晶相。式中，x表示在β-Si_3N_4中Si原子被Al原子置换的数目，其值为0~4.2。

常压烧结赛龙陶瓷材料的性能普遍优于反应烧结Si_3N_4陶瓷材料的性能，对于要求特别高的也可采用热压成形烧结法。随着Si-Al-O-N系统理论与应用研究的发展，近年来又开始对添加其他金属或金属氧化物的五元、六元系统的研究。经过改性得到的新陶瓷材料，仍然称为赛龙材料，其结构单元可以概括为（SiM）（ON）。如以Si_3N_4-Al_2O_3-Y_2O_3为原料所组成的赛龙材料，常温抗弯强度可达1380MPa，为目前所知强度最高的一种陶瓷材料。

5. 金属陶瓷的生产

金属陶瓷是一种由金属或合金与陶瓷所组成的非均质复合材料，金属陶瓷性能是金属与陶瓷二者性能的综合，故起到了取长补短的作用。

金属陶瓷中的陶瓷相通常由高级耐火氧化物（如Al_2O_3、ZrO_2等）和难熔化合物（TiC、SiC、TiB_2、ZrB_2、Si_3N_4、TiN_3等）组成。作为金属相的原料为纯金属粉末，如Ti、Cr、Ni、Co等或它们的合金。现以硬质合金（以碳化物如WC、TiC、TaC等为基的金属陶瓷）为例，介绍金属陶瓷的一般生产工艺。

（1）粉末的制备　硬质合金粉末的制备，主要是把各种金属氧化物制成金属或金属碳化物的粉末。

（2）混合料制备　制备混合料的目的，在于使碳化物和粘结金属粉末混合均匀，并且把它们进一步磨细，这对硬质合金成品的性能有很大影响。

（3）成形　金属陶瓷制品的成形方法有干压、注浆、挤压、等静压、热压等。

（4）烧成　金属陶瓷在空气中烧成往往会氧化或分解，所以必须根据坯料性质及成品质量控制炉内气氛，使炉内气氛保持真空或处于还原气氛。

第二节　陶瓷的应用

由于陶瓷本身具有特殊的力学性能以及热、光、电、磁等物理性能，在工程上得到了愈来愈广泛的应用。近20年来随着电子技术、计算机技术、能源开发和空间技术的飞速发展，新型陶瓷（特殊陶瓷）的应用日益受到人们的重视。与天然的岩石、矿物和粘土作原料的传统陶瓷不同，新型陶瓷以人工合成的氧化物和非氧化物为原料，这些原材料的化学成分可以人为地加以控制，因此它们可以具有不同于天然材料制品的新的化学组成和各种新的功能。除此以外，许多新型陶瓷产品的形状已能精确地控制，除传统烧结体外，还可制成单晶、薄膜、纤维等，因而大大扩大了陶瓷材料的应用范围。

一、发动机用高温高强度陶瓷材料

目前采用的镍基汽轮机叶片高温材料，使用温度已可高达1050℃，但最高不能高于1100℃；而Si_3N_4和SiC等陶瓷材料，由于具有良好的高温强度，并具有比氧化物低得多的热膨胀系数、较高的热导率和较好的冲击韧度，极有希望成为使用温度高达1200℃以上的新型高温高强度结构材料。用这种新型陶瓷高温材料制成的发动机具有以下优点：

1）由于工作温度的提高，可使发动机的效率大大提高。例如，若工作温度由1100℃提高到1370℃，发动机效率可提高30%。

2）由于燃烧温度的提高，使燃料得到充分的燃烧，排出的废气中污染成分大幅度下降，不仅降低能源消耗，并且减小了环境污染。

3）陶瓷材料与金属材料相比，具有低的热传导性，使发动机内的热量不易散逸，节省了能量的消耗。

4）陶瓷材料在高温下具有高的高温强度和热稳定性，因此可以期望使用寿命会有所延长。

1. Si_3N_4系陶瓷

Si_3N_4是共价键强的陶瓷材料，具有高的原子结合强度，构成元素N的自扩散系数小，在1600℃下为$10^{-19}cm^2/s$，因此高温下几乎不发生变形。Si_3N_4有两种同素异构相，即α相与β相，两者均为六方晶系，晶体结构十分类似。Si_3N_4与氧化物和碳化物比较，由于热膨胀系数低，热导率高，所以耐热冲击性能好，机械强度和硬度在高温下也很少下降。除熔融的NaOH和HF以外，对化学药品和熔融金属的耐蚀性非常高。但是成形困难，其性质随密度和纯度有显著变化。

Si_3N_4陶瓷材料的成形分为反应烧结法和热压烧结法。成形方法不同，Si_3N_4陶瓷产品的性能明显不同，如图8-7和表8-3所示。由图可以看出，热压烧结法比反应烧结法具有较高的密度和较低的气孔率，故断裂强度也高。反应烧结法虽然密度和强度较低，但适用于制造各种形状复杂的发动机零部件，如燃烧室、静叶片、动叶片、喷嘴、轴承等，并且适合于高精度加工。热压烧结法虽然密度与强度较高，但大型、复杂零件的制造困难。

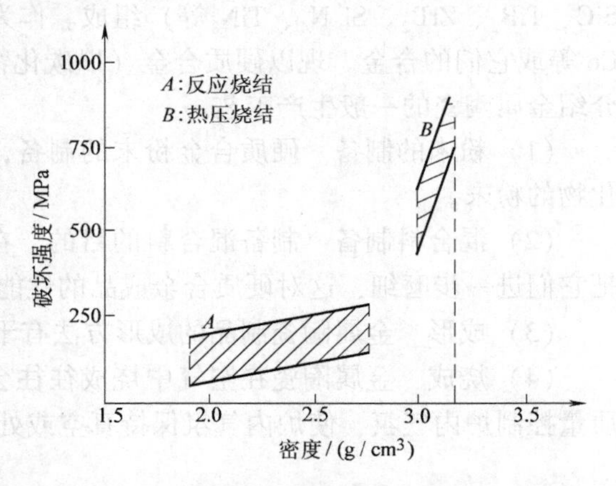

图8-7 Si_3N_4烧结体的密度和强度的关系

表8-3 Si_3N_4烧结体的性质

性质	反应烧结	热压烧结
密度/(g/cm³)	2.4	3.2
抗弯强度/MPa	295	1000
弹性模量/MPa	1.75×10^5	3.2×10^5
热膨胀系数/℃$^{-1}$	3.1×10^{-6}	3.2×10^{-6}
热导率/×100/[W/(m·K)]	0.126	0.298

由 Si_3N_4 和 Al_2O_3 组成的赛龙（Sialon）陶瓷，其成形烧结性能有所改善，物理性质几乎与 β-Si_3N_4 相同，化学性能接近于 Al_2O_3。如 50% Si_3N_4 · 50% Al_2O_3 的赛龙陶瓷，其热膨胀系数比 β-Si_3N_4 低，耐热冲击性不变，但抗氧化性高。赛龙的成形，可以采用普通的挤压、模压、浇注等技术。并且在 1600℃ 非活性气氛下烧结也能得到理论烧结密度，因此赛龙陶瓷的研究得到了较快的发展。

2. SiC 系陶瓷

SiC 系陶瓷的性能也因成形方法不同而不同，图 8-8 所示为不同成形方法所得的 SiC、Si_3N_4 烧结体的强度。由图可以看出，SiC 陶瓷的室温强度虽低，但高温下并不显著下降，但是起因于表面损伤的强度降低要比 Si_3N_4 急剧。

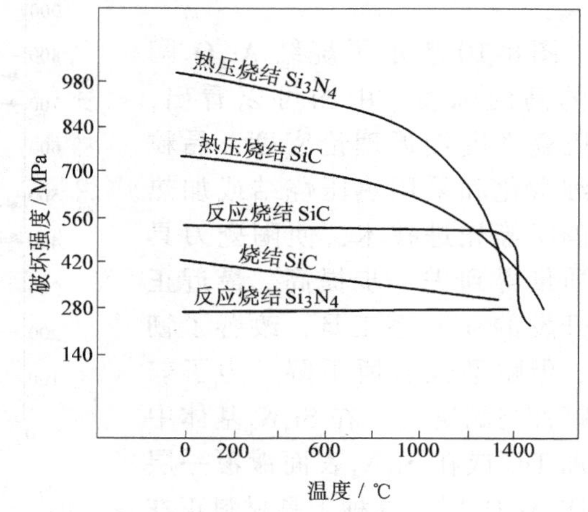

图 8-8 SiC、Si_3N_4 烧结体的强度

把 Si_3N_4 和 SiC 作为发动机材料，还处于研究开发阶段，还存在一系列问题有待解决。例如，①如何去除或减少粒间玻璃相夹杂物；②寻找促进烧结的添加剂促进致密化，同时形成耐热性高的玻璃相；③利用 Si_3N_4 和氧化物容易固溶的性质，把夹杂物 SiO_2、CaO 等和添加物一起固定于 β-Si_3N_4 结构中；④利用 Si_3N_4 的低膨胀性能和耐高温疲劳性，加上 SiC 的高弹性和高热传导性，组合成 Si_3N_4-SiC 系陶瓷等。

二、超硬工模具陶瓷材料

1. 硬质合金

世界上最硬的物质金刚石因作为宝石而享有盛名。在工业上它也是重要的工具材料之一。图 8-9 示意地对比了各种工具材料的使用量、性能和价格。可以看出，工具材料按高碳钢→高速钢→超硬合金（硬质合金）→金刚石的顺序，硬度、耐磨性和价格依次递增，而韧性依次递减。

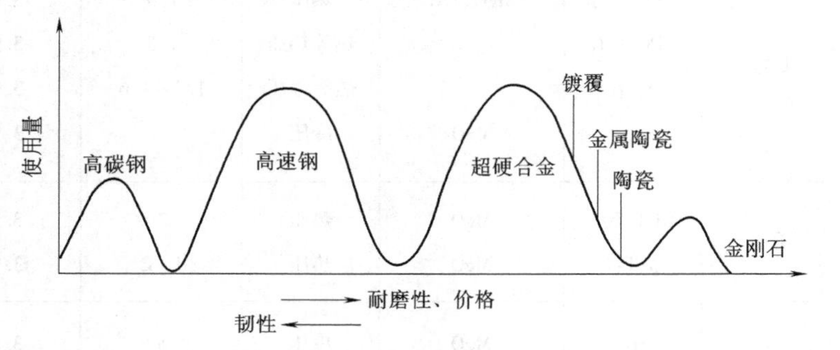

图 8-9 常用工具材料使用量、性能和价格的对比

硬质合金是金属陶瓷的一种，其主要成分为碳化物，例如 WC-Co、WC-（W，Ti，Ta，Nb）C-Co、TiC-Ni-Mo 和 Cr_3C_2-Ni 等。其中 WC-Co 主要用于耐磨、耐冲击工模具，WC-（W，Ti，Ta，Nb）C-Co 主要用于切削钢料的刀具。

2. 陶瓷刀具材料

它主要有纯 Al_2O_3 系和含有 30%（质量分数）左右 TiC（或其他金属碳化物）的 Al_2O_3 + TiC 系两种。添加 TiC，可以提高韧性。由于陶瓷材料的脆性大，开始只用它来高速切削铸铁。但后来发现，对许多高硬难加工材料（如淬火钢、冷硬铸铁、钢结硬质合金等）

的加工，以及高速切削、加热切削等加工，由于切削刀具刃部温度很高，不用陶瓷刀具已无法切削。另一方面，陶瓷刀具的材质也在不断提高，因此使陶瓷刀具材料的应用范围不断扩大。

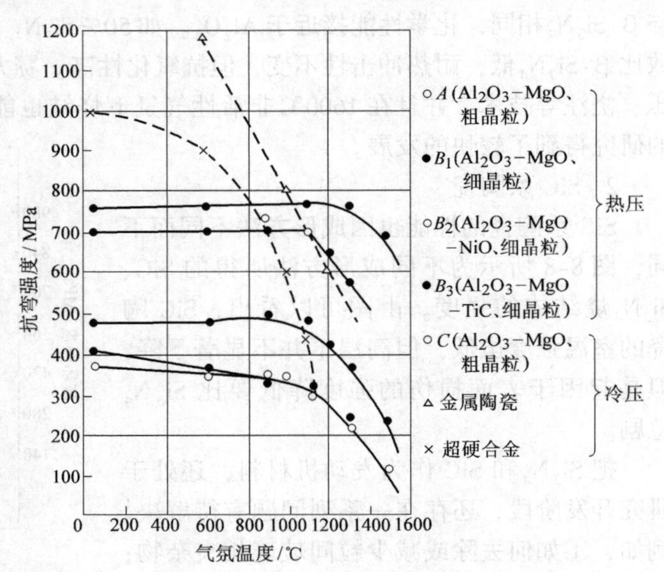

图 8-10 烧结 Al_2O_3 陶瓷的高温强度

图 8-10 表示了烧结 Al_2O_3 陶瓷的高温强度。由图可以看出，随陶瓷密度接近理论密度，晶粒的细微化和采用热压烧结或加热等静压等先进技术，使陶瓷刀具的质量得到进一步提高。最近正在开发的 Si_3N_4 系工具，改善了韧性，但耐磨性有所下降。为了兼顾韧性与耐磨性，在 Si_3N_4 基体中添加 TiC 或在 Si_3N_4 表面镀覆一层硬质 Al_2O_3 层，这种工具材料正在开发中。

目前国内外使用的氧化铝系陶瓷刀具材料的主要牌号和性能列于表 8-4 和表 8-5 中。

表 8-4 氧化铝系陶瓷的主要牌号和性能

生产国	牌号	主要添加物	制造方法	晶粒平均直径/μm	密度/(g/cm³)	硬度 HRA	抗弯强度/MPa
日本	NPC-A_1	MgO、Ni	热压	1.5	3.99	93.5	700
	NPC-H_1		热等热压	1.5	3.98	94	800
	W80		热等静压	1.2~1.6	3.96	93.5	800
	LXA	MgO	冷压		3.95	93.5	600
美国	CCT-707	MgO	热压	3	3.92	92	900
	AeT-1	MgO	热压	1~2	3.97	2000HV	675
德国	Spk	MgO	冷压	5	3.86	90.5	434
	Degussite	MgO	冷压	3	3.88	1595HV	462
	SN-56		冷压	2.6	3.91	2400HV	550
中国	AM	MgO	冷压	3	>3.95	>92	475
	AMF	MgO、Fe	冷压	3	>4.05	>92	525
前苏联	Um332	MgO	冷压	5	3.93	92	400

表 8-5　Al_2O_3 + 碳化物（TiC 等）系陶瓷刀具牌号和性能

生产国	牌号	加入主要碳化物	密度 /(g/cm^3)	硬度 HRA	抗弯强度 /MPa
日本	NpC－A	TiC	4.2～4.3	94～95	850
	C20	Mo_2C_3WC	4.6		400～700
	XD·3	TiC	4.2～4.3	94.4	900
	B90	TiC		94	900
美国	BaSiC	TiC	4.17	94.3	
	G10	TiC, TiN WC	4.28	Knoop 2200	800
德国	$SHF_2(FH_3)$	TiC	4.25～4.3	3000HV	600～700
		TiC		94.5	400～500
中国	AT8	TiC	4.5	93.5～94.5	570～650
前苏联	B_3		4.5～4.6	92～94	450～700

3. 超高压合成材料

（1）人造金刚石　人造金刚石一般由静水超高压高温合成法与冲击超高压高温合成法两种方法制成。静水压合成法以熔融的 Ni、Co、Fe、Mn 等金属及其合金相为触媒，在 50～60MPa、1300～1600℃左右的高温高压条件下，使石墨转变成金刚石。触媒金属和石墨分别作成薄片状交替叠放，或使颗粒均匀混合。反应后生成金刚石、未转变石墨、触媒金属等混合物，再经化学处理，便可提出合成的人造金刚石。

冲击压力法是用火药爆炸产生高压，压力可达 40GPa，比静水压高得多。在石墨向金刚石转变过程中，不需要触媒。

图 8-11 表示了它的示意装置，但由于冲击高压的瞬间性，晶粒不能长大，只能形成微细的粉末。

（2）高压相型氮化硼（cBN）　氮化硼又称白色的石墨，其晶体结构和润滑性与石墨相似。与石墨在高压高温下转变为金刚石类似，低压型的六方晶型氮化硼在高压高温下也会转变成立方晶型的氮化硼。这种立方结构的 cBN 虽然在某些方面具有与金刚石类似的性质，但其硬度低于金刚石。由于 cBN 在高温下与钢铁不易反应，所以对钢铁的切削与磨削性能优于金刚石，这种 cBN 也可用冲击波合成法获得极细的粉末。

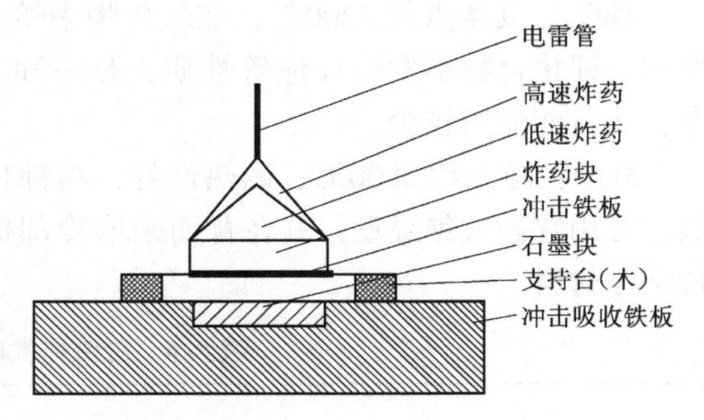

图 8-11　金刚石合成装置示意图

利用人造金刚石和高压相氮化硼的细微粉末进行成形烧结，便可获得性能极其优良的超硬工模具材料。现已做成商品高速切削刀具和拔丝模具等。

三、能源开发用陶瓷材料

1. 磁流体发电用高温材料

磁流体发电机原理如图 8-12 所示。导电性流体流过磁场，由于电磁感应，可直接获得电流。这种发电方式热效率高，资源利用率也高，最近引起人们的注意。磁流体发电按工作流体的不同分成三类，如表 8-6 所示。开放式循环发电是把石油燃烧气用作工作流体，把废气放到大气中。由于 1800～2700K 的燃烧气体带有足够的导电性，并在其中添加易电离的钾化合物（如 KOH、K_2CO_3、K_2SO_4等），增加了电离程度。当其以 600～1500m/s 的高速流过管道时即可发电。图 8-13 为这种发电机的组成示意图。它由燃烧室、发电管道、空气预热器等部分组成。这些部分受到化学腐蚀性强的高温气体的直接接触，所以这些结构材料要求具有下列性质：①高熔点低挥发性；②热冲击抗力高；③耐高速气体磨损；④耐钾化合物的腐蚀；⑤在高温气体中不易氧化；⑥高温电性能（如绝缘性、导电性、热电子放射性）优良。

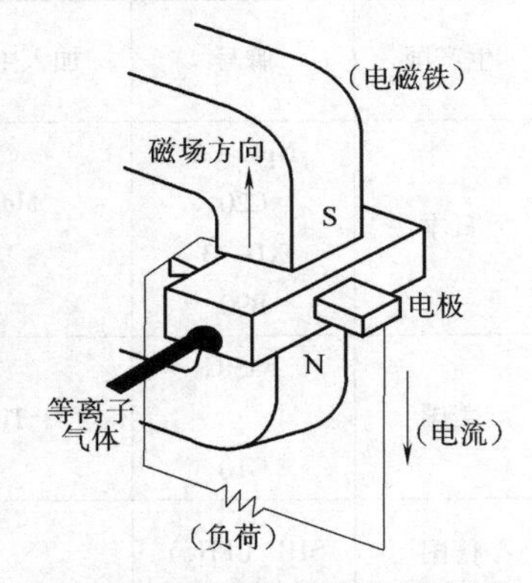

图 8-12 磁流体发电机原理图

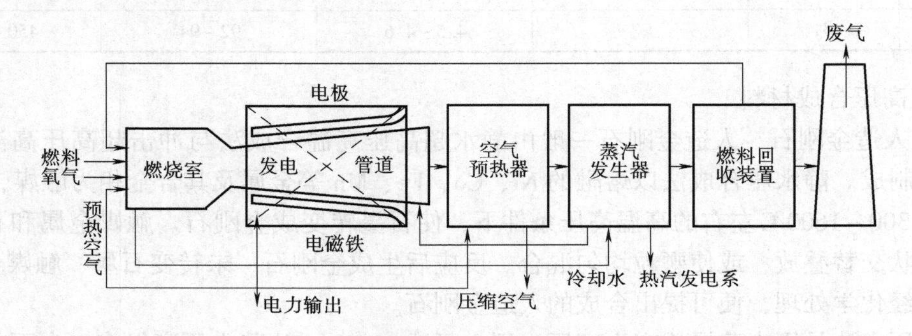

图 8-13 发电机组成图

为了满足上述性能要求，使用的材料均以氧化物为中心。如用 ThO_2、MgO、BeO、Al_2O_3作电气绝缘壁材料，用 ZrO_2、$LaCrO_3$作电极材料。

ThO_2：其熔点约 3200℃，在氧化物中熔点最高，具有高耐热性、低挥发性、低热传导性和与钾化合物不发生反应等性质，是一种有希望的高温材料。但有放射性和价格贵的缺点，故目前使用较少。

MgO：熔点约 2800℃，耐热性好，与钾化合物不易发生化学反应。但高温蒸发损伤激烈。若用它做成绝缘壁，并在背面采取冷却措施，可在 1900℃以下使用，是最有希望的一种绝缘材料。

表 8-6 磁流体发电机的发电方式分类

发电方式	工作流体	工作温度/K	
		上限	下限
开放式循环	石油、化工燃料燃烧气（如石油、天然气等）	2700	1800
密闭式循环	用核反应堆加热过的稀有气体（如 He、Ar 等）	2000	1100
液体金属循环	熔融液体金属（如 Na、Hg、NaK 等）	1200	1000

ZrO_2：稳化的 ZrO_2有优良的耐热性、耐蒸发性和化学稳定性，是最有希望的电极材料。但 ZrO_2在低温下导电性不良，为了改善低温导电性，可借助于电导率高的材料，从结构上

采取补救措施，例如镶嵌热膨胀系数大致相等的白金丝或片，或与低温导电性高的 $LaCrO_3$ 组合成叠层式电极等。

2. 核能用高温陶瓷材料

在核能发电中，为了有效地利用核燃料，新型转换反应堆、高速增殖反应堆正在开发，存在燃料、堆芯用材料、减速剂、铀浓缩、燃料再处理等问题。

用于核燃料的陶瓷有氧化物和碳化物。铀、钚、钍的氧化物，其熔点高达2300℃以上，由于没有相变，适用于长时间使用的动力反应堆核燃料。典型的 UO_2 粉末烧结体的制造流程如图8-14所示。UO_2 粉末烧结体的烧结密度，要求达到理论密度的94%。高速增殖反应堆中要求把密度降到85%以下，因此用途不同，制造工艺是不同的。烧结温度约1700℃，在真空或氧气中进行。目前正在开发研究的碳化物核燃料有UC、UC_2、PuC、PUC_2、ThC_2 等，它们分别比相应的氧化物熔点低。化学结合键中金属键的成分增多，则导电性变好。

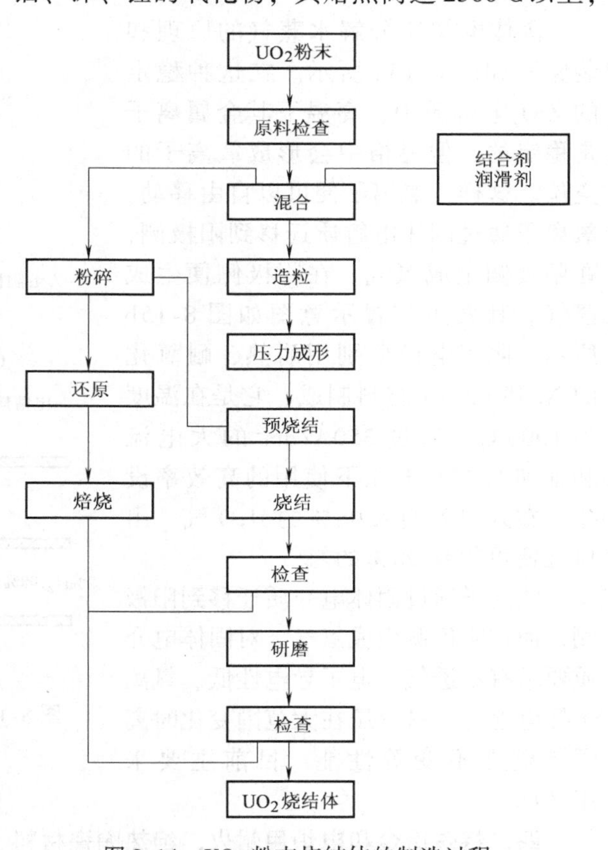

图8-14　UO_2 粉末烧结体的制造过程

燃料被覆材料、减速剂、反射剂等采用碳素材料和碳化硅材料。碳素材料与 UO_2 并立，也是最重要的反应堆用陶瓷。

3. 太阳能技术用陶瓷材料

太阳能利用范围很广，如热水器、电池、高温炉、冷暖设备、电动机等。不同的对象对材料有不同的要求，但大致可分两类，即能量转换材料和蓄热材料。能量转换材料有集热材料、反射材料和透射材料。蓄热材料中包含热媒介材料与蓄热容器材料。

太阳能集热材料要求对太阳辐射的吸收率高，同时在热转换的温度下，不易辐射热能。目前用Al、Ni、Ag、Pt基体上蒸镀CuO、CO_3O_4 薄膜，Mo-Al_2O_3-Mo-Al_2O_3、不锈钢-Mo-CeO-MgF_2、Cu-Ni-SiO_2-MgF_2 等金属与电介质分层结构。

反射材料采用玻璃或金属等基板上蒸镀Al、Ag等反射膜，在玻璃内表面蒸镀 In_2O_3、SnO_2、CdO，则所吸收的红外热辐射将向内部再反射，使热量不易逸出。

蓄热材料是太阳能利用中不可缺少的材料。高温时利用其熔融盐和共晶盐的潜热，主要用碱金属元素的氯化物、硝酸盐、溴化物等共溶混合物（熔点约300℃附近）。对这类材料要求稳定、安全、经济和实用。

4. 氢能技术用材料

氢能是一种新型能源。它是用电力、太阳能和原子能等把水分解成氢气而加以利用的一种能量。与其他能量不同，它是一种二次能量。把水分解可制成氢，把氢燃烧又可以回复到水，分解水时消耗的能量被储存于氢气中，因此氢能是一种可以反复循环利用的能量。它与电力相比，具有清洁、便于储存和运输的优点。氢气的制造方法很多，下面简述用稳定的 ZrO_2 固体电解质进行超高温水蒸气电解的方法。

固体电解质分解水蒸气的原理和装置图如图 8-15a 所示。在这种稳定的 ZrO_2 电解质中，高温下其金属离子是稳定的，但晶格中会形成氧离子的空位。这样，氧离子便可以自由移动，氧离子通过固体电解质迁移到阳极侧，在阳极侧生成氧气。在阴极侧便生成氢气。其发生装置示意图如图 8-15b 所示。阴阳电极分别用耐热、耐氧化的 Ni 和 $PtCoO_3$ 材料制成。它是在温度为 1000℃、通过 350A/dm^2 的大电流和施加 1.33V 电压下使用的高效率设备。在入口处通入 98% 的 H_2O 气，出口处便可得到 98% 的氢气。

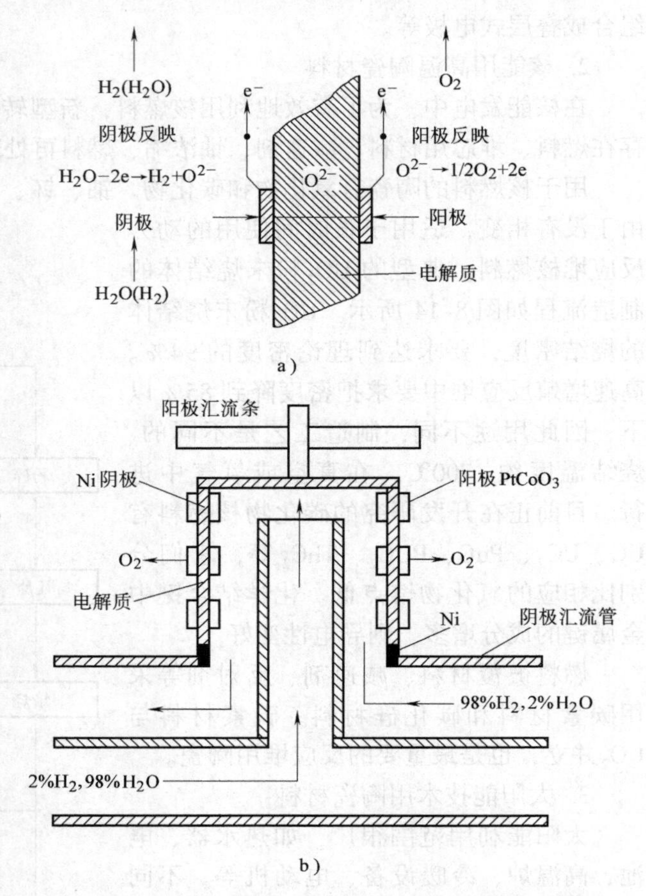

图 8-15 固体电解质分解水蒸气的原理和装置图

a）原理图 b）装置图

氧离子通过固体电介质迁移到阳极侧，而在阴极侧生成氢气。对固体电介质要求有不透气、电子导电性低、氧离子导电性高、氧分压在大范围变化时离子导电性不变等性能，目前主要采用 ZrO_2。

四、特殊冶金和电炉用耐火、绝热陶瓷材料

这一领域的陶瓷大多数属于氧化物陶瓷如 ZrO_2、Al_2O_3、BeO、CaO、ThO_2 等。它们的化学稳定性，特别是抗氧化性强，熔融温度高，高温强度高。

以 ZrO_2 陶瓷为例，ZrO_2 的晶型有三种，常温下属于单斜晶系；1000℃以上转变为四方晶系，这个转变是可逆的，而且有 7% 的体积变化；四方晶型的 ZrO_2 到 2300℃以上会出现等轴立方晶型。密度分别为 5.68g/cm^3、6.10g/cm^3 和 6.27g/cm^3，由于 ZrO_2 单斜型与四方型之间的可逆转变伴有体积效应，使陶瓷烧成时容易开裂，因此要采用稳定晶型的措施，即加入适量的 CaO、MgO、Y_2O_3 等氧化物。在 1500℃以上四方晶型的 ZrO_2 会与加入物形成等轴型固溶体，冷却后仍保持这种结构，没有体积变化。这样可以避免制品的开裂。这种稳定的 ZrO_2 陶瓷，耐火度高，比热和热导率小，是理想的高温绝热材料。ZrO_2 化学稳定性良好，高温时仍能抗酸性和中性物质的腐蚀。

ZrO_2 坩埚用于铂、钯、铱、铑等金属与合金的冶炼和提纯。这种材料对钢液很稳定，可用作连续铸锭用的耐火材料。

ZrO_2由于热稳定性好，还适用于耐2000℃左右高温的电炉发热体和炉膛耐火材料。

五、化工陶瓷材料

化工陶瓷是一种非金属耐腐蚀材料，它具有优异的耐蚀性能，不易氧化，耐磨性好，广泛使用于石油化工、化肥、制药、食品、造纸、冶炼、化纤等工业中，使用温度一般在-15~100℃，冷热骤变温度差不大于50℃。但它属于脆性材料，抗拉强度不高。

这类陶瓷一般分为以高硅酸性粘土、长石和石英等天然原料制成的耐酸陶、耐酸耐温陶和硬质瓷以及以人工化合物（Al_2O_3、CaF_2）等为原料的莫来石瓷。氧化铝瓷和氟化钙瓷，其力学性能和耐蚀性能后者比前者更为优越，特别是氟化钙瓷的耐蚀性能最好，超过纯氧化铝的20倍以上。

常用耐酸陶瓷的种类和用途列于表8-7。

表8-7　耐酸陶瓷的种类和用途

种　类	主要制品	用途举例
耐酸陶瓷、耐酸耐温陶	耐酸板、砖	砌筑耐酸池、电解电镀槽、造纸蒸煮锅和防酸地面、墙壁及台面
	管道	输送腐蚀性流体和含有固体颗粒的腐蚀性材料
	塔、塔镇料容器 过滤器	对腐蚀性气体进行干燥、净化、吸收、冷却、反应和回收废气 酸洗槽、电解电镀槽、计量槽 两相分离或两相结合、渗透、渗析、离子交换
硬质瓷	阀、旋塞 泵、风机	调节腐蚀性流体的流量 输送腐蚀性气体
莫来石瓷	同硬质瓷	同硬质瓷，性能较好
75%氧化铝瓷（含铑）	同硬质瓷	同硬质瓷，性能较好
95%氧化铝瓷、氧化钙瓷	同硬质瓷	同硬质瓷，性能较好，耐氢氟酸的零件

六、电介质陶瓷材料

电介质陶瓷通常是指用作绝缘子、集成电路基片和电真空器件的装置瓷，用作振子和各种换能器的压电陶瓷以及用作电容器材料的铁电陶瓷。

1. 装置瓷

（1）滑石瓷　滑石瓷是装置瓷的典型代表，是以天然矿物滑石（$3MgO \cdot 4SiO_2 \cdot H_2O$）为主要原料制成的陶瓷材料。滑石瓷的主要结晶相是偏硅酸镁（$MgSiO_3$）。滑石瓷的特点是介质损耗小，绝缘强度高，具有较好的力学性能和化学稳定性，并且价格便宜；但烧结范围窄，生产控制要求严，如果生产控制不当，在使用过程中会出现老化现象。

滑石的可塑性很差。为了改进工艺性能及滑石瓷的质量，配料时需加入少量粘土5%~10%和长石5%~10%（质量分数）以改进可塑性和扩大其烧成温度范围。按上述配料制成的材料称为普通滑石瓷（长石滑石瓷）；如果在配料中不用长石而用$BaCO_3$（可用到10%），则可制成特种滑石瓷，从而使其电性能得到改善。

滑石瓷主要使用范围为高频装置中的绝缘子、电热绝缘器零部件和高频高压高功率的电容器等。

（2）氧化铝瓷　氧化铝瓷是以Al_2O_3为主要原料制成的以刚玉（α-Al_2O_3主要晶相的陶

瓷材料)。氧化铝陶瓷通常以瓷体中 Al_2O_3 的含量进行分类。Al_2O_3 含量为 90%（质量分数，余同）左右的陶瓷称为“90”瓷，相应的有“99”瓷、“95”瓷、“75”瓷等。通常把 Al_2O_3 含量在 85% 以上的氧化铝瓷称为高铝瓷，而把含量在 99% 以上的称为刚玉瓷。

氧化铝瓷特别是高铝瓷机械强度高，绝缘性能好，介质损耗小，导热性能良好，电性能比较稳定，因而在电力和电子工业中得到了广泛的应用，广泛用作输电系统的绝缘材料、汽车和航空火花塞、集成电路基板、真空电容器的陶瓷管壳、微波管的管壳等。在机械工业中，氧化铝瓷可用作阀门、喷油嘴、管道泵零件、机械密封圈和拉丝用滚轮等。

2. 压电陶瓷

压电效应是 1880 年在水晶上发现的。长期以来压电效应只是作为晶体的物理现象来研究，直到 20 世纪 30 年代后压电效应才逐渐进入实用阶段。压电材料一般分为压电单晶体和压电陶瓷两类。压电陶瓷是在第二次世界大战以后逐渐发展起来的，由于压电陶瓷价格便宜，易于加工和批量生产，它的极化方向可以控制，通过掺杂可以获得不同的压电特性，因而得到广泛的应用。常用的压电陶瓷材料有钛酸钡（$BaTiO_3$）、钛酸铅（$PbTiO_3$）、锆钛酸铅（$Pb(TiZr)O_3$）以及其他的稀土氧化物和化合物。

压电陶瓷是用金属氧化物粉末加入粘合剂和润滑剂加压成形并加热排除粘合剂后再通过高温烧结制成的。原料的成分、均匀度、纯度以及烧成的温度、时间和气氛对压电陶瓷的性能影响很大。烧结后的陶瓷尚需烧制电极和加一强直流电场使其极化后才成为压电陶瓷成品。

压电陶瓷看起来像一个电容器，但这种电容器在电压作用下能够伸长或收缩，因此，压电陶瓷可以用来做功。压电陶瓷片是一个弹性体，存在某一谐振频率，采用输入电信号的方法，通过逆压电效应，可使陶瓷片产生机械谐振，而这种机械谐振又可通过正压电效应输出电信号，这种陶瓷片称为压电振子。当输入电信号的频率在谐振频率附近时，输出信号很大；而输入另外一些频率的电信号时输出的信号则很小。利用压电振子的这种特性，可以制成适用于不同频率范围（1kHz ~ 10MHz）的压电陶瓷滤波器。与 LC 滤波器相比，压电陶瓷滤波器具有体积小、选择性好和低损耗等优点，广泛用于通信、遥测、导航等尖端技术领域。

通过压电效应压电陶瓷能将电能转换成声能或将声能转换成电能，因此，可采用压电陶瓷制作水声换能器件和各种电声器件，如扬声器、送话器、拾音器、传声器等。另外，采用压电陶瓷制成的陶瓷变压器具有体积小、重量轻、不易被击穿、本身耐高温、结构简单等优点，可用作电视接收机、静电除尘器、离子发生器、静电印刷等设备中的高压电源。

3. 铁电陶瓷

钛酸钡陶瓷的介电常数约为 1600 左右，在居里点 120℃ 附近，介电常数增加很快，可高达 6000 ~ 10000。添加与 $BaTiO_3$ 结构相同的钙钛矿型化合物可使材料居里点下降至室温附近，介电常数可提高到 4000 ~ 20000，并且其介电常数的温度变化率低。这种改性的钛酸钡陶瓷材料适用于制造小型大容量的电容器，已大量地用于电视、广播、立体声、无线电收发两用机等民用设备方面。

铁电陶瓷的介电常数随外电场呈非线性变化，强非线性铁电陶瓷如 $BaTiO_3$-$BaSnO_3$、$BaTiO_3$-$BaZrO_3$ 等，主要用来制造压敏元件如压敏电容器，这类压敏电容器可用于介质放大器、频率调制器、稳压器、脉冲发生器等。

$PbZrO_3$系反铁电陶瓷材料在足够大的外电场作用下，能从稳态的反铁电相转变为介稳态的铁电相，当电场强度减小或取消时，介稳态铁电相又会变成稳态的反铁电相。前者是一个储能的过程，后者是一个释能的过程。利用这种效应可以制成高压高功率储能电容器。

钛酸钡陶瓷为介质材料，通过添加某些稀土元素（例如 La、Ce、Nd、Sm、Gd、Dy）的氧化物或经还原处理，可以使其半导体化并在其表面或者晶界形成厚度为 0.01 ~ 10μm 的绝缘层。用这种半导体陶瓷制成的陶瓷半导体电容器，容量大大提高，可使瓷介电容器进一步小型化。用 $SrTiO_3$ 陶瓷经还原处理得到的半导体陶瓷其表观介电常数高达 50000 左右，与 $BaTiO_3$ 相比电阻约低一个数量级，介质损耗低于 1%，不产生铁电材料特有的各种杂波，适合于在音响电路中使用。

七、磁性陶瓷材料

磁性材料分为金属磁性材料和非金属磁性材料两类。纯铁（wFe99.9%）、硅铁合金（Si-Fe，又称硅钢）和铁镍合金（Fe-Ni，又称坡莫合金）是最常见的金属磁性材料。非金属磁性材料主要指铁氧体磁性材料。磁铁矿（Fe_3O_4）是一种最简单的铁氧体。金属磁性材料电阻率小，高频涡流损失大，用作高频变压器时，一般都先轧成 0.05 ~ 0.1mm 厚的薄片，然后叠合起来。这样做工艺复杂，成本较高。铁氧体磁性材料不仅电阻率大，高频损耗小，而且高频时具有较高的磁导率，制造工艺上也比较简单，不必再像金属磁性材料那样要轧成薄片或制成细粉介质，才能应用，因此，在高频弱电领域内得到了广泛应用。与金属磁性材料相比较，铁氧体磁性材料饱和磁化强度较低，即单位体积中储存的磁能较低，从而限制了它在电力工业如发电、电动和输电变压器等大功率电力设备中的应用。

铁氧体磁性材料是金属氧化物烧结磁性体，主要分为软磁铁氧体和硬磁铁氧体两类。软磁铁氧体是一种在较弱磁场下，易磁化也易退磁的一种铁氧体材料，常用的有锰锌铁氧体（$Mn\text{-}ZnFe_2O_4$）和镍锌铁氧体（$Ni\text{-}ZnFe_2O_4$），这些材料的电阻高，硬度高，耐磨损，高频涡流损耗小，广泛用作各种高频磁心，如滤波器磁芯、变压器磁芯、天线磁芯、偏转磁芯以及磁带录音和录像磁头、多路通信的记录磁头的磁芯等。

硬磁铁氧体磁化后不易退磁，能长期保留其磁性，因此，有时也称为永磁铁氧体材料。常用的硬磁铁氧体有钴铁氧体 $CoFeO_4 \cdot Fe_3O_4$、钡铁氧体 $BaO \cdot xFe_2O_3 (x=5\sim6)$ 和 Sr 铁氧体 $SrO \cdot 6Fe_2O_3$。这些材料可以用作电信器件中的录音器、拾音器和电话机等各种电声器件以及各种仪表和控制器件的磁芯等。

此外，具有矩形磁滞回线的铁氧体材料如镁锰铁氧体（$Mg\text{-}MnFe_2O_4$）和锂锰铁氧体（$Li\text{-}MnFe_2O_4$）可以用作各种类型电子计算机的存储器磁心。在磁化时能在磁场方向作机械伸长或缩短的铁氧体压磁材料，如镍锌铁氧体（$Ni\text{-}ZnFe_2O_4$）、镍铜铁氧体（$Ni\text{-}CuFeO_4$）和镍镁铁氧体（$Ni\text{-}MgFe_2O_4$）等可以用作电磁能和机械能相互转换的超声和水声器件、磁声器件以及电信器件、水下电视、电子计算机和自动控制器件等。铁氧体压磁材料和压电陶瓷材料虽然具有几乎相同的应用领域，但前者只适用于几万赫兹频段以内，而压电陶瓷适用的频段则高得多。

八、光学和其他陶瓷材料

传统光学材料是玻璃。随着电子学和光电子学的发展，要求一些新型光学材料。这些材料除能透过可见光外，还能透过其他频率的光，如红外光；能远距离进行光传播而光损耗极小；材料本身不仅是光的通路而且具备光的单色性、调制、偏转等功能；除具备优良光学性能外，还要耐热性能好，膨胀小，不老化等。

一般陶瓷材料由于气孔和杂质的散射作用因而是不透明的。要能透光（即透明陶瓷材料）必须具备下述条件：①密度要求高（为理论密度的99.5%以上）；②晶界上不存在空隙或空隙大小比光的波长小得多；③晶界没有杂质及玻璃相，或者晶界的光学性质与微晶体之间差别很小；④晶粒较小且均匀，其中没有空隙；⑤晶体对入射光的选择吸收很小；⑥能获得表面粗糙度值小的表面。上述所有条件中关键是致密并具有小而均匀的晶相。

在 Al_2O_3 中加入适量 MgO，烧结时形成 $MgO \cdot Al_2O_3$ 尖晶石相，在 Al_2O_3 晶界表面析出，促进晶界衰退。MgO 在高温下比较容易蒸发，能防止形成封闭气孔。同时在烧结过程中，晶界气孔增多，限制了晶粒长大。这样得到透明的 Al_2O_3。MgO 添加量的最佳范围为0.1%～0.5%。添加过量会出现第二相，反而降低材料的透光性。

透明 Al_2O_3 的化学稳定性，比不透明的 Al_2O_3 更好，耐强碱和氢氟酸腐蚀，可熔制玻璃。某些场合可代替铂坩埚。由于能透过红外光，所以可用作红外检测材料和钠光灯管材料。

其他透明氧化物陶瓷如透明 MgO 和透明 Y_2O_3 的透明度和熔融温度比透明 Al_2O_3 高，是高温测视孔、红外检测窗和红外元件的良好材料，可做高温透镜、放电灯管。透明 MgO 瓷坩埚用于碱性料的高温熔炼，这些材料还用于电子工业和航天技术中。

用作固体激光器的陶瓷材料除加 Cr^{3+} 的 α-Al_2O_3 外，还有掺钕（Nd^{3+}）的钇铝石榴石（$Y_3Al_5O_{12}$，简称 YAG）。用 YAG 制造的激光器，性能优于红宝石激光器，它质地硬，热导率高，效率高。近年研究成功的掺钕硫氧化镧 La_2O_2S：Nd^{3+} 激光材料效率比 YAG：Nd^{3+} 高8～10倍，是一种很有希望的激光材料。用作光通信技术的光导纤维材料有石英玻璃和多元系玻璃（钠钙玻璃或硼酸玻璃），目前研究的重点是降低光纤的损耗。

第九章　高分子材料结构与制备

第一节　概　　述

自然界中出现的天然高分子材料来自植物、动物和矿物。这些材料包括木材、橡胶、棉花、羊毛、皮革、丝绸、沥青、地蜡等。许多有用的塑料、橡胶和纤维材料都是合成高分子材料。由于合成高分子材料的出现，材料领域发生了巨大的革命。合成材料生产比较便宜，通过一定程度的控制可以得到比自然材料更优越的性能。合成高分子材料在很多应用领域，代替了金属、水泥、陶瓷和木材。

大多数高分子材料都来源于有机物，多数有机物质是碳氢化合物，是由碳和氢组成的。它们内部分子的连接键是共价键。每个碳原子由四个电子可以参与共价键，而每个氢原子只有一个成键电子。当每个键合原子都贡献一个电子时一个单键共价键才能存在，如甲烷分子。两个碳原子间的双键和三键分别涉及到共享 2 个和 3 个电子对。例如，在乙烯中，其化学式为 C_2H_4，两个碳原子以双键键合在一起，如下结构式所示：$\begin{array}{cc} H & H \\ | & | \\ C & \!\!=\!\! C \\ | & | \\ H & H \end{array}$。其中—和═分别代表单键和双共价键。三键的例子如乙炔 C_2H_2：H—C≡C—H。双键和三键被称为不饱和键。也就是说，每个碳原子都没有最大程度地键接其他原子，由此，使其他原子或原子团连接到原始分子上成为可能。对于一个饱和碳氢化合物，所有的键都是单键（即饱和的），在不移走已经键接原子的情况下，新原子无法加入。一些简单的碳氢化合物属于烷烃家族；链状的烷烃分子包括甲烷、乙烷、丙烷和丁烷。烷烃的分子结构和组成如表 9-1 所示。每个分子的共价键都很强，但分子间只有弱的氢键和范德华键，因此这些碳氢化合物有着相对低的沸点。不过，沸点随相对分子质量的增高而上升。

表 9-1　部分烷烃化合物的分子结构和组成

名　　称	组　成	室温下的外观	沸点/℃	熔点/℃
甲烷	CH_4	气体	-164	
乙烷	C_2H_6	气体	-88.6	
丙烷	C_3H_8	气体	-42.1	
丁烷	C_4H_{10}	气体	-0.5	
戊烷	C_5H_{12}	液体	36.1	
己烷	C_6H_{14}	液体	69.0	

（续）

名　称	组　成	室温下的外观	沸点/℃	熔点/℃
30 碳聚乙烯	$C_{30}H_{62}$	软蜡状	235/1mmHg①	66
40 碳聚乙烯	$C_{40}H_{82}$	软蜡状	243/0.3mmHg①	81
120 碳聚乙烯		蜡状固体	分解	104
200 碳聚乙烯		脆性固体	分解	106
2000 碳聚乙烯		坚韧塑料	分解	110

① 1mmHg = 133.3Pa。

相同组成的碳氢化合物有不同的原子排列顺序，这个现象称为同分异构，例如，丁烷有两个异构体。碳氢化合物的一些物理性质依赖于异构状态，例如，正丁烷和异丁烷沸点分别为 -0.5℃和 -12.3℃。还有大量其他的有机基团，很多都会在高分子材料结构中出现。一些常用的碳氢基团如表 9-2 所示。单键碳氢自由基的例子包括 CH_3、C_2H_5 和 C_6H_5（甲基、乙基和苯基）基团。

表 9-2　一些常用的碳氢基团

族　系	典型的单体	结　构	代表物质
醇	乙二醇、丙三醇	—OH	甲醇
醚	烷基乙烯基醚	—O—	二甲基醚
酸	己二酸	—OH	乙酸
醛	戊二醛	COH	甲醛
芳香族碳氢化合物	苯乙烯	（苯基结构）	苯酚

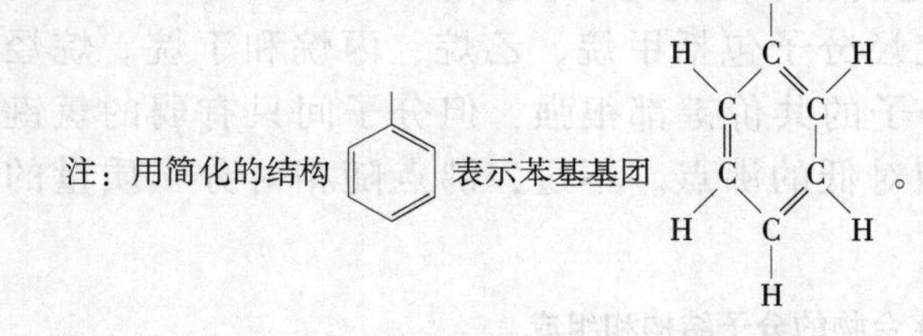

第二节　高分子材料的化学结构与制备方法

一、高分子化合物概念

高分子化合物、大分子化合物、高分子、大分子、高聚物、高分子材料，这些术语一般可以通用 Macromolecules、High Polymer、Polymer 表示。常用高分子材料的相对分子质量一般高达几万、几十万，甚至上百万，范围在 $10^4 \sim 10^6$，合成高分子材料的起始原料称为单体（Monomer），在大分子链中出现的以单体结构为基础的原子团称为结构单元（Structure unit），结构单元有时也称为单体单元（Monomer unit）、重复单元（Repeating unit）、链节

(Chain element)。由无规则排列的结构单元通过化学键连接组成的、相对分子质量在一万以上、由一种单体聚合而成的高分子称为均聚物；由两种或两种以上的单体聚合而成的高分子则称为共聚物。

高分子材料与已经探讨过的碳氢化合物相比，其分子是巨大的。正是由于其大的尺寸，它们常被称为大分子。在每个分子里，原子以共价键相互结合。对于大多数高分子材料，这些分子以长的柔性链的形式存在。每个链骨架是碳原子的绳串；每个碳原子在两侧以单键形式与相邻碳原子键合，其示意图为：—C—C—C—C—C—C—。每个碳原子中每个剩余的成键电子都与位于链旁边的原子和自由基侧链形式相连。当然，大分子主链和侧面双键都是可能的。这些长分子由称为单体的结构实体组成，这些单体沿着链连续重复出现。“Mer”来自希腊语的 meros，即部分的意思。高分子材料（polymer）是按照许多单体的结构单元由化学键连接（主要是共价键）制造出来的。我们有时用“monomer”，来指代用来合成高分子材料的小分子，称之为单体。

下面重新考虑一下乙烯 C_2H_4，它在常温常压下是气态的，有如下的分子结构：$H_2C{=}CH_2$（结构式：两个 C 以双键相连，每个 C 上下各连一个 H）。

如果乙烯气体在合适的温度和压力下被催化，它就会转变成固态的高分子材料聚乙烯；苯乙烯液体在一定的温度或在引发剂的作用下就会变成聚苯乙烯。引发剂与乙烯单体之间反应形成活性单体后，聚合过程就开始了，如下所示：

$$nCH_2{=}CH(C_6H_5) \xrightarrow{聚合} —CH_2—CH(C_6H_5)—CH_2—CH(C_6H_5)—CH_2—CH(C_6H_5)— \quad {\pm}CH_2—CH(C_6H_5){\pm}_n$$

结构单元 = 单体单元 = 重复单元 = 链节，n 表示重复单元数，也称为链节数，在此等于聚合度。

在这里，两种聚合度相等，记作 n

$$\bar{x}_n = \overline{DP} = n \tag{9-1}$$

由聚合度可计算出高分子的相对分子质量为

$$\overline{M} = \bar{x}_n \cdot M_0 = \overline{DP} \cdot M_0 \tag{9-2}$$

式中，$\overline{M}$ 是高分子的相对分子质量；M_0 是结构单元的相对分子质量。

另一种情况：

$$nH_2N—(—CH_2—)_5—COOH \longrightarrow —[—NH—(—CH_2—)_5—CO—]_n— + nH_2O$$

结构单元 = 重复单元 = 链节 ≠ 单体单元，由两种结构单元组成高分子。

合成尼龙-66 则具有另一特征：

$$\underset{己二胺}{H_2N(CH_2)_6NH_2} + \underset{己二酸}{HOOC(CH_2)_4COOH}$$

$$\downarrow$$

$$H—[—NH(CH_2)_6NH—CO(CH_2)_4CO—]_n—OH + (2n-1)H_2O$$

此时，两种结构单元构成一个重复结构单元，单体在形成高分子的过程中要失掉一些原子结构，单元≠重复单元≠单体单元，但是，重复单元＝链节，即

$$\overline{x}_n = 2\overline{DP} = 2n$$

$$\overline{M} = \overline{x}_n \cdot M_0 = 2\overline{DP} \cdot M_0 \tag{9-3}$$

注意：M_0 为两种结构单元的平均相对分子质量。

通过聚乙烯单体向这个活性引发剂中心的顺序添加形成高分子材料链。这个活性点或未成对电子(用 · 表示)在单体连接到链上的时候被传递给这个后来的末端单体，如下所示：

$$R\cdot + \mathrm{H_2C{=}CH_2} \longrightarrow R{-}\mathrm{CH_2{-}CH_2}\cdot \qquad R{-}\mathrm{CH_2{-}CH_2}\cdot + \mathrm{H_2C{=}CH_2} \longrightarrow R{-}\mathrm{CH_2{-}CH_2{-}CH_2{-}CH_2}\cdot$$

在添加乙烯单体单元之后，最后的结果是形成聚乙烯大分子，其一部分如图 9-1a 所示。这种表示方法并不严格，因为碳原子之间的单键所成的角度并不是图中所示的 180°，而是非常接近 109°。一个更精确的三维模型是由键长为 0. 154nm 的碳原子排成锯齿形的模型（图 9-1b）。在这一模型中，通常用线性的链模型来简化高分子材料分子的描述。如果聚乙烯中所有的氢原子都被氟原子替代，所形成的高分子材料就是聚四氟乙烯（PTFE）。聚四氟乙烯，商品名为泰氟龙，俗称塑料王，属于被称为碳氟化合物的高分子材料家族。

$$-\mathrm{CH_2{-}CH_2{-}CH_2{-}CH_2{-}CH_2{-}CH_2{-}CH_2{-}CH_2}-$$

Mer unit

a）

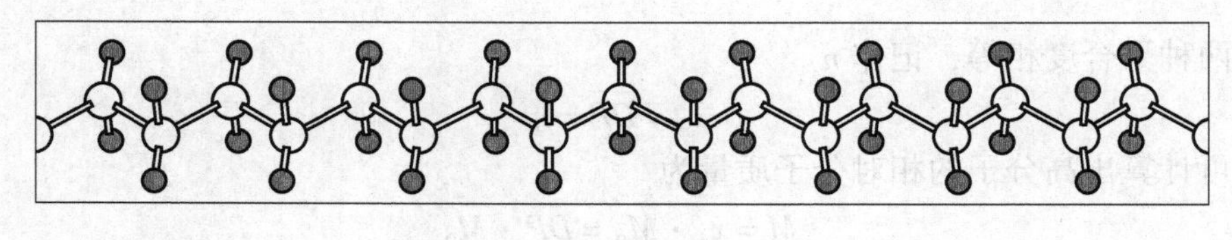

b）

图 9-1 聚乙烯

a）单体和链结构的示意图 b）分子的透视图（锯齿型骨架结构）

聚氯乙烯 PVC 是另一种常见的高分子材料，其结构与聚乙烯稍有不同。聚氯乙烯中，每四个氢原子中就有一个被氯原子代替。进而，用甲基基团替代 PVC 中的每个氯，就产生了聚丙烯 PP。

二、高分子材料的分类

1. 按来源

按来源可分为天然高分子、合成高分子、半合成高分子材料。

2. 按用途

按用途分类可分为塑料、橡胶、纤维、涂料、胶粘剂、功能高分子材料，如表 9-3 所示。高分子材料还可按应用温度分类，如表 9-4 所示。

表 9-3　高分子材料按用途分类

塑料	产量最大，与国民经济、人民生活关系密切，故称为“三大合成材料”
橡胶	
纤维	
涂料	涂料是涂布于物体表面能结成坚韧保护膜的涂装材料
胶粘剂	胶粘剂是指具有良好的粘合性能，可将两种相同或不相同的物体粘接在一起的连接材料
功能高分子	功能高分子是指在高分子主链和侧枝上带有反应性功能基团，并具有可逆或不可逆物理功能或化学活性的一类高分子

注：通常所说的塑料、橡胶，正是按照 T_m 和 T_g 在室温之上或室温之下划分的，见表 9-4。

表 9-4　高分子材料按应用温度分类

塑料	晶态高聚物，处于部分结晶态，T_m 是使用的上限温度 非晶态高聚物，处于玻璃态，T_g 是使用的上限温度
橡胶	只能是非晶态高聚物，处于高弹态 T_g 是使用的下限温度，T_g 应低于室温 70℃以上 T_f 是使用的上限温度
纤维	大部分纤维是晶态高聚物，T_m 应高于室温 150℃以上 也有非晶态高聚物纤维，分子排列要有一定规则和取向

注：T_g—玻璃化温度；T_f—流动温度；T_m—熔融温度。

3. 按主链结构

按主链结构可分为碳链高分子、杂链高分子、元素有机高分子、无机高分子材料。

（1）碳链高分子材料　大分子主链完全由碳原子组成，绝大部分烯类、二烯类高分子材料属于这一类，如 PE、PP、PS、PVC。

（2）杂链高分子材料　大分子主链中除碳原子外，还有 O、N、S 等杂原子，如聚酯、聚酰胺、聚氨酯、聚醚。

（3）元素有机高分子材料　大分子主链中没有碳原子，主要由 Si、B、Al、O、N、S、P 等原子组成，侧基则由有机基团组成，如硅橡胶。

（4）无机高分子材料　大分子主链中没有碳原子，主要由 Si、B、Al、O、N、S、P 等原子组成，侧基也没有碳原子的有机基团组成，如二氧化硅等。

4. 按反应机理分类

按反应机理可分为连锁反应机理与逐步聚合反应机理、加聚物与缩聚物、均聚物与共聚物。

5. 按高分子材料分子链形状

按分子链形状可分为线型、支化型、星型、梳型、梯型、交联型。

第三节　高分子材料相对分子质量及分布

高分子材料有着非常大的相对分子质量和非常长的链。在从小分子合成大分子的聚合过程中，不是所有高分子链都长到相同长度，这就导致了高分子链段长度或相对分子质量的分布不同。通常用平均相对分子质量来表征，平均相对分子质量与测定时所依据的物理性质如粘度、渗透压等有关。有几种测定平均相对分子质量的方法。数均相对分子质量 $\overline{M}_n$ 是将大分子链分成尺寸不同的一系列区间，然后通过测定每个区间内的大分子链的数量分数来确定。数均相对分子质量可以表达为

$$\overline{M}_n = \sum x_i M_i \tag{9-4}$$

式中，M_i为尺寸范围 i 内的平均（中间）相对分子质量；x_i为相应尺寸区间的大分子链的数量分数。

一、高分子材料相对分子质量多分散性的表示方法

单独一种平均相对分子质量不足以表征高分子材料的性能，还需要了解相对分子质量多分散性的程度。

1. 以相对分子质量分布指数表示

即重均相对分子质量与数均相对分子质量的比值 M_w/M_n 如表 9-5 所示。

表 9-5 M_w/M_n 值

M_w/M_n	相对分子质量分布情况
1	均一分布
接近 1(1.5 ~2)	分布较窄
远离 1(20 ~50)	分布较宽

2. 以相对分子质量分布曲线表示

将高分子样品分成不同相对分子质量的级分，这一实验操作称为分级。分级的实验方法有：逐步沉淀分级、逐步溶解分级、GPC（凝胶渗透色谱）。以被分离的各级分的质量分数对平均相对分子质量作图，得到相对分子质量-质量分数分布曲线如图 9-2 所示。可通过曲线形状，直观判断相对分子质量分布的宽窄。

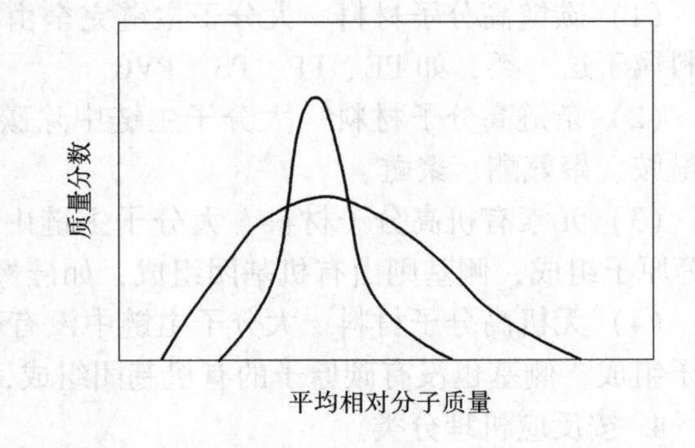

图 9-2 高聚物的相对分子质量-质量分数分布曲线

相对分子质量分布是影响高分子材料性能的因素之一。相对分子质量过高的部分使高分子材料强度增加，但加工成型时塑化困难。相对分子质量低的部分使高分子材料强度降低，但易于加工。不同用途的高分子材料应有其合适的相对分子质量分布。合成纤维相对分子质量分布较窄；橡胶相对分子质量分布较宽；塑料介于其间；粘合剂的相对分子质量较小，分布较宽。

重均相对分子质量 $\overline{M}_w$ 可基于不同尺寸区间的分子质量分数得到，可以根据下式计算

$$M_w = \sum w_i M_i \tag{9-5}$$

式中，M_i为一个尺寸范围 i 内的平均相对分子质量；w_i为相同尺寸间隔内分子的质量分数。与这些相对分子质量平均值相关的还有相对分子质量的分布，一个典型高分子材料的相

对分子质量分布如图 9-3 所示。高分子材料平均尺寸范围的另一个表示方法是用聚合度 n 来表示，聚合度是链结构单元的平均数量。

数均和重均聚合度可以表示如下

$$n_n = \frac{\overline{M}_n}{\overline{m}} \tag{9-6}$$

$$n_w = \frac{\overline{M}_w}{\overline{m}} \tag{9-7}$$

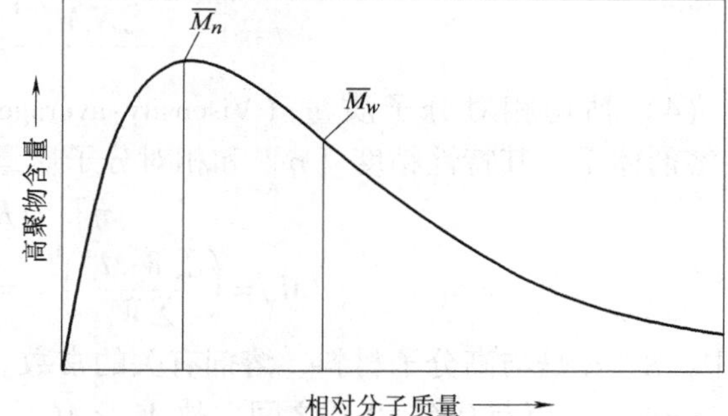

图 9-3　典型高分子材料的相对分子质量分布

式中，$\overline{M}_n$、$\overline{M}_w$ 为上面定义的数均和重均相对分子质量；m 为单体相对分子质量。对于一个共聚物（有两个或更多的单体单元），$\overline{m}$ 由下式确定

$$\overline{m} = \sum f_j m_j \tag{9-8}$$

式中，f_j 和 m_j 分别为单元 j 的链段分数和相对分子质量。

二、相对分子质量具有多分散性

1. 相对分子质量的多分散性

高分子不是由单一相对分子质量的化合物所组成的，即使是一种“纯粹”的高分子，也是由化学组成相同、相对分子质量不等、结构不同的同系高分子材料的混合物所组成。

这种高分子的相对分子质量不均一（即相对分子质量大小不一、参差不齐）的特性，就称为相对分子质量的多分散性（Polydispersity）。因此应注意：一般测得的高分子的相对分子质量都是平均相对分子质量。高分子材料的平均相对分子质量相同，但分散性不一定相同。

2. 平均相对分子质量的表示方法

（1）数均相对分子质量（Number-average molecular weight）　按高分子材料中含有的分子数目统计平均的相对分子质量，高分子样品中所有分子的总质量除以其分子（摩尔）总数

$$\overline{M}_n = \frac{W}{\sum N_i} = \frac{\sum N_i M_i}{\sum N_i} = \frac{\sum W_i}{\sum (W_i / M_i)} = \sum N_i M_i \tag{9-9}$$

式中，W_i、N_i、M_i 分别为 i 聚体的质量、分子数、相对分子质量，$i = 1 \sim \infty$。

数均相对分子质量是通过依数性方法（冰点降低法、沸点升高法、渗透压法、蒸气压法）和端基滴定法测定的。

（2）重均相对分子质量（Weight-average molecular weight）　它是按照高分子材料的质量统计的平均相对分子质量，即 i 聚体的相对分子质量乘以其质量分数的加和。

$$\overline{M}_w = \frac{\sum W_i M_i}{\sum W_i} = \frac{\sum N_i M_i^2}{\sum N_i M_i} = \sum W_i M_i \tag{9-10}$$

重均相对分子质量的测定方法为光散射法。

（3）Z 均相对分子质量（Z-average molecular weight）　按照 Z 值统计的平均相对分子质量

$$Z_i \equiv W_i M_i$$

$$\overline{M}_i = \frac{\sum Z_i M_i}{\sum Z_i} = \frac{\sum W_i M_i^2}{\sum W_i M_i} = \frac{\sum N_i M_i^3}{\sum N_i M_i^2} \tag{9-11}$$

Z 均相对分子质量的测定方法为超离心法。

三种相对分子质量可用通式表示

$$\boxed{\overline{M}=\frac{\sum N_iM_i^q}{\sum N_iM_i^{q-1}}}\begin{matrix} q=1 & \overline{M}_n \\ q=2 & \overline{M}_w \\ q=3 & \overline{M}_Z \end{matrix} \tag{9-12}$$

(4) 粘均相对分子质量（Viscosity-average molecular weight） 对于一定的高分子材料-溶剂体系，其特性粘度［η］和相对分子质量的关系为

$$[\eta]=K\overline{M}^{\alpha} \tag{9-13}$$

$$\overline{M}_\gamma=\left(\frac{\sum W_iM_i^{\alpha}}{\sum W_i}\right)^{1/\alpha}=\left(\frac{\sum N_iM_i^{1+\alpha}}{\sum N_iM_i}\right)^{1/\alpha} \tag{9-14}$$

式中，K、α 是与高分子材料、溶剂有关的常数。

一般，α 值在 0.5～0.9 之间，故 $\overline{M}_\gamma<\overline{M}_w$。

例 9-1 设一高分子材料样品，其中相对分子质量为 10^4 的分子有 10mol，相对分子质量为 10^5 的分子有 5mol，求相对分子质量。

$$\overline{M}_n=\frac{\sum N_iM_i}{\sum N_i}=\frac{10\times10^4+5\times10^5}{10+5}=40000$$

$$\overline{M}_w=\frac{\sum N_iM_i^2}{\sum N_iM_i}=\frac{10\times(10^4)^2+5\times(10^5)^2}{10\times10^4+5\times10^5}=85000$$

$$M_\gamma=\left(\frac{10\times(10^4)^{0.6+1}+5\times(10^5)^{0.6+1}}{10\times10^4+5\times10^5}\right)^{1/0.6}\approx80000$$

$$\overline{M}_Z=\frac{\sum N_iM_i^3}{\sum N_iM_i^2}=\frac{10\times(10^4)^3+5\times(10^5)^3}{10\times(10^4)^2+5\times(10^5)^2}\approx98000$$

(5) 讨论

1) $M_Z>M_w>M_\gamma>M_n$，M_γ 略低于 M_w。M_n 靠近高分子材料中低相对分子质量的部分，即低相对分子质量部分对 M_n 影响较大。原因在于分子指数：$Z=2$，$W=2$，$\gamma=1+\alpha$，$n=1$。

2) M_w 靠近高分子材料中高相对分子质量的部分，即高相对分子质量部分对 M_w 影响较大。

3) 一般用 M_w 来表征高分子材料比 M_n 更恰当，因为高分子材料的性能如强度、熔体粘度更多地依赖于样品中较大的分子。

4) 高聚物相对分子质量的统计意义。假定在某一高分子试样中含有若干种相对分子质量不相等的分子，该试样的总质量为 w，总摩尔数为 n，种类数用 i 表示，第 i 种分子的相对分子质量为 M_i，摩尔数为 n_i，质量为 w_i，在整个试样中的质量分数为 w_i，摩尔分数为 n_i，则这些量之间存在下列关系

$$\sum_i n_i=n;\sum_i w_i=w$$

$$\frac{n_i}{n}=N_i;\frac{w_i}{w}=W_i$$

$$\sum_i N_i=1;\sum_i W_i=1$$

$$w_i=n_iM_i$$

常用的平均相对分子质量有：以数量为统计权重的数均相对分子质量，定义为

$$\overline{M}_n=\frac{w}{n}=\frac{\sum_i n_iM_i}{\sum_i n_i}=\sum_i n_iM_i \tag{9-15}$$

以质量为统计权重的重均相对分子质量，定义为

$$\overline{M}_w = \frac{\sum_i n_i M_i^2}{\sum_i n_i M_i} = \frac{\sum_i w_i M_i}{\sum_i w_i} = \sum_i w_i M_i \tag{9-16}$$

以 Z 值为统计权重的 Z 均相对分子质量，Z_i 定义为 $w_i M_i$，则 Z 均相对分子质量的定义为

$$\overline{M}_Z = \frac{\sum_i Z_i M_i}{\sum_i Z_i} = \frac{\sum_i w_i M_i^2}{\sum_i w_i M_i} = \frac{\sum_i n_i M_i^3}{\sum_i n_i M_i^2} \tag{9-17}$$

用粘度法测得稀溶液的平均相对分子质量为粘均相对分子质量，定义为

$$\overline{M}_\gamma = (\sum_i W_i M_i^\alpha)^{1/\alpha} \tag{9-18}$$

式中，α 是指 $[\eta]=KM^\alpha$ 公式中的指数。

所有平均相对分子质量均可用下式表示

$$\overline{M} = \frac{\sum_i w_i M_i^\beta}{\sum_i w_i M_i^{\beta-1}} \tag{9-19}$$

式中，对于数均，$\beta=0$；对于重均，$\beta=1$；对于 Z 均，$\beta=2$；对于粘均，$\beta=0.8\sim1$。这种表达很便于记忆。

这些相对分子质量也都可以写成积分的形式，下面将最重要的数均和重均相对分子质量的一些变换形式归纳如下

$$\overline{M}_n = \frac{\sum_i n_i M_i}{\sum_i n_i} = \sum_i N_i M_i = \int_0^\infty N(M) M \mathrm{d}M = \frac{\sum_i w_i}{\sum_i \frac{w_i}{M_i}} = \frac{1}{\sum_i \frac{w_i}{M_i}} = \frac{1}{\int_0^\infty \frac{w(M)}{M} \mathrm{d}M} \tag{9-20}$$

$$\frac{1}{\overline{M}_n} = \sum_i \frac{w_i}{M_i} = \overline{(\frac{1}{M})}_w \tag{9-21}$$

$$\overline{M}_w = \frac{\sum_i n_i M_i^2}{\sum_i n_i M_i} = \frac{\sum_i w_i M_i}{\sum_i w_i} = \sum_i w_i M_i = \int_0^\infty w(M) M \mathrm{d}M \tag{9-22}$$

根据定义式，很容易证明

$$\text{当}\ \alpha = 1\ \text{时},\ \overline{M}_\gamma = \sum_i w_i M_i = \overline{M}_w \tag{9-23}$$

$$\text{当}\ \alpha = -1\ \text{时},\ \overline{M}_\gamma = \frac{1}{\sum_i \frac{w_i}{M_i}} = \overline{M}_n \tag{9-24}$$

数均、重均、Z 均相对分子质量的统计意义还可以分别理解为线均、面均和体均（即一维、二维、三维的统计平均）。

对于多分散试样，$\overline{M}_z > \overline{M}_w > \overline{M}_\gamma > \overline{M}_n$。

对于单分散试样，$\overline{M}_z = \overline{M}_w = \overline{M}_\gamma = \overline{M}_n$（只有极少数像 DNA 等生物高分子才是单分散的）。

用于表征多分散性的参数主要有两个。

(1) 多分散系数 (Heterodisperse Index, HI)

$$d = \overline{M}_w / \overline{M}_n \ (\text{或} \overline{M}_z / \overline{M}_w) \tag{9-25}$$

(2) 分布宽度指数

$$\sigma_n^2 \equiv \overline{[(M - \overline{M}_n)^2]_n} = \overline{M}_n^2 (d - 1) \tag{9-26}$$

$$\sigma_w^2 \equiv \overline{[(M - \overline{M}_w)^2]_n} = \overline{M}_w^2 (d - 1) \tag{9-27}$$

对于多分散试样，$d > 1$ 或 $\sigma_n > 0$ ($\sigma_w > 0$)。

对于单分散试样，$d = 1$ 或 $\sigma_n = \sigma_w = 0$。

表 9-6 比较了不同类型高分子的多分散性。

表 9-6　合成高聚物中 d 的典型区间

高　聚　物	d
阴离子聚合“活性”聚合物	1.01 ~ 1.05
加成聚合物(双基终止)	1.5
加成聚合物(歧化终止)或缩聚物	2.0
高转化率烯类聚合物	2 ~ 5
自动加速生成的聚合物	5 ~ 10
配位聚合物	8 ~ 30
支化聚合物	20 ~ 50

高分子材料的许多性质，都受相对分子质量数量级的影响。其中之一就是熔融或软化点温度，熔融温度随相对分子质量的升高而升高（对于 $\overline{M}$ 达到 10000g/mol 以上的时候）。在室温，链非常短的高分子材料（相对分子质量在 100g/mol 量级）以液态或气态存在。那些相对分子质量大约为 1000g/mol 的是蜡状固体（如石蜡）和软树脂。固体高分子材料（有时称为高聚物）通常相对分子质量在 $10^4 \sim 10^6$g/mol 之间。各种平均相对分子质量的测定方法见表 9-7。

表 9-7　各种平均相对分子质量的测定方法

方法名称	适用范围	相对分子质量意义	方法类型
端基分析法	3×10^4 以下	数均	绝对法
冰点降低法	5×10^3 以下	数均	相对法
沸点升高法	3×10^4 以下	数均	相对法
气相渗透法	3×10^4 以下	数均	相对法
膜渗透法	$2\times10^4 \sim 1\times10^6$	数均	绝对法
光散射法	$2\times10^4 \sim 1\times10^7$	重均	绝对法
超速离心沉降速度法	$1\times10^4 \sim 1\times10^7$	各种平均	绝对法
超速离心沉降平衡法	$1\times10^4 \sim 1\times10^6$	重均，数均	绝对法
粘度法	$1\times10^4 \sim 1\times10^7$	粘均	相对法
凝胶渗透色谱法	$1\times10^3 \sim 1\times10^7$	各种平均	相对法

第四节 高分子形状

高分子材料分子链一般不是直的，构成高分子骨架的原子呈锯齿形排列。单键可以在三维方向旋转和弯曲。

如图 9-4a 所示的链原子，第三个碳原子可以位于圆环的任意一个位置，而且与另两个原子成 109°键。只有当原子如图 9-4b 所示排列时会成为一个直链节。另一方面，当原子如图 9-4c 所示排列时可能出现弯曲和折叠链。这样，一个由许多原子组成的单键链可以认为有大量弯曲、折叠和扭曲等的形状，如图 9-5 和图 9-6 所示。图 9-5 中还给出了高分子材料链的末端距 r，这个距离比全链长度小多了。高分子材料包含大量的分子链，其中的每一个都可以如图9-5所示的方式弯曲、缠绕和折叠。这会导致大范围的相邻分子链间的穿插和缠绕，就像钓鱼收线时钓鱼线缠绕在一起的情形。这种随机的线团和缠绕对高分子材料包括橡胶材料的大弹性变形在内的许多性质都有贡献。碳数 100 的链构象模拟图如图 9-6 所示。

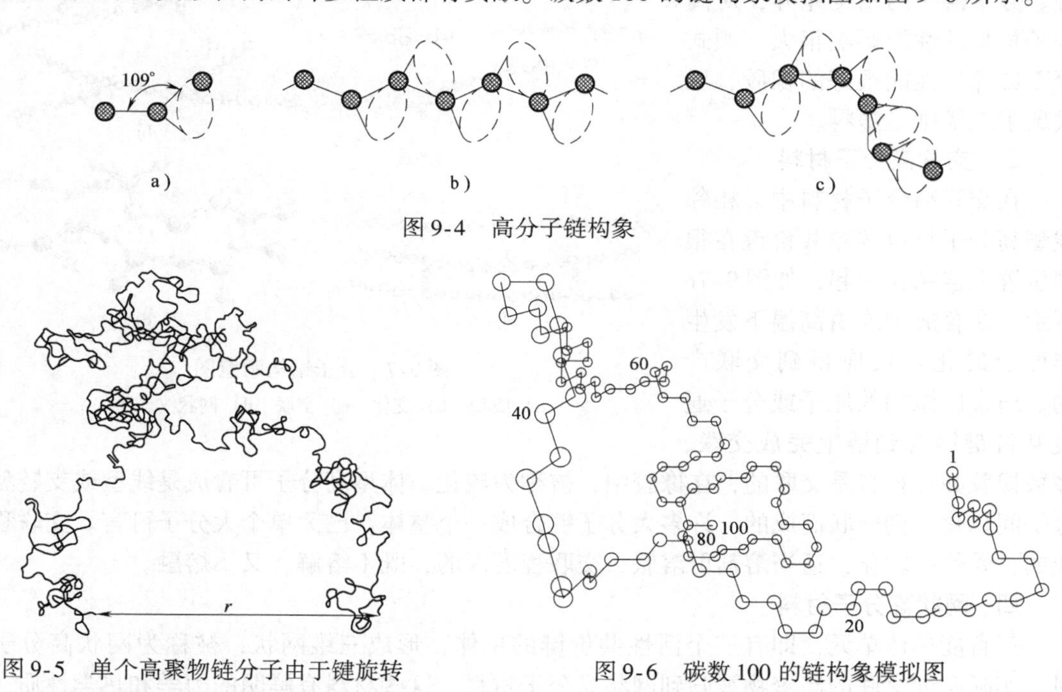

图 9-4 高分子链构象

图 9-5 单个高聚物链分子由于键旋转而存在大量随机的弯曲和缠绕

图 9-6 碳数 100 的链构象模拟图

高分子材料的一些典型热学和力学性能是施加应力和热载荷时链节发生旋转的能力。旋转的柔性依赖于单体的结构和化学性质。例如，有双键的链节上是旋转刚性的。另外，大的分子和有大侧基原子的引入会限制旋转。例如，聚苯乙烯分子由于有苯侧基而比聚乙烯链难旋转。高分子材料的物理性质不但与相对分子质量和形状有关，而且与分子链结构的差别有关。现代合成技术可以在相当大的程度上控制不同结构出现的可能性。本节讨论几个分子结构，包括线型、支化、交链和网状，还包括不同的异构构型。

一、线型高分子材料

线型高分子材料是指单个的链中单体单元首尾相接形成的高分子材料。这些长链是柔性的，可以被认为是由细而长的线的集合体，如图9-7a所示，其中每个圆圈代表一个单体单元。线型高分子材料链和链之间存在大量的范德华和氢键作用力。比较普通的线型高分子材料有聚乙烯、聚氯乙烯、聚苯乙烯、聚甲基丙烯酸甲酯、尼龙和氟碳化合物。线型高分子其长链可能比较伸展，也可能卷曲成团，取决于链的柔顺性和外部条件，一般为无规线团。适当溶剂可溶解，加热可以熔融。

二、支化高分子材料

如图9-7b所示，可以合成主链上带有侧链的高分子材料，这些高分子材料被形象地称为支化高分子材料。支链作为主链的一部分，来自于高分子材料合成中出现的副反应。链的堆积效率随侧链的形成而降低，从而导致高分子材料的密度下降。形成线型结构的那些高分子材料也可以支化。支链高分子为线型。线型高分子上带有侧枝，侧枝的长短和数量可不同。高分子上的支链，有的是聚合中自然形成的；有的则是人为地通过反应接枝上去的。可溶解在适当溶剂中，加热可以熔融。分子链中的结构差异，对高分子材料的性能影响很大，顺式聚丁二烯是性能很好的橡胶，反式聚丁二烯则是塑料。

三、交联高分子材料

在交联高分子材料中，相邻线型高分子材料链被共价键在很多位置上连结在一起，如图9-7c所示。在合成中或由高温下发生非可逆的化学反应得到交联产物。通常以添加的原子或分子通过共价键键合到链上完成交联。多数橡胶弹性材料是交联的，在橡胶中，被称为硫化。体型高分子可看成是线型或支链型大分子间以化学键交联而成的，许多大分子键合成一个整体，已无单个大分子可言。交联程度浅的，受热可软化，适当溶剂可溶胀，交联程度深的，既不溶解，又不熔融。

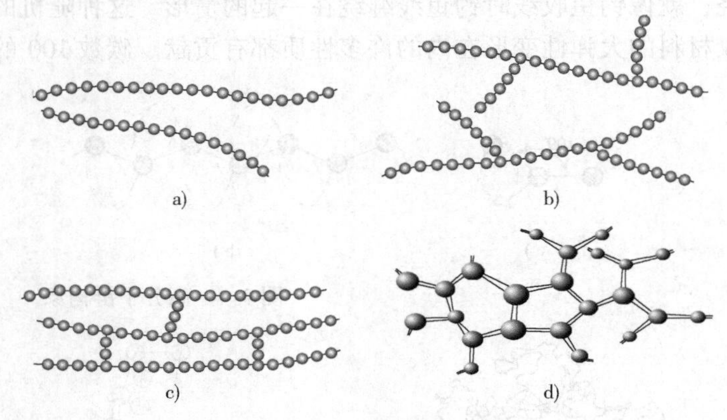

图9-7　分子结构示意图
a）线型　b）支化　c）交联　d）网状（三维）

四、网状高分子材料

三官能单体单元，即有三个活性共价键的单体，形成三维网状，被称为网状高分子材料。实际高度交联的高聚物被归到网状高分子材料。这些材料有鲜明的力学和热学性质。环氧树脂和酚醛树脂属于这一类。

应该指出的是，高分子材料通常并不只是一种类型。例如，以线型为主的高分子材料可能有有限的支化和交联。

第五节　高分子构型

一、序列结构

高分子链的微结构复杂。在高分子链中，结构单元的化学组成相同时，连接方式和空间排列也可能不同。对于有不止一个侧基或侧原子的高分子材料，其侧基排列的不规整度和对

称性对性能有显著的影响。如单体 $\begin{array}{cc} H & H \\ | & | \\ C- & C \\ | & | \\ H & Ⓡ \end{array}$ ，连有四个不相同的原子或基团的碳原子称为不对称碳原子。

其中 R 代表氢以外的一个原子或侧基（例如 Cl、CH_3）。相连单体单元的 R 侧基连接时，间隔一个原子的这种排列是可以出现的，如

$$\begin{array}{cccc} H & H & H & H \\ | & | & | & | \\ -C- & C- & C- & C- \\ | & | & | & | \\ H & Ⓡ & H & Ⓡ \end{array}$$

这个被称为首尾构型，如 $-CH_2-\underset{\displaystyle Cl}{\underset{|}{CH}}-CH_2-\underset{\displaystyle Cl}{\underset{|}{CH}}-$ 相对应的，当 R 基团连接到相邻原子上时会出现头头构型 $\begin{array}{cccc} H & H & H & H \\ | & | & | & | \\ -C- & C- & C- & C- \\ | & | & | & | \\ H & Ⓡ & Ⓡ & H \end{array}$ 。聚氯乙烯分子中的头头结构 $-CH_2-\underset{\displaystyle Cl}{\underset{|}{CH}}-\underset{\displaystyle Cl}{\underset{|}{CH}}-CH_2-CH_2-\underset{\displaystyle Cl}{\underset{|}{CH}}-$ 多达 16%。

多数高分子材料以首尾构型为主；通常在头头构型的 R 基团间会出现极性相斥。

具有取代基的乙烯基单体可能存在头尾或头头或尾尾连接。有取代基的碳原子为头，无取代基的碳原子为尾。

异构体也可以在高分子材料分子中出现，其中相同的组成可能有不同的构型。下面将着重探讨异构体的两个子类：立体异构和几何异构。

二、立体异构

立体异构指原子以相同的方式连接在一起，但空间排列不相同。对于一个立体异构体，所有的 R 基团都位于链的同一侧，如下所示：

$$\begin{array}{cccccccc} H & H & H & H & H & H & H & H \\ | & | & | & | & | & | & | & | \\ -C- & C- & C- & C- & C- & C- & C- & C- \\ | & | & | & | & | & | & | & | \\ H & Ⓡ & H & Ⓡ & H & Ⓡ & H & Ⓡ \end{array}$$

当高分子链中含有不对称碳原子时，则会形成立体异构体。高分子链上有取代基的碳原子可以看成是不对称碳原子将锯齿形碳链排在一个平面上，取代基在空间有不同的排列方式。

（1）全同立体异构(Isotactic)　如下所示：

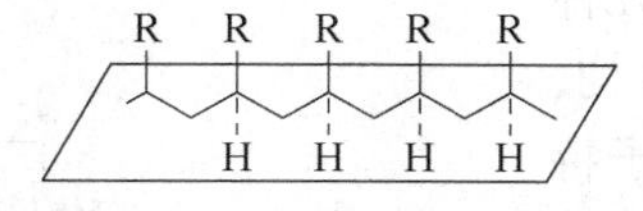

（2）间同立构(Syndiotactic)　间同立构是指 R 基团相间地在链的两侧排布，如下所示：

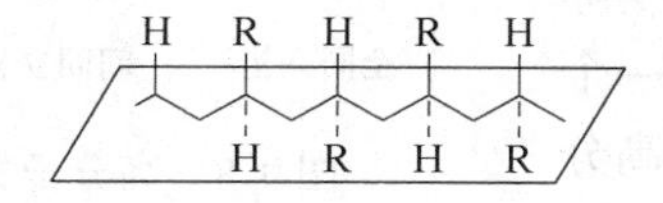

（3）无规立构（Atactic）　对于随机排布的，被称为无规立构，如下所示：

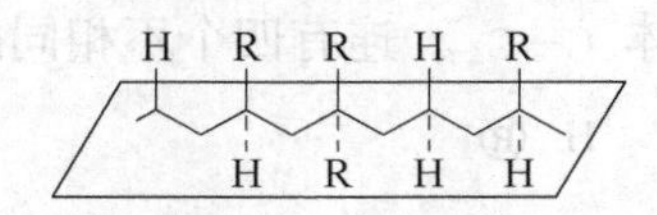

从一种立体异构到另一种立体异构（如从全同立构到间同立构）不能通过简单的单键旋转实现。这些键必须被打断，然后经适当旋转，再重新生成。

实际上，某个特定的高分子材料并不只形成一种构型，主要的构型与合成方法有关。

三、几何异构

1. 顺式异构

大分子链中存在双键时，会存在顺、反异构体其他重要的链异构，或称几何异构，当结构单元内的链碳原子间存在有双键时可以存在。与形成双键的碳原子相结合的是单键的侧链原子或基团，这些原子或基团可以位于链的同侧或相反。假定异戊二烯单体结构为

$$\begin{array}{ccc} CH_3 & & H \\ & C=C & \\ —CH_2 & & CH_2— \end{array}$$

其中 CH_3 基团和 H 原子位于链的同一侧。这种结构就是顺式（cis-）结构，所形成的高分子材料为顺式聚异戊二烯，是天然橡胶。

2. 反式异构

相对的异构体，如下所示：

$$\begin{array}{ccc} CH_3 & & CH_2— \\ & C=C & \\ —CH_2 & & H \end{array}$$

它是反式结构，其中 CH_3 基团和 H 原子位于链的两侧。反式聚异戊二烯，有时称为杜仲胶由于其构型的不同，有着与天然橡胶截然不同的性质。

综上所述，高分子材料分子可以用其尺寸、形状和结构来表征。分子尺寸用相对分子质量（或聚合度）来表示。分子形状与链的弯曲、缠绕、扭曲的程度有关。分子结构依赖于结构单元连接在一起的方式。线型、支化、交联和网状结构都可能出现，另外还有几种同质异构体（全同立构、间同立构、无规立构；顺式、反式）。这些分子特征示于分类流程图，见图9-8。这些结构因素并不是相互排斥的，而且，实际上，可能需要不止一个参数来区分一个特定的分子结构。例如，一个线型高分子材料也可以是全同立构的。

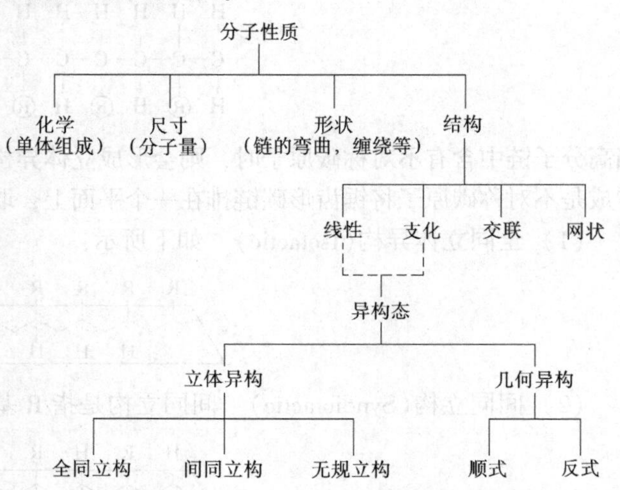

图9-8　高分子材料分子性质的分类流程图

第六节　热塑性和热固性高分子材料

高分子材料在高温下对机械作用的反应与其占优势的分子结构有关。实际上，根据随温度升高高分子材料性能的变化可将这些材料分为两类，即热塑性树脂（热塑性高分子材料）和热固性树脂（热固性高分子材料）。热塑性树脂加热软化（最终液化），冷却时则硬化，这个过程完全可逆并可重复。在分子水平上，升高温度时，次价键力下降（由分子运动加剧导致），在施加应力时，相邻链的相对运动更容易。当熔融的热塑性高分子材料的温度升高到分子运动激烈得足可以打断主要的化学键时，会导致不可逆的降解。另外，热塑性树脂相对较软，多数线型高分子材料和有柔性链的某些支化结构高分子材料都是热塑性的。这些材料通常通过加热加压来加工。

热固性树脂加热时永久性硬化，重新加热时不能软化。在最初热处理时，在相邻分子间形成共价交联点；这些键将链锚接在一起以阻止高温下链的振动和旋转。交联通常是广义的，在于10% ~ 50%的链单体单元被交联在一起。只有加热到极高的温度才会导致这些交联键的断裂和高分子材料的降解。热固性高分子材料通常比热塑性高分子材料硬而强，并具有较好的尺寸稳定性。多数交联的和网状的高分子材料，包括硫化橡胶、环氧和酚醛以及某些聚酯树脂都是热固性的。

高分子的聚集态结构，是指高聚物材料整体的内部结构，即高分子链与链之间的排列和堆砌结构。

一、非晶态结构

高聚物可以是完全的非晶态，非晶态高聚物的分子链处于无规线团状态。这种缠结、混杂的状态存在着一定程度的有序。非晶态高分子没有固定的熔点，在温度-比体积曲线上有一转折点，如图9-9所示，此点对应的温度称为玻璃化转变温度，用 T_g 表示，如图9-10所示。

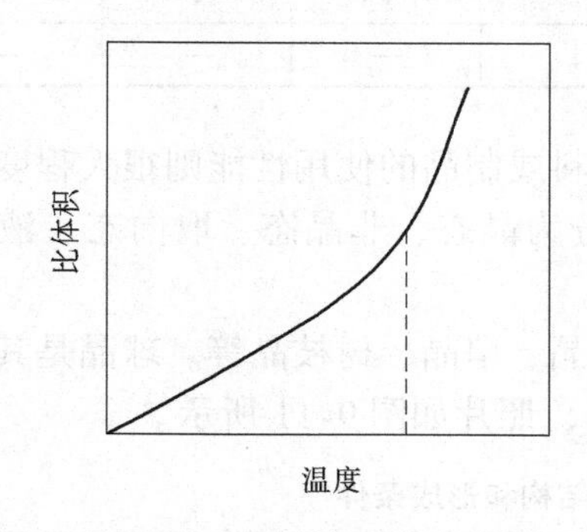

图9-9　非晶态高聚物的温度-比体积曲线

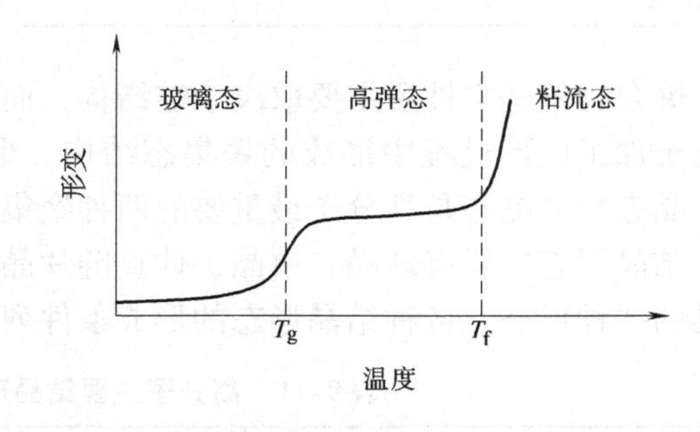

图9-10　非晶态高聚物的温度-形变曲线

T_g 是非晶态高聚物的主要热转变温度，将一非晶态高聚物试样，施一恒定外力，记录试样的形变随温度的变化，可得到温度形变曲线或热机械曲线。

二、晶态结构

高聚物可以高度结晶，但不能达到100%，即结晶高聚物可处于晶态和非晶态两相共存的状态。结晶熔融温度 T_m，是结晶态高聚物的主要热转变温度。

晶态结构的分子链排列规整而紧密，结晶度的大小对高分子材料的性能有很大的影响，包括物化性能和力学性能。一般高分子材料的强度、硬度、刚度、密度和热变形温度、熔点（或软化点）都随着结晶度的增加而增高，而弹性、韧性和断后伸长率以及溶解性和透气性则随着结晶度的增加而降低，化学稳定性和热稳定性随着结晶度的增加而提高。结晶的存在和结晶度的提高扩展了高分子材料的应用。表9-8、表9-9分别是两种不同结晶度的高分子性能对照，表9-10给出了高分子力学性能随结晶度的变化趋势。

表9-8 高密度和低密度聚乙烯的性能

	结晶度（%）	抗拉强度/MPa	断后伸长率（%）	抗张弹性模量/MPa	邵氏硬度	热变形温度/℃	密度/（g/cm^3）	耐有机溶剂性
低密度聚乙烯	40~50	7~16	90~800	11~25	41~46	32~40	0.91~0.93	60℃以下耐
高密度聚乙烯	60~80	22~39	15~100	42~110	60~70	43~54	0.94~0.97	80℃以下耐

表9-9 不同结晶度的聚三氟氯乙烯的性能

性 能	中等结晶度	低结晶度
密度/（g/cm^3）	2.13	2.11
布氏硬度/MPa	1.2~1.3	0.9~1
弯曲弹性模量/MPa	1800	1300
断后伸长率（%）	125	190
抗拉强度/MPa	35~40	30~35
冲击韧度/（J/cm^2）	1.7	3.7

表9-10 高分子力学性能随结晶度的变化趋势

状态	温度	模量	硬度	冲击韧度	抗拉强度	伸长率	蠕变	应力松弛
皮革态	$T_m \sim T_g$	↑	↑	↓	↑	↓	↓	↓
玻璃态	$< T_m$	—	—	↓	↓	—	—	—

聚合物的基本性质主要取决于链结构，而高分子材料或制品的使用性能则很大程度上还取决于加工成形过程中形成的聚集态结构。聚集态可分为晶态、非晶态、取向态、液晶态等，晶态与非晶态是高分子最重要的两种聚集态。

结晶形态主要有球晶、单晶、伸直链片晶、纤维状晶、串晶、树枝晶等。球晶是其中最常见的一种形态。各种结晶形态的形成条件列于表9-11，照片如图9-11所示。

表9-11 高分子主要结晶形态的形状结构和形成条件

名 称	形状和结构	形 成 条 件
球晶	球形或截顶的球晶。由晶片从中心往外辐射生长组成	从熔体冷却或从>0.1%溶液结晶
单晶（又称折叠链片晶）	厚10~50nm的薄板状晶体，有菱形、平行四边形、长方形、六角形等形状。分子呈折叠链构象，分子垂直于片晶表面	长时间结晶，从0.01%溶液得单层片晶，从0.1%溶液得多层片晶
伸直链片晶	厚度与分子链长度相当的片状晶体，分子呈伸直链构象	高温和高压（通常需几百兆帕以上）

（续）

名　称	形状和结构	形成条件
纤维状晶	“纤维”中分子完全伸展，总长度大大超过分子链平均长度	受切应力（如搅拌），应力还不足以形成伸直链片晶时
串晶	以纤维状晶作为脊纤维，上面附加生长许多折叠链片晶而成	受切应力（如搅拌），后又停止切应力时

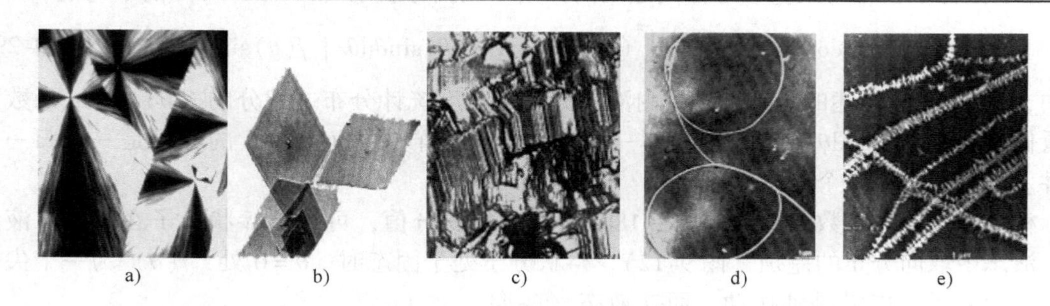

图9-11　五种典型的结晶形态

a）球晶　b）单晶　c）伸直链片晶　d）纤维状晶　e）串晶

以上结晶形态都是由三种基本结构单元组成的，即无规线团的非晶结构、折叠链片晶和伸直链片晶体。所以结晶形态中都含有非晶部分是因为高分子结晶都不可能达到100%结晶。

三、液晶态结构

F. Reinitzer在1888年首先观察到液晶现象。这位奥地利生物学家加热胆甾醇苯甲酸晶体时发现，当温度升至145.5℃时，晶体熔化成乳白色粘稠的液体，再继续加热到178.5℃，乳白色粘稠液体变成完全透明的液体。1889年，Reinitzer将上述试样送到德国O. Lehmann处，请为之作检验。Lehmann确认此种物质呈现出光学各向异性，并根据这种“兼有液体流动性和晶体光学各向异性的液体”的特性，建议称之为“液晶（Liquid Crystal）”。

1. 分子的位置和取向有序

普通的无机物或有机物晶体分子在晶格结点上作有规则排列，即构成所谓的晶格点阵，是三维有序的。这种结构使晶体具有各向异性，如光学各向异性，介电、介磁各向异性等。当晶体受热后，在晶格上排列的分子动能增加，振动加剧，在一定压力下，达到固态和液态平衡时的温度，就是该物质的熔点。在熔点以下这种物质呈固态，熔点以上呈液态。在液态时，晶体所具有的各种特性均消失，变为各向同性的液体。某些有机物晶体熔化时，并不是从固态直接变为各向同性的液体，而是经过一系列的“中介相”。如胆甾醇苯甲酸晶体加热时，出现两个温度突变点，前一个是其熔点为145.5℃。高于此温度，晶体熔融为混浊的液体。只有到达178.5℃时，才转变为清澈的液体，这个温度被称为清亮点。熔点与清亮点之间的相态是一种中介相。处于中介相状态的物质，原有分子排列位置的有序在熔化后丧失或大大减少，但是还保留分子平行。某种情况下，分子能自由平动，但是它们的转动总是受限制的；分子长轴取向的长程关联在中介相中还是可以得到。因此一方面具有像流体一样的流动性和连续性，另一方面它又具有像晶体一样的各向异性，这样的有序流体就是液晶。在熔点和清亮点之间为液晶相区间，这个区间可能存在着一系列相变化。当物质从各向同性的状态中冷却时，类似晶体的特征又恢复。这种中介相在热力学上是可逆的。

2. 序参数

液晶排列有序程度的度量由序参数 S 给出

$$S = 1/2 < (3\cos 2\theta - 1) > \tag{9-28}$$

式中，θ 是分子长轴与某些参考方向之间的夹角。尖括号表示（$3\cos 2\theta - 1$）的平均值

$$<(3\cos^2\theta - 1)> = \int_0^{\pi}(3\cos^2\theta - 1)f(\theta)\sin\theta \mathrm{d}\theta / \int_0^{\pi} f(\theta)\sin\theta \mathrm{d}\theta \tag{9-29}$$

式中，$f(\theta)$ 函数描述的是整个样品内液晶分子的角度统计分布。积分的 $f(\theta)\sin\theta \mathrm{d}\theta$ 函数可以看做在立体角 $\sin\theta \mathrm{d}\theta$ 内绕长轴的那一部分分子。这样，式（9-29）的分母是一种归一化条件。而整个积分是个平均过程。

根据取向分布函数 $f(\theta)$ 在0°~180°范围内的积分值，可给出棒状分子在固态、液晶态、液态中取向分布的差别（图9-12）。棒状分子处于固态时，$\theta=0$ 处，$f(\theta)$ 为一个尖锐峰，表示分子只能沿晶轴振动。而在液态（各向同性）时，所有取向都是可能的，$f(\theta)$ 是个常数。液晶相具有一定的有序取向，是介于固相、液相之间的有序介晶相。

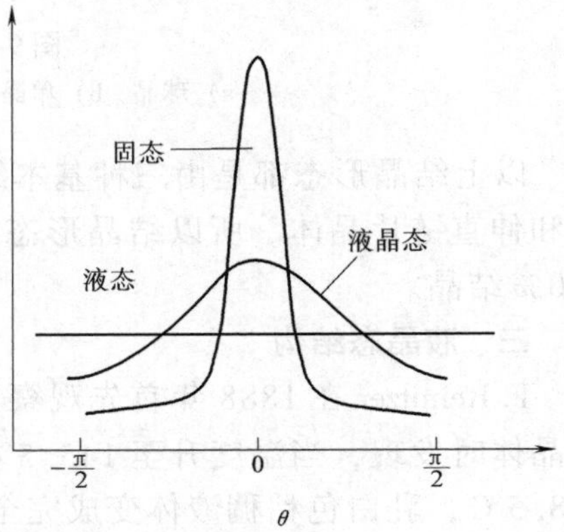

图9-12 棒状分子在固态、液晶态、液态中取向分布的差别

由式（9-28）可以看出，当分子完全平行排列时，也就是在结晶的固体中，所有分子的 θ 值均为零，$S=1$，表明完全有序。当分子处各向同性的液体时，分子的所有取向角都是可能的，即 $\cos 2\theta = 1/3$，$S=0$，表示完全无序。一般向列相液晶的有序参数为0.3~0.8。S 值是随温度变化的，其依赖关系有严格的理论推导，但一般可用近似公式计算

$$S = K[(T_c - T)/T_c] \tag{9-30}$$

式中，T_c 为向列相液清亮点；K 为比例常数；T 为向列相液晶的温度。

随温度增加，S 值下降，达到清亮点（即各向同性）时，S 值降到零。

除了温度对序参数的影响外，液晶分子的结构对序参数也有影响。例如，实验证明，S 值与分子结构中所含的环结构有关，刚性基团或使分子刚性增加的因素都能提高序参数。末端烷基链长度的增加将使序参数逐渐降低。分子极化度小，S 大。相反，分子易于极化，则 S 相应较小。

X射线、紫外、红外和核磁共振技术都可用于测量序参数。图9-13为4-甲基氧基亚苄基-4′-丁基苯胺（MBBA）典型的液晶序参数 $S(T)$ 值随温度变化曲线。在室温或室温附近，4-甲基氧亚苄基-4′-丁基苯胺（MBBA）是液晶相，序参数范围为0.3~0.7，到清亮点时，$S(T)$ 迅速降为零。

3. 中介相

高分子液晶（Liquid Crystal）态是在熔融态或溶液状态下所形成的有序流体的总称，这种状态是介于液态和结晶态的中间状态，称为中介相。它既具有液态的流动性，又具有晶态

的各向异性。

1）按分子排列方式分为近晶型、向列型和胆甾型，它们存在一维至二维的有序结构。

2）按生成方式分为热致性液晶和溶致性液晶，前者通过加热在一定温度范围内（从 T_m 到清亮点）得到有序熔体，后者在纯物质中不存在液晶相，只有在高于一定浓度的溶液中才能得到。

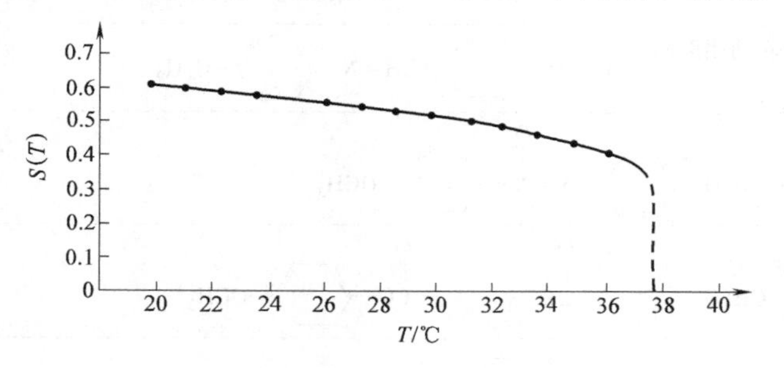

图 9-13　液晶序参数 $S(T)$ 值随温度变化曲线

3）按介晶元在分子链中的位置可分为主链型液晶和侧链型液晶。液晶有特殊的粘度性质，在高浓度下仍有低粘度，利用这种性质进行“液晶纺丝”，不仅极大改善了纺丝工艺，而且其产品具有超高强度和超高模量，最著名的是称为凯夫拉（Kevlar）纤维的芳香尼龙。

高分子侧链液晶的电光效应还用于显示。

高聚物形成液晶态的重要条件是高分子链的刚性。在能够形成液晶的刚性或半刚性链高聚物中，有的是溶于溶剂中在其浓度达到某一临界值时才呈现出液晶行为，称溶致性液晶，这类高聚物有聚肽和芳香族聚酰胺等；有的是加热熔化后形成液晶的，称热致性液晶，这类高聚物有芳香族聚酯等。根据有序微区中分子链排列的不同，高聚物液晶又有三种可能的中介相：①向列相，刚性分子链之间的取向排列倾向平行于一个共同的纤维轴，而分子链的质量中心是无序的，在正交偏振片下呈现出线状的图形。芳香族聚酰胺是溶致性向列相液晶。而芳香族聚酯为热致性向列相液晶。②胆甾相，刚性分子链分层排列，在每层中分子链互相平行排列成向列相，而相邻的层中分子链的取向方向依次扭转了一定角度而形成了螺旋形结构，并具有一定的螺距，在正交偏振片下呈现出指纹状的图形。聚肽类高聚物和脱氧核糖核酸等生物高分子为溶致性胆甾相液晶。③近晶相，刚性分子链整齐地排列成分层叠合的层状结构，形成近似于晶体的有序结构。许多具有能形成液晶的侧链聚丙烯酸酯和聚硅氧烷类的高聚物为热致性近晶相液晶。

这些不同的中介相结构在外界条件（温度、电场、磁场等）的影响下可以发生转变。如在电场和磁场作用下，胆甾相液晶可以转变为向列相，而在向列相液晶中加入旋光性物质时则可呈现出胆甾相特性。

20 世纪 60 年代末，人们利用向列相高聚物液晶态的结构特性进行纺丝，制取了超高模量、高强度的高聚物纤维。根据形成的条件和组成，液晶可以分为两大类，即热致性液晶和溶致性液晶。热致性液晶呈现液晶相是由温度引起的，并且只能在一定温度范围内存在，一般是单一组分；而溶致性液晶是由符合一定结构要求的化合物与溶剂组成的体系，由两种或两种以上的化合物组成。表 9-12 列出了若干有代表性的液晶化合物，同时标明液晶相温度范围。

近晶相液晶由棒状或条状分子组成，分子排列成层，在层内，分子长轴相互平行，其方向可垂直或倾斜于层面，因为分子排列整齐，其规整性接近晶体，为二维有序，见图 9-14。但分子质心位置在层内无序，可以自由平移，从而有流动性，然而粘度很大。分子可以前后、左右滑动，不能在上下层之间移动。因为它的高度有序性，近晶相经常出现在较低温度区域内。已经发现至少有八种近晶相（SA ~ SH），近来，近晶 J 和 K 相也已被证实。

表 9-12 某些热致液晶化合物

	结 构 式	文献序号	变化温度/℃
向列相液晶	$CH_3O-C_6H_4-CH=N-C_6H_4-C_4H_9$	[26227-73-6]	21 ~ 47
	$CH_3O-C_6H_4-N=N(\rightarrow O)-C_6H_4-OCH_3$	[1562-94-3]	117 ~ 137
	$CH_3O-C_6H_4-OC(=O)-C_6H_{10}-C(=O)O-C_6H_4-OCH_3$	[4122-70-7]	14 ~ 28
	$n\text{-}C_6H_{13}-C_6H_4-C_6H_4-CN$	[24707-00-4]	143 ~ 242
	$C_6H_5-C_6H_4-C_6H_4-C_6H_4-C_6H_5$	[3073-05-0]	401 ~ 445
胆甾相液晶 胆甾醇酯	$CH_3(CH_2)_7C(=O)O-$ 胆甾醇骨架（H_3C, CH_3, H_3C, CH_3）	[1182-66-7]	78 ~ 90
非胆甾醇，手性化合物	$CH_3O-C_6H_4-CH=N-C_6H_4-CH=CHC(=O)OCH_2CH(CH_3)C_2H_5$	[24140-30-5]	53 ~ 97
近晶相液晶 近晶 A	$C_6H_5-C_6H_4-CH=N-C_6H_4-COOC_2H_5$	[3782-80-7]	121 ~ 131
近晶 B	$C_2H_5O-C_6H_4-CH=N-C_6H_4-CH=CHCOOC_2H_5$	[2863-94-7]	77 ~ 116
近晶 C	$n\text{-}C_2H_{17}O-C_6H_4-COOH$	[2493-84-7]	108 ~ 147
近晶 D	$n\text{-}C_{12}H_{37}O-C_6H_3(NO_2)-C_6H_4-COOH$	[21351-71-3]	159 ~ 195
近晶 E	$C_2H_5OOC-C_6H_4-C_6H_4-C_6H_4-COOC_2H_5$	[32527-56-3]	173 ~ 189
近晶 F	$n\text{-}C_5H_{11}O-C_6H_4-C_6H_4-C_4H_2N_2-C_6H_4-C_5H_{11}$	[34913-07-0]	103 ~ 114
近晶 G	$n\text{-}C_5H_{11}O-C_6H_4-C_4H_2N_2-C_6H_4-C_5H_{11}$	[34913-07-0]	79 ~ 103
近晶 H	$C_4H_9O-C_6H_4-C(H)=N-C_6H_4-C_2H_5$	[29743-15-5]	40.5 ~ 51

（1）近晶 A（SA）相　SA 相是所有近晶结构中最少有序者，层状排列，分子长轴在层内彼此平行，并垂直于层面，分子可绕长轴自由旋转，层厚与分子长度相当。SA 相在光学上是单轴，光轴垂直于层平面，在薄层中呈现假各向同性排列。因而在相互垂直的偏振片下观察时得到暗的织构。

（2）近晶 C（Sc）相　Sc 相类似 SA 相，在结构上的不同之处在于 Sc 相的分子层与层面成同一角度的倾斜排列（图 9-15），光学上是正性双轴。因为倾斜排列，层厚小于分子长轴长度，通常倾角 θ 大于 40°，并且倾角对温度的依赖较小。

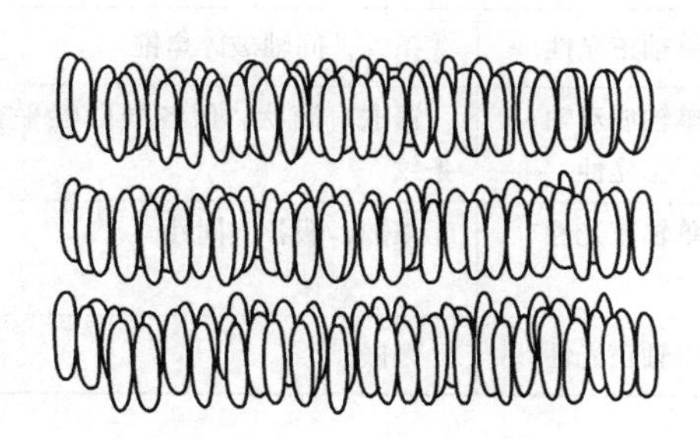

图 9-14　近晶相液晶结构

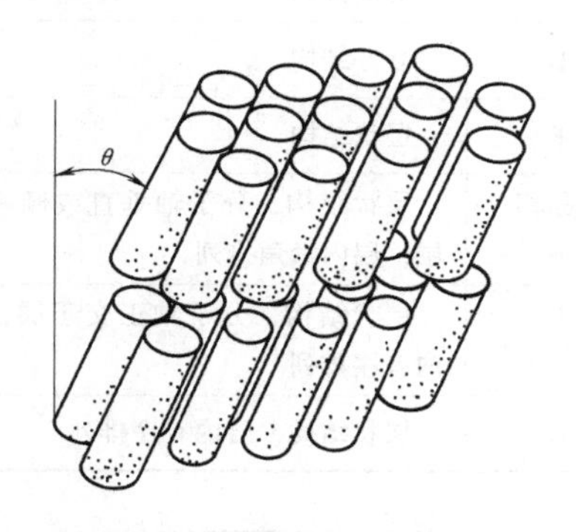

图 9-15　近晶 C 相层状结构

当液晶分子结构含不对称的手性基团时，能形成扭转的螺旋结构。具有胆甾相的光学性质，称为手性近晶 C 相，以 Sc 表示。这类液晶分子结构的特征是在同一层中，分子互相平行，各层分子与层法线倾角保持不变，但分子在层面上的投影呈螺旋状排列。

在 Sc 相中，对称性允许出现与分子垂直而与层面平行的自发极化矢量，所以是铁电液晶。

（3）近晶 B（SB）、G（SG）和 H（SH）相　SB 相和 SH 相分别不同于 SA 和 Sc 相。它们的分子在层上是有序排列，而不混乱。SB 液晶的 X 射线衍射照片表明，分子在垂直于长轴平面上呈六角排列（图 9-16）。而 SG 和 SH 相分子在层上是倾斜排列。这种层上有序的排列使得 SB 和 SH 比 SA 和 Sc 刚性更强。它似乎表明 SB 是在有限范围内三维有序的软固体，不过它的性质证明这些物质还是液晶。

图 9-16　近晶 B 相（六角）结构

（4）近晶 D(SD) 相　只有很少的化合物呈现 SD 相。SD 相在光学上是各向同性的，而且若干分子组的球形单元似乎是立方排列。

（5）近晶 E(SE) 相　X 射线分析表明在 SE 相内高度有序，而且不是六角晶格；分子正交于层面，三维有序，呈刚性。

（6）近晶 F(SF) 相　SF 类似于 SC 相，都有倾斜结构，但是在更有序的 SF 相中，出现准六角堆积排列。近晶相结构及其光学性质列在表 9-13 中，织构是在偏光显微镜下观察到的图像。条纹织构是来自交点的一系列黑线，焦锥织构是更复杂的扇形或多边形的系列直线和曲线，镶嵌织构是固有倾斜的图像，如图9-17、图9-18和图9-19所示。

表9-13 近晶A～G液晶的结构特征

	分子取向	光学性质	织构
非构造近晶相 近晶A	层状结构，分子轴与层正交，层内混乱排列	单轴正光性	焦锥（扇形或多边形），阶梯形滴状，平行排列，假各向同性
近晶C	层状结构，分子轴倾斜于层，层内混乱排列	双轴正光性	破碎焦锥，条纹，平行排列
近晶D	立方结构	各向同性	各向同性，镶嵌
近晶F	层状结构	单轴正光性	条纹，同轴破碎焦锥
构造近晶相 近晶B	层状结构，分子轴垂直或倾斜于层，层内六角排列	单轴或双轴正光性	镶嵌，滴状，假各向同性平行排列，条纹
近晶E	层状结构，分子轴正交于层，层内有序排列	单轴正光性	镶嵌，假各向同性
近晶G	层状结构，层内有序排列	单轴正光性	镶嵌

图9-17 近晶C相条纹织构

图9-18 近晶A相扇形织构

图 9-19　近晶 B 相镶嵌织构

四、取向态结构

高聚物的取向态结构无论结晶或非晶高聚物，在外场作用下（如拉伸力）均可发生取向，如图 9-20 所示，取向程度用取向函数表示。

在外力的作用下，高分子还可得到取向结构。高分子在外力作用下，分子链或链段沿力场方向有序排列，或晶态高分子在拉伸变形后形成微纤维晶结构，这就是高分子的取向。取向是高分子链有序化的过程。

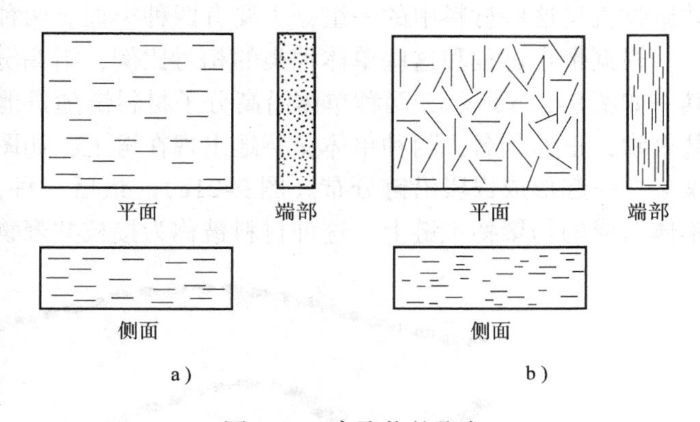

图 9-20　高聚物的取向

第七节　共　聚　物

一、共聚反应及分类

共聚是指两种或多种单体共同参加的聚合反应，形成的聚合物分子链中含有两种或多种单体单元，该聚合物称为共聚物。根据参加共聚反应的单体数量，共聚反应可分为三种类型：两种单体参加的共聚反应称为二元共聚；三种单体参加的共聚反应称为三元共聚；多种单体参加的共聚反应称为多元共聚。

二、共聚物的类型与命名

对于二元共聚，按照两种结构单元在大分子链中的排列方式不同，共聚物分为四种类型：

（1）无规共聚物

$$\sim\sim M_1M_2M_2M_1M_2M_2M_2M_1M_1\sim\sim$$

（2）交替共聚物　M_1、M_2 单元轮番交替排列，即严格相间。

$$\sim\sim M_1M_2M_1M_2M_1M_2\sim\sim$$

（3）嵌段共聚物　共聚物分子链由较长的 M_1 链段和另一较长的 M_2 链段构成。

$$\sim\sim M_1M_1M_1M_1\sim\sim M_2M_2M_2M_2\sim\sim M_1M_1M_1\sim\sim$$

根据两种链段在分子链中出现的情况，又有 AB 型、ABA 型、$(AB)_n$ 型。

(4) 接枝共聚物　共聚物主链由单元 M_1 组成，而支链则由单元 M_2 组成无规和交替共聚物，构成的均相体系，由一般共聚反应制得的嵌段和接枝共聚物往往呈非均相，因此需由特殊反应制得。

三、研究共聚反应的意义

在理论上可以研究反应机理；可以测定单体、自由基的活性；控制共聚物的组成与结构，设计合成新的聚合物。在应用上成为高分子材料改性的重要手段之一，共聚是改进聚合物性能和用途的重要途径。如聚苯乙烯，性脆，则与丙烯腈共聚可改善。聚氯乙烯塑性差，与醋酸乙烯酯共聚，扩大了单体的原料来源，如顺丁烯二酸酐难以均聚，却易与苯乙烯共聚。

共聚物是由两种或两种以上单体聚合而成的高分子化合物。高分子化学家和科学家不断地寻找可以容易并经济地合成和生产的新材料，相对均聚物具有改善的性能或更好的性能。共聚物就是这些材料中的一组，主要有四种类型。两种单体类型分别用黑色和灰色球代表。

根据聚合过程和这些单体种类的相对比例，沿高分子材料链可能形成不同的先后排列。其一如图 9-21a 所示，两种单体沿高分子材料链随机地分布，称为无规共聚物。而对于交替共聚物，正如其名，两种单体交替地出现在链上，如图 9-21b 所示。嵌段共聚物中每种单体聚集在一起形成嵌段沿链分布（图 9-21c）。最后一种，一种均聚物侧链可以接枝到另一种单体组成的均聚物主链上，这种材料被称为接枝共聚物（图 9-21d）。

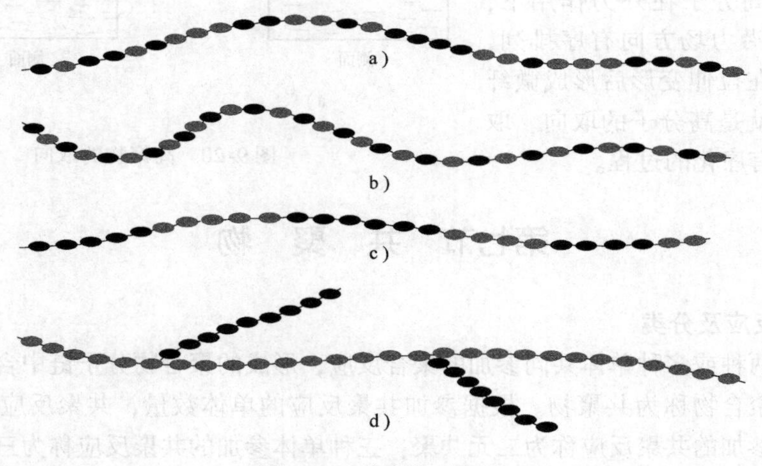

图 9-21　共聚物示意图

a) 无规　b) 交替　c) 嵌段　d) 接枝

合成橡胶通常是共聚物。用于汽车轮胎的丁苯橡胶（SBR）通常是无规共聚物，丁腈橡胶（NBR）是由丙烯腈和丁二烯组成的另一种无规共聚物。另外，NBR 也是高弹性的，能抗有机溶剂溶解，用于制作汽油管。

第八节　高分子材料结晶度与缺陷

高分子材料中存在结晶态。然而由于高分子材料是分子，而不是如金属和陶瓷材料那样的原子或离子，所以对高分子材料来说原子排列将更复杂。高分子材料晶体是分子链的折叠而产生的原子有序排列。晶体的结构可以用晶胞来确定，通常都很复杂。例如，图9-22所示为聚乙烯的晶胞和其与分子链结构的关系，这个晶胞是正交体。当然，如图所示分子链也延伸到了晶胞以外。

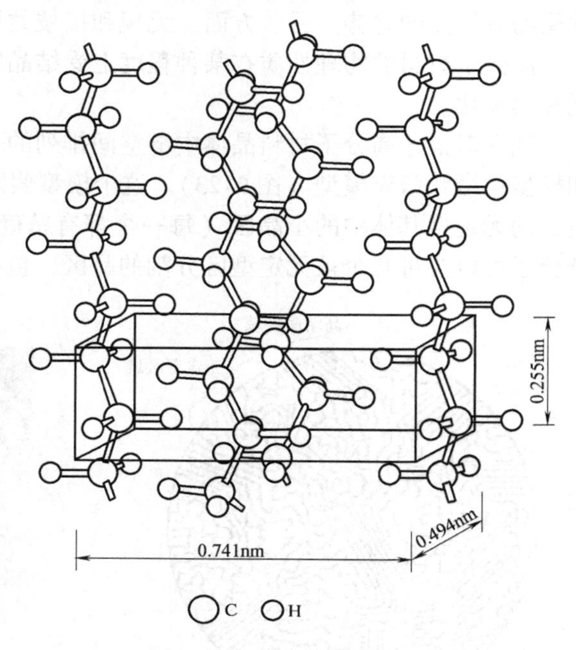

图9-22　聚乙烯一个晶胞中的分子链排列

小分子物质（如水和甲烷）通常是可以完全结晶（像固体）或完全无定型（像液体）的。由于高分子材料的分子尺寸和其形状通常都较复杂，高分子材料分子通常只部分结晶（或半结晶），晶区分散在保留的非晶区内。任何一个链的无序性和错误排列都会导致非晶区的形成，而这在高分子材料中是相当普遍的，因为链的扭曲、弯曲和缠绕阻碍了链每个部分的严格有序化。另一些结构因素也会影响结晶程度的确定。

结晶度可以从完全无定型态到几乎完全结晶（达到95%以上）；相反，金属材料几乎完全是结晶的，而多数陶瓷材料或者是完全结晶或者是完全不结晶的。半结晶的高分子材料在某种意义上与先前讨论过的两相金属合金相类似。

由于晶体结构中链更紧密地堆积在一起，结晶高分子材料的密度比相同材料和相对分子质量的无定型态高分子材料的大。质量结晶度可以根据下式通过精确地测量密度来确定

$$结晶度 = \frac{\rho_c(\rho_s - \rho_a)}{\rho_s(\rho_c - \rho_a)} \tag{9-31}$$

式中，ρ_s是需确定结晶度试样的密度；ρ_a是完全无定型高分子材料的密度；ρ_c是理想结晶高分子材料的密度。ρ_a和ρ_c值需要通过其他试验确定。

高分子材料的结晶度依赖于固化时的冷却速率和链的构型。在通过熔点的冷却结晶过程，在粘稠液体中高度无序和缠绕的链必须采取有序的构象。为此，必须给链运动和重新排列提供足够的时间。

分子化学结构和链的构型也影响高分子材料结晶的能力。化学结构复杂的单体组成的高分子材料中并不容易结晶（例如聚异戊二烯）。另一方面，化学结构简单的高分子材料，例如聚乙烯、聚四氟乙烯中即使用很快的速度冷却也很难防止结晶。

对于线型高分子材料，事实上由于没有限制链排列的因素所以很容易结晶。任何侧链对结晶都有干扰，因此支化高分子材料均不会形成高的结晶度。事实上过渡的支化可以阻止任何结晶。大多数网状和交联高分子材料几乎都是完全无定型的。只有几个交联高分子材料是部分结晶的。关于立体异构体，无规立构高分子材料很难结晶；然而，由于侧链的几何规整性促进了相邻链排列在一起的过程，等规立构和间同立构高分子材料非常容易结晶。此外，原子的侧基基团越大，则结晶的趋势越小。

对于共聚物，总体上说，单体排列得越不规整越无序，不结晶的趋势越大。交替和嵌段共聚物有结晶的趋势。另一方面，无规和接枝共聚物通常是无定型的。

高分子材料的物理性质在某种程度上受结晶度影响。结晶高分子材料通常更强并更耐溶剂和热软化。

现在对描述高分子材料晶体中链空间排列的一些模型作讨论。被接受了许多年的一个早期模型是缨状微束模型（图9-23）。这个模型假定半结晶高分子材料由嵌在随机取向的分子组成的无定型基体中的小晶区（每一个都有精确的排列的微晶或胶束）组成。因此一个单链分子可以穿过几个被无定型区分割的晶区，包括高结晶区和无定型区。

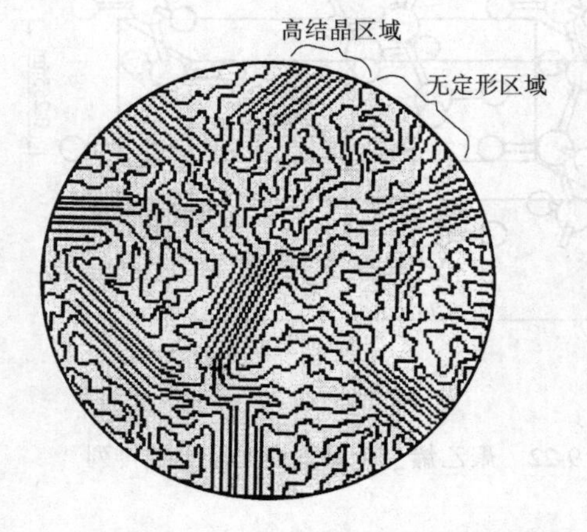

图9-23 半结晶高分子材料的缨状微束模型

图9-24 聚乙烯单晶的电子照片（20000×）

更近期的研究集中在稀溶液中生长的高分子材料单晶。这些晶体有规则的形状，呈薄片状（片晶），10~20nm厚，长度在10μm数量级。这些片晶经常形成多层结构，如图9-24中聚乙烯单晶的电子照片所示。理论上，每个片晶内分子链自身来回折叠，折叠发生在面上；这个如图9-25所示的结构，名副其实地被称为折叠链模型。每个片晶由大量分子组成，然而，平均分子链长比片晶厚度大很多。

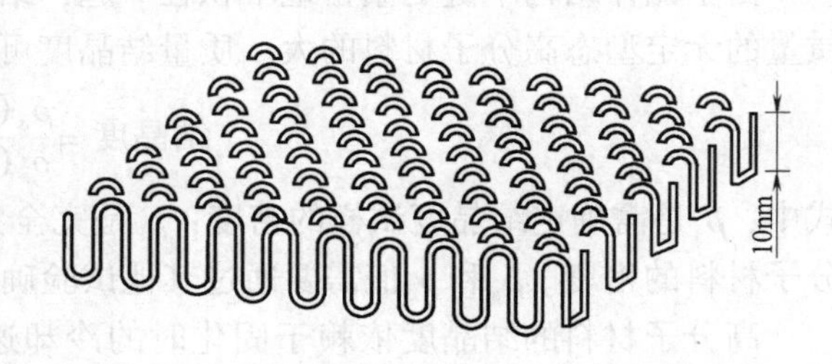

图9-25 盘状高分子材料晶体的折叠链结构

从熔融态结晶的许多本体高分子材料可以形成球晶。每个球晶可以长成球形外形，用透射电子显微镜给出了在天然橡胶中所观察到的一个例子。球晶由带状折叠链微晶（片晶）组成，这些片晶大约10nm厚，呈放射状向外伸展。在本电子显微照片中，这些片晶呈细的白线。球晶的精细结构如图9-26所示，给出的是被无定型材料分开的单个折叠链片晶。起连接相邻片晶作用的连接链分子穿过这些无定型区。

当球晶结构的结晶接近完成时，相邻球晶的末端相互撞击，形成或多或少的平坦边界；在这之前，它们维持球形。这些界限在图9-27中非常明显，这是聚乙烯的透射光学显微照片。每个球晶都呈现典型的十字消光图案。

相邻球晶间形成了线性边界，而且在每个球晶内都呈现出十字消光。

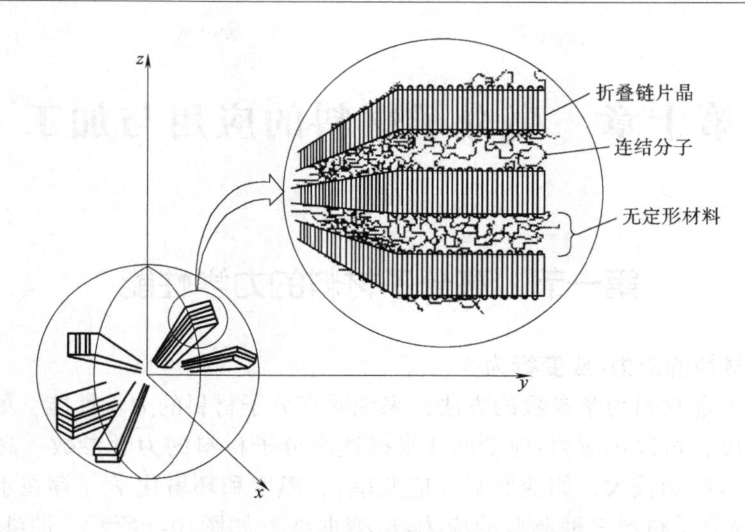

图 9-26　球晶精细结构的示意图

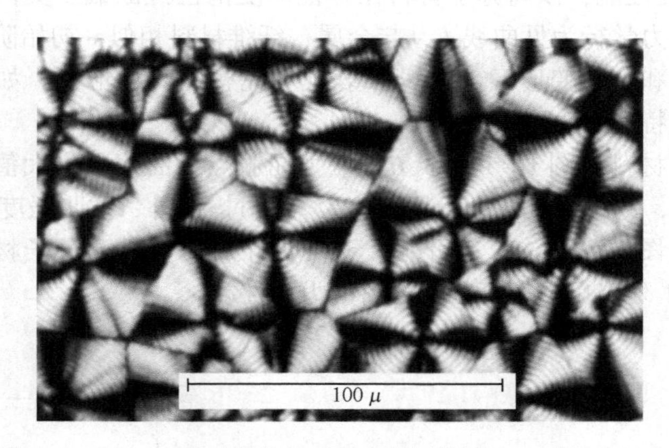

图 9-27　聚乙烯球晶结构的透射光学显微照片（采用偏振光）

球晶被认为是与多晶体金属和陶瓷的晶粒类似的高分子材料对应体。然而，如上所述，实际上每个球晶是由许多不同的片晶体和一些非晶态材料组成的。聚乙烯、聚丙烯、聚氯乙烯、聚四氟乙烯和尼龙当从熔融态结晶时形成球状结构。

第十章　高分子材料的应用与加工

第一节　高分子材料的力学性能

一、高分子材料的应力-应变行为

可以用描述普通材料力学参数的方法，来说明高分子材料的力学性能，如弹性模量、屈服强度、抗张强度，可以用应力-应变曲线来描述高分子材料的力学参数。高分子材料的这些性能受外界因素影响较大，如变形率（应变率）、温度和环境化学（存在水、氧气、有机物、溶剂等）。高分子材料三种典型的应力-应变曲线，如图10-1所示。曲线 *A* 说明脆性高分子材料的应力-应变性能，该高分子材料在弹性形变前已经断裂，类同于金属、无机非金属材料。塑性材料的力学行为见曲线 *B*，与金属、纤维材料相似，初始阶段为弹性形变，接下来出现应力屈服点和塑性变形区。曲线 *C* 表现了完整的弹性形变，如橡胶，称为高弹性体，这是高分子材料特有的力学性能。

由于塑性高分子材料（图 10-1 曲线 *B*）应力屈服点为曲线的最大值，它是线性弹性区的终止点（图 10-2），此时最大应力为屈服应力（σ_y）。此外，抗张强度（*TS*）相一致的应力是在断裂时出现（图 10-2）；*TS* 有可能大于或小于 σ_y，塑性高分子材料的强度通常以抗张强度为准。表 10-1 列出了常用高分子材料的力学性能。

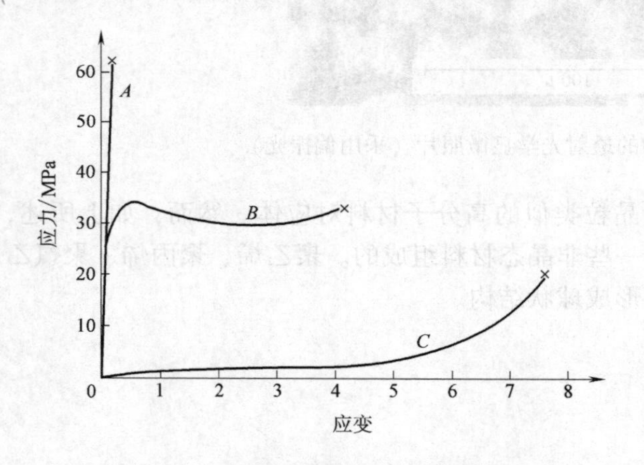

图 10-1　高分子材料应力-应变曲线

A—脆性材料　*B*—塑性材料　*C*—高弹性材料

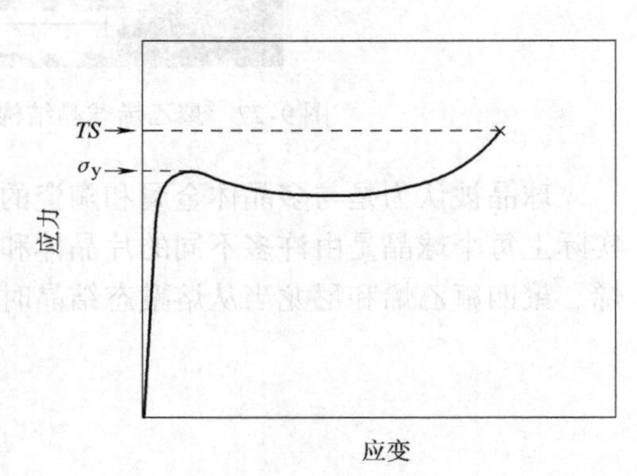

图 10-2　塑性高分子材料的应力-应变曲线

在许多方面，高分子材料和金属材料是不同的。例如，高弹性高分子材料的弹性模量最低为 7MPa，但是许多非常硬的高分子材料的弹性模量最高可达 4.1GPa，金属材料的弹性模量值大都在 48 ~ 410GPa，而许多金属材料合金为 4100MPa。金属材料伸长率极少大于 100%，许多高弹性高分子材料大多数伸长率可达到 1000%。

表 10-1　常用高分子材料的力学性能

材　料	密度 /(g/cm³)	抗张强度 /GPa	抗拉强度 /MPa	屈服强度 /MPa	断裂伸长率 (%)
低密度聚乙烯	0.917～0.932	0.17～0.28	8.3～31.4	9.0～14.5	100～650
高密度聚乙烯	0.952～0.965	1.06～1.09	22.1～31.0	26.2～33.1	10～1200
聚氯乙烯	1.30～1.58	2.4～4.1	40.7～51.7	40.7～44.8	40～80
聚四氟乙烯	2.14～2.20	0.40～0.55	20.7～34.5		200～400
聚丙烯	0.90～0.91	1.14～1.55	31～41.4	31.0～37.2	100～600
聚苯乙烯	1.04～1.05	8.28～3.28	35.9～51.7		1.2～2.5
聚甲基丙烯酸甲酯	1.17～1.20	8.24～3.24	48.3～72.4	53.8～73.1	2.0～5.5
酚醛树脂	1.24～1.32	2.76～4.83	34.5～62.1		1.5～2.0
尼龙 6，6	1.13～1.15	1.58～3.80	75.9～94.5	44.8～82.8	15～300
聚酯（PET）	1.29～1.40	2.8～4.1	48.3～72.4	59.3	30～300
聚碳酸酯	1.20	2.38	62.8～72.4	62.1	110～150

高分子材料的力学性能受室内温度变化的影响很大，因此高分子材料测试必须在恒温、恒湿等标准条件下进行。图 10-3 是 PMMA 的应力-应变行为在 4～60℃的变化曲线。从图中发现许多特点，随着温度的升高，弹性模量降低，抗张强度降低，可塑性提高。在 4℃（40°F）材料全部为脆性，塑性变形出现在 50～60℃（122～140°F）。

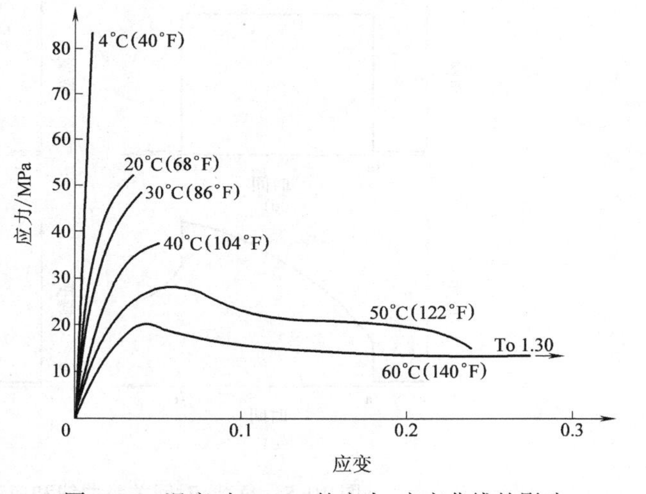

图 10-3　温度对 PMMA 的应力-应变曲线的影响

形变率对力学行为的影响是非常大的，通常，降低形变率则相当于增加温度，也就是材料变得更软，具有更好的可塑性。

二、高分子材料的宏观形变与粘弹性形变

1. 半结晶高分子材料的宏观形变

半结晶高分子材料的应力-应变曲线如图 10-4 所示。图中对应地表示了样品形变过程。在曲线上有很明显的上下两个屈服点，随后曲线接近水平，在上面的屈服点时，样品中间出现小的颈缩现象。在这个颈缩处，高分子链有取向性，引起了局部的应力增强。因此，样品的继续形变受到了阻碍；分子链排列的有序性伴随着颈缩而扩大。高分子材料的伸长行为可与易延展的金属对比，其中金属的颈缩一旦形成，则后来的形变被限制在颈缩区。

在低温下，无定型高分子材料的性能类似于玻璃，在中间温度（高于玻璃化温度）时，有弹性的固体随温度升高成为粘流态。通过相关的小的形变，在低温下其力学行为是弹性体；也就是符合 Hooke 定律，$\sigma = E\varepsilon$。在高温状态下为粘流态。因为在中间温度时，发现为有弹性的固体表现出包含了力学性能的两种极限状态，所以这种性能叫做粘弹性。

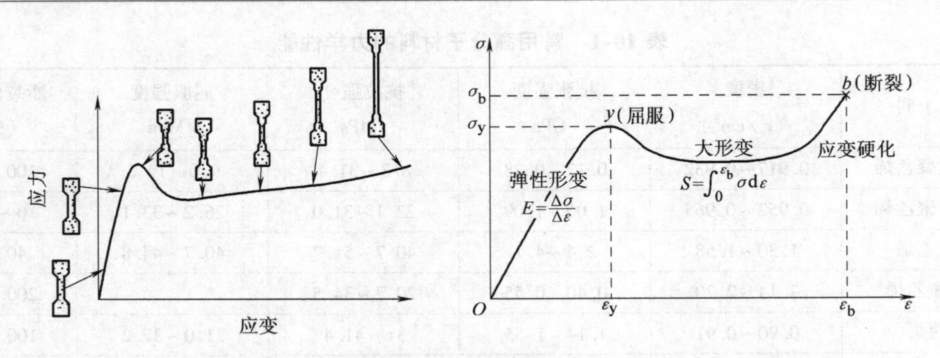

图 10-4 半结晶高分子材料的应力-应变曲线

弹性形变是瞬间的，意味着整个形变过程是直接的应力施加或释放（应变取决于时间）。另外，随着外部压力的释放，形变则完全恢复，即样品回到原来的状态，见图 10-5a 负载-时间曲线和图 10-5b 应变-时间曲线。

通过上述对比可知，由于在整个粘性形变过程中，形变或应变都不是瞬时的，当应力变形回复时，仅取决于时间。也就是压力释放后，变形是不可逆或不可完全恢复的。这种现象如图 10-5d 所示。

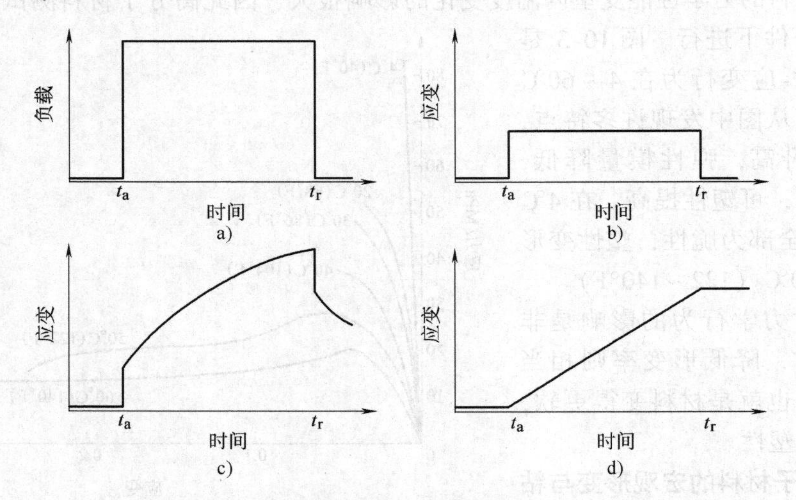

图 10-5 负载-时间关系曲线和应变-时间关系曲线

a）负载-时间关系曲线 b）、c）、d）应变-时间的弹性曲线

t_a—负载的瞬时时间 t_r—释放时间

由于中间的粘弹性行为，给样品一定的压力（图 10-5a），结果产生瞬间弹性应变，然后是粘性形变，时间决定应变，弹性的滞后性如图 10-5c 所示。

对于粘弹性高分子材料硅橡胶树脂，当把它做成球掷向地板时，球被弹起，即形变非常快。另一方面，如逐渐地增加拉伸应力，则材料拉长或流动，像高粘度的液体。由于有不同的粘弹性材料，材料的形变率取决于形变是弹性或粘性。

2. 粘弹性的松弛模型

高分子材料的粘弹性行为取决于时间和温度。许多实验技术被用来测试和衡量应力松弛。在测试过程中，样品在拉伸之初应变非常快。当温度不变时，应力必须维持一个应变，可以用时间来测定。随时间的变化，应力的减少是高分子材料分子链的松弛过程。我们可以定义松弛模量为 $E_r(t)$，时间决定粘弹性高分子材料的塑性系数，如下式

$$E_r(t)=\sigma(t)/\varepsilon_0 \tag{10-1}$$

式中，$\sigma(t)$ 为应力；ε_0 为应变量（保持恒定）。

此外，松弛模量本身是一个关于温度的函数，同时几乎所有的特征都表现为高分子材料的粘弹性行为。图 10-6 是将非晶态（无规）聚苯乙烯高分子材料的一组定点连成曲线而得到的。

在图上可以看到曲线有几个转折点。首先，在最低温度时玻璃态区域，材料是刚性的、易脆的。$E_r(10)$ 是弹性模量，其最初是取决于温度。超过这个温度范围，则应力-时间的关系如图 10-5b 所示。用分子的概念来解释，在这个温度上大分子链在原来位置上被冻结。

当温度升高后，$E_r(10)$ 突然快速地下降到 10^3，温度跨度为 20℃（35°F）。这种行为有时叫做皮革性，转变的区域和温度称为玻璃化转变区域和玻璃化转变温度（T_g）。聚苯乙烯 PS（图 10-6）$T_g=100$℃（212°F）。在这个温度区间，高分子材料样品的皮革性，也就是形变取决于时间，负载释放后不能完全恢复，性能描述如图 10-5c 所示。

图 10-6 表示了粘弹性的五种形态。橡胶弹性平台区内材料形变为橡胶方式，兼有弹性和粘性成分，易于变形原因是由于松弛模量相关性低。

最后两个高温区是橡胶流动区和粘性流动区，随着温度升高，材料逐渐转变为软橡胶态，最后为粘性流动。在粘性流动区，随温度升高模量急剧地降低，其行为表现如图 10-5d 所示。从分子的角度可以解释为，在粘流态，分子链激烈地运动，分子链段独立地作振动和旋转运动。

通常，粘性高分子材料的形变行为主要用材料粘性的剪切流动来表示。

应力的变化也会影响粘弹性高分子材料的性能。增加负载压力和降低温度一样，同样会影响高分子材料的力学性能。

PS 的 $E_r(10)$-T 对数曲线描述了几种分子结构，如图 10-7 所示。其中，图 10-7 曲线 C 与图 10-6 是一样的。

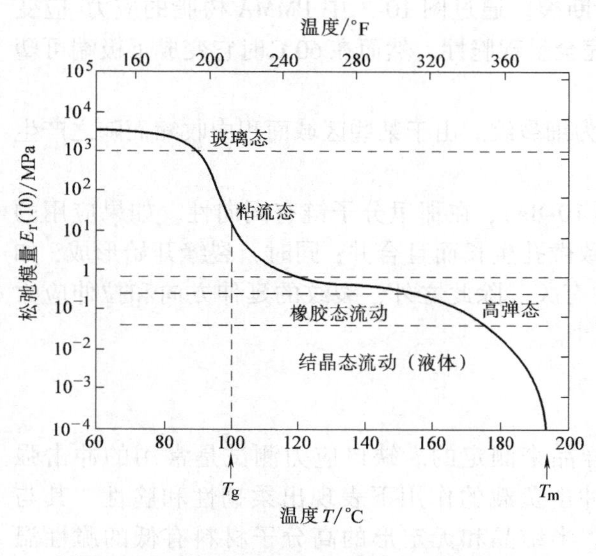

图 10-6　无定形 PS 的松弛模量-温度对数曲线

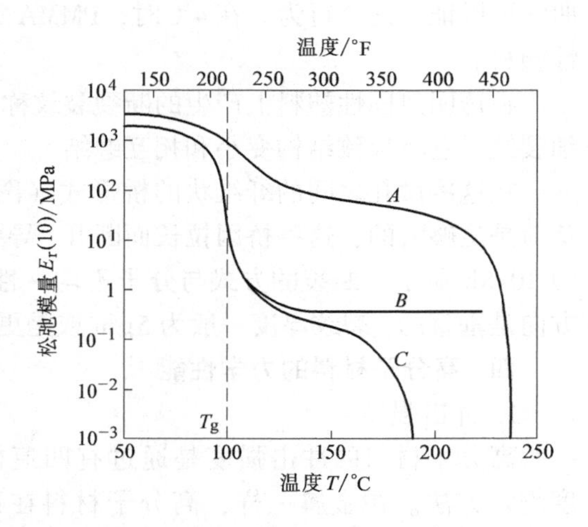

图 10-7　松弛模量-温度对数曲线图

A—全规结晶 PS　B—轻度交联无规 PS　C—无定形 PS

图 10-7 曲线 B，无规 PS 有轻度交联，橡胶区平台始终保持稳定不变，直到高分子材料分解。这种高分子材料是不可熔融的。随着交联的增大，平台区 $E_r(10)$ 的值也有所增加。橡胶和弹性体材料显示出这种性质，并且可以利用平台范围内的温度表示。

图 10-7 曲线 A 的温度决定了整个结晶全规 PS。高 $E_r(10)$ 的 T_g 值不如小体积分数的 PS 材料的 T_g 明显。进一步讲，松弛模量用增加温度来维持一个较高的值，直到 T_m 高分子材料熔融、分解。图 10-7 全规 PS 的 T_m 是 240℃（460°F）。

3. 粘弹性蠕变

许多高分子材料当应力维持不变时，时间决定了形变。这种形变叫做粘弹性蠕变。

高分子材料蠕变性的测试方法和金属是相同的，也就是应力（通常为拉伸应力）施加是瞬间的，并且维持在一个恒定的值上，而应变则是时间的函数。此外，测试是在恒温条件下进行的。蠕变结果是时间决定的蠕变模量 $E_c(t)$，定义为

$$E_c(t) = \sigma_0 / \varepsilon(t) \tag{10-2}$$

式中，σ_0 为恒定的应力；$\varepsilon(t)$ 为随时间变化的应变。

蠕变 σ 模量对温度是敏感的，随温度增加而减小。

在蠕变过程中对分子结构有影响，普通状态下蠕变减少（如 $E(t)$ 增加）将会增加结晶度。

三、高分子材料的断裂力学性能

高分子材料的断裂长度与金属材料和陶瓷材料不同。按照一般的理论，热固性高分子材料断裂处的波形是脆性的表现。在简单的期限内，高分子材料中某一个应力集中区域，在产生断裂的同时伴随着结构的裂化，例如擦痕、凹槽和缺陷。在断裂处的晶格都充满了共价键或交联结构。

对于热固性高分子材料，大多数都可能既具有可塑性又易脆，都可能经历着由可塑到易脆的过程。影响脆裂的因素有还原反应的温度、应变率、样品厚度，以及高分子材料的结构。透明热固性塑料的脆性与低温有关，如果温度升高，它们就变成了相邻玻璃化温度下的可塑性塑料，同时，实验塑料收缩率低也会断裂。通过图 10-3 中 PMMA 树脂的应力-应变曲线可以证实这个行为。在 4℃时，PMMA 完全呈现脆性，然而在 60℃时它变成了极端可塑性塑料。

在透明热固性塑料上产生的断裂裂纹称为细裂纹。由于某些区域面积中收缩而随之产生细裂纹，它将导致结构变小和相互缠结。

在这些微孔之间的纤维状的桥形式（图 10-8a），在那里分子链有同向性。如果应用的负荷是足够大的，这些桥因拉长而断开，导致微孔生长而且合并；同时，裂缝开始形成，如图 10-8b 所示。断裂的方式与分子不均一性有关。除此之外，裂纹的延伸方向和拉伸应力方向是垂直的，裂纹厚度一般为 5μm 或是更小。

四、高分子材料的力学性能

1. 冲击强度

高分子材料的冲击强度是通过有凹痕样品来测定的。缺口应力测试是常用的冲击强度测定方法。像金属一样，高分子材料在冲击负载的作用下表现出柔韧性和脆性，其与加载温度、样品大小、应变率和方式有关。半结晶和无定形的高分子材料有低的脆性温度，而且它们有相对低的冲击强度。然而，在相对狭窄的温度范围它们经历了柔韧

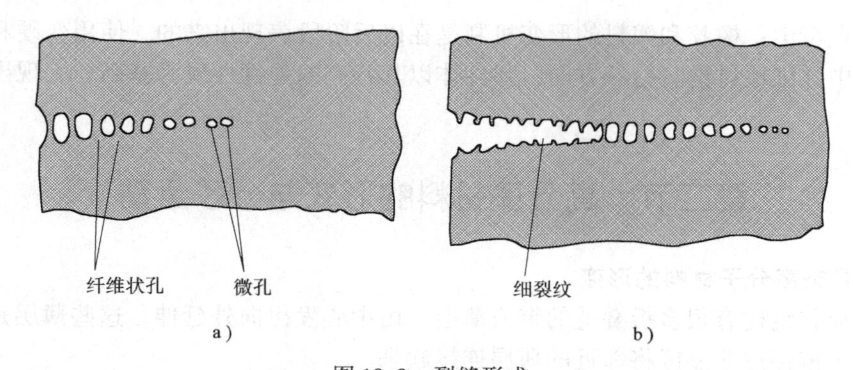

图 10-8 裂缝形成

a）细裂纹处产生的微孔和纤维状孔 b）由于破裂而产生的细裂纹

性-脆性的转变，类似于像高分子材料开始变得柔软一样，钢铁材料的冲击强度在比较高的温度时逐渐升高。

2. 疲劳

高分子材料可能依据循环荷载条件的规定体现疲劳破坏。对于金属材料，疲劳的发生主要是应力的影响，与屈服强度无关。在高分子材料中的疲劳测试和金属的测试不同；然而，疲劳数据结构中两种类型的材料样式是相同的，而且产生的曲线有相同的形状。一些常见高分子材料（聚对苯二甲酸乙二醇酯（PET）、尼龙（Nylon）、聚苯乙烯（PS）、聚甲基丙烯酸甲酯（PMMA）、聚丙烯（PP）、聚乙烯（PE）、聚四氟乙烯(PTFE)，在测试频率为 30Hz）的疲劳曲线如图 10-9 所示。许多高分子材料有疲劳极限，而高分子材料的疲劳强度和疲劳极限比金属材料低得多。

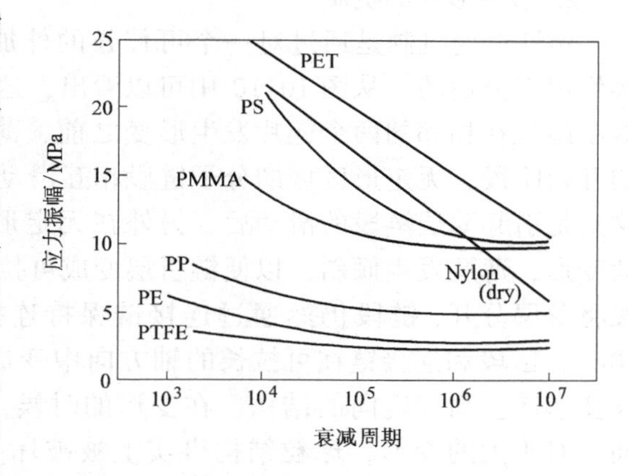

图 10-9 疲劳曲线（应力振幅 - 衰变周期）

负载频率对高分子材料的疲劳行为的影响比对金属材料更加敏感。高分子材料在高频率的循环和相对大的应力下可以引起局部的加热，结果导致材料的软化，但这不是典型的疲劳过程。

3. 断裂韧度和硬度

一些特殊功能的高分子材料有时会要求相应的其他力学性能，如断裂强度和硬度。抵抗断裂的性质是一些塑料的重要性能，尤其是那些用于包装的塑料薄膜。断裂强度是可以测量的力学参数，即把标准样品拉断所需的能量。

对于金属材料，硬度表现为材料的抗擦伤、渗透、损坏等性能。高分子材料比金属和陶瓷软，大多数的硬度测试类似于金属。高分子材料经常应用洛氏硬度测试方法。

4. 高分子材料的力学形变和强度

通过了解高分子材料的力学形变可以有效地控制这些材料的力学性能。在这方面，两种不同类型的高分子材料（半结晶和弹性体）变形样式是非常重要的。半结晶材料的硬度和强度时常重点考虑；橡胶和塑料的形变机制是在以后阶段表现出来的，使用变硬和加强材料在后面章节中详细地讨论。另一方面，弹性体以其特有的弹性性质为基础，表现出了弹性体的形变机制。

第二节　高分子材料的形变与分子运动

一、半晶态高分子材料的形变

每个球粒状结构有很多折叠链的带或薄层，由中心发出向外延伸。这些薄层是非晶材料的区域；分子链穿过非晶区将邻近的薄层连接起来。

1. 弹性变形的机制

半结晶高分子材料在张应力的作用下发生弹性形变，其作用的机制是来自于它们的稳定构造的分子链，通过共价键的弯曲和拉伸向着外来应力的方向延长。另外，还有一些微小的分子可能与其相邻的分子进行置换，同相对较弱的二级分子或范德华力相抵抗。此外，由于半晶质聚合体都是由水晶和无定形区域组成的，在某种意义上讲它们有可能形成复合材料。同样，高分子材料的弹性模量可能被当做是由一些结晶相和非结晶相的弹性模量组成的。

2. 塑性形变的机制

塑性形变机制是通过对一个可伸长的外加负载在薄层状和无定形区域之间的相互交换作用来描述的。从图 10-10 中可以看出，这一过程在许多阶段都有发生。图 10-10a 中显示的是在相邻的两个链片发生形变之前，薄层片和薄层之间的无定形链材料。在形变的开始阶段，无定形区域的分子链段相互滑动，同时按照一定的方向排列（图 10-10b）。这只是引起薄层链段的滑动后，另外在无定形区域里的连接链被拉长。第二个阶段的继续变形，薄层发生倾斜，以便链折层变成可拉长的轴（图 10-10c）。接下来，结晶区的链段将薄层分开，链段仍然通过连接链保持连接（图 10-10d）。在最后的阶段中（图 10-10e），区段和连接链在可拉长的轴方向中变成定向。因此可分析半结晶高分子材料的拉长变形产生高度定向的结构。在变形的时候，球粒的形状为适应伸长的拉平而改变。然而，对于大的变形，球粒结构事实上被破坏。同时，当达到一个大的程度，在图 10-10 中表现的过程是可逆的。如果变形在任意阶段结束，而且样品被加热到在它的熔点以上附近的温度，材料将会向后恢复到它的无定形特性的球粒状结构。此外，样品将会容易向后地收缩到在变形之前的形状；形状和结构的恢复范围将会依据退火温度以及伸长的程度不同而不同。

3. 半结晶高分子材料力学性能的影响因素

有若干因素会影响高分子材料的力学性能。温度对应力-应变曲线中的变化率有影响。另外，温度升高或者应力减小都会导致拉伸模量的减小、可拉伸长度减少和可延性的提高。

除此之外，一些结构或过程因素对高分子材料的力学性能都具有决定性的影响。当任何约束力作用于应力时，都可以增加长度。例如，广泛的链纠缠或具有重要意义的分子链粘结存在于链运动中。

此外，拉伸模量的提高就像是两者的第二级束缚力量和链准度的增加。这里讨论的是一

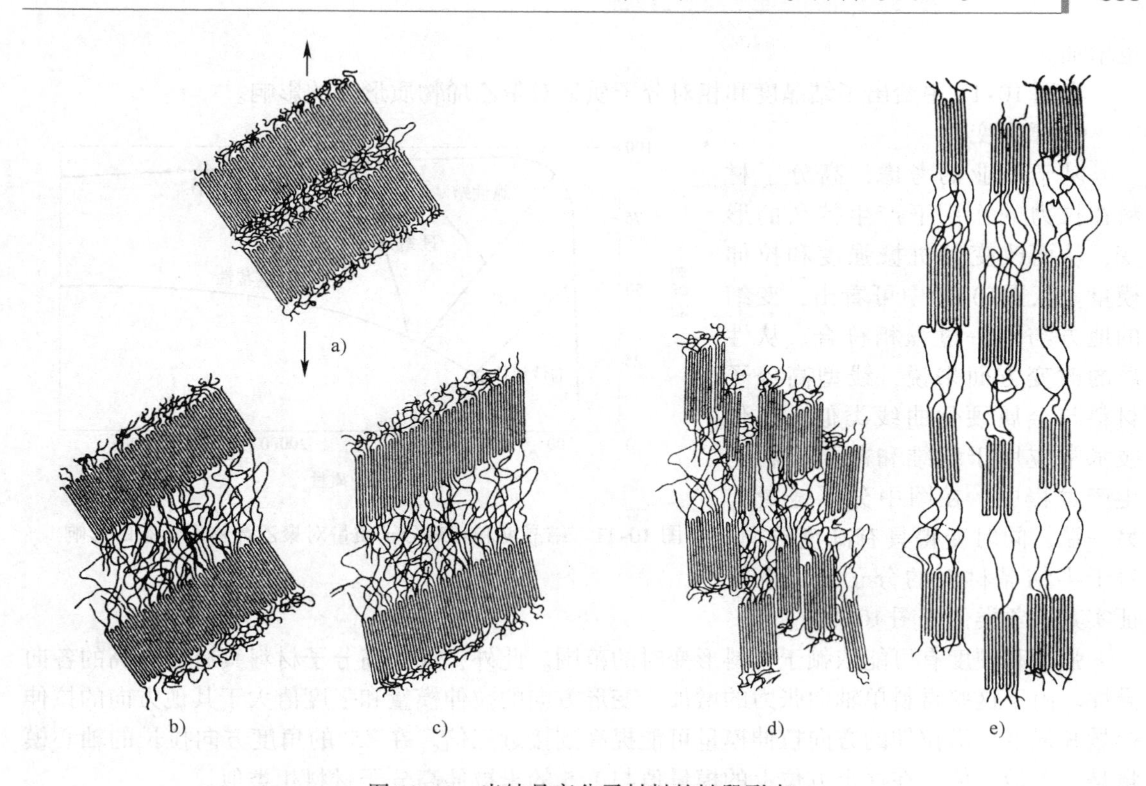

图 10-10　半结晶高分子材料的链段形态

a）在相邻的两个链片发生形变之前，薄层片和薄层之间的无定形链材料　b）在第一阶段形变中无定形链的延长　c）第二阶段中薄层链的倾斜　d）第三个阶段中结晶区域的分离　e）在最后的形变阶段，结晶片段定位，无定形链伸长并成为中心轴

些结构上的因素（例如相对分子质量、聚合度、预形变和热处理）如何影响高分子材料的力学性能。

4. 相对分子质量

拉伸模量和相对分子质量没有直接的关系。但是，很多的高分子材料都会随着相对分子质量的增加，其拉伸强度增加。从数学上讲，*TS* 是由数均相对分子质量按照式（10-3）得到的

$$TS = TS_{\infty} - A/\overline{M_n} \quad (10\text{-}3)$$

式中，TS_{∞}是相对分子质量为无穷时的抗拉强度；A 是一个常数。通过这个等式可以将这种行为解释为随着$\overline{M_n}$的增加，链的纠缠增加。

5. 高分子材料的结晶度

对于一个特定的高分子材料，结晶度对其力学性能有很重要的影响，因为它影响着第二级分子间的结合。分子链中的结晶区域都是非常紧密地、有条理地、平行地排列在一起。通常第二级分子间的结合广泛地存在于相邻的链片段之间，这种二级结合，由于分子链的原因，不是普遍地存在于无定型区域中的。其结果对于半结晶高分子材料，拉伸模量的增加对结晶度有很重要的影响。对于聚乙烯来讲，模量的增加量接近于一个次序的大小，结晶度数值从 0.3 升高到 0.6。

此外，通常增加高分子材料的结晶度来提高高分子材料本身的强度。同时，材料的脆性

也增加。

在图 10-11 中给出了结晶度和相对分子质量对聚乙烯物质形态的影响。

6. 预形变

基于商业的考虑，高分子材料在拉力的作用下产生持久的形变，从而改变其机械强度和拉伸模量。从图10-10中可看出，变细的地方与这一过程相符合。从性质的改变方面来说，线型高分子材料与金属硬化曲线类似。硬化技术常应用于纤维和薄膜材料的生产过程中。在图中分子链滑向另一端，同时变得具有高度导向。对于半结晶材料的分子链，也被证实其构象类似于图 10-10e。

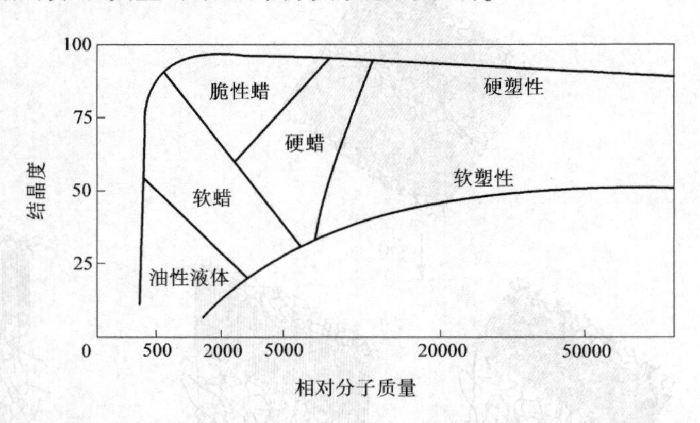

图 10-11　结晶度和相对分子质量对聚乙烯物质形态的影响

强度和硬度有可能依赖于材料形变时的范围。此外，线型高分子材料具有相当高的各向异性。由于这些材料单轴向张力的增加，变形方向的拉伸模量和强度值大于其他方向的拉伸模量和强度。沿拉伸的方向拉伸模量可能提高到接近三倍。在 45°的角度方向拉长的轴心模量是一个最小值，在这个方位上的模量值与 1/5 的未拉伸高分子材料相类似。

通过 2 ~5 个相关无定形的材料可以改善定方位方向上的抗张强度。但是，垂直轴向方向，抗张强度减少到原来的 1/3 ~1/2。

对非晶态高分子材料提高温度后进行拉伸，当环境温度快速下降时，保持了分子链原来的定向结构，这一过程使其更加坚硬。另一方面，如果高分子材料在拉伸中的温度保持不变，分子的链松弛而且呈现任意构造特性，拉伸将不会影响材料的力学性能。

7. 热处理

半结晶高分子材料的热处理（退火）会导致结晶尺寸和球粒结构的变化。对于受制于常数-时间热处理的材料，增加韧化温度将会有以下影响：①伸长率增加；②生产量增加；③延性增加。经过软化处理，半结晶高分子材料提高了延性。

二、高分子材料的弹性形变

1. 高分子材料的弹性

弹性材料一个非常显著的性质就是它们具有橡皮一样的弹力。也就是说，它们有能力对相当大的外力产生形变，然后弹性地恢复到它们原始的形态。这种行为是在天然橡胶中首次发现的。在过去几年已经合成出大量的弹性体。图 10-1 中的曲线 *C* 是橡胶材料类典型的应力-应变曲线，它们的弹性模量相当小，此外，从应力-应变曲线上可知其弹性模量随应变的变化是非线形的。

在非应力状态下，弹性体是无定形的，其结构是被高度扭曲、扭结和盘绕的分子链。弹性形变是一个应力作用在弹性体上所产生的现象，分子链在应力方向上产生拉伸的结果，只是某一部分简单地展开来，分子链完全打开伸直，这一现象可在图 10-12 中表现出来。在压力释放之后，分子链将会反弹到预应力的构象，即宏观上它们将会恢复到原始的形态。

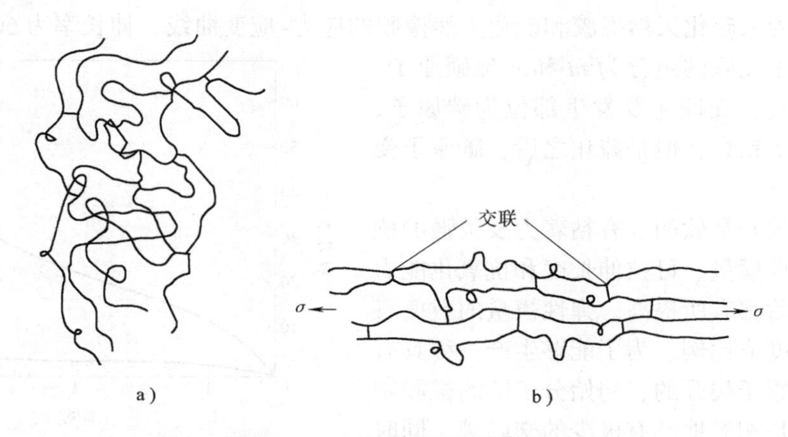

图 10-12　交联高分子材料分子链

a）在无应力状态下产生弹性形变　b）在应力状态下产生弹性形变

弹性形变的驱动力是一个可用熵的热力学参数来表示，它是对一个系统内混乱度的一个衡量。混乱度的增加伴随着熵值的增加。像弹性体被伸展一样，分子链也被展开，同时经过很多的调整，整个系统就变得更加规则。从这种情况出发，如果分子链回到它们初始的扭结和盘绕结构，熵值会增加。从熵影响的结果中可以得出两个有趣的现象：首先，当弹性体伸展开时，弹性体实验时的温度会升高；其次，温度的升高伴随着弹性模量的增加，这种行为的发展与其他材料的形变恰好相反。

对于弹性高分子材料必须要符合几条规则：①必须是不容易结晶的；弹性材料是无定形的，在无应力状态下其分子链是自然无序的盘绕和纠结在一起的。②盘绕的分子链对应力的反应相对于分子链粘结旋转必定是自由的。③相对于弹性体的较大弹性形变经历来说，塑料的突然性形变一定是被推迟的。通过交联键来完成对于限制分子链彼此间运动的目的，交联键的行为就像固定器一样，在分子链之间，同时防止链间滑移发生。图 10-12 为交联键在形变过程中的作用。④橡胶弹性体一定要高于它自身的玻璃化转变温度，其最低温度是在 -50℃和 -90℃之间，在它们的玻璃化转变温度以下，弹性体的脆性增加，以至于它们的应力-应变曲线类似于图 10-1 中的曲线 A。

2. 橡胶的硫化

弹性体的交联过程被称为硫化，硫化过程通常是在一个温度升高的环境下，由一个不可逆的化学反应来完成的。在大多数的硫化反应中，硫磺化合物被加入到已经热的弹性体中，依照下列的反应来完成：

$$
\begin{array}{c}
\begin{array}{cccc} H & CH_3 & H & H \\ | & | & | & | \\ -C- & C= & =C- & C- \\ | & & & | \\ H & & & H \end{array} \\
\\
\begin{array}{cccc} H & & & H \\ | & & & | \\ -C- & C= & =C- & C- \\ | & | & | & | \\ H & CH_3 & H & H \end{array}
\end{array}
+(m+n)S \longrightarrow
\begin{array}{cccc}
H & CH_3 & H & H \\
| & | & | & | \\
-C- & C- & C- & C- \\
| & | & | & | \\
H & (S)_m & (S)_n & H \\
H & | & | & H \\
| & | & | & | \\
-C- & C- & C- & C- \\
| & | & | & | \\
H & CH_3 & H & H
\end{array}
$$

硫磺原子链与其相毗连的高分子材料大分子主链相交联。

图 10-13 为未硫化天然橡胶和硫化天然橡胶的应力-应变曲线，伸长率为 600%。

两种被显示交联的组分为 m 和 n 硫磺原子。在硫化作用之前，交联主要发生部位为碳原子，碳原子发生双倍粘合，但是硫化之后，碳原子变成独立的了。

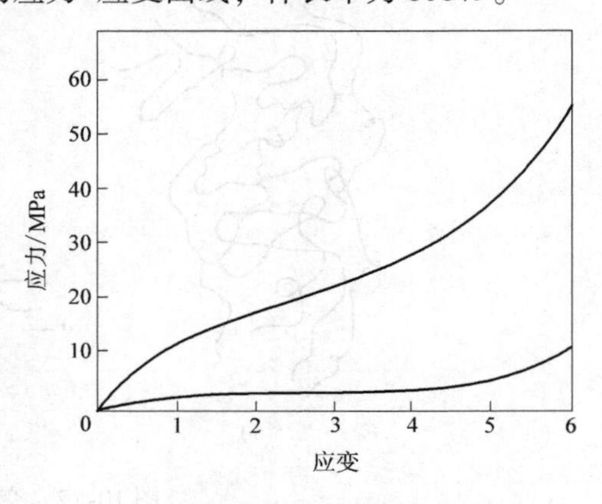

图 10-13 未硫化天然橡胶和硫化天然橡胶的应力-应变曲线

未硫化的橡胶是软的，有粘着力及很强的抗磨损能力。弹性模量、可拉伸长度和抗氧化能力在橡胶硫化以后都有所提高。弹性模量的数值直接与交联的密度成比例。为了能够生产一种具有可延性、没有原子裂开的、初始分子链的橡胶制品，它们必定是相对地具有极少的交联键，同时能够被广泛地分离。当 1～5 份（质量分数）硫磺被加入到 100 份的橡胶中时，才能制出可用的橡胶制品。硫磺含量的进一步增加，使橡胶更加坚硬，也减少了它的可延性。同时，因为它们是交联的，在自然界中弹性材料是具有热固性的。

3. 高分子材料的结晶、熔融和玻璃化转变现象

在高分子材料的设计和合成过程中有三个非常重要的现象。它们分别是结晶、熔融和玻璃化转变。结晶是一个过程，在冷却温度以上，按照一定的顺序，液态金属从高度的无序分子结构转变为固体相的过程（如晶状体）。当一个聚合体被加热的时候，熔融形变将会发生逆转。无定形或非结晶高分子材料会产生玻璃化转变现象，当液体金属被冷却时，变成坚硬的固体，而且保持着液体状态时的特征，即无序的分子结构。当然，在结晶、熔融和玻璃化转变过程中包含着物质本身力学性能的变化。此外，对于半结晶高分子材料，当非结晶区域通过玻璃化转变时，结晶区域将会经历熔融过程。

对结晶高分子材料力学和动力学知识的了解是很重要的，结晶度影响着这些材料的力学性能和热性能。通过成核长大过程，将会发生熔融高分子材料的结晶作用。那些来自小区域的晶核相互纠缠，同时无序的分子变得有序，链折叠在中间排成一条直线。在温度超过熔融温度时，这些核是不稳定的，由于容易打乱热原子的振动而束缚大分子链段的重排。到后来的成核和结晶生长阶段期间，晶核继续按着顺序生长，同时另外的分子链段对准生长排成一条直线。这是因为分子链的折叠增加了侧面的尺寸，或是因为球粒半径的增加改变了球粒的结构。

结晶对时间的依赖性与许多固体状态的形变相一致。聚丙烯在三个不同温度的结晶状态可以用图 10-14 给出来。在数学上，按照 Avrami 等式，结晶级数 y 是时间 t 的函数，即

$$y = 1 - \exp\left(-kt^{n}\right) \tag{10-4}$$

式中，k 和 n 在结晶系统中是相对于时间的独立参数。通常，从液态到结晶态时体积将会发生变化，结晶程度的测量可以通过样品体积的变化来实现。结晶比率在相同的行为下可以被具体确定，这一比率依赖于结晶温度（图 10-14）以及聚合体的相对分子质量。相对分子质量

增加，比率减少。

对于聚丙烯（与任何高分子材料一样），100%结晶是不可能的。因此，在图10-14中，垂直的轴是被用来使正规化的。在测试时，达到结晶化的最高值对应的参数为1.0，而事实上是不完全的结晶。

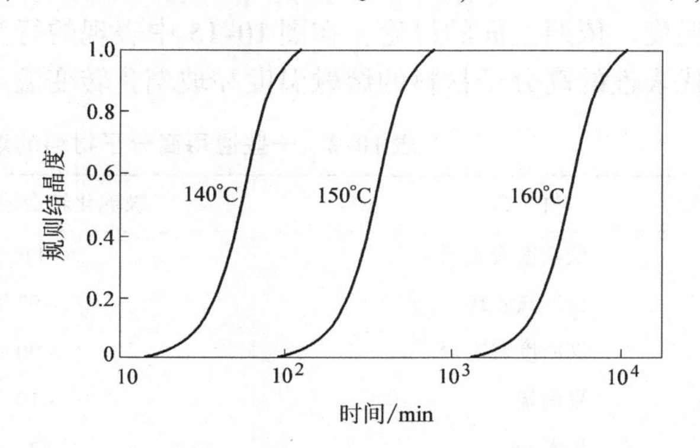

图10-14　聚丙烯分别在140℃、150℃和160℃时结晶度相对于时间对数的正态分布图

三、高分子材料的分子运动

1. 高分子材料的熔融

高分子材料晶体的熔融符合固体材料的变化，排列分子的链有固定的结构，到粘性液体的时候分子链有高的自由度，在熔融温度（T_m）加热时发生这种现象。高分子材料的熔融有许多特点和金属、陶瓷是不同的，这些决定于高分子材料的分子结构和薄层的结晶形态学特点。首先，高分子材料的熔融发生在一个大的温度范围内。其次，在一个明确的特殊温度，熔融行为依赖样品结构。链折叠薄层的厚度由结晶温度来决定，薄层愈厚，熔融的温度也愈高。最后，外观上熔融行为是加热速率的函数，增加这个速率会造成熔融温度的升高。

如前所述，高分子材料对加热时作出响应，出现了结构和性能的变化。在熔融温度下退火可能导致薄层厚度的增加。退火使高分子材料的熔融温度提高。

2. 高分子材料的玻璃化转变

无定形的（或玻璃质的）和半结晶高分子材料具有玻璃转变特点，随着温度降低，分子链的大多数链段的运动减少。在冷却时，玻璃化转变符合从一种液体到弹性材料逐渐的转变，最后得到一种坚硬固体的变化规律。高分子材料经历从弹性体到坚硬固体转变的温度被称玻璃化转变温度T_g。当然，当坚硬的玻璃态在低于T_g温度加热的时候，发生的顺序和上述相反。除此之外，在其他物理性质方面的突然改变也伴随着这个玻璃化转变，如硬度、热容和热膨胀系数。

3. 高分子材料的熔融温度和玻璃化转变温度

熔融温度和玻璃化转变温度是高分子材料应用相关的重要参数。高于或低于这个温度限制了许多方面的应用，尤其对于半结晶高分子材料。玻璃化转变温度的定义高于像玻璃一样的无定型材料的使用温度。此外，T_m和T_g也影响高分子材料和高分子材料复合物的制备和加工过程。

图10-15是高分子材料特定体积（密度的倒数）和温度曲线的比较。曲线A和曲线C，对于无定形的和结晶的高分子材料，类似陶瓷的结构。对于结晶的材料，在熔融的温度T_m上，在特定体积方面有不连续的变化。整个无定形

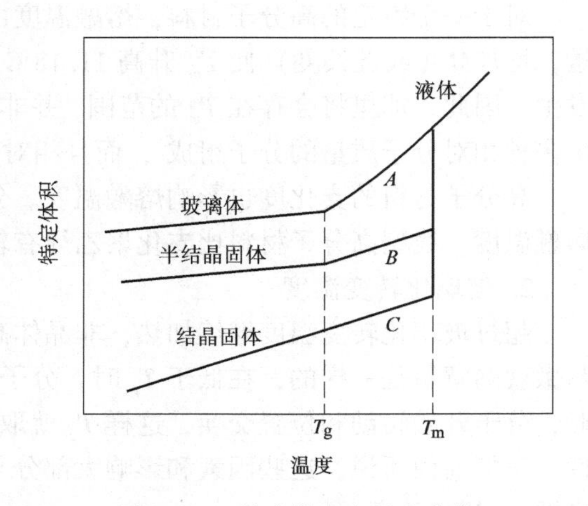

图10-15　特定体积和温度曲线

材料的曲线是连续的，但是在玻璃化转变温度 T_g 处有微小的减少。图中半结晶聚合体（曲线 B）在熔融和玻璃化转变温度之间；T_m 和 T_g 分别是半结晶材料的结晶相和无定形相形成温度。依照上面的讨论，在图 10-15 中表现的行为由冷却速率或加热速率来决定。许多具有代表性的高分子材料的熔融温度和玻璃化转变温度都列在表 10-2。

表 10-2 一些通用高分子材料的熔融温度和玻璃化转变温度

材 料	玻璃化转变温度/℃	熔融温度/℃
低密度聚乙烯	-110	115
聚四氟乙烯	-97	327
高密度聚乙烯	-90	137
聚丙烯	-18	175
尼龙 66	57	265
聚酯	69	265
聚氯乙烯	87	212
聚苯乙烯	100	240
聚碳酸酯	150	265

四、影响熔融温度和玻璃化转变温度的因素

1. 熔融温度

在高分子材料熔融的过程中，分子链发生由有序排列到混乱排列的重新整理。分子链的化学结构影响高分子材料分子链重新整理的能力，因此将影响其熔融温度。

化学键沿着分子链旋转，使链的硬度受到了显著的影响。由于双键和芳香族低柔性分子链的存在而引起 T_m 的增加。此外，基团的大小和类型影响分子链的旋转自由度和柔性；庞大的基团容易限制分子的旋转并引起 T_m 的上升。举例来说，聚丙烯的熔融温度高于低密度聚乙烯（表 10-2），聚丙烯的甲基基团（CH_3）比在聚乙烯上的 H 原子大。出现的极性基团（即 C1、OH 和 CN）即使不是非常大，也会导致分子间的结合力强迫 T_m 相对升高。这就可以由聚丙烯（175 ℃）和聚氯乙烯（212℃）的熔融温度比较验证。

对于一个特定的高分子材料，熔融温度由相对分子质量来决定。在相对低的相对分子质量，增加$\overline{M}$（或链长度）使 T_m 升高 11.18℃。此外，高分子材料的熔融在一个温度范围内发生，因此，那里将会存在 T_m 的范围，并非单一的熔融温度。这是因为每个高分子材料会由多种相对分子质量的分子组成，而且相对分子质量决定了 T_m。

高分子材料的支化度也影响熔融温度。分子链支化将使缺陷进入结晶材料，并且降低了熔融温度，线型高分子材料比支化聚乙烯有较高的熔融温度（见表 10-2）。

2. 玻璃化转变温度

超过玻璃化转变温度继续加热，非晶体高分子材料就会从硬质变成橡胶状的高弹态。这与微观的解释是一样的，在低于 T_g 时，分子链段实际上是被固定在某一位置的，而超过 T_g 时，分子开始转动和位置交换，这样 T_g 就取决于分子特性，而分子特性会影响链键的牢固性。正如前面所说，这些因素和影响大部分与熔点相同。此外，在下列情况下，链的韧性减少而 T_g 却会升高：

（1）有庞大的侧基存在　从表10-2可以知道，聚丙烯和聚苯乙烯的 T_g 分别是 -18℃和100℃。

（2）极性的原子和原子团存在　这点可以通过聚氯乙烯、聚丙烯各自的 T_g 温度对比证明（各自的 T_g 分别为87℃和 -18℃）。

（3）双键和苯环的存在　双键和苯环的存在有助于增强分子骨架的稳定性。

正如图10-16所述，相对分子质量增加会提高 T_g，少量的支链会降低 T_g。而另一方面，大量的支链会降低分子键的灵活性，从而又使 T_g 升高。一些非晶体高分子材料会交联，从而可以提高 T_g，这一点早已被证实。同时，交联也限制了分子的移动。尤其是高度交联以后，分子实际上就不能够移动，大范围的分子移动被阻止，以至于这些高分子材料不能够经历玻璃化和软化过程。

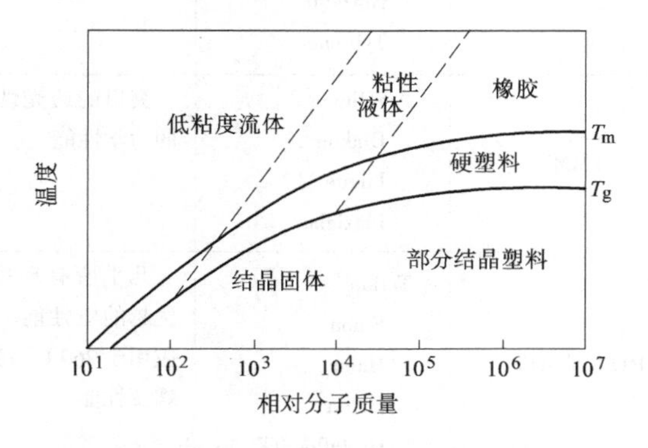

图10-16　高分子材料的相对分子质量与玻璃化转变温度

从前面的讨论可以知道，高分子材料的熔点和玻璃化转变温度是由分子的特征决定的。通常在某种程度上，T_g 是 T_m 的0.5～0.8倍。这样的话，对于均聚物，T_g 和 T_m 具有相关性，很好地控制这两个参数，就可以更好地合成和利用此共聚物。

第三节　高分子材料的类型与应用

目前许多不同种类的高分子材料正在被广泛地应用，主要包括塑料、橡胶、纤维、薄膜、胶黏剂、泡沫、涂料等。根据其性质，一种高分子材料可以有两种或两种以上的用途，例如，塑料可根据其玻璃化转变温度进行交联利用，可以制成合适的橡胶；而纤维材料如不作为纤维细丝，也可以制成塑料制品。

一、塑料

几乎绝大多数高分子材料都可以归入塑料这一类别，如聚乙烯、聚丙烯、聚氯乙烯、聚苯乙烯、氟塑料、环氧树脂、酚醛塑料等。它们都具有非常不同的混合性能。有些塑料又坚硬又脆，而有的塑料在外力作用下既表现出延展性又具有塑性变形，从而变得较为柔软，甚至有的塑料在断裂前能表现出较大的塑性变形。

此类高分子材料可能具有某些程度的晶格化，并且所有的分子结构和形状（线型、支链型、全同立构体等）都有可能形成。塑料材料可能是热塑性材料，也可能是热固性材料。有关一些塑料的商品名、特性及其典型的应用如表10-3所示。

某些高分子材料表现出特别突出的特性。例如，聚苯乙烯及聚甲基丙烯酸甲酯在透光性的应用方面就非常突出。这里有一个必要条件，就是无论该种材料是高度结晶还是半晶体，都必须具有很小的晶粒存在。氟塑料的摩擦因数低，而且即使是在较高的温度下也具有强的耐化学物质腐蚀的特性。氟塑料可以用作不沾锅、轴承套和高温电子元器件等。

表 10-3 一些塑料的商品名称、特性及其典型应用

材料类型	商品名称	主要应用特征	典型应用
ABS	Abson Cycolac Kralastic Lustran Novodur Tybrene	热塑性塑料，突出的强度和韧性、抗热变性、好的电性能、可熔性以及在某些有机溶剂中的可溶性	电梯内衬、草坪或花园设备、玩具、交通安全设备
PMM	Acrylite Diakon Lucite Plexiglas	突出的透光性及耐老化性、较合适的力学性能	镜片、航空器件、绘图设备、户外标志等
PTFE 或 TFE	Teflon Fluon Halar Halon Hostaflon TF	几乎所有环境下表现为化学惰性、优越的电性能、较低的摩擦因数，可应用于260℃高温下，相对较弱的常温蠕变性能	耐蚀密封件、化学管道及阀门、轴承抗粘涂层、高温电子元件
尼龙	Nylon Durethan Herox Nomex Ultramid Zytol	好的机械强度、耐磨性、韧性，低的摩擦因数、对水及其他液体的吸附性能等	轴承、齿轮凸轮、轴瓦手柄、电线、电缆外包装
PC	Baylon Lupilon Lexan Markrolon Merlon Nuclon	尺寸稳定性、低的吸水性、透明、抗冲击性及抗弯曲性好，耐化学溶剂性能不好	安全帽、镜片、光球、照片、基片
PE	Alathon Alkathene Ethron Fortiflex Hi-fax Petrothene Rigidex Znedel	耐化学试剂及电绝缘性，具有韧性及相对较低的摩擦因数，强度低，较弱的耐老化性能	软饮料瓶、玩具、大玻璃杯、电池组件、冰盘、包装膜材料
PP	Bexphane Herculon Meroklon Ploy-pro Pro-fax Propathane	抗热弯曲性、很好的电性能、抗疲劳强度、化学惰性，相对价格低廉，较弱的抗紫外线性能	消毒瓶、包装膜、电视机壳、行李袋

（续）

材料类型	商品名称	主要应用特征	典型应用
PS	Carinex Celatron Hastyren Lustrex Styron Vestyron	优良的电性能和光学清晰性、较好的热稳定性尺寸稳定性，相对价格低廉	墙砖、玩具、室内照明装备、器械箱
乙烯树脂	Darvic Exon Geon Pee Vee Cee Pliovic Saran Tygon	低造价的常用材料，通常不易弯曲，但可以与增塑剂一起制成柔韧的材料，通常作共混使用，受热易弯曲	地板革、管道、电线、绝缘层、花园软管、留声机唱片
PET 或 PETE	Celanar Crastin Hylar Melinex Mylar Terylen	最坚硬的塑料膜材之一，优良的疲劳强度和撕裂强度，且防潮、防酸、防酯防油、防溶剂	磁带、衣服、饮料容器
环氧树脂	Araldite Epikote Epon Epi-rez Lekutherm Nepoxide	热固性树脂，优良的力学性能及耐蚀性、尺寸稳定性、好的粘连性，相对价格低廉，较好的电性能	电工模具或凹模粘合剂、防护罩，应用于玻璃纤维薄片
酚醛树脂	Bakelite Amberol Aeofene Durite Resinox	优良的热稳定性，在高于 150℃（300℉）时，也可以与许多树脂纤维混合，价格低廉	发动机箱、电话自动分拣器、电器开关
聚酯	Aropol Baygal Derakane Laguval Laminac Selectron	优良的电性能，造价低廉，能够制成室温或高温物品使用，常做成增强纤维	头盔、玻璃、纤维外罩、假肢、椅子、电扇

二、橡胶

橡胶的性质和变形机制在前面已经讲过。因此，现在的重点是橡胶材料的类型。表10-4列出了五种商用橡胶的性能及用途。这些性质和特征应当取决于橡胶的硫化程度和补强程度。

表 10-4 五种商用橡胶的性能及用途

材料类型	商品名称	伸长率(%)	有效温度范围/℃	主要用途	应用范围
天然聚异戊二烯	NR	500～760	-60～120	优良的物理性能，良好的耐切割、刨削、磨损性能；耐低热、臭氧、油蚀等；良好的电性能	气胎和管道、手把和底板、密封垫
苯乙烯-丁二烯共聚物	SBR	450～500	-60～120	良好的物理性能；优异的抗磨性能；非耐油、臭氧及非耐老化；电性能好但不明显	与NR相同
丙烯腈-丁二烯共聚物	NBR	400～600	-50～150	优良的耐植物油、动物油、汽油特性；低温性能较差；电性能不明显	可以通气、油、化学物质、油类的管带；密封垫、O形环、手把和底板
氯丁二烯	CR	100～800	-50～105	优良的耐臭氧、耐热、耐老化性能；良好的耐油性；优异的耐火性；在电学上应用不如NR	电线和电缆；化学罐里衬；皮带，水龙头，密封圈，密封垫
聚硅氧烷	VMQ	100～800	-115～315	优越的耐高、低温特性；低强度；优良的电性能	耐高、低温绝缘材料；密封圈，膜片；食用或医用制管

由于NR的综合性能突出，应用范围依旧非常广泛。然而，最重要的合成橡胶是SBR，它主要应用于以炭黑补强的汽车轮胎上。NBR具有很强的耐降解和耐膨胀特性，是另外一种常见的合成橡胶。

在许多方面的应用（例如汽车轮胎），根据抗拉强度、耐磨性和韧性来看，即使是硫化橡胶的力学性能也都是不太令人满意。而这些性能又可以通过填充物，如炭黑来改善。

最后，应当提及的是硅橡胶。对这些材料来讲，碳链骨架被Si、O原子选择性地替代，而R和R′位置由如CH_3基团代替了与碳相连的原子或基团。例如，聚二甲基硅氧烷有这种结构：

$$-\overset{\displaystyle R}{\underset{\displaystyle R'}{\overset{|}{\underset{|}{Si}}}}-O-$$

当然，作为橡胶，这些材料是交联的。

$$-\overset{\displaystyle CH_3}{\underset{\displaystyle CH_3}{\overset{|}{\underset{|}{Si}}}}-O-$$

硅橡胶在低温（-90℃）下有很强的韧性，且可在高温250℃下仍然保持工作稳定状态。此外，硅橡胶耐老化、耐滑。一些硅橡胶具有引人注目的特性，即可在RTV室温下硫化（RTV橡胶）。

三、纤维

纤维高分子材料可以被拉伸成长径比至少100:1的长纤维。大部分商用纤维高分子材料被用于纺织工业，织成或编成布或织物。此外，芳香族聚酰胺纤维应用于合成材料。作为有用的纺织材料，纤维高分子材料必须具备许多更加特殊的物化性能。在使用过程中，纤维需满足许多机械形变——拉伸、扭曲、剪切、研磨。因此，必须具备较强的抗拉强度（在相当宽的温度范围内）、弹性模量和耐磨性。这些性能受分子链的化学特性和纤维拉伸过程控制。

纤维材料的相对分子质量相对较大，由于抗拉强度随结晶度提高而提高，链的组成和构造就可以产生更多的晶体高分子材料，从而可以得到所需要的内衬材料，支链有着匀称结构和规则的重复单元。

洗涤保养织物是否便利取决于纤维高分子材料的热性能，即熔点和玻璃化转变温度。而且，纤维高分子材料必须在相当的环境中表现出化学稳定性，如酸性、漂白剂和干洗溶剂及阳光。此外，高分子材料本身必须不易燃和易干。

四、涂料、涂层

涂层通常是涂于材料表面的，以作为下列功能之用：①保护构件免受腐蚀；②改善外观；③绝缘。涂层材料中许多成分是有机高分子材料。这些有机涂层分为以下几种：涂漆、浸漆、漆包、喷漆和虫漆。

五、胶黏剂

胶黏剂是一种用来连接两种固体材料（粘附体）表面的物质。粘合处有很强的抗剪强度。胶黏剂和粘附体表面间的结合力是一种与热塑性塑料中的范德华力相似的静电力。即使胶黏剂内在强度还不如粘附体，然而，只要胶黏层薄而连续，就可以产生强的结合力。如果有一种很好的连接，粘附体就会在胶黏剂之前断裂。聚合材料分为热塑性材料、热固性材料、弹性化合物、天然胶黏剂（动物胶、酪素、淀粉、松香），它们都有胶粘功能。胶黏剂可用于许多材料的连接上：金属-金属、金属-塑料、金属-陶瓷等。胶黏剂存在的主要问题是受温度限制。有机高分子材料只有在相对较低的温度下才能保持机制的完整，它的强度随温度的升高而降低。

六、薄膜

近来，高分子材料以薄膜的形式得以广泛的应用。膜的厚度在0.025～0.125mm的产品被制造及广泛地应用于食品及其他货物的包装上，例如纤维品及其大量的应用。这些材料的产品及膜材的应用领域都具有一个重要的特征，即低密度、高弹性、耐撕扯、耐潮湿、耐化学品腐蚀，并且对某些气体，尤其是水汽的透气性低。符合此标准并且可以生产成薄膜的高分子材料有PE、PP、玻璃纸、醋酸纤维等。

七、泡沫

泡沫是一种具有相对高体积比的孔状塑料材料。所有的热塑性材料及热固性塑料原料可用于泡沫使用。其中包括，聚氨酯（PU）、橡胶、PVC和PS。泡沫通常被用于汽车垫子、家居以及包装保温层。发泡过程是在被分批次混入一种通过加热可分解释放气体的发泡剂之后完成的。气泡充满整个活性流体团，在冷却后便充满气泡从而形成类泡沫结构。同样的效果在材料熔化状态通过对材料通入气泡也可以实现。

八、特种高分子材料

一些高分子材料比较特殊，它们具有理想的综合性能，已经在很多年以前就开始研究了。许多新的技术领域被发现并且已经较满意地替代了其他的材料。这些有超高分子材料、液晶高分子材料和热塑性弹性体。

超高分子量聚乙烯（UHMWPE）是一种具有超高相对分子质量的线型聚烯烃。线型高分子材料的相对分子质量大约为 4×10^6g/mol，其数量级要远远超过 HDPE。在纤维的状态下，UHMWPE 的商品名为 Spectra。这种材料一些非常显著的性质表述如下：

1）超级的抗冲击性能。

2）优良的耐磨及耐蚀性能。

3）非常低的摩擦因数。

4）具有自润滑及不粘的表面。

5）在常见溶剂的条件下具有良好的耐化学性。

6）完美的低温性能。

7）突出的吸声及吸收能量的性能。

8）绝缘性及完美的介电性能。

然而，由于此材料具有相对低的熔融温度，其力学性能会随温度的升高而迅速降低。这种超常的综合性能导致了这种材料具有大量的各种各样的应用，包括防弹服、各种头盔、钓鱼线、雪橇底部表面、高尔夫球心、电球以及市内溜冰场表面、生物学的假肢、血液过滤器、马可笔尖、块状材料（如煤、食物、卵石、水泥等）的运输设备、轴承、泵的叶轮以及阀门密封垫等。

九、液晶高分子材料

液晶高分子材料（LCPs）是一群化学聚合物组成的具有特殊结构的材料，它的性质独特并且在不同的领域被使用。LCPs 是由线形的、棒状的以及较坚硬的分子组成的。根据分子的排列，这些材料可以被认为是一种新的物质状态——液体晶状形态物质，既非晶态又非液态的结构物质。在融化（或液态的）的条件下，高分子材料分子任意地被取向，LCPs 分子能被高度顺序化地排列成有序结构。正如固体一样，这些分子的顺序保持不变，并且，除此之外，分子还形成了具有分子间留有间隔的磁畴结构。有关液晶态、无定形态以及半晶态高分子材料在熔态和固态情况下的分子比较图解可以参看图 10-17。这里有基于不同位置及取向的三种液晶体形态被展示——半晶态、无定型态以及胆甾态等。

有关液晶高分子材料最原始的应用是用于数字手表中的液晶显示器、笔记本电脑的液晶显示器以及其他数字显示器等。这里的胆甾型液晶在室温下表现为流体液态、透明状以及光学各向异性。显示器由两片玻璃以及玻璃中间的液晶材料组成。在每一块玻璃的表面都涂有透明的和具有导电功能的薄膜；另外，在这层薄膜的一侧内部还加入了可以刻蚀显示数据或信息的元素。一经过可导电性薄膜时（在这两张玻璃之间），被施加的电压引起这一区域的 LCPs 分子的取向被打破，这样 LCPs 上的物质变暗，从而这种可以看见的特性便形成了。

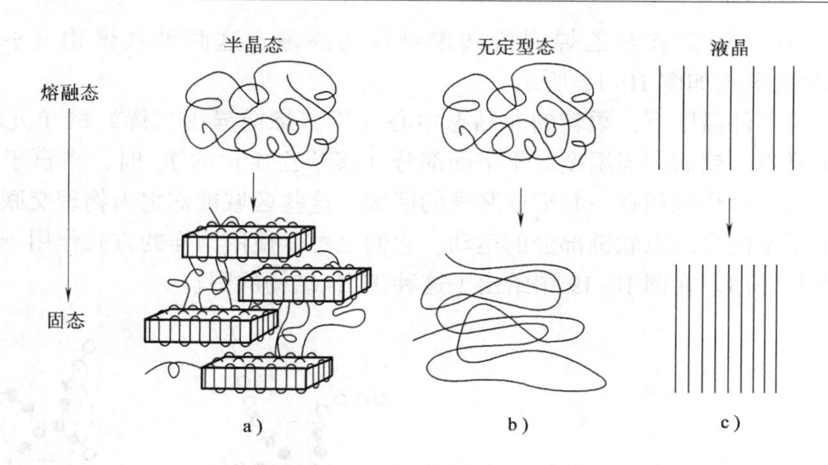

图 10-17　熔融态和固态分子结构图

a）半晶高分子材料　b）无定形高分子材料　c）液晶高分子材料

由于在室温下一些非晶液晶高分子材料是坚硬的固体形态。而且，基于它们较突出的混合性能及加工性能，在许多商业应用领域被广泛应用，例如，这些材料表现有如下性质：

1）优良的热稳定性，它们可以在高达230℃的温度下使用。

2）相当的强度。当材料的抗拉强度从125～255MPa时，它们的拉伸模量的变化范围是10～24GPa。

3）高的冲击强度，并且在相对较高的温度下仍然可以保持。

4）化学惰性良好，且适用于各种酸、溶剂和漂白剂等。

5）特有的耐烧性以及燃烧产物的相对无毒。

这些材料的热稳定性以及化学惰性是由于分子间非常高度的交联而表现出来的，下面将对这些材料的加工及二次加工的特性进行说明。

1）所有适用于热塑性塑料的常用加工工艺都可以适用于这些材料。

2）模塑时具有非常小的收缩及翘曲。

3）它们具有优越的尺寸恢复性。

4）由于它们较低的熔体粘度使得材料可以被模塑成型材或者形状较复杂的构件。

5）较低的熔融温度时迅速加热后能尽快冷却，从而减少了模塑的周期时间。

6）材料成品的各向异性表明对分子取向的影响主要来自于模塑过程中的熔体流。

这些材料被广泛用于电子工业（电子程控交互装置、继电及电容器以及支撑架等）、医疗设备工业（可以被反复消毒的器械）以及在照相复制品和光纤维器件等。

十、热塑性弹性体

热塑性弹性体（TPEs）是一种聚合性材料，在外界条件下，表现为弹性（或橡胶态）的行为，但属于热塑性塑料的范畴。通过对比，大多数弹性体直到它们被发现可以硫化交联为止，都是作为热固性塑料来讨论的。在众多的TPEs种类中，一种非常有名且被广泛使用的是嵌段共聚物，它们通常是又硬又脆的热塑性单元（通常如苯乙烯）和又软又有韧性的单元（通常丁二烯或异戊二烯）。这两组分相互交换位置形成一个普通的分子，坚硬的高分子材料链段被固定在链尾，而较柔软的中心区域则由聚合的丁二烯或异戊二烯组成。这些 TPEs 通常被苯乙烯嵌段共聚物作为终端。这两种共聚物（S—B—S）和（S—T—S）的化学式如图 10-18 所示。

通常的外界条件温度下，柔软的非晶态中心（丁二烯或异戊二烯）的单元将这种橡胶的弹性传递给材料。然而，当温度低于坚硬部分（聚苯乙烯）的 T_m 时，来自于相邻分子链上的坚硬的链尾部分会堆积在一起形成坚硬的区域。这些区域被称之为物理交联。而这些交联的区域参与了定位来约束软链部分的运动。它们也可以使用同样的方式作用于化学交联从而形成热塑性弹性体。在图 10-19 中给出了这种 TPEs 结构的图解。

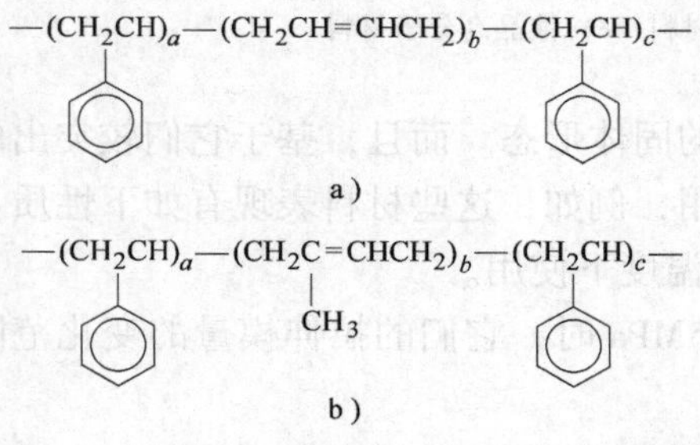

$$—(CH_2CH)_a—(CH_2CH{=}CHCH_2)_b—(CH_2CH)_c—$$

a）

$$—(CH_2CH)_a—(CH_2C{=}CHCH_2)_b—(CH_2CH)_c—$$

CH_3

b）

图 10-18 （S—B—S）和（S—T—S）的化学式

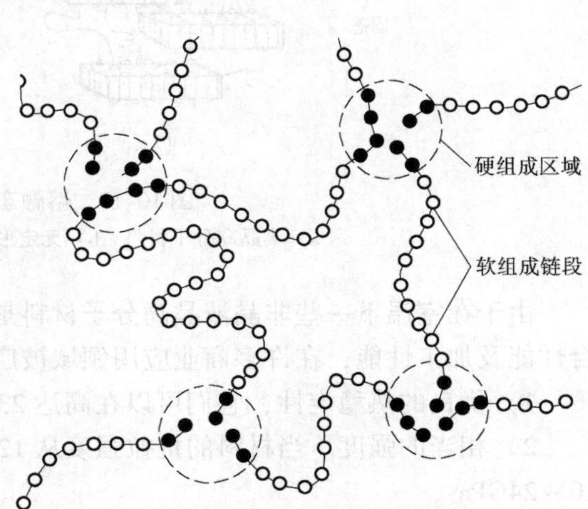

图 10-19 热塑性弹性体的分子结构图

这个结构中包括软组成区域（例如丁二烯或异戊二烯）和硬组成区域（例如苯乙烯），可以在室温下发生交联。

这种 TPEs 材料的拉伸模量是可以变化的，增加软性单元链的数量将导致拉伸模量增大，硬度降低。从而可以利用温度范围在柔性及弯曲单元的 T_g 和又脆又硬单元的 T_m 之间。对于苯乙烯嵌段共聚物，这一范围在 -70℃ 至 100℃之间。

另外，相对于苯乙烯嵌段共聚物来讲，这里还有其他一些类型的 TPEs，包括热塑性烯烃、共聚型树脂、热塑性聚氨酯和弹性聚酰胺等。

TPEs 超过热固性弹性体的主要优点是，当温度超过硬质单元的 T_m 时，材料熔化（物理交联消失），并且，它们就可以使用热塑性塑料成型工艺进行加工（例如吹塑、注射等），热固性塑料不能进行熔融，成型就相对困难得多。并且，由于热塑性弹性体的熔融——固化的过程可逆和可重复，TPEs 的器件就可以被重新加工成其他形状的产品，换言之，它们是可再回收的。热固性弹性体在很大程度上是不可回收的。在成型加工过程中产生的边角料也是不可以回收的，这就使得热塑性塑料的加工费用要比热固性塑料低。另外，精心控制 TPEs 的加工工艺可以保持其尺寸的稳定性，并且使得 TPEs 具有较低的密度。

在众多应用中，热塑性弹性体已经取代了通常使用的热固性弹性材料。典型的 TPEs 的应用包括汽车外门头设备（保险杠、仪表盘等）、汽车内部零部件（电绝缘器件、电插头、密封垫）、鞋底、鞋根、运动器件（例如足球和美式足球的气囊）、医用隔离膜一级防护服和应用于密封上的材料、嵌缝材料以及黏合剂等原料。

第四节　高分子材料合成反应

商业用高分子材料的大分子，必须使用那些具有小分子的原料合成而得到，这一过程称为聚合。然而，高分子材料的性能是可以因掺杂了其他的物料而改变的。最终，我们期望得到的成品件必须通过加工来制成。本节讲述高分子材料加工过程和各种形式的添加剂以及特殊的成型工艺。

一、聚合过程

由小分子单体变成大分子链的高分子材料合成的过程称为聚合。正是通过这一简单过程，小分子单元才不断地连结在一起，从而生成了能组成大分子的单元。通常情况下，合成高分子材料的原材料来自于煤炭和石油产品，它们由小相对分子质量的分子组成。聚合反应的机理通常可以分为两类：加聚反应和缩聚反应。

1. 加聚反应

加聚反应（链式反应）是这样一个过程：双官能团分子瞬间交联在一起形成一个直线形大分子，合成产生的分子结构恰好是原分子单元的整数倍。

加聚反应涉及三个独立的阶段——链引发、链增长和链终止。在链引发阶段，引发剂（催化剂）物质与小分子单元之间反应产生具有增长能力的活性中心，这一阶段用 PE 的反应过程表述，即

$$\begin{array}{ccccccccc}
 & H & & H & & & H & & H\\
 & | & & | & & & | & & |\\
R+ & C & = & C & \longrightarrow & R- & C & - & C\\
 & | & & | & & & | & & |\\
 & H & & H & & & H & & H
\end{array} \tag{10-5}$$

链增长阶段包括小分子单体单元间的线性增长，增长为链状分子，还是用 PE 为例，表示如下：

$$\begin{array}{cccccccccccccccccc}
 & H & & H & & & H & & H & & & H & & H & & H & & H\\
 & | & & | & & & | & & | & & & | & & | & & | & & |\\
R- & C & - & C & + & & C & = & C & \longrightarrow & R- & C & - & C & - & C & - & C\\
 & | & & | & & & | & & | & & & | & & | & & | & & |\\
 & H & & H & & & H & & H & & & H & & H & & H & & H
\end{array} \tag{10-6}$$

链增长的过程相对速度要快，比如一个具有 1000 个单体单元的分子形成过程只需要 $10^{-2} \sim 10^{-3}$s。

链增长结束或终止有不同种类的方式。首先，两个增长链的活性终端发生反应或交联在一起形成一个非活性的分子，或者某一个活性链与引发剂或其他具有一个活性链的化学物质反应而终止，从而使反应物链增长终止。表示如下：

$$\begin{array}{l}
\begin{array}{ccccccccccccccccc}
 & H & & H & & H & & H & & H & & H & & H & & H & \\
 & | & & | & & | & & | & & | & & | & & | & & | & \\
R- & C & - & C & - & C & - & C & + & C & - & C & - & C & - & C & -R\\
 & | & & | & & | & & | & & | & & | & & | & & | & \\
 & H & & H & & H & & H & & H & & H & & H & & H &
\end{array}
\longrightarrow
\begin{array}{cccccccccccccccc}
 & H & & H & & H & & H & & H & & H & & H & & H \\
 & | & & | & & | & & | & & | & & | & & | & & | \\
R- & C & - & C & - & C & - & C & - & C & - & C & - & C & - & C-R\\
 & | & & | & & | & & | & & | & & | & & | & & | \\
 & H & & H & & H & & H & & H & & H & & H & & H
\end{array}
\end{array} \tag{10-7}$$

$$\begin{array}{cccccccccccccccccc}
 & H & & H & & H & & H & & & & H & & H & & H & & H\\
 & | & & | & & | & & | & & & & | & & | & & | & & |\\
- & C & - & C & - & C & - & C & +R & \longrightarrow & - & C & - & C & - & C & - & C-R\\
 & | & & | & & | & & | & & & & | & & | & & | & & |\\
 & H & & H & & H & & H & & & & H & & H & & H & & H
\end{array} \tag{10-8}$$

相对分子质量的大小由链引发、链增长和链终止的相对速率决定。通常情况下，人们会控制这一速率来确保高分子材料产物能按期望的聚合反应程度来进行。加聚反应用于生产PE、PP、PVC、PS以及许多共聚物。

2. 缩聚反应

缩聚反应（逐步聚合反应）是这样一个过程：通常涉及不止一个分子单元的分子间的逐步聚合反应，通常会产生一个小分子副产物具有单体取代基团的化学式，而且，在分子间反应一次就产生一个单体取代基团。例如，聚酯的合成是在乙二醇和己二酸之间反应产生的，分子间反应如下：

乙烯　　　　己二醇

$$HO-CH_2-CH_2-OH + HO-\overset{O}{\overset{\|}{C}}-CH_2-CH_2-CH_2-CH_2-\overset{O}{\overset{\|}{C}}-OH \longrightarrow$$

$$HO-CH_2-CH_2-O-\overset{O}{\overset{\|}{C}}-CH_2-CH_2-CH_2-CH_2-\overset{O}{\overset{\|}{C}}-OH + H_2O \qquad (10\text{-}9)$$

逐步式地进行连续的重复生产，在这种情况下是一个线的分子。详细的化学反应是不重要的，但重要的是缩聚机理。此外，缩聚反应的时间比加聚反应的时间长。

缩聚反应是将多功能性的单体组合成交联的网状高分子材料。热固性聚酯和酚醛树脂、尼龙和聚碳酸酯都是通过缩聚生产的。像尼龙这样的一些高分子材料，也可以用其他的方法聚合。

二、聚合反应分类

1. 按单体和高分子材料反应前后组成与结构的变化分类

按单体和高分子材料反应前后组成与结构的变化分类；可分为加聚反应和缩聚反应。

（1）加聚反应（Addition Polymerization）　单体加成而聚合起来的反应称为加聚反应，反应产物称为加聚物。其特征是：

1）加聚反应往往是烯类单体加成的聚合反应，无官能团结构特征，多是碳链高分子材料。

2）加聚物的元素组成与其单体相同，仅电子结构有所改变。

3）加聚物的相对分子质量是单体相对分子质量的整数倍。

（2）缩聚反应（Condensation Polymerization）　由多官能团单体通过缩合而消去小分子形成高分子材料的反应，兼有缩合出低分子和聚合成高分子的双重含义，反应产物称为缩聚物。其特征是：

1）缩聚反应通常是官能团间的聚合反应。

2）反应中有低分子副产物产生，如水、醇、胺等。

3）缩聚物中往往留有官能团的结构特征，如—OCO、—NHCO—，故大部分缩聚物都是杂链高分子材料。

4）缩聚物的结构单元比其单体少若干原子，故相对分子质量不再是单体相对分子质量的整数倍。

2. 按聚合机理与动力学分类（表 10-5）

表 10-5　聚合机理与动力学分类

		连锁聚合（链式聚合）	逐 步 聚 合
机理	活性中心	多种（$R^{\bullet}$，R^{+}，R^{-}） 与单体作用（单体之间不反应）	无 通过单体官能团间反应
	基元反应	引发，增长，终止，转移	无
动力学	单体转化率-时间	转化率 时间	相对分子质量 时间
	相对分子质量-时间	转化率 时间 时间只与高分子材料的分子数有关，而与相对分子质量无关	相对分子质量 时间
	任一瞬间组成	单体、高分子、微量引发剂（中间产物不稳定）	相对分子质量递增的一系列中间产物

（1）连锁聚合反应（Chain Polymerization）　连锁聚合反应也称“链式”聚合反应，反应需要活性中心。反应中一旦形成单体活性中心，就能很快传递下去，瞬间形成高分子。平均每个大分子的生成时间很短（零点几秒到几秒）。

连锁聚合反应的特征如下：

1）聚合过程由链引发、链增长和链终止几步基元反应组成，各步反应速率和活化能差别很大。

2）反应体系中只存在单体、高分子材料和微量引发剂。

3）进行连锁聚合反应的单体主要是烯类、二烯类化合物。

根据活性中心不同，连锁聚合反应又分为：自由基聚合（活性中心为自由基）、阳离子聚合（活性中心为阳离子）、阴离子聚合（活性中心为阴离子）、配位离子聚合（活性中心为配位离子）。

（2）逐步聚合（Step Polymerization）　在低分子转变成高分子材料的过程中反应是逐步进行的。

1）反应早期，单体很快转变成二聚体、三聚体、四聚体等中间产物，以后的反应在这些低聚体之间进行聚合。

2）体系由单体和相对分子质量递增的一系列中间产物所组成。

3）大部分的缩聚反应（反应中有低分子副产物生成）都属于逐步聚合。

4）单体通常是含有官能团的化合物。

两种聚合机理的区别主要反映在平均每一个分子链增长所需要的时间上，需要注意，缩聚和逐步聚合、加聚和连锁聚合常常出现混淆情况，将它们等同起来是不对的。应加以区别，这是两种不同范畴的分类方案。

第五节　聚合体加工助剂与添加剂

高分子材料的性质受到分子结构的控制。通过简单变化分子结构可以改变其力学、化学、物理性质。高分子材料中添加的其他物质称为添加剂，是有意地增强或改进高分子材料的性质，可以增加高分子材料的寿命。典型的高分子材料添加剂包括填料、增塑剂、稳定剂、着色剂和阻燃剂。

1. 填料

填料添加到高分子材料中可以改进高分子材料的抗拉强度、抗压强度、抗磨性、柔韧性、热稳定性和其他性质。通常原料为颗粒性填料，包括木粉（超细木屑）、石英粉、石英砂、玻璃纤维、粘土、滑石、石灰石和一些合成高分子材料。填料粒径的范围从10nm到宏观可以看到的尺寸。用这些廉价填料替代一些比较贵的高分子材料的体积，可使最后产品费用减少。

2. 增塑剂

高分子材料的弹性、柔韧性和刚性通过添加剂改进称为增塑性。增塑剂可以降低高分子材料的硬度。增塑剂通常是具有低的蒸气压力和低的相对分子质量的液体。增塑剂分子占用在大的高分子材料链之间的位置，通过减少次要的分子键可以有效地增加中程距离。增塑剂普遍用于提高高分子材料固有的在室温下的易碎性，如聚氯乙烯和一些醋酸纤维素的共聚物。另外，增塑剂可以降低玻璃化转变温度。因此，高分子材料可被用于一些需要柔软性和延性的场合。

3. 稳定剂

在正常的环境情况之下，一些聚合材料的力学性能迅速变坏，主要是由于暴露在光线下的老化，是由于特殊的紫外线以及氧化的影响。紫外线引起分子链共价键的断裂，也可能造成分子链的交联。氧化、老化是在氧原子和高分子材料分子之间相互化学作用的结果。能阻止这个过程的添加剂叫稳定剂。

稳定剂有热稳定剂、光稳定剂、化学稳定剂和抗氧剂等。

热稳定剂是一类能防止和减少高分子材料在加工和使用过程中受热而发生降解或交联，延长复合材料使用寿命的添加剂。常用的稳定剂主要成分可分为盐基类、脂肪酸皂类、有机锡化合物、复合型热稳定剂及纯有机化合物类。

4. 着色剂与触变剂

（1）着色剂　着色剂可以使高分子材料有特定的颜色，是能使制品着色的有机与无机的、天然与合成的色料的总称。它们可以以颜料或色素形式添加。颜料的分子实际上溶解分散到高分子材料中成为其中结构的一部分。色素是不溶解的填料，但可保持分散的状态。通常它们有微粒的大小，是透明的，而且接近双亲高分子材料的折射率。着色剂有染料和颜料两类：

1）染料。染料是施加于基材使之具有颜色的强力着色剂。染料借吸附、溶解、机械粘合、离子键化学结合或共价键结合保留于基料中。但染料易在塑料中发生部分溶解，出现着色剂迁移现象，耐光性差。

2）颜料。颜料是粒度较大而且通常不溶于普通溶剂的有机物或无机物。有机颜料产生半透明或近乎透明的颜色，比染料具有较好的抗色移性和稍高的抗热性。无机颜料除少数外，均为不透明并具有坚牢的耐磨性、耐热性和抗色移性，且遮盖力好，色泽鲜艳。

（2）触变剂　触变剂是一种使液体树脂基体（或胶衣树脂）变为流动性较好的添加剂，而撤除外力时，如搅拌或剪切间断时，又可以恢复原来不易流动的状态。触变剂的作用是防止树脂在施工的斜面或垂直面上流淌，避免树脂含量在上下层不均匀现象，从而保证制品的质量。常用的触变剂有气相二氧化硅、沉淀二氧化硅。其他的触变剂有石棉、高岭土、凹凸棒土、乳液法氯乙烯聚合物等。

5. 阻燃剂

大多数纯的高分子材料都是易燃的，例外的是包含氯或氟的高分子材料，像聚氯乙烯和聚四氟乙烯。易燃高分子材料需要通过添加剂来增加阻燃性，这种添加剂称为阻燃剂。通过气相阻燃的功能可以干扰燃烧的过程，或是由开始的化学反应冷却燃烧区域和停止燃烧。

以树脂和橡胶为基体的复合材料含有大量的有机化合物，具有一定的可燃性。阻燃剂是一类能阻止高分子材料引燃或抑制火焰传播的添加剂。最常用和最重要的阻燃剂是磷、溴、氯、锑、镁和铝的化合物。阻燃剂根据使用方法可分为添加型和反应型两大类。添加型阻燃剂主要包括磷酸酯、卤代烃及氧化锑等，它们是在复合材料加工过程中掺和于复合材料里面的，使用方便，适应面大，但对复合材料的性能有影响。反应型阻燃剂是在高分子材料制备过程中作为一种单体原料加入聚合体系的，使之通过化学反应复合到高分子材料分子链上，因此对复合材料的性能影响较小，且阻燃性持久。反应型阻燃剂主要包括含磷多元醇及卤代酸酐等。

用于复合材料的阻燃剂应具备以下性能：①阻燃效率高，能赋予复合材料良好的自熄性或难燃性；②具有良好的互溶性，能与复合材料很好地相溶且易分散；③具有适宜的分解温度，即在复合材料的加工温度下不分解，但是在复合材料受热分解时又能急速分解以发挥阻燃的效果；④无毒或低毒，无臭，不污染，在阻燃过程中不产生有毒气体；⑤与复合材料并用时，不降低复合材料的力学性能、电性能、耐候性及热变形温度等；⑥耐久性好，能长期保留在复合材料的制品中，发挥其阻燃作用；⑦来源广泛，价格低廉。

（1）溴系阻燃剂　溴系阻燃剂包括脂肪族、脂环族、芳香族及芳香-脂肪族的含溴化合物，这类阻燃剂阻燃效率高，其阻燃效果是氯系阻燃剂的两倍，相对用量少，对复合材料的力学性能几乎没有影响，并能显著降低燃气中卤化氢的含量，而且该类阻燃剂与基体树脂互溶性好，即使再苛刻的条件下也无喷出现象。

（2）氯系阻燃剂　氯系阻燃剂由于其价格便宜，目前仍是大量使用的阻燃剂。氯含量最高的氯化石蜡是工业上重要的阻燃剂，由于热稳定性差，仅适用于加工温度低于200℃的复合材料，氯化脂环烃和四氯邻苯二甲酸酐热稳定性较高，常用作不饱和树脂的阻燃剂。

（3）磷系阻燃剂　有机磷化物是添加型阻燃剂，该类阻燃剂燃烧时生成的偏磷酸可形成稳定的多聚体，覆盖于复合材料表面隔绝氧和可燃物，起到阻燃作用，其阻燃效果优于溴化物，要达到同样的阻燃效果，溴化物用量为磷化物的4～7倍。该类阻燃剂主要有磷（膦）酸酯和含卤磷酸酯及卤化磷等，广泛地用于环氧树脂、酚醛树脂、聚酯、聚碳酸酯、聚氨酯、聚氯乙烯、聚乙烯、聚丙烯、ABS等。

（4）无机阻燃剂　无机阻燃剂是根据其化学结构习惯分出的一类阻燃剂，包括氧化锑、氢氧化铝、氢氧化镁及硼酸锌等。

6. 抗静电剂

高分子合成材料有很高的表面电阻率（25℃，RH60%，电阻率 $10^{17}\ \Omega m$）。因而，一旦摩擦带电后，静电不易通过导电除去而滞留在塑料表面。由于静电的存在，不仅影响塑料制品的美观（吸尘等），更主要的是影响塑料制品的制造和使用。为此，塑料抗静电剂，其作用就是在塑料制品表面用来降低高聚物表面电阻率和电荷密度，从而达到解除静电危害的目的。一般而言，塑料的电阻非常大，经摩擦或接触则带电，容易引发各种静电影响，如放电时的电击、吸附灰尘损害外观、IC 短路等。为了防止塑料的静电产生，大多采用下列几种方法：一是环境保持适当湿度或使用除电机；二是在塑料的表面上涂布低分子型抗静电剂；三是利用碳、导电性过滤与永久抗静电剂；四是在导电性高分子材料上改善其材料分子构造。抗静电剂除了使用在塑料之外，也使用在纤维、纸类、涂料、油墨、石油制品等，这些产品常有污渍附着而产生静电的情况。

从各种防静电技术的比较上看，物理方式除静电，材料特性不会变化，但设备花费大，只能适用于部分形状的产品。对产品进行表面处理，方法简便，但缺乏耐久性。涂导电性涂料，可用于复杂的形状，并适用于大范围的材料，设备花费少，但价位高，有剥离的危险，且均匀涂上薄膜有困难。镀金属不会有部分剥离情况，但适用材料有限，且设备花费大，产生环境公害问题。内加抗静电剂的方法中，添加表面活性剂（低分子型抗静电剂），价格便宜，操作简便，但材料表面特性易变化，摩擦、水洗后易脱落，且不可上色。添加永久型抗静电剂（亲水性高分子材料），导电性、稳定性良好，但价位高，添加量多，且会受到塑料物性的影响。

而从抗静电剂种类来看，乙胺类多使用在聚烯烃上，作为电子设备包装；而已胺化合物则常使用在 PVC，如工业传送带、磁片包装及瓶子等；脂肪酸酯类则多使用在聚烯烃内部抗静电用。高分子型的永久抗静电剂是最为看好的产品，尤其是使用在精密机械方面的成长情况更是颇受期待。这是由于家电、电子仪器所使用的电子回路当静电的累积过多时，就可能会发生接触不良的情况，因此具备防止静电过度累积的这种高性能抗静电剂的需求在未来颇被看好。但目前为止多是利用表面活性剂在塑料表面上吸附空气中的水分，以制造出防止静电的效果，但由于汽化、表面清洗等原因，常会使得防静电的效果消失或受到污染，再由于对湿度依赖性较高，在干燥的情况下效果就较差，因此非表面活性剂的高分子型产品就成为较佳的产品。

高分子型抗静电剂成型时在树脂中发挥分散固定的效果，而与低分子型（表面活性剂系）相比，又具有成型后效果直接显现、不挥发、不会受到接触污染、清洗后效果不会降低等特点，但唯一的缺点就是要比低分子型抗静电剂的添加量多。

第六节 高分子材料的加工过程

高分子材料加工过程中，高分子表现出形状、结构和性质等方面的变化。形状转变往往是为满足使用的最起码要求而进行的；材料的结构转变包括高分子的组成、组成方式、材料宏观与微观结构的变化等；高分子结晶和取向也引起材料聚集态变化，这种转变主要是为了满足对成品内在质量的要求而进行的，一般通过配方设计、材料的混合、采用不同加工方法和成型条件来实现。加工过程中材料结构的转变有些是材料本身固有的，亦或是有意进行的；有些则是不正常的加工方法或加工条件引起的。

大多数情况下，高分子的加工通常包括两个过程：首先使原材料产生变形或流动，并取得所需要的形状，然后设法保持取得的形状。高分子加工与成型通常有以下形式：高分子熔体的加工、类橡胶状高分子材料的加工、高分子液体的加工、低相对分子质量高分子材料或预聚物的加工、高分子悬浮体的加工以及高分子材料的机械加工。

除机械加工以外的大多数加工技术中，流动－硬化是这些加工的基本程序。根据加工方法的特点或高分子在加工过程中变化的特征，可用不同的方式对这些加工技术进行分类。通常根据高分子在加工过程是否有物理或化学变化，而将这些加工技术分为三类：第一类是加工过程主要发生物理变化的；第二类是加工过程只发生化学变化的；第三类则是加工过程同时兼有物理和化学变化的。

这些加工技术大致包括以下四个过程：①混合、熔融和均化作用；②输送和挤压；③拉伸或吹塑；④冷却和固化（包括热固性高分子的交联和橡胶的硫化）。但并不是所有制品的加工成型过程都必须完成包括上述四个步骤。

一、塑料的成型加工

塑料成型加工一般包括原料的配制和准备、成型及制品后加工等几个过程。成型是将各种形态的塑料，制成所需形状或坯件的过程。成型方法很多，包括挤出成型、注射成型、模压成型、压延成型、铸塑成型、模压烧结成型、传递模塑、发泡成型等，如图10-20所示。机械加工是指在成型后的制件上进行车、铣、钻等工作，它用来完成成型过程中所不能完成或完成得不够准确的工作。

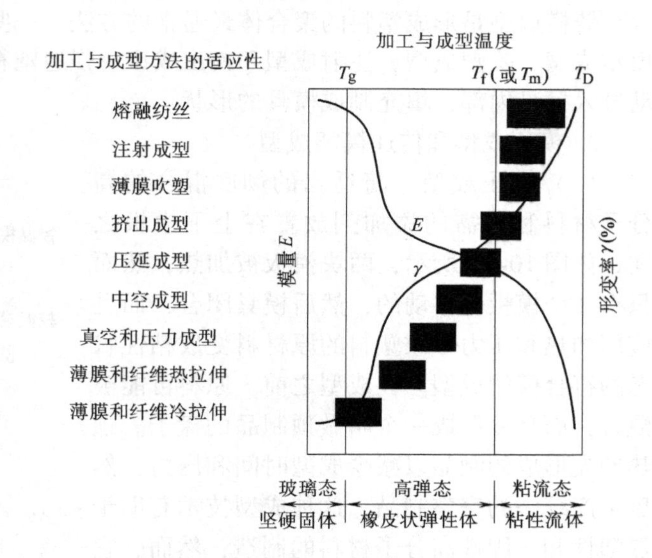

图10-20　线型聚合物的聚集态与成型加工的关系示意图

由于简单组分的塑料性能单一，难以满足要求，通常通过配制手段，将添加剂和高分子形成一种均匀的复合物，从而能够满足对制品的多种需要。为了使用和加工的方便，成型加工用的物料主要是粒料和粉料。它们都是由树脂和添加剂配制而成。主要的添加剂有：增塑剂、防老剂、填料、润滑剂、着色剂、固化剂等。高分子材料或树脂是粉状塑料中的主要组分，其本身的性能对加工性能和产品性能影响很大，主要是表现在相对分子质量、相对分子质量分布、颗粒结构和粒度的影响上。

相当多的不同技术在高分子材料的形成中得到应用。作为一个特定的高分子材料加工方法由以下几个因素决定：

1）材料是热塑性的还是热固性的。

2）如果是热塑性物质，它的热软化温度是多少。

3）大气的稳定性。

4）成品的几何尺寸大小。

这与金属和陶瓷的加工技术有很多相似之处。

高分子材料的加工需要提高温度和应用压力。热塑性随塑料的成型加工需要在玻璃化转变温度以上，如果是无定形或半结晶高分子材料，加工温度应高于它们的熔融温度；当高分子材料冷却的时候，应用一定的压力保压，以便形成的制品将会保有它的形状。使用热塑性物质的一个重要经济利益是它们可再循环；热塑性塑料废弃的碎片可以再加热进入新的产品成型。

热固性高分子材料的制造通常是在两个阶段中完成的。首先是一种液体的线型聚合体（有时叫做预聚体）的准备，有低的相对分子质量。这材料在第二个阶段期间变成坚硬的产品，通常在一个有需要的成型模具中进行，这是第二个阶段，称为“固化”，在加热或是添加催化剂和一定的压力下反应的。在固化的时候，化学结构出现分子水平上的变化：一个交联的网络结构的形成。在固化之后，热固性聚合体在空间上稳定后，才可以从模具中移出。热固性树脂很难再循环，它不融化，比热塑性高分子材料的使用温度高，化学性质稳定。

1. 铸模成型

铸模成型是形成塑料的聚合体最通常的方法。一些应用的成型技术包括压缩成型、传递模塑成型、吹塑成型，注射成型和挤出成型。强迫塑料颗粒在提高的温度和压力的情况下流动进入模具内部，填充制成模具的形状。

2. 模压成型和传递模塑成型

（1）模压成型　将适当的彻底混合的高分子材料和必需的添加剂放置在上下模板之间，如图 10-21 所示，两块模板被加热，然而只有一个模板是移动的，然后模具闭合，而且应用加热和压力导致塑料的原材料变成粘性状态的符合模塑成型。在成型之前，原料可能被混合，而且冷压成一个叫做预制品的盘子。预热预先形成的制品以减少成型时间和压力，然后生产统一的完整制品。这种成型技术有助于热塑性和热固性高分子材料的制造；然而，它用来制备热塑性物质会更耗费时间，而且花费昂贵。

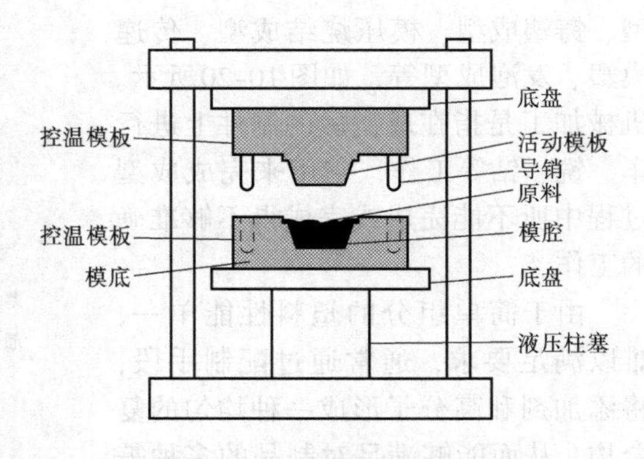

图 10-21　模压成型的装置原理图

（2）传递模塑成型　传递模塑成型是模压成型的改进，固体成分首先被加热熔融然后移动到加热的模腔中，如熔融的材料一样注入模腔，压力分布是均匀地遍及所有的表面。这个过程用于热固性的高分子材料，加工复杂的形状的制品。

3. 注射成型

高分子材料的注射成型类似于金属的压力铸造，被广泛地应用于热塑性高分子材料的加工技术。图 10-22 所示为注射成型的示意图。颗粒的物料通过进料口利用活塞的运动进入机筒。这是将物料推进加热的机筒，这里的热塑性高分子材料熔融成粘流性的熔体。然后，熔融的塑料被活塞再一次推动，经过一个喷嘴进入封闭的模具中保持压力直到凝固成型。最后，打开模具，产品被顶出，模具关闭，然后是整个的周期被重复。这种技术最显著的特征是产品的生产速度很快。对于热塑性塑料，从注射到凝固几乎是瞬时的，加工的周期很短（普遍在10~30s的范围内）。热固性的高分子材料也可以用注射成型的方法来加工；当材料在有压力的加热的模具固化的时候，结果使加工周期比热塑性高分子材料长。这一过程有时被称为反应注入成型（RIM）。

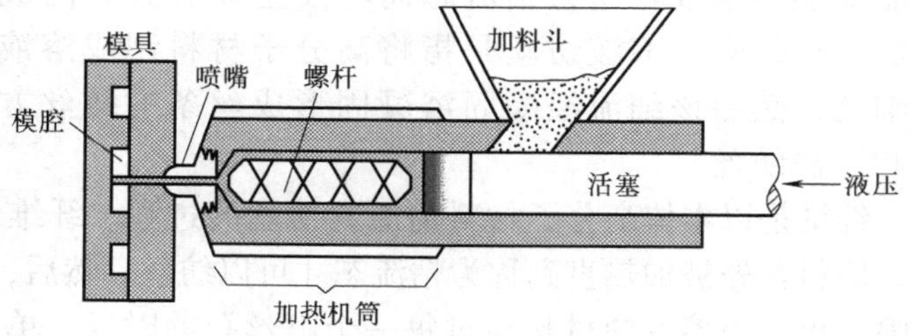

图10-22　注射成型装置图

4. 挤出成型

挤出过程只是简单地将粘流态的热塑性塑料经过末端开口的钢模喷射成型，类似金属的挤出。高分子材料粒料在旋转的机械螺杆推动下连续地进入机筒，熔融，形成粘性流体。挤出成型是强迫将熔融的高分子材料通过口模。在经过运送装置之前，将挤出的部分迅速用风吹、喷淋等方法凝固。这项技术特别适用于生产连续的、长的、几何形状不变的产品，如棒材、管材、软管、薄片、纺丝等。

5. 吹塑成型

塑料容器制品吹塑成型的过程与习惯上的吹制玻璃瓶子过程相似。首先，挤出成型一个高分子材料管的型坯。当在半熔融状态中时，型坯放在有容器形状的两半模具中。中空制品的加工通过在压力下吹气或汽进入型坯，强迫型坯按模具的形状定型。当然型坯的粘流温度必须小心地控制。

6. 铸造成型

像金属一样，高分子材料可以铸造，与熔融的塑料被注入模具并凝固是一样的。热塑性塑料和热固性的塑料都可以铸造成型。对于热塑性塑料，凝固是熔融态的材料冷却的结果。然而，对于热固性塑料的硬化实际上是高分子材料聚合或硬化的过程，这通常会引起温度的升高。

二、弹性体的制造

橡胶的加工技术实质上和前面介绍的塑料的加工是相同的，模压成型、挤出成型等。此外，大多数的橡胶材料是需要硫化交联的，而且需要一些像炭黑一样的补强剂和多种助剂。

橡胶的加工分为两大类：一类是干胶制品的加工生产，另一类是胶乳制品的生产。

1）干胶制品的原料是固态的弹性体，其生产过程包括素炼、混炼、成型、硫化四个步骤。

2）胶乳制品是以胶乳为原料进行加工生产的。其生产工艺大致与塑料糊的成型相似。但胶乳一般要加入各种添加剂，先经半硫化制成硫化胶乳，然后再用浸渍、压出或注模等与塑料糊成型相似的方法获得半成品，最后进行硫化得制品。

3）热塑性弹性体（TPE）是指常温下具有橡胶弹性、高温下又能像热塑性塑料那样熔融流动的一类材料。这类材料的特点是无需硫化即具有高强度和高弹性，可采用热塑性塑料的加工工艺和设备成型，如注塑、挤出、模压、压延等。

三、纤维和薄膜的制造

1. 化学纤维成型加工

化学纤维的成型加工主要是纺丝方法，而纺丝又分为熔融纺丝和溶液纺丝两大类。凡能加热熔融或转变为粘流态而不发生显著分解的成纤高分子材料，均可采用熔融纺丝法进行纺丝。溶液纺丝是指将高分子材料制成溶液，经过喷丝板或帽挤出形成纺丝液细流，然后该细流经凝固浴凝固形成丝条的纺丝方式。按凝固浴不同又分为湿法纺丝和干法纺丝。

纤维是以本体高分子材料为原料纺丝的过程。纤维从熔融状态纺成的过程称为熔融纺丝。原料首先被加热直到称为粘流态才可以纺丝。然后，熔融的液体通过含有许多微小圆孔的喷丝板。当熔融的材料经过每一个喷丝孔的时候，单一的纤维形成，立即通过空气冷却凝固。

纺成纤维的结晶由纺丝的冷却速度来决定。纤维的长度通过后加工过程（拉伸）进行改良。拉伸只是纤维在它的轴向方向上的机械伸长。在这一过程中，分子链在拉伸的时候变成同向，以使抗拉强度、弹性模量和韧性得到改善。虽然纤维的力学性能在这轴向中得到改善，但是径向方向的强度减少。然而，因为纤维正常的使用主要是轴向的应力，所以径向的强度是不重要的。拉伸纤维的横截面接近圆形，而且整个纤维都是一样的。

2. 薄膜

许多薄膜只是经过狭窄的裂缝挤出成型，这可以通过旋转的滚压操作减少薄膜的厚度并改善强度。做为选择，薄膜也可以吹塑成型：连续的管状材料通过环形口模挤出；然后，通过小心地维持里面气体的压力，薄膜的厚度可以不断地减少形成一个细的圆筒形的薄膜，这可能被切断或是压平。许多新的薄膜通过混合挤压成型来生产，也就是说，多种类型的高分子材料可以被多层地同时挤出。

根据应力-应变的行为，高分子材料一般分为三类：脆性高分子材料、塑料和高弹性高分子材料。这些材料不像金属那样强硬，而且它们的力学性能对温度和应变的改变非常敏感。

许多高分子材料都表现出介于完全的弹性和完全的粘性之间的粘弹性的力学行为。它的特点通过松弛模量、弹性的蠕变表现出来。松弛模量的大小对温度是非常敏感的，评定弹性体的使用温度范围是由这个温度决定的。

聚合材料的断裂应力低于金属和陶瓷的断裂应力。脆性断裂和塑性断裂的模式都可能增加应变率和制品的厚度和形状，许多热塑性高分子材料在降低温度时表现出由塑性到脆性的转变。在一些像玻璃质的热塑性塑料中，龟裂形成的过程可能是由银纹引起的，银纹能增加材料的延展性和柔韧性。

在半结晶高分子材料的弹性形变中，在那个弯曲的压迫力方向中构成的分子伸展操作的延长和共价键的拉宽。微弱的次要键的束缚抵抗了微小分子的位移。

晶粒的结构在半结晶高分子材料的塑性形变过程中呈现出来。可认为拉伸形变产生在某些阶段当中，比如无定型链和链折叠的区域片段，因为两者拉伸变成轴向（从绸带一样的薄片中分开）。同时，在形变过程中晶粒的形变也改变了（对于适度的形变），相对于较大程度的形变会导致晶粒完全的破坏。此外，事实上在高分子材料温度 T_m 之下，晶粒形变前的结构和宏观形状有可能在一个升高的温度下经过退火处理使其恢复。

高分子材料的力学行为将会被内部的修缮和结构/压力等因素影响。对于前者，增加温度及（或）减少拉伸率会导致拉伸模量、抗拉强度和可延性的减少。除此之外，其他的影响因素为：力学性能、相对分子质量、结晶度、线性预形变和热注入的程度。

许多聚合材料被引入到纤维中，主要地应用于纺织品。这些材料的力学、热学和化学特性尤其重要。

高分子材料的其他各方面的应用包括涂料、粘性物、薄膜和泡沫。

目前有三种先进的聚合材料：超高相对分子质量聚乙烯、液晶聚合体和热塑性弹性体。这些材料有不寻常的性质，并且应用于一些高端技术领域。

第十一章　复合材料

第一节　概　述

随着现代机械、电子、化工、国防等工业的发展及信息、能源、激光、自动化等高科技的进步，对材料性能的要求越来越高。除了要求材料具有高比强度、高比模量、耐高温、耐疲劳等性能外，还对材料的耐磨性、尺寸稳定性、减振性、无磁性、绝缘性等提出特殊要求，甚至有些构件要求材料同时具有相互矛盾的性能，如既导电又绝热，强度比钢好而弹性又比橡胶强，并能焊接等。单一的金属、陶瓷及高分子材料对此是无能为力的。若采用复合技术，把一些具有不同性能的材料复合起来，取长补短，就能实现这些性能要求，现代复合材料应运而生。

一、复合材料的概念

所谓复合材料是指由两种或两种以上不同性质的材料，通过不同的工艺方法人工合成的，各组分间有明显界面且性能优于各组成材料的多相材料。为满足性能要求，人们在不同的非金属之间、金属之间以及金属与非金属之间进行“复合”，使其既保持组成材料的最佳特性，同时又具有组合后的新特性。有些性能往往超过各组成材料的性能的总和，从而充分地发挥了材料的性能潜力。“复合”已成为改善材料性能的一种手段，复合材料已引起人们的重视，新型复合材料的研制和应用也越来越广泛。

在自然界中也有许多类似的复合材料。例如，木材是由强度大且伸缩性好的纤维素和木质素的坚硬支撑材料组成的。再者，动物的骨头也是由强度高且柔软的胶原蛋白和硬脆的磷灰石所组成的复合材料。

在现代的教材中，复合材料是指人工合成的多相材料，与天然存在或形成的多相材料相区别。此外，其组分相的化学性质不同，且相互间存在明显的相界面。这样，大多数的金属材料和很多陶瓷材料不符合该定义，因为它们是由于自然现象形成的多相。

在设计复合材料的过程中，科学家和工程师将各种金属、陶瓷和聚合物独创性地结合起来，以期得到新一代性能优异的材料。大多数复合材料旨在提高其力学性能，如硬度、韧性、室温及高温强度等。

许多复合材料仅由两相构成：一种称为基体，它是连续相；另一种为分散相。复合材料的性能取决于组分相的性质、相对含量、分散相的几何形状。本书中分散相的几何形状是指粒子的形状、尺寸、分布和取向。这些特性如图 11-1 所示。

二、复合材料的分类

复合材料种类很多，按照基体材料可将复合材料分为三类：

1）无机非金属基复合材料，如陶瓷基、水泥基复合材料等。

2）有机高分子材料基复合材料，如塑料基、橡胶基复合材料。

3）金属基复合材料，如铝基、铜基、镍基、钛基复合材料等。

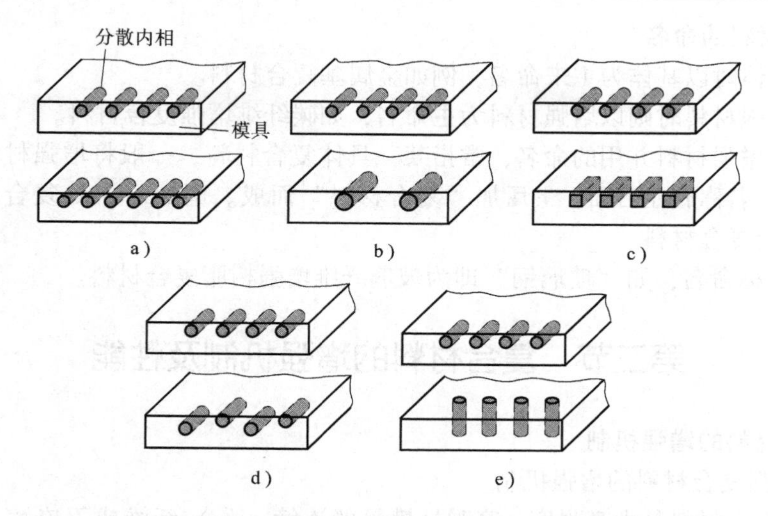

图 11-1　影响复合材料性能的分散相粒子的几何及空间性质示意图
a）浓度　b）尺寸　c）形状　d）分布　e）取向

按照增强材料可将复合材料分为三类：

1）纤维增强复合材料，如纤维增强塑料、纤维增强橡胶、纤维增强陶瓷、纤维增强金属等。

2）粒子增强复合材料，如金属陶瓷、烧结弥散硬化合金等。

3）叠层复合材料，如双层金属复合材料（巴氏合金—钢轴承材料）、三层复合材料（钢-铜-塑料三层复合无油滑动轴承材料）。在这三类增强材料中，以纤维增强复合材料发展最快，应用最广。复合材料的分类见表 11-1。

表 11-1　复合材料的分类

增强体		基体							
		金属	无机非金属				有机材料		
			陶瓷	玻璃	水泥	碳素	木材	塑料	橡胶
金属		金属基复合材料	陶瓷基复合材料	金属网嵌玻璃	钢筋水泥	无	无	金属丝增强塑料	金属丝增强橡胶
无机非金属	陶瓷{纤维、粒料}	金属基超硬合金	增强陶瓷	陶瓷增强玻璃	增强水泥	无	无	陶瓷纤维增强塑料	陶瓷纤维增强橡胶
	碳素{纤维、粒料}	碳纤维增强金属	增强陶瓷	陶瓷增强玻璃	增强水泥	碳纤维增强碳复合材料	无	碳纤维增强塑料	碳纤炭黑增强橡胶
	玻璃{纤维、粒料}	无	无	无	增强水泥	无	无	玻璃纤维增强塑料	玻璃纤维增强橡胶
有机材料	木材	无	无	无	水泥木丝板	无	无	纤维板	无
	高聚物纤维	无	无	无	增强水泥	无	塑料合板	高聚物纤维增强塑料	高聚物纤维增强橡胶
	橡胶胶粒	无	无	无	无	无	橡胶合板	高聚物合金	高聚物合金

三、复合材料的命名

1）强调基体时以基体为主来命名，例如金属基复合材料。

2）强调增强材料时则以增强材料为主命名，如碳纤维增强复合材料。

3）基体与增强材料并用的命名，常指某一具体复合材料，一般将增强材料名称放在前面，基体材料的名称放在后面，最后加“复合材料”而成。例如，C/Al 复合材料，即为碳纤维增强铝合金复合材料。

4）商业名称命名，如“玻璃钢”即为玻璃纤维增强树脂复合材料。

第二节 复合材料的增强机制及性能

一、复合材料的增强机制

1. 纤维增强复合材料的增强机制

纤维增强复合材料是由高强度、高弹性模量的连续（长）纤维或不连续（短）纤维与基体（树脂或金属、陶瓷等）复合而成的。复合材料受力时，高强度、高模量的增强纤维承受大部分载荷，而基体主要作为媒介，传递和分散载荷。

单向纤维增强复合材料的断裂强度 σ_c 和弹性模量 E_c 与各组分材料性能关系如下

$$\sigma_c = k_1[\sigma_f\varphi_f + \sigma_m(1-\varphi_f)]$$

$$E_c = k_2[\sigma_f\varphi_f + E_m(1-\varphi_f)]$$

式中，σ_f 为纤维强度；σ_m、E_m 分别为基体材料的强度和弹性模量；φ_f 为纤维体积分数；k_1、k_2 为常数，主要与界面强度有关。纤维与基体界面的结合强度，还和纤维的排列、分布方式、断裂形式有关。

为达到强化目的，必须满足下列条件：

1）增强纤维的强度、弹性模量应远远高于基体，以保证复合材料受力时主要由纤维承受外加载荷。

2）纤维和基体之间有一定结合强度，这样才能保证基体所承受的载荷能通过界面传递给纤维，并防止脆性断裂。

3）纤维的排列方向要和构件的受力方向一致，才能发挥增强作用。

4）纤维和基体之间不能发生使结合强度降低的化学反应。

5）纤维和基体的热膨胀系数应匹配，不能相差过大，否则在热胀冷缩过程中会引起纤维和基体结合强度降低。

6）纤维所占的体积分数、纤维长度 L 和直径 d 及长径比 L/d 等必须满足一定要求。一般是纤维所占的体积分数越高，纤维越长、越细，增强效果越好。

2. 粒子增强型复合材料的增强机制

粒子增强型复合材料按照颗粒尺寸大小和数量多少可分为：弥散强化的复合材料，其粒子直径 d 一般为 0.01 ~ 0.1μm，粒子体积分数 φ_p 为 1%~15%；颗粒增强的复合材料，粒子直径 d 为 1 ~ 50μm，体积分数为 $\varphi_p > 20\%$。

（1）弥散强化复合材料的增强机制　弥散强化的复合材料就是将一种或几种材料的颗粒弥散、均匀分布在基体材料内所形成的材料。这类复合材料的增强机制是：在外力的作用下，复合材料的基体将主要承受载荷，而弥散均匀分布的增强粒子将阻碍导致基体塑性变形的位错运动（例如金属基体的绕过机制）或分子链运动（高聚物基体时）。特别是增强粒子大都是氧化物等化合物，其熔点、硬度较高，化学稳定性好，所以粒子加入后，不但使常温下材料的强度、硬度有较大提高，而且使高温下材料的强度下降幅度减少，即弥散强化复合材料的高温强度高于单一材料。强化效果与粒子直径及体积分数有关，质点尺寸越小，体积分数越高，强化效果越好。通常 $d=0.01\sim0.1\mu m$，$\varphi_p=1\%\sim15\%$。

（2）颗粒增强复合材料的增强机制　颗粒增强复合材料是用金属或高分子聚合物为粘结剂，把具有耐热性好、硬度高但不耐冲击的金属氧化物、碳化物、氮化物粘结在一起而形成的材料。这类材料的性能既具有陶瓷的高硬度及耐热的优点，又具有脆性小、耐冲击等方面的优点，显示了突出的复合效果。由于强化相的颗粒较大（$d>1\mu m$），它对位错的滑移（金属基）和分子链运动（聚合物基）已没有多大的阻碍作用，因此强化效果并不显著。颗粒增强复合材料主要不是为了提高强度，而是为了改善耐磨性或者综合的力学性能。

二、复合材料的性能特点

复合材料虽然种类繁多，性能各异，但不同种类的复合材料却有相同的性能特点。

1. 比强度和比模量高

比强度和比模量是衡量材料承载能力的一个重要指标。比强度越高，在同样强度下，同一零件的自重越小；比模量越大，在重量相同的条件下零件的刚度越大。这对高速运动的机构及要求减轻自重的构件是非常重要的。表 11-2 列出了一些金属与纤维增强复合材料性能的比较。由表可见，复合材料都具有较高的比强度和比模量，尤其是碳纤维-环氧树脂复合材料，其比强度比钢高7倍，比模量比钢大3倍。

表 11-2　金属与纤维增强复合材料性能比较

材料＼性能	密度 /(g/cm³)	抗拉强度 /10³MPa	拉伸模量 /10⁵MPa	比强度 /(10⁶N·m/kg)	比模量 /(10⁸N·m/kg)
钢	7.8	1.03	2.1	0.13	27
铝	2.8	0.47	0.75	0.17	27
钛	4.5	0.96	1.14	0.21	25
玻璃钢	2.0	1.06	0.4	0.53	20
高强碳纤维-环氧树脂	1.45	1.5	1.4	1.03	97
高模碳纤维-环氧树脂	1.6	1.07	2.4	0.67	150
硼纤维-环氧树脂	2.1	1.38	2.1	0.66	100
有机纤维 PRD-环氧树脂	1.4	1.4	0.8	1.0	57
SiC 纤维-环氧树脂	2.2	1.09	1.02	0.5	46
硼纤维-铝	2.65	1.0	2.0	0.38	75

2. 良好的抗疲劳性能

由于纤维增强复合材料特别是纤维-树脂复合材料对缺口应力集中敏感性小，而且纤维和基体界面能够阻止疲劳裂纹扩展和改变裂纹扩展方向，因此复合材料有较高的疲劳强度（图11-2）。试验表明，碳纤维增强复合材料疲劳强度可达抗拉强度的70%~80%，而金属材料只有其抗拉强度的40%~50%。

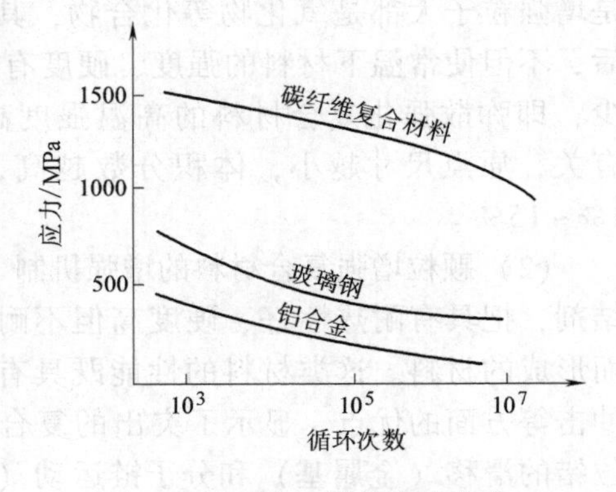

图11-2 三种材料的疲劳强度

3. 破断安全性能

纤维复合材料中有大量独立的纤维，平均每平方厘米面积上有几千到几万根。当纤维复合材料构件由于超载或其他原因使少数纤维断裂时，载荷就会重新分配到其他未破断的纤维上，因而构件不致在短期内突然断裂，故破断安全性好。

4. 优良的高温性能

大多数增强纤维在高温下仍能保持高的温度，用其增强金属和树脂基体时能显著提高它们的耐高温性能。例如，铝合金的弹性模量在400℃时大幅度下降并接近于零，强度也显著降低；而碳纤维、硼纤维增强后，在同样温度下强度和弹性模量仍能保持室温下的水平，明显起到了增强高温性能的作用。

5. 减振性能好

因为结构的自振频率与材料的比模量平方根成正比，而复合材料的比模量高，其自振频率也高。这样可以避免构件在工作状态下产生共振，而且纤维与基体界面能吸收振动能量，即使产生了振动也会很快地衰减下来，所以纤维增强复合材料具有很好的减振性能。例如用尺寸和形状相同而材料不同的梁进行振动试验时，金属材料制作的梁停止振动的时间为9s，而碳纤维增强复合材料制作的梁只需2.5s。

第三节 常用复合材料

一、纤维增强复合材料

1. 常用增强纤维

纤维增强复合材料中常用的纤维有玻璃纤维、碳纤维、硼纤维、碳化硅纤维、Kevlar有机纤维等，这些纤维除可增强树脂之外，其中碳化硅纤维、碳纤维、硼纤维还可增强金属和陶瓷。常用增强纤维与金属丝性能比较如表11-3所示。

（1）玻璃纤维　玻璃纤维是将熔化的玻璃以极快的速度拉成细丝而制得。按玻璃纤维中 Na_2O 和 K_2O 的质量分数不同，可将其分为无碱纤维（含碱量 $<2\%$）、中碱纤维（含碱量2%~12%）、高碱纤维（含碱量 $>12\%$）。随含碱量的增加，玻璃纤维的强度、绝缘性、耐蚀性降低，因此高强度复合材料多用无碱玻璃纤维。

玻璃纤维的特点是强度高，其抗拉强度可达1000~3000MPa；弹性模量比金属低得多，为 $(3\sim5)\times10^4$MPa；密度小，为2.5~2.7g/cm³，与铝相近，是钢的1/3；比强度、比模量比钢高；化学稳定性好；不吸水，不燃烧，尺寸稳定，隔热，吸声，绝缘等。缺点是脆性较大，耐热性低，250℃以上开始软化。由于价格便宜，制作方便，是目前应用最多的增强纤维。

表 11-3 常用增强纤维与金属丝性能比较

材料＼性能	密度 /(g/cm³)	抗拉强度 /10^3MPa	拉伸模量 /10^5MPa	比强度 /(10^6N·m/kg)	比模量 /(10^8N·m/kg)
无碱玻璃纤维	2.55	3.40	0.71	1.40	29
高强度碳纤维（Ⅱ型）	1.74	2.42	2.16	1.80	130
高模量碳纤维（Ⅰ型）	2.00	2.23	3.75	1.10	210
Kevlar-49	1.44	2.80	1.26	1.94	875
硼纤维	2.36	2.75	3.82	1.20	160
SiC 纤维（钨芯）	2.69	3.43	4.80	1.27	178
钢丝	7.74	4.20	2.00	0.54	26
钨丝	19.40	4.10	4.10	0.21	21
钼丝	10.20	2.20	3.60	0.22	36

（2）碳纤维　碳纤维是人造纤维（粘胶纤维、聚丙烯腈纤维等）在 200～300℃空气中加热并施加一定张力进行预氧化处理，然后在氮气的保护下，在 1000～1500℃的高温下进行碳化处理而制得。其碳的质量分数可达 85%～95%。由于其具有高强度，因而称高强度碳纤维，也称Ⅱ型碳纤维。

如果将碳纤维在 2000～3000℃高温的氩气中进行石墨化处理，就可获得含碳量为 98%（质量分数）以上的碳纤维。这种碳纤维中的石墨晶体的层面有规则地沿纤维方向排列，具有高的弹性模量，又称石墨纤维或高模量碳纤维，也称Ⅰ型碳纤维。

与玻璃纤维相比，碳纤维密度小（1.33～2.0g/cm³）；弹性模量高（(2.8～4)×10^5MPa），为玻璃纤维的 4～6 倍；高温及低温性能好，在 1500℃以上的惰性气体中强度仍保持不变，在 -180℃下脆性也不增加；导电性好，化学稳定性高，摩擦因数小，自润滑性能好。缺点是脆性大，易氧化，与基体结合力差，必须用硝酸对纤维进行氧化处理以增强结合力。

（3）硼纤维　它是用化学沉积法将非晶态的硼涂覆到钨丝或碳丝上而制得的。它具有高熔点（2300℃）、高强度（2450～2750MPa）、高弹性模量（(3.8～4.9)×10^5MPa）。其弹性模量是无碱玻璃纤维的 5 倍，与碳纤维相当，在无氧条件下 1000℃时其模量值也不变。此外，它还具有良好的抗氧化性、耐蚀性。缺点是密度大，直径较粗，生产工艺复杂，成本高，价格昂贵，所以它在复合材料中的应用不及玻璃纤维和碳纤维广泛。

（4）碳化硅纤维　它是用碳纤维作底丝，通过气相沉积法而制得的。它具有高熔点、高强度（平均抗拉强度达 3090MPa）、高弹性模量（1.96×10^5MPa）。其突出优点是具有优良的高温强度，在 1100℃其强度仍高达 2100MPa。它主要用于增强金属及陶瓷。

（5）Kevlar 有机纤维（芳纶、聚芳酰酰胺纤维）　目前世界上生产的主要芳纶纤维是以对苯二胺和对苯甲酰为原料，采用“液晶纺丝”和“干湿法纺丝”等新技术制得的。其最大特点是比强度、比弹性模量高。其强度可达 2800～3700MPa，比玻璃纤维高 45%；密度小，只有 1.45g/cm³，是钢的 1/6；耐热性比玻璃纤维好，能在 290℃长期使用。此外，它还具有优良的抗疲劳性、耐蚀性、绝缘性和加工性，且价格便宜。主要纤维种类有 Kevlar-29、Kevlar-49 和我国的芳纶Ⅱ纤维。

2. 纤维-树脂复合材料

（1）玻璃纤维-树脂复合材料　亦称玻璃纤维增强塑料，也称玻璃钢。按树脂性质可将其分为玻璃纤维增强热塑性塑料（即热塑性玻璃钢）和玻璃纤维增强热固性塑料（即热固性玻璃钢）。

1）热塑性玻璃钢。它是由20%~40%的玻璃纤维和60%~80%的热塑性树脂（如尼龙、ABS等）组成的。它具有高强度和高冲击韧度、良好的低温性能及低热膨胀系数。几种热塑性玻璃钢的性能如表11-4所示。

2）热固性玻璃钢。它是由60%~70%的玻璃纤维（或玻璃布）和30%~40%的热固性树脂（环氧、聚酯树脂等）组成的。其主要优点是密度小，强度高，其比强度超过一般高强度钢和铝合金及钛合金，耐蚀性、绝缘性、绝热性好；吸水性低，防磁，微波穿透性好，易于加工成型。缺点是弹性模量低，热稳定性不高，只能在300℃以下工作。为此更换基体材料，用环氧和酚醛树脂混溶后作基体或用有机硅和酚醛树脂混溶后作基体制成玻璃钢。前者热稳定性好，强度高，后者耐高温，可作耐高温结构材料。几种热固性玻璃钢的性能如表11-5所示。

表11-4 几种热塑性玻璃钢的性能

性能 / 基体材料	密度 /(g/cm^3)	抗拉强度 /MPa	弯曲模量 /10^2 MPa	热膨胀系统 /(10^{-6}/℃)
尼龙60	1.37	182	91	3.24
ABS	1.28	101.5	77	2.88
聚苯乙烯	1.28	94.5	91	3.42
聚碳酸酯	1.43	129.5	84	2.34

表11-5 几种热固性玻璃钢的性能

性能 / 基体材料	密度 /(g/cm^3)	抗拉强度 /MPa	弯曲模量 /10^2 MPa	抗弯强度 /10^2 MPa
聚酯	1.7~1.9	180~350	210~250	210~350
环氧	1.8~2.0	70.3~298.5	180~300	70.3~470
酚醛	1.6~1.85	70~280	100~270	270~1100

玻璃钢主要用于制作要求自重轻的受力构件及无磁性、绝缘、耐腐蚀的零件，例如，直升飞机机身、螺旋桨、发动机叶轮，火箭导弹发动机壳体、液体燃料箱，轻型舰船（特别适于制作扫雷艇），机车或汽车的车身、发动机罩，重型发电机护环、绝缘零件、化工容器及管道等。

（2）碳纤维-树脂复合材料　亦称碳纤维增强塑料。最常用的是碳纤维和聚酯、酚醛、环氧、聚四氟乙烯等树脂组成的复合材料。其性能优于玻璃钢，具有高强度、高弹性模量、高比强度和比模量。例如碳纤维-环氧树脂复合材料的上述四项指标均超过了铝合金、钢和玻璃钢。此外碳纤维-树脂复合材料还具有优良的抗疲劳性能、耐冲击性能、自润滑性、减摩耐磨性、耐蚀性及耐热性。缺点是纤维与基体结合力低，材料在垂直于纤维方向上的强度和弹性模量较低。

其用途与玻璃钢相似，如飞机机身、螺旋桨、尾翼，卫星壳体、宇宙飞船外表面防热层，机械轴承、齿轮、磨床磨头等。

（3）硼纤维-树脂复合材料　它主要由硼纤维和环氧、聚酰亚胺等树脂组成。具有高的比强度和比模量、良好的耐热性。例如硼纤维-环氧树脂复合材料的拉伸、压缩、剪切和比强度均高于铝合金和钛合金。而其弹性模量为铝的3倍，为钛合金的2倍；比模量则是铝合金及钛合金的4倍。缺点是各向异性明显，即纵向力学性能高而横向性能低，两者相差十几至几十倍；此外加工困难，成本昂贵。它主要用于航天、航空工业中制作要求刚度高的结构件，如飞机机身、机翼等。

(4) 碳化硅纤维-树脂复合材料 碳化硅纤维与环氧树脂组成的复合材料具有高的比强度、比模量。其抗拉强度接近碳纤维-环氧树脂复合材料，而抗压强度为后者的2倍。因此，它是一种很有发展前途的新型材料，主要用于制作宇航器上的结构件，飞机的门、机翼、降落传动装置箱。

(5) Kevlar纤维-树脂复合材料 它是由Kevlar纤维和环氧、聚乙烯、聚碳酸酯、聚酯等树脂组成的。最常用的是Kevlar纤维与环氧树脂组成的复合材料，其主要性能特点是抗拉强度大于玻璃钢，而与碳纤维-环氧树脂复合材料相似；延性好，与金属相当；其耐冲击性超过碳纤维增强塑料，具有优良的疲劳抗力和减振性；其疲劳抗力高于玻璃钢和铝合金，减振能力为钢的8倍，为玻璃钢的4~5倍。它主要用于制作飞机机身、雷达天线罩、火箭发动机外壳、轻型船舰、快艇等。

3. 纤维-金属(或合金)复合材料

纤维增强金属复合材料是高强度、高模量的脆性纤维(碳、硼、碳化硅纤维)和具有较好韧性及低屈服强度的金属(铝及其合金、钛及其合金、铜及其合金、镍合金、镁合金、银铅等)组成。此类材料的优点有：具有比纤维-树脂复合材料高的横向力学性能，层间抗剪强度高，冲击韧度好，高温强度高，耐热性、耐磨性、导电性、导热性好，不吸湿，尺寸稳定性好，不老化。但由于其工艺复杂，价格较贵，仍处于研制和试用阶段。

(1) 纤维-铝(或合金)复合材料

1) 硼纤维-铝(或合金)复合材料。硼纤维-铝(或合金)复合材料是纤维-金属基复合材料中研究最成功、应用最广的一种复合材料。它由硼纤维和纯铝、形变铝合金、铸造铝合金组成。由于硼和铝在高温易形成AlB_2，与氧易形成B_2O_3，故在硼纤维表面要涂一层SiC，以提高硼纤维的化学稳定性。这种硼纤维称为改性硼纤维或硼矽克。

硼纤维-铝(或铝合金)复合材料的性能优于硼纤维-环氧树脂复合材料，也优于铝合金、钛合金。它具有高拉伸模量、高横向模量、高抗压强度和抗剪强度及疲劳强度。它主要用于制造飞机和航天器的蒙皮、大型壁板、长梁、加强肋、航空发动机叶片等。

2) 石墨纤维-铝(或铝合金)复合材料。石墨纤维(高模量碳纤维)-铝(或合金)基复合材料是由Ⅰ型碳纤维与纯铝或形变铝合金、铸造铝合金组成的。它具有高比强度和高温强度，在500℃时其比强度为钛合金的1.5倍。它主要用于制造航天飞机的外壳，运载火箭大直径圆锥段、级间段，接合器，油箱，飞机蒙皮，螺旋桨，涡轮发动机的压气机叶片，重返大气层运载工具的防护罩等。

3) 碳化硅纤维-铝(或合金)复合材料。它是由碳化硅纤维和纯铝(或铸造铝合金、铝铜合金等)组成的复合材料。其性能特点是具有高比强度和比模量，硬度高，用于制造飞机机身结构件及汽车发动机的活塞、连杆等。

(2) 纤维-钛合金复合材料 这类复合材料由硼纤维或改性硼纤维、碳化硅纤维与钛合金(Ti-6Al-4V)组成。它具有低密度、高强度、高弹性模量、高耐热性、低热膨胀系数的特点，是理想的航天航空用结构材料。例如碳化硅改性硼纤维和 Ti-6A1-4V 组成的复合材料，其密度为 $3.6g/cm^3$，比钛还轻，抗拉强度可达 1.21×10^3MPa，弹性模量可达 2.34×10^5MPa，热膨胀系数为 $(1.39\sim1.75)\times10^6/℃$。目前纤维增强钛合金复合材料还处于研究和试用阶段。

（3）纤维-铜（或合金）复合材料　它是由石墨纤维和铜（或铜镍合金）组成的材料。为了增强石墨纤维和基体的结合强度，常在石墨纤维表面镀铜或镀镍后再镀铜。石墨纤维增强铜或铜镍合金复合材料具有高强度、高导电性、低的摩擦因数和高的耐磨性，以及在一定温度范围内的尺寸稳定性。它主要用来制作高负荷的滑动轴承，集成电路的电刷、滑块等。几种纤维增强材料的特性见表 11-6。

表 11-6　几种纤维增强材料的特性

材料		密度/(g/cm^3)	抗拉强度/GPa	比强度/GPa	弹性模量/GPa	比模量/$[GPa/(g/cm^3)]$
晶须	石墨	2.2	20	9.1	700	318
	氮化硅	3.2	5~7	1.56~2.2	350~380	109~118
	氧化铝	4.0	10~20	2.5~5.0	700~1500	175~375
	碳化硅	3.2	20	6.25	480	150
纤维	氧化铝纤维	3.95	1.38	0.35	379	96
	芳纶纤维（Kevlar-49）	1.44	3.6~4.1	2.5~2.85	131	91
	碳纤维①	1.78~2.15	1.5~4.8	0.70~2.70	228~724	106~407
	E-玻璃纤维	2.58	3.45	1.34	72.5	28.1
	硼纤维	2.57	3.6	1.40	400	156
	碳化硅纤维	3.0	3.9	1.30	400	133
	（Spectra900）	0.97	2.6	2.68	117	121
金属丝	高强度钢丝	7.9	2.39	0.30	210	26.6
	钼丝	10.2	2.2	0.22	324	31.8
	钨丝	19.3	2.89	0.15	407	21.1

① 用“碳纤维”代替“石墨纤维”，因为碳纤维由结晶型石墨、非晶材料和无定向晶体组成。

4. 纤维-陶瓷复合材料

用碳（或石墨）纤维与陶瓷组成的复合材料能大幅度提高陶瓷的冲击韧度和抗热振性，降低脆性，而陶瓷又能保护碳（或石墨）纤维，使其在高温下不被氧化，因而这类材料具有很高强度和弹性模量。例如碳纤维-氮化硅复合材料可在1400℃温度下长期使用，用于制造喷气飞机的涡轮叶片。又如碳纤维-石英陶瓷复合材料，冲击韧度比纯烧结石英陶瓷大40倍，抗弯强度大 5~12 倍，比强度、比模量成倍提高，能承受 1200~1500℃的高温气流冲击，是一种很有前途的新型复合材料。

除上述四大类纤维增强复合材料外，近年来研制了多种纤维增强复合材料，例如 C/C 复合材料、混杂纤维复合材料等。

二、叠层复合材料

叠层复合材料是由两层或两层以上不同材料结合而成的。其目的是为了将组成材料层的最佳性能组合起来以得到更为有用的材料。用叠层增强法可使复合材料强度、刚度、耐磨、耐蚀、绝热、隔声、减轻自重等若干性能分别得到改善。常见叠层复合材料如下：

1. 双层金属复合材料

双层金属复合材料是将性能不同的两种金属，用胶合或熔合铸造、热压、焊接、喷涂等方法复合在一起以满足某种性能要求的材料。最简单的双金属复合材料是将两块具有不同热膨胀系数的金属板胶合在一起，用它组成悬壁梁，当温度发生变化后，由于热膨胀系数不同而产生预定的翘曲变形，从而可以作为测量和控制温度的简易恒温器，如图 11-3 所示。

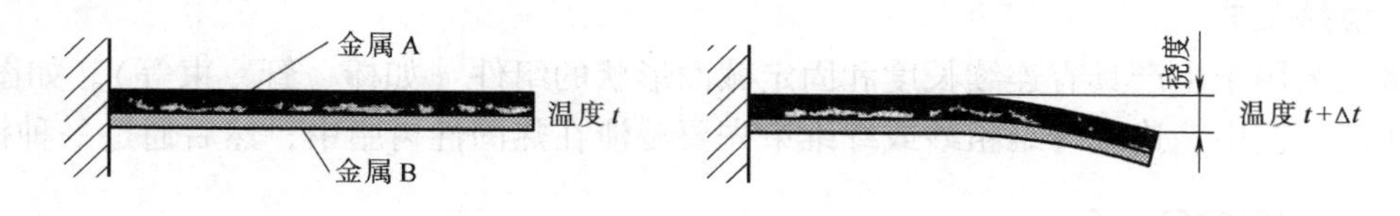

图 11-3　简易恒温器

此外，典型的双金属复合材料还有不锈钢-普通钢复合钢板、合金钢-普通钢复合钢板。

2. 塑料-金属多层复合材料

这类复合材料的典型代表是 SF 型三层复合材料。它是以钢为基体，烧结铜网或铜球为中间层，塑料为表面层的一种自润滑材料。其整体性能取决于基体，而摩擦磨损性能取决于塑料表层，中间层系多孔性青铜。其作用是使三层之间有较强的结合力，且一旦塑料磨损露出青铜亦不致磨伤轴。常用于表面层的塑料为聚四氟乙烯（如 SF-1）和聚甲醛（如 SF-2）。此类复合材料常用作无油润滑的轴承，它比单一的塑料承载能力提高 20 倍，热导率提高 50 倍，热膨胀系数降低 75%，因而提高了尺寸稳定性和耐磨性。它适于制作高应力（140MPa）、高温（270℃）及低温（-195℃）和无油润滑条件下的各种滑动轴承，已在汽车、矿山机械、化工机械中应用。

三、粒子增强型复合材料

1. 颗粒增强复合材料

金属陶瓷和砂轮是常见的颗粒增强复合材料（$d>1\mu m$，$\varphi_p>20\%$）。金属陶瓷是以 Ti、Cr、Ni、Co、Mo、Fe 等金属（或合金）为粘结剂，以氧化物（Al_2O_3、MgO、BeO）粒子或碳化物粒子（TiC、SiC、WC）为基体组成的一种复合材料。其中硬质合金是以 TiC、WC（或 TaC）等碳化物为基体，以金属 Ni、Co 为粘结剂，将它们用粉末冶金方法经烧结所形成的金属陶瓷。无论氧化物金属陶瓷还是碳化物金属陶瓷，它们均具有高硬度、高强度、耐磨损、耐腐蚀、耐高温和热膨胀系数小的优点，常被用来制作工具（例如刀具、模具）。砂轮是由 Al_2O_3 或 SiC 粒子与玻璃（或聚合物）等非金属材料为粘结剂所形成的一种磨削材料。

2. 弥散强化复合材料

弥散强化复合材料（$d=0.01\sim0.1\mu m$，$\varphi_p=1\%\sim5\%$）的典型代表是 SAP 及 TD-Ni 复合材料，SAP 是在铝的基体上用 Al_2O_3 质点进行弥散强化的复合材料。TD-Ni 材料是在镍中加入 1%~2% Th，在压实烧结时，使氧扩散到金属镍内部氧化产生了 ThO_2。细小 ThO_2 质点弥散分布在镍的基体上，使其高温强度显著提高。SiC/Al 材料是另外一种弥散强化复合材料。

随着科学技术的进步，一大批新型复合材料将得到应用。C/C 复合材料、金属化合物复合材料、纳米级复合材料、功能梯度复合材料、智能复合材料及体现复合材料“精髓”的“混杂”复合材料将得到发展及应用。

第四节 纤维增强复合材料的生产工艺

在生产满足特定要求的连续纤维增强塑料时，纤维应在塑料基体中均匀分散，且在大多情况下，纤维几乎是在同一方向上取向排列。本节将讨论可以制造许多有用产品的一些新的生产工艺与技术（拉挤、缠绕及预浸渍生产工艺）。

一、拉挤工艺

拉挤工艺用于生产具有连续长度和固定截面形状的组件（如棒、管、束等）。如图 11-4 所示，在该工艺中，连续纤维粗纱或纤维束先要浸渍在热固性树脂中，然后通过一种钢质硬

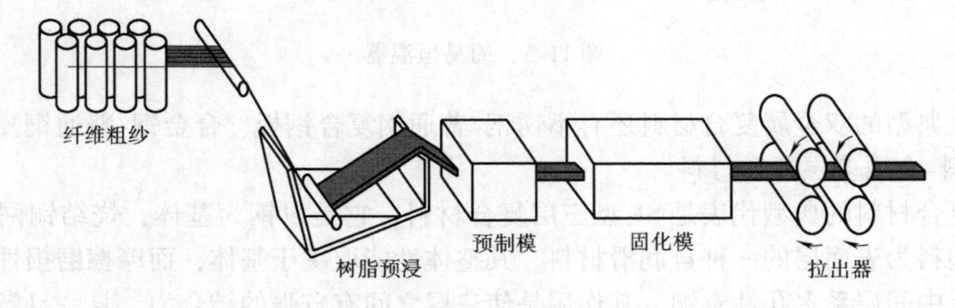

图 11-4 拉挤工艺示意图

模的拉伸，以便得到需要的形状和树脂/纤维比，此中间物通过一种钢质固化硬模以得到最终形状，同时固化硬模也要加热到树脂基体的固化温度。中间物经拉出器引导通过金属固化模，拉出的快慢决定着整个生产率的高低。使用中心轴棒或嵌入中空芯可以制得管和中空的组件。主要的增强材料是玻璃纤维、碳纤维和芳纶纤维，通常的加入量为体积分数 40%~70%，常用的基体材料包括聚氨酯、乙烯酯和环氧树脂。

拉挤工艺是一个很容易实现自动化的连续生产过程，生产率相对较高，使其生产成本较低，而且可以得到多种形状的产品，实际上对于中间产品的长度也没有任何限制。

二、预浸渍工艺

预浸渍是复合材料工业的一个术语，用于描述连续纤维增强材料与半固化树脂进行的预浸渍过程。这种材料以带状形式运送给制造商，然后不需再加入任何树脂，就可直接进行成型和完全固化，制得产品。这样得到的复合材料可能是建筑领域中应用最广泛的形式。

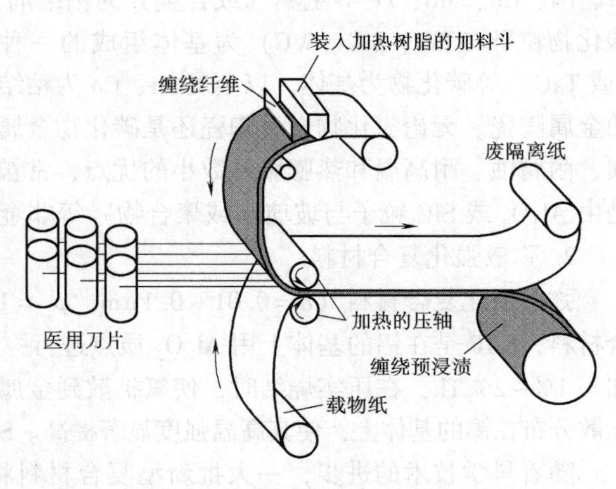

图 11-5 用热固性聚合物制得预浸渍带的生产过程示意图

如图 11-5 所示，给出了热固性聚合物的预浸渍工艺流程。先将一系列缠绕的连续纤维束校直后，将其夹在隔离板和载物纸之间，并使用加热滚压缩，该过程称作“压延过程”。这种隔离纸

上需涂一薄层低粘度被加热的树脂，使其能将纤维束完全浸渍。用“医用刀片”把树脂刮成一层厚度和宽度均匀一致的薄膜，最终得到的预浸渍产品——由连续单向纤维嵌入半固化树脂中形成的薄带——被缠绕在纸板芯上进行包装。将浸渍带卷起后，把隔离纸除去，典型的浸渍带厚度在 0.08 ~ 0.25mm 范围内，带宽为 25 ~ 1525mm，而其中树脂的含量通常在 35%~45% 范围内。

在室温下，热固性基体即可发生固化反应；因此，预浸渍带应贮存在 0℃ 或 0℃ 以下。并且，在室温下的使用时间尽可能要缩短。如果处理得当，热固性预浸渍品的使用寿命至少可达六个月，通常能更长些。

热塑性和热固性树脂都可使用，常用的增强材料有碳纤维、玻璃纤维和芳纶纤维。

实际的生产过程是由“叠层”开始的——将预浸渍带铺在加工表面上，通常都是叠上若干层（在除去的载物纸背面），至达到需要的厚度为止。所叠各层的方向可以相同，但通常纤维的取向都要有些变化，以产生交叉层或者层与层之间有一定的倾斜角度。在同时进行加热加压的条件下，使产品得以固化。

叠层工序可以完全靠手工完成（手工叠层），操作人员要截取一定长度的预浸渍带，然后将其按要求的方向铺于加工表面上。也可以用机器切取带型，然后再手工叠层。通过采用自动化的预浸渍带叠层和其他的生产工艺（如接下来介绍的缠绕工艺），可以进一步降低其生产成本，实质上是减少了对手工劳动力的需求。对于许多复合材料的推广应用来说，这些自动化生产工艺很重要，因为它们可以有效地降低复合材料的生产成本。

三、缠绕工艺

缠绕工艺就是将连续增强纤维准确置于预先设计好的模型中，形成中空形状的过程（通常是圆柱体）。无论是单股纤维还是纤维束，首先都要放入树脂池中，然后连续地通过芯模，这个过程通常使用自动化缠绕装置进行（见图 11-6）。在缠绕了适当层数之后，开始在加热或室温条件下进行树脂的固化，固化结束后，即可将芯模去除掉，也可将宽度和厚度约为 10mm 或 10mm 以下的预浸渍带进行缠绕。

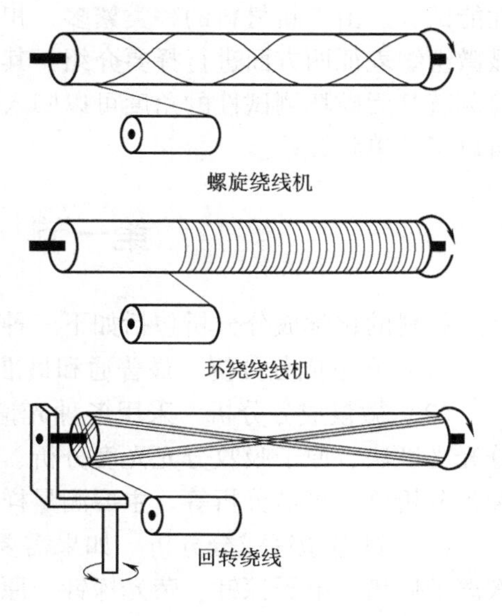

图 11-6　螺旋形、环绕形和回转形缠绕工艺示意图

采用各种缠绕形式（环绕形、螺旋形、回转形）均可得到所需要力学性能要求的复合材料。缠绕部分有相当高的强度/质量比，并且利用这种技术可以很好地控制缠绕的均匀度和缠绕方向。而且，若实现了该工艺过程生产自动化，将会大幅度降低其生产成本。常见的缠绕工艺制备的材料包括：火箭引擎涂层、储罐和输送管道及压力容器等。

目前，此项生产技术已被用于生产具有各种各样结构和形状的产品，而不再局限于材料的表面改性。由于其生产成本很低，因此，该项技术的发展非常迅速。

第十二章　材料结构分析与测试技术

材料学研究在很大程度上依赖对材料性能、功能与其化学成分、化学结构及显微组织结构关系的理解。因此，对材料结构分析、形貌表征、各种性能的测试技术，对材料组织从宏观到微观不同层次的表征技术构成了材料科学与工程研究的一个重要部分，也是联系材料设计与制造工艺，直到获得具有满意的使用性能、应用功能材料之间的桥梁。从新材料的发展中可以清楚地看到检测评价新技术所起到的作用。例如，用低压气相沉积法可以在亚稳态条件下合成金刚石薄膜。但伴有非金刚石相的碳的析出而导致薄膜质量下降，这需要对膜的结构及其相组成有清楚的了解。应用 X 射线或电子衍射、拉曼散射技术来确定薄膜中碳原子的排列方式就成为必要的工作。又如梯度功能材料，构成该类材料的金属材料、高分子材料和陶瓷等无机材料的存在形式可能是纤维、薄膜、微粉或微孔。然而，任一种对这些微成分的工程设计方案都需要应用显微组织的表征手段加以确证，以直观显示出渐变的相分布形貌、各种相的结构以及相应的成分。在研制的某一阶段，还需要将制备中的梯度功能材料的各部位进行材料耐热性、导热性和机械强度的试验。为了考核材料设计和组织调节控制方案的合理性，也要对各种方案的产品进行质量评价，为了考核材料应用还要作失效分析与老化性能试验。由于新材料的种类繁多，相应的试验和评价技术涉及面很广，这里按性能测定和显微组织表征两方面进行择要介绍，其中性能测定又分为力学性能和热学性能两部分。无损检测就其无破坏测试性的角度可以归入性能测定，就其缺陷分析的角度可以归入组织表征，所以将其单独介绍。

第一节　材料化学成分分析

材料的化学成分分析包括如下三种情况：

（1）常量成分分析　最普通和最准确的成分分析方法是重量分析和容量分析。

（2）微量成分分析　采用各种光谱，包括质谱、红外吸收光谱、可见光及紫外光光谱分光光度法、原子吸收分光光度分析、气相色谱、高压液相色谱、光发射与吸收谱、X 射线荧光分析谱、极谱分析等。主要测量样品的微量成分。

（3）微量微区成分分析　如果需要测量微区成分，则需要俄歇与 X 射线光电子谱、二次离子质谱、电子探针、荧光探针、原子探针（与场离子显微镜联用）、激光探针等测量微米和亚微米级范围的成分。可以是常量，也可以是微量（由于整个测量范围很小，所以即使是含量较高，也仍然是微量）。

第二节　力学性能的测定

在多种材料和多种性能测试中，力学性能是结构材料研究、生产、使用的基本参数，其研究仍很活跃。这里介绍几种力学性能测定的问题。

一、高温力学性能的测试

20 世纪 70 年代，等温蠕变-疲劳交互作用性能与寿命预测成为材料高温力学的重要课题。模拟高温机械运动-运行-停车的循环过程，与低周疲劳或低循环疲劳相比，更接近高温部件的服役过程，但前者的疲劳寿命要比后者低一个数量级以上。蠕变-疲劳交互作用测试既要求蠕变测试有严格的高温控制和精确的温度测量，又要有与低循环疲劳测试所要求的试样同轴度，同时还要有精确的电-液伺服应力或应变波形控制。20 世纪 80 年代，以热机械疲劳即热疲劳和机械疲劳与蠕变交互作用成为时间相关疲劳为研究重点。它的循环热应力和机械应力同步或异步，较等温蠕变-疲劳交互作用更进一步接近实际服役条件，而且其寿命低于普通蠕变疲劳寿命。上述测量都伴随着大量理论工作来预测材料寿命。20 世纪 90 年代仍以时间相关疲劳裂纹起始寿命预测为重点，包括继续完善寿命预测模型研究。

二、断裂力学性能与测试

从 20 世纪 50 年代末开始，提出了应力强度因子的概念。其中最主要的指标是平面弹性应变断裂韧度 K_{IC}。其测量包括裂纹伸长测量和试样瞬间断裂时载荷测量。由此预测部件疲劳寿命和损伤极限。在线弹性力学领域从理论到试验都已成熟，而弹塑性断裂力学则处于研究和发展中，没有公认的模型。由于机械零件广泛使用屈服强度较低的中强度钢，先屈服，后断裂，从而要求新的断裂韧度参数。20 世纪 90 年代不仅考虑长裂纹的扩展，而且考虑短裂纹，即考虑裂纹起始阶段的裂纹增长。短裂纹和裂纹门槛值以及在环境腐蚀条件下裂纹增长的研究是当前的重点。

三、复合材料的力学性能与测试

由于高分子复合材料的组织成分不均匀和各向异性等原因，除部分静力试验已有标准方法外，其他试验方法多处在研究中。复合材料试验与金属材料试验有很大不同，主要表现在以下几个方面：

1）试验数据取决于试验方法、试验设计、加工、纤维体积和孔洞体积。

2）复合材料制造缺陷影响设计容限大，所以设计、加工试样应与最终产品平行进行，以得到最有代表性的数据。

3）由于复合材料断裂的复杂性（如基体裂纹、界面分层、纤维断裂和脱粘），试验数据分散性大。

高温金属基复合材料是在惰性气体或真空中进行的。温度达 2000℃时，由于材料中纤维和基体二者膨胀系数不同，所以热机械疲劳是最严重的问题。要得到高温陶瓷和高温纤维增强陶瓷准确的性能，测量和试验的标准化极为重要。生产的材料要有一致性，试验技术也要提供重复性数据。陶瓷获得可重复性数据的困难在于材料的高脆性，测量真正的单轴性能很难避免的弯曲应力、试验尺寸、表面精度和内部缺陷的影响等，此外还包括基本上各向同性的整块陶瓷和高度各向异性的纤维二者之间的机械/热应力相应的差异。目前陶瓷的基本试验方法只有弯曲试验标准，但各国并不一致。弯曲试验装置比较简单，使用容易，测试费用较低，能避免拉伸试验因同轴度不佳或试样加工精度不高所产生的试验不稳定性。但弯曲试验因裂纹尖端在弯曲载荷下的应力集中较小而不如拉伸试验更能表征试样内部缺陷的影响。结果是相同尺寸的样品其抗拉强度只有抗弯强度的 50%~70%。压缩试验也具有同样的问题。关于陶瓷的高温蠕变和循环加载方面的测试则刚刚开始。

四、聚合物的力学性能

聚合物的力学性能是高分子聚合物在作为高分子材料设计与使用时所要考虑的最主要性能。它牵涉到高分子的分子设计、新材料的材料设计、新产品设计以及高分子新材料的使用条件。因此了解聚合物的力学性能参数，是掌握高分子材料的必要前提。

聚合物力学性能参数主要是模量（E）、强度（σ）、极限形变（ε）及疲劳性能（包括疲劳极限和疲劳寿命）。由于高分子材料在应用中的受力方式不同，聚合物的力学性能表征又按不同受力方式定出了拉伸（张力）、压缩、弯曲、剪切、冲击、硬度、摩擦损耗等不同受力方式下的表征方法及相应的各种模量、强度、形变等，可以代表聚合物受力不同的各种参数。由于高分子材料类型的不同，实际应用时受力情况有很大的差异，因此对不同类型的高分子材料，又有各自的特殊表征方法。

第三节 热学性能的测定

任何物质在发生外界条件变化时，其热学性能将随之发生变化以达到其能量最低的状态。通过测量这些变化，将能够判断材料本身物理性能及其他性能的变化以及材料本身的状态稳定性和性能稳定性，是一个重要的测量手段。然而，在材料科学研究领域，热学性能的测试和分析还没有达到其应有的地位。为此，这里将对材料热学性能测试中的一些基本问题进行介绍和举例。

一、热分析理论基础与设备

物体具有一定热能（Q）。热能是当物体间温度不同时能够在物体间转移的能量。该能量可以用温度（T）度量。两个具有不同温度的物体相互接触一定时间后其温度相等。T 与 Q 之间的关系可以用欧姆定律来描述，即 $\mathrm{d}Q/\mathrm{d}t = k(T_2 - T_1)$。其中 t 为时间。所以 T 可以被看做为热流的热势，温度差决定热流流动的速度。

Q 与能量（U）和功（W）之间可以互相转换，描述这一能量转换的定律为热力学第一定律，即 $\mathrm{d}U = \mathrm{d}Q - \mathrm{d}W$。而热力学第二定律由 Carnot 热机效率的研究直接产生，即 $\mathrm{d}S - \sum\delta Q \geqslant 0$，其中 S 为熵。在孤立体系或绝热过程中 $\delta Q = 0$。只有 $\mathrm{d}S \geqslant 0$ 的变化才能够进行。然而，在非孤立体系中，由于该式在判断体系变化时需要考虑环境的变化，应用起来并不方便。因此出现了在恒温恒压条件下的最小自由焓原理，即 $\mathrm{d}G = \mathrm{d}H - T\mathrm{d}S$，其中 H 为焓。G 是能够用来做功的那部分能量。$\mathrm{d}G \leqslant 0$ 时，反应能够进行。在恒压和体系只做体积功的条件下，$H(T) = C_p(T)\ \mathrm{d}T$，$S(T) = TC_p(T)\ \mathrm{d}T$，其中 $C_p(T)$ 为恒压下 1mol 物质温度变化 1K 所吸收或放出的热量，称为比热容。上述热力学参数可以在热分析设备上测量。热分析设备主要由温度测量装置和加热炉构成。温度测量装置有铂电阻、热敏电阻（半导体温度计）和热温差电偶。

热电偶测量温度的原理是当金属不同部位受到不同电压后，金属中的电子定向移动而形成电流。由于金属正离子在节点上的热振动，电子在移动过程中存在电阻（R）。随着 T 升高，金属正离子在节点上的热振动加剧而增加 R。当 $R(T)$ 是线性时，$R(T)$ 可以测定 T 的高低。金属中 Pt 具有最好的电阻线性。为增大电阻来提高测量精度，通常测量金属都是细丝（R 与截面积成反比）。Pt 丝组成的测温装置就称为铂电阻。

半导体与金属相反，其电阻系数为负，即在 T 升高时，其 R 下降。其原因是半导体内的电子云在低能级部分为满带，填满了电子，最高的满带称为价带。在价带以上为不能存在电子的禁带。禁带之上为没有电子的空带。最低能级的空带称为导带。半导体禁带不宽。当 T 升高，电子能量增加时，价带的电子可以跃迁到导带成为自由电子而导电。据此原理制造的热敏电阻对温度微小变化极为敏感，可用来测温。但上述能量激发电子导致电阻明显变化的情况只在很小的温度范围发生。所以通常热敏电阻只被用来作热电偶的室温补偿。

在差热分析仪（DTA）中主要使用 Pt-Rh 热电偶，其最高工作温度达 1650℃，当不同金属的两个焊接接头的 T 不同时，就会产生电流。其原理是当金属有热端和冷端时，热端电子的热振动大而向冷端偏聚。不同金属的电子密度不同，在其连接后，热端和冷端同时发生相反方向的电子流动。但在热端电子流动速度和量都较大，由此造成电流和电压差（相同金属丝或 T 相同的不同金属丝没有此类现象）。物理上可以用 Fermi 函数解释。在 Fermi 函数中，存在一个描述电子密度的大小的费米能（E_f）。不同金属的 E_f 不同，对不同金属间 E_f 之差类似电压差而导致电流的产生。

热分析的加热炉主要由加热元件和炉管构成。通常用细丝加热元件缠绕在加热炉管外表面。加热元件中性能最好的是 Pt-Rh 合金。合金中 Rh 含量越高，加热温度越高（最高 1650℃）。加热炉管有时是加热炉盘，使加热能够在周围和底部同时进行，由此获得更好的温度场。加热炉的其他主要部件是电流输入部分，包括电源、整流器和变压器，用于提供电力，获得直流电和降压以提高电流密度，因此提高热效率和获得高的加热速度（$q = dT/dt$）。

热分析测量数据中最多的是相变测量。具有某种结构和组织、成分均匀并具有一定边界的物质状态被称为一种相。在常压下，各相之间的 G 随 T 和成分（x）的变化而变化。设有 A 相和 B 相，在（x_1，T_1）条件下，$G_A(x_1, T_1) < G_B(x_1, T_1)$，则 A 相为稳定相。在（$x_2$，$T_2$）条件下，$G_A(x_2, T_2) > G_B(x_2, T_2)$，则 A 相在动力学允许的条件下转变为 B 相。使用 DSC（差热分析法）和 DTA（差示扫描量热法）能够测量样品的 T、Q 和 C_p（DTA 不能测量 C_p）。在样品的加热过程中，在 DSC 上测量的基线相当于 C_p。通过对相变温度区间表观 C_p 与真实 C_p 之差积分就得到了 Q。相变温度区间的真实 C_p 可通过对基线线性或非线性外推获得。

相变开始温度（onset 温度），定义为曲线随温度发生变化时明显变化部分与发生微小变化部分分别作切线相交的点。该温度可看做为样品非缺陷部分开始相变的温度（M_s）。在表面或界面进行的微量相变比该温度早，存在所谓的预相变。缺陷处的相变开始温度定义为曲线斜率开始出现偏差的温度（M_d）。转变曲线的峰值温度（M_p）转变速度最大，其转变量大致上在 30%~50% 之间。以相似方法可以定义转变结束温度（M_f）。为了解分析方法，以下对部分典型问题进行介绍。

二、热分析测量举例

（1）金属与合金的结晶和熔化　液体的结晶或晶体的熔化是一类重要的相变。相应的热力学参数是熔点 T_m、相变热 Q 以及熔化熵 S_m。由于结晶过程存在过冷度 ΔT、T_m 及 $S_m = H_m/T_m$ 不能通过液体的结晶过程测定（H_m 为相变焓）。在金属的加热熔化过程中，液体在晶体表面铺展形成。虽然液体的出现形成了新的液体与气体和液体与晶体的界面，但同时使晶体与气体的界面消失，对于金属来说前两者的界面能之和与后者的界面能几乎相等。其结果是不增加总的自由能，所以液体形成不需要过热。因此 T_m、H_m 及 S_m 可以通过回热晶体熔化测得。

(2) 平衡相图的测定 采用 DTA 测量相变点可以提供相图数据。例如在建立 Gd-Co 二元相图时，采用 DTC 测定 Gd_3Co 的相变点。

(3) 液体及固溶体的混合焓和混合熵的测定和计算 金属纯组元 A 和 B 混合成合金液体或固溶体后其 H 不等于 H_A 和 H_B 的代数和，因为溶液或固溶体形成后由于不同原子混合而出现能量的吸收和放出。这种吸收或放出的热量被称为混合焓（H_{mix}）。设 A 和 B 的原子百分数分别为 x_A 和 $1-x_A$，则 H 等于

$$H = H_{mix} + [x_A H_A + (1-x_A) H_B] \tag{12-1}$$

这里以液体的 H_{mix}（H^1_{mix}）为例说明其测量方法。H^1_{mix} 可通过专门制造的 DTA 测量。该 DTA 的加热炉将组成液体的溶剂在某一温度熔化，然后，从 DTA 炉上部将同样温度的溶质液体加入炉中，测量其吸收或放出的热量，即 H^1_m。在获得 H^1_m 后，根据手册中的 H^1_A 和 H^1_B 值，由式（12-1）确定液体的 H^1 值。

液体的混合熵（S^1_{mix}）可通过设液体为正规溶液而获得

$$S^1_{mix} = -RH_{mix} + [x_A H_A + (1-x_A) H_B] \tag{12-2}$$

式中，R 为气体常数。当正规溶液不能正确描述溶液的热力学行为时，由各种亚正规溶液模型计算 S^1_{mix}。在查手册得到纯组元的 S^1_A 和 S^1_B 后，可采用类似式（12-1）的方法得到 S^1。通过测量及外推和计算得到的 H_{min}，最后得到 $G^1 = H^1 - TS^1$。

(4) 相变激活能的测定 DSC 的 q 可以在 0.01～500K/min 之间变化。但如果样品和坩埚的重量较大，则其高速响应能力不足，即样品的温度达不到仪器的指示温度。为此热分析用的样品通常在 100mg 以下。为实现较大的 q，最好采用 Al 坩埚。此外，为保证测量温度等于真实温度，要求温度校正和实际测量采用相同的 q。但在 $q<1$K/min 时，所造成的温度误差一般不超过 0.5K。相变激活能的大小与相变级数有关。相变级数高则激活能小。激活能的大小直接联系到反应动力学。激活能越大，具有达到激活能能量的原子数量越少，反应越难以进行，反应速度越慢。因此转变激活能的研究有助于了解亚稳相的稳定性。这里作为举例介绍玻璃和液体结晶的激活能（E_X）。

结晶过程可以用 JMA 模型来描述。其表达式为

$$x(t) = 1 - \exp[-k(t-t_0)^n] \tag{12-3}$$

式中，$x(t)$ 为转变分数，是时间（t）的函数；k 为一个依赖 T 但独立于 t 的常数；t_0 为转变孕育期；n 为机制常数或 JMA 指数。该指数能够描述相变特征。例如在大块均匀结晶而晶核为球状时，$n=4$。通常 n 在 1～4 之间变化，其中

$$\ln(k) = \ln(k_0) - E_x/(RT_x) \tag{12-4}$$

式中，k_0 为常数。根据式（12-3）和式（12-4），在 DSC 上加热样品至 T_g 附近不同温度下保温；测量 Q，设 $Q = H_x$，采用 PE 公司的动力学软件计算 $x(t)$ 和 t_0 使 $\ln(t-t_0)$ 对 $\ln[1/x(t)]$ 作图，其直线斜率为 n，直线截距为 $\ln(k)$，当在不同 T_x 下测得 $\ln(k)$ 之后，由 $1/T_x$ 对 $\ln(k)$ 作图，其斜率即为 $-E_x/R$，最终求得 JMA 指数和 E_x。

相变激活能也可以采用连续加热的方法测量。玻璃的熔化即玻璃转变为二级相变，其转变遵循 Vogel-Futcher 定律

$$\ln(\tau) = \ln(\tau_0) - E_g/[R(T_g - T_k)] \tag{12-5}$$

式（12-5）中定义与式（12-4）类似，τ_0 为常数。采用不同 q 在 DSC 上加热样品至 T_x

以上100K，令 $\tau=(T_g-T_k)/q$，取 $\ln(\tau)$ 对 $1/(T_g-T)$ 作直线，通过改变 T 使采用最小二乘法回归的直线其方差最小，对应的 $T=T_k$。直线的斜率为 E_g/R。

（5）比热容测定　C_p测量在DSC上进行。通常的测定方法是位移法，测量方法是分别加热测量空坩埚、样品和与样品质量相近的 Al_2O_3标样（Al_2O_3标样的 C_p 值大，与 T 的线性关系好），根据DSC的计算软件计算 C_p。

液体在 $T<T_m$时被称为过冷液体。金属液体结晶的孕育期很短，因此只能在略低于 T_m 的温度测量 C_p^1。为测量过冷液体的 C_p^1，就必须避免异质形核，这包括采用石英坩埚减少坩埚作为异质核心的作用，将液体加热到高温使液体中的晶核熔化以避免异质形，核以及减小过冷液体的体积使其中包括异质核心的可能性减小。在远低于 T_m的 T_g（约 $0.5T_m$）附近可以通过加热玻璃得到过冷液体来测量其 C_p^1。对于具有高玻璃形成能力的合金，过冷液体在正常 q（如20K/min）条件下可以存在20～30K而不会结晶。为扩大 C_p^1测量温度区间，使用不同 q 加热玻璃而在不同 T_g转变。由于过冷液体仍然可以存在20～30K，所以过冷液体的测量温度区间增大。

（6）热膨胀系数测定与DMA测量　利用动态热机械分析仪（DMA）能够在拉伸、压缩、悬臂梁、三点弯曲等多种条件下静态或动态测量材料的弹性模量，也可以进行恒应力或恒应变测量，因此能够测量膨胀系数、应力松弛、蠕变等多种材料力学性能，是一种应用很广的结合热学测量的力学性能测量仪器。

第四节　材料的显微组织表征

研究显微组织包括观察组织的形貌，确定其晶体结构和分析其化学成分。分析方法可以按观察形貌的显微镜、测定结构的衍射仪和分析成分的各种谱仪进行分类。

一、形貌观察

1880年发明光学显微镜，能在微米（μm）尺度观察材料组织（最高分辨率为光的半波长）。由于最短的可见光紫光的波长为0.39μm，所以最高分辨率为0.2μm。由于人眼的分辨率为0.2mm，所以光学显微镜的最大放大倍数为1000倍。对电子显微镜和其他仪器，其最高分辨率的确定方法相同，但其景深小。1956年电子显微镜的出现把观察推进到纳米级尺度。扫描电镜由于其景深大而在材料断口分析方面很有用。目前扫描电镜分辨率达0.7μm。超晶格试样只要在叠层的侧面进行适当的磨光便可在扫描电镜下得到厚度仅为1～10nm的交替叠层的清晰图像。透射电镜的样品制备虽然比较复杂，但其分辨率达0.12nm。可研究晶体物料的缺陷及其相互作用、微小第二相质点的形貌与分布以及利用高分辨点阵像直接显示材料中的原子或原子团的排列等方面。场离子显微镜利用探针尖端表面原子层轮廓边缘的电场不同，借助惰性气体离子轰击荧光屏可以得到针尖正面原子排布的投影像，可达0.8nm的分辨率，直观显示晶界或位错露头处原子排列及气体原子在表面的吸附行为。20世纪80年代中期发展的隧道显微镜，借助一根针尖与试样表面之间的隧道效应电流的调控，针尖在 X 和 Y 方向扫描，并在保持隧道效应电流恒定的条件下，Z 方向依原子表面上下游动。这种电子信号经计算机图像处理，得到表面原子分布图像，其纵、横向分辨率分别达0.05nm和0.2nm。与此技术有关的利用近程作用力而设计出来的原子力显微镜（AFM）目前已经得到广泛应用。

二、结构测定

1. 金属与无机材料的结构测定

材料的结构测定仍以 X 射线衍射为主。这一技术包括德拜粉末照相分析，高温、常温、低温衍射仪，背反射和透射劳厄照相，测定单晶结构的四联衍射仪，织构的测定等。由于 X 射线在晶体中的衍射基本上是运动学衍射，因此衍射束的振幅与晶体单胞的结构因子有线性关系。这样从 X 射线的衍射图的几何分布可以确定晶体材料的点阵，从衍射强度可以反推出晶体单胞内各原子的位置。在 PC 机的帮助下，只要提供的试样尺寸和完整性满足一定要求，X 射线单晶衍射仪就可以直接给出样品的晶体结构参数。但 X 射线不能在电磁场作用下会聚，所以要分析尺寸在纳米数量级的单晶材料需要更强的同步辐射产生的 X 射线源，才能采集到可供分析的 X 射线衍射强度。由于电子和物质的相互作用比 X 射线强四个数量级，而且电子束又可以会聚得很小，所以电子衍射特别适用于测定纳米晶体或材料的结构。透射电镜以电子束进行电子衍射可以解决某些 X 射线不能解决的几种晶体同时存在时的结构测定问题，而且可同时进行结构的直接观察，或称为原子像观察。因为电子透镜可以在它的后焦面上呈现晶体的衍射图，而在像平面呈现晶体的点阵像。可以在有利的取向下将晶体的投影原子柱之间的距离清楚分开。因此只要将晶体试样制备得足够薄，使电子穿过晶体是一种运动学相互作用，这样在 X 射线中通常需要从衍射强度反推原子排列的过程可以自动由电子透镜完成，而将晶体投影的原子排列成像于像平面上。但样品较薄，导致与真实情况不同，其中最突出的是位错移动情况与真实情况有较大不同。中子衍射是使中子受物质中原子核散射，因此较轻的原子对中子的散射能力差别较小，所以有利于测定轻原子的位置，例如氧原子等。

2. 有机高分子材料的结构表征

（1）固体聚合物形貌的表征　同种高分子聚合物中的凝聚状态是随外部因素的不同而不同的，所谓外部因素，包括制备条件（合成条件）、受外力情况（剪切力、振动剪切、力的大小和频率等）、温度变化的历程等情况。而固体聚合物凝聚态结构的差异，更直接影响到聚合物作为材料使用时的性能。因此观察固体聚合物表面、断面及内部的微相分离结构，微孔及缺陷的分布，晶体尺寸、形状及分布，以及纳米尺度相分散的均匀程度等形貌特点，将为改进聚合物的加工制备条件、共混组分的选择、材料性能的优化提供数据。

（2）结晶态聚合物的表征　结晶态是高分子凝聚态的主要形态之一，有关固体聚合物的结晶度、晶体形态、结晶过程以及结晶原理等内容，是高分子凝聚态物理研究的核心内容之一。而关系到这些学术问题的有关数据又往往和聚合物作为材料使用时的性能密切相关（如力学性能、热性能、光学性能、溶解性等）。同样在聚合物成型加工过程中如何控制加工条件，使成型后的聚合物材料中形成有利于材料性能的结晶形态，也是聚合物加工技术的研究方向。因此聚合物形态的表征是高分子物理研究和高分子成型加工研究中的重要手段。

（3）高聚物取向度的表征　高分子材料在成型加工过程中，受外力及外场的作用，高分子链或高分子微晶体会沿外力（外场）方向产生某种程度的取向排列，这种某种程度的取向排列用高聚物的“取向度”来描述。高聚物的“取向度”是高分子材料的重要结构参数，它和高分子材料的宏观物理性能密切相关。因此表征高聚物的取向度，可为研究高分子材料的宏观性能提供重要参数。

（4）高分子液晶态的表征　高分子液晶态是高分子液体（溶液和熔体）的一个特殊相

态，它在成型加工过程中的流变行为和高分子的溶液及熔体的流变行为不同。将液晶态凝聚成固态后，它的分子取向因素对固体聚合物的力学性质、光电性质有极大的影响。因此对液晶态的表征，是获得研究液晶高分子材料性能及加工条件必要数据的重要手段，同时也是研究高分子液晶相态的必要手段。

（5）高分子热运动的表征　由于高聚物的分子结构是长链状分子，因此其运动方式呈现出运动单元的多重性特点，导致其相态的变化除受热力学状态控制外，也受分子运动的动力学因素的影响。研究高分子热运动情况，有助于了解高分子聚合物各种相态形成、变化的本质，更有助于掌握各种高分子材料的使用规律。表征高分子热运动情况的参数有：高分子热力学状态曲线、玻璃化转变温度（T_g）值、流动温度（T_f）值、熔融温度（T_m）值及熔融热焓（ΔH_m）值、高聚物的蠕变、应力松弛及内耗等。

（6）高分子的链结构和序列结构表征　在高分子合成中，有时需要了解所合成的新高分子化合物的链结构或共聚物的链结构和序列结构，以此来判断新产物是否是自己所要合成的目的物。或根据新产物的链结构、分子链的序列结构数据来进行化学反应的聚合机理、聚合历程、催化机理以及对催化剂进行筛选等的研究工作。

同样，高分子的链结构和共聚高分子的链结构、序列结构将直接影响其作为高分子材料使用时所具有的各种性能（力学性能、介电性能、热性能等），也会直接对成型加工条件的选择产生影响。因此，为了探讨高分子聚合物作为材料使用时的性能、功能潜力，需要了解高分子的链结构及序列结构信息。

（7）交联度、支化度的表征　对热固性聚合物体系，其固化反应进行的程度、固化交联后交联点间的聚合物链段的长度（即交联密度）等数据，和材料设计中固化体系的选择、固化条件的选择及制备后热固性材料的使用性能密切相关。为了获得最佳性能的热固性高分子材料，选择最佳的热固性高分子材料的加工工艺，需要表征交联度和固化交联的反应程度。

在高分子研究中，“树状高分子”及“超支化高分子”由于其分子中端基官能团多或其分子量大但熔体粘度小，而受到学术界的关注。这类高分子有一些特殊用处，研究这类高分子的应用，首先将面临这类分子支化度的表征问题。

（8）化学键的表征　通过红外、紫外、拉曼光谱测定官能团、最大吸收峰，对含杂原子（碳、氢之外的原子）的高分子化合物或合成的高分子金属化合物、高分子-金属配合物，有时难以确定分子的化学结构，这时对化合物中化学键的表征，可以提供高分子化合物化学结构的信息。

（9）高分子链间的相互作用情况的表征　不同类型高分子链间的相互作用或同一高分子链内链段间的相互作用情况，对认识高聚物凝聚态的形成、高分子材料的性能本质及高分子聚合物的流变性能，是十分有帮助的数据。

除此之外，可利用核磁共振波谱仪、电子自旋共振谱仪、穆斯堡尔谱仪、正电子湮没等基于材料受激发的发射谱，用于研究微观晶体缺陷（空位、杂质、位错、层错等）附近的原子排列状态、排列顺序等。这些仪器可以确定化学组分，也解决晶体的结构问题。

为了全面进行分析，需要将若干仪器组合在一起。目前发展了两个分析系统。一是表面分析系统，该系统以俄歇电子谱仪为核心，包括低能电子衍射、低能离子散射谱仪及 X 射线光电谱仪。由于材料表面处理技术的发展，确定表面层结构与成分的测试需求迫切。由于该系统只测量表面几个原子层厚的成分和结构，因此成为表面分析最重要的仪器。二是装备有微区X射线能量色散谱仪及电子能量损失谱仪的分析电子显微镜。当电子束会聚在纳米大小照射到样品时，从中激发出X射线以及透过样品的电子损失一部分能量，其中与元素特征有关的谱线可以进行材料组分的定性和定量测量，而在谱线特征吸收边的高能一侧出现的复杂形状，可以提供元素在材料中的近邻结构状态及化学态的信息。加上透射电镜原有的放大及衍射功能，使得分析电镜发展成为在纳米尺度全面提供材料成分、结构及形貌信息的分析系统。但上述系统价格昂贵，均在百万美元数量级。高价格的分析仪器还包括卢瑟福背散射和离子通道谱仪、中子活化谱仪、毫微秒激光荧光分析、用同步辐射进行的X射线吸收精细结构测量等。

三、形貌、结构和成分的综合研究

材料的组织形态、结构和成分可以用材料与电磁波辐射、电子或离子的相互作用来进行检验，这些相互作用的一部分信息联系着有关的分析技术。适用于特定问题的测试技术的选择取决于众多因素，而它们之间有时又是强烈相互关联的。按检测的辐射源对测试方法可进行如下分类：

1）离子辐射源：二次离子质谱；卢瑟福背散射谱；中子诱生X射线发射。

2）电子辐射源：俄歇电子谱；分析电子显微术；扫描电子显微术；电子探针显微分析；低能电子衍射。

3）光子辐射源：X射线衍射；X射线电子谱；X射线荧光分析；红外光谱；光学显微术。

其中卢瑟福背散射谱及红外光谱（红外线热成像）也可以成像。X射线透射经过晶体也可以按一定衍射条件将晶体的缺陷成像，常称为X射线拓扑像。但放大倍率不高，仅用于晶体较大、缺陷密度较低的半导体材料。就各种方法适用的层次而言，一方面需要知道要探测组织的尺度，另一方面需要知道各种分析方法自身所具有的能力，各种仪器的分辨极限见表12-1，而其对形貌、成分和结构的分辨率情况见表12-2～表12-4。

表12-1 材料组织尺度和检测仪器分辨极限

仪器设备分辨极限		结构形貌的尺寸	
肉眼	0.2mm	晶粒大小	6nm～2mm
X射线结构分析（结构）	40μm	G.P区	1nm～7mm
X射线形貌照相（晶体缺陷）	10μm	析出相	8nm～100μm
光学显微镜（显微组织）	3μm	玻璃中微裂纹	0.2nm～100μm
电子探针（成分）	1μm	空位团	1nm～20mm
扫描电镜（成分）	1μm	陶瓷孔洞	20nm～100μm
选区电子衍射（结构与取向）	1μm	混凝土孔洞	0.3～10μm
显微硬度（力学性能）	0.1μm	精整表面的表面粗糙度	10nm～10μm
扫描透射电镜（成分）	10nm	半导体pn结	8nm～100μm
扫描电镜（表面形貌）	4nm	门电路宽	0.2nm～1μm
光学干涉仪（表面形貌）	1nm	原子直径	0.1nm～0.3mm
原子探针-场离子显微镜（结构、组分）	0.08nm	表面原子层台阶	0.1nm～0.2mm
透射电镜（显微组织）	0.12nm	位错核心	0.2nm～0.3mm
扫描隧道显微镜（表面形貌）	0.05nm	层错宽度	1nm～10mm

表 12-2　分析仪器对材料形貌观察在深度和横向所具有的分辨率

分析仪器	深度分辨率	横向分辨率
红外成像	10 ~ 30μm	10 ~ 1000μm
X 射线	500 ~ 2000nm	2 ~ 200μm
扫描电镜	50 ~ 100nm	3 ~ 100nm
光学显微镜	50 ~ 100nm	500nm ~ 10μm
分析电镜	5 ~ 20nm	2 ~ 500μm
卢瑟福背散射	5 ~ 20nm	0.7 ~ 10nm
扫描隧道显微镜	0.2 ~ 0.5nm	0.7 ~ 10nm

表 12-3　分析仪器对材料成分分析在深度和横向所具有的分辨率

分析仪器	深度分辨率	横向分辨率
X 射线荧光	20 ~ 100μm	50 ~ 300μm
X 射线衍射	20 ~ 100μm	400μm ~ 2cm
电子探针	1 ~ 5μm	1 ~ 50μm
卢瑟福背散射	5 ~ 20nm	1 ~ 50μm，0.5mm ~ 2cm
分析电镜	20 ~ 100nm	2 ~ 50nm
二次离子	1 ~ 3nm	1 ~ 3nm
俄歇谱	0.2 ~ 1nm	0.2 ~ 1nm
光电子谱	0.2 ~ 1nm	0.2 ~ 1nm

表 12-4　分析仪器对材料结构测定在深度和横向所具有的分辨率

分析仪器	深度分辨率	横向分辨率
X 射线衍射	50 ~ 200μm，0.5 ~ 1μm	50 ~ 100μm，500 ~ 1000nm
低能电子衍射	0.1 ~ 0.5nm	300μm ~ 1cm
扫描电镜	1 ~ 5μm	3 ~ 200μm
分析电镜	20 ~ 100nm，10 ~ 50nm	5 ~ 100nm，500nm ~ 10μm
卢瑟福背散射	1 ~ 5nm	1 ~ 20μm
扫描隧道显微镜	0.1 ~ 0.5nm	0.3 ~ 5nm

第五节　无损检测评价新技术

在材料加工成工件或部件后和在对设备进行检修过程中，需要进行无损检测。在 20 世纪 50 年代，人们为了发现随机分布在材料或制件中的缺陷以提高其使用可靠性，发展了无损检测技术。最典型的方法就是液体渗透技术。通过液体在裂纹处渗透到裂纹中，然后对渗透液体进行观察，最后得到裂纹在部件表面的分布情况。此外常用的方法还包括涡流试验、磁性粒子等。到20世纪70年代，随着塑性断裂力学的发展，注意的焦点集中到要求定量检测所发现缺陷的大小、形状、性质及取向，以便对构件的完整性作出定量评价。为此假设在特定的温度下材料对裂纹成长的抗力在材料中是均一的，且在构件的使用期间并不改变，从而可采用Griffith断裂准则来预示载荷下的断裂。然而，20世纪80年代后发展的高合金钢和纤维增强复合材料不具备上述的均一性和与时间的无关性。由于对这些材料对其本质了解不多，工程师尚不能根据经验来确认他们的设计是否能够满足该工程系统对力学、安全和经济方面的需要。因此要求在不损伤零部件的条件下，确定其物理性能、检测和评定其不均匀性，包括微缺陷的探测、微观组织的评价、不同材料的界面结合等，从而评价原始产品的质量，确保其在载荷及环境下长期保存或使用后仍能保持有相当的质量可供继续使用。这就将无损检测提高到无损评价的深度和广度。在上述思想的指导下，无损检测技术在传统的X射线和超声探伤的基础上，在下述几个领域产生了进展。

一、计算机层析技术的应用

在X射线层析技术中，经准直的X射线束穿过试件并为置于试件另一侧的探测器阵列所测量，微微转动试件可进行一组新的测量，重复此过程直至试件转过180°，所得的投影用计算机按重建算法进行运算，可得到在所透视截面中X射线衰减的二维图。此法的优点是对大面积低对比试件具有优越的分辨率（可达0.1%~0.2%，动态范围可达10^6：1），所取得的定量的三维数字化数据可用以进行图像处理，给出不同的信息表示。这对测定诸如纤维增强塑料中纤维的体积含量、密度的均匀性、缺陷的密集度和分布是很适用的。

二、激光热波技术

在描述材料近表面区的特征时热波技术起到了重要作用。每当材料表面有周期性的能量吸收时即可出现热波。目前最常用的产生热波的方法就是利用激光器。其相应装置被称为光声显微镜。其原理是用激光束加热充气光-声盒中的试样表面。热量由加热表面扩散到周围气体而产生压力波动（声波），可被插在光-声盒中的微音器所探测。声波的幅度和相位取决于试样表面的温度，这温度又取决于与材料热性质有关的试样的热扩散。所以此法适用于陶瓷材料表面层的微小缺陷（10^{-2}mm级）、半导体集成电路上的龟裂、涂层（膜）与基底的结合等的检测和评价。由于微音器固定在计算机控制的$X-Y$移动台上，可得到二维图像。

三、关于复合界面的无损评价

在发展结构复合材料时，除为获得高的强度要求纤维的弹性模量应尽可能高以外，为达到高的裂纹成长抗力，必须了解和表征纤维与基体间的结合情况，而且应研究用无损的方法来评价界面结合的力学性能。中子衍射技术可以测量由基体和纤维膨胀系数不同引起的残余应变，由此计算基体与纤维间的界面应力。

四、超声和扫描型超声显微镜的应用

超声波通过观测超声波能量的衰减和速度的漂移来推断微观组织，包括组分尺寸、形态、边界和位错等。其方法是观测由微观组织的变化所引起的超声波的散射量和吸收量的变化。由此能够检测材料局部弹性模量的变化、复合材料纤维的体积分数和树脂孔隙率、复合材料的微裂纹和其他10μm数量级的缺陷。根据检测的原理还可以制成超声显微镜，具有5μm数量级的分辨率。对淬火钢其穿透深度可达50~100μm。

五、高分辨率和深穿透能力的射线装置的应用

在20世纪90年代以后，由于大型粒子束、电子束以及超导材料的应用，出现了各种高分辨率和深穿透能力的射线装置，对大型工件进行精密无损检测和对人体进行检查。日本在1997年开始的大型研究计划中包括经费为30亿日元的检测金属和无机非金属材料的电子束装置，检测计算机用的磁性材料、长寿命的结构材料和智能遥控材料，来提高其产品的性能和可靠性。

参考文献

[1] 顾宜. 材料科学与工程基础 [M]. 北京：化学工业出版社，2002.

[2] 李桌球，宋显辉. 智能复合材料结构体系 [M]. 武汉：武汉理工大学出版社，2005.

[3] William D [M]. Callister Jr. Materials science and engineering an introduction [M]. 6th ed. John Wiley & Sons Inc，2003.

[4] William D Callister Jr. 材料科学与工程导论 [M]. 李建功，李青山，等译. 北京：化学工业出版社，2008.

[5] 李博文. 无机非金属材料概论 [M]. 北京：地质出版社，1997.

[6] 李湘洲. 材料与材料科学 [M]. 北京：科学出版社，1984.

[7] 魏月贞. 复合材料 [M]. 北京：机械工业出版社，1987.

[8] 严乐生，冯瑞. 材料新星——纳米材料科学 [M]. 长沙：湖南科学技术出版社，1997.

[9] 温材林. 现代功能材料导论 [M]. 北京：科学出版社，1983.

[10] 文学敏，文翠兰，李超，编译. 新材料及其应用 [M]. 北京：科学技术文献出版社，1988.

[11] 殷风仕，姜学波. 非金属材料学 [M]. 北京：机械工业出版社，1998.

[12] 曾竟成，罗青，唐羽章. 复合材料理化性能 [M]. 长沙：国防科技大学出版社，1998.

[13] 江玉和. 非金属材料化学 [M]. 北京：科学技术文献出版社，1992.

[14] 姚康德. 智能材料 [M]. 天津：天津大学出版社，1996.

[15] 赵文元，王亦军. 功能高分子材料化学 [M]. 北京：化学工业出版社，1996.

[16] 李青山. 功能高分子与智能材料 [M]. 哈尔滨：东北林业大学出版社，1999.

[17] 李青山. 功能高分子材料在医疗保健中应用 [M]. 哈尔滨：哈尔滨船舶工程学院出版社，1993.

[18] 日本高分子学会. 功能高分子 [M]. 李福绵，译. 北京：科学出版社，1983.

[19] 戴金辉. 无机非金属材料概论 [M]. 哈尔滨：哈尔滨工业大学出版社，1999.

[20] 张德庆. 高分子材料科学导论 [M]. 哈尔滨：哈尔滨工业大学出版社，1999.

[21] 冯开才. 高分子材料导论 [M]. 北京：中国教育出版社，1997.

[22] 殷景华，王雅珍. 功能材料概论 [M]. 哈尔滨：哈尔滨工业大学出版社，1999.

[23] 王荣国，武卫莉. 复合材料概论 [M]. 哈尔滨：哈尔滨工业大学出版社，1999.

[24] Williaa U. Materials Science and Engineering [M]. John wiley sons，1985.

[25] L H 范弗莱克. 材料科学与材料工程基础 [M]. 夏宗宁，邹定国，译. 北京：机械工业出版社，1984.

[26] K M 罗尔斯，T H 考特尼，J 伍尔夫. 材料科学与工程导论 [M]. 范玉殿，等译. 北京：科学出版社，1982.

[27] 资井芳夫. 材料科学概论 [M]. 张经庆，译. 北京：中国建筑工业出版社，1981.

[28] D 赫尔. 复合材料导论 [M]. 张双寅，译. 北京：中国建筑工业出版社，1989.

[29] Derek Hull. All introduction to Composite Materials [M]. Cambridge University Press，1981.

[30] 张留成. 材料学导论 [M]. 保定：河北大学出版社，1999.

[31] 张留成. 高分子材料导论 [M]. 北京：化学工业出版社，1997.

[32] 陈贻瑞，王建. 基础材料与新材料 [M]. 天津：天津大学出版社，1994.

[33] 莫荚民，齐宝森. 材料科学与工程基础 [M]. 上海：上海交通大学出版社，1997.

[34] 潘金生，仝健民，田民波. 材料科学基础 [M]. 北京：清华大学出版社，1998.

[35] D J David. Advanced Materiais [M]. New Detthi India，1999.

[36] 蒋青. 材料科学与工程导论 [M]. 长春：吉林科学技术出版社，1999.
[37] 何天白，胡汉杰. 功能高分子与新技术 [M]. 北京：化学工业出版社，2001.
[38] 顾家琳，杨志钢，邓海金，等. 材料科学与工程概论 [M]. 北京：清华大学出版社，2005.
[39] 冯端，师昌绪，刘治国. 材料科学导论 [M]. 北京：化学工业出版社，2002.
[40] Donald R Askeland，Pradeep P Phule. Essentials of Materials Science and Engineering [M]. Thomson Learing，2004.
[41] William F Smith，Javad Hashemi. Foundations of Materials Science and Engineering [M]. McGraw-Hill Companies Inc，2006.
[42] 宋学孟. 金属物理性能分析 [M]. 北京：机械工业出版社，1990.
[43] 王润. 金属材料物理性能 [M]. 北京：冶金工业出版社，1993.
[44] 徐京娟. 金属物理性能分析 [M]. 上海：上海科学技术出版社，1988.
[45] 郑振铎. 无机材料物理性能 [M]. 北京：清华大学出版社，1992.
[46] 华南工学院. 陶瓷材料物理性能 [M]. 北京：中国建筑工业出版社，1980.
[47] 周玉. 材料分析方法 [M]. 北京：机械工业出版社，2000.
[48] 田莳，等. 材料物理性能 [M]. 北京：航空工业出版社，2001.
[49] 华南工学院，南京化工学院，清华大学. 陶瓷材料物理性能 [M]. 北京：中国建筑工业出版社，1980.
[50] 张清纯. 陶瓷材料的力学性能 [M]. 北京：科学出版社，1987.
[51] 陆佩文. 无机材料科学基础 [M]. 武汉：武汉工业大学出版社，1996.
[52] Swain M V. 陶瓷的结构与性能 [M]. 郭景坤，等译. 北京：科学出版社，1998.
[53] 林宗寿. 无机非金属材料工学 [M]. 武汉：武汉工业大学出版社，1999.
[54] 金志浩，高积强，乔冠军. 工程陶瓷材料 [M]. 西安：西安交通大学出版社，2000.
[55] 胡志强. 无机材料科学基础教程 [M]. 北京：化学工业出版社，2003.
[56] 周玉. 陶瓷材料学 [M]. 北京：科学出版社，2004.
[57] 关长斌，郭英奎，赵玉成. 陶瓷材料导论 [M]. 哈尔滨：哈尔滨工程大学出版社，2005.
[58] Agarwal B D，L J Broutman，*Analysis and Performance of Fiber Composites* [M]. 2nd ed. New York：Wiley 1990.
[59] Ashbee K H. *Fundamental Principles of Fiber Reinforced Composites* [M]. 2nd ed. Lancaster：Technomic Publishing Company，1993.
[60] Chawla K K. *Composite Materials Science and Engineering* [M]. 2nd ed. New York：Sprringer-Verlag，1998.
[61] Chou T W，R L McCullough，R B Pipes. Composites [J]. *Scientific American*，1986，255 (4)：192-203.
[62] Hollaway L. *Handbook of Polymer Composites for Engineers* [M]. Lancaster：Technomic Publishing Company，1994.
[63] Hull D，T W Clyne. *An Introduction to Composite Materials* [M]. 2nd ed. New York：Cambridge University Press，1996.
[64] Msllick P K. *Fiber-Reinforced Composites，Materials，Manufacturing and Design* [M]. 2nd ed. New York：Marcel Dekker，1993.
[65] Peters S T，*Handbook of Composites* [M]. 2nd ed. Norwell：Kluwer Academic，1998.
[66] Strong A B. *Fundamentals of Composites：Materials，Methods and Applications* [M]. Dearborn：Society of Manufacturing Engineers，1989.
[67] Woishnis W A. *Engineering Plastics and Composites* [M]. 2nd ed. ASM International Materials

Park，1993.
[68] 崔占全. 工程材料 [M]. 北京：机械工业出版社，2007.
[69] William D Callister，Jr. Materials Science and Engineering an Introduction [M]. 6th ed. John Wiley and Sons Inc，2003.
[70] 李青山. 功能高分子材料学 [M]. 北京：机械工业出版社，2008.
[71] 束德林. 工程材料力学性能 [M]. 北京：机械工业出版社，2007.
[72] 石德珂. 材料科学基础 [M]. 北京：机械工业出版社，2003.